普通高等教育"十一五"国家级规划教材

土木工程材料

邓德华　主编

中国铁道出版社有限公司

2024年·北京

内 容 简 介

本书以基本土木工程材料为主,共分10章,内容包括绪论、土木工程材料导论、无机胶凝材料、混凝土、砌筑材料、金属材料、木材、高分子材料、沥青及沥青基材料、纤维增强复合材料、建筑功能材料及附录。

本书适用于土木工程本科专业,也可用于土木建筑类其他专业,并可供土木工程设计、施工、科研等相关人员参考。

图书在版编目(CIP)数据

土木工程材料/邓德华主编.—3版.—北京:中国铁道出版社,2017.8(2024.6重印)
普通高等教育"十一五"国家级规划教材
ISBN 978-7-113-23439-3

Ⅰ.①土… Ⅱ.①邓… Ⅲ.①土木工程-建筑材料-高等学校-教材 Ⅳ.①TU5

中国版本图书馆CIP数据核字(2017)第181146号

书 名:	土木工程材料
作 者:	邓德华

责任编辑:陈美玲	编辑部电话:(010)51873240		电子信箱:992462528@qq.com
封面设计:王镜夷			
责任校对:王 杰			
责任印制:高春晓			

出版发行:中国铁道出版社有限公司(100054,北京市西城区右安门西街8号)
网   址:http://www.tdpress.com
印   刷:北京铭成印刷有限公司
版   次:2004年8月第1版 2010年10月第2版 2017年8月第3版 2024年6月第3次印刷
开   本:787 mm×1 092 mm 1/16 印张:22 字数:560千
书   号:ISBN 978-7-113-23439-3
定   价:55.00元

版权所有 侵权必究

凡购买铁道版图书,如有印制质量问题,请与本社读者服务部联系调换。电话:(010)51873174
打击盗版举报电话:(010)63549461

第三版前言

本教材是普通高等教育"十一五"国家级规划教材,是普通高等学校土木工程本科专业的技术基础课教材,适用于土木工程学科各本科专业的教学。

本教材原则上根据高等学校土木工程专业指导委员会编制的《土木工程材料》教学大纲要求编写,其内容以《土木工程材料》(第二版)为基础,吸取了许多最新科技成果和近5年颁布施行的现行国家和行业标准、规范等新知识。全书共有10章,包括三个知识模块:其一,从土木工程使用要求出发,以材料科学导论的视角,介绍工程材料的组成、结构、性能与制备工艺相互间的关系和基本规律,为后续章节的学习打下材料学方面的理论基础;其二,详述无机胶凝材料、混凝土、砌筑材料、金属材料、木材、高分子材料、沥青基材料、纤维增强复合材料等基本土木工程材料的组成、结构、性能以及工程行为特点等方面的基本原理与知识;其三,介绍建筑防水材料、绝热材料、吸声材料等建筑功能材料的组成、构造和性能特点等基本知识。

本教材力求突出重点,彰显特色,在土木工程科学技术与材料科学技术间架起一座桥梁,构建起"土木工程材料"课程的知识框架,让学生们通过学习,能基于工程设计和施工应用的要求,运用材料科学与技术的理论和概念,理解和掌握基本土木工程材料的组成、结构、性能和工程行为特点等方面的基本概念、基本原理与规律、基本知识和基本技能等。为学生毕业后从事土木工程领域中的科研与技术工作,就土木工程材料的选择、检验、质量控制、施工应用以及土木工程材料研发与创新等方面奠定坚实的基础,也为土木工程学科各本科专业的后续课程提供基本知识。

本教材由中南大学邓德华主编。参加编写工作的有:中南大学邓德华(绪论、第1、7、9、10章和第3.1、3.2、3.3、3.7节),北京交通大学朋改非(第2章),中南大学胡晓波(第3.8、3.9节和第4章),中南大学刘宝举(第3.4、3.11、3.12节和第6章),中南大学李益进(第3.5、3.6节),中南大学龙广成(第3.10节),西南交通大学李固华(第5章),中南林业科技大学尹健(第8章),中南大学李建、石明霞(土木工程材料试验)。

在本教材的编写过程中,得到编者所在院校、中国铁道出版社和同仁们的大力支持和帮助,在此深表感谢!教材中有不妥和遗漏之处,敬请广大读者和同仁们批评指正。

编 者

2017年2月

重印说明

《土木工程材料(第三版)》于2017年8月在我社出版。本书内容经编者核查,符合现行标准及教学要求。本次重印,对内容无修订。

中国铁道出版社有限公司
2022年7月

目 录

绪 论 1
　0.1 土木工程与土木工程材料 1
　0.2 土木工程材料的种类与发展 2
　0.3 土木工程材料的检验与选用 3
　0.4 本课程的性质与学习内容 4

第1章　土木工程材料导论 6
　1.1 材料的组成与结构 6
　1.2 材料的物理性质 12
　1.3 材料的力学性质 20
　1.4 材料的耐久性与安全性 25
　习　题 28

第2章　无机胶凝材料 30
　2.1 概　述 30
　2.2 气硬性胶凝材料 30
　2.3 通用硅酸盐水泥 39
　2.4 特性硅酸盐水泥 59
　2.5 硫铝酸盐水泥和铝酸盐水泥 61
　习　题 67

第3章　混 凝 土 69
　3.1 概　述 69
　3.2 混凝土的组成材料与结构 70
　3.3 新拌混凝土的性质 82
　3.4 混凝土的早期行为与养护 87
　3.5 混凝土的变形行为 89
　3.6 混凝土的力学性能 94
　3.7 混凝土耐久性 103
　3.8 混凝土配合比设计 109
　3.9 混凝土质量控制 117
　3.10 高强高性能混凝土 118
　3.11 其他混凝土 122

习　　题 ··· 131

第 4 章　砌筑材料 ··· 134
4.1　砖与砌块 ··· 134
4.2　石　　材 ··· 139
4.3　砌筑与抹面砂浆 ··· 144
　　习　　题 ··· 152

第 5 章　金属材料 ··· 153
5.1　钢材的生产与种类 ··· 153
5.2　钢材的组成与结构 ··· 156
5.3　钢材的主要性质 ··· 159
5.4　钢材主要性能的影响因素 ······································· 164
5.5　工程用钢材的种类与应用 ······································· 168
5.6　钢材的锈蚀与防止 ··· 176
5.7　有色金属材料 ·· 178
　　习　　题 ··· 180

第 6 章　木　　材 ··· 182
6.1　木材的种类及结构 ··· 182
6.2　木材的性质 ··· 184
6.3　木材的防护处理 ··· 188
6.4　木材的应用 ··· 189
　　习　　题 ··· 191

第 7 章　高分子材料 ·· 192
7.1　聚合物基本知识 ··· 192
7.2　塑　　料 ··· 207
7.3　橡　　胶 ··· 212
7.4　有机纤维 ··· 213
7.5　高分子胶黏剂 ·· 216
　　习　　题 ··· 220

第 8 章　沥青及沥青基材料 ··· 221
8.1　石油沥青 ··· 221
8.2　煤沥青 ·· 227
8.3　石油沥青的改性 ··· 228
8.4　沥青混合料 ··· 232
　　习　　题 ··· 248

目 录

第9章 纤维增强复合材料 … 249
   9.1 概 述 … 249
   9.2 钢纤维混凝土 … 251
   9.3 非金属纤维水泥基复合材料 … 263
   9.4 纤维增强塑料 … 270
   习 题 … 279

第10章 建筑功能材料 … 280
   10.1 防水材料 … 280
   10.2 绝热材料 … 289
   10.3 吸声材料 … 292
   10.4 建筑装饰材料 … 294
   习 题 … 301

附录 土木工程材料试验 … 302
   F.1 试验一——水泥试验 … 302
   F.2 试验二——骨料试验 … 308
   F.3 试验三——混凝土拌合物试验 … 314
   F.4 试验四——混凝土力学性能试验 … 318
   F.5 试验五——混凝土耐久性试验 … 324
   F.6 试验六——建筑钢材试验 … 335
   F.7 试验七——石油沥青试验 … 339
   F.8 试验八——沥青混合料马歇尔稳定度试验 … 341

参考文献 … 344

绪　　论

0.1　土木工程与土木工程材料

土木工程(Civil Engineering)是建造各类工程设施的科学技术的统称，是应用各类科学与技术知识，研究、设计、建造和维护各种工程设施的一级学科。它既指所应用的材料、设备和所进行的勘测、设计、施工、保养维修等技术活动；也指工程建设的对象，即建造在地上或地下、陆上或水中，直接或间接为人类生活、生产、军事、科研服务的各类工程设施。

土木工程材料(Civil Engineering Materials)既是土木工程一级学科下的二级学科名称，也是建造各类工程设施所用各种工程材料及其制品的总称（也称建筑材料）(Construction Materials 或 Building Materials)，还是高校土木工程类专业的一门专业基础课的名称。

土木工程材料学科是材料学与土木工程学交叉发展起来的分支学科，它从土木工程技术与应用要求出发，运用材料科学知识，研究各种工程材料及其制品的组成、结构、性能及其相互关系；制备方法与施工工艺对工程材料与制品的物相组成、结构和性能的影响等基本原理；以及工程材料的应用技术、环境行为与服役性能、性能检验与评价方法等。

材料是各领域科技进步的核心。土木工程材料作为建造工程设施的物质基础，推动了土木工程的发展和科技进步，两者相互促进，协调发展。土木工程领域中提出的新问题，刺激了新材料及其技术与方法的创造和发明；每当出现新型和优良土木工程材料时，土木工程就会有飞跃式的发展和技术变革。

人类在早期只能采用泥土、木料及其他天然材料从事营造活动，建造简陋的住所；中国在公元前11世纪制造出瓦，公元前7世纪开始烧制和使用石灰；公元前5世纪烧制出黏土砖。这些人工建筑材料——砖瓦的出现，最早的胶凝材料——石灰的应用，使人类第一次冲破了天然材料的束缚，开始广泛地、大量地修建房屋和城防工程等设施。由此土木工程技术得到了第一次飞跃发展，创立了砌体结构及其建造技术。建造了一批宏伟的砌体结构构筑物，如我国的万里长城、赵州桥、大雁塔等。此后，长达2000多年时间里，砖和瓦一直是土木工程的重要建筑材料，甚至在目前还被广泛采用，为人类文明做出了伟大贡献。

钢材的制造与大量应用使土木工程发生第二次飞跃发展。17世纪70年代开始使用生铁，19世纪初开始使用熟铁建造桥梁和房屋，这是钢结构出现的前奏。19世纪中叶开始，冶炼并轧制出抗拉强度很高、延性好的建筑钢材，随后又生产出高强度钢丝、钢索，使钢结构蓬勃发展。与此同时，为适应钢结构工程发展的需要，在牛顿力学的基础上，材料力学、结构力学、工程结构设计理论等应运而生。施工机械、施工技术和施工组织设计的理论也随之发展，土木工程从经验上升为科学，在工程实践和理论方面都面貌一新，从而促成了土木工程更迅速的发展。除原有的梁、拱结构外，新兴的桁架、框架、网架结构、悬索结构逐渐推广，出现了结构形式百花争艳的局面。建筑物跨径从砖、石结构与木结构的几米、几十米发展到钢结构的几百米，直到现代的千米以上。于是在大江、海峡上架起大桥，在地面上建造起摩天大楼和高耸铁塔，在地面下铺设铁路，创造出前所未有的奇迹。

19世纪20年代，硅酸盐（波特兰）水泥的发明，导致混凝土问世。19世纪中叶以后，出现了钢筋混凝土这种新型的复合建筑材料，其中钢筋承受拉力，混凝土承受压力，发挥各自的优点，使钢筋混凝土广泛应用于土木工程的各个领域。20世纪30年代，出现了预应力混凝土。预应力混凝土结构的抗裂性能、刚度和承载能力，大大高于钢筋混凝土结构，因而用途更为广泛。从此，土木工程进入了钢筋混凝土和预应力混凝土占统治地位的历史时期，给建筑物和工程设施带来了新的经济、美观的工程结构形式，使土木工程产生了新的施工技术和工程结构设计理论。这是土木工程的又一次飞跃发展。

20世纪40年代后，以高分子材料为主的化学建材异军突起，不但涌现了大量轻质高强的建筑塑料及其复合材料，一些具有特殊功能或智能的材料制品如绝热材料，吸声隔音材料，耐火防火材料，防水抗渗材料，防爆防辐射材料也应运而生；混凝土化学外加剂及其技术的发明和应用，使混凝土材料的强度和耐久性显著提高。20世纪90年代，高性能和具有特殊功能的混凝土材料以及高强钢材的出现，为高层建筑、大跨度桥梁、高速公路与铁路、水利枢纽等大型工程设施的建造提供了高性能土木工程材料，还为更加舒适、节能、低耗的房屋建筑提供了强有力的物质保障。

0.2 土木工程材料的种类与发展

0.2.1 分 类

土木工程材料的种类繁多，其性能和功能各异。从广义概念来说，几乎所有天然和人造物质均可作为土木工程材料，用于工程设施的建造；从狭义角度来说，泥土、石材、木材、砖瓦、胶凝材料、砂浆与混凝土、钢材、高分子材料与沥青等是基本土木工程材料。

土木工程材料有天然材料和人造材料，其类别可按表0.1划分。从土木工程应用的角度，通常分为以下几类。

①胶凝材料　硅酸盐水泥、铝酸盐水泥、硫铝酸盐水泥、石灰和石膏等。
②砌体材料　岩石、砖、砌块、砂浆等。
③钢材　低碳钢、低合金钢、优质碳素钢等和各种型钢与钢筋。
④混凝土　普通混凝土、高强与高性能混凝土、轻混凝土等。
⑤木材　原木、方木、胶合型材和板材。
⑥道路路面材料　道路混凝土、沥青混合料、塑胶地面材料和各种花格砖等。
⑦建筑功能材料　防水材料、绝热材料、吸声材料、装饰材料和防腐材料等。

表0.1　土木工程材料的种类

类　别	种　类
金属材料	黑色金属：钢、铁、不锈钢等
	有色金属：铝、铜及其合金等
无机非金属材料	天然石材：砂、石及石材制品等
	烧土制品：黏土砖、瓦、玻璃、陶瓷等
	胶凝材料及其制品：石灰、石膏、水玻璃、水泥、混凝土、砂浆及硅酸盐制品等
有机材料	天然高分子材料：木材、竹材、石油沥青、煤沥青、沥青混凝土等
	高合成分子材料：塑料、涂料、胶粘剂、合成橡胶、合成纤维及其织物等

续上表

类 别	种 类
复合材料	有机材料基复合材料：纤维增强塑料、树脂混凝土等
	无机材料基复合材料：钢纤维混凝土、纤维水泥材料、纤维陶瓷等
	有机—无机复合材料：聚合物水泥混凝土、沥青水泥砂浆等
	金属—非金属复合材料：金属陶瓷、金属玻璃等

0.2.2 发展趋势

随着科学与技术的不断进步和土木工程对工程材料日益增长的要求，促使土木工程材料在不断地发展，未来发展趋势主要表现在以下几方面：

(1)高性能或超高性能化　如结构材料的强度和耐久性不断提高，功能材料性能不断提升等。

(2)复合化　为了弥补单一组成材料的性能缺陷，采用原子、分子、物相、构造等不同层次的复合技术，制备有机—无机、金属—非金属、晶体—非晶体等复合材料。

(3)多功能化　结构材料不但具有承载能力，还可兼有保温、防水、装饰等功能。

(4)制备与施工机械化　如混凝土商品化、泵送施工等。

(5)绿色化　大量采用工业废料废渣，减少资源消耗，降低生产能耗，要求工程材料生产与使用过程中对环境无污染、对人们健康无害等。

0.3　土木工程材料的检验与选用

0.3.1　检　验

土木工程材料进入工程施工现场前需要进行检验和试验，检验包括外观考察、尺寸测量、称重、用锤子敲击、用指甲或小刀划痕以及其他基本操作；试验是将一些外部因素（如荷载与环境）施加于材料，测量材料的物理力学和耐久性能，如强度试验、耐久性试验等。

土木工程材料的检验和试验的目的可以分为以下几类：

(1)接受试验　为了决定是否接受供应商提供的材料或制品而进行检验和试验，以确定材料或制品是否满足性能要求。

(2)质量控制　对材料进行定期抽样检验和试验，以确定材料或制品的性能和质量是否稳定和可接受。如果试验表明产品性能指标低于其技术标准要求，就需要分析原因，再采取正确的措施，以提高和改善其质量。

(3)研究与开发　通过检验与试验以确定新材料或产品的组成、制备工艺和特性。材料制造商在新产品投放市场前，需要进行广泛的试验。

用于接受或质量控制的试验必须能在短时间内得出结果。试验不能干扰生产或延误施工。所以，能准确反映材料实际性能的快速、低成本试验被广泛用于工程材料验收和质量控制中。

土木工程材料或制品的检验和试验应按照一定的标准进行，这些标准一般应包含适用范围、性能指标要求、试验条件、试验设备及其要求、试验方法、试验结果处理、抽样和检验规则、评判规则等。我国的标准体系包括国家标准、行业或协会标准和企业标准等。另外，根据标准执行的力度,国家标准和行业或协会标准又分为强制性标准和推荐性标准,强制性标准的执行力度是强制性的,例如,有关硅酸盐水泥的国家标准就是强制性的。在进行土木工程材料或制品的检验或试验时,必须严格执行相关标准或规范的规定。

0.3.2 选　　择

在工程设施的设计、建造和维护的技术活动中,经常遇到土木工程材料的选择问题,而且总希望所选择的材料对于工程应用是最满意的,任何最满意的选择都需要土木工程材料的知识和合理的选择程序。

任何一项工程实施均涉及三方:业主、设计者和建造者。一个工程项目首先源自业主,如建一座桥梁、公路、铁路、高层建筑等,业主提出项目建设成本和服务功能要求,选择设计者来承担所有土木工程材料的选择,以期在预算成本内取得所要求的功能。设计者通过综合考虑每种工程材料的功能、外观和全寿命成本(初始成本与预期使用寿命内的维护成本之和),反复比较后选择满足要求的工程材料和制品,也可制定说明文件来描述工程材料的性能要求,由建造者根据性能要求与说明来选择工程材料。选择工程材料的一般程序如下:
①工程要求的性能与使用寿命、允许的成本和维护费用的综合分析;
②根据工程要求,对材料或制品进行比较;
③工程材料物理状态、保存方法和施工方法的选择或设计。

0.4　本课程的性质与学习内容

作为高校土木工程专业的一门专业基础课,本课程具有鲜明的工程特点和实用性,注重材料科学知识与土木工程技术及实践的紧密结合。土木工程材料学知识在土木工程的设计、建造、维护的技术和方法上起着非常重要的作用。历史和大量工程实践已证明:工程质量的优劣和工程设施能否在使用条件下长期发挥其良好的功能,在很大程度上取决于正确地选择和使用土木工程材料。在满足相同技术性能指标和质量要求的前提下,选择不同的材料和不同的使用方法,对工程的质量、服役性能与全寿命成本有重要影响。因此,为了更好地选择和使用各种土木工程材料,各类土木工程或基础设施的设计者、建造者和维护管理者必须充分了解和掌握土木工程材料的知识。不懂得土木工程材料的"来龙去脉",就不可能成为一个合格的土木工程师!

土木工程专业的学生在校期间,将主要通过本课程的学习与实践训练,掌握上述知识和应用技能,为后续专业课程的学习和毕业设计提供土木工程材料的基础知识和技能训练,并帮助学生在毕业后的专业技术工作中,能针对不同工程类型和服役环境,合理选用工程材料、正确选择设计参数与施工工艺,以及在材料试验与验收、质量鉴定、储存运输和试验研究等方面打下必要的基础。

为了适应我国国民经济发展和土木工程领域科技进步,充分反映土木工程材料及其应用领域的最新科技成果,充分体现知识的科学性、先进性和实用性,更加适应土木工程学科各专业的教学体系和培养目标,本课程的学习内容以基本土木工程材料及其相关知识为主,兼顾介绍新型建筑功能材料与制品。课程内容分为六个知识模块:土木工程材料导论(绪论和第1章);无机非金属材料(第2、3、4章);金属材料(第5章);有机材料(第6、7、8章);纤维复合材料(第9章);建筑功能材料(第10章)。通过本课程的学习,要求学生掌握基本土木工程材料的性质、制备和用途以及质量检测和控制方法，理解土木工程材料性质与其组成、结构、制备工艺的关系及相关基本理论，了解性能改善的技术途径。

学习过程中，应以材料的技术性质、应用范围和质量检验与评定方法为重点，但也应了解材料组成、结构和生产、施工工艺对其性能的影响，必须注意分析和比较同类材料不同品种的共性与特性、材料各种性能间的联系，以及不同种类材料间的显著异同点，掌握针对工程的实际条件和要求，正确选择材料的方法和技能。

为了巩固课堂知识，培养能力，必须认真做好土木工程材料试验。通过试验操作，熟悉试验设备和试验操作技能，具体了解材料性质的检验方法和必要的技术规范，为将来参加实际的材料检验和试验研究工作打下基础。进行材料试验的步骤有：

①选取有代表性的样品作为试样或按照规定制备试件；
②选择合适的试验仪器设备；
③按照规定或自行设计的试验方法进行试验操作，做好试验记录；
④整理试验数据，并对问题进行分析与讨论，找出规律，得出结论，撰写试验报告。

试验报告必须认真撰写，应包括试验目的、试验样品、试验方法与原理、试验数据、分析与讨论、结论、存在的问题和自己的心得体会等内容，以加深对知识的理解和掌握。

第1章 土木工程材料导论

各类建筑物和铁路、公路、桥梁、隧道、水坝、港口等工程设施均由土木工程材料构筑而成。为使建筑物和工程设施具有期望的功能、安全性和服役寿命,土木工程材料的施工、物理、力学和耐久等基本性能应满足工程设计与施工要求,这些性能包括以下几点:

①施工性能　如流变性、可加工性、可焊性、黏结性能等;
②物理性能　如外观、密度、表面特性和热学、电学、声学、光学等性能;
③力学性能　如强度、刚度、韧性、脆性、弹性、塑性、硬度、冲击、疲劳等;
④耐久性能　如抗渗性、抗水性、抗冻性、耐热性、抗化学腐蚀性、耐老化性等。

土木工程材料的各项性能均与其组成、状态、结构或构造密切相关,并受材料制备和施工工艺与条件的影响。为使土木工程类专业的学生更好地学习和掌握各种土木工程材料的知识和技能,本章主要介绍材料的组成、状态、结构、构造和材料的各项性能等基本概念,以及它们相互之间的关系,为后续各章节的学习打下必要的材料科学知识基础。

1.1 材料的组成与结构

1.1.1 材料的物理状态及其特性

所有物质均可用作工程材料,因而,工程材料可以是气体、液体或固体。气体和液体(包括溶液、悬浊液)又称为流体,而绝大多数工程材料为固体。此外,有些材料是由流体和固体混合组成的多相分散体——胶体,如气—固溶胶、液—固凝胶等。

1. 流体及其特性

气体中分子相互间距离很大,并处于不断的无规自由运动中。因此,气体具有如下特点:

①密度小,黏度小,可以膨胀充满整个容器,其外形取决于容器。
②可压缩,且对容器各个壁的压强相等。
③自发地相互扩散、混合成单一物相。

利用气体的这些特点,可制成充气屋顶、充气橡胶坝和固体泡沫材料等。

与气体相比,液体具有如下特点:

①液体是凝聚态,其密度和黏度比气体高几倍或几个数量级。
②液体几乎是不可压缩的。
③相容的液体可相互扩散、混合成均相,不相容的液体各自分离而呈多相。

流体具有流动性,在外加剪切力作用下流体可产生不可逆剪切变形——流动。对于理想流体,其剪切变形速率 $d\gamma/dt$ 与外加剪切应力 τ 成正比:

$$\frac{d\gamma}{dt}=\beta\tau \quad \text{或} \quad \tau=\eta\frac{d\gamma}{dt} \tag{1.1}$$

式中,β 为流动度;η 为动力黏度系数,简称为黏度或稠度,单位是 Pa·s。可以看到,β 与 η 互为倒数,表明流体的黏度越大,流速(剪切变形速率)越小。

流体的黏度随密度或浓度增加而增大,随温度升高而显著减小。例如,20 ℃时,空气的黏度 $\eta \approx 1.8 \times 10^{-6}$ Pa·s,水的黏度 $\eta \approx 1.5 \times 10^{-3}$ Pa·s。

大多数流体是非理想流体,其流变行为不遵循公式(1.1)。已提出多个公式表征非理想流体的流变行为,例如,研究表明,新拌水泥浆、混凝土拌合物、建筑涂料等悬浊浆体的流变行为遵循宾汉姆公式(1.2),这种流体又称为宾汉姆流体。

$$\tau = \tau_0 + \eta \frac{d\gamma}{dt} \quad (1.2)$$

式中,τ_0 称为剪切屈服应力,单位为 Pa。只有当剪切应力大于屈服应力时,宾汉姆流体才会流动,流动后的流变行为又与理想流体相似。

有些非理想流体具有触变性,即流体受到剪切时,黏度变小且可流动,停止剪切时,黏度还原;或受到剪切时,黏度变大,停止剪切时,黏度还原。建筑涂料和油漆是流体触变性最常见的应用实例,搅拌使涂料或油漆液化,利于混合均匀。涂刷时,施加外力可使其铺展成膜层;一旦涂刷完成,就会凝结成不流淌的涂层,避免了垂直面上涂层的滴注或纹理。

2. 固体及其特性

固体有固定的体积和形状,且质地较坚硬,可承受外力作用。与流体相比,固体中的粒子(原子、离子、分子或晶粒)结合紧密,外力作用下产生的变形较小。绝大部分工程材料是由一种或多种晶体或非晶体颗粒组成的聚集体,颗粒间存在界面,聚集体内含有孔隙或空隙。

原子、分子或离子等粒子可在固体材料中扩散,扩散是在浓度梯度、电场等驱动下粒子的定向迁移运动。例如,在浓度梯度驱动下,粒子以稳态或非稳态方式由浓度较高的区域向浓度较低的区域自发迁移,稳态或非稳态扩散可用菲克第一或第二定律分别描述。

菲克第一定律: $$J = -D \frac{dC}{dx} \quad (1.3)$$

菲克第二定律: $$J = -D \frac{d^2C}{dx^2} \quad (1.4)$$

式中,J 为浓度梯度方向(x)上单位时间内通过单位横截面积上的粒子数,即流量;亦即,扩散速率与浓度梯度 dC/dx 或 d^2C/dx^2 成正比,其比例系数 D 称为扩散系数。扩散系数是固体材料的本征性能,一般来说,材料的密实度越高,扩散系数越小,扩散速率越慢。此外,扩散速率随温度升高而呈指数函数增加。

扩散现象及其规律有重要的实际意义,例如,分别用菲克第一和第二定律来描述大气中的 CO_2 气体和海水中 Cl^- 离子在混凝土中的扩散规律,预测钢筋混凝土的耐久性。还可利用扩散对材料进行加工和改性,如钢材表面渗碳以提高其表面硬度等。

3. 胶体及其特性

胶体(又称胶状分散体)是一种由两种不同状态的物质构成的混合物,其中,一种为分散质,一般是微小的粒子或液滴;另一种为分散介质。胶体是分散质粒径(直径<1 μm)介于粗分散体系和溶液之间的一类高度分散的多相分散体系。胶体属于介稳体系,在一定条件下能稳定存在,其稳定性介于溶液和悬浊液之间。胶体能发生聚沉、电泳、渗析和丁达尔现象等。胶体可以是黏稠性流体,也可是半刚性或刚性固体,这取决于分散质浓度和胶粒间结合力。

土木工程材料中,重要的凝胶有硅酸盐水泥水化形成的水化硅酸钙——C-S-H 凝胶、玻璃、沥青、密封胶和塑料等。

4. 物理状态的转变

物质的物理状态是一定的温度和压力下的平衡态,当这些条件发生改变时,物质的物理状态将发生转变——相变。例如,在 101.3 kPa(1 个标准大气压,也称常压)压强下,温度降到 0 ℃时,液态的水可以转变为固态的冰;温度升高到 100 ℃以上时,液态的水又可转变为气态的水蒸气。有多种晶型的晶态物质,也可因条件改变而发生不同晶型间的相变。例如,常温常压下,SiO_2 以 α-石英存在,温度升高到 573 ℃以上时,α-石英转变为 β-石英。

一般采用热力学相平衡图描述物质的相变规律,如 P-V-T 图或 P-T 图等。图 1.1 是水的 P-T 相图。可逆相变一般发生在平衡条件下,破坏平衡条件,可阻止可逆相变。如将 SiO_2 高温熔融体快速冷却到相变温度以下,就会"冻结"成玻璃体。水泥熟料煅烧过程中,采用快速冷却法阻止硅酸三钙向硅酸二钙的相转变。

相变可导致物质体积的变化,并产生热效应,这对于工程应用有重要意义。例如,液态水转变为固态冰时,其体积膨胀 9%,可导致混凝土受冻破坏。

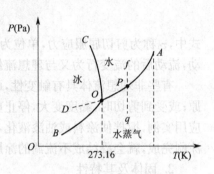

图 1.1 水的 P-T 相图

1.1.2 材料的组成

土木工程材料的组成包括化学组成和物相组成,它们对材料性能有重大影响。

1. 化学组成

化学组成是指材料中所含化学成分(元素、单质或化合物)的种类及其含量。例如,钢材的组成元素主要是 Fe 与 C,以及微量的 Cr、Mn、Ni 等合金元素;生石灰的化学成分是 CaO,熟石灰的化学成分是 $Ca(OH)_2$;硅酸盐水泥的主要化学成分是 CaO、SiO_2、Al_2O_3、Fe_2O_3 等 4 种氧化物;聚氯乙烯(PVC)塑料由 PVC 树脂($[-CH_2-CHCl-]_n$)、邻苯二甲酸二丁酯(增塑剂)和 $CaCO_3$(填料)等化学成分组成。

2. 物相组成

材料中物理和化学性质完全均匀的组分称为物相,在指定条件下各物相间有明显的界面,在界面上宏观性质发生突变。气体混合物无论含多少种不同气体,只有一个物相——气相;液体按其互溶程度可以有一相、两相或多相共存;通常一种固体便是一个物相,因此,即使两种微细固体粉末混合得非常均匀,该混合物仍含两个物相(但固体溶液是单相)。

物相组成是指材料所含物相的种类与含量。材料可以由单相组成,也可由多物相组成。但大多数材料是由多物相组成的。例如,单晶硅是单相材料,河砂是多物相材料。

金属材料中,化学组成与结构相同且具有特定物理化学性能的晶体称为金相,例如,钢材中主要有奥氏体、铁素体、渗碳体和珠光体等金相,钢材所含金相的种类与含量称为钢材的金相组成。无机非金属材料中,化学组成与结构相同且具有特定物理化学性能的晶体称为矿物相,所含矿物相的种类与含量称为无机非金属材料的矿物组成。例如,硅酸盐水泥熟料主要含硅酸三钙 C_3S、硅酸二钙 C_2S、铝酸三钙 C_3A 和铁铝酸四钙 C_4AF 等 4 种矿物相。

材料的化学组成相同,但其物相组成不一定相同。材料制备过程中,其化学组成取决于原材料的组成与配比,而物相组成主要取决于加工工艺和制备方法。例如,按相同化学组成配料的硅酸盐水泥生料,煅烧后得到的硅酸盐水泥熟料可能含有不同的矿物组成,因 4 种矿物相的相对含量还取决于煅烧温度与工艺。

3. 材料组成与性能的关系

材料的各项性能与其组成是紧密关联的,它们之间一般有如下规律:

①材料化学组成的微小差别可使材料性能发生很大或根本性差异。

②材料物相组成的变化可导致材料发生质的突变。

例如,暴露在空气中的碳素钢一般容易锈蚀,但在钢材冶炼过程中,加入微量的铬或镍元素,可使钢材永不生锈,成为不锈钢。再如在纯铁中,加入质量浓度为0.02%的碳元素,冶炼成钢,就可使强度不高且较柔软的纯铁变成高强且坚硬的钢,因加入的碳改变了钢材的金相组成。

组成的变化既可通过化学机理,也可通过物理或物理化学机理,使材料性能发生显著变化。例如,在混凝土拌合物中掺加少量减水剂,可使干硬性拌合物变成具有自流平特性的高流态拌合物。铝是传热性很好的金属材料,如果在金属铝中引入气泡制成泡沫铝,可制成导热系数很小的绝热保温材料。因此,在开发和使用材料时,需掌握两条基本原则:

①在选用材料时,必须了解材料的化学和物相组成,以便掌握其基本性能。

②制备或加工材料和建材制品时,可通过改变材料的组成来改善材料的性能,使之满足工程应用的要求,这是开发新材料和解决工程施工中技术难题的重要途径。

1.1.3 材料的结构

1. 结构的尺度级别

材料的性能不但与组成密切相关,而且取决于不同尺度(分辨率)的结构形式。如果将组成材料的原子、化合物或物相等粒子视为质点,则材料的结构是指这些质点的空间结合(堆砌)方式、结合键类型和形貌。根据分辨的尺度,材料的结构分为微观、细观和宏观结构。

(1)微观结构 指材料中尺度为 $10^{-10} \sim 10^{-6}$ m 的微小质点的结合方式和形貌特征,需用高倍电子显微镜分辨。其中,尺度为 $10^{-10} \sim 10^{-8}$ m 的微结构又称为原子尺度结构,包括原子及原子间键合类型和原子的堆垛方式。例如,石膏中 Ca^{2+}、SO_4^{2-} 离子与 H_2O 分子的结合方式、晶体颗粒的几何形貌和堆积方式等属于微观结构范畴。

(2)细观结构 指材料中尺度为 $10^{-6} \sim 10^{-3}$ m 的细小质点的结合方式和形貌特征,需用(光学)显微镜分辨,又称显微尺度结构。例如,钢材中的金相形貌、晶体颗粒堆积方式等属于细观结构范畴。

(3)宏观结构 指材料中尺度在 10^{-3} m 以上的较大质点的几何形状、分布方式和形貌特征,一般用肉眼就能分辨,又称宏观尺度结构。例如,木材的年轮、混凝土中粗细骨料颗粒的几何形状和分布状况等属于宏观结构范畴。

材料的各尺度级别的结构以不同的方式控制着材料的各项工程性能。

2. 结合键类型

材料中各种原子、分子或粒子之间的结合键主要有化学键和次价键,原子间主要由化学键结合,化学键有离子键、共价键和金属键;分子间通常以次价键结合,主要有范德华键和氢键等。键的特性决定了材料的物理、力学及化学方面的特性,包括给定条件下的物理状态和结构。例如,用锤子敲击钢材和陶瓷,金属中原子以金属键结合,电子不局限于某一原子,原子可相对滑动,钢材以较大变形响应,表现为塑性;陶瓷中原子主要以离子键或共价键结合,离子或原子团的相对滑动位移很小,锤击下陶瓷以断裂作为响应,表现为脆性。

3. 固体材料的微观结构

固体材料的微观结构有晶体结构、无定形结构和晶体—无定形混合结构。

(1)晶体结构　晶体中质点(原子、离子或离子基团、分子)在三维空间内,按长程有序作点阵式周期性排列(见图1.2),即:点阵＋质点构成晶体结构。具有代表性的基本结构单元(最小平行六面体)作为点阵的组成单元,称为晶胞,将晶胞作三维重复堆砌构成空间点阵。一个平行六面体可由3个矢量和3个矢量间夹角,即6个点阵参数表示,根据6个点阵参数间的相互关系,有14种空间点阵,归属于7个晶系,如表1.1所示。

90%以上的天然和人造的固体是晶体,如石灰石、河砂、金属、碳(金刚石或石墨)、盐(NaCl、KCl)等。每种晶体均具有它特有的空间点阵结构和几何形貌,而不同种类的晶体(具有不同质点)可以具有同种类型的空间点阵结构。

表1.1　晶体结构的晶系与点阵

晶系	三斜	单斜	正交	六方	菱方	四方	立方
点阵	简单三斜	简单单斜 底心单斜	简单正交 底心正交 体心正交 面心正交	简单六方	简单菱方	简单四方 体心四方	简单立方 体心立方 面心立方

根据晶体中质点间结合键类型,晶体有离子晶体、共价晶体、金属晶体和分子晶体。
①质点以离子键结合的晶体称为离子晶体,如 CaO、$CaSO_4 \cdot H_2O$ 等;
②质点以共价键结合的晶体称为共价键晶体,如金刚石、SiC 等;
③由金属键结合金属原子的晶体称为金属晶体,如 Fe、Al 等;
④以共价键型分子为质点,通过次价键结合的晶体称为分子晶体,如蔗糖。

除单键型的晶体外,还有一些晶体包含有多键型和两种键的中间过渡态,例如,陶瓷和水泥材料中的某些矿物具有离子—共价混合键特性;金属材料中的某些金相呈现金属—共价混合键特性;高分子材料中晶态聚合物呈现化学—次价混合键特性。

晶体具有一些共同的性质:
①均匀性　晶体尺寸不同,而宏观性质相同,并具有固定熔点;
②各向异性　晶体的不同方向上具有不同的物理力学性质;
③自限性　晶体具有自发地形成规则几何外形的特性;
④对称性　晶体在某几个特定方向上的物理化学性质完全相同。

固体材料可以是单晶体或多晶体,但绝大多数材料由多晶体构成,如钢材、岩石、陶瓷等。多晶体由无数取向不同并随机堆聚的小单晶体或晶粒所组成,晶粒间的分界面称为晶界面。多晶堆聚体具有X射线衍射效应,各向同性,其性质不但取决于所含单晶晶粒的性质,而且还与晶粒的大小及其相互间作用有关。

(2)无定形结构　无定形结构中质点短程排列有序(即一个质点在较小的范围内,与其邻近的几个质点保持着有序排列),而长程排列无序,如图1.2所示。具有无定形结构的固体称为无定形体,又称为玻璃体,如玻璃和大多数塑料等。玻璃体没有规则的几何外形,且各向同性。

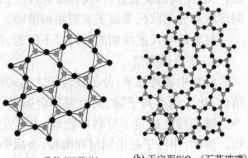

(a) SiO_2晶体(石英砂)　(b) 无定形SiO_2（石英玻璃）

● Si　● O

图1.2　SiO_2 的晶体与无定形结构

4. 胶体材料的结构

胶体实际上是由胶粒(含若干个分散质粒子)和胶团组成的,胶体中的胶粒具有一定的几何外形,如球形,棒状和丝带状等。胶粒相互堆积可形成溶胶和凝胶结构：

①胶粒数量较少时,胶粒以无序方式悬浮在分散介质中构成溶胶结构；

②胶粒数量较多时,胶粒以长程无序方式松散堆聚构成连续胶粒网络,分散介质填充在胶粒的间隙中,形成类似于玻璃体的凝胶结构,它由溶胶浓缩凝聚而成。

溶胶结构中胶粒间结合力较弱,因而具有溶胶结构的胶体具有一定的流动性和黏滞性,如沥青材料；具有凝胶结构的胶体类似于固体,有较高的强度和较小的变形,但在长期荷载作用下,又可发生较小的黏性滑移或流动——徐变,如硬化硅酸盐水泥浆体、硬质塑料等。

5. 典型工程材料的结构与特性

(1)陶瓷质材料的结构　陶瓷质材料是多孔多物相材料,一般是多晶体或其与玻璃体堆积的复合体,如岩石、河砂、烧结砖、建筑陶瓷、玻璃等。陶瓷质材料以硅酸盐为主要成分,硅酸盐的化学成分复杂,结构形式多种多样。但其原子尺度的基本结构组元是共价键结合的硅氧四面体 SiO_4^{-4},硅氧四面体通过共享角和共享边,可构成链状、层状、环状和网状等三种微观结构,如石英、钠玻璃等,如图 1.2 所示。

陶瓷质材料中两种最常见的化学键是共价键和离子键,表现出这两种键的混合特性,如陶瓷质材料一般有高硬度、高抗压强度和化学惰性,而韧性和抗拉强度较低。另外,自由电子的缺乏导致大多数陶瓷质材料是电和热的不良导体或绝缘体。

(2)金属材料的结构　金属材料的细观结构由不同的金相堆聚而成。原子尺度结构上,金属晶体结构主要有三种：体心立方结构 BCC、面心立方结构 FCC 和密排六方结构 HCP,其晶胞的点阵结构如图 1.3 所示。

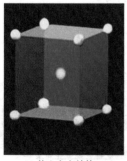 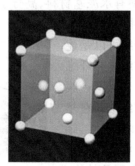 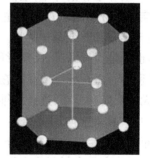

(a) 体心立方结构BCC　　　　(b) 面心立方结构FCC　　　　(c) 密排六方结构HCP

图 1.3　金属的三种典型晶体结构

金属材料中原子主要以金属键结合,因而大部分金属材料具有高延展性和导电性的共同特性。但晶体结构不同,其性能也有些差异。如果原子的平面是密堆积的,原子平面间的相对滑移就容易,因而,金相是 FCC 和 BCC 晶体的金属材料延展性较大,而金相是 HCP 晶体的金属材料延展性较小；金相是 FCC 晶体的金属延展性又比 BCC 晶体的金属大。例如,γ-铁、银、金和铅中金相均是 FCC 晶体,其延展性大于金相是 BCC 晶体的 α-铁和钨。

(3)高分子材料的结构　高分子材料主要由聚合物(树脂)组成。聚合物是由几百至几百万个有机小分子为重复结构单元(单体)聚合形成的大分子链组成。其结构包括大分子链的结构、构象及构型和大分子链聚集态结构。大分子链结构是指其主链上原子、侧基的种类和结合方式;大分子链构象有平面锯齿形和无规线团形结构;大分子链构型是指主链上侧基的相对排布,如无规立构、全同立构和间同立构;大分子链的聚集态既有晶体结构也有无定形结构(详见第7章)。晶体结构中,大分子链作长程有序折叠排列,其形态主要有单晶、片晶、球晶、树枝状晶、孪晶、纤维状晶和串晶等。由于聚合物大分子链很长,大多数聚合物材料是大分子链以无序排列聚集构成的无定形结构,即使是晶体聚合物也包含一定量的无定形结构区。

大分子链有线形链、支链或三维交联链结构,如图1.4所示。大分子链中碳、氧等原子间由共价键结合,其键角约为109°,碳原子在键角不变的条件下可以自由旋转,导致大分子链中的碳骨架向空间延伸呈螺旋卷曲状。当施加外力时,大分子链易被拉伸,因而高分子材料具有很大的柔性和延伸率。热塑性塑料和沥青主要含线形和支链形大分子链,这两种大分子链间主要由次价键结合,因而,可溶解和加热熔融,且强度较低,变形能力大;热固性塑料由共价键结合的三维交联大分子链构成,不溶不融,强度较高,变形能力较小。

(a) 线团结构　　　　(b) 支链结构　　　　(c) 网络结构

图1.4　聚合物大分子链的三种结构

(4)纤维复合材料的构造　纤维复合材料是由长径比很大的纤维及其织物增强基体材料组合而成,其中,纤维材料分布在连续的基体材料中。土木工程用纤维复合材料的常见纤维有玻璃纤维、碳纤维和钢纤维;基体材料有水泥基材料、高分子材料等。

纤维复合材料的宏观构造主要指纤维的长度、取向与排布和纤维织物种类。纤维可以是连续纤维,也可是短切纤维、晶须,纤维织物有纤维布、纤维毡等。短切纤维或晶须在复合材料一般呈空间无规取向和分布;连续纤维或纤维布在复合材料中,一般呈竖向层叠结构,层内纤维二维定向排布或呈一定夹角的交叉分布,如图1.5所示。纤维织物在复合材料中也呈竖向层叠结构,这些织物可以是经纬向的纤维布或是二维无序排布的短切纤维毡。

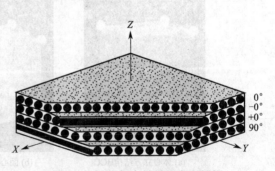

图1.5　层状复合材料的宏观结构

纤维复合材料的力学性能取决于宏观构造和纤维与基体材料间界面结合力,纤维定向排布的复合材料呈各向异性。纤维含量越高,其抗拉强度越大;界面结合力越强,其抗拉强度也越大。

1.2　材料的物理性质

工程材料的重要物理性质主要有密度(体积与质量)、特征温度、表面特性、导热性、热容、相转变参数、热膨胀系数、导电性等。

1.2.1 材料的物理状态参数

1. 特征温度

物理化学原理表明,温度、压力和浓度的变化,可以导致物质发生相变。当压力恒定时,材料发生相变时的温度称为相变温度。固体变为液体的相变温度称为熔点,液体的蒸汽压等于101.3 kPa时的温度称为沸点。有些材料(如聚合物、玻璃)随着温度变化不是简单地从固体变为液体或熔融体,没有明显熔点,而是先由刚性固体转变为软质固体,再转变为黏流体,前一种转变称为玻璃化转变,对应的温度称为玻璃化温度,后一种转变为黏流转变,对应的温度称为黏流温度。聚合物的玻璃化温度与大分子链的重复结构单元、侧基、支链和链间交联密度等结构因素有关。

材料发生相变时,其物理力学性能会发生突变,因此,相变温度确定了材料的使用温度范围。例如,玻璃化转变温度是固体材料的最高使用温度,是橡胶材料的最低使用温度。

2. 质量与重量

质量是物质量的基本度量,在宇宙界是恒定的。重量是质量作用力的度量。在地球表面,物体的重量是其质量 m 与地球表面重力加速度 g(9.8 m/s^2)的乘积。在工程设计时,常用重量计算工程材料的自身荷载,用质量来计算工程中的材料用量。

3. 密度

一定质量的物质所占据的空间称为体积,质量与体积之比就是物质的密度,它是物质的本征物理性质,取决于原子或分子堆积的紧密程度和单位体积内所含原子或分子的质量。

大多数固体材料均含有或多或少的孔隙和空隙,因此,固体材料有三种不同定义的密度:绝对密度(简称密度)、表观密度和堆积密度。

(1)密度

材料在绝对密实状态下的质量与其体积之比定义为密度,即

$$\rho = \frac{m}{V} \tag{1.5}$$

式中 ρ——材料的密度,g/cm^3;

m——材料的质量,g;

V——材料的密实体积,cm^3。

绝对密实状态下材料的体积是指不包括任何缺陷的固体物质体积,具有一定几何形状的单晶体中原子最紧密堆集,其几何形状的体积可称为绝对密实状态下的体积,可由晶胞的原子组成和点阵参数——边长与夹角计算其密度,也可查阅相关数据库获得。因此,单晶材料的密度取决于组成原子种类和晶体结构。然而,大多数固体材料是由多晶体或多物相(包括间隙或孔隙)组成的,在尽量消除孔隙体积的条件下,测量获得固体材料的视同密度(简称密度)。常用的测量方法是:将固体材料磨细成粒径小于 0.25 mm 的粉末,再用称量和排液法分别测量粉末的质量和体积(近似为绝对密实状态下的体积,粉末磨得愈细,所测体积的精度越高),再由公式(1.5)计算得出其密度。

液体和气体的密度与温度有关,如在 4 ℃下水的密度为 1 g/cm^3,在 0 ℃冰的密度为 0.917 g/cm^3。对于几乎所有物质而言,固态的密度大于液态,液态的密度大于气态,因此,当材料发生相变时,就会发生体积变化。

(2)表观密度

材料在自然状态下的质量与体积之比定义为表观密度,即

$$\rho_0 = \frac{m'}{V_0} \tag{1.6}$$

式中　ρ_0——材料的表观密度,kg/m^3;
　　　m'——自然状态下材料的质量,kg;
　　　V_0——材料的表观体积,m^3。

材料在自然状态下的体积包括材料中所含开口与闭口孔隙的体积,即材料的外观或表观体积,即图1.6中虚线包裹的体积。对于有规则几何外形的块状材料,可直接由其几何尺寸计算其表观体积;对于不规则外形的固体材料,一般采用排液法测量材料试样的表观体积,测量时需采取相应措施,以便将连通的开口孔隙体积计算在内;也可将其加工成规则几何形状的试样,再直接测量并计算其表观体积。

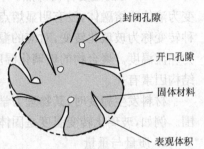

图1.6　多孔材料的表观体积

自然状态下材料内部孔隙可能会吸附或充满水,其表观体积会随含水量而变化,其质量就包括固体(干燥)质量与所含水的质量。在工程应用中,为避免不同含水量造成表观密度测量的混乱,一般采用两种表观密度,一种是材料在干燥状态下(不包括水的质量)的表观密度,称为干表观密度,简称表观密度;另一种是材料在饱和面干(材料内部孔隙吸水饱和但表面近似干燥)状态下的表观密度,称为饱和面干表观密度。

(3) 堆积密度

粒状材料在堆积状态下的质量与其体积之比定义为堆积密度,即

$$\rho_0' = \frac{m'}{V_0'} \tag{1.7}$$

式中　ρ_0'——材料的堆积密度,kg/m^3;
　　　m'——材料在自然状态下的质量,kg;
　　　V_0'——材料的堆积体积,m^3。

粒状材料的堆积体积是每一个固体颗粒内部所含的孔隙体积与颗粒堆积体中空隙体积之和,常用固定体积法测量材料的堆积密度,即将粒状材料紧密填满容器,容器体积为其堆积体积,并称取容器内所盛粒状材料的质量,由公式(1.7)计算堆积密度。因此,堆积密度不但取决于颗粒的表观密度,而且还与其粒径及其分布、堆积密实度以及测量容器的体积有关。常见材料的密度和表观密度见表1-2。

表1.2　常见工程材料的密度和表观密度

材　料	密　度	表观密度	材　料	密　度	表观密度
铝	2.80	2 800	石灰石岩	2.60	1 800～2 600
钢、铁	7.85	7 850	砂	2.55～2.70	—
水　泥	3.10～3.20	—	木　材	1.55	400～800
水泥砂浆	—	2 000～2 200	沥青混合料	—	～2 300
混凝土	—	1 950～2 500	泡沫塑料	—	15～50

4. 孔隙率

孔隙率是材料中所含孔隙体积与材料表观体积之比,即

$$P=\frac{V_\text{p}}{V_0}=\frac{V_0-V}{V_0} \tag{1.8}$$

式中　P——材料的孔隙率,%;

　　　V_p——材料的表观体积,m^3 或 cm^3。

工程材料的孔隙率是一个非常重要的性能指标,它对材料的物理、力学与耐久性能有重大影响,如材料的强度、弹性模量和导热系数随孔隙率增加而降低。

孔隙率对材料的渗透性、耐久性的影响与孔隙特征或种类有关。

(1)孔隙特征与种类。

一般将工程材料的孔隙率分为开口孔隙和闭口孔隙:

①开口孔隙。能发生流体有效流动或传输的孔隙称为开口孔隙,其特征是连通的。例如,当亲水性材料浸入水中,水将通过开口孔隙渗入或透过。开口孔隙率越大,材料的吸水性和渗透性越大,与之有关的耐久性越差。

②闭口孔隙。不能发生流体有效流动或传输的孔隙称为闭口孔隙,其特征是封闭不连通的。当亲水性材料浸入水中,水一般不会进入闭口孔隙,因此,闭口孔隙率对材料的渗透性影响较小,而且还有利于改善无机非金属材料的抗冻性。

(2)孔隙率测试方法

工程材料的孔隙率测量方法较多,主要有以下几种:

①体积/密度法。先分别测量材料的表观体积与密实体积,或表观密度与密度,然后由公式(1.8)或公式(1.5)与式(1.6)计算材料的孔隙率,这种方法快捷而精确。

②饱水法。将已知体积或质量的亲水性材料浸入盛有足量水的饱水机或放入真空饱水机中,使材料吸水饱和,然后测量材料所吸水的体积或质量,就可计算材料的开口孔隙率。

③压汞法。先将材料试样放入压汞仪中并抽真空,然后在一定压力下使液态汞进入材料的孔隙中,并测量使汞进入孔隙中的压力和体积。由压力计算孔径,压力越大,孔径越小;由压入的液态汞体积计算孔隙率。这种方法可以测量不同孔径的孔隙率、孔径分布和总孔隙率,可测量孔径范围为 0.003 5~300 μm。

1.2.2　材料的表面性质

液态和固态材料与气体的界面为其表面,表面有不同于本体的特性,如表面能或表面张力、表面吸附、润湿性、黏附性等,这些特性对材料性能及其工程应用有较大影响。

1. 表面能与表面张力

固相或液相内部原子或分子受四周邻近原子或分子的作用力是对称的,各个方向的力彼此抵消;但表面上的原子与分子所受的作用力因气体密度小是不对称的,如图 1.7 所示。表面层分子的势能大于本体分子的势能,其富余的势能称为表面能,液体表面能又称为表面张力。固体表面能或液体表面张力可由公式(1.9)来定义:

$$\gamma_\text{s}=U_\text{表面}-U_\text{本体} \tag{1.9}$$

式中　γ_s——材料的表面能,J/m^2;

　　　$U_\text{表面}$——表面层分子的势能,J/m^2;

　　　$U_\text{本体}$——内部本体分子的势能,J/m^2。

表面能或表面张力与材料组成、原子尺度结构、温度和压力等有关,当温度与压力一定时,表面能与表面张力是材料的本征性能。溶液的表面张力随溶质浓度而变化,其变化规律与溶质种类有关,大致分为三类:其一,表面张力随浓度增大而升高,如图1.8曲线a所示,这类物质有 NaCl、Na_2SO_4、KOH、$Ca(OH)_2$ 等无机盐和氢氧化物等;其二,表面张力随浓度增大而降低,如图1.8曲线b所示,这类物质有 ROH、RCOOH、RCOOR 等极性有机化合物;其三,加入少量溶质就可使表面张力急剧下降,但到一定浓度后几乎不再变化,如图1.8曲线c所示,这类物质有含8个碳原子以上的有机酸盐、有机胺盐、磺酸盐和苯磺酸盐等。能显著降低水的表面张力的物质常称为表面活性剂,如减水剂、引气剂等混凝土外加剂。

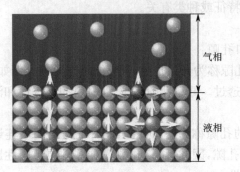

图1.7 液相表面分子的受力状态　　图1.8 水溶液表面张力 γ 与溶质浓度 C 的关系

2. 固体表面的润湿性

固体表面能否被液体润湿并铺展,取决于液体的表面张力 γ_{lg}、液—固界面张力 γ_{sl} 和固体表面能 γ_{sg},其润湿性可由液滴在固体表面上的形状和接触角 θ 的大小来判断。若如图1.9(a)所示,$\theta<90°$,则固体能被液体所润湿,θ 愈小,润湿性愈好;若如图1.9(b),$\theta>90°$,则固体难以或不被液体所润湿,θ 愈大,润湿性愈差,如荷叶上的水珠、玻璃上的水银等。

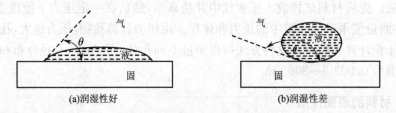

图1.9 润湿性能和液滴形状

液滴在固体表面的铺展或缩聚达到平衡时,可用公式(1.10)来计算接触角 θ:

$$\cos\theta=\frac{\gamma_{sg}-\gamma_{sl}}{\gamma_{lg}} \tag{1.10}$$

式中　θ——液滴在固体表面的接触角,°;
　　　γ_{lg}、γ_{sl}、γ_{sg}——液体表面张力、固—液界面张力和固体表面能,mJ/m^2。

水是土木工程材料常接触的液体,其表面张力 $\gamma_{lg}=72.8\ mJ/m^2$。金属及无机材料的表面能 γ_{sg} 约为 $500\sim5\ 000\ mJ/m^2$,称为高表面能材料;有机材料的表面能 γ_{sg} 一般小于 $100\ mJ/m^2$,称为低表面能材料。由公式(1.10)可知,$\gamma_{sg}-\gamma_{sl}>0$,固体方能被液体润湿。能被水润湿的固体材料称为亲水性材料;不能被水润湿的材料称为憎水性材料。钢材、混凝土、砂、石和木材等为亲水性材料;沥青、塑料等为憎水性材料。另外,改变固体材料的表面能,可以使材料表面由亲水性转变为憎水性,或由憎水性转变为亲水性。例如,可对亲水性材料表面进行憎水处理,降低其被水润湿的性能,以降低其吸水率,提高其抗渗性和抗水性。

3. 毛细现象与吸水性

当半径为 r 的毛细管垂直插入某种液体中,如果毛细管壁不能被该液体润湿,则管中液面下降并呈凸液面,如图 1.10(a)所示;如果毛细管壁能被该液体润湿,则管中液面上升并呈凹液面,如图 1.10(b)所示,这称为毛细现象。平衡时毛细管内液面下降或上升的高度 h 由公式(1.11)计算:

$$h = \frac{2\gamma\cos\theta}{\rho g r} \tag{1.11}$$

式中　γ——液体的表面张力,mJ/m^2;

　　　ρ——液体的密度,g/cm^3;

　　　r——毛细管半径,cm;

　　　θ——液体与毛细管壁的接触角,°;

　　　g——重力加速度常数。

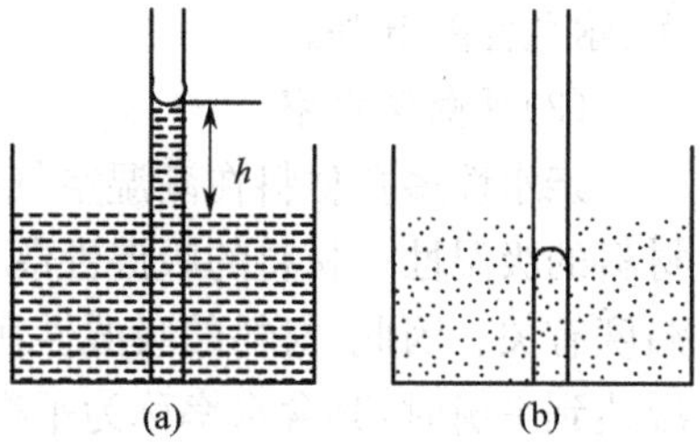

图 1.10　毛细现象

公式(1.11)表明,在一定温度和常压下,对某些液体,毛细管半径 r 和接触角 θ 越小,液体在毛细管内下降或上升高度越大。对于混凝土、烧结黏土砖、砂浆等亲水性多孔材料来说,与水接触时,毛细现象使水吸入开口毛细孔隙内,毛细孔隙率越大,孔径越小,吸水量越多。

4. 固体表面的吸附性

固体表面均有吸附性,固体对气体的吸附可分为物理吸附和化学吸附。物理吸附时,固体表面分子与被吸附分子的作用力是次价键力,吸附力较弱,选择性较差;吸附热与凝聚热相当,一般小于 20 kJ/mol;被吸附分子可以再吸附,因而出现多层吸附现象。化学吸附时,固体表面分子与被吸附分子的作用力是化学键力,因而吸附热与一般化学反应热相当,约为 40~400 kJ/mol;化学吸附有明显的选择性,且是单分子层吸附。

5. 含水率、吸水率和平衡含水率

(1)含水率

材料所含水的质量与其干燥状态下的质量之比称为含水率,即:

$$w = \frac{m_1 - m}{m} \times 100\% \tag{1.12}$$

式中　w——材料的含水率,%;

　　　m——材料在干燥状态下的质量,g;

　　　m_1——材料吸水平衡时的质量,g。

(2)吸水率

亲水性材料与水接触时,其毛细孔会自发地吸收水分,这种性质称为吸水性。材料吸水达到饱和面干时的含水率,称为吸水率。吸水率有两种表示方法,分别由公式(1.13)和(1.14)计算。

质量吸水率:
$$M_w = \frac{m_2 - m}{m} \times 100\% \tag{1.13}$$

体积吸水率:
$$V_w = \frac{m_2 - m}{V_0} \times 100\% \tag{1.14}$$

式中　m——材料在干燥状态下的质量,g;

m_2——材料吸水饱和面干时的质量,g;

V_0——材料在自然状态下的表观体积,cm³。

材料的吸水性主要取决于亲水性、孔隙率和孔隙特征。憎水性材料一般不易吸水;当亲水性材料主要含孔径较大的开口孔或封闭孔隙时,其吸水率较小;当其孔隙率大,且孔隙多为细小的开口毛细孔时,其吸水率较大。例如,普通黏土砖的质量吸水率可达20%,有的木材可达100%以上,而花岗岩却仅有0.7%,普通混凝土为2%~4%。

材料吸水后,其性能会发生一些变化,如体积膨胀、表观密度增加、强度降低、导热系数增大、耐久性降低等。

(3)平衡含水率

亲水性多孔材料在潮湿空气中,外表面和内毛细孔壁将吸附空气中的湿气,这种性质称为材料的吸湿性。材料的吸湿性既与其亲水性、孔隙率和孔隙特征有关,又与大气环境的湿度和温度有关。因此,材料的吸湿性用平衡含水率表征,在一定温度和湿度的大气环境下,材料吸湿达到平衡时,其含水率称为平衡含水率。

1.2.3 材料的热学性能

1. 导热系数

由热物理学可知,在温度梯度驱使下,固体(或静止流体)介质会发生热传导,热流由高温区传向低温区。材料传导热量的能力成为热传导性,用导热系数来度量。

导热系数(λ)定义为静止条件下单位时间内,因单位温度梯度(ΔT)引起的单位表面积垂直方向通过单位厚度传递的热量,当热传导只与温度梯度有关时,可用公式(1.15)表示:

$$\lambda = \frac{Q \times D}{A \times \Delta T \times t} \tag{1.15}$$

式中 λ——材料的导热系数,W/(m·K);

Q——通过材料传递的热量,J;

D——材料试件的厚度,m;

A——材料试件传递热量的面积,m²;

ΔT——材料试件两侧的温度差,K;

t——材料传递 Q 热量所需的时间,s。

材料的导热系数取决于组成、物理状态、表观密度和结构特征。一般来说,金属材料的导热系数大于非金属材料,无机材料的导热系数大于有机材料,固体材料的导热系数大于液体材料。由于空气的导热系数较小,因此,多孔材料的导热系数小于密实材料,并与孔隙率、孔隙特征有关。如果材料内部所含均匀分布的细小、封闭的孔隙越多,则材料的导热系数就越小,如泡沫塑料和泡沫水泥等泡沫材料,其导热系数很小;如果材料内部孔隙大且连通,以致孔隙内发生空气对流,则材料的导热系数就会增大。一些常见材料的导热系数见表1.3。

表1.3 常见材料的热学性能

材料	比热容 [kJ/(kg·K)]	导热系数 [W/(m·K)]	线膨胀系数 (1×10⁻⁶/℃)	材料	比热容 [kJ/(kg·K)]	导热系数 [W/(m·K)]	线膨胀系数 (1×10⁻⁶/℃)
铝材	0.90	205.0	23.8	高分子材料	1.2~2.3	0.2~0.4	20~100
钢、铁	0.46	58.15	10~12.0	发泡聚苯乙烯	1.10~1.20	0.02~0.03	—

续上表

材料	比热容 [kJ/(kg·K)]	导热系数 [W/(m·K)]	线膨胀系数 (1×10^{-6}/℃)	材料	比热容 [kJ/(kg·K)]	导热系数 [W/(m·K)]	线膨胀系数 (1×10^{-6}/℃)
天然岩石	0.84	0.70~0.87	6.3~12.4	木材	~2.51	0.17~0.41	40.0
混凝土	~0.84	0.8~1.51	10~12.0	水(4℃)	4.19	0.58	—
陶瓷、砖	~0.75	~0.76	6.0~10.0	冰(−10℃)	2.05	1.6	~5.3
玻璃	0.80	0.80	4~11.5	空气(常温)	1.02	0.023	

水的导热系数是空气的20倍,材料吸水或吸湿后,其导热系数会增大,含水率越大,其导热系数也越大。

2. 比热容和热容

材料因温度升降会吸收或放出热量,材料的这种性质用热容或比热容表征。

① 热容 热容是指材料在温度升降1K时吸收或释放的热量。如果建筑物的围护结构的热容较大,室内温度变化幅度会小于外界气温变化变化幅度。

② 比热容 比热容是单位质量材料在温度升降1K时吸收或释放的热量,它是材料的本征性能,与材料的组成和结构密切相关。如表1.3所示,水的比热容较大,钢、铁的比热容较小。

3. 线膨胀系数

大多数材料会发生热胀冷缩现象。如果不发生相变,材料受热膨胀就只与温度变化有关,材料随温度变化而发生体积变化的特性一般用线膨胀系数来表征。线膨胀系数 α 定义为温度每变化1℃所引起材料线长度的相对变化值:

$$\alpha = \frac{\Delta l}{l_0 \cdot \Delta T} \tag{1.16}$$

式中 α——材料的线膨胀系数,1/℃;

Δl——材料试件的长度变化值,m;

l_0——材料试件的初始长度,m;

ΔT——材料试件的温度变化值,℃。

材料的线膨胀系数与其组成和结构有关,如上述表1.3所示,钢材、混凝土和岩石的线膨胀系数很相近,而木材和高分子材料的线膨胀系数较大。在工程应用中,对于体积较大的构件或构筑物,必须考虑其热胀冷缩现象的不利影响。

1.2.4 材料的电学和光学性质

1. 导电性

物质内部存在的带电粒子(离子、电子或空穴等,统称为载流子)的移动导致了材料的导电,材料的导电能力可由其电阻率或电导率来度量。材料的电阻(R)或它的倒数——电导(G)与其面积(S)和厚度(d)间有如下关系:

$$R = \frac{\rho d}{S} = \frac{1}{G} = \frac{d}{\sigma S} \tag{1.17}$$

式中 ρ——电阻率,$\Omega \cdot cm$;

σ——电导率,S/cm。

电阻率和电导率是材料的本征特性,根据电导率大小,将材料划分为绝缘体、半导体、导体和超导体。材料的电导率与其化学组成、晶体结构和应力状态等有关。金属材料是金属键晶体,电导率较大,是电导体;大多数无机非金属材料是离子键或共价键晶体,电导率较小,是不良电导体或绝缘体;高分子材料均是共价键大分子链的聚集体,电导率小,是电绝缘体。但某些具有特殊结构的高分子材料,其电导率小,可作导电材料,如掺杂聚乙炔。

2. 光学性质

当频率为 $4.2 \times 10^{14} \sim 7.5 \times 10^{14}$ Hz 的可见光照射到固体上,会出现反射、折射、透过和吸收等现象。被反射、透过和吸收的光能与入射光能之比分别称为反射率、透过率和吸收率,能透过大部分可见光的材料表现为透明,如普通玻璃和有机玻璃等;光透过时发生漫散射的材料表现为半透明等,如磨砂玻璃、压花玻璃;可见光透过率极小火不透过的材料表现为不透明,如金属材料,混凝土等。材料的折射率定义为光速与光线在材料中传播速度之比,它与材料中原子的电子极化有关,电子极化程度愈高,光速愈慢,折射率愈大。普通玻璃和有机玻璃的折射率相近,约为 1.5,因此,用玻璃纤维增强有机玻璃可制成透明复合材料。

在白光照射下,材料的颜色是由反射光波长决定的,当发射光以某种波长的可见光为主要成分时,就呈现该波长可见光颜色,如黄铜呈黄色、钛白粉呈白色等。光泽是指材料表面对可见光的反射能力,以其在正反射方向相对于标准表面反射光量的百分率——光泽度表示。

1.3 材料的力学性质

材料的力学性能是指材料在不同环境(温度、介质、湿度)下,承受各种外加载荷时所表现出的力学特征,外加载荷主要有拉伸、压缩、弯曲、扭转、剪切、冲击、交变应力等,如图 1.11 所示。工程材料的力学特征有脆性、韧性、弹性、塑性、强度、硬度、延展性和疲劳强度等。

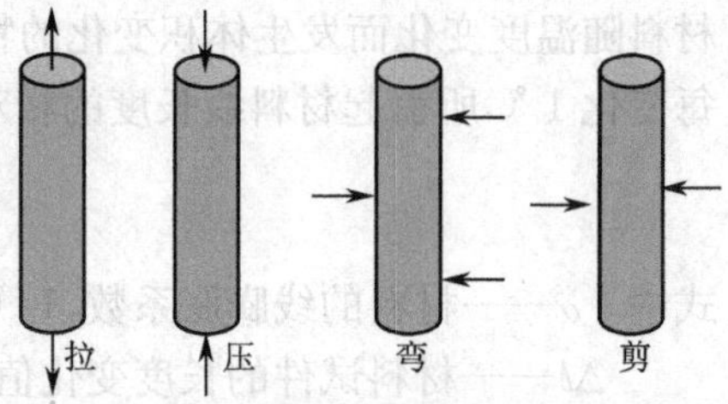

1.3.1 外加载荷作用下材料的行为

外加载荷作用下材料会发生变形和破坏。

图 1.11 四种荷载的作用形式

作为对外加载荷作用的响应,所有材料都会发生几何形状和尺寸的变化,发生变形。如果外加载荷撤除后,材料发生的变形可完全恢复,这种变形称为弹性变形,弹性变形达到最大值时为材料的弹性极限。如果外加载荷撤除后,材料发生的变形一部分可恢复,另一部分不可恢复成为永久变形,不可恢复的变形称为塑性变形。

外加载荷作用下,材料变形达到一定值时,材料会发生失效或破坏,其形式有屈服和断裂。如果外加载荷作用使材料试样或构件分裂成若干段或碎块,即发生断裂行为;如果材料试样或构件未发生断裂,但其承载能力下降并持续产生塑性变形,即发生屈服行为。

1. 应力—应变曲线

外加载荷作用下,材料在其力作用方向上产生的单位长度上的变形称为应变,材料一旦产生应变,其内部各部分间会产生相互作用的内力,材料截面单位面积上的内力称为应力。一般通过测试材料的应力—应变曲线来研究材料力学行为,这是一种应用极广的力学试验方法。

以拉伸试验为例,如图 1.12 所示,在拉力试验机上将试件沿纵轴方向以均匀的速度拉伸,直至试件屈服或断裂。试验过程中连续测量施加于材料试件上的外力 F 和相应标线间长度的拉伸量($\Delta l = l - l_0$),如果试件初始截面积为 A_0,标距间初始长度为 l_0,则可分别用公式

(1.18)和公式(1.19)定义材料的工程应力σ和工程应变ε：

$$\sigma = \frac{F}{A_0} \quad (1.18)$$

$$\varepsilon = \frac{\Delta l}{l_0} \quad (1.19)$$

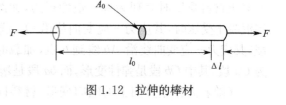

图1.12 拉伸的棒材

以应力σ作纵坐标，应变ε做横坐标，绘制应力随应变的变化曲线，即得材料拉伸时的应力—应变曲线。土木工程材料种类繁多，其应力—应变曲线也呈现多种多样的形状，根据拉伸应力—应变曲线形状，大致可分为五种力学特征：a 硬而脆、b 硬而韧、c 硬而强、d 软而韧和 e 软而弱，其应力—应变曲线及其特征如图1.13所示。

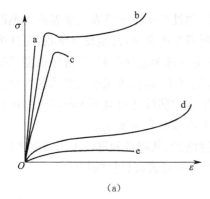

(a)

	变形	特征	模量	屈服	典型材料
a	小	硬而脆	高	没有	天然岩石
b	大	硬而韧	高	明显	碳素钢
c	小	硬而强	较高	不明显	混凝土
d	大	软而韧	低	不明显	硬质塑料
e	大	软而弱	很低	不明显	沥青

(b)

图1.13 应力—应变曲线的类型和特征

2. 弹性与塑性

外加载荷作用下材料产生的变形在弹性变形范围内，表现为弹性行为。工程材料的弹性行为有线弹性和非线弹性两种：在弹性变形范围内，应力与应变之比为常数，即应力-应变呈直线关系，称为线弹性行为；在弹性变形范围内应力与应变之比不是常数，但却是连续变化的，称为非线弹性行为，如硫化橡胶的弹性行为。在线弹性范围内，应力σ与应变ε间关系遵循虎克定律，两者的比值称为弹性模量(又称杨氏模量)E，用公式(1.20)表示。

$$E = \frac{\sigma}{\varepsilon} \quad (1.20)$$

物理意义上，弹性模量是材料抵抗弹性变形能力的度量，它反映了材料的刚度。弹性模量大，材料在外加载荷作用下弹性变形量较小，则刚度高。弹性模量与材料中原子间结合键能—原子间距曲线形状有关，该曲线陡峭且高的材料具有高弹性模量。以共价键或共价—离子混合键结合的大多数陶瓷质材料，其弹性模量高，如金刚石、氧化铝等；以金属键结合的金属材料，弹性模量较高；无定形的热塑性聚合物，由于大分子链间的次价键力较弱，其弹性模量较低。但是，当大分子链沿着应力方向整齐排列时，聚合物也具有较高的弹性模量，如高弹性模量的聚乙烯纤维。

当应力超过材料的弹性范围或弹性极限的临界值时，材料屈服并产生塑性变形，即呈现塑性行为。材料发生塑性变形时，其应力—应变曲线不再是线性关系，也不再遵循虎克定律。

大多数材料呈现弹—塑性行为，既产生弹性变形又产生塑性变形。例如，建筑钢材在拉伸应力较小时呈弹性行为，当应力增大超过弹性极限时，呈塑性行为，随后呈应变强化直至破坏。

混凝土材料受压时表现为弹—塑性行为,如图 1.14 所示,当混凝土受压时,其应力—应变曲线沿 OA 线到 A 点后卸载,其应力—应变曲线沿 Ab 线到 b 点,加载时的总变形量为 Oa 段,其中 Ob 段是弹性变形,而 ba 段是塑性变形。

伴随着力作用方向上的轴向变形,材料同时在垂直于力作用方向上也会产生径向或横向变形,相应地有径向或横向应变。材料横向应变与轴向应变绝对值的比值称为泊松比,它是无量纲数,大多数材料的泊松比在 0.20~0.35 之间。

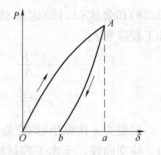

图 1.14　混凝土的应力—应变曲线

3. 脆性与韧性

①脆性断裂　外加载荷作用下,材料没有明显屈服、塑性变形很小就发生断裂称为脆性断裂,其应力—应变曲线如图 1.13 中曲线 a 所示。脆性断裂发生迅速,甚至没有预兆,而且可能发生于各种材料中。一般来说,主要发生脆性断裂的材料常称为脆性材料,其抗压强度比抗拉强度高几倍甚至几十倍,例如,烧结砖、天然岩石、陶瓷、混凝土、铸铁等属于典型的脆性材料。

②韧性断裂　外加载荷作用下,材料发生屈服,产生较大塑性变形且可吸收较大能量后再断裂称为韧性断裂,其应力—应变曲线特征如图 1.13 中曲线 b 和 d 所示。

③韧度　大多数材料即可发生韧性断裂也可呈脆性断裂,其脆性和韧性可用韧度来度量,材料试件受力作用时,测得的应力—应变(σ-ε)曲线下的面积可表征材料的韧度 T:

$$T = \int_0^{\varepsilon_f} \sigma d\varepsilon \tag{1.21}$$

式中　T——材料的韧度,J/m^3;

ε_f——材料断裂时的应变量,mm/mm。

由公式(1.21)可知,应力—应变曲线下的面积愈大,韧度愈大,如图 1.13 中 b 所示。因此,韧度与材料的强度和塑性变形能力——延展性有关,强度高、延展性较大材料的具有高韧度,高韧度材料通常称为韧性材料,如金属材料、尼龙等。

材料的韧度与应变速率(加荷速度)、内部缺陷和温度有关。基本规律是:材料韧度随应变速率增加或温度降低而减小;材料内部缺陷会降低其韧度。例如,有些金属材料在静力作用下可能有满意的韧度,但受冲击力作用或低温时,韧度较小,甚至可能呈脆性断裂。

④冲击韧度　材料在冲击载荷瞬时作用下吸收的能量称为冲击韧度,也称冲击强度,冲击强度一般采用摆锤冲击试验测定,如图 1.15 所示。摆锤冲断试样所作的冲击吸收功 A_k 与试样横截面积 S 的比值,即为材料的冲击强度,用 α_k 表示,单位为 J/m。材料的冲击强度与温度有关,为了检验材料冲击强度对温度的敏感性,一般在不同的温度下分别测定材料的冲击强度,得出材料的冲击强度—温度曲线。典型的钢材冲击强度—温度曲线如图 1.16 所示,可以看到,低温时,冲击强度较低,呈脆性断裂;高温时,冲击强度较高,呈韧性断裂。由韧性断裂转变为脆性断裂时的温度称为脆点温度,是材料选择时需要考虑的重要参数。

⑤断裂韧度　任何材料内部均存在裂缝或微裂纹等缺陷,缺陷会引起应力集中。在弹塑性条件下,当应力集中导致的应力场强度因子(K)达到某一临界值时,材料内部裂纹便失稳扩展而导致材料在低应力水平下发生断裂,这个临界或失稳扩展的应力场强度因子称为断裂韧度。它反映了材料抵抗裂纹失稳扩展即抵抗脆断的能力,是材料力学性能的指标之一。常用预制裂缝的材料试件测试,有关这些内容可参考相关书刊。

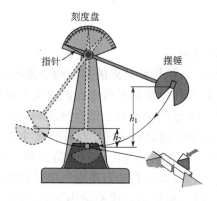
图 1.15　单摆冲击试验机

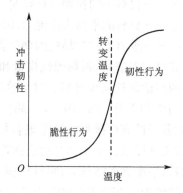
图 1.16　材料韧性与温度的关系

1.3.2　材料的静力强度

1. 强度试验与静力强度

在拉伸、压缩、弯曲和剪切等静载荷作用下,材料抵抗永久变形或断裂的能力称为静力强度,分别简称为抗拉、抗压、抗弯和抗剪强度,分别由材料试件的相应静力试验测量。一般制作或成型具有规定几何形状和尺寸的材料试件,在万能材料试验机上,通过相应的夹具和支撑方式,以一定的加载速率对试件施加拉伸、压缩、弯曲或剪切的静荷载,记录荷载与变形(或应力与应变)值,再由表 1.4 所示的相应强度计算公式,分别计算得出材料试件的抗拉、抗压、抗弯和抗剪强度值。

表 1.4　静力强度的计算公式

强度类别	计算公式	强度类别	计算公式
抗拉强度	$f_t = \dfrac{F}{A}$	抗弯强度	$f_z = \dfrac{F}{A}$
抗压强度	$f_y = \dfrac{F}{A}$	抗剪强度	$f_b = \dfrac{3FL}{2bd^2}$

式中　F——试件破坏荷载,N;A——试件受力面积,mm²;L——弯曲试件的跨距,mm;b——弯曲试件的宽度,mm;
　　　d——弯曲试件的高度,mm。

2. 材料的理论强度

原则上,在给定试验条件下,任何材料静力强度均有一个上限值,称为理论强度。当采用很细的晶须单晶或表面非常光滑的完整单晶作为材料试件时,可测得接近于该材料理论强度的最高强度。对任一材料而言,试件的制备与测试均很困难。另一方面,理论上,可应用量子力学和量子统计力学方法计算给定试验条件下材料的理论强度,但因缺乏组成材料的原子间力的详细信息和计算过程的复杂性,这种理论计算也难以实现。因此,一般由材料的其他物理性能来估算其理论强度。例如,依据材料垂直于拉伸轴的平面间距 a_0、平衡表面能 γ 和相应的杨氏模量 E,可由 Kelly 公式(1.22)估算固体材料单轴拉伸时的理论抗拉强度:

$$f_t = \sqrt{\dfrac{E\gamma}{a_0}} \tag{1.22}$$

式中　f_t——材料的理论抗拉强度,MPa;

E——材料轴向拉伸弹性模量,MPa;

γ——材料的平衡表面能,J/mm²;

a_0——垂直于拉伸轴向的两平面间平衡距离,mm。

公式(1.22)表明,材料弹性模量和平衡表面能愈大,被拉伸分离的平面间平衡距离愈小,则材料的理论抗拉强度愈高。对于单晶材料来说,其弹性模量和平衡表面能取决于组成原子间作用力或相互作用能,因此,单晶材料的理论拉伸强度取决于原子结合键能和键长。对于C—C大分子链有序排列的晶态聚合物材料,其沿大分子链取向上理论拉伸强度主要取决于C—C键能和键长。对于多晶材料而言,其强度取决于晶粒间相互作用力或晶界面的界面能。晶粒越系,平衡界面能越大,则材料理论强度越高。例如,金刚石和石英玻璃单晶的理论拉伸强度分别约为 $2.05×10^5$ MPa 和 $1.6×10^4$ MPa。所以,材料的组成和结构不同,其理论强度也不同。

3. 材料的实际强度

实际上,因多种原因所致,材料的实际强度远低于其理论强度,其一,受外加载荷作用时,材料内部产生复杂应力场,不同方向的应力不尽相同。当某一方向产生的应力值达到极限应力时,即发生破坏,但破坏方向不一定是外力作用方向,而可能发生在最易破坏的方向,导致测得的实际强度低于理论强度;其二,材料的加工制备和成型过程会使其内部存在一些缺陷,如晶格缺陷(位错、空位等)、裂纹、杂质、孔隙、孔洞等,这些缺陷会显著降低材料的强度。例如,金属材料中晶格的刃型位错会在较低的外力作用下沿滑移面发生滑移,降低屈服强度,并产生较大塑性变形;再如,当轴向荷载施加于一块均匀截面的材料时,正应力将均匀分布于横截面上。如果在材料中钻个孔,应力分布就不再均匀,孔周边分布的应力最高,即产生应力集中现象,导致材料在较低应力水平下破坏。材料内部存在的微裂纹、裂缝、孔隙、杂质、孔洞等缺陷,均会导致应力集中而降低材料的强度,因而,多孔材料的强度随孔隙率增加呈指数函数降低。所以,提高材料密实性可以显著提高材料的强度。

4. 材料强度测试值的分布

由于多种因素的影响,不同材料试件的强度测试值会有不同,即材料强度测试值是离散的。大量试验证明,同种工程材料但不同试件的强度测试值一般符合正态分布,即平均值出现的概率最大,而最大值或最小值出现的概率最小,如图 1.17 所示。

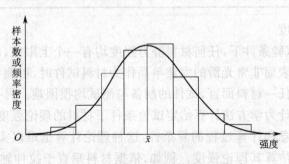

图 1.17 混凝土强度测试值的正态分布

因此,可以采用数理统计方法,得到工程设计和施工所需的材料实际强度取值。

1.3.3 其他力学性能

工程应用中还需了解材料其他重要力学性能,例如,硬度、抗疲劳强度和徐变。

1. 硬度

材料表面抵抗局部变形的能力称为硬度,这种变形可能来自压痕、刮擦、切削等。对于金属、陶瓷和大多数塑料而言,主要是表面塑性变形;对于弹性体和某些聚合物,主要是表面弹性变形。材料的硬度可由许多方法测定和表征,最常见的有压痕硬度、冲击硬度、回弹硬度、刻痕硬度等。金属材料多用压痕硬度表征,岩石矿物则多用刻痕硬度表征。

硬度是材料的屈服强度、纯拉伸强度、模量和其他性质等综合性能的度量,因此,硬度测量广泛用于材料的质量检验和控制。例如,利用硬度与其他力学性能间的相互关系,通过硬度测试可大致推算材料的其他力学性能。如混凝土构件强度非破损检测中的回弹法,就是用混凝土回弹硬度推算混凝土抗压强度。

2. 疲劳性能

疲劳是材料或构件主要破坏机理之一,在动荷载或循环应力作用下,材料内部会产生疲劳裂缝,并导致材料因"疲倦"而在低于材料设计强度的应力时发生破坏。用抗疲劳强度表征材料抵抗动荷载或循环应力作用的能力,疲劳强度定义为材料产生疲劳裂缝并且使之扩展到临界尺寸所需的荷载循环作用次数,荷载循环次数越大,材料的抗疲劳强度越高。

材料疲劳破坏的特征是疲劳裂缝的引发与扩展是缓慢的,而断裂是迅速的,其过程包含三个阶段:裂缝产生、缓慢而稳定的裂缝扩展和迅速断裂。提高材料抗疲劳强度的关键是抑制或减缓疲劳裂缝的引发和扩展,材料疲劳裂缝的引发与多种因素有关,如荷载周期、峰值应力、循环作用次数、腐蚀、温度、杂质、表面粗糙度和残余应力等。所以,材料表面粗糙或有缺损、刮痕和其他应力集中点以及加工处理时的残余应力均将降低其抗疲劳强度。

3. 徐变

徐变是材料在恒定荷载作用下发生的随时间的变形,对于聚合物材料和沥青材料,又称为蠕变。当徐变达到一定值时会引起材料的失效,这称为徐变(蠕变)破坏。

大多数材料会在低于屈服强度的应力下发生或大或小的徐变(蠕变),刚度较大的材料,其徐变或蠕变较小。使用过程中材料或构件的徐变还受应力水平和温(湿)度的影响,因此,材料或构件的徐变通常在恒定应力和恒定温湿度条件下测量,得出变形或应变随时间的变化曲线——徐(蠕)变曲线。徐变曲线常呈现三个阶段,初始阶段的徐变速率很快;第二阶段的徐变速率逐渐减慢直到接近一个恒定值,这个恒定徐变速率称为最小徐变速率或稳态徐变速率;第三阶段,徐变速率再次增加直至破坏。

1.4 材料的耐久性与安全性

工程设施使用过程中,材料与环境因素的相互作用会导致材料或构件的外观和使用性能随时间发生劣化或衰变。外观劣化现象主要有几何形状与尺寸改变、褪色、开裂、酥松和剥落等,材料使用性能的衰减主要有强度与弹性模量降低、表面硬度减小、渗透性增大、构件承载力下降等。材料外观劣化和性能衰减是环境因素和材料自身因素间相互恶性循环作用的结果,其作用机理包括物理作用、化学作用和生物作用等。

土木工程材料的耐久性定义为:在长期使用过程中,材料抵抗其自身与环境因素的相互作用,能持久保持其外观和使用性能不变的能力。材料的耐久性能对于各种构筑物或工程设施的服役寿命与安全性至关重要。对于不同种类的材料,因其组成与微结构及其对环境因素的敏感性不同,其劣化形式与机理也不同,其耐久性就有不同的含义和评价指标。

1.4.1 材料的耐磨性

两相互接触的固体发生相对运动时，产生的摩擦力可引起表面磨损。磨损被定义为由于机械作用引起的表面材料的磨耗或剥落，材料表面抵抗磨损的能力称为耐磨性。

材料的磨损机理有黏着磨损、磨料磨损和腐蚀磨损等。因粗糙表面相互接触而产生的高局部应力引起的表面划痕、擦伤或摩擦等磨损，称为黏着磨损；因"夹馅"在两滑动固体表面间粒子的作用引起的磨损称为磨料磨损；因化学和力学的协同作用引起的磨损称为腐蚀磨损。所以，材料的耐磨性取决于抗剪强度、表面硬度、韧性和抗腐蚀性等性能，还与材料表面粗糙度、磨料与腐蚀介质特性等因素有关。使用润滑剂和表面硬化处理可减小材料的磨损。

材料的耐磨性可由多种方法来测定和表征，例如，在交通工程中常用磨耗法测量路面材料耐磨性，以一定摩擦行程下单位面积或单位质量的材料试件因磨损而减少的质量——磨耗率表征。摩擦行程（时间）愈长，磨耗率愈大；一定行程下磨耗率越小，材料的耐磨性越好。

材料的耐磨性取决于材料的组成和结构与构造。在公路、铁路、地面、大坝的溢流面等工程施工中，应选用耐磨性好的材料。一般来说，硬度大的材料耐磨性较好。

1.4.2 无机非金属材料的耐久性

水泥混凝土、烧结砖、陶瓷、石膏等无机非金属材料是多孔性材料，其物相主要是无机矿物，因此，导致其外观劣化和性能衰减的主要环境因素是水及其携带的有害物质和温度变化，材料自身因素是其孔隙率与孔隙特征以及所含对水或一些对化学物质敏感的物相。

1. 作用机理与劣化形式

无机非金属材料一般是亲水性材料，水通过孔隙渗入材料内部后，主要发生由以下作用引起的劣化和性能衰减现象：

(1) 水的"软化"与溶解作用

水可削弱矿物相间作用力或引起矿物晶体间接触点溶解，或将溶解度较低的物相溶出，导致材料发生强度与弹性模量降低，表面软化等劣化现象。一般用软化系数（K_w）作为材料抵抗水作用的能力——耐水性的评价指标，由公式（1.23）计算：

$$K_w = \frac{f_饱}{f_干} \tag{1.23}$$

式中 $f_饱$——材料在吸水饱和状态下的抗压强度，MPa；

$f_干$——材料在干燥状态下的抗压强度，MPa。

K_w值的变化范围为0～1，K_w值愈小，材料的耐水性愈差。软化系数可作为选择材料的依据之一，位于水中或潮湿环境中的构筑物，其所用主要结构材料的软化系数应不小于0.85～0.95；次要结构或不常接触水的构筑物，所用材料的软化系数应不小于0.75～0.85。

(2) 水的"冻融循环"破坏作用

当环境温度降到0 ℃以下时，渗入材料内部孔隙中的水转变为冰，因体积膨胀9%和冰与水蒸气压差产生的内压力作用，孔缝会扩展，孔隙率增加。经多次冻融循环，材料会出现表面开裂与剥落、强度与弹性模量降低等劣化现象。

工程上常用抗冻等级来表示材料的抗冻性，材料在一定条件下经受冻融循环而不被破坏的次数愈大，抗冻等级愈高，抗冻性愈好。

(3) 水携带有害物质的化学作用

当环境水中含有酸、碱、盐等有害物质时，它们会在浓度梯度的驱动下随水通过扩散或迁移进入材料内部，与材料中对这些有害物质较敏感的物相发生化学反应，产生新的物相，从而导致材料组成与微结构改变，并引起材料发生开裂与剥落、强度与弹性模量降低等劣化现象。例如，混凝土的硫酸盐侵蚀、酸雨侵蚀等。一般用抗化学侵蚀性能来评价材料在这种环境下的耐久性。

2. 影响因素

(1) 抗渗性

环境水介质只有渗入材料内部才能发生上述侵害作用，因此，材料的渗水性越大，则抗水或水溶液侵害的能力越差。一般用抗渗性表征材料抵抗压力水介质渗透的能力，材料的抗渗性用渗透系数(K)表示，可按公式(1.24)计算：

$$K = \frac{Q}{A \cdot t} \cdot \frac{d}{H} \tag{1.24}$$

式中 Q——透水量，cm^3；

　　　d——试件厚度，cm；

　　　A——透水面积，cm^2；

　　　t——试验时间，h；

　　　H——静水压力水头，cm。

渗透系数愈小，材料的抗渗性愈好。混凝土常用抗渗等级表示其抗渗性大小，其值是用标准试件不透水时所能承受的最大水压力表示(详见第3章)。抗渗等级愈高，抗渗性能愈好。材料的抗渗性与孔隙率和孔隙特征密切相关，孔隙率大且孔径大，并连通开口时，材料的抗渗性差；孔隙率小、孔隙封闭不连通，则材料的抗渗性好，如图1.18所示。

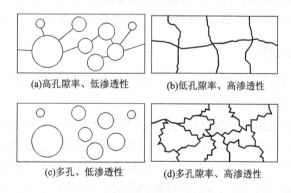

图 1.18 孔隙率、孔隙特征与渗透性的关系

(2) 外部环境因素

这些因素包括水的压力、温度、水中有害物质的种类与浓度等。在《混凝土结构耐久性设计规范》中，根据这些因素的作用强弱，将其划分为若干环境因素作用等级。

所以，在水介质作用下，无机非金属材料耐久性不但取决于组成、孔隙率和孔隙结构特征，而且还与环境因素作用等级有关。

1.4.3 金属材料的耐久性

在使用过程中，金属材料的劣化主要是由化学或电化学腐蚀以及应力腐蚀引起的，其劣化形式是由表及里的锈蚀，这导致有效承载面积减小和应力集中，承载力下降等。

金属腐蚀是一个常见的自发过程,大多数活泼的单质金属在自然环境下是不稳定的,会自发地转变为更稳定的化合物。例如,铁是相当活泼的金属,在潮湿和有氧环境中易发生腐蚀,形成自然稳定状态的氧化铁或氢氧化铁,因而,铁的最常见腐蚀产物——铁锈是不同氧化态的氧化物、氢氧化物的混合物。

建筑钢材的腐蚀主要是氧化—还原反应的电化学过程,一般用电化学腐蚀速率和腐蚀电流来表征其抗腐蚀性。其抗腐蚀性与多种因素有关,例如钢材的组成、热处理和材料的应力状态、电解质的组成、阳极与阴极间的距离、温度、保护性氧化物和涂层等(详见第5章)。

1.4.4 有机材料的耐久性

沥青、工程塑料、合成橡胶与纤维等有机材料是憎水性且抗化学侵蚀性很强的材料,因此,一般来说环境中的水和侵蚀性物质对其影响较小。但这些材料受大气环境中的光、热、氧的作用会发生老化现象,其主要机理是在光、热和氧的作用下,大分子链发生降解,生成一些小分子或极性基团,从而导致有机材料发生组成与结构改变,强度与弹韧性下降,外观褪色与龟裂等老化现象。此外,这些有机材料的力学性能和尺寸稳定性对温度比较敏感,温度的循环变化也会导致材料开裂和性能下降。木材所含的纤维素、半纤维素和木质素等有机化合物是一些虫类或菌类等生物的养料,因此,木材常受到虫类或菌类等的侵蚀引起性能下降和腐朽变质。

一般以耐候性或抗老化性表征有机材料的耐久性,用模拟自然环境条件的耐候试验箱进行试验,经一定老化时间后,测试材料的强度、延伸率等性能的损失率作为耐候性评价指标。

工程材料的耐久性是一个综合性质,现代土木工程对材料耐久性的要求愈来愈高,提出以耐久性作为设计指标的工程也愈来愈多。因此,材料的选择和质量评定也常以其强度和耐久性指标为依据。在一定的环境条件下,合理选择材料和正确施工、及时维护,可以提高材料的耐久性,延长工程设施的使用寿命,降低维修费用,以获得显著的社会与经济效益。

1.4.5 材料的安全性

材料的安全性是指在生产与使用过程中,材料是否会对人的生命与健康造成危害的性能,包括卫生安全和灾害安全。

卫生安全问题包括无机非金属材料所含的放射性和有机材料中的易挥发物等。天然放射性是指天然存在的不稳定原子核能自发释放的对人体有害的 α、β、γ 等射线,这些射线被人体吸收并达到一定程度时,就会引起生物化学反应使机体受损伤,如急慢性放射病、癌变或遗传疾病等。国家标准规定,在检验土木工程材料制品时,用对比活度和 γ 照射量率来评定材料的放射性,其放射性必须是在安全范围内,否则,不得用于建筑物中。有机材料中的有害物质主要指所含的可挥发或溢出,且对人体有害的有机物,如四氯乙烯、三氯乙烯、甲苯、甲醛以及多环芳烃等。这些物质挥发在环境中,被人体摄入过量就会引发疾病,甚至威胁生命。

材料的灾害安全性是指在突发灾害情况下,土木工程材料是否对人体健康造成危害的性能,包括可燃性、可爆性等。有机材料一般属可燃性材料,在建筑物中使用受到一定限制。

习　题

1. 请举例说明材料的状态、组成、结构或构造的含义。
2. 请设计一套试验方法,分别测量天然卵石的密度、表观密度和堆积密度。
3. 某多孔材料的密度为 2.59 g/cm^3。称得其试样干燥时质量为 873 g,体积为 480 cm^3;

吸水饱和并擦干表面水分后，其质量为 972 g。请求其质量吸水率、闭口孔隙率及开口孔隙率。

4. 孔隙率及孔隙特征如何影响材料的强度、抗渗性和导热性？
5. 试述材料的弹性、塑性、脆性和弹性模量的意义？
6. 材料的耐水性、吸水性、吸湿性、抗冻性和抗渗性的含义是什么？各用什么指标表示？
7. 材料的导热系数、比热容和热容与建筑物的使用功能有什么关系？
8. 影响材料强度试验结果的因素有哪些？强度与强度等级是否不同，试举例说明。
9. 为什么金属材料强韧、无机非金属材料硬脆、高分子材料延展性大而强度较低？
10. 为什么材料类别不同，其耐久性的评价方法和指标不同？

创新思考题

1. 材料的孔隙率和孔隙特征对材料的许多性能有较大影响，请设想一种降低其不利影响的方法，并阐明其机理。
2. 无机材料的力学特征一般是脆性，请设想一种改善无机材料脆性的方法，并说明其改善机理。

第 2 章 无机胶凝材料

2.1 概　　述

凡能经过一系列物理、化学作用由浆体变成坚硬固体,并能将散粒、块、片和纤维状材料胶结成整体的物质,统称为胶凝材料。作为一类重要的工程材料,为满足各种构筑物和基础设施建造的要求,胶凝材料应具有如下基本特性:

①流变性　施工时,是液态流体或可塑浆体；
②胶凝性　一定条件下,能凝结硬化成具有胶结力和强度的固体；
③稳定性　服役过程中,能长久保持其外观、组成、结构和性能。

胶凝材料主要由胶凝物质构成,按胶凝物质的化学组成,一般可分为无机胶凝材料、有机胶凝材料和复合胶凝材料。

(1)无机胶凝材料以无机胶凝矿物为主要成分,又称为矿物胶凝材料,如石膏、石灰和各种水泥等。胶凝矿物粉末与水混合形成可塑浆体,通过胶凝矿物的水化反应及其水化物间物理化学作用产生胶凝性。根据其特性,分为气硬性胶凝材料和水硬性胶凝材料。

①气硬性胶凝材料　其胶凝矿物及其水化物的水溶性较大,在水中胶凝性差或没有胶凝性,只在空气中才能较好地凝结硬化并发展和保持其胶凝性,如石膏、石灰等；

②水硬性胶凝材料　其胶凝矿物与水反应形成耐水性水化物,在水和空气中均有良好胶凝性,而且在水中能更好地凝结硬化,并发展与保持其胶凝性,如硅酸盐水泥、铝酸盐水泥等。

(2)有机胶凝材料由有机胶凝物质构成,主要成分是天然或合成的高分子化合物,如石油沥青、合成树脂等。合成树脂又分为热塑性和热固性两种,沥青与热塑性树脂加热到熔融态,产生流动性,冷却后通过大分子链间的物理作用产生胶凝性；热固性树脂或自身就是液态或用溶剂溶解成液态树脂,通过大分子链间的化学交联反应产生胶凝性。

(3)复合胶凝材料由无机化合物或矿物和有机化合物复合构成,通过两者之间的物理作用和化学反应,形成有机—无机复合物而产生胶凝性,例如,合成树脂与硅酸盐矿物复合而成的补牙水泥、水泥—沥青复合胶凝材料等。

胶凝材料可以用于各种砂浆、混凝土材料和建材制品的制造,是一种基本土木工程材料。本章将重点叙述石膏、石灰、水玻璃、各种水泥等无机胶凝材料的组成与制备、凝结硬化机理、性能及其检测方法和工程应用等方面的知识。

2.2 气硬性胶凝材料

2.2.1 石　　膏

石膏(Gypsum)是指主要含二水硫酸钙($CaSO_4 \cdot 2H_2O$)的固体物。自然界存在的二水硫酸钙矿物称为天然石膏,简称生石膏或石膏,它是一种外观呈白、浅黄、浅粉红至灰色的透明或半透明的板状或纤维状晶体,其密度约为 2.32 g/cm³,莫氏硬度约为 2,质地较软。另一种无水硫酸钙含量占 80% 的天然矿物称为无水石膏,因其质地较硬又称硬石膏,其密度为 2.9~3.0 g/cm³,莫氏硬度为 3~4。我国天然石膏矿分布很广,蕴藏量丰富,已探明储量约为 52 亿 t。

化学工业采用硫酸法由一些天然矿石(如磷灰石、萤石等)制备重要化工原料时,会产生以二水硫酸钙为主要成分的副产品,称为化学石膏。如由天然磷灰石与硫酸反应,湿法制取磷酸的副产物称为磷石膏,此外还有氟石膏、硼石膏等。采用"湿式钙法"工艺脱除煤电和炼钢工业所排烟气中的 SO_2 气体时,产生的主要含二水硫酸钙的副产物,称为脱硫石膏。

土木工程中应用的石膏胶凝材料(Gypsum Plaster 或 Plaster of Paris)是以天然石膏、化学石膏或脱硫石膏等为原料经适当工艺制备的粉末材料,其组成取决于制备工艺和方法。

1. 石膏胶凝材料的种类与组成

在一定条件下,二水硫酸钙($CaSO_4 \cdot 2H_2O$)可转变为半水硫酸钙($CaSO_4 \cdot 0.5H_2O$)和无水硫酸钙($CaSO_4$)等多种物相,其中,半水硫酸钙有 α 型($\alpha\text{-}CaSO_4 \cdot 0.5H_2O$)和 β 型($\beta\text{-}CaSO_4 \cdot 0.5H_2O$)两种晶型;无水硫酸钙有三种晶型,分别是 AⅢ-$CaSO_4$、AⅡ-$CaSO_4$ 和 AⅠ-$CaSO_4$。这些物相间的相互转变受温度、压力、湿度和杂质的影响,比较复杂。结晶水含量和晶型不同的硫酸钙,其性能有较大差异。在大气环境中,二水硫酸钙最稳定;α 型和 β 型半水硫酸钙的水化活性较大,水中溶解度较高;AⅢ型无水硫酸钙可溶于水,而 AⅡ型无水硫酸钙难溶于水,甚至不溶于水,但某些激发剂可改善其水溶性或水化活性;AⅠ-$CaSO_4$ 很不稳定,一般不存在。所以,α 型和 β 型半水硫酸钙、AⅢ型无水硫酸钙是石膏胶凝材料的主要组分。

常用石膏胶凝材料品种主要有建筑石膏、α 型高强石膏和抹灰石膏:

①建筑石膏 以 β 型半水硫酸钙($\beta\text{-}CaSO_4 \cdot 0.5H_2O$)为主要成分(不小于 60%),不预加任何外加剂或添加物的粉状胶凝材料,称为建筑石膏,也称熟石膏。

②α 型高强石膏 以 α 型半水硫酸钙($\alpha\text{-}CaSO_4 \cdot 0.5H_2O$)为主要成分的粉状胶凝材料,称为 α 型高强石膏。

③抹灰石膏 以半水硫酸钙和 AⅢ型无水硫酸钙单独或两者混合后作为主要胶凝物质,掺入外加剂制得的抹灰用胶凝材料,称为抹灰(粉刷)石膏。

2. 石膏胶凝材料的制备

石膏胶凝材料的制备工艺简单,且能耗低,主要生产工序有原料破碎、加热处理与磨细。建筑材料行业标准规定,三级及以上的天然石膏可用作石膏胶凝材料的生产原料,化学石膏和脱硫石膏等工业副产石膏经必要的预处理后方能用作生产原料。

①建筑石膏的制备 在 120~180 ℃ 的空气中加热,原料中的二水硫酸钙脱水转变为以 β 型为主的半水硫酸钙混合物,再将热处理后的产物磨成细粉,即制得建筑石膏。

$$CaSO_4 \cdot 2H_2O \xrightarrow{120\sim180\ ℃} \beta\text{-}CaSO_4 \cdot 0.5H_2O + 1.5H_2O \tag{2.1}$$

②α 型高强石膏的制备 一般以二水硫酸钙含量≥85% 的天然二水石膏作原料,采用压蒸法制备。亦即,在饱和水蒸气介质或液态水溶液中,且在 100~150 ℃、0.13 MPa 的压力或转晶剂条件下加热,原料中的二水硫酸钙脱水转变为以 α 型为主的半水硫酸钙混合物,再将热处理后的产物磨成细粉,即制得 α 型高强石膏。

$$CaSO_4 \cdot 2H_2O \xrightarrow{120\sim150\ ℃,\ 0.13\ \text{MPa},\ H_2O,} \alpha\text{-}CaSO_4 \cdot 0.5H_2O + 1.5H_2O \tag{2.2}$$

③抹灰石膏的制备 将半水硫酸钙和AⅢ型无水硫酸钙单独或混合后,再掺入外加剂一起磨细,制得抹灰(粉刷)石膏。

3. 石膏浆体的凝结硬化

在土木工程中,用得最多的是建筑石膏。以建筑石膏为例,说明石膏浆体的凝结硬化,α型高强石膏和抹灰石膏浆体的凝结硬化也与此相似。

大气环境中,建筑石膏与适量水拌和后,形成悬浮浆体。随即,浆体稠度不断增加,逐渐失去流动性而凝结;接着失去可塑性并产生一定强度而硬化为固体;随着固体中水分挥发,强度进一步增长。这就是建筑石膏浆体凝结硬化过程。

建筑石膏浆体的凝结硬化是一个物理、化学过程,其机理可由"溶解-沉淀"理论来解释。简言之,建筑石膏浆体的凝结硬化是半水硫酸钙"溶解"和二水硫酸钙"沉淀"不断交替进行、直至二水硫酸钙晶体三维结构网形成的结果,如图2.1所示。具体地说,半水硫酸钙晶粒在水中溶解(20 ℃时,溶解度约为8.16 g/L),形成Ca^{2+}、SO_4^{2-}离子,溶液很快达到饱和;由于二水硫酸钙的溶解度(约为2.05g/L)为半水硫酸钙的1/4,因此,溶液中离子浓度相对于二水硫酸钙是过饱和,二水硫酸钙呈无定形纳米胶粒很快从溶液中析出,并成核结晶,同时促使半水硫酸钙继续溶解。随着时间进程,溶解—沉淀(结晶)过程不断交替进行,浆体中自由水逐渐减少,二水硫酸钙晶粒不断增多,晶体不断生长,使浆体逐渐变稠并失去流动性——"凝结";其后,纤维状的二水硫酸钙晶体不断形成、生长与连生,并交织成三维结构网,随着晶体三维结构网的不断密实,浆体逐渐失去可塑性变硬,并产生强度——"硬化"。

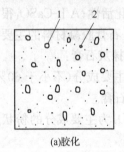 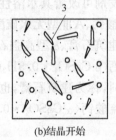 

(a)胶化　　　　　　　　(b)结晶开始　　　　　　　(c)晶体长大与交错

图2.1 建筑石膏凝结硬化过程示意图

1—半水硫酸钙颗粒;2—二水硫酸钙纳米胶粒;3—二水硫酸钙晶核;4—二水硫酸钙晶体的三维结构网

凝结硬化中,建筑石膏中的$\beta\text{-}CaSO_4 \cdot 0.5H_2O$的水化反应可表示为:

$$\beta-CaSO_4 \cdot 0.5H_2O(s) + 1.5H_2O(l) \rightarrow CaSO_4 \cdot 2H_2O(s) \quad (2.3)$$

4. 硬化石膏浆体的组成与结构

硬化石膏浆体的主要组成是二水硫酸钙晶体,其微结构是由长径比较大的纤维状晶体构成的多孔三维网络结构,如图2.2所示。建筑石膏浆体的硬化和硬化后强度的增长主要取决于二水硫酸钙晶体间相互作用、三维结构网的建立和其密实性。当浆体在空气中凝结硬化时,浆体中的水分不但被二水硫酸钙晶体所消耗,而且会向空气中挥发,这有利于二水硫酸钙晶体间的相互作用、密实的三维结构网的建立;相反,若浆体在水中因二水硫酸钙的溶解度

图2.2 硬化建筑石膏浆的微结构

较大,难以建立密实、连续的三维晶体结构网,强度较低。所以,建筑石膏、α型高强石膏和抹灰石膏均是气硬性胶凝材料。

5. 建筑石膏的性质

建筑石膏是白色或淡黄色固体粉末,密度为 $2.69\sim2.76$ g/cm³,堆积密度为 $800\sim1\,450$ kg/m³。

(1)新拌浆体的性能 新拌石膏浆体的稠度(流变性)取决于拌合用水量。建筑石膏浆体标准稠度需水量一般约为粉末质量的 $60\%\sim80\%$。在水中 $\beta\text{-}CaSO_4\cdot0.5H_2O$ 的溶解速度和 $CaSO_4\cdot2H_2O$ 的沉淀与结晶速度均很快,因而,新拌建筑石膏浆体的凝结硬化速度很快,凝结时间很短(见表2.1)。研究表明,建筑石膏浆体的凝结硬化速度早期由二水硫酸钙结晶速度控制,后期由半水硫酸钙溶解速度控制。工程应用中,添加少量的柠檬酸、苹果酸、酒石酸等有机酸,可以显著降低二水硫酸钙的结晶速度,因而,可有效延长建筑石膏浆体的凝结时间。

根据现行国标《建筑石膏》(GB/T 9776—2008),建筑石膏分为 3.0、2.0 和 1.6 等三个强度等级,其物理力学性能应满足表2.1所规定的指标要求。

表2.1 石膏胶凝材料的物理力学性能

种 类	建筑石膏			α型高强石膏			
强度等级	3.0	2.0	1.6	α25	α30	α40	α50
抗折强度(MPa)	≥3.0	≥2.0	≥1.6	≥3.5	≥4.0	≥5.0	≥6.0
抗压强度(MPa)	≥6.0	≥4.0	≥3.0	≥25.0	≥30.0	≥40.0	≥50.0
细 度	0.2 mm方孔筛筛余≤10.0%			0.125 mm方孔筛筛余≤5%			
初凝时间(min)	≥3						
终凝时间(min)	≤30						

注:强度按国标《建筑石膏力学性能的测定》(GB/T 17669.3—1999)测定;细度按《建筑石膏粉料物理性能的测定》(GB/T 17669.5—1999)测定;凝结时间按《建筑石膏净浆物理性能的测定》(GB/T 17669.4—1999)测定。

$CaSO_4\cdot2H_2O(\rho=2.32$ g/cm³$)$的摩尔体积比1个 $CaSO_4\cdot0.5H_2O$ 与1.5个 H_2O 分子的摩尔体积之和约小10%,即,理论上硬化石膏浆体的体积会略有收缩。但因 $CaSO_4\cdot2H_2O$ 晶粒表面吸水能力很强,吸水会导致晶体颗粒间肿胀,因此,当纤维状 $CaSO_4\cdot2H_2O$ 晶体三维结构网建立后,硬化石膏浆体的实际体积会略有膨胀(线膨胀率约为1‰),这使得石膏制品表面光滑细腻、线条清晰,不但具有很好的建筑艺术装饰效果,而且是理想的模具。

(2)硬化浆体的强度 凝结硬化过程中,石膏浆体强度的发展经历三个阶段:首先是二水石膏晶体相互交织的三维结构网形成;然后是针状晶体结晶压产生的内应力释放;最后因剩余水分挥发强度增加。因此,硬化石膏浆体的胶结力与硬化后的强度主要来自晶体三维结构网的形成和晶体交织点的结合力,受水的影响较大。水通过两个方面影响硬化石膏浆体的强度,其一,拌合水量影响其密实性,$\beta\text{-}CaSO_4\cdot0.5H_2O$ 水化形成 $CaSO_4\cdot2H_2O$ 的结合水量为其质量的18.6%,远小于60%~80%的标准稠度用水量,剩余约50%的水占据的空间降低了晶体三维结构网的密实性,剩余水挥发留下大量孔隙;其二,晶体交织点的结合力以次价键力为主,水分子削弱了晶体交织点的结合力。试验证明,硬化石膏浆体的抗折和抗压强度随孔隙率增加呈指数函数降低;当干燥到含水率大于2%时,其抗压与抗折强度变化不大;当含水率降至1%时,其强度增加20%;含水率降至0.5%时,强度增加40%;完全干燥可使强度提高100%。

(3)硬化浆体的耐水性 硬化石膏浆体是亲水性很强的多孔材料,而且二水硫酸钙在水中的溶解度较大,当其处于潮湿环境时,会自发地吸收空气中的水分,使强度降低,在水中强度更低,软化系数仅为 0.30～0.45,所以,石膏制品的耐水性和抗冻性较差。另一方面,当含水率在 50%～2% 之间变化时,其体积不会发生变化;但当含水率在 2%～0 之间变化时,会产生 250 $\mu m/m$ 的可逆变形。因此,当硬化石膏浆体或石膏制品在潮湿环境下,因吸湿而产生较大的变形,导致体积不稳定。所以,石膏及其制品不宜用于潮湿环境。

此外,因硬化石膏浆体含有大量孔隙,其导热性较小,吸声性良好。遇到火灾时,二水硫酸钙脱水,吸收热量,并在表面形成水蒸汽层,所以石膏制品的防火性能较好。但石膏制品不宜长期在高温环境中使用,以免二水硫酸钙脱水或分解而失效。

6. α 型高强石膏和抹灰石膏的性能

与建筑石膏相比,α 型高强石膏是白色的固体粉末;其标准稠度需水量一般约为粉末质量的 30%～40%;虽然 $\alpha\text{-}CaSO_4 \cdot 0.5H_2O$ 的溶解速度小于 $\beta\text{-}CaSO_4 \cdot 0.5H_2O$,但因拌和水量小,新拌 α 型高强石膏浆的凝结硬化速度仍很快;α 型高强石膏凝结硬化后,剩余水较少,硬化浆体密实性较高,其强度远高于建筑石膏。根据行业标准 JC/T2038,α 型高强石膏分为 α25、α30、α40 和 α50 等四个强度等级,其物理力学性能应满足表 2.1 所规定的指标要求。

抹灰石膏分为面层、底层、轻质底层和保温层抹灰石膏等 4 类,其中,面层抹灰石膏的性能与建筑石膏相当,其他抹灰石膏强度较低,详见《抹灰石膏》(GB/T 28627—2012)。

7. 石膏胶凝材料的应用

石膏胶凝材料在土木工程中的应用历史悠久,如古埃及人就用石膏胶凝材料建造金字塔。其主要优点是原料丰富,生产能耗低,对人体和环境无害,并可循环利用等,是一种绿色材料;其主要缺点是强度较低、耐水性较差。通过改性或复合,可以提高其强度,改善其耐水性。

建筑石膏主要用于制造各种建材制品,主要有纸面石膏板、石膏空心条板、纤维石膏板、石膏砌块和石膏装饰制品等。纸面石膏板又可分为普通纸面石膏板、耐水纸面石膏板和耐火纸面石膏板等三种。它们具有隔热、保温、不燃、不蛀、隔声、可锯、可钉、污染小等优点,已大量用于室内的空间分隔和墙面、顶面的装饰装修。

抹灰石膏主要用于室内墙面和顶棚表面装饰抹灰,如面层抹灰石膏、底层抹灰石膏;轻质底层抹灰石膏和保温层抹灰石膏可用于保温墙面的装饰抹灰。

α 型高强石膏广泛用于医用、航空、船舶、汽车、精密铸造、塑料、陶瓷、建筑艺术和工艺美术等领域,制作各种模型,也用于高强的抹灰工程以及装饰制品和石膏板的制造。

工程应用中,石膏胶凝材料的储存要防雨防潮,储存期不宜太长。储存期超过 3 个月后,强度可能会下降 30%。

2.2.2 石 灰

1. 建筑石灰的种类与制备

石灰(Lime)是古老的无机胶凝材料,其主要成分是 CaO 或 $Ca(OH)_2$,以 CaO 为主的称为生石灰,以 $Ca(OH)_2$ 为主的称为消石灰。按其化学组成,建筑石灰分为钙质石灰、镁质石灰、钙质消石灰和镁质消石灰等四类。氧化镁 MgO 含量≤5% 的生石灰或消石灰分别称为钙质石灰和钙质消石灰,MgO 含量>5% 的生石灰和消石灰分别称为镁质石灰和镁质消石灰。

(1)原料及其热分解　以碳酸钙为主要成分的天然岩石,如钙质石灰石、白垩、镁质石灰石等,都可作为制备石灰的原料。石灰的制备包括岩石破碎、煅烧和磨细或消解处理等三个工序。煅烧过程中，原料中的 $CaCO_3$ 在一定温度下发生热分解反应，放出二氧化碳 CO_2 气体，得到以氧化钙 CaO 为主要成分的酥松块状或粒状物，其反应式为：

$$CaCO_3(s) \xrightarrow{898℃} CaO(s) + CO_2(g) \tag{2.4}$$

原料中的 $MgCO_3$ 在一定温度下发生热分解反应，产生氧化镁 MgO 和 CO_2 气体：

$$MgCO_3(s) \xrightarrow{540℃} MgO(s) + CO_2(g) \tag{2.5}$$

实际生产中，破碎成块状的岩石在窑炉中煅烧，其碳酸钙和碳酸镁的分解反应速度与岩石块的尺寸、煅烧温度、窑炉中 CO_2 气体的分压有关。因此，石灰石煅烧一般采用敞开式节能环保的竖窑或卧式回旋窑，以便于 CO_2 气体的排放，煅烧温度和时间的精准分段控制。

(2) 建筑生石灰的品种和制备　原料煅烧后，得到的以氧化钙 CaO 为主要成分的酥松块状或粒状物称为建筑生石灰；将块状或粒状建筑生石灰用球磨机磨成细粉，制得建筑生石灰粉。

《建筑生石灰》(JC/T 479—2013) 规定，按其 CaO 和 MgO 含量之和，钙质石灰分为 CL90、CL85 和 CL75 等三种；镁质石灰分为 ML85 和 ML80 两种。它们的化学组成应满足表 2.2 的要求。

表 2.2　建筑石灰的组成与物理性能

类　别	钙质石灰			镁质石灰		钙质消石灰			镁质消石灰	
	CL90	CL85	CL75	ML85	ML80	HCL90	HCL85	HCL75	HML85	HML80
(CaO+MgO)(%)	≥90	≥85	≥75	≥85	≥80	≥90	≥85	≥75	≥85	≥80
MgO　　(%)	≤5			>5		≤5			>5	
CO_2　　(%)	≤4	≤7	≤12	≤2		—				
SO_3　　(%)	≤2									
细度	0.2 mm 筛余量≤2%；90 μm 筛余量≤7%									
其他性能	块状生石灰的产浆量≥2.6 dm^3/kg			—		游离水≤2%，安定性合格				

注：物理试验按《建筑石灰试验方法第 1 部分：物理试验方法》(JC/T 478.1—2013) 进行；化学分析按《建筑石灰试验方法第 2 部分：化学分析方法》(JC/T 478.2—2013) 进行。

(3) 建筑消石灰的品种和制备　采用"喷淋"法，使建筑生石灰中的 CaO 和 MgO 与水反应，充分消解成为氢氧化钙 $Ca(OH)_2$ 和氢氧化镁 $Mg(OH)_2$，制得建筑消石灰。

常用方法：将建筑生石灰块或颗粒平铺在吸水平地上，每层厚约 20 cm，用水喷淋一次，然后上面再铺一层生石灰，接着再喷淋一次，直至 5~7 层为止，再加以覆盖物，防止水蒸发和碳化作用。块状或粒状生石灰消解过程中因体积膨胀而碎裂，完全消解后即得消石灰粉。

《建筑消石灰》(JC/T 481—2013) 规定，按其 CaO 和 MgO 含量之和，钙质消石灰分为 HCL90、HCL85 和 HCL75 等三种；镁质石灰分为 HML85 和 HML80 两种；其化学组成应满足表 2.2 的要求。

此外，采用"化灰池"法，使生石灰充分熟化，可制得石灰浆或石灰膏。例如，将块状生石灰浸入盛有水的化灰池中，使其在水中充分熟化并溶解成石灰浆，再经筛网过滤流入贮浆坑中，经沉积或浓缩，并除去表层水，即制得石灰膏。

(4) 建筑石灰品质的影响因素　以 CaO 和 MgO 的总含量，块状生石灰的产浆量、杂质含量和细度等指标评价建筑石灰的品质，其主要影响因素有原料品位、原料颗粒尺寸、煅烧温度与时间和粉磨或消化工艺参数等。

①原料品位　石灰岩是以方解石（$CaCO_3$）为主要成分的碳酸盐岩，常含有白云石（$CaCO_3 \cdot MgCO_3$）、黏土矿物和碎屑矿物。其中方解石含量越高，品位越高；当原料中黏土杂质含量较大时，品位较低。因而，石灰岩的品位影响生石灰中 CaO 含量和产浆量。

②煅烧温度与时间　如果煅烧温度较低，原料岩块尺寸过大，以及煅烧时间不够时，原料中的方解石分解不完全，则会形成欠火石灰。因欠火石灰中含有未分解的方解石和白云石，降低了建筑石灰的品质。如果煅烧温度过高或煅烧时间较长，则会形成过火石灰。过火石灰会显著降低块状生石灰的品质：其一是方解石和白云石分解后形成的 CaO 和 MgO 的晶粒密度较大，活性较低，消解速度较慢；其二是过火石灰颗粒表面可能被黏土杂质熔化时所形成的玻璃釉状物包覆，显著降低其消解速度。在工程应用时，过火石灰颗粒往往会在石灰浆或砂浆凝结硬化后才吸湿消解，发生体积膨胀，导致隆起和开裂，产生危害，影响工程质量。白云石含量较高的原料，由于碳酸镁的理论分解温度（540 ℃）比碳酸钙的（898 ℃）低得多，常产生过烧或死烧氧化镁，也会严重影响块状生石灰的品质。

③粉磨和消解工艺　制备生石灰粉时，如果将过火、欠火石灰颗粒磨成极细粉末，可提高消解速度，减轻欠火或过火石灰的危害。磨得越细，欠火或过火石灰的危害会较小。制备消石灰粉时，适当增加消解用水量或消解时间，如在消解坪或贮浆坑中"陈伏"14 天以上，使过火石灰充分消解，可有效减轻或消除过火石灰的危害。

2. 建筑石灰浆的凝结硬化

常用的建筑石灰有生石灰粉、消石灰粉或石灰膏，它们与水拌和形成具有一定稠度的石灰浆。建筑生石灰浆中的 CaO 快速水化，生成 $Ca(OH)_2$，并放出大量热。$Ca(OH)_2$ 易溶于水，形成 Ca^{2+} 和 OH^- 离子，因此，石灰浆的液相是 $Ca(OH)_2$ 饱和溶液，未溶解的 $Ca(OH)_2$ 颗粒表面吸附 Ca^{2+}、OH^- 离子和 H_2O 分子，悬浮在液相中形成悬浮浆体。在空气中，石灰浆通过如下两个同时发生的过程而缓慢凝结硬化，产生胶凝性。

（1）结晶作用　石灰浆中的游离水因蒸发或被构筑物基面吸收，使液相成为过饱和溶液，$Ca(OH)_2$ 从液相中重新结晶。随着水分不断蒸发，$Ca(OH)_2$ 晶体不断生长、连生，并相互交织在一起，逐渐形成三维板块状晶体结构网。

（2）碳化作用　空气中的二氧化碳 CO_2 气体通过吸附和扩散进入石灰浆表层的液相中，形成碳酸根离子 CO_3^{2-} 或 HCO_3^-。当表层液相中 Ca^{2+} 和碳酸根离子达到过饱和时，碳酸钙结晶析出，并逐渐形成 $CaCO_3$ 膜层，其反应机理为：

$$CO_2 + 2OH^-(aq) + Ca^{2+}(aq) \Rightarrow CaCO_3 \downarrow + H_2O \qquad (2.6)$$

随着时间进程，碳化作用表及里进行，石灰浆体表层的 $CaCO_3$ 膜层逐渐增厚，成为质地坚硬的碳酸钙层。

建筑生石灰中所含的氧化镁 MgO 也会发生与 CaO 类似的水化、重结晶和碳化作用，但由于氢氧化镁的溶解度小于氢氧化钙，且在空气中，氢氧化镁的碳化主要形成碱式碳酸镁（如 $4MgCO_3 \cdot Mg(OH)_2 \cdot 5H_2O$）。因此，建筑石灰中氧化镁的存在会影响其浆体的凝结硬化速度。

3. 建筑石灰的性质

建筑生石灰的颜色因含杂质不同而异，纯净的为白色，因含杂质而呈灰色，甚至是浅黄色或红色，其密度取决于原料、煅烧温度与时间，通常介于 3.1～3.4 g/cm³ 之间；建筑消石灰的密度约为 2.21 g/cm³，20 ℃ 水中溶解度为 0.173 g/100 mL，碱度 $pK_b = 2.37$。生石灰粉和消石灰粉均为固体粉末，堆积密度分别为 600～1 100 kg/m³ 和 400～700 kg/m³，石灰膏是含水膏状物质。

因 $Ca(OH)_2$ 溶解度较大,建筑石灰浆中的氢氧化钙颗粒极细(粒径约 1 μm),呈胶体分散状态,颗粒表面吸附一层水膜,使颗粒间的摩擦力减小,浆体可塑性和保水性好,其流动性取决于拌和用水量。

根据上述凝结硬化机理,建筑石灰浆的凝结硬化取决于水向外蒸发和空气中 CO_2 气体向内的扩散,浆体表层 $CaCO_3$ 硬壳层会延缓或阻止 CO_2 气体向内扩散和水向外蒸发,因此在建筑石灰浆的内部主要发生缓慢的 $Ca(OH)_2$ 重结晶作用。所以,建筑石灰浆的凝结硬化和产生强度只能在空气中进行,且是一个相当缓慢的过程,所需时间很长。

建筑石灰浆的凝结硬化过程中,大量游离水的蒸发,形成较多的孔隙,因此,硬化石灰浆体是由氢氧化钙和碳酸钙晶体两个主要晶相构成的多孔固体,其密实度和强度不高。受潮后,氢氧化钙晶体会溶解,强度更低;在水中氢氧化钙晶体结构网还会溃散,丧失其强度。另一方面,大量游离水蒸发,导致硬化建筑石灰浆发生显著体积收缩,容易开裂。再则,氧化镁的存在,也会影响硬化建筑石灰浆体的体积安定性。

4. 石灰的应用

建筑石灰是气硬性胶凝材料,不宜用于在潮湿环境,更不能应用于水中;建筑石灰浆不宜单独使用,常掺入砂子、麻纤维或纸筋等,以避免因体积收缩而开裂。

建筑石灰作为胶凝材料在土木工程中有多种用途:

①配制石灰乳和石灰砂浆　将消石灰粉或石灰膏加入多量的水稀释,制成石灰乳,可用于室内粉刷。石灰浆中加入砂子、矿渣、炉灰、纸筋或麻刀丝等,可制成石灰砂浆,用于砌筑砖石、块体材料或抹面。

②生产硅酸盐制品　将生石灰粉或消石灰粉和磨细的砂子或粒化高炉矿渣、炉渣、粉煤灰等加水形成混合物,经一定工艺成型毛坯,再经压蒸或蒸养处理,可制得轻质墙板、砌块等硅酸盐制品。在混合物中加入铝粉作为发泡剂,可制得加气硅酸盐墙板或砌块等轻质制品。

③配制石灰土和三合土　将石灰与黏土按 1:2～1:4 的质量比拌和,制成石灰土;若再加入砂石或炉渣拌和,制成三合土。石灰土和三合土具有良好的可塑性,夯打密实并在水存在下,黏土或炉渣颗粒表面少量活性 SiO_2 及 Al_2O_3 与石灰中 $Ca(OH)_2$ 反应,生成不溶性的水化硅酸钙和水化铝酸钙,将黏土颗粒胶结成整体,具有一定的强度和耐水性。它们可用作墙体、建筑物基础以及路面与地面的垫层或面层。

④配制无熟料水泥　在具有一定火山灰活性的材料(如粒化高炉矿渣、粉煤灰、煤矸石等工业废渣)中,按适当比例加以建筑石灰作为碱性激发剂,经共同磨细可得到具有水硬性的胶凝材料,称之为无熟料水泥。无熟料水泥不需高温煅烧,节省能源,减少工业废渣的污染。

⑤生产碳化石灰板　将磨细生石灰、纤维材料或轻质骨料(如矿渣)搅拌成型,然后通以 CO_2 进行人工碳化(12～24 h)养护,可制成碳化石灰制品。为了减轻表现密度和提高碳化效果,多制成空心板。碳化石灰空心板的表观密度约为 700～800 kg/m³(孔洞率为 34%～39% 时),抗弯强度为 3～5 MPa,抗压强度为 5～15 MPa,导热系数小于 0.23 W/(m·K),可锯、可刨、可钉,所以这种板适用于非承重内隔墙板、天花板等。

此外,石灰还可用来加固软土地基,制造膨胀剂等。

2.2.3　水 玻 璃

1. 水玻璃的组成与制备

(1)组成　水玻璃俗称泡花碱,是一种可溶性碱金属硅酸盐 $R_2O·nSiO_2$ 的水溶液,其化学组成为碱金属氧化物 R_2O、二氧化硅 SiO_2 和水,常用的有硅酸钠水玻璃、硅酸钾水玻璃等,但以前者为主。碱金属硅酸盐 $R_2O \cdot nSiO_2$ 中氧化硅和氧化钠的摩尔比 n 称为水玻璃模数,常用水玻璃的模数在 2.6~3.0 之间。

(2) 水玻璃的制备　主要有湿法和干法两种制备方法。湿法是将石英砂和苛性钠 NaOH 溶液在压力为 0.2~0.3 MPa 的压蒸锅内加热,并加以搅拌,使其直接反应生成液体水玻璃。干法是将石英砂和碳酸钠磨细拌匀,煅烧至熔化呈液体,经快速冷却制得可溶性玻璃态硅酸钠固体,再与水加热溶解生成水玻璃。其反应式为:

$$Na_2CO_3 + nSiO_2 \xrightarrow{\text{煅烧、熔化}} Na_2O \cdot nSiO_2 + CO_2 \uparrow \qquad (2.7)$$

水玻璃模数愈大,愈难溶于水。调节 n 值的大小,可制得所需模数的水玻璃。

2. 水玻璃的凝结硬化

水玻璃是一种 pH 值很高的 Na^+、K^+、SiO_4^{4-} 等离子的水溶液,空气中的 CO_2 气体溶于溶液中,形成碳酸根离子,使其 pH 值降低,并导致硅酸根离子 SiO_4^{4-} 的聚合,析出无定形硅酸凝胶——凝结。随着水分的挥发,无定形硅酸脱水转变成由二氧化硅四面体构成的结构网而硬化,其反应式如下:

$$Na_2O \cdot nSiO_2 + CO_2 + mH_2O \Rightarrow Na_2CO_3 + nSiO_2 \cdot mH_2O \qquad (2.8)$$

$$nSiO_2 \cdot mH_2O \rightarrow nSiO_2 + mH_2O \qquad (2.9)$$

水玻璃在空气中进行的凝结硬化过程很慢,因此实际使用时常加入促硬剂以加速水玻璃的凝结硬化。常用的促硬剂为氟硅酸钠(Na_2SiF_6),它是白色粉状固体,有腐蚀性,其用量一般为水玻璃质量的 12%~15%。用量太少,硬化速度缓慢,强度较低;用量过多,凝结过快,施工困难,强度也不高。

3. 水玻璃的性质与应用

水玻璃是黏性液体,具有良好的流动性和胶粘性能,水玻璃模数愈大,其黏度和黏结力愈大;水玻璃的密度与其浓度成正比,一般为 1.3~1.5 g/cm^3。硬化后的水玻璃,在高温下比较稳定,不燃烧,耐热性好;并具有优良的耐酸性能,能抵抗大多数无机酸(氢氟酸除外)和有机酸的作用。但水玻璃耐碱性和耐水性较差。

水玻璃在土木工程中有多种用途:

(1) 多孔无机材料的表面处理　用密度约为 1.35 g/cm^3 的水玻璃,浸渍或多次涂刷烧结黏土砖和天然岩石等多孔材料表面,水玻璃渗入表面的毛细孔隙中并凝胶,可提高其强度、抗渗性和耐久性等。水玻璃溶液渗入水泥混凝土和硅酸盐制品的表面,能与孔隙中的 $Ca(OH)_2$ 反应生成硅酸钙凝胶,填充孔隙,提高强度和抗渗性。但水玻璃不宜用于涂刷或浸渍石膏制品。

$$Na_2O \cdot nSiO_2 + Ca(OH)_2 + nH_2O \Rightarrow Na_2O \cdot (n-1)SiO_2 + CaO \cdot xSiO_2 \cdot yH_2O \qquad (2.10)$$

(2) 配制快凝防水剂　水玻璃能促进水泥快凝,所以可作为水泥的快凝剂,用于抢修和堵漏。如在水泥中掺入 0.7 倍水泥质量的水玻璃,初凝约为 2 min,可直接用于堵漏。也可用水玻璃和各种矾混合,配制成多矾防水剂,将这种防水剂与水泥浆调和,快凝堵漏效果更佳。例如,由蓝矾(硫酸铜)、明矾(硫酸钾铝复盐)、红矾(重铬酸钾)、紫矾(硫酸铬)和水玻璃按照一定比例混合,可配制成四矾防水剂。

(3) 配制耐酸混凝土和砂浆　化工、冶金工业中常用水玻璃配制耐酸胶泥、耐酸砂浆、耐酸混凝土等。耐酸胶泥可采用模数为 3.30~4.00、密度为 1.30~1.45 g/cm^3 的水玻璃和磨细的石英粉或无定形二氧化硅、辉绿岩、铸石等填料和氟硅酸钠等配制而成。如加入砂子和石子还可配制成耐酸砂浆和耐酸混凝土。

(4)配制地聚合物材料 由水玻璃、强碱和煅烧黏土、粒化高炉矿渣、粉煤灰等具有火山灰活性的粉末,按一定比例混合成浆体,加入骨料,制成砂浆或混凝土,这类材料称为地聚合物。它们能在常温条件下硬化为坚硬固体,其抗压强度可达100 MPa及以上。

(5)加固地基 将模数为2.5～3.0的液体水玻璃和氯化钙溶液通过注浆管注入地层,两种溶液发生化学反应,析出硅酸凝胶并吸水膨胀,填充土壤孔隙,提高地基土层的承载力。

此外,水玻璃还可用作建筑涂料或防火漆的成膜物质。

除上述常用的气硬性胶凝材料外,还有一类主要用于建材制品的镁质胶凝材料,它们由主要含碳酸镁$MgCO_3$的菱镁矿为原料制得的轻烧氧化镁粉、氯化镁或硫酸镁水溶液拌和而成,具有很高的强度、良好的韧性与防火性,但其尺寸稳定性和耐水性较差。常用于制备镁质防火装饰板、纤维增强镁水泥瓦与板等多种建材制品。

2.3 通用硅酸盐水泥

水泥(Cement)广义上可泛指胶凝材料,狭义上常指水硬性胶凝材料,即以水硬性矿物(能与水反应并形成耐水性水化物的胶凝物质)为主要成分的一类粉末材料。按其所含主要水硬性矿物的种类,工业化规模生产并获得广泛应用的水泥有三大系列:以硅酸钙为主的硅酸盐系水泥、以铝酸钙为主的铝酸盐系水泥和以硫铝酸钙为主的硫铝酸盐系水泥。

硅酸盐系水泥(国外称为Portland Cement,即波特兰水泥)是土木工程中用量最大、用途最广的水泥。它是由英国建筑工人阿斯普丁(J. Aspdin)发明的,他于1824年首次申请了生产波特兰水泥的专利。我国从1876年开始生产,到1949年年产量仅为66万t,1987年年产量达1.8亿t,跃居世界第一,2008年年产量高达13.88亿t。

本节将较详细讲述通用硅酸盐水泥的组成与制备、水泥浆体的凝结硬化、水泥石的组成与结构、硅酸盐水泥的技术性能及其测试方法等内容。硅酸盐系水泥的其他品种和另两种系列的水泥将在后面各节中介绍。

2.3.1 通用硅酸盐水泥的组成与制备

以硅酸盐水泥熟料和适量石膏,及规定的混合材料制成的水硬性胶凝材料,称为通用硅酸盐水泥。其中,硅酸盐水泥熟料和适量石膏是通用硅酸盐水泥的必要组分,硅酸盐水泥熟料决定其物理力学性能;适量石膏的作用是调节其凝结速度(见下文);混合材料在调节其性能的同时,可降低成本和资源消耗,形成不同品种。按照混合材料的品种和掺量,通用硅酸盐水泥分为硅酸盐水泥、普通硅酸盐(普硅)水泥、矿渣硅酸盐(矿渣)水泥、粉煤灰硅酸盐水泥(粉煤灰)和复合硅酸盐(复合)水泥等6个品种、8个型号,《通用硅酸盐水泥》(GB175—2007)要求其组成应符合表2.3的规定。

表2.3 硅酸盐水泥的组成

品　种	代　号	熟料+石膏	粒化高炉矿渣	火山灰质混合材	粉煤灰	石灰石
硅酸盐水泥	P.Ⅰ	100	—	—	—	—
	P.Ⅱ	≥95%	≤5%	—	—	—
		≥95%	—	—	—	≤5%

续上表

品　种	代　号	熟料＋石膏	粒化高炉矿渣	火山灰质混合材	粉煤灰	石灰石
普硅水泥	P·O	≥80%且<95%	>5%且≤20%			
矿渣水泥	P·S·A	≥50%且<80%	>20%且≤50%	—	—	—
	P·S·B	≥30%且<50%	>50%且≤70%	—	—	—
火山灰水泥	P·P	≥60%且<80%		>20%且≤40%	—	—
粉煤灰水泥	P·F	≥60%且<80%			>20%且≤40%	—
复合水泥	P·C	≥50%且<80%	>20%且≤50%			

1. 硅酸盐水泥的制备

(1)生产水泥熟料的原料　主要有石灰质和粘土质原料,前者主要是石灰石、白垩等,它们提供 CaO；后者主要是黏土、页岩等,它们提供 SiO_2、Al_2O_3 和 Fe_2O_3。通常黏土质原料中 SiO_2、Al_2O_3 和 Fe_2O_3 的相对含量难以满足生产优质水泥熟料的要求,需选用一些铁质、硅质和铝质三种校正原料来弥补相应氧化物的不足。例如,用铁矿石和硫铁矿渣等铁质原料补充 Fe_2O_3；用硅砂、粉砂岩和硅藻土等硅质原料补充 SiO_2；用炉渣、煤矸石和铝矾土等铝质原料补充 Al_2O_3。经这些校正原料调配后,使水泥熟料的化学成分满足表 2.4 的要求。

表 2.4　硅酸盐水泥熟料的主要化学组成

化学成分	CaO	SiO_2	Al_2O_3	Fe_2O_3
含量(%)	62~68	20~24	4~7	2.5~6.0

(2)硅酸盐水泥的制备工艺　硅酸盐水泥采用"两磨一烧"工艺制备,包括原料破碎并混磨成生料,熟料烧成和水泥磨成三道工序。根据生料的物理状态,又有"湿法"和"干法"两种工艺。为节约能源,现代水泥工业主要采用干法工艺,其生产工艺流程如图 2.3 所示。

图 2.3　硅酸盐水泥生产工艺流程示意图

①生料混磨　将各种原料按比例混合磨细成生料粉,为提高熟料烧成中固体颗粒间的高温反应速度,生料颗粒粒径应小于 75 μm。

②熟料烧成　熟料烧成是水泥生产的关键工序,其技术和设备在不断进步。现以干法窑外预分解旋窑技术为主烧制水泥熟料,其设备主要由预热器、倾角约为 3°的滚筒式回转窑和风冷机等三部分组成。生料从入口喂入预热器管道中,预热(300~500 ℃)、分解(黏土脱水分解产生 SiO_2、Al_2O_3 和 Fe_2O_3,石灰石部分为 CaO)；然后进入回转窑,石灰石进一步分解,四种氧化物间发生一系列固相反应,在 1 250~1 450 ℃下形成主要含四种水硬性矿物的固体物从窑尾排出；经冷却机快速冷却后,制得水泥熟料。水泥熟料烧成中胶凝矿物的形成反应可表示为：

$$3CaO + SiO_2 \rightarrow Ca_3SiO_5 \quad (2.11)$$

$$2CaO + SiO_2 \rightarrow Ca_2SiO_4 \quad (2.12)$$

$$2CaO + Al_2O_3 \rightarrow Ca_3Al_2O_6 \quad (2.13)$$

$$4CaO + Al_2O_3 + Fe_2O_3 \rightarrow 2Ca_2(Al,Fe)O_5 \tag{2.14}$$

③水泥磨成　水泥熟料输送到贮存库内储存一段时间后,将其和适量石膏(有时掺加混合材料)一起磨制成适宜粒径的粉末,制得硅酸盐水泥。石膏掺量一般为水泥质量的3%～6%。

2. 硅酸盐水泥熟料的组成

由主要含CaO、SiO_2、Al_2O_3和Fe_2O_3的原料,按适当比例混磨成细粉(生料)烧制部分熔融所得以硅酸钙为主要矿物成分的水硬性胶凝物质,称为硅酸盐水泥熟料。其中硅酸钙矿物的质量分数不小于66%,CaO和SiO_2的质量比不小于2.0。其化学组成见表2.4,此外,还含有少量由原料带入的氧化钾(K_2O)、氧化钠(Na_2O)、氧化镁(MgO)和三氧化硫(SO_3)等氧化物。

硅酸盐水泥熟料的矿物组成主要有硅酸三钙、硅酸二钙、铝酸三钙和铁铝酸四钙等四种水硬性胶凝矿物(见表2.5),其相对含量取决于生料中CaO、SiO_2、Al_2O_3和Fe_2O_3四组分的配比和煅烧工艺。直接由分析确定水泥熟料中四种水硬性矿物的相对含量是很难的,一般由鲍格方程计算获得,见表2.5。此外,还含有很少量的游离氧化钙(f-CaO)和游离氧化镁(f-MgO)。

表2.5　硅酸盐水泥熟料中水硬性矿物的名称与含量

矿物名称	分子式	矿物式	简式[注]	含量/%	鲍格方程[注]
硅酸三钙	Ca_3SiO_5	$3CaO \cdot SiO_2$	C_3S	37～60	$(C_3S) = 4.07(C) - 7.60(S) - 6.72(A) - 1.43(F) - 2.85(\hat{S})$
硅酸二钙	Ca_2SiO_4	$2CaO \cdot SiO_2$	C_2S	15～37	$(C_2S) = 2.87(C) - 0.754(C_3S)$
铝酸三钙	Ca_3AlO_6	$3CaO \cdot Al_2O_3$	C_3A	7～15	$(C_3A) = 2.65(A) - 1.69(F)$
铁铝酸四钙	$Ca_2(Al,Fe)O_5$	$4CaO \cdot Al_2O_3 \cdot Fe_2O_3$	C_4AF	10～18	$(C_4AF) = 3.04(F)$

注:$C=CaO$,$S=SiO_2$、$A=Al_2O_3$,$F=Fe_2O_3$,$\hat{S}=SO_3$;加括号()表示该化合物或矿物的百分含量

在工程应用中,应获知硅酸盐水泥熟料的化学组成和水硬性矿物含量,以便更好地了解所选用的水泥品种与技术性能。

3. 混合材料的种类

在水泥生产的磨成工序中,为改善水泥性能、调节强度等级所加入的天然或人工矿物材料,均称为水泥混合材料。按其在水泥水化过程中的反应活性,混合材料分为活性和非活性两大类。

(1)活性混合材料　具有火山灰性或潜在水硬性,或兼有火山灰性和水硬性的矿物质材料,常用的有粒化高炉矿渣、粉煤灰和火山灰质材料等。

①粒化高炉矿渣　高炉冶炼生铁时,所得以硅铝酸盐为主要成分的熔融物,经水淬急冷成粒后,具有潜在水硬性,即为粒化高炉矿渣(简称矿渣)。其潜在水硬性来自含量为70%以上的玻璃体,其化学成分有二氧化硅、三氧化二铝、氧化钙和其他氧化物、硫化物等。用作水泥混合材料的粒化高炉矿渣应符合《用于水泥中的粒化高炉矿渣》(GB/T 203—2008)的要求。

②火山灰质混合材料　具有火山灰性的天然的或人工的矿物质材料,即为火山灰质混合材料。天然火山灰质混合材料有火山灰、凝灰岩、沸石岩、浮石、硅藻土和硅藻石等;人工火山灰质混合材料有煅烧煤矸石、烧页岩、烧黏土、煤渣、硅质渣等。用于水泥生产的火山灰质混合材料应符合《用于水泥中的粒化高炉矿渣》(GB/T 2847—2005)的要求。

火山灰质材料的特点是结构疏松多孔,内比表面积大,吸水性较大,易磨细。

③粉煤灰　电厂煤粉炉烟道中收集的粉末称为粉煤灰。按煤种分为F类和C类,F类是

由无烟煤或烟煤燃烧后收集的粉煤灰;C 类是由褐煤或次烟煤燃烧后收集的粉煤灰,约含 10%以下的氧化钙,又称高钙粉煤灰。煤粉燃烧过程中温度很高,碳燃烧后残余的氧化硅和氧化铝及其他矿物呈熔融态,悬浮在炉膛中,急冷后成为球形玻璃体,因此,粉煤灰含有许多球形玻璃微珠,具有较高的火山灰性。用作水泥混合材料的粉煤灰应符合《用于水泥和混凝土中的粉煤灰》(GB/T 1596—2005)的要求,其中 F 类和 C 类粉煤灰中氧化钙含量应分别小于 1.0%和 4.0%。

(2)非活性混合材料　在水泥中主要起填充作用而不损害水泥性能的矿物质材料为非活性混合材料,如磨细石英砂、石灰石、砂岩和潜在活性指标较低的粒化高炉矿渣、粉煤灰和火山灰质混合材料等。

(3)混合材料的作用　利用工业废料废渣作为混合材料取代部分水泥熟料,不但降低水泥生产能耗和成本,减少资源消耗和环境污染;还能起一些物理化学作用,降低水泥水化热,改善水泥的性能。其中,活性混合材料可以发生火山灰反应(详见下文),形成相应的水化物;非活性混合材料主要起调节水泥强度等级、增加水泥产量等作用。

2.3.2　水泥净浆的流变行为

水泥与水以一定的质量比拌和后形成浆体,称为水泥净浆,其拌合水量与水泥质量之比定义为水灰比(W/C),这是一个重要的概念与参数。

水泥净浆是以水为连续相、水泥颗粒分散并悬浮在水中的悬浮体,由于水泥颗粒表面的溶解和极性,水泥颗粒相互间容易产生黏聚和絮凝现象,使得水泥净浆呈宾汉姆模型描述的流变行为(见第 1 章)。在试验研究中,常采用流变仪测量水泥净浆的流变曲线和屈服应力、塑性黏度等两项性能参数来表征其流变性。

在工程应用中,常采用圆锥形筒测量水泥净浆流动扩展面积和扩展最大面积所需时间,或用马歇尔漏斗测量规定体积的水泥净浆从漏斗中完全流出的时间,来检测或评价水泥净浆的流动性,流动扩展面积越大,则水泥净浆的屈服应力越小;扩展最大面积所需时间或从漏斗中完全流出的时间越短,则水泥净浆的塑性黏度越小,流动性越大,反之亦然。

水泥净浆的流动性决定了硅酸盐水泥与骨料拌制的砂浆或混凝土的施工性能。影响水泥净浆流动性的主要因素有水灰比、水泥细度、水泥熟料矿物组成、混合材料和环境温度等,水灰比越大,水泥浆体中水泥颗粒所占体积分数越小,其塑性黏度与屈服应力越小,流动性越大;反之亦然。水灰比相同时,水泥颗粒越细,或水泥熟料中 C_3S 和 C_3A 的含量越高,浆体的屈服应力和塑性黏度一般会越大,流动性减小。环境温度的影响应视具体情况而定,温度升高,水的黏度会降低,但水泥颗粒间的相互作用力会增加,因而影响水泥净浆的流动性。

由于混合材料颗粒表面特性不同于水泥熟料颗粒,因此,当用混合材料取代部分水泥熟料后,增加了相同水灰比下水泥浆的流动性,减小了触变性。

2.3.3　水泥净浆的凝结硬化

水泥净浆转变为坚硬固体的过程称为凝结硬化,这是一个由水泥熟料矿物水化引起的复杂的物理化学变化过程。

1. 硅酸盐水泥熟料矿物的水化

水泥颗粒与水接触且被水浸润后,水泥熟料颗粒表面上的矿物溶解于水、生成 Ca^{2+}、SiO_4^{4-}、AlO_2^-、FeO_2^-、OH^- 等各种离子,当液相中这些离子浓度达到相应水化物的溶度积时,就会析出相应的水化物,并放出一定热量,这个过程称为水泥熟料矿物的水化。

(1) 硅酸钙的水化　硅酸三钙 C_3S 和硅酸二钙 C_2S 与水反应,都生成水化硅酸钙 $xCaO \cdot SiO_2 \cdot yH_2O$ 和氢氧化钙 $Ca(OH)_2$,其水化反应式为:

$$2(3CaO \cdot SiO_2) + 6H_2O \rightarrow xCaO \cdot SiO_2 \cdot yH_2O + 3Ca(OH)_2 \quad (2.15)$$

$$2(2CaO \cdot SiO_2) + 4H_2O \rightarrow xCaO \cdot SiO_2 \cdot yH_2O + Ca(OH)_2 \quad (2.16)$$

水化硅酸钙几乎不溶于水,很快以纳米微粒析出为溶胶,并逐渐凝聚为凝胶,常称为水化硅酸钙凝胶或 C-S-H 凝胶。水化硅酸钙凝胶没有确定的化学组成,常表示为"$xCaO \cdot SiO_2 \cdot yH_2O$",其中,$x = CaO/SiO_2$,称为水化硅酸钙的钙硅比,$y$ 为结合水量,这两个参数随水灰比、形成时间、反应机理和温度等因素而变化。水化硅酸钙的钙硅比 x 一般为 1.5~2.0,最大概率值为 1.7,y 为 1.5 左右。$Ca(OH)_2$ 呈六方片状晶体析出,与天然羟钙石相似,又称其为羟钙石。硅酸三钙水化反应速度快,放热量较大;硅酸二钙水化反应速度慢,放热量较小。

(2) 铝酸钙的水化　水泥熟料中铝酸三钙 C_3A 的水化反应比较复杂,且对水泥浆的凝结行为有重大影响。试验表明,纯 C_3A 与水反应的初始水化物是水化铝酸二钙 $2CaO \cdot Al_2O_3 \cdot 8H_2O(C_2AH_8)$ 和水化铝酸四钙 $4CaO \cdot Al_2O_3 \cdot 13H_2O(C_4AH_{13})$,这是两个介稳水化物,会转变为稳定的水化铝酸三钙 $CaO \cdot Al_2O_3 \cdot 6H_2O(C_3AH_6)$。这个过程进展迅速,会导致水泥净浆的稠度瞬间急剧增加并失去流动性,发生"闪凝"或"假凝"现象,使硅酸盐水泥失去工程应用价值。

如上所述,硅酸盐水泥含有适量石膏,因此,水泥净浆中 C_3A 一般是在 $CaSO_4 \cdot 2H_2O$ 存在下发生水化反应。在水化反应初期,C_3A、$CaSO_4 \cdot 2H_2O$ 与水反应形成高硫型水化硫铝酸钙($3CaO \cdot Al_2O_3 \cdot 3CaSO_4 \cdot 32H_2O$,又称钙矾石,代号 AFt),释放大量热,其水化反应式为:

$$3CaO \cdot Al_2O_3 + 3CaSO_4 \cdot 2H_2O + 26H_2O \rightarrow 3CaO \cdot AlO_3 \cdot 3CaSO_4 \cdot 32H_2O \quad (2.17)$$

反应式(2.17)的反应速度也很快,但由于钙矾石的溶解度很小,很快以胶态微粒析出并沉积在水泥颗粒表面,形成凝胶膜层,延缓了水泥熟料矿物的进一步水化,避免了闪凝或假凝现象的发生。如图 2.4 所示,当 $CaSO_4 \cdot 2H_2O$ 掺量为 C_3A 质量的 5% 时,初始放热峰与第二个放热峰间隔的时间很短,随着石膏掺量的增加,第二个放热峰出现的时间逐渐延长数个小时(h),放热峰也逐渐降低变宽,这充分说明石膏减缓 C_3A 水化反应速度的显著作用。

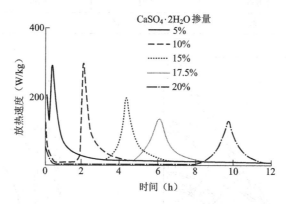

图 2.4　石膏对 C_3A 水化反应放热速度的影响

当 $CaSO_4 \cdot 2H_2O$ 耗尽的水化后期,在 C_3A 水化反应的同时,钙矾石失稳而转变为单硫型水化硫铝酸钙 $3CaO \cdot Al_2O_3 \cdot CaSO_4 \cdot 12H_2O$(代号 AFm),其水化反应式为:

$$2(3CaO \cdot Al_2O_3) + 3CaO \cdot Al_2O_3 \cdot 3CaSO_4 \cdot 32H_2O \rightarrow 3(3CaO \cdot Al_2O_3 CaSO_4 \cdot 12H_2O)$$
(2.18)

$$3CaO \cdot Al_2O_3 + 6H_2O \rightarrow 3CaO \cdot AlO_3 \cdot 6H_2O \quad (2.19)$$

所以,在水泥磨成时,掺入适量石膏的目的是调节硅酸盐水泥的凝结速度,消除水泥净浆的闪凝或假凝现象,这是硅酸盐水泥的发明获得工程应用价值的关键。但石膏掺量过多,钙矾石持续形成并产生体积膨胀,会影响硬化水泥浆的体积稳定性(见下文)。

(3)铁铝酸钙的水化　铁铝酸四钙 C_4AF 与水的反应类似于铝酸三钙,在石膏存在时,也可形成含铁的钙矾石或单硫型水化硫(铝,铁)酸钙;当石膏耗尽后,C_4AF 按反应式(2.20)水化生成水化铁铝酸四钙。

$$4CaO \cdot Al_2O_3 \cdot Fe_2O_3 + 13H_2O \rightarrow 4CaO \cdot (Al,Fe)_2O_3 \cdot 13H_2O \quad (2.20)$$

水化铁铝酸四钙是铝酸钙与铁酸钙水化物的固溶体,其中 Al 与 Fe 原子的摩尔比是可变的,其结晶性较差,常以含铁凝胶相出现。C_4AF 的水化反应对水泥净浆的水化行为影响较小。

如表 2.6 所示,水泥熟料中四种矿物的组成与晶体结构不同,其水化速度有较大差别,C_3A 水化速度最快,C_2S 水化速度最慢。所以,如图 2.5 所示,水泥净浆水化初期,主要由反应(2.17)和反应(2.15)形成钙矾石 AFt 和羟钙石,其中钙矾石形成量约在 1 d 内达到最大值;水化约 2 h 后,C-S-H 凝胶开始快速形成,羟钙石也随之快速增加;约 1 d 后,水化铁铝酸四钙形成并逐渐增多;约 2 d 后,因反应(2.18)发生,钙矾石开始明显减少,单硫型硫铝酸钙随之逐渐增多;28 d 时,钙矾石接近最低值,其他水化物接近最大值。这些事实证明了上述熟料矿物的水化反应及其进程。另一方面,由于水泥熟料矿物的水化速度和含量不同,因此,它们对水泥净浆凝结硬化中强度及其增长的贡献也有较大差别,如图 2.6 所示,水泥熟料矿物中 C_3S 和 C_2S 含量高,是水化水泥浆强度增长的主要贡献者,且早期强度主要来自 C_3S 的水化,C_2S 的水化对后期强度有较大贡献,而 C_3A 和 C_4AF 对强度的贡献较小。

表 2.6　硅酸盐水泥熟料四种矿物的水化特征

矿物名称	硅酸三钙 C_3S	硅酸二钙 C_2S	铝酸三钙 C_3A	铁铝酸四钙 C_4AF
水化速度	快	慢	最快	快
水化热 J/g	669	331	1 063	569
抗压强度	高	早期低,后期高	低	低

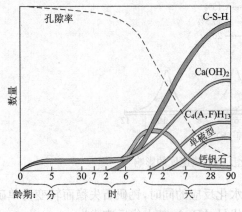

图 2.5　水泥浆中主要水化物含量的增长

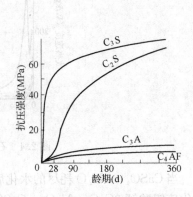

图 2.6　水泥熟料矿物的强度贡献率

事实上，水泥熟料矿物难以完全水化，将已水化的熟料矿物的质量分数与其初始质量之比定义为熟料矿物或水泥的水化度。由上述水化反应可知，熟料矿物水化形成水化物时，结合了大量水分子，因此，一般通过测量水泥净浆的化学结合水量来评价其水化度。

(4) 活性混合材的火山灰反应 活性混合材料中的活性氧化硅 SiO_2 与硅酸钙水化形成的 $Ca(OH)_2$ 反应，也可形成 C-S-H 凝胶，其反应式为：

$$xCa(OH)_2 + SiO_2 + yH_2O \Rightarrow xCaO \cdot SiO_2 \cdot yH_2O \tag{2.21}$$

活性氧化铝 Al_2O_3 与 $Ca(OH)_2$ 反应，形成水化铝酸钙，其反应式为：

$$3Ca(OH)_2 + Al_2O_3 + 3H_2O \Rightarrow 3CaO \cdot Al_2O_3 \cdot 6H_2O \tag{2.22}$$

反应(2.21)和(2.22)称为火山灰反应。实际上，火山灰反应一般发生在水泥熟料水化反应之后，当水泥浆的液相或孔溶液中的离子浓度达到一定时，火山灰反应才会发生，其反应机理比较复杂，所形成水化物的组成也难以确定。例如，反应(2.21)的机理是：活性 SiO_2 在碱性水中和 OH^- 反应形成无定性的硅酸，并吸收溶液中的 Ca^{2+} 离子，形成组成不确定的胶体微粒，然后转变成无定形水化硅酸钙，再经过较长一段时间后慢慢转变为 C-S-H 凝胶。另一方面，当 SO_4^{2-} 离子存在时，活性氧化铝的火山灰反应还会形成水化硫铝酸钙。

水泥浆液相或孔溶液中存在 Na^+、K^+、OH^-、SO_4^{2-} 等离子对火山灰反应有促进作用，因这些离子可促使活性氧化硅与氧化铝解体，从而激发其化学活性。因此，这类物质又称为混合材料的激发剂，常用的激发剂有碱性化合物（如 NaOH）和硫酸盐（如石膏、Na_2SO_4）两类。

2. 水泥净浆凝结硬化的物理过程

水泥净浆拌制后，直观感觉到的物理状态变化是：初始阶段，其流动性或稠度基本保持相对恒定，即使其稠度略有增加，但搅拌后就可恢复其流动性。常温下 2～3 h 后，浆体的稠度开始以较快速度增加，流动性逐渐降低，直至丧失，但水泥浆体仍具有可塑性，没有或只有很低的强度，出现此状态标志着水泥净浆发生初凝。约几小时后，水泥净浆开始变硬，并产生强度，出现此状态标志着水泥净浆发生终凝。随后几天内，水泥浆的强度以较快的速度连续增长，并成为像岩石一样坚硬的固体——硬化水泥浆，通常称为水泥石。在随后的若干年内，其强度仍将很缓慢地持续增长。

水泥净浆物理状态的变化是由水泥熟料矿物水化引起的，水泥熟料矿物的水化是放热反应（见表 2.6），因此，水泥净浆的物理状态可由水泥水化放热速度的变化来表征。在恒定温度下测量水泥净浆的放热速度随时间的变化，可得如图 2.7 所示的放热特征曲线。可以看到，当水泥与水接触，立即出现一个很陡且持续时间非常短的放热峰，其放热量很小，这为水化初始期，不影响水泥净浆的物理状态；随后，放热速度急剧降低到一个很低值，并持续数分钟到数小时，这称为潜伏期或诱导期，是石膏缓凝作用的结果；潜伏期结束后，放热速度开始加快，这大致对应着水泥净浆的初凝；几小时后，放热速度接近峰值，对应着水泥浆的终凝，并开始硬化；第二次快速放热持续时间较长，达到峰值后，其放热速度开始缓慢下降，在此期间大约 1～2 d 后，又会出现一个很小的放热峰，大致对应着石膏全部消耗后，C_3A 水化形成水化铝酸三钙的反应(2.19)；此后，放热速度持续降低，直至放热基本结束。

3. 水泥净浆的凝结硬化机理

实际上，水泥净浆凝结硬化的物理化学过程很复杂，但现代分析测试技术（如环境扫描电子显微镜）提供了很好的工具与方法。图 2.8 给出了水泥净浆中水泥颗粒的水化及水化物形成的示意图，由此可解释水泥净浆的凝结硬化机理。

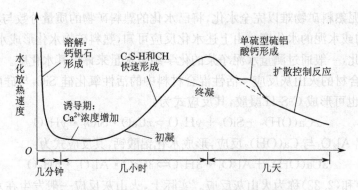

图 2.7 硅酸盐水泥浆体水化放热特征曲线

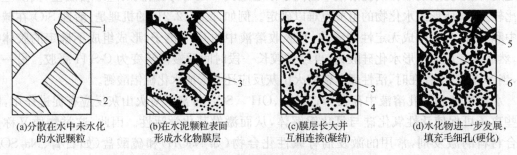

图 2.8 水泥凝结硬化的物理过程示意图
1—水泥颗粒;2—水分;3—凝胶;4—晶体;5—未水化水泥颗粒内核;6—毛细孔

①在水泥颗粒为分散相、水为连续相的悬浮体[图 2.8(a)]中,水泥颗粒溶解形成各种离子,其浓度达到过饱和时,析出初始水化物微粒,并围绕水泥颗粒沉积,如图 2.8(b)所示。

②约在几分钟内,初始水化物微粒凝聚,在水泥颗粒周围构成具有半渗透性溶胶结构的水化物膜层,减缓了外部水分向内渗入和各种离子向外扩散的速度,阻碍或减缓了水泥颗粒的水化,水化反应及放热速度很慢,进入潜伏或诱导期(见图 2.7)。此时,如图 2.8(b)所示,被水化物膜层包裹的水泥颗粒被水隔离开,颗粒间相互作用力小,因而,处于潜伏期的水泥净浆的流动性或可塑性几乎没有变化。

③随着时间的进程,水泥颗粒周围的水化物膜层内外的离子浓度差越来越大,产生渗透压,导致水泥颗粒周围水化物膜层破裂,潜伏期结束。此时,水泥颗粒开始加速水化,水化物在水泥颗粒间大量形成,自由水不断减少,水泥颗粒间原来被水占据的空间逐渐被水化物所填充,晶态和胶态水化物相互交织与凝聚,逐渐形成具有三维网络结构的水化物溶-凝胶,使水泥净浆流动性减小,并逐渐失去可塑性,进入凝结期,如图 2.8(c)所示。

④随着水泥颗粒持续水化,水化物不断增多,自由水不断减少,凝结期形成的水化物溶-凝胶结构越来越密实,空隙越来越小并逐渐转化为孔径很小的毛细孔,形成由各种水化物构建的密实网络结构,如图 2.8(d)所示。水化物颗粒间的相互作用力增强,水泥净浆进入硬化期,逐渐转变为水泥石。此后,水泥颗粒不断水化,水泥石结构不断密实,强度持续增长。

综上所述,水泥净浆的凝结硬化过程是熟料矿物不断水化、形成的水化物不断取代浆体中的水并填充空隙或孔隙、建立水化物网络结构的过程,也是水泥浆稠度和强度持续增长的过程,还是一个近似等体积转变过程。该过程包含了初始反应期、潜伏期、凝结期和硬化期等四个阶段,各阶段的主要物理化学变化特征见表 2.7。

表 2.7　水泥凝结硬化过程的主要特征

凝结硬化阶段	放热速度与特征	持续时间	主要的物理化学变化
初始反应期	约 168 J/(g·h)	5～10 min	粉末被水润湿、熟料矿物溶解、钙矾石形成
潜伏期	约 4.2 J/(g·h)	约 1 h	围绕水泥颗粒形成水化物溶胶膜层,延缓水化
凝结期	6 h 内逐渐增加到约 21 J/(g·h)	约 6 h	水化物膜层破裂,水泥颗粒进一步加速水化
硬化期	24 h 内保持约 21 J/(g·h)	从 6 h～若干年	水泥水化物不断形成并填充毛细孔

4. 水泥净浆凝结硬化的主要影响因素

基于上述机理,水泥净浆凝结硬化的主要影响因素有水泥的细度、水泥熟料矿物组成、石膏掺量、混合材料、水灰比、养护的温湿度和时间以及外加剂等。

(1) 水泥细度　水泥颗粒细度影响着水泥净浆凝结硬化速度、水泥水化度和硬化后水泥石的微结构和强度。试验表明,当水泥颗粒粒径 < 3 μm,水化反应迅速,水化度较大;粒径 > 40 μm,水化反应较慢,颗粒内核难以水化,水化度减小;粒径 > 90 μm,水化反应很难发生,水泥颗粒几乎是惰性的。因此,水泥颗粒越细,水化反应活性越高,水化度越大,有利于形成密实的水泥石;另一方面,水泥颗粒越细,水化速度越快,水泥净浆凝结硬化越快,反之亦然。

(2) 水泥的熟料矿物成分　如图 2.9 所示,四种水泥熟料矿物的水化反应速度顺序为:$C_3A > (C_3A + CaSO_4 \cdot 2H_2O) > C_3S \sim C_4AF > C_2S$。因此,$C_3S$ 和 C_3A 的含量越高,水泥净浆凝结硬化越快,水化热越大,水泥石强度增长也越快;降低 C_3S 和 C_3A 的含量,增加 C_2S 含量,可降低水泥浆的凝结硬化速度和水化热,但对水泥石后期强度增长的影响较小。所以,通过调节熟料矿物组成,可制得具有各种特性的硅酸盐水泥(详见 2.4 节)。

(3) 石膏掺量　如图 2.10 所示,水泥净浆的初凝时间随石膏掺量的增加而延长,但当石膏掺量超过一定值后,对凝结时间影响不大。如上所述,石膏主要参与 C_3A 的水化速度,其合适掺量与水泥熟料中 C_3A 含量有关。过量石膏不但无益,而且对水泥体积安定性有害。

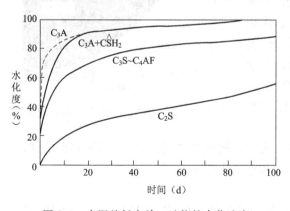
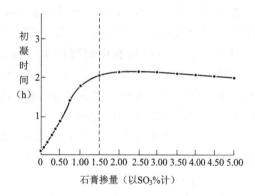

图 2.9　水泥熟料中单一矿物的水化速度　　图 2.10　石膏掺量对水泥浆体初凝时间的影响

(4) 混合材料　混合材料取代部分水泥熟料,降低了水泥净浆的凝结硬化速度,其掺入量越大,凝结硬化速度越慢。如,P.Ⅱ型硅酸盐水泥的凝结硬化和强度增长速度低于 P.Ⅰ型硅酸盐水泥;普硅水泥、矿渣水泥、火山灰水泥、粉煤灰水泥和复合水泥的凝结硬化时间更长。

(5) 水灰比　水灰比影响着水泥净浆的凝结硬化速度、水泥水化度、C-S-H 凝胶的组成与结构以及水泥石的密实性和强度。试验表明,水灰比越大,C-S-H 凝胶含水越多,密实性越小,水泥净浆凝结硬化所需时间越长,强度增长越慢;另一方面,由水化反应计算得出的水泥熟料矿物完全水化的理论水灰比为0.23(理论化学结合水量),因此,水灰比越大,剩余水越多,剩余水挥发后在水泥石中形成较多的毛细孔和缺陷,水泥石的强度越低。

(6)养护条件 试验证明,升温可加快水泥熟料矿物的水化反应,降温可延缓其水化反应进程。温度低至0℃时,水化反应仍能缓慢进行,但在-10℃时,水化反应几乎完全停止。因此,温度越高,水泥净浆凝结硬化越快。但凝结速度太快,会降低水泥的水化度和水泥石的密实性,从而降低水泥石的后期强度和耐久性。另一方面,硅酸盐水泥是水硬性胶凝材料,在水中和潮湿环境下,有足够的水分使水泥充分水化,提高水化度,从而更有利于水泥净浆的凝结硬化以及水泥石密实性和强度的增长。

所以,在水泥净浆凝结硬化过程的一段时间内,应保持环境的高湿度和适当的温度,以提高水泥熟料矿物的水化度,减少水泥石中孔隙与缺陷,促使水泥石强度持续增长,这称为养护。水泥浆拌和后所经历的时间称为龄期,水泥石的强度随龄期不断增长。在适当的温湿度条件下养护,硅酸盐水泥的水化和水泥石的强度增长会在很长时间内持续进行。

此外,试验发现,某些化合物可在掺量较少时使水泥净浆的凝结硬化行为发生明显变化,这类化合物称为水泥的外加剂。例如,缓凝剂可延长水泥浆的凝结时间;速凝剂可加速水泥浆的凝结硬化。有关这些外加剂将在第3章中详细讨论。

2.3.4 水泥石的组成与微结构

1. 水泥石的组成

水泥石是由水泥水化物、未水化的水泥颗粒内核、孔隙(凝胶孔、毛细孔、气孔)和孔隙中的水等多物相组成的,水泥水化物有水化硅酸钙C-S-H凝胶和水化硫铝酸钙(AFt和AFm)、水化铝酸钙、铁相水化物和羟钙石等晶体,其中C-S-H凝胶约占总体积的50%以上,如图2.11所示。孔隙中的水所处位置不同,而分为C-S-H凝胶中的凝胶水、层间水、毛细孔吸附水和气孔中的水或水蒸气。试验证明:水泥石中各物相的相对含量与水泥组成、水泥净浆的水灰比、养护条件与龄期等因素有关。

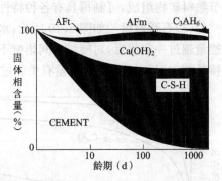

图2.11 水泥石中固相含量与龄期的关系

在工程应用中,水泥石总含有或多或少的未水化水泥内核和毛细孔,合适的养护条件,有利于提高水泥水化度,减少未水化水泥内核含量和毛细孔隙率。

2. 水泥石的微结构

水泥石的微结构可表征为多孔性的各种水化物颗粒堆聚体,以C-S-H凝胶为主体,其中分布着羟钙石、铝酸钙与铁铝酸钙水化物(包括AFt、AFm与C_3AH_6)晶体以及尺寸不一的孔隙构成的,其微观形貌如图2.12所示。各种水化物有各自的微观结构及其形貌。美国水泥专家T.C.Powers提出了如图2.13所示的C-S-H凝胶结构示意图,其微观形貌像天空中不规则的"云",如图2.15(a)所示。在原子尺度上,如图2.14(a)所示,水化硅酸钙分子呈薄片状。这些薄片构成不规则丝状纳米微晶颗粒,它们凝聚成尺寸约为1 μm左右并含有凝胶孔和毛细孔的多孔聚集体——C-S-H凝胶,如图2.14(b)所示。

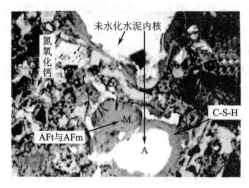 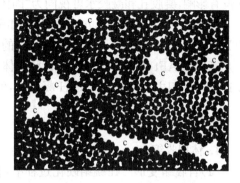

图 2.12 水泥石的微观结构形貌　　　　图 2.13 水泥石中 C-S-H 凝胶微结构示意图

　　　　　　　　　　　　　　　　　　　黑点：微粒；白空间：凝胶孔；C：毛细孔

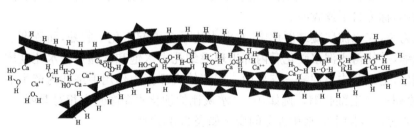 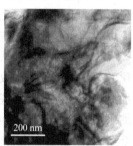

(a) C-S-H 分子结构示意图　　　　　　(b) C-S-H 凝胶的微观形貌

图 2.14　C-S-H 分子结构示意图和 C-S-H 凝胶的微观形貌

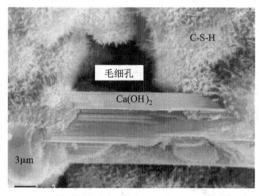 

（a）C-S-H 凝胶与 Ca(OH)$_2$　　　　（b）钙矾石 AFt 与单硫型硫铝酸钙 AFm

图 2.15　水泥石中主要水化物的微观形貌

　　C-S-H 凝胶中凝胶孔孔径约为 0.5～25 nm，凝胶孔隙率基本上是个常数，其体积约占 C-S-H 凝胶总体积的 28%，且不随水灰比与水泥水化度不同而变化。由于 C-S-H 微粒比表面很大（约为 200 000 m^2/kg），其表面可强烈地吸附一层或若干层水分子——吸附水，吸附水与凝胶孔中存在的水统称为凝胶水，亦即，C-S-H 凝胶中含有一定的凝胶水。C-S-H 凝胶中毛细孔孔径在 50～1 000 nm 之间，毛细孔隙率与水灰比有关。毛细孔中的水分称为毛细水，毛细水与孔壁的结合力较弱，脱水温度较低，脱水后形成干燥的毛细孔。凝胶孔对水泥石的强度和渗透性没有影响，凝胶孔和凝胶水可视同为"固体"，而毛细孔对水泥石的强度和渗透性有较大影响。

羟钙石 $Ca(OH)_2$ 是六方片状晶体，如图 2.15(a)，它们分散在 C-S-H 凝胶中，其体积含量约为水泥石的 20%～25%。羟钙石晶体的比表面积较小，其结合力主要是次价键力。

钙矾石 AFt 是长径比较大的针状晶体，而单硫型硫铝酸钙 AFm 是片状晶体，其形貌见图 2.15(b)，它们主要伴生在 C-S-H 凝胶中，但更容易在水充足的孔隙中形成。

2.3.5 水泥石的变形

1. 体积收缩

(1) 自收缩变形　在凝结硬化过程中，若与外部环境没有湿度交换时，水泥净浆发生的体积变化定义为自收缩，它是水泥浆自身因水泥水化形成水化物的结果，涉及以下两种现象：

① 化学收缩　理论上，由前述水泥熟料矿物的水化反应所形成的水化物总体积比水泥熟料矿物和化学结合水的体积之和约小 6%～7%，这称为化学收缩。

② 自干燥收缩　熟料矿物的水化反应不断消耗水，水泥石中毛细孔隙内相对湿度降低，因毛细收缩引起的体积减小，称为自干燥收缩。

自收缩机理一般认为是：在水泥浆凝结硬化中，水泥水化反应引起了化学收缩，而逐渐硬化的浆体抵抗了化学收缩，并使得水泥浆硬化后内部出现毛细孔中水饱和度随水泥水化度增加逐渐降低的自干燥现象，毛细孔中出现液—气界面。因液体表面张力作用毛细孔内产生毛细压力，引起孔壁固相收缩——毛细收缩。例如，0.42 水灰比的硬化水泥净浆内相对湿度、毛细压力、自收缩应力、自收缩应变随水泥水化进程的变化如表 2.8 所示。

表 2.8　水灰比为 0.42 的典型水泥浆凝结硬化中的几个特征指标

水化龄期(d)	1	2	4	7	15	25
水化度(%)	46.7	54.7	60.6	63.4	67.9	68
相对湿度(%)	99.1	98.3	96.7	95.1	93.8	93.1
毛细压力(MPa)	−1.18	−2.34	−4.55	−6.83	−8.64	−9.71
自收缩应力(MPa)	−0.54	−1.02	−1.91	−2.82	−3.50	−3.91
自收缩应变($\mu m/m$)	—	60	160	260	400	480

表 2.8 中的结果显示，水泥净浆硬化中的自收缩随水化度提高而增加，影响水化度的因素均会影响到自收缩变形，如水泥组成、颗粒细度、水灰比、养护方式和条件等。最主要的因素是水灰比和养护，试验表明，水灰比越小，越容易出现自干燥现象，自收缩变形越大，如图 2.16 所示。当水灰比为 0.6 时，自收缩变形很小，甚至在早期因形成较大尺寸的晶体水化物（如羟钙石、钙矾石等）而出现膨胀。另一方面，在水中潮湿环境中养护，可显著减小水泥石自收缩变形；如果采用封闭养护，水泥石自收缩较大。所以，硅酸盐水泥浆、砂浆或混凝土应在潮湿或水中养护。

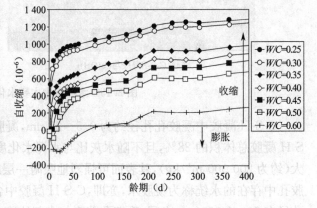

图 2.16　硬化水泥浆自收缩随龄期的变化

(2)干燥收缩　水泥石中所含水向干燥环境迁移或挥发时,水泥石均发生体积收缩,这称为干燥收缩。从潮湿环境吸水后,其干燥收缩又会部分恢复。这种湿胀干缩行为会引起水泥石开裂或表面龟裂,因而对水泥石、水泥砂浆和混凝土的性能有较大影响。

水泥石干燥收缩机理一般认为是:当环境相对湿度较低或温度较高时,水泥石中可蒸发水(在105 ℃下均可挥发)向外部环境迁出或挥发时,引起孔壁受到毛细压力作用而收缩变形,表现为水泥石的宏观体积收缩。

由此可见,水泥石的干燥收缩变形与其孔隙率、含水量、所含水的属性以及环境温度、湿度有关。一般将水泥石中的水分为两大类——可蒸发水和不可蒸发水,粗孔中的水和C-S-H凝胶中的毛细孔水、吸附水和部分层间水(见图2.17)等加热到105 ℃时可以挥发,属于可蒸发水;C-S-H凝胶中的凝胶水和水化物的化学结合水是不可蒸发水,它们需加热到900～1 000 ℃的高温时才会损失,因此,不可蒸发水含量对干燥收缩值没有影响。试验表明,水泥石的干燥收缩主要来自以下三个方面:

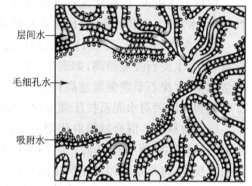

图 2.17　C-S-H 凝胶中的水

①孔径＞50 nm 的毛细孔中的自由水,它们的失去会引起整体收缩;孔径＜50 nm 的孔隙中的水受毛细张力作用,在正常温度与湿度下,它们的迁移会导致局部收缩。

②环境相对湿度降低到30％时,C-S-H凝胶微粒表面的吸附水损失会引起较大的收缩,这是水泥石干燥收缩的主要原因。

③C-S-H凝胶中孔径小于2.6 nm 凝胶孔内的层间水,只在强干燥(如加热)或相对湿度降低到10％以下时才会损失,并产生可观的干燥收缩。

所以,水泥石中毛细孔隙率及其含水量越大,毛细孔径越小,环境相对湿度越小,水泥石干燥收缩值越大,反之亦然。

与硅酸盐水泥相比,其他品种水泥因含有较多的混合材料,因而这些水泥净浆硬化中的自收缩和干燥收缩较小,且随混合材料掺量的增加而减小,即混合材料起到了限制收缩作用。

2. 水泥石在力作用下的变形

在外力作用下,硅酸盐水泥石主要呈线弹性行为,其弹性模量约为20～25 MPa。各种水化物的弹性模量基本相同,约为22.4 MPa,而水泥石的弹性模量与其孔隙率呈指数函数关系,因此,一般来说,水灰比越大,孔隙率越高,其弹性模量越小。

2.3.6　水泥石的强度

水泥石是多孔无机固体,其脆性较大,抗压强度最高,抗折强度次之,抗拉强度较小(一般只有抗压强度的1/20～1/10)。

1. 水泥石强度产生机理

如上所述,C-S-H凝胶的体积占水泥石体积的50％以上,因而 C-S-H 凝胶的内聚力是水泥石强度主要贡献者,而内聚力来自 C-S-H 凝胶的巨大内比表面积(约为 200 000 m²/kg)的胶粒间的结合力,包括胶粒间很大的范得华力、如图2.14所示的 C-S-H 凝胶内丝带状纳米微粒间的 H_2O 与 Ca^{2+}、OH^-、SiO_4^{4-} 等离子相互间的化学键和氢键力。其他分布在 C-S-H 凝胶中水化物晶体(如羟钙石、AFt、AFm 等)颗粒间的次价键力也对水泥石强度有所贡献,但由于这些水化物晶体粒径较大,比表面积相对较小,因而贡献较小。但水泥水化早期形成的AFt对水泥石的早期(1~3 d)强度有较大贡献,未水化的水泥颗粒内核可以起到硬质颗粒的增强作用,其含量较多时,对水泥石强度的贡献也较大。例如,Roy 和 Gouda 于 1975 年采用特殊方法和极低水灰比配制的水泥石,其抗压强度超过 600 MPa。

2. 水泥石强度的影响因素

根据上述机理,影响水泥石强度及其增长的主要因素有硅酸盐水泥熟料矿物组成、水泥颗粒细度、水灰比、混合材料、养护条件和龄期等。

①水泥熟料矿物　C-S-H 凝胶是水泥石强度的主要贡献者,因此,硅酸三钙和硅酸二钙的含量越多,水泥石强度越高;如表 2.6 所示,硅酸三钙和铝酸三钙的水化速度最快,这两个物相含量越多,水泥石早期强度越高;硅酸二钙水化速度较慢,对水泥石后期强度有较大贡献,见图 2.6;铁铝酸四钙对水泥石抗压强度的影响不大,但对水泥石抗折强度贡献较大。

②混合材料　混合材料取代部分水泥熟料,会使水泥石的早期强度有所降低。后期活性混合材料的火山灰反应,将早期水泥水化产生的羟钙石转化为 C-S-H 凝胶、水化硫铝酸钙等水化物,水化物不断增多,后期强度增进率较高。例如,矿渣水泥的后期强度甚至超过硅酸盐水泥,如图 2.18 所示。

③水泥颗粒细度　水泥颗粒越细,水泥水化速度和水化度均会相应提高,因而,水泥石的早期强度增长较快,后期强度也会有所提高。

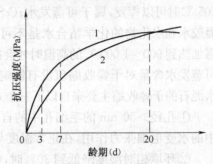

图 2.18　硅酸盐水泥与矿渣水泥强度发展
1—硅酸盐水泥;2—矿渣水泥

④水灰比　如上所述,水泥石含有或多或少的孔径不同的毛细孔和气孔,其孔隙率对水泥石强度的影响规律是:孔隙率越大,其强度越低;孔隙率越小,其强度越高,如图 2.19 所示。曾建立了多个描述水泥石抗压强度与孔隙率的数学模型,例如,对于常温常压水中养护的、孔隙率为 25%~50% 的水泥石,T.C. Powers 于 1958 年建立了抗压强度与孔隙率的关系:

$$\sigma = k(1-P^3) \tag{2.23}$$

式中　k——常数;
　　　σ——水泥石的抗压强度,MPa;
　　　P——孔隙率,即孔隙体积与水泥石表观体积之比,%。

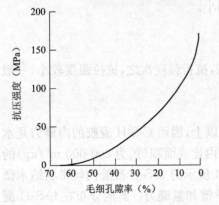
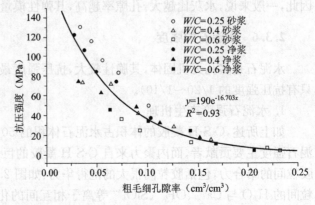

图 2.19　水泥石抗压强度与毛细孔隙率的关系

除孔隙率外,孔径也是水泥石强度的重要影响因素,强度随着孔径为 50nm 以上的毛细孔隙率的减少呈指数函数增加,如图 2.19(b)所示。水泥石中的毛细孔隙率主要是因水泥净浆中剩余水挥发产生的,而剩余水与水灰比有关,水灰比越大,剩余水越多,毛细孔隙率越大,所以,水泥石的抗压强度随水灰比增大也呈指数函数降低。

⑤养护条件与龄期　水泥石强度随养护龄期不断增长,早期强度增长很快,然后,强度增长速度逐渐减慢,28 d 可达 80% 以上。温度较高时,其强度增长较快;潮湿和水养护有利于水泥石强度的增长和提高;在有水的条件下,水泥石的强度可持续增长数月,甚至几十年。

2.3.7　水泥石的化学侵蚀

水泥石内孔溶液是含有各种离子的电解质,pH 值可高达 13.5,在此环境下各种水化物是稳定。因此,在通常的使用条件下,水泥石可保持其组成、结构和性能不变。但环境水(如软水、海水、地下水等)的 pH 值低或含有某些酸、碱和盐类等物质,它们渗入水泥石的毛细孔隙中,改变了孔溶液的组成和 pH 值,使水泥石的组成与结构发生变化,导致其外观与性能劣化,甚至发生溃散,这称为水泥石化学侵蚀破坏。水泥石抵抗化学侵蚀的能力称为抗化学侵蚀性。

水泥石的化学侵蚀机理与侵蚀性介质有关,下面介绍几种典型的侵蚀性介质及其破坏机理。

1. 溶蚀破坏(软水侵蚀)

当水泥石中孔溶液中离子浓度大于其溶度积时,各种水化物是稳定的,试验证明,水泥石中各主要水化物稳定存在时溶液中最小 Ca^{2+} 离子浓度(折算成 CaO 量)为:羟钙石 $Ca(OH)_2$ 约为 1.3 g CaO/L;C-S-H 凝胶略大于 1.2 g CaO/L;水化铁铝酸四钙约为 1.06 g CaO/L;水化硫铝酸钙约为 0.045 g CaO/L。

若因环境水渗入水泥石内,导致孔溶液中的离子浓度降低,水化物失稳而发生逐步分解,形成一些可溶性离子。如果环境水是流动的,可溶性离子会随水流动而损失—溶蚀,又会导致水化物进一步分解和可溶性离子溶蚀,如此循环,最终导致水泥石溶蚀破坏。溶蚀破坏一般从水泥石表面开始,由表及里逐渐进行,水量和流速较大或有压力的水环境会加剧溶蚀破坏。

雨水、雪水、蒸馏水、工厂冷凝水以及含重碳酸盐甚少的河水与湖水等水中钙、镁离子含量少,pH 值在 7 左右,通常将它们称为软水。当水泥石处于软水环境中,溶度积较小的羟钙石首先溶蚀,接着其他水化物随之分解,使水泥石孔隙率增加,强度降低,这又称为软水侵蚀。

当环境水中含有重碳酸盐时,重碳酸根 HCO_3^- 离子与 $Ca(OH)_2$ 反应,生成 $CaCO_3$ 沉淀:

$$Ca(OH)_2 + HCO_3^- \Rightarrow CaCO_3 \downarrow + OH^- + H_2O \tag{2.24}$$

生成的碳酸钙积聚在水泥石的孔隙内,可阻滞外界水的侵入和内部的可溶性离子向外扩散,减轻溶蚀破坏程度。但是,如果环境水中 HCO_3^- 离子含量较高,会形成可溶性的重碳酸钙而溶失,加剧水泥石溶蚀破坏程度。

$$Ca(OH)_2 + 2HCO_3^- \Rightarrow Ca(HCO_3)_2 + 2OH^- \tag{2.25}$$

2. 盐类侵蚀

(1)硫酸盐侵蚀　自然环境中的湖水、海水、沼泽水、地下水以及某些工业污水中常含钠、钾、铵等可溶性硫酸盐,处于含可溶性硫酸盐的水环境中,水泥石会发生硫酸盐侵蚀破坏。硫酸盐侵蚀可造成水泥石的外观劣化和强度降低,如软化、表面溶失与剥落、开裂和溃散等。硫酸盐侵蚀机理一般认为是:含硫酸根离子 SO_4^{2-} 的环境水渗入水泥石的孔隙中,SO_4^{2-} 与孔溶液中的离子或水化物发生如式(2.26)、式(2.27)和式(2.28)所示的反应,形成二水硫酸钙、钙矾石晶体(俗称"水泥杆菌")或碳硫硅钙石,二水硫酸钙和钙矾石形成时可产生体积膨胀或结晶压力,引起水泥石开裂,表面剥落,甚至溃散,碳硫硅钙石是无胶结力的白色柔软物质,可使水泥石变软,强度下降,从而导致水泥石发生严重劣化与破坏。

① 当孔溶液中的 SO_4^{2-} 与 Ca^{2+} 离子浓度达到过饱和时,析出二水硫酸钙晶体:

$$Ca^{2+} + SO_4^{2-} + 2H_2O \rightarrow CaSO_2 \cdot 2H_2O \tag{2.26}$$

② 同时,SO_4^{2-}、Ca^{2+} 离子与水化铝酸钙反应,析出钙矾石针状晶体:

$$3CaO \cdot Al_2O_3 \cdot 6H_2O + 3Ca^{2+} + 3SO_4^{2-} + 25H_2O \rightarrow 3CaO \cdot Al_2O_3 \cdot 3CaSO_2 \cdot 32H_2O \tag{2.27}$$

③ 如果水泥石中含有碳酸钙或环境水中除 SO_4^{2-} 离子外还存在 CO_3^{2-} 离子,而且环境温度较低(小于 15 ℃),C-S-H 凝胶会逐渐转变为碳硫硅钙石 $CaSiO_3 \cdot CaCO_3 \cdot CaSO_4 \cdot 15H_2O$:

$$xCaO \cdot SiO \cdot yH_2O + Ca^{2+} + SO_4^{2-} + CaCO_3 + nH_2O \rightarrow CaSiO_3 \cdot CaSO_2 \cdot CaCO_3 \cdot 15H_2O \tag{2.28}$$

水泥石硫酸盐侵蚀破坏程度与环境水中 SO_4^{2-} 离子浓度有关,离子浓度越高,破坏程度越严重。SO_4^{2-} 离子浓度较高时,以二水硫酸钙引起的开裂与软化破坏为主;SO_4^{2-} 离子浓度较低时,以钙矾石引起的开裂、剥落和溃散破坏为主;在碳酸盐或碳酸根离子存在下,发生由碳硫硅钙石引起的破坏,使水泥石失去胶结力,成为"泥状"物质。当 SO_4^{2-} 离子浓度低于 200 mg/L 时,一般认为不会造成侵蚀破坏。另一方面,硫酸盐侵蚀破坏还与水泥和水泥石的物相组成有关,水泥熟料中 C_3A 含量或水泥石中羟钙石含量越高,硫酸盐侵蚀破坏越严重。

(2) 镁盐侵蚀 水泥石处于硫酸镁或氯化镁等可溶性镁盐含量较高的环境水(如海水、盐湖水)中,会发生因镁离子 Mg^{2+} 引起的镁盐侵蚀,其侵蚀机理是:因水镁石 $Mg(OH)_2$ 的溶解度低于羟钙石,Mg^{2+} 离子渗入水泥石孔隙中,与孔溶液中 OH^- 离子反应,析出水镁石,降低孔溶液的 pH 值,引起水化物发生溶解或分解。如式(2.29),C-S-H 凝胶中的 Ca^{2+} 离子被 Mg^{2+} 离子置换而转化为胶结力较低的硅酸镁水化物,导致水泥石软化,强度降低。

$$xCaO \cdot SiO \cdot yH_2O + Mg + nH_2O \rightarrow qMgO \cdot SiO_2 \cdot zH_2O \tag{2.29}$$

如果镁盐是硫酸镁,会引起水泥石发生镁盐和硫酸盐的双重侵蚀破坏。

(3) 酸性侵蚀 含有一些可溶性无机酸和/或有机酸的环境水,如工业废水、地下水、沼泽水和酸雨等,其 pH 值较低,H^+ 离子和酸根离子浓度较高,而水泥石中的水化物均是中强碱性的。当水泥石与这些酸性水接触时,水泥水化物在酸性物质作用下转变为可溶性离子或化合物,使水化物溶解、水泥石结构解体,造成酸性侵蚀破坏。其破坏特征与酸性强弱有关,酸性很强的环境水使得水泥石从表面逐层溶蚀,外观尺寸逐渐变小;酸性较弱的环境水作用下,水泥中 C-S-H 凝胶的钙/硅比会降低,孔隙率增加。其破坏形式和程度与酸根离子种类有关,含盐酸、氢氟酸、硝酸等无机酸和醋酸、蚁酸和乳酸等有机酸的环境水主要引起溶蚀破坏;含硫酸根离子的环境水(如酸雨)还会引起硫酸盐侵蚀破坏。

(4) 强碱侵蚀 水泥水化物在碱性水环境中一般是稳定的,但在强碱(如氢氧化钠)性水作用下,水泥石中未水化的 C_3A 和水化铝酸钙会发生如式(2.30)所示的反应,生成可溶性铝酸盐,从而导致水泥石结构的破坏。

$$3CaO \cdot Al_2O_3 + 6NaOH \rightarrow 6Na_2AlO_4 + 3Ca(OH)_2 \tag{2.30}$$

除上述几种侵蚀类型外,还有其他一些物质,如糖类、油脂等对水泥石也有侵蚀破坏作用,这些有机物渗入水泥石中,削弱水泥石的内聚力,使强度降低。水泥石的侵蚀破坏是一个复杂的过程,可能是几种侵蚀作用同时存在,相互影响。侵蚀破坏的程度和速度除与侵蚀性介质浓度有关外,还取决于环境温度与湿度及其变化、介质迁移速度等因素。

3. 通用硅酸盐水泥的抗化学侵蚀性

通用硅酸盐水泥的抗化学侵蚀性主要取决于组成,硅酸盐水泥的抗化学侵蚀性较差,普硅水泥次之,其他4个品种的水泥抗化学侵蚀性较好,且混合材料掺量越多,抗化学侵蚀性越好。一方面,混合材料取代部分水泥熟料,减少了熟料含量,另一方面,火山灰反应消耗了氢氧化钙,形成的水化物使水泥石孔隙率降低,因此,它们抵抗化学侵蚀性较强。

4. 防止水泥石侵蚀破坏的措施

如上所述,引起水泥石化学侵蚀破坏的内因有两种:其一是水泥石中含有对侵蚀性物质较敏感的水化物;其二是水泥石内的毛细孔隙,为侵蚀性介质渗入提供了通道。因此,可从这两方面采取措施,防止水泥石被侵蚀破坏,或提高其抗化学侵蚀性。

(1) 提高水泥石的抗渗性 降低水灰比,减少毛细孔隙率,提高水泥石的密实性;或变连同毛细孔为封闭毛细孔,从而减少或阻塞侵蚀性介质的渗入通道,提高其抗渗性。例如,在水泥浆中加入外加剂,加强养护,改进施工方法等,均可提高水泥石的抗渗性。

(2) 表面防护处理 当环境水的化学侵蚀作用较强时,可在水泥石表面覆盖抗侵蚀涂层或其他保护层(如贴玻璃、陶瓷、不锈钢板等)等,封闭表面孔隙,阻止侵蚀性物质的渗入。

(3) 改变水泥组成 当工程所处的环境含有上述侵蚀性介质,并可能发生上述化学侵蚀作用时,不应选择硅酸盐水泥作为胶凝材料。为了提供适用于化学侵蚀性环境的水泥,通过水泥熟料组成的改变,制备了特性硅酸盐水泥(详见2.4节)。

2.3.8 通用硅酸盐水泥的技术性质

1. 密度与堆积密度

硅酸盐水泥的密度与其水泥熟料组成、储存时间和条件以及熟料的煅烧温度有关,一般为 $3.05\sim3.20\ g/cm^3$。在进行混凝土配合比计算时,通常采用 $3.10\ g/cm^3$。因活性混合材料的密度小于水泥熟料,因此,其他品种水泥的密度与混合材料品种和掺量有关,一般为 $2.70\sim3.10\ g/cm^3$。

硅酸盐水泥的堆积密度,除与水泥的密度和细度有关外,主要取决于颗粒堆积的紧密程度,松散时约为 $1\,000\sim1\,100\ kg/m^3$,紧密时可达 $1\,600\ kg/m^3$,工程应用中通常取 $1\,300\ kg/m^3$。

2. 细度

硅酸盐水泥细度是指水泥颗粒的粗细程度,可用颗粒粒径或比表面积表示,粒径越小,比表面积越高。通常用筛分法和固体颗粒表面积仪分别测定,筛分法以孔径 $45\ \mu m$ 的方孔筛的筛余量(%)表示细度,表面积测试法以 $1\ kg$ 的水泥所具有的总表面积(m^2/kg)来表示。

如前所述,粒径小于 $40\ \mu m$ 的水泥颗粒才具有水化活性,而大于 $90\ \mu m$ 的水泥颗粒,则几乎是惰性的,因此,粒径必须小于 $90\ \mu m$。从工程应用的角度,水泥越细,凝结硬化越快,强度(特别是早期强度)越高,但收缩也增大。另外,水泥越细,则越易吸收空气中水分而受潮,使其在储存过程中活性下降较快。此外,提高水泥的细度要增加能耗,降低粉磨设备的生产率,增加成本。所以,为满足工程应用需要,应控制水泥细度在一个合适的范围内。

《通用硅酸盐水泥》(GB 175—2007)规定:硅酸盐水泥与普硅水泥的比表面积应大于 $300\ m^2/kg$,以 $45\ \mu m$ 方孔筛筛余不大于30%作为选择性指标;其余四种掺混合材料水泥的细度用水筛法测试,其 $80\ \mu m$ 方孔筛筛余不大于10%或 $45\ \mu m$ 方孔筛筛余不大于30%。

3. 标准稠度用水量

水泥净浆的稠度随含水量增大而变稀,稠度越大,固体物穿透水泥净浆的阻力越大。通过测试不同水灰比水泥净浆的穿透性,达到规定穿透性的水泥净浆为标准稠度净浆,所需拌和水量为水泥标准稠度用水量,以水与水泥质量的百分数来表示,按《水泥标准稠度用水量、凝结时间、安定性检验方法》(GB/T 1346—2011)规定的方法测试(详见附录中的水泥试验)。水泥标准稠度用水量主要取决于水泥颗粒的细度、水泥熟料矿物组成和混合材料的品种与掺量,水泥标准稠度用水量一般在21%~28%之间。

4. 凝结时间

水泥从加水拌和后,由悬浮浆体发展到硬化状态所需时间为凝结时间,其中,从水泥加水拌和时起到水泥标准稠度净浆开始失去可塑性所需的时间为初凝时间;从水泥加水拌和时起到水泥标准稠度净浆完全失去可塑性,并开始产生强度所需时间为终凝时间。凝结时间按《水泥标准稠度用水量、凝结时间、安定性检验方法》(GB/T 1346—2011)规定的方法测试(详见附录中的水泥试验),以规定的试针沉入标准稠度净浆至一定深度所需的时间分别确定初凝和终凝时间。

《通用硅酸盐水泥》规定:通用硅酸盐水泥的初凝时间均不小于45 min,终凝时间不大于390 min,其他五种水泥的终凝时间不大于600 min。凡初凝时间不符合规定的水泥为废品,终凝时间不符合规定的水泥为不合格品。

5. 体积安定性

体积安定性意指水泥净浆凝结硬化过程中,其体积变化是否均匀适当的性能。一般来说,硅酸盐水泥浆凝结硬化时,其体积略有收缩,但其绝大部分发生在水泥浆硬化前,因此,体积变化比较均匀适当,即安定性良好。但试验证明,如果水泥熟料中含有过多的游离氧化钙 f-CaO 和游离氧化镁 f-MgO 或在水泥磨成时掺入的石膏过多,会导致其体积安定性不良。其原因是:1450 ℃下煅烧形成的水泥熟料中的 f-CaO 和 f-MgO 均属过烧,水化速度很慢,若在硬化的水泥石中发生反应式(2.31)和式(2.32),其固相体积分别增大 1.98 倍和 2.48 倍,造成水泥石膨胀开裂和强度降低,甚至崩溃。若水泥磨成时所掺石膏过多,在水泥硬化后,铝酸三钙与石膏一起水化,生成钙矾石,体积增大 2.22 倍,也会引起水泥石膨胀开裂。

$$CaO + H_2O \rightarrow Ca(OH)_2 \tag{2.31}$$

$$MgO + H_2O \rightarrow Mg(OH)_2 \tag{2.32}$$

按《水泥标准稠度用水量、凝结时间、安定性检验方法》(GB/T 1346—2011)规定,水泥体积安定性用雷氏夹法和试饼法测试(详见附录中的水泥试验),其中,雷氏夹法是通过测定水泥标准稠度净浆在雷氏夹中沸煮 3 h 后试针的相对位移表征其体积膨胀程度;试饼法是通过观测水泥标准稠度净浆试饼恒沸 3 h 后的外形变化情况表征其体积安定性。《通用硅酸盐水泥》规定,体积安定性不合格的水泥为废品。此外,由于 f-MgO 的水化反应(2.32)比 f-CaO (2.31)更慢,须采用压蒸方法才能检验出它的危害;过量石膏的危害则需长期浸泡在常温水中才能发现。为此,《通用硅酸盐水泥》又规定硅酸盐水泥中 f-MgO 含量不得超过 5.0%,SO_3 的含量不得超过 3.5%,以便水泥体积安定性合格。

6. 强度

通用硅酸盐水泥的强度以水泥胶砂强度表征,采用《水泥胶砂强度试验》(GB/T 17671—1999)规定的 ISO 法测试(详见附录中的水泥试验),《通用硅酸盐水泥》规定:根据测定的水泥胶砂试件的抗折和抗压强度,进行强度等级划分,不同品种不同强度等级的通用硅酸盐水泥,各强度等级的不同龄期的强度应符合表 2.9 的规定,其中带 R 的为早强型水泥。

表 2.9 各强度等级通用硅酸盐水泥的强度指标要求(GB 175—2007)

水泥品种	强度等级	抗压强度(MPa)≥		抗折强度(MPa)≥	
		3d	28d	3d	28d
硅酸盐水泥	42.5	17.0	42.5	3.5	6.5
	42.5R	22.0		4.0	
	52.5	23.0	52.5	4.0	7.0
	52.5R	27.0		5.0	
	62.5	28.0	62.5	5.0	8.0
	62.5R	32.0		5.5	
普通硅酸盐水泥	42.5	17.0	42.5	3.5	6.5
	42.5R	22.0		4.0	
	52.5	23.0	52.5	4.0	7.0
	52.5R	27.0		5.0	
矿渣硅酸盐水泥 火山灰硅酸盐水泥 粉煤灰硅酸盐水泥 复合硅酸盐水泥	32.5	10.0	32.5	2.5	5.5
	32.5R	15.0		3.5	
	42.5	15.0	42.5	3.5	6.5
	42.5R	19.0		4.0	
	52.5	21.0	52.5	4.0	7.0
	52.5R	23.0		4.5	

7. 水化热

水泥水化释放的热量称为水化热。水泥水化放热主要集中在早期,试验证明,水化 1 d 约放出总热量的 30%,3 d 约放出 73%,7 d 约放出 86%,28 d 约放出 95%。

通用硅酸盐水泥的水化热和放热速率与水泥熟料组成、混合材料掺量和水泥细度有关,C_3S 和 C_3A 含量越多,颗粒越细,则水泥水化热越大,放热速率越快;混合材料掺量越多,水化热越小。因此,硅酸盐水泥水化热最大,普硅水泥次之,其他品种水泥水化热较小。

8. 不溶物和烧失量

不溶物是指水泥经酸和碱处理后,不能被溶解的残余物,主要来自生料、混合材料和石膏中的惰性杂质。烧失量是指水泥经高温灼烧后的质量损失率,主要来自未烧透的生料或石膏和混合材料中的可分解杂质等。

不溶物含量影响水泥的品质,《通用硅酸盐水泥》规定:P.Ⅰ 和 P.Ⅱ 型硅酸盐水泥的不溶物分别不得超过 0.75% 和 1.50%,烧失量不得大于 3.0%;普硅水泥的烧失量不得大于 5.0%。凡不溶物和烧失量任一项不符合规定的水泥均为不合格品。

9. 碱含量

硅酸盐水泥中碱含量按 $Na_2O+0.658K_2O$ 的计算值来表示。若混凝土使用活性骨料时,碱含量过高可能导致混凝土内发生有害的碱骨料反应(详见第 3 章)。因此,《通用硅酸盐水泥》规定:若使用碱活性骨料,水泥中碱含量不得大于 0.6% 或由供需双方商定。

2.3.9 通用硅酸盐水泥的应用和储运

1. 通用硅酸盐水泥的应用

一般将通用硅酸盐水泥与砂、石、水拌制成砂浆或混凝土,用于各种构筑物和基础设施的建造。在工程设计和施工中,一般应根据砂浆或混凝土的设计强度等级,选择水泥的强度等级;根据工程的使用环境作用等级、结构类型、设计服役寿命等,选择水泥品种。

(1) P.Ⅰ和P.Ⅱ型硅酸盐水泥　不含或只含5%的混合材料,具有早期强度和强度等级高,凝结硬化快,水化热较大,抗化学侵蚀性较差等特点,主要用于重要结构的高强混凝土和预应力混凝土工程;也适用于混凝土早期强度要求高、冬季施工以及严寒地区遭受反复冻融的工程;但不宜用于大体积混凝土工程和受海水、盐湖水等侵蚀环境的工程。

(2) 普通硅酸盐水泥　其强度等级和其他多项性能均与硅酸盐水泥相似,但含有5%~20%的混合材料,其水化热低于硅酸盐水泥,抗化学侵蚀性优于硅酸盐水泥,价格较低,因而是最常用的水泥品种,广泛用于各类构筑物和基础设施的建设中。

(3) 矿渣水泥、火山灰水泥、粉煤灰水泥和复合水泥等4个水泥品种,其共同特点是含有20%以上的混合材料,因此早期强度和水化热较低,抗化学侵蚀性和耐热性较好,适用于有耐热要求的混凝土、大体积混凝土、蒸养混凝土构件和有抗软水、海水、硫酸盐侵蚀要求的混凝土工程;不适用于早期强度要求较高的混凝土和严寒地区及处在水位升降范围内的混凝土工程。不同点是它们所含混合材料的种类不同,矿渣具有潜在水硬性,火山灰质混合材料和粉煤灰具有火山灰活性,石灰石粉不具或很少火山灰活性,因此,矿渣水泥的后期强度比其他3种水泥高,耐热性更好,但其强度增长对养护温湿度较敏感。当混合材料掺量很大时,这4种水泥的强度等级较低,适用于一般设计强度等级较低的混凝土工程、砌筑砂浆和抹面砂浆等。

土木工程建设中采购水泥时,必须选用质量符合《通用硅酸盐水泥》规定的合格品。该标准规定:凡氧化镁、三氧化硫、初凝时间、安定性中任一项指标不符合标准规定时均为废品。凡细度、终凝时间、不溶物和烧失量中的任一项不符合标准规定或混合材掺量超过最大限量和强度低于商品标号规定的指标时均为不合格品。水泥包装标志中水泥品种、强度等级、工厂名称和出厂编号不全的也为不合格品。不合格品决不允许用于任何土木工程!

2. 硅酸盐水泥的储运

储运方式主要有散装和袋装:散装水泥从出厂、运输、储存到使用,直接通过专用工具进行;我国袋装水泥以50 kg/袋包装。

水泥在运输和保管时,不得混入杂物。不同品种、标号及出厂日期的水泥,应分别储存,并加以标志,不得混杂。散装水泥应分库存放。袋装水泥堆放时应防水防潮,堆置高度一般不超过10袋,每平方米可堆放1 t左右。使用时应考虑先存先用的原则。即使在储存良好的条件下,也不可储存过久。实践表明。袋装水泥储存3个月后,强度约降低10%~20%;6个月后,约降低15%~30%;1年后约降低25%~40%。

水泥进场以后,应立即进行检验,为确保工程质量,应严格贯彻先检验后使用的原则。

水泥受潮后通常表现为结块,密度减小,烧失量增大,强度降低。对受潮水泥可按表2.10所列方法适当处理。

表2.10　硅酸盐水泥受潮后的处理与使用

受潮情况	处理方法	使 用 场 合
有可用手捏碎的粉团但无硬块	压碎粉块	通过试验后,根据实际标号使用
部分结成硬块	筛去硬块压碎的粉块	通过试验后,根据实际标号使用,可用于不重要和受力小的部位,或用于砂浆
大部分结成硬块	粉碎,磨细	不能作为水泥使用,可作为混合材料掺入水泥和混凝土中

2.4 特性硅酸盐水泥

根据硅酸盐水泥熟料中四种主要矿物的特性,通过调配生料组成,经煅烧得到不同矿物组成的水泥熟料,或在磨成工序中掺入适量可赋予某种特性的添加材料,可制得具有某种特定性能的硅酸盐水泥,如道路水泥、白色水泥、抗硫酸盐水泥、低热水泥、膨胀水泥等。

2.4.1 道路硅酸盐水泥

由道路硅酸盐水泥熟料,适量石膏,规定的混合材料,磨细制成的水硬性胶凝材料称为道路硅酸盐水泥,简称道路水泥,代号P·R。

(1)组成 由定义可知,道路水泥由道路硅酸盐水泥熟料、石膏和混合材料组成,其中,水泥熟料中 C_3A 含量不超过 5.0%, C_4AF 含量不低于 16.0%, f-CaO 不大于 1.0%~1.8%;石膏可以是天然石膏或经试验证明对水泥无害的工业副产石膏;规定的混合材料为 F 类粉煤灰、粒化高炉矿渣或钢渣等,其掺量为水泥质量的 0~10%。此外,道路水泥中 MgO 与 SO_3 含量分别不大于 5.0% 和 3.5%,烧失量不大于 3.0%。

(2)性能特点 与通用硅酸盐水泥相比,道路水泥具有如下性能特点:细度可更细,其比表面积为 300~450 m²/kg;初凝时间较长,不早于 1.5 h;耐磨性较好;因水泥熟料中 C_4AF 含量高,因而其抗折强度比同等级通用硅酸盐水泥高 0.5 MPa,见表 2.11。这些性能特点是为了满足道路工程用水泥混凝土路面的抗折强度、耐磨性和耐久性等要求。

表 2.11 特性硅酸盐水泥的强度等级及其要求

水泥品种	强度等级	抗压强度(MPa)≥		抗折强度(MPa)	
		3d	28d	3d	28d
道路水泥(GB 13693—2005)	32.5	16.0	32.5	3.5	6.5
	42.5	21.0	42.5	4.0	7.0
	52.5	26.0	52.5	5.0	7.5
白水泥(GB 2015—2005)	32.5	12.0	32.5	3.0	6.0
	42.5	17.0	42.5	3.5	6.5
	52.5	22.0	52.5	4.0	7.0
中热水泥(GB 200—2003)	42.5	22.0(7d)	42.5	4.5(7d)	6.5
低热水泥(GB 200—2003)	42.5	13.0(7d)	42.5	3.5(7d)	6.5
低热矿渣水泥(GB 200—2003)	32.5	12.0(7d)	32.5	3.0(7d)	5.5
中抗硫酸盐水泥	32.5	10.0	32.5	2.5	6.0
高抗硫酸盐水泥	42.5	15.0	42.5	3.0	6.5

(3)应用 道路水泥主要用于道路的混凝土路面工程。

2.4.2 白色硅酸盐水泥

通用硅酸盐水泥熟料呈灰或灰褐色,这主要是含铁相矿物引起的。由氧化铁含量少的硅酸盐水泥熟料、适量石膏和规定的混合材料,磨细制成的水硬性胶凝材料称为白色硅酸盐水泥,简称白水泥,代号P·W。因此,白水泥组成特点有:熟料中 C_4AF 含量很低;混合材料主要是石灰石和窑灰,其掺量为水泥质量的0~10%。另外,将白水泥熟料、矿物颜料(如氧化铁红、氧化铁黄、氧化铬绿、炭黑等)和适量石膏共同磨细,可制成彩色水泥。

《白色硅酸盐水泥》(GB/T 2015—2005)规定,白水泥分为32.5、42.5、52.5等三个强度等级,其强度指标见表2.11。其他技术要求与普通水泥接近。

白水泥主要用于建筑内外的装饰,如地面、楼面、楼梯、墙柱、台阶,建筑立面的线条、装饰图案、雕塑等。配以彩色大理石、白云石石子和石英砂作为粗细骨料,可拌制成彩色砂浆和混凝土,做成水磨石、水刷石、斩假石等饰面,起到艺术装饰的效果。

2.4.3 中、低热硅酸盐水泥

水化热低的硅酸盐水泥有3个品种,中热、低热硅酸盐水泥和低热矿渣硅酸盐水泥:

(1)中热硅酸盐水泥 以适当成分(C_3S≤55%,C_3A≤6%)的硅酸盐水泥熟料,加入适量石膏,磨细制成的具有中等水化热的水硬性胶凝材料,简称中热水泥,代号P·MH。

(2)低热硅酸盐水泥 以适当成分(C_2S≤40%,C_3A≤6%)的硅酸盐水泥熟料、适量石膏,磨细制成的具有低水化热的水硬性胶凝材料,简称低热水泥,代号P·LH。

(3)低热矿渣硅酸盐水泥 以适当成分(C_3A≤8%)的硅酸盐水泥熟料、粒化高炉矿渣和适量石膏共同磨制成的具有低水化热的水硬性胶凝材料,简称低热矿渣水泥,代号P·SLH。其中粒化高炉矿渣掺量为水泥质量的20%~60%。

中热水泥、低热水泥和低热矿渣水泥的特点是:其一是水化热低,3 d释放的水化热应分别不大于251 kJ/kg,230 kJ/kg和197 kJ/kg;7 d的水化热应分别不大于293 kJ/kg,260 kJ/kg和230 kJ/kg;其二是凝结速度较慢,初凝时间不早于60 min,终凝时间不迟于12 h;其三是早期强度较低,中热水泥的3d抗压和抗折强度分别为12.0 MPa和3.0 MPa,低热和低热矿渣水泥均以7d强度评价早期强度,其强度等级及其指标要求见表2.11;其四是抗硫酸盐侵蚀性能较好。此外,为减缓水化放热速度又保证早期强度,水泥比表面积应不大于250 m²/kg。

这三种水泥水化热较低,抗冻性与耐磨性较高,适用于大体积混凝土和水工建筑物、高抗冻性和耐磨性的工程以及有较强硫酸盐侵蚀环境的工程。

2.4.4 抗硫酸盐水泥

按其抗硫酸盐侵蚀的能力,抗硫酸盐硅酸盐水泥分为中抗硫酸盐硅酸盐水泥和高抗硫酸盐硅酸盐水泥两种[详见《抗硫酸盐硅酸盐水泥》(GB 748—2005)]。以特定矿物组成的硅酸盐水泥熟料和适量石膏,磨细制成的具有抵抗中等浓度硫酸根离子侵蚀的水硬性胶凝材料,称为中抗硫酸盐硅酸盐水泥,简称中抗硫酸盐水泥,代号P·MSR;具有抵抗较高浓度硫酸根离子侵蚀的水硬性胶凝材料,称为高抗硫酸盐硅酸盐水泥,简称高抗硫酸盐水泥,代号P·HSR。

因通用硅酸盐水泥中C_3A和C_3S水化形成的$Ca(OH)_2$易受硫酸盐侵蚀,因此,中抗和高抗硫酸盐水泥的组成特点是水泥中C_3S和C_3A含量少,C_3S含量应分别不大于55.0%和50.0%,C_3A含量应分别不大于5.0%和3.0%。水泥的比表面积应不小于280 m²/kg,氧化镁含量、安定性、凝结时间、碱含量等要求等同普硅水泥,但有14d线膨胀系数的要求,应分别不大于0.060%和0.040%。中抗和高抗硫酸盐水泥各有32.5和42.5两个强度等级,见表2.11。

抗硫酸盐水泥主要用于受硫酸盐侵蚀的海港、水利、地下、隧道、道路和桥梁基础等工程。

2.4.5 低热微膨胀水泥

以粒化高炉矿渣为主要成分,加入适量硅酸盐水泥熟料和石膏,磨细制成的具有低水化热和微膨胀性能的水硬性胶凝材料,称为低热微膨胀水泥,代号 LHEC,执行《低热微膨胀水泥》(GB 2938—2008)。

低热微膨胀水泥的组成特点:粒化高炉矿渣应是《用于水泥中的粒化高炉矿渣》(GB/T203—2008)规定的优等品;硅酸盐水泥熟料中硅酸三钙和硅酸二钙的质量分数不小于66%,熟料强度等级应达到 42.5 以上;石膏可以是符合《天然石膏》(GB/T 5483—2008)规定的 A 类或 G 类二级以上的石膏或硬石膏,以及经试验证明对水泥性能无害的工业副产石膏。并可掺入少量改善水泥膨胀性能的外掺物。

低热微膨胀水泥的性能特点:凝结硬化中不产生体积收缩,早期发生微膨胀,其 1 d 和 7 d 线膨胀率应分别不小于 0.05% 和 0.10%,而 28 d 的线膨胀率应分别不大于 0.60%;水化热较低,其 3 d 和 7 d 的水化放热分别为 185 kJ/kg 和 220 kJ/kg;初凝时间不早于 45 min,但终凝时间较长,可不迟于 12 h;早期强度较小,强度等级只有 32.5 一种,其 7 d 抗压和抗折强度分别不低于 18.0 MPa 和 5.0 MPa;其他性能及其指标要求与矿渣水泥相当。

可改善水泥膨胀性能的外掺物有明矾石($K_2SO_4 \cdot Al(SO_4)_3 \cdot 2Al_2O_3 \cdot 6H_2O$)、铝酸盐水泥熟料与石膏复合物、硫铝酸盐水泥熟料与石膏复合物等,这些矿物或复合矿物能在水泥水化过程的早期形成膨胀性钙矾石,调节其早期线膨胀率。另外,MgO 和 CaO 也可用作外掺物。选择这些外掺物的关键是它们在水泥浆中发生水化反应的时机与反应速度,若反应太早或太快,水泥浆还处于流动态时就产生膨胀,难以获得合适的膨胀值;若反应太迟或太慢,水泥浆已硬化后才发生膨胀性反应,则会造成水泥石开裂破坏。所以,在添加这些外掺物时,必须进行详细的试验,以确保水泥石的体积安定性,杜绝因膨胀过大而使水泥石开裂现象的发生。

低热微膨胀水泥在约束变形条件下所形成的水泥石结构相当致密,具有良好的抗渗性和抗冻性,适用于配制防水砂浆和防水混凝土,浇灌构件的接缝、管道的接头、机器底座或固结地脚螺栓及堵漏与修补工程洞等;也适用于较低水化热和要求补偿收缩的混凝土、大体积混凝土,以及要求抗渗和抗硫酸盐侵蚀的工程;还可用于配制自应力混凝土。

此外,还有一种主要用于自应力钢筋混凝土结构工程和制造自应力压力管的自应力水泥,它是以适当比例的硅酸盐水泥或普通硅酸盐水泥、高铝水泥和天然石膏磨制而成的膨胀性水硬性胶凝材料,水化硬化中产生的微膨胀受到约束时会产生内应力,使钢筋混凝土结构产生约 2 MPa 的自应力,有关这方面的知识,同学们可参考相关资料。

2.5 硫铝酸盐水泥和铝酸盐水泥

以适当成分的生料,经煅烧所得以无水硫铝酸钙和硅酸二钙为主要矿物成分的水泥熟料掺加不同量的石灰石、适量石膏共同磨细制成的水硬性胶凝材料,称为硫铝酸盐水泥,代号 SAC。硫铝酸盐系水泥及其旋窑生产技术是我国于 1973 年发明的,我国年产量为几百万吨,主要品种有:快硬硫铝酸盐水泥、低碱度硫铝酸盐水泥和自应力硫铝酸盐水泥。

本节将主要叙述硫铝酸盐系水泥的组成、性能和应用的特点。

2.5.1 硫铝酸盐水泥

1. 硫铝酸盐水泥的组成

硫铝酸盐水泥主要由硫铝酸盐水泥熟料、适量石膏和石灰石等三组分构成,其主要化学成分是 CaO、Al_2O_3、$CaSO_4$,以及原料中所含的 SiO_2、Fe_2O_3、MgO 等。硫铝酸盐水泥熟料中的胶凝矿物组分是硫铝酸钙 $4CaO \cdot 3Al_2O_3 \cdot SO_3(C_4A_3\hat{S})$ 和硅酸二钙 $2CaO \cdot SiO_2(C_2S)$,此外,还可能含有少量铁铝酸钙 C_4AF 或 C_6AF_2 以及铝酸钙 $C_{12}A_7$、C_3A 和游离无水石膏 $f\text{-}CaSO_4$、游离氧化钙 $f\text{-}CaO$ 等。典型的硫铝酸盐水泥熟料的矿物组成如表 2.12 所示,$C_4A_3\hat{S}$ 占 50% 以上。

表 2.12 硫铝酸盐水泥熟料的矿物组成

矿物相	$C_4A_3\hat{S}$	C_2S	$f\text{-}CaSO_4$	C_4AF	$f\text{-}CaO$	其他
含量 $w(\%)$	54.11	23.25	7.28	10.34	0.04	0.967

三个品种硫铝酸盐水泥的组成各不相同,但共同的特点是石膏掺量较多。

(1) 快硬硫铝酸盐水泥 由适当成分的硫铝酸盐水泥熟料、石灰石(≤15%)和适量石膏共同磨细制成的,具有早期强度高的水硬性胶凝材料,代号 R·SAC。

(2) 低碱度硫铝酸盐水泥 由适当成分的硫铝酸盐水泥熟料、石灰石(15%~35%)和适量石膏共同磨细制成的,具有碱度低的水硬性胶凝材料,代号 L·SAC。

(3) 自应力硫铝酸盐水泥 由适当成分的硫铝酸盐水泥熟料和适量石膏共同磨细制成的,具有膨胀性的水硬性胶凝材料,代号 S·SAC。

2. 硫铝酸盐水泥的制备

生产硫铝酸盐水泥的原料有石灰石、铝质材料(主要是铝质黏土或铝矾土或炼铝工业废渣——赤泥,甚至粉煤灰)和石膏。生产工艺也是"两磨一烧",将各种原料按比例磨细成生料粉;然后,将生料粉在 1 300~1 350 ℃下煅烧至烧结,获得水泥熟料;再将熟料、适量石膏和石灰石一起磨细,制得硫铝酸盐水泥。硫铝酸盐水泥生产工序与硅酸盐水泥类似,但因硫铝酸盐水泥熟料烧成温度比硅酸盐水泥熟料低 200 ℃左右,而且硫铝酸盐水泥熟料易磨,因而其生产能耗低;另一方面,硫铝酸盐水泥生料中石灰石用量小于硅酸盐水泥,煅烧排放的 CO_2 量较少。所以,硫铝酸盐水泥是一种环境友好型水泥。

3. 硫铝酸盐水泥净浆的流变性

硫铝酸盐水泥净浆具有良好的流动性和触变性。因为水泥熟料水化结合水较大,水泥净浆的拌合水量较多,水泥浆流动性较大;硫铝酸盐水泥中石膏含量远大于通用硅酸盐水泥,石膏粉末吸水性较强,因此,水泥浆触变性和保水性较好,即使在较大水灰比时,水泥浆也不易发生泌水现象;掺入较多的石灰石粉,可进一步改善硫铝酸盐水泥净浆的流变行为。

4. 硫铝酸盐水泥熟料矿物的水化反应

硫铝酸盐水泥熟料的重要水化反应是无水硫铝酸盐钙 $C_4A_3\hat{S}$ 的水化反应。

① 当石膏量充足时,主要是 $C_4A_3\hat{S}$ 的水化,形成钙矾石 $C_6A\hat{S}_3H_{32}$ 和氢氧化铝 AH_3:

$$C_4A_3\hat{S} + 2C\hat{S}H_2 + 38H_2O \rightarrow C_6A\hat{S}_3H_{32} + 4AH_3 \tag{2.33}$$

② 当 C_2S 水化形成 $Ca(OH)_2$ 时,$C_4A_3\hat{S}$ 水化只形成钙矾石 $C_6A\hat{S}_3H_{32}$,没有 AH_3:

$$C_4A_3\hat{S} + 8C\hat{S}H_2 + 6CH + 74H_2O \rightarrow 3C_6A\hat{S}_3H_{32} \tag{2.34}$$

③ 当石膏不足时,$C_4A_3\hat{S}$ 水化形成单硫型水化硫铝酸钙 $C_4A\hat{S}H_{12}$(AFm)和 AH_3:

$$C_4A_3\hat{S}+18H_2O \rightarrow C_4A\hat{S}H_{12}+2AH_3 \tag{2.35}$$

此外，熟料中的其他矿物C_2S、C_3A、C_4AF会发生类似于硅酸盐水泥浆中的水化反应，C_2S的水化生成C-S-H凝胶和氢氧化钙$Ca(OH)_2$，见反应式(2.15)；C_4AF的水化很慢(试验证明，在湿养护10年后铁铝酸四钙仍然残留)，对硫铝酸盐水泥净浆的凝结硬化几乎没有贡献。因此，硫铝酸盐水泥的水化与其石膏和C_2S的含量有关。石膏含量越大，形成的钙矾石越多；C_2S含量越大，不但形成的C-S-H和钙矾石较多，而且氢氧化铝AH_3量减少。

5. 水泥净浆的凝结硬化

硫铝酸盐水泥净浆的凝结硬化主要是因钙矾石的快速形成与结晶的结果，因此，与硅酸盐水泥净浆相比，其凝结硬化速度快。当水泥与水拌和形成流动性良好的浆体时，水泥熟料颗粒表面很快形成水化硫铝酸钙凝胶状水化物。凝胶态水化物的形成延缓了熟料颗粒的水化，进入水泥净浆的凝结潜伏期，水泥净浆能在一段时间内保持其流动性，但时间较短。随着水化反应的进行，水泥净浆中自由水很快减少，同时，析出针状或棱柱状钙矾石晶体。随着水化物不断增多、不断填充水所占据的空间，针状或棱柱状钙矾石晶体交织成晶体网络，进入加速凝结与硬化期。这个阶段进程很快，在较短时间内，水泥净浆就会硬化产生强度。所以，硫铝酸盐水泥的终凝时间较短，且与初凝时间的间隔也很短。例如，含18%石膏的硫铝酸盐水泥，在20℃时，水灰比为0.43的水泥浆的初凝时间为45 min，终凝时间为60 min。

硫铝酸盐水泥净浆的凝结硬化与水泥中的熟料矿物组成、石膏含量、水灰比、细度和温度有关，一般来说，随着石膏含量的增加，初凝时间延长；水灰比、细度和温度对凝结硬化的影响与硅酸盐水泥相同，但提高温度不但加速水泥浆的凝结硬化，而且促使较粗钙矾石晶体颗粒的形成和氢氧化铝结晶成三水铝石$Al_2O_3 \cdot 3H_2O$。

凝结硬化中硫铝酸盐水泥净浆几乎不发生体积收缩，试验证明，当石膏含量在22%~24%时，其体积变化接近0；石膏含量在24%~25%以上时，通常会在24 h内发生明显的体积膨胀。例如，自应力硫铝酸盐水泥因石膏掺量较大，凝结硬化中发生一定的体积膨胀而在引起自应力。

6. 水泥石的物相组成与微结构

硫铝酸盐水泥石主要由钙矾石晶体、C-S-H凝胶、未水化水泥熟料颗粒内核和少量其他水化物等物相构成，钙矾石晶体含量和体积分数占绝大部分且随石膏掺量增加而增加。试验证明，石膏掺量达到水泥质量的30%时，水泥石中钙矾石含量可达80%以上。因此，水泥石微结构是由钙矾石晶体为主构成的密实多晶相堆聚体。钙矾石一般是针状或棱柱状晶体，水化后期形成的钙矾石晶体可能呈板块状，钙矾石晶体交织成网络结构，构成水泥石的固体骨架，C-S-H凝胶和其他水化物分布在此网络骨架中，未水化熟料颗粒被水化物包裹。例如，如图2.20所示，在20℃水化7天、水灰比为0.67的水泥石样品的背射电镜照片中，点1是未水化的水泥熟料内核，其周围被一圈由部分结晶的钙矾石与铝胶组成的凝胶态水化物包裹(点2)，点3是长约10 μm的棱柱状钙矾石晶体交织成的具有三维网络结构的聚集体。

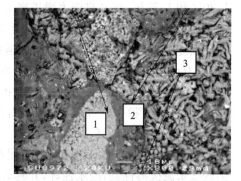

图2.20　20℃水化7天、水灰比为0.67的水泥石样品的背射电镜照片

硫铝酸盐水泥中C_2S水化产生的$Ca(OH)_2$被反应(2.34)消耗，因而，硫铝酸盐水泥石中$Ca(OH)_2$含量很少，孔溶液的pH值在10~11.5。在大多数情况下，氢氧化铝是无定型态，但

延长养护时间或在高温下,它们也会结晶成三水铝石 $Al_2O_3 \cdot 3H_2O$。

与通用硅酸盐水泥相比,硫铝酸盐水泥的化学结合水较大,剩余水较少。所以,硫铝酸盐水泥石的孔隙率较低,且毛细孔径较小,以 50 nm 以下的微孔为主。但如果石膏掺量较少,则因形成 AFm 相,化学结合水减小,水泥石中剩余水会较多,孔隙率和孔径会较大。

7. 硫铝酸盐水泥石的强度

硫铝酸盐水泥石的强度主要来自钙矾石晶体构成的网络骨架。因钙矾石形成速度快,水泥石强度增长很快。试验表明,钙矾石晶体在 15~20 min 内形成,24 h 就贡献了很高的强度,其他矿物相,特别是硅酸二钙的缓慢水化,使后期强度连续增长。例如,快硬硫铝酸盐水泥净浆拌和 6 h 后,其强度可达 28 d 强度的 30%~50%;1 d 强度可达 70%~80%;3 天强度可达 90% 以上,见表 2.13。另一方面,钙矾石晶体紧密堆积,水泥石较密实,孔径大于 50 nm 的毛细孔隙率少,因此,水泥石的强度很高,其 28 d 强度可高达 78 MPa。

表 2.13 快硬硫铝酸盐水泥的强度指标

品 种	强度等级	抗压强度(MPa)			抗折强度(MPa)		
		1天	3天	28天	1天	3天	28天
快硬硫铝酸盐水泥	42.5	30.0	42.5	45.0	6.0	6.5	7.0
	52.5	40.0	52.5	55.0	6.5	7.0	7.5
	62.5	50.0	62.5	65.0	7.0	7.5	8.0
	72.5	55.0	72.5	75.0	7.5	8.0	8.5
低碱度硫铝酸盐水泥	32.5	25.0	32.5(7 d)	—		5.0(7 d)	—
	42.5	30.0	42.5(7 d)	—	4.0	5.5(7 d)	—
	52.5	40.0	52.5(7 d)	—		6.0(7 d)	—

8. 硫铝酸盐水泥的技术性质

(1)物理性质　硫铝酸盐水泥的密度较小,一般为 2.78 g/cm³;水泥颗粒较细,比表面要求为 350~400 m²/kg;凝结硬化较快,快硬和低碱度硫铝酸盐水泥的初凝时间不早于 25 min,终凝时间不迟于 180 min;自应力硫铝酸盐水泥的初凝时间不早于 40 min,终凝时间不迟于 240 min;凝结硬化过程中,其体积微膨胀而产生自应力,7 d 和 28 d 的自由膨胀率分别不小于 1.30% 和 1.75%,28 d 自应力增进率不小于 0.010 MPa/d。

(2)强度等级　快硬和低碱度硫铝酸盐水泥分别按水泥胶砂试件的 3 d 和 7 d 抗压强度值划分强度等级,各龄期的抗压和抗折强度应不低于表 2.13 中数值。自应力硫铝酸盐水泥按《自应力水泥物理检验方法》(JC/T 453—2004)规定的方法测得的 28 d 龄期自应力值划分为 3.0、3.5、4.0、4.5 等四个等级,其 28 d 的自应力值分别为 3.0~4.0 MPa、3.5~4.5 MPa、4.0~5.0 MPa、4.5~5.5 MPa,所有自应力硫铝酸盐水泥的 7 d 和 28 d 的抗压强度分别不小于 32.5 MPa 和 42.5 MPa。

(3)抗化学侵蚀性　硫铝酸盐水泥石密实,毛细孔隙率小,大多是 50 nm 的小孔,因此,硫铝酸盐水泥抗渗性高,耐水性好,并具有优良的抗硫酸盐侵蚀性能。

9. 硫铝酸盐水泥的特点与应用

硫铝酸盐水泥有凝结硬化快、早期强度高且增长快、碱度低、抗硫酸盐和海水侵蚀性优良、水化物在大气环境下稳定等特点。因此,硫铝酸盐水泥主要有以下应用:

(1)配制高早强混凝土　例如,用硫铝酸盐水泥可以配制出 6 h 抗压强度达 40 MPa、24 h

达 55 MPa 的高早期混凝土，适合于冬季施工和抢修工程。

(2) 配制自流平砂浆　例如，用硫铝酸盐水泥配制可工作时间为 30 min，终凝时间为 75 min，干缩值＜250 μm/m 的自流平砂浆，用作建筑物地面的找平层，表面平整无裂纹，周边无卷曲，且强度高。

(3) 制备玻璃纤维增强水泥复合材料　低碱度硫铝酸盐水泥石的 pH 值约在 10.5，玻璃纤维在这个 pH 值的孔溶液中是安全的。因此，低碱度硫铝酸盐水泥主要用于玻璃纤维增强水泥基复合材料，详见第 9 章。

(4) 配制抗硫酸盐混凝土　配制有很好的抗硫酸盐与海水侵蚀性能的混凝土，适用于海洋环境的混凝土工程。

硫铝酸盐水泥是一种新型高性能水泥，其应用领域还在不断扩展。

2.5.2　铝酸盐水泥

由铝酸盐水泥熟料磨细制成的水硬性胶凝材料称为铝酸盐水泥，代号 CA。按其 Al_2O_3 含量，分为 CA50、CA60、CA70 和 CA80 等四个品种，其 Al_2O_3 的质量百分数分别为 50%～60%、60%～68%、68%～77% 和不小于 77%。铝酸盐水泥熟料是以钙质和铝质材料为主要原料，按适当比例配制成生料，煅烧至完全或部分熔融，并经冷却所得以铝酸钙为主要矿物组成的产物，其中，钙质原料主要是石灰石，铝质原料主要是以 Al_2O_3 为主要化学成分的铝矾土。

1. 铝酸盐水泥的矿物组成

铝酸盐水泥主要矿物成分为铝酸一钙 $CaO \cdot Al_2O_3$，简写为 CA，其含量约占铝酸盐水泥质量的 50%～70%，此外还有少量硅酸二钙和其他铝酸盐，如七铝酸十二钙 $12CaO \cdot 7Al_2O_3$（简写 $C_{12}A_7$）、二铝酸一钙 $CaO \cdot 2Al_2O_3$（简写 CA_2）和硅铝酸二钙 $2CaO \cdot Al_2O_3 \cdot SiO_2$（简写 C_2AS）等。

2. 铝酸盐水泥熟料矿物的水化反应

各种铝酸钙矿物中，铝酸一钙 CA 与七铝酸十二钙的水化反应最快，其次是二铝酸一钙，硅铝酸二钙的活性较小，几乎接近惰性。由于 CA 占 50% 以上，因此，铝酸盐水泥的水化主要是 CA 的水化反应，而 CA 的水化反应对温度较敏感，其水化物组成因温度不同而异。

(1) 当温度低于 20 ℃时，生成水化铝酸一钙 $CaO \cdot Al_2O_3 \cdot 10H_2O(CAH_{10})$：

$$CaO \cdot Al_2O_3 + 10H_2O \rightarrow CaO \cdot Al_2O_3 \cdot 10H_2O \qquad (2.36)$$

(2) 当温度为 20～30 ℃时，生成水化铝酸二钙 $2CaO \cdot Al_2O_3 \cdot 8H_2O(C_2AH_8)$ 和氢氧化铝 $Al_2O_3 \cdot 3H_2O(AH_3)$：

$$2(CaO_2 \cdot Al_2O_3) + 11H_2O \rightarrow 2CaO \cdot Al_2O_3 \cdot 8H_2O + Al_2O_3 \cdot 3H_2O \qquad (2.37)$$

(3) 当温度高于 30 ℃时，生成水化铝酸三钙 $3CaO \cdot Al_2O_3 \cdot 6H_2O(C_3AH_6)$ 和氢氧化铝 AH_3：

$$3(CaO_2 \cdot Al_2O_3) + 12H_2O \rightarrow 3CaO \cdot Al_2O_3 \cdot 6H_2O + 2(Al_2O_3 \cdot 3H_2O) \qquad (2.38)$$

3. 铝酸盐水泥净浆的凝结硬化

铝酸盐水泥浆的凝结硬化是铝酸钙矿物的水化反应，形成水化铝酸钙的结果。其物理化学机理与硅酸盐水泥浆略有不同，没有石膏引起的缓凝作用，水泥颗粒与水接触，各种铝酸钙矿物开始水化、溶解，形成各种离子，当液相中离子浓度达到过饱和时，析出水化铝酸钙晶体，这些晶体不断生长、连生，逐渐建立水化物晶体网络，导致水泥浆凝结硬化并产生强度。由于铝酸一钙含量很高，水化速度快，因而，其凝结硬化与强度的产生主要取决于铝酸一钙的水化反应及其形成的水化物晶体。

4. 铝酸盐水泥石的结构与强度

铝酸钙水化时,化学结合水较多,例如,反应(2.36)的生成物中 10 个 H_2O 与 1 个 $CaO \cdot Al_2O_3$ 的质量比是 1.14,而使水泥浆满足流动性要求所需的拌合水远小于该值,因此,铝酸盐水泥浆硬化后的水泥石很密实。同时,其密实性也与水化温度有关,温度越低,密实性越高。当水泥浆水化后主要形成 C_3AH_6 时,水泥石的密实性较低,含有较多的毛细孔隙。

铝酸盐水泥石是由水化铝酸钙晶体构成的,这些水化物晶体相互交织成网络骨架,析出的氢氧化铝一般以胶态或微晶形式填充于晶体骨架的空隙中,构成致密的多晶堆聚体结构。但其微观形貌与密实性取决于水化铝酸钙的种类,一方面,CAH_{10} 是针状晶体,C_2AH_8 是板状晶体,C_3AH_6 是六方片状晶体;另一方面,CAH_{10} 的化学结合水(1 个 $CaO \cdot Al_2O_3$ 分子结合 10 个 H_2O)最多,C_2AH_8 次之,C_3AH_6 最少。因此,较低温度下,以 CAH_{10} 为主要水化物的水泥石结构致密,且主要是针状晶体交织构成的多晶堆聚体结构;当温度高于 30 ℃ 时,以 C_3AH_6 为主要水化物的水泥石结构密实性较差,且主要是六方片状晶体交织构成多晶堆聚体结构。因此,水灰比相同时,前者强度较高,而后者强度较低。

需要强调的是以 CAH_{10} 为主要水化物的水泥石的强度会因使用环境温度升高而降低,其原因是在温度高于 30 ℃ 的环境中,CAH_{10} 和 C_2AH_8 是亚稳定相,会逐渐转变为稳定的 C_3AH_6:

$$3(CaO \cdot Al_2O_3 \cdot 10H_2O) \rightarrow 3CaO \cdot Al_2O_3 \cdot 6H_2O + 2(Al_2O_3 \cdot 3H_2O) + 18H_2O \tag{2.39}$$

$$1.5(2CaO \cdot Al_2O_3 \cdot 8H_2O) \rightarrow 3CaO \cdot Al_2O_3 \cdot 6H_2O + 0.5(Al_2O_3 \cdot 3H_2O) + 4.5H_2O \tag{2.40}$$

反应(2.40)和(2.41)的发生,不但改变了水化铝酸钙的组成与晶体相貌,而且产生了较多的水和氢氧化铝 AH_3,增大了孔隙率和缺陷,使得密实水泥石结构变得比较疏松,水泥石强度显著降低。这是铝酸盐水泥石常出现"强度倒缩"现象的根本原因。

因此,虽然铝酸盐水泥浆在较低温度下凝结硬化,可获得较高强度,但使用过程中会存在强度降低的风险,尤其是温度较高时,强度下降风险更大。所以,铝酸盐水泥不适宜在较低温度下凝结硬化。另一方面,铝酸盐水泥浆保水性较差,在空气中容易失水而抑制水化,因此,铝酸盐水泥凝结硬化中应在潮湿空气或水中养护,以利于密实结构的形成和强度增长。

5. 铝酸盐水泥的技术性质

铝酸盐水泥是黄、褐或灰色粉末,其密度和堆积密度与硅酸盐水泥接近。《铝酸盐水泥》(GB 201—2000)规定:铝酸盐水泥的比表面积不小于 300 kg/m² 或 45 μm 筛余不大于 20%;对于不同类型的铝酸盐水泥,初凝时间分别不得早于 30 min 或者 60 min,终凝时间不得迟于 6 h 或 18 h;体积安定性必须合格。不同类型的铝酸盐水泥的强度指标要求见表 2.14。

表 2.14 铝酸盐水泥的强度要求(GB 201—2015)

类型		抗压强度(MPa)≥				抗折强度(MPa)≥			
		6 h	1 d	3 d	28 d	6 h	1 d	3 d	28 d
CA50	CA50-Ⅰ	20*	40	50	—	3.0*	5.5	6.5	—
	CA50-Ⅱ		50	60			6.5	7.5	
	CA50-Ⅲ		60	70			7.5	8.5	
	CA50-Ⅳ		70	80			8.5	9.5	

续上表

类　型		抗压强度(MPa)≥				抗折强度(MPa)≥			
		6 h	1 d	3 d	28 d	6 h	1 d	3 d	28 d
CA60	CA60-Ⅰ	—	65	85	—	—	7.0	10.0	—
	CA60-Ⅱ	—	20	45	85	—	2.5	5.0	10.0
CA70		—	30	40	—	—	5.0	6.0	—
CA80		—	25	30	—	—	4.0	5.0	—

＊注：当用户需要时，生产厂家应提供结果

6. 铝酸盐水泥的特点与应用

铝酸盐水泥突出的性能特点是耐高温性能好，且 Al_2O_3 含量越高，耐热和抗火性越好。例如，干燥的铝酸盐水泥混凝土 900 ℃时仍能保持 70%强度，1 300 ℃时尚有 53%的强度。其次是早期强度高，强度增长快，但后期强度可能会下降（即强度倒缩），尤其是在高于 30 ℃的湿热环境下，强度下降更快；水化热较大，且集中在早期释放；具有较好的抗硫酸盐侵蚀能力，但耐碱性物质侵蚀性较差。铝酸盐水泥拌制的混凝土不能采用蒸汽养护，适合保水养护。

基于上述性能特点，铝酸盐水泥最适宜用于耐热或防火工程，如建筑物内的防火墙，窑炉的内衬砂浆等，如采用耐火的粗细骨料（如铬铁矿等），可制成使用温度达 1 300～1 400 ℃的耐热混凝土；可用于紧急抢修工程和早期强度要求高的工程；适合于冬季施工和有抗硫酸盐侵蚀要求的工程。结构工程中不宜采用铝酸盐水泥；不适合于最小断面尺寸超过 45 cm 的构件及大体积混凝土的施工；不适用于接触碱溶液的工程。需要强调的是在工程应用中，应按铝酸盐水泥的最低稳定强度进行设计，以免因"强度倒缩"现象的发生而降低其承载力。

另外，铝酸盐水泥可作为混凝土膨胀剂的组分材料，但需经过试验确定其掺量。

习　　题

1. 胶凝材料的特征是什么？
2. 气硬性胶凝材料与水硬性胶凝材料的本质区别是什么？
3. 如何将石膏制品的特点科学有效地应用于工程中？
4. 如何改善石膏制品的耐水性？
5. 简述建筑石灰的凝结硬化过程。
6. 过火石灰、欠火石灰对石灰的应用有什么影响？如何消除？
7. 水玻璃的模数、密度与性能有何关系？
8. 为什么石膏、石灰和水玻璃均属气硬性胶凝材料？
9. 通用硅酸盐水泥的化学成分有哪些？分别来自那些主要原料？
10. 总结硅酸盐水泥熟料的主要矿物的水化反应及其水化物。
11. 试述硅酸盐水泥熟料的主要矿物成分及其对水泥性能的贡献。
12. 生产硅酸盐水泥时，为什么要掺入适量石膏？石膏是如何影响水泥浆凝结的？
13. 试述通用硅酸盐水泥净浆的凝结硬化机理。
14. 请阐述硅酸盐水泥石的主要物相组成和微结构。
15. 生产水泥时，将水泥磨得很细或较粗会有什么影响？
16. 硅酸盐水泥体积安定性不良的原因及其机理是什么？检验方法及其原理是什么？
17. 试述硅酸盐水泥的强度影响因素及其原理。

18. 请叙述混合材料在硅酸盐水泥中的作用。

19. 某工程采购一批普通水泥，水泥胶砂试件强度检验结果如下，试评定该批水泥的强度等级。

龄 期	抗折强度(MPa)	抗压破坏荷载(kN)
3 d	4.05,4.20,4.10	41.0,42.5,46.0,45.5,43.0,43.5
28 d	7.00,7.50,8.50	112,115,114,113,108,115

20. 硅酸盐水泥石易受那几种化学侵蚀？并简述其侵蚀机理。

21. 硅酸盐水泥检验中，哪些性能不符合要求时，该水泥属于不合格品？哪些性能不符合要求时，该水泥属于废品？怎样处理不合格品和废品？

22. 为什么掺较多活性混合材的硅酸盐水泥早期强度比较低，后期强度发展比较快，长期强度甚至超过同强度等级的硅酸盐水泥？

23. 与普通水泥相比较，矿渣水泥、火山灰水泥和粉煤灰水泥在性能上有哪些不同，并分析这四种水泥的适用和禁用范围。

24. 试叙述几种特性硅酸盐水泥的组成与性能特点。

25. 请比较说明低热微膨胀水泥的膨胀原理与水泥体积安定性不良的异同点。

26. 在下列工程中选择适宜的水泥品种：
①现浇混凝土梁、板、柱，冬季施工；
②高层建筑基础底板（具有大体积混凝土特性和抗渗要求）；
③南方受海水侵蚀的钢筋混凝土工程；
④高炉炼铁炉基础；
⑤高强度预应力混凝土梁；
⑥地下铁道。

27. 请叙述硫铝酸盐水泥熟料的矿物组成和硫铝酸盐水泥石的主要物相组成和微结构。

28. 请阐述硫铝酸盐水泥的性能特点及其原因。

29. 简述石膏掺量对硫铝酸盐水泥性能的影响。

30. 铝酸盐水泥的组成与性能有何特点？

31. 简述铝酸盐水泥的水化过程及后期强度下降的原因。

32. 水泥的强度等级检验为什么要用标准砂和规定的水灰比？试件为何要在标准条件下养护？

创新思考题

1. 试根据石膏胶凝材料特点，设计石膏循环应用的技术方案。

2. 试根据通用硅酸盐水泥浆凝结硬化机理，设计一种加快或减缓水泥浆凝结硬化的技术方案。

3. 请设计一个提高硅酸盐水泥抗化学侵蚀性能的技术方案？并阐明理由。

4. 请依据硫铝酸盐水泥的性能特点，设计一个工程应用方案。

5. 请利用本章的知识和几种胶凝材料的特点，设计一种具有某种特性的胶凝材料，并说明其特性、设计原理和适用领域。

第 3 章 混凝土

3.1 概 述

混凝土是由胶凝材料将粗颗粒骨料胶结成整体所形成的复合材料的统称,亦即,混凝土是固体颗粒与胶凝材料基体组合而成的粗颗粒增强复合材料。混凝土材料种类繁多,根据其胶凝材料种类,混凝土材料主要有水泥混凝土、沥青混凝土和树脂混凝土等。例如,以水泥为胶凝材料,天然的砂、卵石或碎石作骨料的混凝土称为水泥混凝土,简称混凝土。

土木工程中应用的混凝土是指由水泥、水和砂、石按适当比例配合,拌制成拌合物,经一定时间硬化而成的人造石材(混凝土)。通过选择骨料种类与粒径、添加化学外加剂、用矿物掺合料取代部分水泥以及生产与施工工艺的改进等措施,已形成具有不同性能、不同用途和适合于不同施工方法的各种混凝土,并按如下方式将混凝土分类:

① 按其表观密度,分为重混凝土($\rho_0 > 2\,500$ kg/m³)、普通混凝土($\rho_0 = 1\,900 \sim 2\,500$ kg/m³)和轻混凝土($\rho_0 < 1\,900$ kg/m³)。

② 按其特殊功能和用途,分为高强混凝土、普通混凝土、道路混凝土、防水混凝土、耐热混凝土、防辐射混凝土、自应力混凝土、装饰混凝土、大体积混凝土等。

③ 按其生产与施工方法,分为泵送混凝土、自密实混凝土、喷射混凝土、离心混凝土、真空吸水混凝土、碾压混凝土和 3D 打印混凝土等。

混凝土有许多优点,适应性强,可配制出满足不同工程要求的混凝土;新拌混凝土具有优良的流动性和可塑性,可浇注成任意形状及尺寸的构件或制品;硬化混凝土的抗压强度和耐久性高;组成材料易得且价廉,生产能耗低。其缺点有脆性较大,变形能力较小而易裂,抗拉强度远小于抗压强度,性能和质量波动较大。混凝土是用量最大、用途最广的工程材料。

为应用于土木工程,混凝土应具有三方面的性能:新拌混凝土应有满足工程施工要求的和易性,硬化混凝土应具有满足工程设计的力学性能和与工程服役寿命相适应的耐久性。

100 多年来,在混凝土材料理论、配制技术和性能等方面,不断取得突破性进展。1867 年 J. Monier 发明钢筋混凝土;1887 年科伦创立钢筋混凝土的计算方法;从此,钢筋混凝土开始成为改变世界景观的重要材料。1918 年 D. A. Abrams 提出混凝土强度的水灰比理论;1925 年 Lyse 发表水灰比学说和恒定用水量法则,奠定了现代混凝土材料理论的基础。1928 年 E. Freyssinet 提出混凝土收缩和徐变理论,将预应力技术应用于混凝土工程。20 世纪中叶,引气剂、减水剂等外加剂相继涌现,显著提升了混凝土性能;20 世纪 70 年代高效外加剂的发明与应用,使混凝土技术进入高强度与高流态的新领域;20 世纪 90 年代的粉体工程,采用矿物掺合料取代部分水泥,进一步使混凝土进入了高性能、绿色化、生态型发展的新时代。

本章将先叙述混凝土的组成材料,然后讨论新拌混凝土和早期混凝土性能、硬化混凝土的强度与变形、配合比设计原理与方法、质量控制等,最后,介绍混凝土及其技术的发展。目的是使同学们较全面地掌握混凝土材料及其应用技术的基本知识和原理。

3.2 混凝土的组成材料与结构

3.2.1 混凝土的组成与结构

1. 混凝土的组分材料及其作用

混凝土有四种基本组分材料——水泥、水和砂、石(卵石或碎石)骨料(又称集料),此外,为改善混凝土性能,还可添加两种组分材料——化学外加剂和矿物掺合料。其中,砂、石骨料的总含量约占混凝土总体积的50%~70%,它们在混凝土中起骨架和填充作用,抑制水泥石的收缩和裂缝的扩展,减少胶凝浆体的用量,降低材料成本。水泥和水混合形成水泥浆,包裹在骨料颗粒表面并填充骨料间空隙。水泥浆凝结前起润滑作用,赋予新拌混凝土一定的流动性和可塑性;凝结硬化后成为水泥石,将骨料颗粒牢固地胶结成整体。骨料构成的骨架与水泥石相辅相成,使混凝土具有良好的体积稳定性、物理力学和耐久性能。化学外加剂是具有某些功能的化合物,矿物掺合料是类似于水泥混合材料的矿物粉末,两者的掺入均可显著提升混凝土的各项性能,减少水泥用量,进一步降低材料成本。

2. 混凝土的结构

混凝土的宏观结构如图3.1所示,可以看到,混凝土由两相构成:各种形状和粒径的砂石颗粒和水泥石,水泥石中还散布着少量气孔,即混凝土的宏观结构是由砂石颗粒分布在水泥石基体中构成的多孔结构。微观上,水泥石是由各种水化物构成的多物相堆聚体结构,其中水化物主要有羟钙石与钙矾石晶体、C-S-H凝胶和各种孔径的孔隙(详见第2章)。砂石颗粒的微观结构对于混凝土性能是次要的,重要的是砂石颗粒与水泥石间界面区的微观结构。界面上的物相主要有羟钙石与钙矾石晶体、C-S-H凝胶和孔隙,它们构成厚度为30~50 μm的多孔过渡区,如图3.2所示。界面区是混凝土中的薄弱相,对其力学和耐久性能有较大影响。

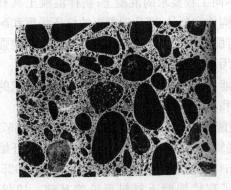

图3.1 混凝土试件的抛光面

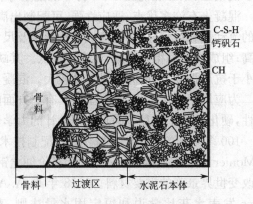

图3.2 混凝土中界面过渡区微结构

所以,混凝土的宏观结构可用两相(骨料与水泥石)结构模型表征,其细观或微观结构应用三相(骨料、界面区和水泥石)结构模型描述。在微观上,水泥石也是由不同形状和粒径的水化物颗粒、未水化水泥颗粒等构成的,因此,综观上混凝土材料可描述为由多种不同组成、不同形状和不同粒径的固体颗粒堆聚而成的多孔固体。

3.2.2 混凝土骨料

拌制混凝土用的水泥主要是通用硅酸盐水泥,有关其品种、组成和性能见第 2 章,下面主要介绍混凝土中用量最大的骨料种类及其性能要求。

混凝土骨料是岩石或类岩石颗粒,按其来源或制备方式,有天然的砂和卵石,人工制备的碎石和机制砂,工业副产的钢渣或其他矿渣颗粒,煅烧的陶粒和膨胀蛭石,废弃混凝土或砖块颗粒等;按其粒径,分为细骨料(粒径小于 4.75 mm)和粗骨料(粒径大于 4.75 mm);按其表观密度或视密度,分为普通骨料(视密度为 2.55～2.75 g/cm³)、轻骨料和重骨料。

1. 混凝土骨料的特性

根据混凝土的结构和骨料在混凝土中的作用,骨料的基本要求是:不同粒径的骨料颗粒级配应使骨料堆积空隙率和总表面积最小,以减少水泥浆用量和界面区体积;骨料表面应洁净,以改善界面区微结构和黏结力;应不含有害杂质,以免影响水泥水化和降低混凝土的强度及耐久性;应具有足够的坚固性和强度,以保证骨料本身和混凝土的体积稳定性,并起到坚强的骨架和传力作用。骨料在混凝土中一般不参与水泥的水化,应不具化学活性且不受环境侵蚀介质的化学侵蚀。所以,影响混凝土性能和行为的骨料特性主要有:

① 与孔隙率有关的特性:密度、吸水率与含水率等;
② 与来源或加工有关的特性:几何外形、表面状态、粒径、颗粒级配、细度模数等;
③ 与组成有关的特性:有害杂质、碱活性、坚固性与强度、耐化学腐蚀性等。

(1) 密度 骨料的密度(视密度)越大,其强度越高;其表观密度和堆积密度是混凝土配合比设计的必知参数。不同品种和用途的混凝土,对骨料的密度有不同要求。

(2) 吸水率与含水率 砂、石骨料是亲水性多孔固体,具有一定的吸水性和吸湿性。一般有绝干、气干、饱和面干和含水湿润等四种含水状态,如图 3.3 所示。处于饱和面干状态时的含水量占骨料干质量的百分数称为吸水率;骨料表面吸附水量(表面水量)占骨料干质量的百分数称为表面含水率。骨料所含水的总质量占骨料干质量的百分数称为含水率,它是吸水率和表面含水率之和。骨料含水率小于 0.5% 时,可视其为绝干状态。在拌制混凝土时,应将骨料的总含水量计入拌合用水量。

(a) 绝干状态,孔中无水

(b) 气干状态,孔有部分水

(c) 饱和面干,孔充满水但表面无水迹

(d) 含水湿润孔充满水表面湿润

图 3.3 骨料的四种含水状态

(3) 坚固性与强度 骨料的坚固性指其抵抗自然风化、干湿或冻融循环等物理化学作用而能保持体积稳定、不碎裂的能力;骨料强度一般指其抗压强度。一般来说,高强度等级的混凝土应选用高强度的骨料。

(4) 颗粒形状与表面组织 骨料颗粒为不规则形状,如果用 a、b、c 分别表示骨料颗粒的长轴、中间轴和短轴的尺寸,则粒形与表面组织特征有:

① 球状或等径多面状 $b/a>2/3, c/b>2/3$;
② 棒(针)状 $b/a<2/3, c/b<2/3$;

③片状　$b/a<2/3, c/b>2/3$；

④表面组织特征　表面有棱角且无磨损为粗糙或相当粗糙；表面无棱角且各面已磨掉为光滑或十分光滑等。

(5)颗粒粒径与级配　骨料颗粒级配是指各种粒径的颗粒互相搭配的比例情况。颗粒粒径与级配影响骨料的堆积密度和总表面积，级配良好的骨料总表面积较小，堆积密度较大，反之亦然；级配良好的粗骨料的体积或质量一定时，其最大粒径越大，颗粒数量越少，总表面积越小，反之，其最大粒径越小，颗粒数量越多，总表面积越大。

大粒径颗粒间隙由比其小的颗粒填充，小粒径颗粒间隙由更小的颗粒填充，由此逐级填充形成骨料颗粒密堆积体，这种级配为连续粒级。通常，连续粒级的骨料有较大堆积密度。

如果人为剔除骨料中的某些粒级，颗粒级配被间断，大粒径骨料间隙由比其小很多的小粒径颗粒来填充，这种级配为单粒粒级。单粒粒级的级配得当，骨料的堆积密度也较大。

(6)细度模数　各种粒径的细骨料混合后的粗细程度为细度模数。根据砂子的细度模数，分为粗砂、中砂和细砂。质量或体积相同时，粗砂的总表面积较小；细砂的总表面积较大。

(7)有害杂质　骨料所含的云母、轻物质、有机物、硫酸盐及硫化物、氯化物等，它们或影响水泥的水化，或对水泥石有腐蚀作用，或对混凝土的强度和耐久性有害，因而称为有害杂质。

(8)碱活性　如果骨料中含有碱活性矿物，会有发生碱—骨料反应的可能性。试验证明，具有碱活性的矿物有蛋白石、玉髓、鳞石英、方石英、硬绿泥岩、硅镁石灰岩、玻璃质或隐晶质的流纹岩、安山岩及凝灰岩等。这些矿物含量较多的骨料称为碱活性骨料。

上述骨料的特性对新拌混凝土和硬化混凝土的行为有重大影响，因此，混凝土用粗细骨料必须满足规定的技术要求。

2. 细骨料及其技术要求

细骨料主要有天然砂和人工砂。自然生成的，经人工开采和筛分的粒径小于 4.75 mm 的岩石颗粒为天然砂，包括河砂、湖砂、山砂、淡化海砂；经除土处理、机械破碎、筛分制成的粒径小于 4.75 mm 的岩石、矿山尾矿或工业废渣颗粒为人工砂或机制砂。天然砂和人工砂均不包括软质、风化的岩石颗粒，未淡化的海砂也不能用作混凝土的细骨料。

砂的各项性能应符合现行国标《建设用砂》(GB/T 14684—2011)规定的技术要求。按技术要求，分为Ⅰ类、Ⅱ类和Ⅲ类砂，其具体技术要求如下：

(1)颗粒级配和粗细程度　砂的颗粒级配和粗细程度采用筛分法测试与评价。其方法是：按规定取 1 100 g 砂作试样，用一套 7 个型号的标准方孔筛(孔径见表 3.1)将砂样由粗到细依次过筛，然后称取各号筛上的筛余量(g)，并按表 3.1 中的公式，计算各号筛上的分计筛余率 a_i 和累计筛余率 A_i。

表 3.1　累计筛余率与分计筛余率的关系

筛孔尺寸 (mm)	分计筛余率 (%)	累计筛余率(%)	筛孔尺寸 (mm)	分计筛余率 (%)	累计筛余率(%)
2.36	a_1	$A_1 = a_1$	0.30	a_4	$A_4 = a_1 + a_2 + a_3 + a_4$
1.18	a_2	$A_2 = a_1 + a_2$	0.15	a_5	$A_5 = a_1 + a_2 + a_3 + a_4 + a_5$
0.60	a_3	$A_3 = a_1 + a_2 + a_3$	<0.075	a_6	$A_6 = a_1 + a_2 + a_3 + a_4 + a_5 + a_6$

根据《建设用砂》(GB/T 14684—2011)，砂的颗粒级配分为 3 个级配区，如表 3.2 所示。可以看到，颗粒级配处于 2 区的砂，其粗细程度较适中，级配良好；处于 1 区的砂，其粗颗粒较

第3章 混凝土

多;处于3区的砂,其细颗粒较多。因此,Ⅰ类砂的级配应在2区,Ⅱ类和Ⅲ砂的级配可在任一级配区。

表 3.2 砂的颗粒级配

类 型	天 然 砂			人 工 砂		
级配区	1区	2区	3区	1区	2区	3区
筛孔尺寸(mm)	累积筛余/%					
4.75	10～0					
2.36	35～5	25～0	15～0	35～5	25～0	15～0
1.18	65～35	50～10	25～0	65～35	50～10	25～0
0.60	85～71	70～41	40～16	85～71	70～41	40～16
0.30	95～80	92～70	85～55	95～80	92～70	85～55
0.15	100～90		97～85	94～80	94～75	

检测砂的颗粒级配时,也可将累计筛余对筛孔尺寸作图,绘制砂子的筛分曲线,可直观地判定砂的颗粒级配属于表3.2的哪个级配区,以及砂的颗粒级配是否符合要求。

颗粒级配只能对砂子的粗细程度做出大致的区分,而难以区别同属一个级配区而粗细程度稍异的砂。颗粒级配合格的砂,其粗细程度还须用细度模数来衡量,根据表3.1中的累积筛余率 A_i,按下式计算砂的细度模数 M_x:

$$M_x = \frac{(A_2+A_3+A_4+A_5+A_6)-5A_1}{100-A_1} \tag{3.1}$$

按其细度模数,分为粗砂($M_x=3.1\sim3.7$)、中砂($M_x=2.3\sim3.0$)和细砂($M_x=1.6\sim2.2$)。

如果砂的颗粒级配不合格时,可以采取人工调配的方法加以调整。例如,通过试验,将2~3中不同颗粒级配的砂按照试验得出的比例混合,得出所需级配的砂。也可将砂中某号筛的分级筛余的多余部分除去,以调整砂的颗粒级配,使之满足要求。

(2)杂质含量 Ⅰ类、Ⅱ类和Ⅲ类天然砂中含泥量、泥块和有害杂质含量应符合表3.3的规定。Ⅰ类、Ⅱ类和Ⅲ类人工砂主要限定其泥块和石粉含量,其要求见表3.3。

表 3.3 砂中杂质含量限值

			指 标(%)		
	项 目		Ⅰ类	Ⅱ类	Ⅲ类
天然砂	含泥量①(按质量计)(%)		≤1.0	≤3.0	≤5.0
	泥块含量④(按质量计)(%)		0	≤1.0	≤2.0
人工砂	亚甲蓝试验	MB②≤1.40 或合格	MB值	≤0.5	≤1.0	≤1.4 或合格
			石粉含量③(按质量计)(%)	≤10.0		
			泥块含量(按质量计)(%)	0	≤1.0	≤2.0
		MB>1.40 或不合格	石粉含量(按质量计)(%)	≤1.0	≤3.0	≤5.0
			泥块含量(按质量计)(%)	0	≤1.0	≤2.0
有害杂质	云母(按质量计)(%)		≤1.0	≤2.0	
	轻物质(按质量计)(%)		≤1.0		
	有机物(比色法)		合格		

续上表

项　目		指　标(%)		
		Ⅰ类	Ⅱ类	Ⅲ类
有害杂质	硫化物及硫酸盐(按SO_3质量计)(%)	≤0.5		
	氯化物(以氯离子质量计)(%)	≤0.01	≤0.02	≤0.06

注：①含泥量是指天然砂中粒径小于$75~\mu m$的颗粒含量。
②亚甲蓝MB值用于判定人工砂中粒径小于$75~\mu m$的颗粒含量，主要是指泥土或者是与被加工母岩化学成分相同的石粉的指标。
③石粉含量是指人工砂中粒径小于$75~\mu m$的颗粒含量。
④泥块含量是指砂中原粒径大于$1.18~mm$，经水浸洗、手捏后小于$600~\mu m$的颗粒含量。

(3)坚固性　按《建设用砂》的规定，砂的坚固性用硫酸钠溶液法(详见试验部分)检验，以干砂试样经5次干湿循环后的质量损失率评定。Ⅰ、Ⅱ类砂的质量损失率应小于8%；Ⅲ类砂的质量损失率应小于10%。此外，人工砂的坚固性还需用压碎指标法(详见试验部分)检验，Ⅰ、Ⅱ类、Ⅲ类人工砂的单粒级最大压碎指标值应分别小于20%、25%和30%。

(4)碱活性　砂的碱活性由碱骨料反应评判，按规定制备砂浆试件，经碱骨料反应试验后，砂浆试件应无裂缝、酥裂、胶体外溢等现象，在规定的试验龄期内膨胀率应小于0.10%。

此外，按《建设用砂》(GB/T 14684—2011)的要求，砂的表观密度应大于$2~500~kg/m^3$，堆积密度应大于$1~400~kg/m^3$，堆积空隙率应小于44%。

3. 粗骨料及其技术要求

常用的粗骨料有卵石(砾石)和碎石两种。由自然风化、水流搬运和分选形成的，粒径大于$4.75~mm$的岩石颗粒为卵石，主要有河卵石、海卵石和山卵石等；天然岩石、卵石或矿山废石经机械破碎、筛分制成的，粒径大于$4.75~mm$的岩石颗粒为碎石。

粗骨料的各项性能应符合现行国标《建筑用卵石、碎石》(GB/T 14685—2011)规定的技术要求，按技术要求，卵石和碎石也分为Ⅰ类、Ⅱ类和Ⅲ类。具体技术要求如下：

(1)最大粒径　粗骨料的最大粒径是其公称粒级的上限，用符号D_{max}表示。卵石和碎石的最大粒径可以是$10\sim80~mm$(见表3.4)，视混凝土强度等级和钢筋混凝土结构中的构件断面、钢筋净距和施工工艺情况而定。

(2)颗粒级配　粗骨料的颗粒级配分为连续粒级和单粒粒级，也是采用筛分试验检测，试验所用标准方孔筛共有12个型号(见表3.4)。取10 kg卵石或碎石试样，筛分后分别计算各号筛的累计筛余(详见骨料试验)，连续粒级或单粒粒级的粗骨料颗粒级配应符合表3.4的要求。

表3.4　碎石或卵石的颗粒级配

公称粒径(mm)		各号方孔筛(mm)的累积筛余(%)										
		2.36	4.75	9.50	16.0	19.0	26.5	31.5	37.5	53.0	63.0	75.0	90
连续级配	5～16	95～100	85～100	30～60	0～10	0							
	5～20	95～100	90～100	40～80	—	0～10	0						
	5～25	95～100	90～100	—	30～70	—	0～5	0					
	5～31.5	95～100	90～100	70～90	—	15～45	—	0～5	0				
	5～40	—	95～100	70～90	—	30～65	—	—	0～5	0			

续上表

公称粒径 (mm)	各号方孔筛(mm)的累积筛余(%)										
	2.36	4.75	9.50	16.0	19.0	26.5	31.5	37.5	53.0	63.0	75.0	90

单粒粒级	公称粒径(mm)	2.36	4.75	9.50	16.0	19.0	26.5	31.5	37.5	53.0	63.0	75.0	90
	5～10	95～100	80～100	0～15	0								
	10～16		95～100	80～100	0～15	0							
	10～20		95～100	85～100	—	0～15	0						
	16～25			95～100	55～70	25～40	0～10	0					
	16～31.5		95～100	—	85～100	—	—	0～10	0				
	20～40			95～100	—	80～100	—	—	0～10	0			
	40～80					95～100	—	70～100	—	30～60	0～10	0	

(3) 强度与坚固性 粗骨料的强度以母岩的抗压强度或压碎指标来表征。母岩的抗压强度可由边长为 50 mm 的立方体试件,或直径与高度同为 50 mm 的圆柱体试件测得,一般要求:在试件吸水饱和下,火成岩、变质岩和水成岩的强度应分别不小于 80 MPa、60 MPa 和 30 MPa。或直接取粗骨料颗粒为试样,用规定的方法测试其压碎指标(详见骨料试验),压碎指标愈大,表示石子抵抗碎裂的能力愈弱,即强度愈低。各类别卵石和碎石的压碎指标应符合表 3.5 的规定。

除应具有足够的强度外,粗骨料还应具有足够的坚固性,其坚固性也采用硫酸钠溶液法测试(详见骨料试验),各类别卵石和碎石试样经 5 次干湿循环后的质量损失率应符合表 3.6 的规定。质量损失率越小,粗骨料的坚固性越好。

表 3.5 压碎指标

类 别	Ⅰ类	Ⅱ类	Ⅲ类
碎石压碎指标≤(%)	10	20	30
卵石压碎指标≤(%)	12	16	16

表 3.6 卵石或碎石的坚固性指标

类 别	Ⅰ类	Ⅱ类	Ⅲ类
质量损失≤(%)	5	8	12

(4) 表面特征与粒形 碎石颗粒表面粗糙,而卵石颗粒表面光滑。为减少粗骨料颗粒的总表面积和颗粒间空隙,粗骨料的粒形以球状或近似等径球形为好。但卵石或碎石均含一定数量的针、片状颗粒,它们对新拌混凝土的流动性和硬化混凝土的力学性能有不利影响。颗粒长度大于该颗粒所属相应粒级的平均粒径的 2.4 倍为针状颗粒;颗粒厚度小于平均粒径的 0.4 倍为片状颗粒。对于Ⅰ类、Ⅱ类和Ⅲ类卵石或碎石,其针、片状颗粒含量应满足表 3.7 的限值要求。

(5) 杂质和有害物质含量 粗骨料中的含泥量、泥块含量和有机物、硫化物及硫酸盐等有害物质含量应符合表 3.7 的规定。其中,有机物含量用比对法评判,当粗骨料放入 3% 氢氧化钠溶液中的颜色浅于鞣酸标准溶液颜色时,则判定粗骨料中有机物含量合格。

表 3.7 碎石或卵石中针、片状颗粒和杂质、有害物质含量限值

类 别		Ⅰ类	Ⅱ类	Ⅲ类
含泥量(按质量计)(%)		≤0.5	≤1.0	≤1.5
泥块含量(按质量计)(%)		0	≤0.2	≤0.5
针、片状颗粒(按质量计)(%)		≤5	≤10	≤15
有害杂质含量	有机物	合格		
	硫化物及硫酸盐(按 SO_3 质量计)(%)	≤0.5		≤1.0

(6)碱活性　将粗骨料破碎后筛分成粒径在 4.75～0.15 mm 间的细颗粒并分成五个粒级,将各粒级的细颗粒按规定比例混合后,制成砂浆试件进行碱-骨料反应试验。经碱-骨料反应试验后,试件应无裂缝、酥裂、胶体外溢等现象,在规定的试验龄期内膨胀率应小于 0.10%。

此外,还需测试粗骨料的表观密度和堆积密度,分别用液体比重天平法和固定体积法测试(详见骨料试验)。

3.2.3　混凝土用水

混凝土拌合用水和混凝土养护用水统称为混凝土用水,包括饮用水、地表水、地下水、再生水、混凝土企业设备洗刷水和淡化海水等。混凝土用水不得含有影响水泥水化、强度增长和混凝土耐久性的物质,因此,混凝土拌合用水的 pH 值和不溶物、可溶物、Cl^- 与 SO_4^{2-} 离子等物质含量以及碱含量应符合现行行标《混凝土用水》(JGJ 63—2006)规定的技术要求。饮用水可用作混凝土拌合用水,其他水需与饮用水进行水泥凝结时间和水泥胶砂强度对比试验,对比试验的初凝与终凝时间差不应大于 30 min;3 d 和 28 d 的强度差不应高于 10%。混凝土养护用水对不溶物和可溶物含量不作要求,也不需进行对比试验。

3.2.4　混凝土化学外加剂

混凝土化学外加剂是一种在混凝土搅拌前或搅拌过程中加入的、用以改善新拌混凝土和/或硬化混凝土性能的材料,简称混凝土外加剂。按其主要功能,混凝土外加剂分为四类:

①改善新拌混凝土流变性能的外加剂,包括各种减水剂、泵送剂等;
②调节混凝土凝结时间、硬化行为的外加剂,包括缓凝剂、促凝剂和速凝剂等;
③改善混凝土耐久性的外加剂,包括引气剂、防水剂、阻锈剂等;
④改善混凝土其他性能的外加剂,包括膨胀剂、防冻剂、着色剂等。

1. 减水剂

能减少混凝土拌合用水量、改善新拌混凝土和易性的外加剂称为减水剂,也称塑化剂。早在 20 世纪 30 年代,美国发明了第一代减水剂,并用于改善混凝土的和易性、强度和耐久性;20 世纪 60 年代后,日本和原德意志联邦共和国发明了第二代和第三代高效减水剂,推动了混凝土向流态化、高强度和高耐久方向发展。

(1)常用减水剂的组成与种类　按其功能和减水效率,有多种减水剂。在新拌混凝土坍落度基本相同时,能减少拌合用水量的外加剂称为普通减水剂;能大幅度减少拌和用水量的外加剂称为高效减水剂或超塑化剂。凡兼有早强、缓凝、引气和减水作用的外加剂分别称为早强减水剂、缓凝减水剂、引气减水剂。

减水剂一般是阴离子型表面活性剂,其分子结构特点是:憎水基是非极性的有机分子或有机链状大分子,亲水基为极性的阴离子(羧酸和磺酸根)和非离子基团(醚基)。减水剂的化学成分有木质素磺酸盐及其衍生物、羟基羧酸盐、高级多元醇及其复合体、萘磺酸盐—甲醛缩合物、多环芳烃磺酸盐—甲醛缩合物、三聚氰胺磺酸盐—甲醛缩合物和聚羧酸盐及其共聚物等。

(2)减水剂的作用　减水剂在混凝土中的主要作用有:

①在不减少每立方米混凝土拌合用水量(单位用水量)时,可改善新拌混凝土的和易性(见下文),提高流动性;
②在保持新拌混凝土流动性时,可减少单位用水量,降低水灰比,提高混凝土强度;
③在保持一定强度时,可减少单位用水量,节约水泥;

④改善或调节混凝土的其他性能,如可泵性、密实性、耐久性等。

(3)减水作用机理　水泥颗粒表面具有较强的极性和较大的表面能,水分子是极性分子,其表面张力较大。当水泥与水拌和后,由于水泥颗粒间的相互作用力和水分子极性,使得水泥颗粒在水中不是高度分散,而是相互结聚形成包裹一些游离水的多颗粒絮凝体,如图3.4(a)所示。从而减少了水泥浆中的游离水量,降低了新拌混凝土的流动性和水泥颗粒的分散性。

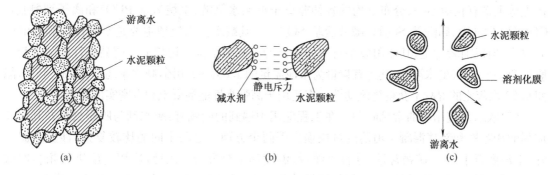

图3.4　减水剂的减水作用原理

减水剂是一类有较强表面活性的阴离子型大分子表面活性剂,完全溶于混凝土拌合水中形成阴离子型大分子,能在水泥颗粒表面或其与水的界面上产生单分子层吸附,并呈定向排列,其亲水基指向水,而憎水基指向水泥颗粒表面,从而产生多种物理化学效应:

①降低水的表面张力和水泥颗粒与水的界面张力,改善水对水泥颗粒表面的润湿作用;

②定向吸附在水泥颗粒表面的阴离子型大分子,使水泥颗粒表面带有相同的负电荷,因静电斥力而彼此排斥,导致多颗粒絮凝体解开,如图3.4(b)所示,使水泥颗粒在水中高度分散,如图3.4(c)所示,并释放被絮凝体包裹的游离水;

③吸附在水泥颗粒上的亲水性阴离子型链状大分子和/或含醚键的非离子型支链呈无规构象(见第7章),在水泥颗粒表面形成一层稳定的溶剂化水膜,形成空间位阻,不但阻隔水泥颗粒的相互结聚,而且还减少了水泥颗粒相互间的摩阻力,起到了润滑和塑化作用。

简言之,减水剂分子定向吸附在水泥颗粒表面,因静电排斥和空间位阻作用,产生润湿、分散、润滑和塑化等物理化学效应,从而使水泥颗粒在水中高度分散,游离水增多,水泥浆变稀,新拌混凝土流动性显著增大;或在保持新拌混凝土流动性时,显著减少其单位用水量。

(4)常用减水剂的特性与应用　减水剂因化学成分不同而有各自的特性和适用性。

①普通减水剂　虽然该类减水剂品种较多,但常用的是木质素磺酸盐减水剂,其主要成分有木质素磺酸钙、木质素磺酸钠、木质素磺酸镁等,是由植物中提取的木质素经磺化、中和后形成的,其分子结构十分复杂。商品木质素磺酸钙减水剂是棕褐色粉末或一定浓度的水溶液,掺量(以固体质量计)为水泥质量的0.20%～0.3%,减水率约为5%～10%,因含有少量糖类分子而有引气和缓凝作用。普通减水剂宜用于日最低气温5℃以上的强度等级C40以下的混凝土,不宜单独用于蒸养混凝土。

②高效减水剂　该类减水剂是由缩聚反应合成的高分子表面活性剂,其亲水的阴离子基团主要是磺酸盐基,工程常用的有萘系、蒽系、三聚氰胺系和氨基磺酸盐减水剂。一般由磺酸取代的多环芳烃与甲醛缩聚而成。高效减水剂的特点是:掺量为水泥质量的1.0%～2.0%,减水率可达15%～25%;引气作用很小;对水泥浆无缓凝作用,常能促进混凝土早强。但该类高效减水剂的作用效能只能延续30～60 min,尔后,新拌混凝土的坍落度会较快损失,一般经

30～60 min 后新拌混凝土会失去流动性。适合于早强、高强、流态、防水、自密实、蒸养等混凝土。

③高性能减水剂 具有高减水率、长作用效能持续时间、较小干燥收缩，且具有一定引气作用的减水剂为高性能减水剂。该类减水剂是由各种取代丙烯酸单体经共聚反应形成的聚羧酸类（PCE）高分子化合物，其大分子链具有梳形结构，主链是由碳原子以共价键结合的碳链，在主链上带有长短不一、分布不均的各种非离子型亲水侧链（聚烷氧基 PEO）和离子型侧基（-COOH、-COOR、磺酸基-SO_3H、磺酸盐基-SO_3^-）。其减水作用机理主要是空间位阻和静电斥力效应，但以前者为主；其作用效果与大分子链的组成和结构密切相关。商品高性能减水剂一般是 20%～30%的水溶液，其适宜掺量为水泥质量的 1.0%～2.0%，减水率高达 20%～45%，能使 0.20 水灰比的混凝土获得高流动性。广泛用于高强高性能混凝土和自密实混凝土。

(5)减水剂应用中的常见问题 在工程应用中遇到的问题有：减水剂与胶凝材料及其他外加剂的相容性和新拌混凝土坍落度过快损失等两个方面。这两个问题比较复杂，涉及水泥品种、水泥熟料中 C_3A 矿物含量、骨料含泥量、温度等多个方面。因此，应用前应进行相容性试验，选择合适的减水剂品种；采用与其他外加剂复合、载体法、分次添加或后掺法等措施，可减少新拌混凝土坍落度过快损失；应用聚羧酸类高效减水剂时，应严格控制骨料含泥量。

3. 引气剂

在混凝土搅拌过程中能引入大量均匀分布、稳定、封闭的微小气泡（孔径为 20～200 μm）且能保留在硬化混凝土中的外加剂为引气剂。引气剂也是一类表面活性剂，按其化学组成，可分为离子型和非离子型两大类，常用引气剂有松香皂及改性松香皂、烷基磺酸盐和烷基苯磺酸盐、饱和或不饱和脂肪酸钠、烷基酚聚氧乙烯醚、三萜皂苷和水解蛋白等。

引气作用机理：引起剂分子吸附在气—液界面上并显著降低其界面张力，从而在新拌混凝土中引入均匀分布的微细气泡，并在气泡表面形成单分子吸附膜，使气泡稳定而不易破裂。

引入的微小气泡表面有吸附水层，可减轻新拌混凝土的泌水现象，改善其保水性和黏聚性；气泡介于固体颗粒之间，产生"滚珠"效应，减小颗粒间摩擦力，提高新拌混凝土流动性。因此，在保持新拌混凝土坍落度不变时，可减少单位用水量，改善新拌混凝土和易性。

保留在硬化混凝土中的微小气泡隔断了毛细孔隙，提高混凝土抗渗性；当混凝土内毛细孔中水结冰，产生膨胀压时，微小气泡可以起到卸压作用，减轻了冰冻破坏力，从而提高混凝土的抗冻性和耐久性。但大量气泡可使混凝土强度略有降低，含气量愈大，强度降低愈明显。通常含气量每增加 1%，水灰比不变时，抗压强度降低 4%～6%，抗折强度降低 2%～3%。含气量对混凝土主要性能的影响如图 3.5 所示。

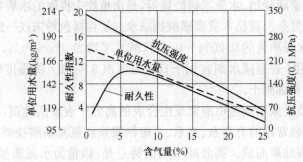

图 3.5 含气量与混凝土抗冻性、抗压强度和单位用水量的关系

（水灰比、坍落度和砂率相同，$D_{max}=40$ mm）

引气剂及引气减水剂宜用于抗冻混凝土、泵送混凝土和易产生泌水的混凝土,可用于抗渗混凝土、抗硫酸盐混凝土、轻骨料混凝土、高性能混凝土和饰面混凝土。但不宜用于蒸养混凝土及预应力混凝土。引气剂的掺量通常为 0.005%～0.0012%,长期处于潮湿或水位变化的寒冷和严寒环境的混凝土应掺用引气剂,引气剂掺量应根据混凝土含气量要求经试验确定,混凝土含气量应符合表 3.8 的规定,最大不超过 7.0%。

表 3.8 混凝土最小含气量

粗骨料最大粒径(mm)	混凝土最小含气量(%)	
	潮湿或水位变化的寒冷和严寒环境	盐冻环境
40.0	4.5	5.0
25.0	5.0	5.5
20.0	5.5	6.0

4. 早强剂和促凝剂

能加速混凝土早期强度发展的外加剂为早强剂;能缩短新拌混凝土凝结时间的外加剂为促凝剂。具有早强和促凝功能的外加剂人多数是无机电解质,如:氯盐、硫酸盐、硫酸复盐、碳酸盐、亚硝酸盐、硫氰酸盐等;少数有机物具有早强功能,如:三乙醇胺、三异丙醇胺、甲酸盐、乙酸盐、丙烯酸盐等。这些早强剂可与减水剂复合配制成早强减水剂。

它们的作用机理主要是加快水泥早期水化速度或水化物网络结构建立速度,从而提高混凝土早期强度。早强剂一般宜用于蒸养、常温、低温和最低温度不低于-5 ℃环境中施工有早强要求的混凝土工程,炎热条件或环境温度低于-5 ℃时,不宜使用早强剂和促凝剂。含氯盐的早强剂及早强减水剂在混凝土中引入的氯离子含量不应大于胶凝材料总量的 1.8%,含钾、钠离子的早强剂可能会与碱活性骨料发生碱-骨料反应,其掺量应遵循引入的碱金属离子量限值,其他品种早强剂的掺量应经试验确定。

5. 缓凝剂

能延长混凝土凝结时间的外加剂称为缓凝剂,按其化学成分,主要有磷酸盐类、羟基羧酸盐类、糖类、多元醇及其衍生物类和纤维素醚类等。缓凝剂的作用主要是延缓水泥的水化速度,将水化放热延迟并缓慢释放。当缓凝剂掺量为水泥质量的 0.1%～0.3%时,就可使新拌混凝土在较长时间内保持流动性,凝结时间延长约 2～4 h,并可提高混凝土的后期强度。常用缓凝剂的具体掺量应根据混凝土凝结时间的要求,通过试验确定。一般来说,以占水泥质量的百分数计,三聚磷酸钠约为 0.1%,柠檬酸约为 0.05%,酒石酸约为 0.075%,糖蜜约为 0.1%。如果缓凝剂过量,混凝土拌合物可能几天乃至十几天不硬化。

缓凝剂宜用于对坍落度保持能力有要求的混凝土、静停时间较长或长距离运输的混凝土、自密实混凝土、大体积混凝土、环境温度很高时施工的混凝土等。缓凝剂常与高效减水剂复合使用,可有效避免新拌混凝土坍落度过快损失。

6. 膨胀剂

在混凝土凝结硬化过程中因化学作用能使其产生一定体积膨胀的外加剂为膨胀剂,按其化学成分,主要有硫铝酸盐类、铁粉类、氧化钙型、氧化镁型和复合型等。其作用机理是:在水泥水化过程中,膨胀剂发生水化反应,形成膨胀性水化物,导致新拌混凝土硬化前发生一定的体积膨胀。例如,常用的 U 型膨胀剂,其组成是硫铝酸盐水泥熟料(见第 2 章)、明矾石和石膏,它们的水化反应形成钙矾石,产生体积膨胀。

膨胀剂的使用目的和适用范围见表3.9。掺入适量膨胀剂，可配制成补偿收缩混凝土、膨胀混凝土、灌浆用膨胀砂浆、自应力混凝土和结构自防水混凝土等。当膨胀变形受到约束时，其膨胀能将变为预压应力（自应力），可大致抵消混凝土在硬化过程中因收缩产生的拉应力，从而减少混凝土收缩开裂的风险。

表3.9 膨胀剂使用目的和适用范围

用途	适用范围
补偿收缩混凝土	地下、水中、海水中、隧道等构筑物、大体积混凝土（除大坝外），配筋路面和板、屋面与厕浴间防水、构件补强、渗漏修补、预应力混凝土、回填槽
填充用膨胀混凝土	结构后浇带、隧洞堵头、钢管与隧道之间的填充等
灌浆用膨胀砂浆	机械设备的底座灌浆、地脚螺栓的固定、梁柱接头、构件补强、加固等
自应力混凝土	仅用于常温下使用的自应力钢筋混凝土压力管

注：①含硫铝酸盐类、硫铝酸钙、氧化钙类膨胀剂的混凝土（砂浆）不得用于长期环境温度为80℃以上的工程。
②含氧化钙类膨胀剂配制的混凝土（砂浆）不得用于海水或有侵蚀性水的工程。

混凝土外加剂的种类繁多，在选择外加剂时，应通过试验确定外加剂品种及其最佳掺量；在使用外加剂时，应遵照《混凝土外加剂》(GB 8076—2008)、《混凝土外加剂应用技术规范》(GB 50119—2013)和《混凝土结构工程施工质量验收规范》(GB 50204—2015)等现行国标的相关规定。

3.2.6 混凝土矿物外加剂

混凝土矿物外加剂（也称矿物掺合料）是指以氧化硅、氧化铝和其他有效矿物为主要成分，在混凝土中可代替部分水泥、改善混凝土综合性能，且掺量一般不小于5%的具有火山灰活性或潜在水硬性的粉体材料。由此可知，矿物外加剂类似水泥混合材料（见第2章），但水泥混合材料是在水泥磨成过程中加入的，其粒径与水泥熟料相当；矿物外加剂是在新拌混凝土拌和过程中，作为一种组分材料加入的，其比表面积可大于水泥颗粒。矿物外加剂取代混凝土中的部分水泥组成胶凝材料，可在低水胶比时保持较高水灰比，提高水泥水化度，减少水化热，增加密实性，改善新拌和硬化混凝土性能（特别是耐久性），尤其适用于高强高性能混凝土。

1. 矿物外加剂种类与组成

常用矿物外加剂主要有磨细粉煤灰、磨细矿渣、硅灰和磨细天然沸石等，其化学成分如表3.10所示。

表3.10 矿物外加剂品种及其化学成分

氧化物	磨细粉煤灰		磨细矿渣	硅粉	磨细天然沸石	水泥熟料
	F类	C类				
SiO_2	48	40	36	97	69.4	20
Al_2O_3	27	18	9	2	9.84	5
Fe_2O_3	9	8	1	0.1	0.69	4
MgO	2	4	11	0.1	—	1
CaO	3	20	40	—	2.01	64
Na_2O	1				3.12	0.2
K_2O	4				2.17	0.5

(1)磨细矿渣　粒化高炉矿渣(见第2章)经干燥、粉磨等工艺达到规定细度的粉末材料。粉磨时可添加适量石膏作激发剂和水泥助磨剂。

(2)磨细粉煤灰　干燥的粉煤灰(见第2章)经粉磨达到规定细度的粉末材料。

(3)硅灰(硅粉)　在冶炼硅铁合金或工业硅时,通过烟道排出的硅蒸气氧化后,经收尘器收集得到的以无定形二氧化硅为主要成分的超细粉末材料。

(4)磨细天然沸石　以一定品位纯度的天然沸石为原料,经粉磨至规定细度的粉末材料,粉磨时可添加适量水泥助磨剂。天然沸石是指火山喷发形成的玻璃体在长期碱溶液条件下二次成矿所形成的以沸石类矿物为主的岩石。天然沸石共有38种,是具有开口多孔结构的含水铝硅酸盐矿物。用作磨细天然沸石的是斜发沸石与丝光沸石,它们具有较大的内比表面积。

2. 矿物外加剂的性能

磨细矿渣、磨细粉煤灰、磨细天然沸石和硅灰的性能应符合现行国标《高强高性能混凝土用矿物外加剂》(GB/T 18736—2017)规定的技术要求,详见表3.11。

表3.11　高强高性能混凝土用矿物外加剂的技术要求

试验项目			指标						
			磨细矿渣			磨细粉煤灰		磨细天然沸石	硅粉
			Ⅰ	Ⅱ	Ⅲ	Ⅰ	Ⅱ	Ⅰ	Ⅱ	
化学性能	MgO(%) ≤		14			—		—		—
	SO_3(%) ≤		4			3		—		—
	烧失量(%) ≤		3			5	8	—		6
	Cl(%) ≤		0.02			0.02		0.02		0.02
	SiO_2(%) ≥		—			—		—		85
	吸铵值(%) ≥		—			—		130	100	—
	密度(g/cm³)		2.9			2.1		2.2		2.2
	比表面积/(m²/kg)		750	550	350	600	400	700	500	20 000
	含水率(%) ≤		1.0			1.0		—		3.0
胶砂性能	需水量比(%) ≤		100			95	105	110	115	125
	活性指数	3d(%) ≥	85	70	55	—	—	—	—	—
		7d(%) ≥	100	85	75	80	75	—	—	—
		28d(%) ≥	115	100	100	—	—	90	85	85

3. 矿物外加剂在混凝土中的作用效应

矿物外加剂在混凝土中产生下列三种效应:

(1)火山灰效应　矿物外加剂中所含的活性SiO_2及Al_2O_3与水泥水化生成的$Ca(OH)_2$发生二次水化反应,生成CaO/SiO_2摩尔比略小的水化硅酸钙和水化铝酸钙,减少了水泥石和界面区中的羟钙石$Ca(OH)_2$。粉末颗粒粒径越小,其火山灰活性更大,水化反应程度更高。对于磨细矿渣而言,添加适量石膏可进一步激发其活性;硅灰中玻璃态氧化硅含量很高,火山灰反应更快。

(2)填充效应　矿物外加剂的粉末粒径小于水泥,取代部分水泥后,微细矿物粉末颗粒填充水泥颗粒间的空隙,提高混凝土中胶凝材料粉末的堆积密度,降低标准稠度用水量;未水化的矿物微颗粒内核可作为微骨料,改善了硬化混凝土及其界面区的孔结构,增加密实度。

(3)形态效应　粉煤灰和硅灰中含有许多球形玻璃微珠,可在固体颗粒间起到"滚珠"作用,从而改善胶凝材料浆体的流动性,并有一定的减水作用;较大的比表面积,增加新拌混凝土的黏聚性;磨细沸石粉的内比表面积较大,吸水和吸附性较强,可用作减水剂和水的载体。

上述三种效应的综合结果,可改善新拌混凝土的和易性与可泵性,减小其坍落度损失;能降低硬化混凝土的孔隙率,提高抗硫酸盐侵蚀能力,抑制碱—骨料反应。可能使早期强度和抗碳化能力略有降低,但在取代量合适时,后期强度会提高。

4. 矿物外加剂的应用

矿物外加剂和水泥共同组成混凝土的胶凝材料,已成为现代混凝土,尤其是高强高性能混凝土配制中不可缺少的重要组分材料。工程应用中,应经试验确定其品种和取代量。一般来说,硅灰适合于配制高强或超高强混凝土,其取代量宜为水泥用量的5%~15%。其他几种磨细矿物粉末的取代量可为20%~50%,甚至高达70%,用以配制高耐久性混凝土和超大体积混凝土等。

3.3　新拌混凝土的性质

将水泥、水、砂与石子和其他组分材料一起拌和均匀后制得新拌混凝土,也称混凝土拌合物。它是一种含不同粒径固体颗粒的高浓度悬浮浆体,其中水泥浆是连续相,砂石颗粒作为分散相悬浮在水泥浆中。混凝土拌合物的性质不但对工程施工质量有重要影响,而且对硬化混凝土的力学和耐久性能起决定性作用,它们包括和易性(也称工作性)、凝结时间、表现密度、温度和绝热温升等。

3.3.1　混凝土拌合物的和易性

为获得均匀密实的硬化混凝土,混凝土拌合物应具有便于各种施工操作的和易性,在运输中不易分层离析,浇注时容易捣实,成型后表面容易修整。

1. 混凝土拌合物的拌制

混凝土拌合物可采用人工拌和或机械拌和方法拌制,人工拌和方法是:先用铁锹将水泥、砂和石子拌和均匀,然后,边加水边拌和,反复拌和均匀就可制得混凝土拌合物。但这种方法只适用于强度等级较低、数量小的混凝土拌制。机械拌和方法主要采用搅拌机拌制混凝土,有三种形式的搅拌机——滚筒式、卧轴式和立轴式。常用的主要是双卧轴强制式搅拌机,一次可拌制几个到十几个立方米的混凝土拌合物。拌制中,由计算机程序控制组分材料的投入顺序和投入量以及搅拌速度与时间等工艺参数。为了控制混凝土拌合物质量,工程施工中的生产方式是:在现代化自动控制的集中式混凝土搅拌站拌制,专用车辆运输到施工工点。

2. 和易性的概念

混凝土拌合物决定其浇灌密实和抗离析泌水程度的性质,即为和易性或工作性,是包括流动性、黏聚性和保水性的综合效应。

(1)流动性　混凝土拌合物在自重或机械振捣作用(外加剪切应力)下产生流动且能密实填充的性能,称为流动性。

(2)黏聚性　混凝土拌合物抵抗粗骨料颗粒与水泥砂浆、或骨料颗粒与水泥净浆相互分离的能力,称为黏聚性。离析是指混凝土拌合物在运输、浇注和振捣过程中,发生组分相互分离,造成内部组成和结构不均匀的现象,因此,混凝土拌合物黏聚性越好,抗离析性越好。

(3)保水性 混凝土拌合物抵抗泌水(保持水分不易析出)程度的性质称为保水性。混凝土拌合物在运输、浇注与捣实过程中,密度大的固体颗粒下沉,表面出现水膜层,这种现象称为泌水。混凝土拌合物保水性较差,就易发生泌水现象。

本质上,混凝土拌合物的和易性是一个模糊概念,涉及一些无法进行直接测量和定量表征的复杂性能,例如,易流性,易密性,稳定性,修饰性,可泵性。这些复杂性能均与混凝土拌合物的流变行为有关。

3. 混凝土拌合物的流变行为

混凝土拌合物中各种粒径的固体颗粒体积可高达90%,是一种固体颗粒均匀分布在水中的高浓度悬浮浆体,其流变行为遵循宾汉姆模型,如图3.6所示。只有当外加剪切应力大于屈服剪切应力 τ_y 时,才能克服混凝土拌合物中颗粒间作用力或内摩阻力发生流动,在较高剪切应力作用下,剪切应力和剪切速率呈线性关系,其斜率定义为塑性黏度 η。所以,可根据两个流变参数——屈服剪切应力 τ_y 和塑性黏度 η,评价混凝土拌合物的和易性。屈服剪切应力越小,使混凝土拌合物产生流动所需的外加剪切应力越小,即混凝土拌合物易流性和易密性越高,甚至可自流平;反之,屈服剪切应力越大,混凝土拌合物稳定性越高,易流性

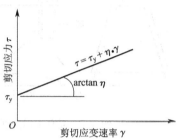

图3.6 混凝土拌合物的流变曲线

越低;如果屈服剪切应力小于粗骨料的自重力,粗骨料颗粒不能稳定地悬浮在水泥浆或砂浆中,混凝土拌合物易出现离析现象。塑性黏度愈小,混凝土拌合物流动速度愈快,易流性和易密性愈高,甚至可自密实;但塑性黏度过小,混凝土拌合物易发生泌水现象,反之亦然。只有当混凝土拌合物具有合适的屈服剪切应力和塑性黏度时,才能使其具有浇注施工所需的和易性,也才能保证混凝土及其构筑物的均匀性和密实性。但流变性测量一般用于试验研究,不适合于工程应用,所以,工程应用中采用和易性来评价和控制混凝土拌合物的施工性能。

4. 和易性的测试与评价

和易性是一种综合的技术性质,要找到一种适合于工程应用且简便易行而又能快速准确地全面反映混凝土拌合物和易性的测试方法是很难的。通过大量工程实践,人们普遍认同的方法是:通过稠度试验,定量测试流动性,辅以检查黏聚性和保水性,然后根据测试和检查结果,综合评价混凝土拌合物的和易性。我国现行《普通混凝土拌合物性能试验方法标准》(GB/T 50080—2016)规定的稠度试验中,有坍落度与坍落扩展度法和维勃稠度法。

(1)坍落度与坍落扩展度法 该法是1923年由D. A. Abrams提出,适用于骨料最大粒径不大于40 mm、坍落度不小于10 mm的混凝土拌合物稠度测定。

坍落度和坍落扩展度采用符合《混凝土坍落度仪》(JG 3021—1994)要求的坍落度仪测试,坍落度仪是一个钢制圆锥筒,顶部直径为(100±1)mm,底部直径为(200±1)mm,高度为(300±1)mm。如图3.7所示,将混凝土拌合物分三层均匀地装入坍落度筒内,使每层高度约为筒高的1/3,每层用捣棒插捣25次(详见混凝土拌合物试验),经过逐层浇注与插捣后,将上筒口混凝土抹平,清除筒边底板上的混凝土拌合物后,垂直平稳地提起坍落度筒,让混凝土拌合物锥体在自重力作用下自由向下坍落和向外扩展,静止后测量筒高与坍落后混凝土锥体最高点之间的高度差 mm,即为其坍落度。

测量坍落度后,检查其黏聚性和保水性。黏聚性检查方法是用捣棒轻轻敲击混凝土拌合物锥体的侧面,此时若锥体逐渐下沉,则表示黏聚性良好;如果锥体倒塌、部分崩裂或出现离析

现象,则表示黏聚性不好。保水性以混凝土拌合物稀浆析出的程度来评定,坍落度筒提出后如有较多稀浆从底部析出,锥体部分的混凝土拌合物因失浆而骨料外露,则表明其保水性不好;如无稀浆或仅有少量稀浆自底部析出,则表明其保水性良好。

混凝土拌合物流动性与坍落度的关系见表3.12。当混凝土拌合物的坍落度大于220 mm时,用钢尺测量其坍落扩展静止后"圆饼"的最大和最小直径,这两个直径之差小于50 mm的条件下,取其算术平均值作为坍落扩展度,见图3.7。如果发现粗骨料在"圆饼"中央堆集或边缘有稀浆析出,表示混凝土拌合物黏聚性和保水性不佳。

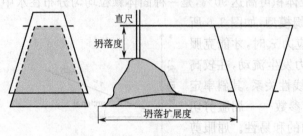

图 3.7 混凝土坍落度测量示意图

表 3.12 流动性与坍落度的一般关系

流动性	坍落度(mm)
非常低	5~10
低	15~30
中等	35~75
高	80~155
非常高	160~220

(2)维勃稠度法 该法是1940年由V. Bahrner提出,适用于骨料最大粒径不大于40 mm,维勃稠度在5~30 s之间的混凝土拌合物稠度测定。采用如图3.8所示的稠度仪,将坍落度筒置于固定在振动台上的容器A内,加上喂料斗B并扣紧拧紧螺丝。按照坍落度法,将混凝土拌合物试样分三层经喂料斗均匀地装入坍落度筒内,顶面抹平并垂直提起筒,把透明圆盘C转到混凝土顶面。开启振动台和秒表,当振动至透明圆盘底面被水泥浆布满的瞬间停止计时,并关闭振动台。由秒表读出的时间(s)即为维勃稠度值。维勃稠度表征了在自重力作用下不能流动的混凝土拌合物在机械振捣力作用下的易密性,也称密实因子。维勃稠度越大,易密性越差,流动性越小,反之亦然。

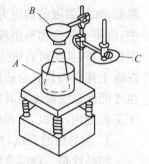

图 3.8 混凝土维勃稠度测量示意图

启振动后,应注意观察容器A内的混凝土拌合物。如果在中央部分出现石子颗粒堆积,并在容器周边渗出水泥浆,则表示混凝土拌合物发生离析现象。

对于坍落度不大于50 mm或干硬性混凝土拌合物和维勃稠度大于30 s的特干硬混凝土拌合物的稠度可采用增实因素法测试(详见《普通混凝土拌合物性能试验方法标准》)。

5. 和易性的主要影响因素

混凝土拌合物和易性的主要影响因素有单位用水量、粗骨料种类与最大粒径、胶凝材料浆体稠度与用量和拌制工艺等。

(1)单位用水量 1 m³混凝土拌合物中的用水量为单位用水量,是和易性的决定性因素。单位用水量增加,混凝土拌合物中固体颗粒体积分数下降,其屈服剪切应力和塑性黏度同比例减小,混凝土拌合物稠度降低,流动性增大,黏聚性和保水性可能变差,反之亦然。

(2)粗骨料种类与粒径 混凝土拌合物中的水可分为两部分,一部分为固体颗粒表面吸附水,另一部分为游离水。当固体颗粒体积分数恒定时,颗粒粒径越小,其总表面积越大,表面吸附水多而游离水少,混凝土拌合物稠度升高;反之,稠度降低,流动性增大,黏聚性和保水性可能变差。固体颗粒总表面积与骨料用量、粗骨料最大粒径、水泥用量等因素有关。

第3章 混 凝 土

试验证明：当粗骨料的种类和粒径一定时，水泥用量变化范围不超过±50～100 kg/m³，单位用水量相同时，混凝土拌合物的坍落度和维勃稠度可基本保持不变，亦即，使混凝土拌合物获得一定的坍落度或维勃稠度，其所需的单位用水量是一个定值，这个半经验性规律称为"恒定用水量法则"。它是混凝土配合比设计的重要依据之一，可根据混凝土拌合物坍落度或维勃稠度的预期值和粗骨料的种类与最大粒径，由表3.13初步选定单位用水量。

表3.13 干硬性和塑性混凝土的单位用水量(kg/m³)

拌合物稠度		卵石最大粒径(mm)				碎石最大粒径(mm)			
项 目	指标	10.0	20.0	31.5	40	16.0	20.0	31.5	40.0
维勃稠度(s)	16～20	175	160	—	145	180	170	—	155
	11～15	180	165	—	150	185	175	—	160
	5～10	185	170	—	155	190	180	—	165
坍落度(mm)	10～30	190	170	160	150	200	185	175	165
	35～50	200	180	170	160	210	195	185	175
	55～70	210	190	180	170	220	205	195	185
	75～90	215	195	185	175	230	215	205	195

注：①本表用水量系采用中砂时的平均取值，采用细砂时，单位用水量可增加5～10 kg；采用粗砂则可减少5～10 kg。
②掺用各种化学外加剂或矿物外加剂时，单位用水量应相应调整。
③本表摘自《普通混凝土配合比设计规程》(JGJ 55—2011)。

(3) **胶凝材料浆用量** 增加胶凝材料浆用量一般可降低屈服剪切应力，提高混凝土拌合物流动性。因为水泥浆用量增加，骨料用量相应地减少，则骨料表面水泥浆包裹层厚度增加，减小了骨料颗粒间的摩阻力，增大了润滑作用，提高混凝土拌合物易流性与易密性。因此，胶凝材料浆用量愈多，包裹层厚度愈厚，流动性也就愈大。但如果水泥浆过多，超过了使骨料表面包裹层厚度达到最大值(取决于水泥浆的黏聚力)所需的数量，多余的胶凝材料浆不仅使混凝土拌合物的流动性无明显增大，而且还将出现淌浆和离析现象，损害混凝土拌合物的黏聚性。

(4) **胶凝材料浆的稠度** 增加胶凝材料浆稠度将提高混凝土拌合物的塑性黏度，导致黏聚性与保水性提高，而流动性降低，反之亦然。现代混凝土中的胶凝材料浆包含水泥、水、矿物掺合料与化学外加剂等组分，其稠度与水胶比、外加剂的种类与掺量有关，其一般规律是：

①水胶比越大，浆体稠度越小，混凝土拌合物流动性提高，黏聚性和保水性会降低；

②单位用水量不变时，添加适量减水剂，可显著提高混凝土拌合物的流动性(坍落度)，其黏聚性和保水性变化较小；添加引气剂，引入适量微小气泡，可提高混凝土拌合物流动性，改善黏聚性和保水性。如果两种外加剂过量或外加剂与水泥不相容，会损害混凝土拌合物和易性。

③矿物外加剂取代部分水泥后，一般可降低混凝土拌合物的屈服剪切应力，对塑性黏度的影响则取决于矿物外加剂的种类与细度。磨细粉煤灰可增大流动性，改善黏聚性和保水性；磨细矿渣一般使流动性有所提高，而保水性和黏聚性有所降低；硅灰和磨细沸石粉可提高黏聚性和保水性，而降低流动性，硅灰增稠效果更显著，其取代量不宜超过15%。

(5) **砂率** 砂率是混凝土拌合物中砂子质量占骨料(砂+石)总质量的百分数。当骨料用量和粗骨料最大粒径一定时，砂率增加，骨料颗粒的总表面积增大，堆积空隙率减小，因而，混凝土拌合物坍落度减小，黏聚性和保水性较好；另一方面，水胶比和单位用水量一定时，砂率减小，由胶凝材料浆体和砂子组成的砂浆量减少，骨料颗粒的总表面积较小，堆积孔隙率较大，容易发生离析和浆体流失等现象，即混凝土拌合物黏聚性和保水性较差；反之，砂率增大，砂浆量

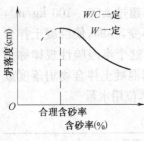

图 3.9 合理砂率

较多,混凝土拌合物坍落度增加,黏聚性和保水性也明显改善。

试验证明,当水胶比和单位用水量一定时,混凝土拌合物的坍落度先随砂率增加而增大,达到最大值后,将随砂率增大而减小,使混凝土拌合物坍落度达到最大值的砂率称为合理砂率,见图 3.9。合理砂率应由试验确定。

(6) 拌制工艺 即使原材料相同,不同型号的搅拌机、不同的搅拌速度与时间,拌制的混凝土拌合物和易性也有明显差异。一般来说,当胶凝材料用量较大,水胶比较小时,应采用剪切力较大的强制式搅拌机拌制混凝土拌合物,有利于胶凝材料细颗粒的充分分散,改善和易性。

如上所述,混凝土拌合物和易性包含了许多难以测量和表征的复杂性能,其影响因素及其原因也比较复杂,目前还没有可给出精准解释的成熟理论,只能通过试验确定。因此,工程实践中,混凝土拌合物试验是一个常规试验,同学们应熟练掌握试验方法和技能。

6. 坍落度经时损失

混凝土拌合物的坍落度随时间逐渐减小的现象称为坍落度经时损失,这是一个自发现象,是水泥不断水化形成水化物和水分不断消耗,使混凝土拌合物不断变稠的结果。混凝土的坍落度一般在加水后 0.5 h 内损失很少,0.5 h 后坍落度以一定的速率逐渐减小,其损失速率取决于时间、环境温湿度、胶凝材料组成与用量、外加剂品种和掺量等。当外加剂与胶凝材料相容性不好、骨料含泥量超标和环境温度较高时,会出现混凝土拌合物坍落度过快损失,从而严重影响其施工质量,甚至导致废弃。所以,在工程应用中,应根据前述混凝土拌合物和易性影响因素及其原理,控制其坍落度损失速率,避免坍落度过快损失,确保坍落度满足浇注施工时的要求。

7. 坍落度的选择

工程施工时,应根据施工方法(运输和振捣方法)和结构条件(构件截面尺寸、钢筋分布情况等),并参考有关的经验资料选择混凝土拌合物的坍落度。基本原则是:对于无配筋的大体积混凝土结构(如挡土墙、基础、垫层等)或配筋稀疏的结构构件,宜选择较小坍落度的混凝土拌合物浇筑;对于密配筋的结构或构件,宜选择较大的坍落度;配筋特密或不便捣实的结构或构件,可选择大坍落度或自密实混凝土。另一方面,如果采用泵送施工,应选择较大的坍落度或泵送混凝土。但在保证施工操作便利和施工质量的条件下,应尽可能选用较小的坍落度,以节约水泥或胶凝材料并获得均匀密实的混凝土。

3.3.2 新拌混凝土的其他性能

1. 凝结时间

各种原材料投入搅拌机开始,因水泥水化混凝土拌合物的稠度不断增加,如图 3.10 所示,坍落度不断减小,并逐渐凝结硬化为坚硬固体,这个过程所经历的时间为新拌混凝土的凝结时间。混凝土拌合物应在足够长的时间内保持其和易性,以便运输、浇注和修饰等施工过程的完成,因此,应根据工程施工工况选择合适的凝结时间。

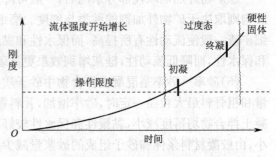

图 3.10 混凝土拌合物的稠度随时间的变化

现行《普通混凝土拌合物性能方法试验标准》规定,坍落度值不为零的混凝土拌合物的凝结时间采用贯入阻力法测试。该方法是用孔径为 5 mm 的标准筛,从混凝土拌合物中将砂浆筛出并拌和均匀作为试样,将砂浆试样一次分别装入三个试样筒中,做三个试验。用贯入阻力仪测试并计算测针贯入砂浆的贯入阻力(MPa),从水泥与水接触瞬间开始计时,当单位面积贯入阻力达到 3.5 MPa 时,所经历的时间为初凝时间,达到 28 MPa 时所经历的时间为终凝时间。初凝大致标志着混凝土拌合物不再适于正常地搅拌、浇筑和捣实等操作,终凝大致表明混凝土已有一定强度并以较快速度增长。

通用硅酸盐水泥凝结时间的影响因素同样影响着混凝土拌合物的凝结时间,其基本规律是:水胶比越小,凝结时间会越短;水泥的凝结硬化速度越慢,凝结时间会越长;环境温度越高,凝结时间越短;添加促凝剂可缩短凝结时间;添加缓凝剂可延长凝结时间。

2. 表观密度

混凝土拌合物捣实后的单位体积质量为其表观密度,采用容量筒法测试(详见混凝土拌合物试验)。表观密度与组成材料的密度、配合比和水胶比有关,一般为 2 300~2 500 kg/m³。

此外,混凝土拌合物还有含气量和泌水率与压力泌水值等性能指标。

3.4 混凝土的早期行为与养护

良好的易性只是保证混凝土拌合物浇注施工质量的前提条件,混凝土拌合物浇注后的早期(几天)内不发生不良行为,才能使硬化混凝土具有优良的性能和质量。因此,早期行为对混凝土工程施工质量有较大影响。

3.4.1 混凝土浇注后的行为

混凝土拌合物浇筑后的早期,尚处于半流态和塑性状态时,因密度差异,骨料和水泥等固体颗粒有下沉的倾向,液相有上浮的趋势,这种情形可能持续几小时,直至混凝土终凝和强度开始增长。因此,可能发生四种彼此相关的现象:离析与泌水、塑性沉降与收缩。

1. 离析和泌水

粗骨料颗粒下沉或水泥砂浆流失现象为离析;液相(水)上浮到表面的现象为泌水,它们常常伴随发生。泌水是一个常见现象,轻微泌水对混凝土施工质量影响较小或无害。如图 3.11 所示,泌水程度严重时,可在浇注后的混凝土表面出现可见水膜层,其高度甚至占混凝土总高度的 1% 或更大。这可带来两方面的不利影响,其一,泌水使浇注后混凝土表面层的水胶比较大,增加孔隙率,降低硬化后混凝土表面硬度和耐磨性;其二,向上迁移的水会在粗骨料颗粒下方形成水囊,导致界面区局部弱化,从而降低硬化混凝土的强度。

此外,泌水和颗粒沉降的综合效应是硬化混凝土从上到下强度和密度递减,严重影响混凝土的施工质量和结构构件的力学与耐久性能。

2. 塑性沉降与收缩

混凝土拌合物浇筑后,当混凝土表面的水分蒸发速率大于表面泌水速率时,会产生塑性收缩(混凝土仍处于塑性状态时的干缩)。当塑性收缩受到混凝土浇筑物内钢筋、粗骨料或基底约束时,在混凝土近表面区产生拉伸应变,但此时混凝土抗拉强度为 0,因而,塑性收缩会导致混凝土表面开裂,如图 3.12 所示。任何增加表面水分蒸发速度的因素,例如,较高的混凝土内或环境温度,较大的风速等均可能导致浇注后混凝土发生塑性收缩开裂现象。

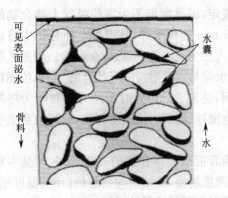
图 3.11 新浇注混凝土的离析与泌水

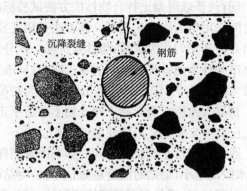
图 3.12 新浇注混凝土塑性沉降与开裂

3. 减小离析与泌水及其影响的措施

泌水主要与混凝土拌合物和易性有关，当其坍落度较大，黏聚性和保水性不良时，就可能发生泌水现象，因此，选择合适坍落度、黏聚性和保水性良好的混凝土拌合物，是降低泌水程度的主要技术途径。常用具体措施有：选择合理砂率；添加引气剂或引气型减水剂或高性能减水剂，减小单位用水量；用比表面积较大的矿物掺合料取代部分水泥，改善黏聚性等。但是，泌水现象不可能完全消除，工程施工中必须采取合适养护制度以减轻其不利影响。

3.4.2 绝热温升及其影响

如第 2 章所述，水泥水化是放热反应。因而，混凝土拌合物的温度会因水化热效应而随时间不断升高。通常条件下，混凝土浇注后，会直接或间接地向周围环境中散发热量，热效应导致内部温度升高有限或内外温差较小，不会产生不利影响。但与周围环境没有或很少热交换的绝热条件下，水化热效应加快水泥水化和放热速度，使浇筑后混凝土内部温度在较短时间内快速升高——绝热温升。如果绝热温升很大，导致浇筑后混凝土内外温差很大，就会带来不利影响，尤其是对于大体积混凝土工程，危害更大。其危害主要有两方面：

其一，后期强度降低。如果绝热温升很大，浇筑后的混凝土内部温度较高，水泥水化速度较快，不利于形成密实均匀的混凝土结构；另一方面，如果混凝土内部温度高于 80 ℃，水泥早期水化反应将不会优先形成钙矾石，而是形成单硫型硫铝酸钙，后期温度降低后，形成二次钙矾石——延迟钙矾石形成，产生体积膨胀，混凝土内部产生微裂缝。其综合效果是增加硬化混凝土的孔隙率。因而，虽然混凝土早期强度会较高，但后期强度会较低。

其二，混凝土表面开裂。如果绝热温升较大，使混凝土内外温差很大，内部温度快速升高，产生较大体积膨胀，而外部温度较低，其体积膨胀较小；另一方面，水化后期，内部温度降低较慢，而外部温度降低较快，产生较大收缩。内外热胀冷缩不一致，将产生足够的拉伸应力使混凝土表面开裂。例如，混凝土热膨胀系数的典型值为 $10 \times 10^{-6}/℃$，所以，温度降低 30 ℃ 时，可产生 300×10^{-6} 的热收缩应变。混凝土的典型弹性模量约为 30 GPa，假如混凝土被完全约束和不产生应力松弛，则可产生 9 MPa 的拉伸应力，这个应力超过混凝土的抗拉强度而引起开裂。因此，必须尽量减小大体积混凝土的绝热温升。现行《混凝土结构工程施工规范》(GB 50666—2011)规定，对于大体积混凝土，混凝土入模温度不宜大于 30 ℃，最大绝热温升不宜大于 50 ℃。

如图 3.13 所示，混凝土浇筑后的绝热温升与水泥用量有关，对于典型的混凝土结构物，每立方米混凝土中每 100 kg 水泥可使温度升高 13 ℃；水泥用量越多，水泥水化热越大，混凝土内部温度越高。所以，在大体积混凝土工程施工中，应采用中、低热水泥，或减少水泥用量，或用矿物掺合料较大比例地取代水泥，或添加适量缓凝剂，延缓水泥水化速度，以降低混凝土的绝热温升。此外，对于特大体积混凝土结构物，还应从结构上采取一些有效措施，减小绝热温升。

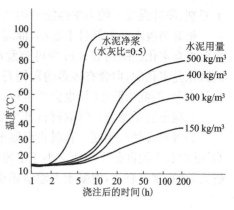

图 3.13 水泥净浆和不同水泥用量的混凝土在养护过程中的绝热温升

3.4.3 混凝土的养护

潮湿和充足水分有利于水泥水化反应和水泥石密实结构和强度的发展。混凝土拌合物经浇注捣实后，应尽早采取适当措施防止表面水分蒸发或湿度损失，以充足的水分使水泥完成早期水化反应，保证混凝土的施工质量和预设物理力学与耐久性能。这种阻止浇筑后混凝土表面水分蒸发或湿度损失的防护过程称为保湿养护，简称养护。

养护方式以及温度、湿度和养护时间构成养护制度，混凝土抗压强度及其增长状况是判断养护制度是否合理的重要评价指标。根据温度和湿度条件，养护类型可分为标准养护、自然养护和加速养护。标准养护是在温度(20±3) ℃、相对湿度为 90% 以上的标准养护箱或养护室中进行的养护；加速养护是采取加热加湿等措施，使混凝土快速硬化的养护；自然养护是在自然气候环境条件下，采取保湿、保(降)温等措施进行的养护，又有保湿养护、保湿保(降)温养护等。工程施工中，常用保湿养护有喷洒水、表面覆盖、喷洒养护剂、遮阳护罩等方式。

养护一般需持续一段时间，直至混凝土基本硬化。标准养护一般为 28 d；加温加湿养护一般为几小时。自然养护时，保湿养护时间与结构类型、水泥品种、混凝土强度等级、外加剂类型和掺量等因素有关，采用硅酸盐水泥、普通水泥或矿渣水泥配制的混凝土，养护时间不小于 7 d；采用缓凝剂和大掺量矿物掺合料配制的混凝土应不小于 14 d；抗渗混凝土、强度等级大于 C60 的混凝土应不小于 14 d。工程应用中，应根据实际情况制定合适的养护制度。

3.5 混凝土的变形行为

在环境因素和长短期应力作用下，混凝土均会产生或大或小的变形。因温湿度的变化，混凝土会产生胀缩变形，如湿胀干缩、自收缩、热胀冷缩等；承受荷载时，混凝土将产生弹性变形、塑性变形和徐变等。本节讨论混凝土的变形行为、变形规律和变形产生机理。

3.5.1 混凝土的自收缩与干缩

1. 湿胀干缩

混凝土是亲水性多孔材料，其内部湿度或含水率随环境湿度变化而变化，使得混凝土出现湿胀干缩现象，但由于部分干缩值是不可恢复的，因而干缩大于湿胀。试验证明，混凝土在相对湿度为 70% 的空气中，其干缩值约为连续浸泡水中湿胀值的 6 倍；相对湿度为 50% 时，则约为 8 倍。湿胀对混凝土体积稳定性的影响很小，另外，混凝土的干缩主要来自水泥石，但水泥石的体积分数较小，加上骨料的约束作用，因此，混凝土的宏观体积不会因环境湿度的变化而出现较大改变，即混凝土体积稳定性好。当宏观体积不变时，干缩会产生拉伸应力而导致混凝土开裂,降低混凝土的力学性能与耐久性。

粗骨料吸水率很低且干缩小,混凝土的干缩主要是水泥石和界面区的干缩,水泥石的干缩主要来自水化硅酸钙 C-S-H 中可蒸发水的损失或迁移引起的体积收缩(详见第 2.3.5 节);界面区也是多孔的,但含有较多的羟钙石、钙矾石等水化物晶体,其干缩相对较小,且与孔隙率和孔径有关;但低水胶比时,也会产生较大的干缩,其干缩产生机理与水泥石类似。

混凝土的干缩值与组成材料及其配合比、几何尺寸等有关,其主要影响因素有:

1)骨料含量与刚度 骨料在混凝土中形成骨架,可抑制收缩。因此,混凝土的干缩远小于水泥砂浆,水泥砂浆干缩值又小于水泥石,三者干缩值之比约为 1:2:5。混凝土中骨料用量越大,骨料刚度越大,混凝土干缩值越小,它们之间存在下列经验关系:

$$\varepsilon_c = \varepsilon_p (1-g)^n \tag{3.2}$$

式中 ε_c、ε_p——分别是混凝土和水泥石的干缩值;
g——混凝土中骨料体积分数,%;
n——与骨料刚度有关的常数,一般为 1.2~1.7。

试验表明,因粗骨料刚度的差异,以石英岩为骨料的混凝土,其干缩值最小,约为 500×10^{-6};以石灰岩、卵石、砂岩为骨料的混凝土,其干缩值分别约为 600×10^{-6}、$1\,100 \times 10^{-6}$ 和 $1\,200 \times 10^{-6}$。

(2)水泥用量、单位用水量和水灰比 水泥用量越大,混凝土干缩值越大;增大单位用水量和水灰比均会增大混凝土的干缩值;

(3)水泥细度与组成 水泥颗粒越细,混凝土干缩值一般会越大;采用掺混合材料的水泥或用矿物掺合料取代部分水泥配制的混凝土,其干缩值较小,但硅灰可使混凝土干缩值增大。

(4)施工与养护 混凝土捣固得愈密实,干缩值愈小;良好养护可以减小干缩。

(5)试件或构件的几何尺寸和形状 试件或构件的表面积与体积之比值越大,干缩值会越大;混凝土内湿度扩散的路径越长,干燥速率越低,干缩值越小。

所以,可从上述几个方面采取相应的措施,减小或抑制混凝土的干缩。

2. 自收缩

混凝土的自收缩也来自水泥石,但混凝土中水泥石所占体积分数较小,骨料骨架的抑制作用,使得混凝土的自收缩很小,往往可忽略不计。随着高性能和高强混凝土的发展,人们发现水泥或胶凝材料用量大和水灰(胶)比低(W/C<0.4)的混凝土,其自收缩值较大,成为高强高性能混凝土出现早期裂纹的主因。水胶比很小的水泥石结构密实,水化消耗的水不能及时从外部得到补充时,内部的相对湿度较小,毛细现象会引起较大自收缩。所以,低水胶比和胶凝材料用量较大的混凝土因自收缩引起开裂的可能性较大,工程应用中应引起高度注意。

3.5.2 混凝土的温度变形

如图 3.14 所示,水泥石的热膨胀系数约为 $10 \sim 20 \times 10^{-6}/℃$,混凝土的热膨胀系数约为 $6 \sim 10 \times 10^{-6}/℃$,一般取 $1 \times 10^{-5}/℃$,即温度每升高 1 ℃,长为 1 m 的混凝土可膨胀 0.01 mm。

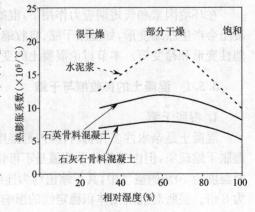

图 3.14 含湿量对水泥石和混凝土热膨胀系数的影响

混凝土的热膨胀系数主要取决于水泥或胶凝材料用量和骨料种类,并与湿含量有关。如图 3.14 所示,当相对湿度约为 60%~70% 时,混凝土的热膨胀系数最大。

为避免混凝土干缩和温度变形的危害,长、大结构物,例如挡土墙或路面等,施工时都应设置伸缩缝,也可在混凝土中设置钢筋约束体积变形以避免开裂。

3.5.3　应力作用下混凝土的变形行为

1. 单轴受压时混凝土的变形行为

（1）轴向变形行为特征　受压应力作用时,骨料、水泥石和混凝土的应力—应变关系如图 3.15 所示。可以看到,骨料和水泥石的应力—应变呈线性关系,其弹性模量为常数;混凝土的应力—应变呈非线性关系。这表明混凝土是弹塑性体,受力时既产生弹性变形,又产生塑性变形。

多次重复加载与卸载时,混凝土的应力—应变曲线如图 3.16 所示,可以看到,当应力为 $(0.3\sim0.5)f_{cp}$ 时,每次卸荷都残留一部分塑性变形($\varepsilon_{塑}$),随加载、卸载重复次数的增加,$\varepsilon_{塑}$ 的增量逐渐减小,最后曲线稳定在与初始切线大致平行的 $A'C'$ 线。这说明,当应力为极限应力的 30%~50% 时,重复加卸载可使混凝土的塑性变形越来越小。

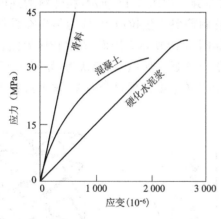

图 3.15　骨料、硬化水泥浆和混凝土的
受压时的应力—应变行为

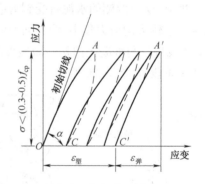

图 3.16　低应力下加卸载下应力—应变曲线

如图 3.17 所示的连续单轴受压时混凝土的应力 σ—应变 ε 全曲线表明,当压应力水平(图中以极限应力 f'_c 的百分比表示)约小于极限应力的 30% 时,σ-ε 曲线是直线;当压应力水平大于 30% 时,σ-ε 曲线开始偏离直线,即开始产生塑性变形;随应力水平增大,σ-ε 曲线偏离直线的程度越来越大,即塑性变形随应力增加不断增大;达到极限应力后,应力水平开始不断下降,应变持续增大,直至破坏。这说明在压应力小于 30% f'_c 时,混凝土呈线弹性变形行为,但弹性变形较小;超过 30% f'_c 时,呈弹塑性变形行为,塑性变形随应力增加而增大。

（2）横向与体积变形　图 3.18 给出了受压时混凝土的横向与体积应变与应力的关系。轴向受压开始时,混凝土的横向和轴向应变均较小,当应力水平超过约为 75% f'_c 时,横向应变随应力增加明显增大,如图 3.18(a)所示;

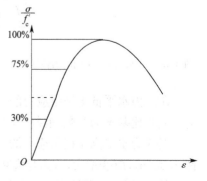

图 3.17　混凝土受压 σ-ε 全曲线

体积压缩应变也随应力呈线性增大直到约 75% f'_c,超过该应力水平时,体积变化因横向变形显著增大而由压缩转向膨胀,直至破坏,如图 3.18(b)所示。

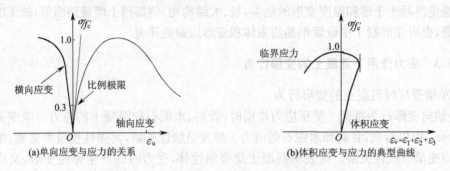

图 3.18　混凝土受压时单向、体积应变与应力的关系

(3)变形行为的微观解释　一般来说,刚性或脆性无机材料的力学行为特点是,其弹性变形小且不易发生塑性变形。但混凝土是多物相多孔复合材料,内部含许多不同孔径和形状的孔隙,有些孔隙作为初始微裂缝分布于水泥石或砂浆及其与粗骨料的界面区。

另一方面,骨料与水泥石的力学性能存在较大差异。如图 3.15 所示,粗骨料的强度和弹性模量大于水泥石,在单向受压时,轴向压应力使骨料两侧产生拉应力,应力传递在骨料上下形成一楔形,楔形两侧的水泥石受到剪应力作用,如图 3.19 所示。因而,在受拉区界面裂缝的尖端会产生较大的应力集中,使界面裂缝起裂、扩展与连通。所以,一般认为:如图 3.17 所示的 σ-ε 曲线特征与混凝土内初始微裂缝的起裂、扩展和连通的发展过程有关,这个过程大致可分为四个阶段,如图 3.20 所示。

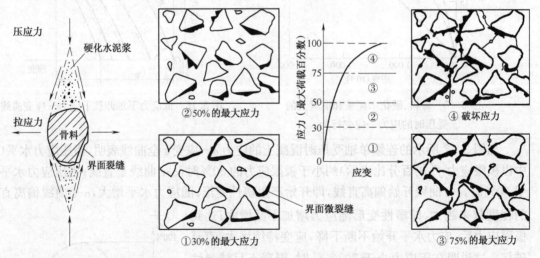

图 3.19　受压时混凝土内应力传递　　图 3.20　单轴受压时混凝土内部裂缝发展过程示意图

①应力水平低于极限应力的 30% 时,界面区的初始微裂缝是稳定的,如图 3.20(a),应力与应变之比基本为常数,混凝土的 σ-ε 曲线呈线性,主要产生弹性变形,见图 3.17。

②应力水平高于极限应力的 30% 且小于 50% 时,界面区的初始微裂缝开始起裂、扩展,如图 3.20(b),应变增大,应力与应变之比也减小,混凝土的 σ-ε 曲线开始明显向应变增大方向偏离直线,开始产生塑性变形。在此阶段,水泥石中初始微裂缝尚保持稳定。

③应力水平高于极限应力的50%且小于75%时,界面区微裂缝进一步扩展,同时水泥石或砂浆中的初始微裂缝也开始起裂、扩展,裂缝数量和长度增加,如图3.20(c),应力与应变之比进一步减小,σ-ε曲线明显倾斜弯曲,塑性变形增量较快。

④应力水平高于极限荷载的75%时,应变能释放速率达到在持续应力下裂缝自发扩展所需要的临界水平,混凝土中裂缝自发地产生、扩展与连通成为连通的裂缝网络,混凝土解体破坏,如图3.20(d)和图3.17所示。极限应力的75%称为临界应力,表示裂缝失稳扩展开始,也对应于混凝土体积压缩变形的最大值,如图3.18所示。

2. 单轴受拉时的变形行为

单轴拉应力作用下混凝土的变形行为相似于单轴压应力作用下的行为,试验证明二者的应力-应变曲线特征很相似。但在单轴拉应力作用下,混凝土的行为对内部初始微裂缝更敏感,裂缝更容易发生失稳扩展与连通,导致混凝土呈脆性断裂破坏。由于这一特点,混凝土的抗拉强度远小于其抗压强度,单轴拉压强度之比约为0.07~0.11。

一般认为,单轴受拉时,裂缝扩展方向与应力方向垂直;每一条新裂缝的产生和扩展都会减小有效承载面积,从而导致临界裂缝尖端处应力增大;单条裂缝的连通就可导致混凝土受拉破坏,而受压破坏是数条裂缝的扩展与连通的结果。因此,抗拉试验时,混凝土内裂缝的失稳扩展往往使其呈突发性脆性断裂,使得试验中难以追踪记录拉应力—应变曲线的下降段。

有关其他应力和复杂应力作用下混凝土的变形行为,感兴趣的同学可查阅相应书刊。

3.5.4 混凝土的徐变

1. 恒定荷载持续作用下混凝土的变形行为

在恒定荷载作用下,混凝土会产生随荷载作用时间而增加的变形,这种变形称为徐变。

图3.21为典型的混凝土徐变及徐变恢复曲线,其特征是:一旦加上恒定荷载时,混凝土立即产生瞬时应变,该应变主要是弹性应变。接着产生徐变应变,并呈抛物线形变化,初期徐变应变较快增加,然后逐渐减缓。恒定荷载卸除后,一部分变形(略小于弹性应变)很快恢复,称为弹性恢复;随后发生徐变应变随时间减小——徐变恢复。可恢复的徐变应变称为可逆徐变;稳定后剩余的徐变应变为不可逆徐变。混凝土的徐变一般比同应力下的弹性应变约大2~4倍。

2. 徐变机理

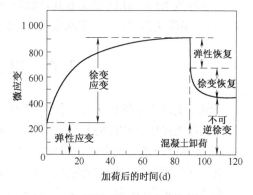

图3.21 混凝土徐变与徐变恢复曲线

混凝土的徐变主要发生在水泥石内,与其所含水的运动有关。因此,徐变产生的机理与干缩类似。一般认为徐变是因荷载长期作用下,水泥石中水化物凝胶产生黏性流动或滑移,密实性提高,凝胶体内层间吸附水向毛细管渗出所致。在高应力水平下,混凝土内的微裂缝扩展和形成也是徐变增大的原因之一。

3. 徐变对混凝土及其结构的影响

(1)徐变对混凝土开裂的影响 徐变应变可消除或减小混凝土内的应力集中——应力松弛,能消除一部分由于干缩和温度变形所产生的内应力。因此,徐变有利于减小开裂风险。如图3.22所示,混凝土抗拉强度随时间不断增长,同时,收缩应变受约束时所产生的弹性拉应力也随时间增加,当后者大于前者时,混凝土就会开裂;另一方面,混凝土在拉应力的持续作用下会产生徐变,徐变引起混凝土内应力松弛(图3.22中的阴影部分),使松弛后的拉应力随时间减小,从而延迟或减小混凝土的开裂。只有当应力松弛后的实际拉应力大于其抗拉强度时,混凝土才会实际开裂。提高混凝土的抗拉强度与延性,可减小开裂风险。

(2)徐变对混凝土结构的影响 徐变引起的应力松弛,可引起预应力钢筋混凝土结构的预应力损失,也会增加大跨度混凝土梁的挠度。

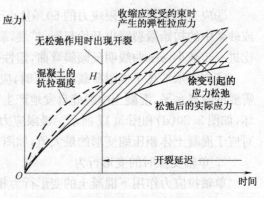

图 3.22 收缩和徐变对混凝土开裂的影响

4. 徐变的影响因素

混凝土的徐变应变受下列因素的影响:

①含水量 加载前,减少混凝土内的含水量或湿度,可减小其徐变。事实上,完全干燥的混凝土,其徐变很小,几乎为0。

②恒定荷载的应力水平 对于任何混凝土和加载条件,混凝土徐变随应力水平增大而线性增加,直至应力/极限应力之比达到0.4~0.6。应力水平越大,徐变越大,最终可导致破坏。

③强度与刚度 提高混凝土强度和弹性模量,可减小其徐变。因此,水胶比、龄期、养护和外加剂等影响混凝土强度和弹性模量的因素也影响其徐变。

④骨料 骨料可抑制混凝土的徐变,因此,混凝土的徐变小于水泥石,且随混凝土中骨料体积分数的增大而减小。骨料的弹性模量越大,泊松比越小,混凝土徐变会较小。

⑤环境条件 环境湿度越低,混凝土的徐变越大;混凝土的徐变随环境温度升高而明显增加,直至温度达到70 ℃。在此温度下,水的迁移效应可使徐变减小。

3.6 混凝土的力学性能

混凝土的力学性能主要包括强度和弹性模量。强度是混凝土最重要的性能,混凝土强度常指其抗压强度,可准确测试。此外,还有抗拉、抗弯和抗剪强度,这些强度的准确测定比较困难,一般通过经验公式由抗压强度推出,其他强度包括疲劳、冲击强度和钢筋握裹强度等。混凝土抗压强度最大,其抗拉强度最小,单轴抗拉强度与抗压强度之比(拉/压比)很小,而且抗压强度越高,拉/压比越小。混凝土强度按现行《普通混凝土力学性能试验方法标准》(GB 50081—2016)规定的方法测试。

3.6.1 混凝土强度的本性与影响因素

1. 混凝土强度的本性

由3.5.3节的分析可知,外力作用下混凝土破坏是其内部初始微裂缝起裂、扩展和连通,导致解体的结果,是混凝土微结构从连续到不连续的发展过程。因此,混凝土强度主要取决于水泥石的强度和密实度(其实质是孔隙率和孔结构)。增加水泥石强度,可以提高界面初始微裂缝向砂浆扩展的抗力,同时,可降低水泥石弹性模量与骨料弹性模量间的差值,减少外力作用下的横向变形差,从而降低界面裂缝尖端的拉应力;增加混凝土密实度,减小界面区初始微裂缝的数量,提高界面区强度或界面黏结强度,充分发挥骨料的增强作用;从而提高混凝土强度。

根据 2.3.4 节的分析,给定龄期和养护条件下,水泥石的强度主要与水灰(胶)比、水泥品种有关。水灰比越大,水泥石强度越低,则混凝土强度也越低;另一方面,水灰比还影响混凝土的密实性,水灰比越小,界面区微结构越致密,界面黏结强度越大,混凝土强度越高。所以,混凝土强度与水灰(胶)比成反比关系。此外,界面黏结强度除与水泥石强度有关外,还与骨料的表面状况、粗骨料颗粒的粒径、几何形状等有关。碎石颗粒表面粗糙且多棱角,其与水泥石接触面积较大,黏结强度较高;卵石表面光滑,与水泥石接触面积较小,黏结强度较低。因此,给定水泥品种和水灰比条件下,用碎石配制的混凝土强度高于卵石配制的混凝土。

基于上述特性,混凝土强度主要与水灰(胶)比、水泥强度等级与用量、粗骨料种类等有关,它们之间的关系可用鲍罗米公式(3.2)表示:

$$f_{cu} = \alpha_a f_b \left(\frac{C}{W} - \alpha_b \right) \tag{3.2}$$

式中　B——1 m³ 混凝土中的胶凝材料用量,kg;

　　　W——1 m³ 混凝土中的用水量(即单位用水量),kg;

　　　B/W——胶水比(胶凝材料与水的质量比);

　　　f_{cu}——混凝土 28 d 立方体抗压强度,MPa;

　　　α_a,α_b——与骨料品种相关的回归系数。

　　　f_b——胶凝材料 28d 胶砂抗压强度(MPa),可实测,也可由公式(3.3)计算导出:

$$f_b = \gamma_s \cdot \gamma_f \cdot \gamma_c \cdot f_{ce,g} \tag{3.3}$$

式中　$f_{ce,g}$——水泥的强度等级值,MPa;

　　　γ_c——水泥强度等级值的富余系数,与水泥的强度等级有关,强度等级为 32.5、42.5 和 52.5 的通用硅酸盐水泥的 γ_c 分别是 1.12、1.16 和 1.10;

　　　γ_s、γ_f——分别是粒化高炉矿渣和粉煤灰的影响系数,与掺量有关,详见现行标准 JGJ 55。

两个回归系数 α_a、α_b 一般经大量试验数据的回归分析确定,现行行业标准《普通混凝土配合比设计规程》(JGJ 55—2011)规定:粗骨料为卵石时,$\alpha_a = 0.49$,$\alpha_b = 0.13$;粗骨料为碎石时,$\alpha_a = 0.53$,$\alpha_b = 0.20$。

所以,当选定水泥强度等级、矿物掺合料种类与掺量、水胶比和粗骨料品种后,可由鲍罗米公式计算混凝土的本征强度,或根据混凝土强度预期值或设计值,计算混凝土的水胶比。

2. 影响混凝土强度的施工因素

根据鲍罗米公式(3.2),水泥强度等级、水胶比和粗骨料品种对混凝土强度有决定性影响。如上所述,混凝土强度本质上取决于水泥石强度和密实度,而这两个方面均与施工和水泥水化度有关。影响密实性的施工因素有搅拌工艺、捣实方法;影响水化度的因素有养护条件和龄期。

(1)搅拌和捣实方法　混凝土的搅拌是一个多种物料的均化过程,采用强机械搅拌时,在搅拌叶片产生的剪切力作用下,水泥与骨料颗粒间相互摩擦,使固体颗粒充分均匀地分散在液相中,获得良好和易性和匀质性的混凝土拌合物,硬化混凝土的强度高且离散性较小;采用人工搅拌的混凝土拌合物匀质性较差,混凝土强度较低且离散性较大,质量难以保证。

浇筑后机械振捣(采用高频或多频振动器振捣)可排除混凝土中的气泡和空隙,提高浇注后混凝土的密实度,其效果远优于人工捣实,尤其对于稠度较大的混凝土拌合物,更应采用机械振捣方法。

(2) 养护温度　养护温度对混凝土强度的影响如图3.23所示,可以看到,养护温度越高,混凝土早期强度越大;养护温度较低时,早期强度低而后期强度高;养护温度较高时,混凝土后期强度降低。因为较高温度加快了水泥的水化速度,但会降低硬化混凝土的密实度;较低的养护温度下,水泥水化速度较慢,但有利于形成密实的混凝土结构。

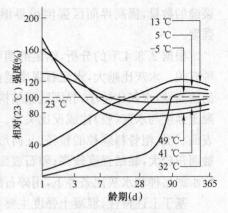

图 3.23　养护温度对强度的影响
（硅酸盐水泥,W/C=0.4）

负温下混凝土仍能凝结硬化,其前提条件是必须达到一定的初始强度后方能在负温下养护,否则混凝中的自由水结冰膨胀,会破坏混凝土结构,导致强度损失。

(3) 养护湿度　养护湿度对混凝土强度及其增长的影响如图3.24所示,可以看到,全时湿养护的混凝土强度增长较快,而且强度持续增长;全时空气中养护的混凝土强度低且后期不增长;湿养护时间越长,混凝土强度越高,因湿养护有利于水泥水化和混凝土密实结构的形成。

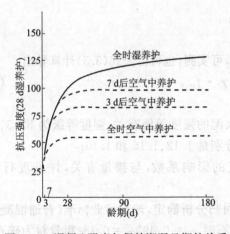

图 3.24　混凝土强度与保持潮湿日期的关系

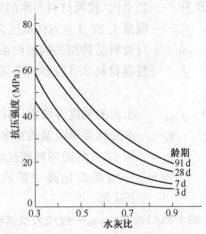

图 3.25　龄期对混凝土强度的影响

(4) 养护龄期　在合适养护温湿度条件下,混凝土的强度在最初3~7 d内较快增长,然后逐渐缓慢增长,其增长过程可延续数十天乃至数十年。不同龄期时,不同水灰比的混凝土强度对比如图3.24所示,图中结果表明,水灰比相同时,混凝土强度随龄期增加而增长。经验得出混凝土强度与龄期的对数成正比,可用公式(3.4)表示:

$$f_n = f_a \frac{\lg n}{\lg a} \tag{3.4}$$

式中　f_n——n 天龄期的混凝土抗压强度,MPa;
　　　f_a——a 天龄期的混凝土抗压强度,MPa。

根据测得的混凝土早期强度,可由公式(3.4)估算其后期强度。但公式(3.4)只是经验公式,其准确度有限,因此,得到的估算值仅作参考。

综上所述,合适的养护制度,提高水泥水化度和混凝土密实度,有利于混凝土强度的发展。因此,在足够湿度和适当温度的环境中,经足够长时间养护的混凝土将获得其本征强度。

3. 影响混凝土强度测试值的因素

混凝土的强度一般由试验机进行试件破坏性试验来测试，其测试值与试件的几何形状与尺寸、试验机的加荷方式与速度等因素有关。下面以抗压强度试验为例说明这些因素的影响。

(1) 试件的几何形状和尺寸　试验证明，在其他条件相同时，试件几何尺寸越小，强度测试值越高。其原因主要是试件尺寸的"环箍效应"和"缺陷概率效应"。

抗压试验中试件受压面与试验机承压板之间存在着摩阻力。在逐渐增大的压荷载作用下，混凝土试件既产生轴向压缩应变，又因泊松比效应产生横向膨胀应变。试验机的两个钢制承压板的弹性模量约为混凝土的 5~15 倍，而钢板的泊松比只是混凝土的 2 倍。所以，钢制承压板的横向应变小于混凝土的横向应变（假定横向可自由变形），因而上下承压板对试件的横向膨胀应变产生约束作用，称为"环箍效应"。愈接近试件的端面，"环箍效应"愈大。在距离端面大约 $0.866a$（a 为试件的横向尺寸）的范围以外，"环箍效应"才会消失。所以，试件在受压破坏后，其上下部分各有一个较为完整的棱锥体，如图 3.26 所示。"环箍效应"使试件的强度测试值增大，试件端面尺寸越小，"环箍效应"对强度测试值的影响越显著。

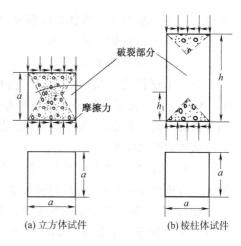

图 3.26　混凝土试件的破坏状态

另一方面，试件几何尺寸较大时，内部存在缺陷的几率也会增大，其强度测试值会低于尺寸较小的试件。

此外，试件的几何形状也会影响强度测试值。例如，当圆柱体试件的直径等于棱柱体试件的边长且与其高度相等时，因棱柱体转角应力集中的影响，采用圆柱体试件测得的抗压强度测试值大于采用相同承压面积的棱柱体试件的测试值。

(2) 加载速度　试验证明，混凝土强度试验值与试验时的加载速度有关。一般来说，在一定范围内，加载速度越快，强度试验值增大。现行《普通混凝土力学性能试验方法标准》规定：测试混凝土抗压强度时的加载速度取决于混凝土的强度等级，强度等级<C30 时，加荷速度取 0.3~0.5 MPa/s，强度等级≥C30 且<C60 时，加载速度取 0.5~0.8 MPa/s；强度等级≥C60 时，取 0.8~1.0 MPa/s。

(3) 试件承压面的平整度　试件的上下两个承载面或线必须平行且与中轴垂直，承载面应光滑平整，以保证试件均匀受力。如果试件承载面或线凹凸不平或缺角、缺棱等现象将引起应力集中或承载面减小，降低试件强度测试值。

所以，进行强度试验时，必须严格按有关标准和规程进行各项操作，以使测试值真实地反映混凝土的本征强度。

3.6.2　抗压强度与弹性模量

混凝土强度试验中，在混凝土试件上施加单向压荷载直至试件破坏所测得的强度称为单轴抗压强度或抗压强度。混凝土试件的几何形状可以是立方体、圆柱体和棱柱体，但如上所述，试件几何形状和尺寸不同，混凝土抗压强度测试值也不同。因而，现行国标 GB 50107 规定，工程设计和施工中，混凝土强度是指混凝土立方体抗压强度。

1. 混凝土立方体抗压强度与强度等级

1)强度测试 现行国标 GB50081 规定,按规定方法制作边长为 150 mm 的立方体标准试件,在温度为 20±2 ℃,相对湿度为 95% 以上的标准养护室中养护到 28 d 龄期,用规定的设备测试,并按公式(3.5)计算,得出的抗压强度值称为混凝土立方体抗压强度,用 f_{cu} 表示。

$$f_{cu} = \frac{F}{A} \tag{3.5}$$

式中 f_{cu}——混凝土立方体抗压强度,MPa;
　　F——试件破坏荷载,N;
　　A——试件的承压面积,mm^2。

以三个试件为一组,取三个试件测试值的算术平均值作为该组试件的强度值(精确至 0.1 MPa)。三个测试值的最大值或最小值中,如有一个与中间值之差超过中间值的 15% 时,则舍去最大值和最小值,取中间值;如果最大和最小值与中间值之差均超过中间值的 15%,则该组试件的测试结果无效。

(2)立方体抗压强度标准值 按上述方法测得的具有 95% 保证率的立方体抗压强度为混凝土立方体抗压强度标准值,用符号 $f_{cu,k}$ 表示。

(3)强度等级 混凝土强度等级按立方体抗压强度标准值(以 MPa 计)划分,以符号 C 与立方体抗压强度标准值表示,从 C10～C100 以每增加 5 MPa 升一个等级,共有 19 个强度等级。

采用标准试验方法测试的混凝土强度具有可比性和高重复率,但实际工程中混凝土构筑物或构件一般在自然条件下养护,为了说明工程中混凝土的实际强度,可将试件置于实际工程条件下养护,测得的实际抗压强度作为混凝土施工质量控制的依据之一。

如上所述,试件几何尺寸影响混凝土强度的测试值,如果采用其他非标准试件时,测得的抗压强度值均应乘以表 3.14 规定的尺寸换算系数作为强度测试值。当混凝土强度等级不小于 C60 时,宜采用标准试件;使用非标准试件时,尺寸换算系数应由试验确定。

表 3.14 试件尺寸换算系数

项 目	立方体抗压强度			轴心抗压强度		
试件尺寸(mm)	200×200×200	150×150×150	100×100×100	200×200×400	150×150×300	100×100×300
换算系数	1.05	1.00	0.95	1.05	1.00	0.95

2. 混凝土轴心抗压强度

在结构设计中,常以轴心抗压强度 f_{cp} 作为设计依据。现行《普通混凝土力学性能试验方法标准》规定,按规定方法成型的尺寸为 150 mm×150 mm×300 mm 的棱柱体试件,并在标准条件下养护 28 d,所测得的抗压强度值即为轴心抗压强度 f_{cp},其测试结果计算和数据处理方法与立方体抗压强度相同。

根据统计分析,轴心抗压强度与立方体抗压强度之间的关系为:$f_{cp} = (0.7～0.8)f_{cu}$。

3. 混凝土的弹性模量

如图 3.17 所示,单轴受压时混凝土的应力—应变曲线是非线性的,当应力低于极限应力的 30% 时,其应力—应变曲线近似为直线,即 30% 的极限应力为弹性极限,该段应力—应变曲线可用虎克定律近似地表征。因此,应用弹性理论进行计算时,故常对该段曲线作近似直线处理。一般有三种直线处理方法,如图 3.27 所示,因而,得到三个弹性模量:

①原点切线弹性模量:曲线原点上切线斜率 $E_0=\tan\alpha_1$;
②割线弹性模量:曲线原点至某点间割线斜率 $E_h=\tan\alpha_2$;
③切线弹性模量:曲线某点上切线斜率 $E_t=\tan\alpha_3$。

曲线原点上的切线斜率难以准确测定,同时由于初始应力很小,故而测得的原点切线弹性模量 E_0 的实用意义不大。而切线弹性模量 E_t 只适用于曲线切点处应力变化很小的范围内。因此,三者中割线弹性模量能真实反映混凝土弹性模量,并且能准确测定。现行《普通混凝土力学性能试验方法标准》规定,以应力 $\sigma=f_{cp}/3$(f_{cp} 为轴心抗压强度)时的割线弹性模量为混凝土的弹性模量 E_c。

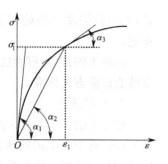

图 3.27 混凝土的弹性模量

混凝土的弹性模量通常随着抗压强度的增加而增大,但抗压强度较高时,混凝土弹性模量增加的幅度减小。因此,混凝土强度的影响因素以相同的规律影响其弹性模量。

(4)泊松比 饱水水泥石的泊松比约为 0.25~0.30,绝干状态时,其泊松比约为 0.2,且几乎与水灰比、龄期、强度等无关。粗骨料的泊松比与岩石种类有关,一般小于水泥石,因而混凝土泊松比为 0.15~0.25,并随骨料用量的增加和混凝土强度等级提高而减小。

3.6.3 抗拉强度与抗弯强度

1. 抗拉强度

混凝土是准脆性多孔材料,其抗拉强度很低,一般只有抗压强度的 0.07~0.11,而且,混凝土强度等级愈高,其拉压比愈小。

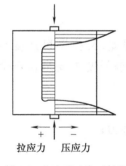

图 3.28 劈裂试验时垂直于受力面的应力分布

直接测试混凝土轴心抗拉强度难度很大,其一是使拉应力作用线与受拉试件的轴线保持重合非常困难;其二是试验中很难保证拉伸破坏发生在试件的受拉区。这两大难题至今仍未很好解决,致使轴心抗拉强度测试值不能真实反映混凝土的抗拉强度。

为此,国内外都采用劈裂抗拉试验来表征和测试混凝土的抗拉强度。该方法的原理是在试件的两个相对的劈裂承压面中心线线上施加均匀分布的压应力,从而在劈裂面内产生均布拉应力,使其受拉破坏,如图 3.28 所示。该方法大大简化了混凝土的抗拉试验,并能较真实地反映混凝土的抗拉强度。

现行《普通混凝土力学性能试验方法标准》规定:劈裂抗拉试验的标准试件为 150 mm×150 mm×150 mm 的立方体,采用半径为 75 mm 的弧形垫块施压,并在垫块与试件承压面间放置由三层胶合板制成的垫条,按规定速度加载直至试件劈裂面裂开,记录破坏荷载,由公式(3.6)计算劈裂抗拉强度 f_{ts}:

$$f_{ts}=\frac{2F}{\pi A}=0.637\frac{F}{A} \tag{3.6}$$

式中 f_{ts}——混凝土劈裂抗拉强度,MPa;
F——试件破坏荷载,N;
A——试件劈裂面面积,mm^2。

测试数据的处理方法与抗压强度相同。混凝土抗拉强度与其抗压强度之间没有一致的关系,曾提出了多个经验关系,一般认为,抗拉强度与抗压强度的 n 次幂成正比,而 n 值不是常数。相对于抗压强度,混凝土抗拉强度对养护不良更为敏感,因为养护不良将导致混凝土开裂,而抗拉强度对初始裂缝很敏感。如何提高混凝土的抗拉强度是混凝土材料研究中的难题。

混凝土的抗压、劈裂抗拉强度和弹性模量也可采用圆柱体试件测试,参看《普通混凝土力学性能试验方法标准》。

2. 抗弯强度

混凝土的抗弯强度采用四点弯曲试验测试,其标准试件是尺寸为 150 mm×150 mm×600 mm(或 550 mm)的棱柱体梁式试件,将按标准方法制备的试件在标准条件下养护至 28 d 后,按图 3.29 所示的装置安放试件,以 0.8～1.2 MPa/min 速率加载直至试件破坏,记录破坏荷载,由公式(3.7)计算其抗弯强度 f_f。

$$f_f = \frac{Fl}{bh^2} \quad (3.7)$$

式中　f_f——混凝土抗弯强度,MPa;
　　　F——试件破坏荷载,N;
　　　l——试件支座间跨距,mm;
　　　b——试件截面的宽度,mm;
　　　h——试件截面的高度,mm。

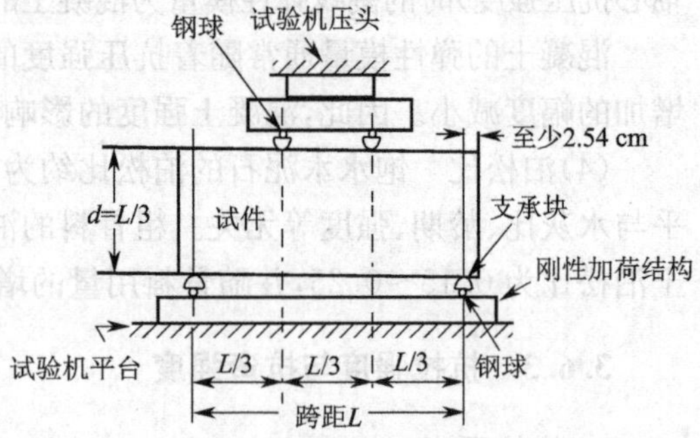

由材料力学知识可知,在四点弯曲试验中,棱柱体试件的底面受到拉应力作用,因此,混凝土的抗弯强度在一定程度上也反映了混凝土抵抗拉应力的能力,也称弯拉强度。

图 3.29　四点弯曲试验装置示意图

3.6.4　与钢筋的黏结强度

对于钢筋混凝土结构,混凝土与钢筋之间必须具有足够的黏结强度(又称握裹强度),以保证钢筋与混凝土能黏结在一起协同工作。混凝土与钢筋间的握裹强度主要来自三个方面:

①水泥石或砂浆与钢筋间的界面黏结力;
②基于混凝土收缩对钢筋侧压力而产生的混凝土—钢筋界面的摩擦力;
③钢筋表面凸凹纹理形成的机械抗力。

混凝土的握裹强度有几种测试方法,如图 3.30 所示,可根据混凝土性能、钢筋种类和钢筋在混凝土中的位置等情况,选择合适的测试方法。一般采用美国材料试验学会(ASTM)规定的拉拔试验方法测试,按公式(3.8)计算握裹强度。

$$\tau = \frac{F}{\pi d l} \quad (3.8)$$

式中　τ——握裹强度,MPa;
　　　F——试件中钢筋拔出时的拉荷载,N;
　　　d,l——分别是钢筋直径和钢筋埋入试件中长度,mm。

一般来说,混凝土抗压强度越高,其与钢筋的握裹强度也越大,但并非同步增长。另外,相同的混凝土对光圆钢筋的握裹强度明显小于对螺纹钢筋的握裹强度,如图 3.31 所示。握裹强度会因钢筋的配置方向不同而异,这与混凝土泌水在钢筋下缘形成水囊削弱握裹力有关。

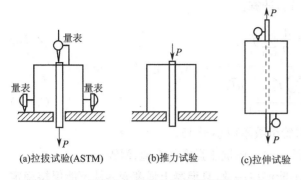

图 3.30 混凝土与钢筋的握裹强度测试方法

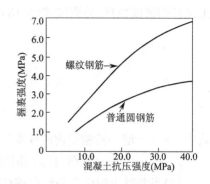

图 3.31 握裹强度与抗压强度的关系

3.6.5 混凝土强度检验与评定

如前所述,混凝土是一种多物相多组分的复合材料,其强度及其测试值的影响因素很多。即使组成材料种类、强度等级和配合比相同的混凝土拌合物成型的一批混凝土试件,其抗压强度测试值也具有一定的离散性。因此,如何检验与评定混凝土强度对工程应用至关重要。

现行《混凝土强度检验评定标准》(GB 50107—2010)规定,混凝土强度应分批进行检验与评定,对大批量、连续生产混凝土的强度应按规定的统计方法评定;对小批量或零星生产混凝土的强度按非统计方法评定。

1. 混凝土强度的统计方法评定

研究和实践证明,试件数量足够大时,混凝土强度测试值遵循正态分布(见图3.34),因此,可用数理统计方法,得出这些强度测试值的算术平均值、标准差、变异系数和强度保证率等统计参数。根据测试值正态分布的特征,一般用"算术平均值"来表示数据密集分布的中心点值,而以"标准差"或"变异系数"来表示从平均值两侧分散的程度,又以"强度保证率"即大于等于强度等级的概率来表示强度的合格率。

所以,用数理统计的方法对试验数据进行统计分析,求出算术平均值、标准差或变异系数、强度保证率等主要统计参数,进行混凝土质量的评定。

(1)当混凝土的生产条件在较长时间内能保持一致,且同一品种、同一强度等级混凝土的强度变异性保持稳定时,应由连续的3组试件组成一个验收批,其强度应同时满足公式(3.9)和公式(3.10)的规定:

$$\bar{f}_{cu} \geqslant f_{cu,k} + 0.7\sigma_0 \tag{3.9}$$

$$f_{cu,min} \geqslant f_{cu,k} - 0.7\sigma_0 \tag{3.10}$$

当混凝土强度等级不高于 C20 时,其强度的最小值尚应满足公式(3.11):

$$f_{cu,min} \geqslant 0.85 f_{cu,k} \tag{3.11}$$

混凝土强度等级高于 C20 时,其强度的最小值尚应满足公式(3.12):

$$f_{cu,min} \geqslant 0.90 f_{cu,k} \tag{3.12}$$

式中 $\bar{f}_{cu}$——同一验收批混凝土立方体抗压强度平均值(MPa),按式(3.13)计算;

$f_{cu,k}$——混凝土立方体抗压强度标准值,MPa;

$f_{cu,min}$——同一验收批混凝土立方体抗压强度的最小值,MPa;

σ_0——检验批混凝土立方体抗压强度的标准差(MPa),按式(3.14)计算。

检验批的混凝土立方体抗压强度的平均值和标准差应根据前一个检验期内同一品种混凝

土试件的强度数据，分别按式(3.13)和式(3.14)计算：

$$\bar{f}_{cu} = \frac{1}{n}\sum_{i=1}^{n} f_{cu,i} \tag{3.13}$$

$$\sigma_0 = \sqrt{\frac{\sum_{i=1}^{n} f_{cu,i}^2 - n\bar{f}_{cu}^2}{n-1}} \tag{3.14}$$

式中　n——前一检验期内的样本容量，其试验组数不应小于45；

$f_{cu,i}$——前一检验期内第 i 组混凝土试件的立方体抗压强度代表值，MPa。

(2) 当混凝土的生产条件在较长时间内不能保持一致，且混凝土强度变异性不能保持稳定时，或在前一个检验期内同一品种混凝土没有足够的数据用以确定验收批混凝土立方体抗压强度的标准差时，应由不少于10组的试件组成一个验收批，其强度应同时满足式(3.15)和式(3.16)：

$$\bar{f}_{cu} \geq f_{cu,k} + \lambda_1 \cdot S_{f_{cu}} \tag{3.15}$$

$$f_{cu,min} \geq \lambda_2 f_{cu,k} \tag{3.16}$$

式中　λ_1, λ_2——合格判定系数，按表3.15取用；

$S_{f_{cu}}$——同一检验批混凝土立方体抗压强度的标准差(MPa)，当其计算值小于2.5 MPa时，应取2.5 MPa。

表3.15　混凝土强度的合格评定系数

试件组数	统计法合格评定系数			非统计法合格评定系数		
	10~14	15~19	≥20	混凝土强度等级	<C60	≥C60
λ_1	1.15	1.05	0.95	λ_3	1.15	1.10
λ_2	0.90		0.85	λ_4	0.95	

同一检验批混凝土立方体抗压强度的标准差应按式(3.17)计算：

$$S_{f_{cu}} = \sqrt{\frac{\sum_{i=1}^{n} f_{cu,i}^2 - n\bar{f}_{cu}^2}{n-1}} \tag{3.17}$$

式中　n——本检验收批内混凝土试件的组数。

2. 混凝土强度的非统计方法评定

当评定的样本容量小于10组时，应按非统计方法评定混凝土强度，其强度应同时满足式(3.18)和式(3.19)的规定：

$$\bar{f}_{cu} \geq \lambda_3 f_{cu,k} \tag{3.18}$$

$$f_{cu,min} \geq \lambda_4 f_{cu,k} \tag{3.19}$$

式中　$\lambda_3、\lambda_4$——合格判定系数，应按表3.15取值。

当检验结果满足上述规定时，则该批混凝土强度应评定为合格。否则，评定为不合格。

3. 混凝土强度保证率的计算

按式(3.20)积分求得混凝土强度保证率 P，一般要求混凝土强度保证率为95%以上。

$$P = \frac{1}{\sigma_0\sqrt{2\pi}} \int_{f_{cu,k}}^{+\infty} e^{-\frac{(f_{cu,i}-\bar{f}_{cu})^2}{2\sigma_0^2}} df_{cu} \tag{3.20}$$

3.7 混凝土耐久性

混凝土耐久性(长期性能)对混凝土结构或构筑物的服役寿命和使用安全有重要影响。大量统计数据表明,工业发达国家每年用于因劣化而受损的混凝土结构的修复与更换费用已占建设投资的40%以上。我国建设部对过去几十年的建筑物调查统计结论是:大多数工业建筑物在使用25～30年后即需大修。处于有害介质环境中的建筑物使用寿命仅15～20年。因此,在混凝土结构设计时,除混凝土强度外,还应将混凝土耐久性作为主要设计参数。

本节主要讨论混凝土耐久性的本性和改善措施,以及混凝土耐久性能及其评价指标等。

3.7.1 混凝土耐久性的本性

1. 混凝土耐久性的定义与劣化机理

混凝土和钢筋混凝土构筑物在服役过程中,混凝土会因自身(内部)和环境(外部)因素的相互作用引起外观劣化和性能衰减等各种损坏。混凝土耐久性定义为:混凝土材料因内部或环境因素的作用仍能持久保持其外观和使用性能不变的能力。环境因素有温湿度的循环变化、(酸)雨水、地下水和土壤中的硫酸盐、海水中的氯盐、空气中CO_2气体、火灾、冰冻和机械磨损等;内部因素主要指混凝土的物相组成和微结构缺陷,如胶凝材料水化物、骨料种类与碱活性组分、孔隙率与孔结构等。这些因素的相互作用引起混凝土劣化的机理包括物理、化学和机械力等作用,物理作用引起的损坏主要是高温或温湿度变化引起的膨胀或收缩损坏;化学作用引起的损坏包括化学侵蚀、碱-骨料反应等;机械力作用引起的损坏有冲击、磨蚀、冲蚀和气蚀等。在大多数情况下,混凝土材料的劣化或损坏是由多种作用造成的,其原因较复杂。通常,根据主要环境因素及其损坏作用机理,混凝土耐久性的评价指标主要有抗冻性、抗Cl^-离子渗透性、抗硫酸盐侵蚀性、抗碳化性、碱-骨料反应潜在性、耐火性、耐磨性、耐冲刷性等。

2. 混凝土耐久性的影响因素

混凝土耐久性受到多种因素的影响,外部因素是使用环境和条件决定的,内部因素涉及混凝土组成材料的种类和配合比,以及混凝土的孔隙率与孔结构,后者是最重要的因素。混凝土中的孔隙率包括水泥石的孔隙、骨料中的孔隙、界面区孔隙和搅拌过程中或由引气剂引入的气孔等各种孔隙所占混凝土的体积百分数,孔结构主要指孔径及其分布,孔隙连通程度等。

引起混凝土材料劣化的外部介质有CO_2气体、水和Cl^-、SO_4^{2-}、H^-等侵蚀性离子等,这些介质只有通过混凝土的孔隙进入混凝土内才能产生侵害作用。侵蚀性介质进入混凝土内的传输或迁移机理主要有以下三种。

①渗透　流体介质在压力梯度驱动下通过孔隙的行为;

②扩散　离子、原子或分子等粒子在浓度梯度驱动下在介质中的迁移行为;

③毛细吸入　液体介质因毛细现象而自发地吸入孔隙内的行为。

试验表明,混凝土的孔隙率和孔结构是其外部侵蚀性介质在混凝土内传输或迁移阻力的决定性因素,物质不会在孔径小于150 nm的孔隙或完全封闭的孔隙中传输或迁移。因此,孔隙率越低,孔径和孔隙连通程度越小,侵蚀性介质在混凝土中的扩散系数越小,则混凝土耐久性越好。影响混凝土孔隙率和孔结构的关键因素是水胶比,低水胶比、减水剂与引气剂的应用以及良好养护等,可降低孔隙率,改善孔结构,提高混凝土耐久性。

另一方面,外部侵蚀性介质化学作用的损坏程度还取决于水泥石的抗化学侵蚀性(见第2

章)和外部环境类别与侵蚀作用等级。因此,混凝土耐久性的影响因素包括水泥石抗化学侵蚀性的影响因素,如水泥品种、矿物掺合料的种类与取代量等。

现行《混凝土结构耐久性设计规范》(GB/T 50476—2008)中,根据外部因素的损害作用程度,将使用环境分为一般环境、冻融环境、海洋氯化物环境、除冰盐等其他氯化物环境和化学侵蚀环境等五个类别,根据每个环境类别的损害作用程度,划分了3~4个环境作用等级。

工程应用中,根据环境类别和环境作用等级,通过组成材料选择、配合比设计、合适养护制度制定等措施,可以配制具有良好耐久性的混凝土,确保混凝土结构的服役寿命。

3.7.2 混凝土耐久性能的测试与评价

1. 混凝土抗水渗透性

混凝土抗水渗透性能(抗渗性)由抗水渗透试验测试与评价,现行《普通混凝土长期性能和耐久性能试验方法标准》(GB/T 50082—2009)提出了两种混凝土抗水渗透试验方法,即渗水高度法和逐级加压法。

(1)渗水高度法 测定混凝土在恒定水压力下试件的平均渗水高度,以表征混凝土的抗渗性。

采用上、下口径分别为175 mm和185 mm、高为150 mm的圆台体试件,6个试件为一组,标准养护28d后,用"混凝土抗渗仪"对6个试件在恒定水压(1.2±0.05 MPa)下进行24 h的水渗透性试验,试验结束后,将每个试件沿纵断面劈裂为两半,在试件劈裂面上描出水痕,用尺沿水痕等间距测量10点渗水高度值,取其算术平均值为该试件的渗水高度,取6个试件渗水高度的算术平均值为该组混凝土试件平均渗水高度测定值。渗水高度测定值越小,混凝土抗渗性越好。

(2)逐级加压法 通过逐级施加水压力,测定试件最大渗水压力作为混凝土的抗渗等级。

该方法所用试件与渗水高度法相同。用"混凝土抗渗仪"对6个试件进行逐级增加水压力的水渗透性试验,水压从0.1 MPa开始,以后每隔8 h增加0.1 MPa水压,直至6个试件中有3个试件上表面出现渗水时,或加至规定压力(设计抗渗等级)在8 h内6个试件中表面渗水试件少于3个时,即可停止试验,并记下此时的水压力。根据每组6个试件中有4个试件未出现渗水时的最大水压力,按式(3.21)确定混凝土抗渗等级:

$$P=10H-1 \tag{3.21}$$

式中 P——抗渗等级;

H——6个试件中3个试件渗水时的水压力,MPa。

《混凝土耐久性检验评定标准》(JGJ/T 193—2009)规定,混凝土的抗渗性分为P4、P6、P8、P10、P12和>P12六个抗渗等级,抗渗等级越高,混凝土抗渗性越好。例如,P6抗渗等级表示混凝土能抵抗0.7 MPa的水压不渗水。

2. 混凝土抗氯离子渗透性能

抗氯离子渗透性能定义为混凝土抵抗氯离子渗透的能力,现行《普通混凝土长期性能和耐久性能试验方法标准》(GB/T 50082—2009)规定,可用快速氯离子迁移系数法(RCM法)和电通量法测试和评价混凝土抗氯离子渗透性能。

(1)RCM法 该方法的原理是:海洋、除冰盐等氯化物环境中的氯离子,在浓度梯度驱动下向混凝土中迁移动力学遵循Fick第二定律,见第1章中的公式(1.3)。该公式中的迁移系数D_{RCM}表征了混凝土抵抗氯离子渗透的能力,D_{RCM}值越小,混凝土抗氯离子渗透性能越好。

因此,RCM法通过测定混凝土中氯离子渗透深度,计算得到氯离子在混凝土中非稳态迁移的迁移系数D_{RCM}来反映混凝土抗氯离子渗透性能。RCM法的试验步骤、试验装置和氯离子迁移系数的确定,请详见本教材F.5.2。《混凝土耐久性检验评定标准》(JGJ/T 193—2009)依据D_{RCM}值,将混凝土抗氯离子渗透性能划分为五个等级,见表3.16。

(2)电通量法 该方法测定6 h内通过混凝土试件的电通量(C)来反映混凝土抗氯离子渗透性能或混凝土密实度,具体试验方法与步骤详见本教材F.5.2。Q_6值越小,则混凝土抗氯离子渗透性能越好,混凝土密实度越高。《混凝土耐久性检验评定标准》(JGJ/T 193—2009)依据Q_6值,将混凝土抗氯离子渗透性能也划分为五个等级,见表3.16。

表3.16 混凝土抗氯离子渗透性能等级划分

RCM法等级	RCM-Ⅰ	RCM-Ⅱ	RCM-Ⅲ	RCM-Ⅳ	RCM-Ⅴ
$D_{RCM}(10^{-12}\text{m}^2/\text{s})$	≥4.5	3.5≤且<4.5	2.5≤且<3.5	1.5≤且<2.5	<1.5
电通量法等级	Q-Ⅰ	Q-Ⅱ	Q-Ⅲ	Q-Ⅳ	Q-Ⅴ
Q_6(C)	≥4 000	2 000≤且<4 000	1 000≤且<2 000	500≤且<1 000	<500

3. 混凝土抗冻性能

混凝土的抗冻性定义为:在饱水状态下,混凝土能够经受多次冻融循环作用保持外观不破损、力学性能不严重降低的性能,由抗冻性试验测试和评价。

(1)混凝土冻害机理 一般认为,当饱水混凝土的孔隙内自由水结冰时,其体积约膨胀9%,此时,若混凝土内部没有足够的空间消纳这一膨胀,则会产生较大的破坏性内压力使混凝土局部受损。连续多次冻融循环作用将使局部损伤逐渐累积,导致混凝土从表面开始出现开裂、剥落等外观劣化现象,并导致混凝土质量损失、强度和弹性模量降低。

混凝土的孔隙内水的冰点与孔径有关,孔径越小,孔隙内水的冰点越低,如水泥石中凝胶孔内水在-78 ℃下也不会结冰,而毛细孔水的冰点较高。毛细孔内水结冰后,其热力学能低于未结冰的凝胶孔内水;毛细孔内水含多种可溶性离子,水结冰,形成浓度梯度并产生渗透压。从而促使未结冰孔隙内的水向结冰区迁移和渗透,从而加重了水结冰时的破坏性内压力。

(2)混凝土抗冻性试验方法 现行《普通混凝土长期性能和耐久性能试验方法标准》(GB/T 50082—2009)中规定了三种抗冻试验方法,即慢冻法、快冻法和单面冻融法。

①慢冻法 测定混凝土试件在气冻水融反复作用下所能经受的最大冻融循环次数,作为混凝土抗冻标号,表征和评价其抗冻性能。抗冻标号越高,混凝土抗冻性越好。

采用100 mm×100 mm×100 mm立方体试件为标准试件,一组3个混凝土试件在标准养护室内养护28 d后,放入20±2 ℃水中浸泡4 d,然后在温度为-20~-18 ℃的冻融箱内冷冻4 h,立即在温度为18~20 ℃的水中融化4 h,融化完毕进入下一次冻融循环,如此重复进行(详见附5.4)。经历若干次气冻水融循环后,测定试件的质量损失率和抗压强度损失率,平均抗压强度损失率达到25%或者平均质量损失率达到5%时的最大冻融循环次数,作为混凝土抗冻标号,以符号D表示,《混凝土耐久性检验评定标准》(JGJ/T 193—2009)依据快冻法,划分为D50、D100、D150、D200和D200以上等五个抗冻标号。

②快冻法 测定混凝土试件在水冻水融条件下能经受的最大快速冻融循环次数,作为混凝土抗冻等级,表征和评价混凝土抗冻性能。

采用100 mm×100 mm×400 mm的棱柱体试件,每组3块,标准养护28 d后放在(20±2)℃的水中浸泡4 d,然后,将试件放入自动控制的快速冻融箱内的试件盒中进行快速冻融循环试验,每个循环时间为 2~4 h,每隔 25 次冻融循环,测定每块试件的相对动弹性模量(超声波法测试)和质量损失率。以试件的相对动弹性模量下降至初始值的 60%或者平均质量损失率达 5%时的最大冻融循环次数,确定为混凝土抗冻等级,用符号 F 表示,《混凝土耐久性检验评定标准》(JGJ/T 193—2009)依据快冻法,划分为 F50、F100、F150、F200、F250、F300、F350、F400 和 F400 以上等九个抗冻等级。

③单面冻融法 测定混凝土试件在大气环境中且与盐接触的条件下,以能够经受的冻融循环次数或者表面剥落质量或超声波相对动弹性模量来表示混凝土抗冻性能。该方法只针对既有盐类侵蚀又有冻融循环的特殊环境(如西北地区),请详见《普通混凝土长期性能和耐久性能试验方法标准》(GB/T 50082—2009),这里不再叙述。

4. 混凝土抗硫酸盐侵蚀性能

(1)定义 混凝土抗硫酸盐侵蚀性能定义为受环境水、土中的硫酸盐或酸性硫酸盐的侵蚀而保持其外观不劣化和性能不衰减的能力,由抗硫酸盐侵蚀试验测试和评价。

(2)硫酸盐侵蚀破坏机理 当混凝土处于含硫酸盐的土壤或水环境中,混凝土会发生硫酸盐侵蚀破坏,包括化学和物理侵蚀破坏,化学侵蚀破坏机理与水泥硫酸盐腐蚀机理相同;物理侵蚀破坏机理主要是渗入混凝土孔隙溶液中的硫酸盐因水分蒸发而浓缩、结晶,产生结晶压力或体积膨胀而导致混凝土开裂和剥落等,又称为盐结晶破坏。

(3)试验方法与评价指标 基于混凝土硫酸盐侵蚀机理,曾提出多种混凝土抗硫酸盐侵蚀性能的试验方法,如用一定的硫酸钠水溶液的全浸泡法、半浸泡法和干湿循环法等。工程实践表明,实际工程中混凝土结构的硫酸盐侵蚀破坏主要发生在与含硫酸盐的水、土接触的部位。因干湿循环现象频发,导致该部位混凝土内孔溶液硫酸盐浓度较高,因而发生严重的化学侵蚀和盐结晶破坏。所以,《普通混凝土长期性能和耐久性能试验方法标准》(GB/T 50082—2009)提出用干湿循环法为混凝土抗硫酸盐试验方法,采用边长尺寸为 100 mm 的立方体试件,每组 3 块,试件养护 26 d 时,在 80±5 ℃下干燥 48 h。将干燥试件放入 5%NaSO$_4$ 溶液中浸泡 15 h,风干后在 80 ℃下烘干 6 h,这为一个干湿循环。经受若干次干湿循环后,测试试件的抗压强度测定值,以及同龄期标准养护试件的抗压强度测定值,二者的比值为混凝土抗压强度耐蚀系数。以抗压强度耐蚀系数不低于 0.75 时的最大干湿循环次数划分抗硫酸盐等级,用符号 KS 表示。依据《混凝土耐久性检验评定标准》(JGJ/T 193—2009),划分为 KS30、KS60、KS90、KS120、KS150 和＞KS150 等六个抗硫酸盐等级。等级越大,混凝土抗硫酸盐侵蚀性能越好。

5. 混凝土抗碳化性能

(1)碳化反应及其机理 混凝土的碳化是指大气中的 CO_2 进入混凝土中,与水泥石中羟钙石 $Ca(OH)_2$ 的化学反应。其反应机理是:大气中 CO_2 渗入并溶解在混凝土孔溶液中,很快与孔溶液中的 $Ca(OH)_2$ 反应,形成碳酸钙,使 pH 降低到 8 左右。因此,碳化又称"中性化"。

(2)混凝土碳化动力学 一般混凝土表面首先碳化,然后,逐层深入。碳化深度随时间的变化规律遵循菲克第一定律:

$$X = k \cdot \sqrt{t} \tag{3.22}$$

式中 X——时间 t 时,混凝土的碳化深度,mm;

k——与混凝土扩散特征有关的碳化系数;

t——时间,d 或 y。

碳化深度随时间变化速度(碳化速度)与 CO_2 气体在混凝土中的扩散系数、大气中 CO_2 气体浓度、混凝土饱水度等有关。试验表明,扩散系数越大,CO_2 浓度越高,碳化速度越快,反之亦然。因 CO_2 气体在吸水饱和的混凝土中扩散较慢，在干燥混凝土中碳化反应速度较慢。混凝土含水率与环境相对湿度为 50%～70% 达到平衡时，其碳化速度最快。

(3) 混凝土碳化的影响　碳化可使混凝土表层产生较小的收缩——碳化收缩，但碳化收缩对混凝土性能的影响较小。碳化对钢筋混凝土结构的影响较大，碳化使结构中混凝土保护层 pH 值降低，钢筋因失去碱性保护而发生锈蚀，锈蚀形成膨胀性铁锈，导致钢筋混凝土结构混凝土保护层开裂、剥落。因此，混凝土抗碳化性能对混凝土结构耐久性至关重要。

(4) 抗碳化性能的评价　现行《普通混凝土长期性能和耐久性能试验方法标准》规定，将按规定成型的一组 3 个混凝土棱柱体试件在"混凝土碳化箱"内进行快速碳化试验（试验方法和步骤详见附 5.3），分别测试 3 个试件碳化 28 d 后的碳化深度，以其算术平均值为该组混凝土试件碳化深度测定值。并绘制碳化深度—碳化时间曲线，表征混凝土碳化速度。依据《混凝土耐久性检验评定标准》（JGJ/T 193—2009）方法，将混凝土抗碳化性能划分为五个等级，见表 3.17。显然，碳化深度越小，等级越高，抗碳化性能越好。

表 3.17　混凝土抗碳化性能等级划分

等　级	T-Ⅰ	T-Ⅱ	T-Ⅲ	T-Ⅳ	T-Ⅴ
碳化深度(mm)	≥30	20≤且<30	10≤且<20	0.1≤且<10	<0.1

6. 混凝土的碱—骨料反应潜在性

碱—骨料反应是指在潮湿环境下骨料中碱活性矿物与水泥石中碱性物质间的反应，常见的是碱—硅酸和碱—碳酸反应。如果混凝土中发生碱—骨料反应，在骨料与水泥石界面上形成 Na^+、K^+ 等离子的硅酸盐或碳酸盐凝胶或它们的混合物，吸水后高度肿胀，并产生破坏性内压力，导致混凝土膨胀开裂，甚至溃散。由此可知，混凝土中碱—骨料反应的发生并产生危害需具备一定条件，其一是骨料含有碱活性矿物和水泥中碱含量较高；其二是水和潮湿环境。

混凝土的碱—骨料反应潜在性取决于骨料的碱活性矿物和水泥中碱金属氧化物含量，由碱—骨料反应试验来确定。骨料不含碱活性矿物，水泥含碱量小，混凝土的碱—骨料反应潜在性几乎为 0。现行《普通混凝土长期性能和耐久性能试验方法标准》中规定的碱—骨料反应试验，主要检查骨料是否含碱活性矿物。采用含碱量为 1.25% 的水泥和受检骨料配制混凝土，制作尺寸为 75 mm×75 mm×275 mm 的棱柱体棒形试件，标准养护 24 h 后，测量试件的基准长度。然后，将试件放入养护盒中，并在温度为 38±2 ℃ 的环境中继续养护若干周，每隔一段时间，测定试件的长度变化，计算试件的膨胀率，以 3 个试件膨胀率的算术平均值为某一时间膨胀率测定值。一般要求膨胀率测定值应不大于 0.04%，膨胀率测定值越大，混凝土的碱—骨料反应潜在性越大，反之亦然。

3.7.3　提高混凝土耐久性的主要措施

综上所述，决定混凝土耐久性的关键因素是组成材料的特性和混凝土的密实度与孔隙特征。前者决定混凝土中各物相在服役环境中的稳定性；后者决定混凝土抵抗环境水及其携带的有害物质渗入的能力。混凝土密实度愈高，不仅强度高，而且抗渗透性强，其耐久性也愈高；在相同密实度条件下，混凝土内孔隙的孔径小且为封闭而分散时，其耐久性较高。

因此，可采取以下主要措施，使混凝土获得预期的耐久性。

1. 合理选择原材料

(1) 选择合适的水泥品种　根据混凝土及其结构的服役环境类别和环境作用等级，选择合适的水泥品种(参见第 2 章)。例如,化学侵蚀环境且环境作用等级较高时,可选用抗硫酸盐水泥或硫铝酸盐水泥等。

(2) 掺入矿物掺合料　用矿物掺合料取代部分水泥,除前述的三个作用效应(见第 2 章)外,还有稀释作用,如减少混凝土胶凝材料中水泥熟料矿物含量和水泥石中羟钙石含量。这几种效应的综合结果是,改变水泥石中水化物相组成,改善混凝土的界面区结构和孔结构,降低混凝土的绝热温升,减小收缩变形等。从而,可显著提高混凝土抗化学侵蚀性、抗渗性、抗氯离子渗透性和抗冻性,降低混凝土的碱—骨料反应潜在性,但对抗碳化性略有不利影响。

(3) 选择没有碱活性的骨料　试验证明,水泥碱含量一定时,碱—骨料反应引起的膨胀随骨料中活性硅碱含量升高而增加,但超过一定量后,膨胀减小,如图 3.32 所示。使膨胀达到最大的活性硅含量与水泥用量和水泥含碱量有关,因此,采用没有碱活性的骨料,限制水泥和混凝土中碱含量分别小于水泥质量的 0.6% 和 3.0 kg/m³,可抑制或杜绝碱—骨料反应发生。

2. 选用外加剂

选用减水剂可降低单位用水量,改善混凝土和易性,有利于浇注后混凝土的密实;选用引气剂,引入一定量微小气泡,不但减少混凝土的离析泌水现象,而且提高抗渗性和抗冻性;选用缓凝剂,可降低混凝土绝热温升,减少收缩裂缝。从而,显著减小混凝土的孔隙率,改善孔结构。因此,添加化学外加剂是提高混凝土耐久性的有效措施。如图 3.33 所示,添加引气剂在混凝土中引入 3%~6% 的孔径为 200 μm 的封闭气孔,可显著提高混凝土抗冻性。其机理是,引入的封闭气孔不含水,可消纳毛细孔中水结冰时体积膨胀,避免破坏性内应力的产生。

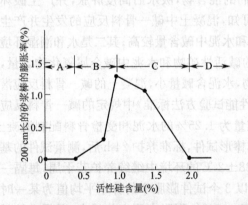

图 3.32　活性硅对因碱骨料反应引起的砂浆棒膨胀的影响
(W/C=0.53, A/C=3.75, Na_2O=4.4 kg/m³)

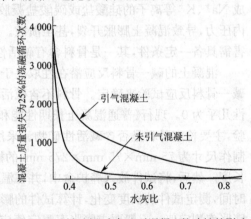

图 3.33　引气剂和水灰比对混凝土抗冻性的影响

3. 选择较小水胶比和合适胶凝材料用量

选用较小的水胶比,可减少毛细孔隙率,还可减少混凝土拌合物因离析泌水现象所形成的各种渗水通道,显著提高抗渗性和耐久性。为保证混凝土具有足够的密实度,并使钢筋与混凝土黏结牢固,混凝土中胶凝材料浆量不宜太少。因此,为保证混凝土结构耐久性,针对不同环境类别和环境作用等级,现行《混凝土结构设计规范》(GB 50010—2010)和《普通混凝土配合比设计规程》(JGJ 55—2011)规定,混凝土的最大水胶比和最小胶凝材料用量应符合表 3.18 的规定。同学们还可阅读现行《混凝土结构耐久性设计规范》(GB 50476—2008)的规定。

表 3.18 混凝土的最大水胶比和最小胶凝材料用量

环境等级	环境类别	最大水胶比	最小水泥用量(kg)		
			素混凝土	钢筋混凝土	预应力混凝土
一	干燥、无侵蚀性水浸没	0.60	250	280	300
二 a	潮湿、无冻害环境； 无冻害且与无侵蚀性水或土接触环境； 严寒和寒冷地区冰冻线以下与无侵蚀性水或土直接接触环境	0.55	285	300	
二 b	干湿交替环境；水位频繁变动环境； 严寒和寒冷地区的露天环境； 严寒和寒冷地区冰冻线以上与无侵蚀性水或土直接接触环境	0.50	320		
三 a	受除冰盐影响环境；海风环境； 严寒和寒冷地区冬季水位变动区环境	0.45	330		
三 b	盐渍土环境；海岸环境； 受除冰盐作用环境	0.40	330		

注：本表选自《混凝土结构设计规范》(GB 50010—2010)；配制 C15 级及其以下等级的混凝土，可不受本表限制。

4. 改善施工方法，提高施工质量

混凝土施工时，应做到搅拌均匀，灌注饱满，振捣密实和加强养护。为排除混凝土中的多余水分，还可采用真空作业法，以提高表层混凝土的密实度，从而进一步提高其耐久性。

3.8 混凝土配合比设计

3.8.1 配合比设计的原理

1. 混凝土配合比及其设计的定义

混凝土配合比是指混凝土拌合物中各组分材料用量间的比例，其表示方法有：其一，以 1 m³ 混凝土所用各组分材料用量表示，例如，某混凝土配合比为：水泥 300 kg/m³、水 180 kg/m³、中砂 720 kg/m³、碎石 1 200 kg/m³；其二，以混凝土中各组分材料的质量比表示，并以水泥质量为 1，例如，将上例换算成各组分材料的质量比为水泥∶水∶中砂∶碎石＝1∶0.60∶2.4∶4.0。

混凝土配合比设计是根据工程设计与功能要求、原材料的品种与技术性能、施工条件等，确定满足混凝土拌合物和易性和硬化混凝土的强度等级、耐久性能等级以及工程全寿命成本要求的混凝土中各组分材料的用量(kg/m³)。

2. 混凝土配合比设计原理

混凝土配合比设计的基本原理是，混凝土拌合物和易性、硬化混凝土的强度、耐久性能等级与各组分材料的特性、用量间的关系和定义公式，包括如下 5 个基本关系或公式。

①鲍罗米公式：混凝土抗压强度与水胶比、粗骨料品种、胶凝材料强度的数学关系；
②恒定用水量法则：单位用水量与混凝土拌合物和易性、骨料品种和最大粒径的关系；
③水胶比定义式：水胶比等于用水量与胶凝材料(水泥＋矿物掺合料)用量的质量比；
④砂率定义式：砂率等于砂用量与骨料总量的质量比；
⑤质量或体积守恒定则：1 m³ 混凝土的总质量等于各组分材料单位用量的质量之和，或混

凝土表观体积等于所用各组分材料和搅拌中引入气泡的体积之和。

根据混凝土拌合物坍落度的预期值、混凝土强度等级、所选水泥品种与强度等级、骨料的品种与性质以及矿物掺合料的种类，通过前三个基本关系，可分别确定水胶比、单位用水量和胶凝材料用量。再与满足混凝土耐久性能等级要求的最大水胶比和最小胶凝材料用量对比，确定水胶比和胶凝材料用量。根据后两个基本关系，确定砂、石骨料用量。

3.8.2 配合比设计的方法

采用半经验确定和试验验证相结合的方法，依据现行《普通混凝土配合比设计规程》进行混凝土配合比设计，设计步骤包括：

①根据已知的设计参数和所选组分材料的特性，由上述5个基本关系得出"计算配合比"，即各组分材料单位用量的计算值；

②根据"计算配合比"，进行试验室试拌、测试和调整，得出满足混凝土拌合物和易性要求的"试拌配合比"，即各组分材料单位用量的基准值；

③根据"试拌配合比"进行试配，经混凝土强度和耐久性检验，确定"设计配合比"，即各组分材料单位用量的确定值；

④根据施工现场所用骨料的含水率，将设计配合比换算为"施工配合比"，即施工时各组分材料单位用量的实际值。

1. 确定计算配合比

确定计算配合比的主要依据是施工要求的混凝土拌合物和易性、设计强度等级及其保证率和使用环境所要求的耐久性能等级。具体方法如下：

(1) 水胶比确定方法　先根据混凝土设计强度等级，结合施工水平和强度保证率，确定混凝土配制强度；再由鲍罗米公式，计算满足设计强度等级的水胶比；将其与满足耐久性能等级要求的最大水胶比对比，取两者中的最小值为初始水胶比。

①计算混凝土配制强度　为保证拌制的混凝土强度达到混凝土设计强度等级 $f_{cu,k}$，配制强度 $f_{cu,0}$ 应大于 $f_{cu,k}$，两者之差与生产单位的混凝土质量控制水平有关。如前所述，混凝土强度测试值满足正态分布，以混凝土配制强度（$f_{cu,0}$）取正态分布曲线的平均值，则混凝土配制强度与强度等级的关系如图3.34所示，即：

$$f_{cu,0} = f_{cu,k} + t\sigma \qquad (3.23)$$

式中　$f_{cu,0}$——混凝土配制强度，MPa；
　　　$f_{cu,k}$——混凝土设计强度等级值，MPa；
　　　σ——混凝土强度标准差，MPa；
　　　t——强度保证率系数，它与强度保证率的关系见表3.19。

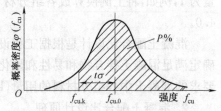

图3.34　配制强度与强度等级的关系

当混凝土设计强度等级小于C60时，强度保证率应为95%，配制强度按式(3.23)计算：

$$f_{cu,0} = f_{cu,k} + 1.645\sigma \qquad (3.23)$$

表3.19　强度保证率与保证率系数的关系

保证率 $P(\%)$	50	75	80	84	85	90	95	97.7	98	99
t	0	0.674	0.84	1.00	1.04	1.28	1.645	2.00	2.05	2.32

当混凝土设计强度等级不小于C60时,配制强度按公式(3.24)计算:

$$f_{cu,0} \geqslant 1.15 f_{cu,k} \qquad (3.24)$$

由公式(3.23)可知,配制强度与混凝土强度标准差有关,因为强度标准差反映了生产企业的混凝土质量控制水平。强度标准差越小,企业的混凝土质量控制水平越高,配制强度越低。因此,《普通混凝土配合比设计规程》规定,当具有近1~3个月的同一品种、同一强度等级混凝土的强度资料,且试件组数不小于30时,混凝土强度标准差应按公式(3.14)计算。但应遵循两条规定:

a. 对于强度等级不大于C30时,混凝土强度标准差应不小于3.0 MPa;

b. 对于强度等级大于C30且小于C60时,混凝土强度标准差应不小于4.0 MPa。

当没有近期的同一品种、同一强度等级混凝土强度资料时,其强度标准差按表3.20取值。

表3.20 标准差 σ 取值

混凝土强度等级	≤C20	C25~C45	C50~C55
标准差 σ/MPa	4.0	5.0	6.0

②计算水胶比 当混凝土强度等级小于C60时,水胶比按公式(3.25)计算:

$$W/B = \frac{\alpha_a f_b}{f_{cu,0} + \alpha_a \cdot \alpha_b \cdot f_b} \qquad (3.25)$$

式中 W/B——混凝土水胶比;

f_b——胶凝材料28 d胶砂抗压强度,可取实测值,也可按公式(3.26)计算;

α_a、α_b——与粗骨料种类有关的回归系数,对于碎石,分别取0.53和0.20;对于卵石,分别取0.49和0.13。

表3.21 粉煤灰影响系数(γ_f)和粒化高炉矿渣粉影响系数(γ_s)

掺量(%)	影响系数 γ_f	γ_s
0	1.00	1.00
10	0.85~0.95	1.00
20	0.75~0.85	0.95~1.00
30	0.65~0.75	0.90~1.00
40	0.55~0.65	0.80~0.90
50	—	0.70~0.85

注:①采用Ⅰ级、Ⅱ级粉煤灰宜取上限;
②采用S75级粒化高炉矿渣宜取下限值,S95级粒化高炉矿渣宜取上限值,S105级粒化高炉矿渣可取上限值加0.05;
③当超出表中掺量时,粉煤灰和粒化高炉矿渣粉影响系数应经试验确定。

当胶凝材料28 d胶砂抗压强度无实测值时,可按公式(3.26)计算:

$$f_b = \gamma_f \gamma_s f_{ce} \qquad (3.26)$$

式中 γ_f、γ_s——分别是粉煤灰影响系数和粒化高炉矿渣影响系数,可按表3.21取值;

f_{ce}——水泥28 d胶砂抗压强度,可取实测值,无实测值时,可按公式(3.27)计算:

$$f_{ce} = \gamma_c f_{ce,g} \qquad (3.27)$$

式中 $f_{ce,g}$——水泥强度等级值,MPa;

γ_c——水泥强度等级富余系数,可按实际统计资料确定;缺乏实际统计资料时,对于强度等级为 32.5、42.5 和 52.5 的各种硅酸盐水泥,γ_c 分别取 1.12、1.16 和 1.10。

③校核水胶比 将由公式(3.25)计算的水胶比和表 3.18 中规定的满足混凝土耐久性能要求的最大水胶比相比较,选取两者中的最小值作为初始水胶比。

2)确定单位用水量和外加剂用量 当水胶比为 0.40~0.80 时,根据混凝土拌合物的坍落度或维勃稠度的预期值、粗骨料的品种和最大粒径,查表 3.13,选取单位用水量的初始值 m'_{w0}。当混凝土水胶比小于 0.40 时,可通过试验确定。

当坍落度大于 90 mm 时,在表 3.13 中 90 mm 坍落度对应单位用水量的基础上,每增加 20 mm 坍落度,相应增加 5 kg/m³ 用水量;当坍落度为 180 mm 以上时,随坍落度相应增加的用水量可减少;若掺加可减少单位用水量的外加剂,用水量 m_{w0}(kg/m³)按公式(3.28)计算:

$$m_{w0} = m'_{w0}(1-\beta) \tag{3.28}$$

式中 β——外加剂的减水率,应经混凝土试验确定。

每立方米混凝土中外加剂用量,按公式(3.29)计算:

$$m_{a0} = m_{b0} \cdot \beta_a \tag{3.29}$$

式中 m_{a0}——混凝土中减水剂用量,kg/m³;

m_{b0}——混凝土中胶凝材料用量,kg/m³;

β_a——外加剂掺量(占水泥质量的百分数,%),应经混凝土试验确定。

(3)确定胶凝材料、矿物掺合料和水泥用量

根据用水量 m_{w0}(kg/m³)和水胶比(B/W),按公式(3.30)计算胶凝材料用量 m_{b0}(kg/m³):

$$m_{b0} = \frac{B}{W} \times m_{w0} \tag{3.30}$$

胶凝材料用量为矿物掺合料用量 m_{f0}(kg/m³)和水泥用量 m_{c0}(kg/m³)之和:

$$m_{b0} = m_{f0} + m_{c0} = m_{b0}\beta_f + m_{c0} \tag{3.31}$$

式中 β_f——矿物掺合料掺量(占胶凝材料质量的百分数,%),应经混凝土试验确定,但其最大掺量应符合表 3.22 的规定。

表 3.22 钢筋混凝土和预应力混凝土中矿物掺合料最大掺量(%)

矿物掺合料种类	水胶比	钢筋混凝土		预应力混凝土	
		硅酸盐水泥	普通硅酸盐水泥	硅酸盐水泥	普通硅酸盐水泥
粉煤灰	≤0.40	45	35	35	30
	>0.40	40	30	25	20
粒化高炉矿渣粉	≤0.40	65	55	55	45
	>0.40	55	45	45	35
硅灰	—	10	10	10	10
复合掺合料	≤0.40	65	55	55	45
	>0.40	55	45	45	35

注:①采用其他通用硅酸盐水泥时,宜将水泥混合材掺量 20% 以上的混合材量计入矿物掺合料;
②复合矿物掺合料各组分的掺量不宜超过单掺时的最大掺量;
③在混合使用两种或两种以上矿物掺合料时,矿物掺合料总掺量应符合表中复合掺合料的规定。

第3章 混 凝 土

将由公式(3.30)计算得出的胶凝材料用量 m_{b0} 和 3-18 规定的满足混凝土耐久性能要求的最小胶凝材料用量比较,确定两者中的最大值为胶凝材料用量计算值 m_{b0}。

(4)选择合理砂率 为使混凝土拌合物具有良好的和易性,混凝土中砂子颗粒的堆积体积宜略大于石子颗粒堆积体的空隙率,以填充并拨开石子颗粒,使石子颗粒不相互接触。因此,可基于此原理,由砂、石颗粒的密度、堆积密度和砂子颗粒拨开系数计算砂率,但拨开系数需经繁复的试验来确定。所以,现行《普通混凝土配合比设计规程》规定:应根据骨料的技术指标、混凝土拌合物性能和施工要求,参考既有历史资料确定砂率 β_s;若无砂率的历史资料时,应按以下原则确定砂率:

坍落度小于 10 mm 的混凝土,其砂率应经试验确定;

坍落度为 10~60 mm 的混凝土,其砂率可根据水胶比、粗骨料的品种和最大粒径按表 3.23 选取砂率的计算值;

坍落度大于 60 mm 的混凝土,其砂浆可经试验确定,也可在表 3.23 的基础上,按坍落度每增加 20 mm、砂率最大 1% 的幅度予以调整。

表 3.23 混凝土砂率选用表(%)

水灰比	卵石最大粒径(mm)			碎石最大粒径(mm)		
	10.0	20.0	40.0	16.0	20.0	40.0
0.40	26~32	25~31	24~30	30~35	29~34	27~32
0.50	30~35	29~34	28~33	33~38	32~37	30~35
0.60	33~38	32~37	31~36	36~41	35~40	33~38
0.70	36~41	35~40	34~39	39~44	38~43	35~41

注:①摘自现行行标《普通混凝土配合比设计规程》(JGJ 55—2011);
②本表数值系中砂的选用砂率,对细砂或粗砂,可相应地减少或增大砂率;
③只有一个单粒级粗骨料或采用人工砂配制混凝土时,砂率应适当增大。

(5)确定粗、细骨料用量 常用的确定方法有质量法和体积法。

①采用质量法计算时,由公式(3.32)和公式(3.33),计算粗、细骨料用量:

$$m_{s0}+m_{g0}+m_{c0}+m_{b0}+m_{w0}=m_{cp} \tag{3.32}$$

$$\beta_s=\frac{m_{s0}}{m_{s0}+m_{g0}} \tag{3.33}$$

式中 β_s——砂率,%;

m_{cp}——每立方米混凝土拌合物的假定质量(kg),可取 2 350~2 450 kg/m³;

m_{s0}——每立方米混凝土拌合物中细骨料用量,kg/m³;

m_{g0}——每立方米混凝土拌合物中粗骨料用量,kg/m³。

②采用体积法计算时,由公式(3.33)和公式(3.34),计算粗、细骨料用量:

$$\frac{m_{s0}}{\rho_s}+\frac{m_{g0}}{\rho_g}+\frac{m_{c0}}{\rho_c}+\frac{m_{f0}}{\rho_f}+\frac{m_{w0}}{\rho_w}+0.01\alpha=1 \tag{3.34}$$

式中 ρ_c,ρ_w——水泥和水的密度,水泥密度可实测或取 3 100 kg/m³,水的密度为 1 000 kg/m³;

ρ_g,ρ_s,ρ_f——粗、细骨料和矿物掺合料的密度(kg/m³),按相关现行标准测定。

α——混凝土拌合物中含气量(%),在不使用引气剂或引气型外加剂时,α 可取 1。

至此,通过上述计算步骤,确定了 1 m³ 混凝土拌合物中水泥、矿物掺合料、水和粗、细骨料用量(kg/m³),即计算配合比,可表示为 $m_{c0}:m_{f0}:m_{w0}:m_{s0}:m_{g0}$。

【例3-1】某现浇钢筋混凝土柱,钢筋最小间距为40 mm,混凝土设计强度等级为C30,施工要求坍落度为55~70 mm,服役环境为无冻害露天环境。施工单位无该种混凝土的历史资料,该混凝土施工子项采用统计法评定。所用原材料的品种和性能如下。

①水泥:P·O42.5级普通硅酸盐水泥,28 d胶砂抗压强度为46.0 MPa,密度$\rho_c=3.1$ g/cm³;

②粉煤灰:Ⅱ级粉煤灰,常规检验指标符合《用于水泥和混凝土中的粉煤灰》(GB/T 1596—2005)的要求,密度$\rho_c=2.32$ g/cm³;根据施工和设计对混凝土性能的要求,胶凝材料中粉煤灰掺量$\beta_f=20\%$;

③砂:级配合格,细度模数$M_x=2.7$,中砂,表观密度$\rho_s=2.65$ g/cm³,堆积密度$\rho'_s=1\,450$ kg/m³;

④石子:5~20 mm碎石,表观密度$\rho_g=2.72$ g/cm³,堆积密度$\rho'_g=1\,500$ kg/m³。

试求:该混凝土的计算配合比。

【解】(1)计算配制强度 因混凝土强度等级为C30,查表3.20,取强度标准差$\sigma=5.0$ MPa,由公式(3.23)计算配制强度$f_{cu,0}$,得:

$$f_{cu,0}=f_{cu,k}+1.645\sigma=30+1.645\times5.0=38.2\text{ MPa}$$

(2)计算胶凝材料强度 查表3.21,取$\gamma_f=0.80$,由式(3.26)计算,得:

$$f_b=\gamma_f\cdot f_{ce}=0.80\times46.0=34.4\text{ MPa}$$

(3)计算水胶比 对于碎石,$\alpha_a=0.53$,$\alpha_b=0.20$,由公式(3.25)计算,得:

$$\frac{W}{B}=\frac{\alpha_a\cdot f_b}{f_{cu,0}+\alpha_a\cdot\alpha_b\cdot f_b}=\frac{0.53\times34.4}{38.2+0.53\times0.20\times34.4}=0.44$$

查表3.18,无冻害露天环境,最大水胶比为0.60,因此,确定水胶比为0.44。

(4)确定单位用水量(m_{w0}) 根据混凝土拌合物坍落度为55~70 mm,中砂,碎石最大粒径$D_{max}=20$(mm),查表3.13,确定单位用水量为205 kg/m³。

(5)计算水泥用量(m_{c0})和粉煤灰用量(m_{f0})由0.44的水胶比和205 kg的用水量,得:

胶凝材料用量:$m_{b0}=m_{w0}\cdot B/W=205/0.44=466$ kg/m³

水泥用量:$m_{c0}=m_{b0}\times(1-\beta_f)=466\times(1-20\%)=373$ kg/m³

粉煤灰用量:$m_{f,0}=m_{b,0}\times\beta_f=466\times20\%=93$ kg/m³

(6)确定砂率 由水胶比和碎石最大粒径查表3.23,砂率为31%~36%,取34%;

(7)计算粗、细骨料用量(m_{s0}、m_{g0})

①采用体积法计算,假定$m_{cp}=2\,400$ kg/m³,联立公式(3.33)和式(3.34),得:

$$\beta_s=\frac{m_{s,0}}{m_{s,0}+m_{g,0}}=0.34\quad\text{或}\quad m_{s,0}=0.34\times(m_{s,0}+m_{g,0})$$

$$373+93+205+m_{s0}+m_{g0}=2\,400\text{ kg/m}^3$$

解方程组得:$m_{s0}=588$ kg/m³,$m_{g0}=1\,141$ kg/m³。

因此,该混凝土的初始配合比为:1 m³混凝土的材料用量:水泥373 kg,粉煤灰93 kg,水205 kg,砂588 kg,石子1 141 kg,或$m_{c0}:m_{f0}:m_{w0}:m_{s0}:m_{g0}=1:0.25:0.44:1.58:3.06$。

②采用质量法计算,取$\alpha=1$,联立公式(3.32)和式(3.33),得:

$$\frac{373}{3\,100}+\frac{93}{2\,320}+\frac{205}{1\,000}+\frac{m_{s0}}{2\,650}+\frac{m_{g0}}{2\,720}+0.01\times1=1\text{ m}^3$$

$$m_{s0}=0.34\times(m_{s0}+m_{g0})$$

解方程组得:$m_{s0}=572 \text{ kg/m}^3$,$m_{g0}=1\ 111 \text{ kg/m}^3$。

因此,该混凝土的计算配合比为,1 m³混凝土的材料用量:水泥 373 kg,粉煤灰 93 kg,水 205 kg,砂 572 kg,石子 1 111 kg,或 $m_{c0}:m_{f0}:m_{w0}:m_{s0}:m_{g0}=1:0.25:0.44:1.53:2.98$。

可以看到,两种不同的粗、细骨料用量计算方法,得到的初步配合比很相近。

2. 确定试拌配合比

计算配合比是基于上述 5 个基本关系和公式计算所得,如果直接用计算配合比拌制混凝土,其和易性不一定能满足工程施工要求。所以,需在计算配合比基础上进行试拌,保持计算水胶比不变,通过调整配合比其他参数使混凝土拌合物和易性满足预期值,得出试拌配合比。

(1)试拌与测试 按计算配合比试配约 20 L 混凝土,拌制后进行坍落度试验,测试试配的混凝土拌合物的坍落度,观察其黏聚性和保水性。

(2)调整砂率和胶凝材料浆用量 如果试配的混凝土拌合物坍落度小于预期值,则应保持水胶比不变,适当增加外加剂用量或胶凝材料浆量;如果黏聚性不好,泌水性或坍落度太大等,可适当增加砂用量;如果坍落度过大,则应保持砂率不变,适量增加粗、细骨料用量。

经过多次试拌和调整,直至混凝土拌合物和易性满足施工要求,再由调整后的各组分材料用量,得出混凝土试拌配合比。

【例 3-2】已知计算配合比为水泥 342 kg/m³,粉煤灰 85 kg/m³,水 175 kg/m³,砂 632 kg/m³,碎石 1 174 kg kg/m³,混凝土拌合物坍落度预期值为 55~70 mm,请确定试拌配合比。

【解】如表 3.22 所示,按由计算配合比得出的试拌 20L 混凝土的材料各组分材料用量称料,采用强制式搅拌机搅拌混凝土,搅拌均匀后,若测得混凝土拌合物的坍落度为 25 mm,保持计算水胶比不变,增加 10%的胶凝材料浆量,与原拌合物重新搅拌均匀;若第二次测得其坍落度为 45 mm,仍未达到预期值;再增加 10%的胶凝材料浆量,再与第二次的混凝土拌合物一起搅拌均匀后,若测得坍落度为 60 mm,达到预期值,测定混凝土拌合物表观密度为 2 382 kg/m³。

表 3.24 混凝土试拌调整记录

项目		材料用量(kg)						坍落度测试值 (mm)
		水泥	粉煤灰	水	砂	石	合计	
试拌 20l 混凝土		6.84	1.70	3.50	12.64	23.48	48.16	25
增加 10%的胶凝材料浆体		0.68	0.17	0.35	0	0	1.2	45
增加 10%的胶凝材料浆体		0.68	0.17	0.35	0	0	1.2	60
调整后	材料用量 (kg)	8.2	2.04	4.2	12.64	23.48	50.56	
	增加的绝对体积 (L)	0.44	0.14	0.70	0	0	1.28	
	拌合物表观密度 (kg/m³)	2 382						

根据表 3.24 的调整数据,确定试拌配合比中各组成材料用量(kg/m³)为:

水泥用量:$m_{c1}=\dfrac{8.2}{50.56}\times 2\ 382=386$

粉煤灰用量:$m_{f,1}=\dfrac{2.04}{50.56}\times 2\ 382=96$

水用量：$m_{w1} = \dfrac{4.2}{50.56} \times 2\,382 = 198$

砂用量：$m_{s1} = \dfrac{12.64}{50.56} \times 2\,382 = 600$

碎石用量：$m_{g1} = \dfrac{23.48}{50.56} \times 2\,382 = 1\,106$

因此，通过试配和调整后，得出混凝土的试拌配合比：水泥 386 kg/m³、粉煤灰 96 kg/m³、水 198 kg/m³、砂 600 kg/m³ 和石 1 106 kg/m³。

3. 确定设计配合比

试拌配合比只满足混凝土拌合物和易性要求，还需进行混凝土强度和耐久性试验，验证其满足设计强度等级和耐久性能等级要求，得出设计配合比。

在进行混凝土强度试验时，应采用 3 个不同的配合比：一个为试拌配合比；另两个水胶比为试拌配合比±5%，对应的砂率也是试拌配合比的砂率±1%，试拌配合比的单位用水量。

按 3 个配合比计算的各组分材料用量试拌混凝土，测量混凝土拌合物的和易性和表观密度，使其均符合设计和施工要求。然后，每个配合比制作一组试件，在标准条件下养护 28 d 后，测试试件的抗压强度。然后，绘制强度与胶水比的线性关系图或由插值法，确定略大于配制强度 $f_{cu,0}$ 对应的水胶比。再由以下步骤得出设计配合比：

①在试拌配合比基础上，调整单位用水量（m_{w2}）和外加剂用量（m_a）；
②根据确定的水胶比和调整后的单位用水量，计算胶凝材料用量（$m_{b2} = m_{c2} + m_{f2}$）；
③根据单位用水量和胶凝材料用量，确定粗、细骨料的用量（m_{s2} 和 m_{g2}）；
④计算混凝土表观密度（$\rho_{计}$），即：$\rho_{计} = m_{c2} + m_{f2} + m_{w2} + m_{s2} + m_{g2}$。
⑤将混凝土表观密度的实测值（$\rho_{实}$）与计算值（$\rho_{计}$）之比定义为混凝土配合比校正系数 δ。根据校正系数 δ 的大小，核定设计配合比：

a. 若 $|\rho_{计} - \rho_{实}| < 2\%\rho_{计}$ 时，则以上确定的各组分材料用量即为设计配合比；
b. 若 $|\rho_{计} - \rho_{实}| > 2\%\rho_{计}$ 时，将以上确定的各组分材料用量均乘以校正系数 δ，得出设计配合比。

再根据设计耐久性能等级，进行相关混凝土耐久性试验验证，才最终得出设计配合比。

4. 确定施工配合比

设计配合比是以细骨料含水率小于 0.5%、粗骨料含水率小于 0.2% 的干燥状态为基准确定的。实际生产混凝土时，如果所用粗、细骨料含水率分别大于 0.2% 和 0.5%，则应根据实测骨料含水率和设计配合比，确定施工配合比。如果粗、细骨料含水率分别为 a% 和 b%，设计配合比中的粗、细骨料和水的用量依次为 m_{g2}，m_{s2}，m_{c2}，则由公式（3.35）、（3.36）和（3.37）分别计算实际生产混凝土时的粗、细骨料和水的用量 m_s，m_g，m_w：

$$m_g = m_{g2}(1 + a\%) \tag{3.35}$$

$$m_s = m_{s2}(1 + b\%) \tag{3.36}$$

$$m_w = m_{w2} - m_{s2} \times a\% - m_{g2} \times b\% \tag{3.37}$$

根据施工现场实际用骨料的含水率，重新计算确定的施工配合比为 $m_{c2} : m_{f2} : m_w : m_s : m_g$。

【例 3-3】已知设计配合比确定的 1 m³ 混凝土的用料量为：水泥 386 kg/m³、粉煤灰 96 kg/m³、水 198 kg/m³、砂 600 kg/m³ 和石 1 106 kg/m³。如果工地实测碎石和河砂的含水率分别为 3% 和 1%，试确定施工配合比。

【解】 施工配合比可计算如下：

由公式(3.35)计算碎石用量(m_g)为：$m_g = 1\ 106 \times (1+0.01) = 1\ 107.1$ kg；

由公式(3.36)计算河砂用量(m_s)为：$m_s = 600 \times (1+0.03) = 618$ kg；

由公式(3.37)计算水用量(m_w)为：$m_w = 198 - 618 \times 0.03 - 1\ 107 \times 0.01 = 168.4$ kg

由此得到施工配合比为：1 m³混凝土中各组成材料用量为水泥 386 kg/m³、粉煤灰 96 kg/m³、水 168.4 kg/m³、砂 618 kg/m³ 和石 117.1 kg/m³。

综上所述，混凝土配合比设计是一个由计算、试验、调整等三步骤反复数次的确定过程，每一步均必须认真仔细，才能确定满足工程设计和施工要求的施工配合比，此过程中应严格遵守现行标准和规范。如有差错，将有可能带来不可预估的重大损失或质量安全事故。

3.9 混凝土质量控制

3.9.1 混凝土质量的影响因素

混凝土质量主要受以下因素的影响：

①原材料组成与性质的波动，常见的有骨料的粒形、含水率、含泥量等；

②拌制时，各组分材料计量误差引起的混凝土实际配合比误差；

③混凝土拌合物运输、浇筑工艺和养护条件与方式等因素对硬化混凝土性能的影响；

④试件尺寸与几何外形和试件制作、性能测试等操作误差对混凝土性能测试值的影响。

所以，混凝土生产与施工过程中，混凝土质量控制或对一个构筑物或构件进行质量评定时，需要多次取样成型试件，以其性能测试值来了解混凝土质量波动情况。实践证明，用数理统计方法分析混凝土试件强度测试值，用统计参数表征混凝土质量的变异程度，并由此来评定混凝土质量是否满足设计要求，是一个比较合理而有效的方法，详见 3.6.5 节。

3.9.2 混凝土质量控制

基于上述混凝土质量影响因素，应从以下几方面，按照现行《混凝土质量控制标准》(GB 50164—2011)控制混凝土质量。

1. 原材料质量控制

应根据设计、施工要求以及工程所处环境，选用水泥品种和强度等级；根据混凝土性能要求，选用外加剂和矿物掺合料品种，所选外加剂应与胶凝材料具有良好适应性。

2. 混凝土性能的要求

混凝土的各项性能应满足设计和施工要求，并应按照现行标准进行实时检验。混凝土拌合物应具有良好和易性，并不得离析或泌水，检测和控制其坍落度经时损失、水溶性氯离子含量和含气量；检测混凝土的强度和耐久性，其强度等级、耐久性能等级应符合设计等级要求。

3. 配合比控制

混凝土配合比设计应符合现行《普通混凝土配合比设计规程》的有关规定。生产所用原材料应与配合比设计一致；混凝土配合比应满足混凝土施工要求；强度及其他力学和耐久性能应符合设计要求。

4. 生产控制水平

混凝土工程宜采用商业化生产的预拌混凝土。混凝土生产控制水平可按强度标准差和实测强度达到强度标准值组数的百分率 P 表征，P 值按公式(3.38)计算，不应小于95%。

$$P=\frac{n_0}{n} \tag{3.38}$$

式中 P——统计周期内实测强度达到强度标准值组数的百分率,%;

n——统计周期内相同强度等级混凝土的试件组数,其值不应小于30;

n_0——统计周期内相同强度等级混凝土达到强度标准值的试件组数。

5. 生产与施工质量控制

混凝土原材料进场时,供方应按规定批次向需方提供质量证明文件;应按照现行标准规定的性能指标和试验方法,对各种原材料进行进场检验,杜绝不合格的原材料进场。各种原材料应防雨防潮;原材料应采用电子计量设备,其计量精度符合现行《混凝土搅拌站》(GB/T 10171—2016)的规定;混凝土宜采用强制式搅拌机拌制;运输过程中,应控制混凝土拌合物不离析、不分层;混凝土浇筑时应振捣密实;严禁在混凝土拌合物运输和浇筑过程中加水!采用合适方法进行良好养护。

6. 采用预拌混凝土

工程施工中,为确保混凝土工程质量,应采用预拌混凝土。预拌混凝土又称商品混凝土,系指由水泥、骨料、水以及根据需要掺入的外加剂和掺合料等组分按一定比例,在集中搅拌站(厂)经计量,拌制后出售的,并采用运输车在规定时间内运至施工地点的混凝土拌合物。

现行国标《预拌混凝土》(GB/T 14902—2012)将预拌混凝土分为通用品(A)和特制品(B)两类。通用品系指强度等级不超过C40,坍落度不大于150 mm,粗骨料最大粒径不大于40 mm,并无特殊要求的预拌混凝土。特制品系指超出通用品规定范围或有特殊要求的预拌混凝土。

预拌混凝土生产将分散的小生产方式的混凝土生产变成集中的专业化混凝土生产系统,以商品形式向用户供应混凝土,给混凝土工程施工带来一些根本性的变革,有利于混凝土质量控制。例如,预拌混凝土强度变异系数一般为0.07~0.15,远低于现场搅拌混凝土强度的变异系数(0.27~0.32)。同时,减少污染,改善施工现场面貌,同时节约原材料用量;有利于新技术的推广,如散装水泥、外加剂、矿物掺合料等;提高设备利用率,降低生产能耗。

通过上述几方面的控制,确保混凝土质量和工程施工质量。

3.10 高强高性能混凝土

土木工程技术的进步和社会经济发展,对混凝土材料及其技术提出了新要求,例如:
①现代工程结构的大跨、高耸和承受重荷载等,要求混凝土具有更高的强度和刚度;
②机械化、自动化的工程施工,要求混凝土拌合物具有优良的施工性能;
③人类生活和生产区域向一些严酷环境拓展,要求混凝土在此类环境中具有高耐久性;
④生态环境保护,要求混凝土生产中更加节能、节约资源和减少环境污染。

为此,混凝土材料必须尽量减少水泥用量,更多地利用各种工业废料;必须进一步改善和提高混凝土的各项性能。本节主要介绍高强和高性能混凝土的组成、配制技术及其特性。

3.10.1 高强混凝土

1. 高强混凝土的定义与特点

高强混凝土是指强度等级达到或超过C60的混凝土。高强混凝土具有抗压强度高、抗变形能力强、孔隙率低的特点,此外,早期强度、弹性模量、抗渗性、抗冻性和抗碳化性能等也有显著改善和提高,徐变值也相应减小。但高强混凝土的拉压比更小,约为 1/16~1/20;延性小,脆性较大,因环境因素影响而容易产生微裂缝。并且,混凝土强度愈高,材质脆,延性愈小。

高强混凝土在大跨度和高耸建筑结构等工程中应用具有显著优越性,高强混凝土材料为预应力技术提供了有利条件,采用高强度钢材和人为控制预应力,可显著提高受弯构件的抗弯刚度和抗裂度。因此世界范围内越来越多地采用预应力高强混凝土结构,应用于大跨度房屋和桥梁中。试验表明,经合适的结构设计,高强混凝土框架柱具有较好的抗震性能,混凝土强度提高,构件截面尺寸较小,自重减轻,更有利于结构抗震。利用高强混凝土密度大的特点,可用于建造承受冲击和爆炸荷载的建(构)筑物,如原子能反应堆基础等。利用高强混凝土抗渗性能强的特点,建造具有高抗渗和高抗腐要求的构筑物等。

2. 混凝土高强化的技术途径与原理

混凝土高强化的主要技术途径有:胶凝材料高强化;骨料的强度、粒形与级配的优化;混凝土界面区强化;孔隙率降低等。这些技术途径可通过合理选择原材料、合理选择混凝土配合比设计参数及合理的生产与施工工艺等技术措施来实现,其技术原理是:

(1)根据鲍罗米公式,高强混凝土应选择低水胶比、较高强度等级的水泥和优质矿物掺合料。

(2)适当增加胶凝材料浆与骨料体积之比,有利于提高混凝土强度和密实性。但水泥用量太大,会因较大水化热而增加开裂风险,对混凝土强度有不利影响。此外,水泥用量较多还会使混凝土产生较大的收缩和徐变变形。因此,在适当胶凝材料用量时,掺入优质矿物掺合料,不但减少水泥用量,降低水化热,改善水化物组成与微结构;而且强化混凝土界面区,减小孔隙率,细化孔径,有利于提高混凝土强度和密实性。

(3)比表面积较小的坚硬骨料有利于提高混凝土的强度、弹性模量和密实性,骨料中杂质和有害物质含量低,有利于减小低水胶比混凝土拌合物坍落度损失和提高硬化混凝土各项性能。

(4)在一定范围内,砂率对混凝土强度的影响较小,但对混凝土拌合物和易性及硬化混凝土的弹性模量的影响较大,因此,合理砂率可使高强混凝土获得优良性能。

(5)采用高性能减水剂,可使低水胶比混凝土拌合物获得良好和易性。

3. 原材料的基本要求

高强混凝土对原材料品种和性质提出了如下具体要求:

(1)水泥　应选用硅酸盐水泥或普通硅酸盐水泥,其强度等级不宜低于 42.5 级。

(2)细骨料　宜采用偏粗的中砂,其细度模数宜为 2.6~3.0,含泥量不应大于 2%,泥块含量不应大于 0.2%。对于强度等级不低于 C70 的混凝土,含泥量不应超过 1.0%,且没有泥块。

(3)粗骨料　宜采用连续级配,最大公称粒径不宜大于 25.0 mm;针状与片状颗粒含量不宜大于 5.0%,含泥量不应大于 0.5%,泥块含量不应大于 0.2%。

(4)外加剂　宜选用坍落度损失小的非引气型高性能减水剂,其减水率不小于 25%。

(5)矿物掺合料　宜复合掺用磨细粒化高炉矿渣粉、磨细粉煤灰和硅灰等优质矿物掺合料;粉煤灰等级不应低于Ⅱ级;强度等级不低于 C80 的高强混凝土宜掺用硅灰。

4. 配合比设计

高强混凝土配合比应经试验确定,缺乏试验依据时,其配合比设计宜符合下列规定:

(1)水胶比、胶凝材料用量和砂率可按表 3.25 选取,并应经试配确定;

(2) 水泥用量不宜大于 500 kg/m³;

(3) 外加剂和矿物掺合料的品种、掺量,应通过试配确定;矿物掺合料掺量宜为胶凝材料用量的 25%～40%;硅灰掺量不宜大于 10%。

基于上述基本原则,可依据表 3.25 并经计算和适当调整,确定高强混凝土的试拌配合比。然后,须通过试配来确定高强混凝土的设计配合比。在试配过程中,应采用三个不同的配合比进行混凝土试验,其中一个为试拌配合比,另外两个配合比的水胶比,宜比试拌配合比分别增加或减小 0.02。通过试配、测试与调整,确定高强混凝土的设计配合比。确定后,还应采用设计配合比进行不小于 3 盘混凝土拌合物的重复试验,每盘混凝土拌合物应至少成型一组试件(宜为标准尺寸试件),测试其强度;每组混凝土的抗压强度不应低于高强混凝土的配制强度。

表 3.25　水胶比、胶凝材料用量和砂率

强度等级	水胶比	胶凝材料用量(kg/m³)	砂率(%)
≥C60,<C80	0.28～0.34	480～560	
≥C80,<C100	0.26～0.28	520～580	35～42
C100	0.24～0.26	550～600	

5. 生产与施工工艺

(1) 搅拌和振捣　因水胶比较小,胶凝材料用量较大,因此,高强混凝土拌合物应采用卧轴强制式搅拌机拌制,以使混凝土拌合物在强剪切力作用下,充分混合均匀。因高强混凝土拌合物的稠度较大,夹入的气泡不易排除,因此,灌筑后应采用合适频率的振捣器具进行振动捣实,以获得设计强度等级的高强混凝土。

(2) 加压成型　在混凝土硬化前进行加压,可提高水泥石强度,从而使混凝土强度更高。

(3) 离心成型　成型时,利用离心力排出混凝土拌合物中的多余水分,降低水胶比,可进一步提高成型后混凝土的密实性和强度。

(4) 加强养护　高强混凝土对养护较敏感,应至少湿养护 14 d。水胶比越低,养护时间越长。

应该指出,在实际应用中往往采用几种措施综合并用,这样可以显著而合理地获得高强效果。此外,采用纤维增强,或用聚合物浸渍等方法,可改善高强混凝土的延性,降低脆性。

高强混凝土已是一项比较成熟的技术,并已在国内外土木工程中广泛应用。由于高强混凝土的性能对原材料性质、配合比参数以及施工与养护等因素更为敏感,因此,在高强混凝土的工程应用中,必须加强施工管理,确保工程质量。高强混凝土的相关应用技术可参考《高强混凝土结构设计与施工指南》(CECS104:99)。

3.10.2　高性能混凝土

1. 高性能混凝土的定义与特点

(1) 定义　1990 年 5 月,美国国家标准与技术研究院(NIST)与美国混凝土协会(ACI)主办的讨论会上,高性能混凝土(High Performance Concrete,简称 HPC)被定义为具有所要求的各项性能和匀质性的混凝土。这些性能包括:易于浇注、捣实而不离析;高超的、能长期保持的力学性能;早期强度高、韧性高和体积稳定性好;在恶劣的使用条件下寿命长。ACI 给予高性能混凝土的定义为:易于浇注捣实而不影响强度;长期性能好;早期强度高;韧性与体积稳定性好;在恶劣环境中长期强度好的混凝土。日本学者认为免振自密实混凝土就是高性能混凝

土。由此可见，混凝土的"高性能"内涵，包括新拌混凝土和硬化混凝土的各项性能。

(2) 特点 有人认为高强混凝土就是高性能混凝土，但高性能混凝土是否应高强，看法不一。实践表明，高强度不足以保证混凝土在服役中的长期耐久性能，有时还适得其反。因此，人们一致认同高耐久性是高性能混凝土应具有的显著特点，可以将高性能混凝土视为以耐久性能为基本指标并满足工业化预拌生产和机械化泵送施工、甚至能免振自密实的混凝土。

ACI委员会定义高性能混凝土的耐久性能是能抵抗气候作用、化学侵蚀以及其他方面的劣化作用。在大气环境的干湿、冷热和冻融循环的气候作用下，高性能混凝土应具有低收缩、低温度应变率、低徐变和高抗冻性，即尺寸与外观长期稳定；大多数化学侵蚀主要是水分及其携带的有害离子渗透引起的，因此，高性能混凝土应具有低渗透性，其微结构特征为孔隙率低且孔径小，连通毛细孔很少；其氯离子迁移系数小于$5×10^{-8}cm^2/s$或6 h电通量不大于500C的混凝土一般认为是不渗透的。所以，高性能混凝土的特点应为：满足设计强度等级和施工要求的流动性；体积稳定性好；渗透性低；服役环境中耐久性高。

2. 高性能混凝土的技术途径与原理

严格意义上来说，高性能混凝土并不是一个混凝土品种，而是根据工程所处环境和施工要求对混凝土性能与组成的一种优化设计，即混凝土高性能化。混凝土高性能化的技术途径有：

(1) 控制水胶比和水灰比 水胶比是高性能混凝土强度等级和抗渗性的决定性因素，而水灰比和养护是影响混凝土中水泥水化度的关键因素。如图3.35所示，假设混凝土中水泥水化度为100%，当水灰比>0.38时，水泥石中有水化物、凝胶水、毛细水和空隙；当水灰比<0.38时，水泥石中有未水化水泥颗粒存在；当水灰比=0.40时，水泥颗粒可完全水化。因此，高性能混凝土的水灰比应≤0.38，才具有高抗渗性和耐久性。实际应用中，若满足高性能混凝土强度等级的水灰比很低时，为尽量提高水泥水化度，则可用适量的矿物掺合料取代部分水泥，使低水胶比下的水灰比约为0.38。

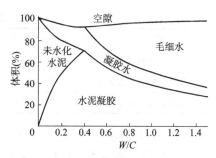

图3.35 水泥石组成与水灰比的关系

(2) 改善混凝土的界面区结构 混凝土界面区孔隙和定向排列的羟钙石、钙矾石晶体，是影响混凝土强度和耐久性的因素之一。因此，改善界面区结构是高性能混凝土的关键技术，掺入粒径远小于水泥颗粒的矿物掺合料，充分发挥其三大效应(见3.2.6节)，是改善界面区结构的重要途径，因而超细矿物掺合料是高性能混凝土不可或缺的组分。

(3) 改善混凝土中水泥石的孔结构 试验证明，水泥石中孔径≥100 nm的孔隙，对混凝土的强度、抗渗性和耐久性有害；孔径<100 nm的孔隙是无害的。因此，降低孔隙率并改善孔结构对高性能混凝土至关重要。选用高性能减水剂，减少单位用水量，降低水胶比，并掺加矿物掺合料，是改善水泥石孔结构的重要途径。因而高性能减水剂也是高性能混凝土的必要组分。

所以，高性能混凝土一般由水泥、矿物掺合料、粗细骨料、高性能减水剂和水等六种组分材料组成，在其配合比设计时，宜采用低水胶比、适当水泥用量、级配良好的骨料且最大公称粒径较小的粗骨料和中砂，矿物掺合料宜为磨细粒化高炉矿渣、磨细粉煤灰、沸石粉和硅灰等，以使高性能混凝土获得均匀且致密的微细观结构。

3. 高性能混凝土的拌制与养护

高性能混凝土宜采用强制式搅拌机搅拌和集中生产方式拌制，以利于混凝土匀质性和质量控制。高性能混凝土的水胶比较低，应采用保湿养护方式养护足够长时间，以便水泥充分水化,减小自干燥收缩和干燥收缩的发生。

如何低耗高效地实现混凝土材料的高性能化是混凝土材料科技领域一项长期的课题。

3.11 其他混凝土

为适应各类土木工程建设需要,在前述混凝土材料的基础上,通过改变骨料种类、改变胶凝材料组成、添加外加剂等,配制了多种具有特定性能、适应特殊用途的混凝土。本节介绍这些混凝土的组成、性能和配制方法等方面的特点和应用领域。

3.11.1 轻骨料混凝土

轻骨料混凝土是由轻骨料替代普通砂石骨料配制的混凝土。轻骨料混凝土有全轻和砂轻混凝土两种,用轻砂作细骨料和轻粗骨料配制的轻骨料混凝土为全轻混凝土;用普通砂或部分轻砂作细骨料和轻粗骨料配制而成的轻骨料混凝土为砂轻混凝土。轻骨料混凝土常以所用轻粗骨料的种类命名。如粉煤灰陶粒混凝土、黏土陶粒混凝土、页岩陶粒混凝土、自燃煤矸石混凝土、浮石混凝土、火山渣混凝土等。按其用途,轻骨料混凝土分为保温轻骨料混凝土、结构保温轻骨料混凝土和结构轻骨料混凝土三类,见表3.26。

表3.26 轻骨料混凝土按用途的分类

用 途	强度等级的合理范围	密度等级的合理范围	用 途
保温轻骨料混凝土	CL5.0	≤800	用于保温的围护结构或热工构筑物
结构保温轻骨料混凝土	CL5.0~CL15	800~1 400	用于既承重又保温的围护结构
结构轻骨料混凝土	CL15~CL60	1 400~1 900	用于承重构件或构筑物

1. 轻骨料的种类及技术性质

1)轻骨料的种类 堆积密度不大于1 200 kg/m³的粗、细骨料称为轻骨料,其中,颗粒粒径>4.75 mm为轻粗骨料;颗粒粒径≤4.75 mm为轻细骨料,也称轻砂。堆积密度不大于500 kg/m³的轻粗骨料为超轻骨料,主要用于保温或结构保温轻骨料混凝土。按形成方式,轻骨料分为:

①人造轻骨料 采用无机材料经人工造粒、高温煅烧制成的轻骨料,如陶粒、轻砂等。

②天然轻骨料 由火山爆发形成的多孔岩石经破碎、筛分制成的轻骨料,如浮石、火山渣等。

③工业废料轻骨料 由工业副产品或固体废弃物经破碎、筛分制成的轻骨料,如煤渣等。

(2)轻骨料的技术性质 按现行国标《轻集料及其试验方法第1部分:轻集料》(GB/T 17431.1—2010)的规定,轻骨料的技术要求有:

①粒形与颗粒级配 人造轻粗骨料的最大粒径不宜大于19.0 mm,其粒形一般为圆球形,平均粒型系数不大于2.0,天然和工业废料轻骨料颗粒粒形不做要求,主要是多面体或非圆球形。颗粒级配也按筛分析法测定。轻骨料颗粒级配有连续和单粒级配,连续级配分为5~10、5~16、5~20、5~25、5~31.5和5~40 mm等粒级;单粒级配只有10~16 mm粒级。轻细骨料的细度模数宜为2.3~4.0,大于4.75 mm的累计筛余率不宜大于10%。

②堆积密度 根据其堆积密度(kg/m³),轻粗骨料可分为200~1 200等11个等级;轻砂则分为500~1 200等8个等级。相邻等级均按100递增,由固定体积容器法测定。

③筒压强度 轻粗骨料的强度用筒压强度表示,将粒径为10~20 mm的干燥轻粗骨料试样,装入内径为115 mm、高为100 mm的带底圆筒内,上面加 ϕ113 mm×70 mm 的冲压模(见图3.36),取冲压模压入深度为20 mm时的压力值和冲压模重量(N)之和,除以冲压模面积(10 000 mm²),即为轻粗骨料的筒压强度值。由于筒压试验时,轻粗骨料在圆筒内的受力状态是点接触,应力集中,以多向挤压破坏,故测试值只表征了实际强度的1/5~1/4。

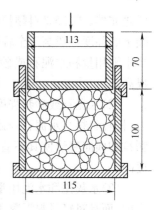

图3.36 骨料筒压强度测试方法示意图(mm)

④强度等级 人造轻骨料的强度标号由混凝土试验方法[见《轻集料及其试验方法第2部分:轻集料试验方法》(GB/T 17431.2—2010)]测定,筛取5~20 mm的人造轻粗骨料与7 d后强度可达45~60 MPa的水泥砂浆拌和成轻骨料混凝土立方体试件,根据砂浆抗压强度和人造轻骨料混凝土抗压强度值,用图表法确定轻粗骨料强度标号,划分为20、25、30、35、40和50等六个强度等级。

⑤吸水率与软化系数 轻骨料的吸水特性是:在水中,最初1 h内吸水极快,24 h后几乎不再吸水;密度等级越小,吸水率越大。基于这一特性,以1 h内吸水率表征其吸水率。600~1 200密度等级的粉煤灰陶粒1 h吸水率不大于20%,黏土和页岩陶粒以及工业废渣轻粗骨料不大于10%。人造与工业废渣轻粗骨料和天然轻粗骨料的软化系数分别不应小于0.80和0.70。

此外,轻骨料中的有害杂质含量也应符合现行国标《轻集料及其试验方法第1部分:轻集料》(GB/T 17431.1—2010)的规定。

2. 轻骨料混凝土的性能

(1)表观密度 选用不同的轻骨料和配合比配制的轻骨料混凝土,按其干表观密度,从600 kg/m³到1 900 kg/m³,每递增100 kg/m³为一个密度等级,分为14个密度等级。

(2)强度 轻骨料混凝土强度较低,且与表观密度相关,一般来说,表观密度越小,强度越低。轻骨料混凝土强度等级按立方体抗压强度标准值划分为LC5.0、LC7.5、LC10、LC15、LC20、LC25、LC30、LC35、LC40、LC45、LC50、LC60。轻骨料混凝土的拉压比与普通混凝土接近。轴心抗压强度(f_{ck})与立方体抗压强度(f_{cu})的比值高于普通混凝土。

(3)变形性能 轻骨料混凝土弹性模量 E_{LC} 较低,变形能力较大。其弹性模量一般比同强度等级普通混凝土低30%~50%;但随强度和密度等级提高而增大,当强度等级大于CL30时,弹性模量仅比普通混凝土低25%~30%。另一方面,轻骨料混凝土的收缩和徐变较大。在干燥空气中,轻骨料混凝土的最大收缩值为0.4~1.0 mm/m,是同强度等级普通混凝土的1~1.5倍。与普通混凝土相比,轻骨料混凝土徐变大30%~60%,热膨胀系数低20%左右,在0~100 ℃范围内,一般为$7 \sim 10 \times 10^6 /℃$。轻骨料混凝土的泊松比约为0.20。

(4)热工性能 轻骨料混凝土具有良好的保温隔热性能。当其表观密度为600~1 400 kg/m³时,导热系数为0.18~0.59 W/m·K,且随密度等级降低而减小;比热容为0.84~0.92 kJ/kg·K。

此外,轻骨料混凝土还具有较好的抗冻性,其抗震、耐热、耐火等性能也优于普通混凝土。

3. 轻骨料混凝土性能的影响因素

(1)轻骨料种类和性能 轻骨料混凝土的物理力学性能与轻骨料种类和性能密切相关。用量相同时,轻粗骨料的表观密度和强度越高,轻骨料混凝土的表观密度和强度也随之增高;

反之亦然。粗轻骨料颗粒呈圆球形,对轻骨料混凝土强度有利。密度等级相同时,砂轻骨料混凝土的强度一般高于全轻骨料混凝土;人造轻骨料混凝土强度高于工业废渣轻骨料混凝土。当水泥用量和水泥石或砂浆强度一定时,轻骨料混凝土的强度又随骨料自身强度的增高而提高。

(2)水泥石或砂浆强度 轻骨料混凝土中,轻骨料颗粒被砂浆或水泥石所包裹而三向受力,且轻骨料与水泥石或砂浆的界面黏结十分牢固,坚硬的水泥石或砂浆外壳约束了轻粗骨料颗粒的横向变形使其不易碎裂。因此,轻骨料混凝土的强度随水泥石或砂浆的强度增加而提高。

(3)水灰比和水泥用量 水灰比或水胶比和水泥或胶凝材料用量不但影响轻骨料混凝土强度,而且对轻骨料混凝土耐久性也有很大的影响,其规律与普通混凝土类似。

4. 轻骨料混凝土的配合比设计与施工特点

(1)配合比设计 轻骨料混凝土配合比设计的原理和方法与普通混凝土类似。所不同的是,除满足和易性、强度等级和耐久性能等级等要求外,还应满足密度等级的要求。在配合比设计时,一般是根据有关经验数据和图表来确定轻骨料混凝土的配合比。缺乏经验数据时,轻骨料混凝土宜采用松散体积法进行配合比计算,砂轻混凝土也可采用绝对体积法,得出计算配合比,然后再经试配与调整,得出设计配合比。轻骨料混凝土配合比设计可参考现行行标《轻骨料混凝土技术规程》(JGJ51—2002),例如,采用松散体积法计算配合比的步骤有:

①根据设计强度等级,由公式(3.39)确定轻骨料混凝土试配强度:

$$f_{cu,0} \geq f_{cu,k} + 1.645\sigma \tag{3.39}$$

式中 $f_{cu,0}$——轻骨料混凝土的试配强度,MPa;

$f_{cu,k}$——轻骨料混凝土设计强度等级值,MPa;

σ——轻骨料混凝土强度标准差,对于设计强度等级在 LC20 以下,取 4.0 MPa;LC20~LC35,取 5.0 MPa;高于 LC35,取 6.0 MPa。

轻骨料混凝土试配干表观密度由公式(3.40)计算:

$$\rho_{cd} = 1.15 m_c + m_a + m_s \tag{3.40}$$

式中 ρ_{cd}——轻骨料混凝土的干表观密度,kg/m³;

m_c、m_a、m_s——水泥、轻粗、细骨料的用量,kg/m³。

②根据轻骨料混凝土的设计强度等级和用途,确定轻骨料种类和轻粗骨料最大粒径;并选取水泥强度等级和水泥用量。一般原则是:强度等级低的轻骨料混凝土,宜选择密度等级低的轻粗骨料,并选取较小水泥用量。例如,强度等级为 LC5.0 时,轻粗骨料的密度等级可选 400~600 kg/m³,水泥用量可为 230~320 kg/m³;强度等级为 LC55 时,轻粗骨料的密度等级可选 800~1 000 kg/m³,水泥用量可为 430~550 kg/m³。轻粗骨料密度等级低时,水泥用量宜较大,但最高水泥用量不宜超过 550 kg/m³。可用矿物掺合料取代部分水泥,但取代率不宜大于 25%。

③根据工程使用环境条件,选择轻骨料混凝土的最大水胶比和最小水泥用量。一般原则是:对于无冻害环境,水泥用量不宜小于 250~270 kg/m³;对于受风雪影响,露天,水中及水位变化区或潮湿环境,最大水灰比不宜大于 0.50,最小水泥用量不宜小于 300~325 kg/m³;对于严寒地区的水位变化区、受硫酸盐、除冰盐等侵蚀环境,最大水灰比不宜大于 0.40,最小水泥用量不宜小于 375~400 kg/m³,并应掺入引气剂,其含气量宜为 5%~8%。

④由于轻骨料的 1 h 吸水率较大,因此,轻骨料混凝土拌合物中的部分拌合水会被轻骨料

吸收,余下的部分供水泥水化以及起润滑作用。将总用水量中被轻骨料 1 h 内吸收的部分水称为"附加水量",而余下的水量则为"净用水量"。附加水量按轻骨料用量和 1 h 内吸水率计算,净用水量应根据轻骨料混凝土拌合物稠度预期值确定。维勃稠度或坍落度越小,净用水量越少。例如,维勃稠度为 5~10 s 或坍落度为 0~10 mm 时,净用水量宜为 140~180 kg/m³;而坍落度为 50~100 mm 时,净用水量宜为 180~225 kg/m³。总用水量为净用水量与附加水量之和。

⑤轻骨料混凝土的砂率应以体积砂率表示,采用轻砂时,砂率一般为 35%~50%;采用普通砂时,砂率宜为 30%~40%。轻骨料混凝土的粗细骨料总体积(粗、细骨料的松散体积之和)V_{a+s} 视轻粗骨料粒型和细骨料种类而定,例如,采用圆球形轻粗骨料和轻砂时,V_{a+s} 宜为 1.25~1.50 m³;采用碎石型轻粗骨料和普通砂时,V_{a+s} 宜为 1.10~1.60 m³。因此,轻粗与轻细骨料总体积大于轻粗骨料和普通砂的总体积;圆球形轻粗骨料与细骨料的总体积大于碎石型轻粗骨料与细骨料的总体积;轻粗骨料强度标号较高时,V_{a+s} 可较小。

(2)施工特点　轻骨料混凝土施工方法基本上与普通混凝土相同,但需注意几个特殊问题。

①轻骨料吸水率大,故在拌和前宜对骨料进行预湿处理。若采用干燥骨料时则需考虑骨料的附加水量,并随时测试骨料的实际含水率以调整用水量。

②外加剂宜溶解在有效拌合水中。先加附加水使骨料吸水,然后再加入含有外加剂的有效拌合水,以免外加剂被轻骨料吸收而失去作用。

③拌制轻骨料混凝土时,应避免搅拌机对轻粗骨料的破碎作用和轻骨料上浮。

④采用加热养护时,升温速度不宜太快。

3.11.2 多孔和大孔混凝土

1. 多孔混凝土

多孔混凝土是指内部充满大量细小封闭孔、无骨料或无粗骨料的轻质混凝土,其孔隙率高达 50%~85%;其表观密度一般在 300~1 000 kg/m³ 之间;导热系数小,通常为 0.08~0.29 W/(m·K),保温隔热性好;可切可钉。因此,多孔混凝土可制作屋面板、内外墙板、砌块和保温制品,用于工业与民用建筑和保温工程。多孔混凝土可分为加气混凝土和泡沫混凝土两种。

(1)加气混凝土　由钙质材料(如石灰、水泥)和硅质材料(如石英砂、粉煤灰、尾矿粉、矿渣、页岩等)与水一起磨成浆体,并加入适量的发泡剂和建筑石膏后,经混合搅拌、注模、发泡、定型和压蒸养护(0.8~1.2 MPa)等工序制成的多孔混凝土材料称为加气混凝土。

发泡剂有铝粉、双氧水和碳化钙等,一般采用铝粉作为发泡剂,铝粉在高 pH 值的水泥浆中发生氧化反应,放出氢气,形成气泡,其反应式为:

$$2Al + 6H_2O \xrightarrow{OH^-} 2Al(OH)_3 + 3H_2 \uparrow \tag{3.41}$$

(2)泡沫混凝土或泡沫水泥　通过化学或物理的方法,将空气或氮气、二氧化碳、氧气等气体引入水泥浆体中形成泡沫料浆,经过浇灌与养护,硬化成含有大量细小封闭孔,并具有一定强度的混凝土为泡沫混凝土。化学方法是将可分解气体的化合物,如双氧水,加入到由水泥、粉煤灰、砂和适量石膏的混合料浆中,双氧水分解产生氧气,在料浆中形成细小气泡,经水泥水化而凝结硬化成多孔混凝土;物理方法通常是用机械方法将泡沫剂水溶液制成湿泡沫,再将湿泡沫加入到混合料浆中,经搅拌、浇注成型、养护形成多孔混凝土。常用的泡沫剂有松香胶泡沫剂和水解牲血泡沫剂等,其发泡倍数应为 15~30。松香胶泡沫剂由烧碱加水溶入松香粉生成松香皂,再加入少量骨胶或皮胶溶液熬制而成;水解牲血泡沫剂常用尚未凝结的动物血加苛性钠、硫酸亚铁和氯化铵等配制而成;近年来已开发合成高分子泡沫剂。

泡沫混凝土生产简单,成本较低,但因水泥浆的水灰比较大,稳定性不够好,强度很低,尤其是物理方法制成的泡沫混凝土强度更低,一般为 0.3~1.0 MPa;导热系数为 0.08~0.10 W/(m·K)。如何提高低密度泡沫混凝土的强度是该领域的技术难点。

2. 大孔混凝土

大孔混凝土是由粒径相近的粗骨料、水泥和水配制而成的一种轻混凝土,又称无砂混凝土。表观密度为 1 000~1 500 kg/m³,抗压强度在 3.5~10 MPa 之间。为了提高大孔混凝土的强度,有时也加入少量细骨料(砂),这种混凝土又称为少砂混凝土,也称为透水混凝土。

大孔混凝土中因无或少量细骨料,且水泥浆量不足以充填粗骨料的堆积空隙,仅在粗骨料表面包覆一层水泥浆使其相互黏结。因此,其结构特点是混凝土中分布的连通大孔贯穿通透,且孔隙率较高;其性能特点是具有透气、透水和重量轻。在大孔混凝土配制中,为保持连通孔贯穿通透,水泥浆体应具有良好触变性且不流淌,粗骨料颗粒级配宜为间断级配。

大孔混凝土可用于现浇墙板以及制作小型空心砌块和各种板材,也可制成滤水管、滤水板等,尤其是适用于市政工程中的"海绵"道路工程。能让雨水流入地下,保护地下水,缓解城市的地下水位下降,维护生态平衡等;并能有效的消除地面上的油类化合物等对环境的污染;有利于人类生存环境的良性发展及城市雨水管理与水污染防治,改善城市发展次生环境问题。

3.11.3 泵送混凝土

泵送混凝土是指可在施工现场通过压力泵及输送管道进行浇筑的混凝土或混凝土拌合物。

1. 泵送混凝土的可泵性

混凝土在泵压下沿输送管道流动的难易程度以及稳定性的特性为可泵性。亦即,可泵性是指混凝土拌合物在泵压作用下,能在输送管道中连续稳定流动而不产生离析的性能,包括了流动性和稳定性。采用入泵坍落度和扩展度表征其流动性,并由压力泌水试验检验其稳定性。

泵送混凝土的入泵坍落度一般宜在 180~220 mm,水平泵送时应大于 120 mm。混凝土坍落度太小,泵送阻力增大,易造成管道阻塞。随着泵送高度的增加,应适当增大入泵坍落度。但入泵坍落度较大,混凝土拌合物容易产生泌水或离析,对可泵性反而不利。现行《混凝土泵送施工技术规程》(JGJ/T 10—2011)规定,入泵坍落度和扩展度与泵送高度的关系宜符合表3.27 的要求。

表 3.27 混凝土入泵坍落度与泵送高度的关系

最大泵送高度(m)	50	100	200	400	>400
入泵坍落度(mm)	100~140	150~180	190~220	230~260	—
入泵扩展度(mm)	—	—	—	450~590	600~740

泵送混凝土拌合物压力泌水率测定,将混凝土拌合物装入压力泌水仪的试料筒内,用捣棒由外围向中心均匀插捣 25 次,并尽快加压到 3.0 MPa,立即打开泌水管阀门使泌水流入量筒内,加压 10 s 和 140 s 后,分别读取量筒内泌水量,按公式(3.42)计算压力泌水率 B_P:

$$B_P = \frac{V_{10}}{V_{140}} \times 100\% \tag{3.42}$$

式中 B_P——混凝土拌合物的压力泌水率,%；

V_{10},V_{140}——持续加压 10 s 和 140 s 时的泌水量,mL。

泵送混凝土拌合物的压力泌水率 B_P 一般不宜超过 40%,压力泌水率太大,不利于泵送。

一般情况下,泵送混凝土拌合物在输送管道中以"栓流"方式向前流动。此时,管道中间部分的混凝土形成一个整体的"栓塞",而在靠近管壁处形成一层黏度很低的薄浆层,其外层还可能是一层极薄的水膜,它们为混凝土在管道中的连续稳定流动起着润滑作用。形象化地说,混凝土在管道中的流动实际上是在压力下一个被薄浆层包裹的"胶体柱"的滑动过程,这是混凝土顺利泵送的基本条件。为此,泵送混凝土拌合物中应有足够稠度适中的胶凝材料浆体,并在泵送压力作用下能始终保持这种"浆体饱满"状态。

2. 泵送混凝土的配合比设计

(1) 原材料 泵送混凝土所采用的原材料应符合下列规定：

①水泥 宜选用硅酸盐水泥、普通硅酸盐水泥、矿渣硅酸盐水泥和粉煤灰硅酸盐水泥；

②骨料 粗骨料宜采用连续粒级,其针、片状颗粒含量不宜大于 10%；其最大粒径与输送管径之比,当泵送高度在 50 m 以下时,对碎石和卵石,分别不宜大于 1∶3.0 和 1∶2.5；泵送高度在 50~100 m 时,分别不宜大于 1∶4.0 和 1∶3.0；泵送高度在 100 m 以上时,分别不宜大于 1∶5.0 和 1∶4.0。细骨料宜采用中砂,其通过 0.315 mm 筛孔的颗粒含量不应小于 15%。

③外加剂和掺合料 泵送混凝土应掺用泵送剂或减水剂,并宜掺入矿物掺合料。

(2) 配合比 胶凝材料用量不宜小于 300 kg/m³；水胶比不宜大于 0.60；砂率宜为 35%~45%；掺用引气型外加剂时,混凝土拌合物含气量不宜大于 4%。

3. 泵送混凝土的泵送施工

采用泵送混凝土施工,可以一次连续完成混凝土拌合物的垂直和水平输送和浇筑,施工效率高。特别适用于工地狭窄和有障碍物的施工现场,以及大体积混凝土构筑物、高层建筑和桥梁等。施工时,应严格执行国家标准《混凝土泵送施工技术规程》(JGJ/T 10—2011)中的有关规定。泵送施工前,应核对混凝土的配合比,检查坍落度,必要时还应测定扩展度,确认无误后方可进行混凝土泵送,并应选用水泥浆或 1∶2 水泥砂浆润滑混凝土泵和输送管道。

3.11.4 特定功能混凝土

1. 抗渗混凝土

抗渗等级不低于 P6 的混凝土称为抗渗混凝土,因具有较好防水功能,又称为防水混凝土。

(1) 抗渗混凝土配制原理 混凝土内连通的毛细孔隙是水的主要渗透通道,因此,配制抗渗混凝土的技术原理是降低连通毛细孔隙率、改善孔结构和强化界面区,其技术途径主要有选择合适的配合比参数和原材料以及添加外加剂。

(2) 合适的原材料与配合比参数 宜选择普通硅酸盐水泥；粗骨料宜为连续级配且最大粒径不宜大于 40 mm,细骨料为中砂,并严格限制骨料的含泥量和泥块含量；选择较小水胶比(最大水胶比见表 3.28)；适当增加砂率和胶凝材料用量,砂率宜为 35%~45%,最小胶凝材料用量不宜小于 320 kg/m³；抗渗混凝土中砂浆的灰砂比宜为 1∶2~1∶2.5。通过选择合适配合比参数,以减小毛细孔隙率和孔径、减小因塑性沉降与泌水产生的孔隙,以及在粗骨料周围形成较厚的密实砂浆包裹层,以隔断粗骨料与砂浆界面区连通的渗水孔隙。

表 3.28 抗渗混凝土最大水胶比

抗渗等级	最大水胶比	
	C20～C30	C30 以上
P6	0.60	0.55
P8～P12	0.55	0.50
＞P12	0.50	0.45

(3) 外加剂　可以明显提高混凝土抗渗性的外加剂有引气剂、密实剂和膨胀剂。例如，掺加适量引气剂(含气量控制在 3.0%～5.0%)，使混凝土拌合物中产生细小、封闭的气泡，不但可改善其和易性，减小泌水，使混凝土易于密实；而且可降低毛细孔的连通率，提高混凝土抗渗性。再如，掺入氯化铁、氢氧化铁和氢氧化铝等密实剂，在水泥水化过程中，形成氢氧化铝或氢氧化铁凝胶，沉淀于混凝土内毛细孔中，使毛细孔孔径变小或阻塞毛细孔，提高混凝土抗渗性。

(4) 特种水泥　采用膨胀水泥、收缩补偿水泥、硫铝酸盐水泥等特种水泥，配制抗渗混凝土，其原理是依靠早期形成的大量钙矾石、氢氧化钙等晶体和大量凝胶，填充毛细孔隙，并减小混凝土的收缩变形，提高混凝土的密实性和抗渗性。

抗渗混凝土主要用于水池、水塔、地下工程和水下工程，还可用于屋面刚性防水和大面积的修补堵漏等。

2. 抗冻混凝土

抗冻等级不低于 F50 的混凝土为抗冻混凝土，主要用于严寒和寒冷地区有较高抗冻性要求的工程。根据 3.7.2 节所述的混凝土冻融破坏机理，抗冻混凝土中连通毛细孔隙率应较低，水泥石或砂浆密实且骨料坚固性应较高。因此，上述抗渗混凝土的配制原理和技术途径也适用于抗冻混凝土。此外，所用粗、细骨料应进行坚固性试验；应掺用引气剂，使混凝土含气量不低于 4.5%，最大不超过 7.0%。最大水胶比宜小于 0.50～0.60，最小胶凝材料用量不小于 300～350 kg/m³，且抗冻等级越高，最大水胶比越小，最小胶凝材料用量越大；掺用由粉煤灰、磨细粒化高炉矿渣粉和其他矿物掺合料的复合矿物掺合料，其取代水泥量可达 40% 以上。

3. 耐热混凝土

耐热混凝土是指能在长期高温(200～1 300 ℃)环境下保持其物理力学性能的混凝土，主要用于建筑工业窑炉基础、高炉外壳、烟囱和热工设备基础等。

普通混凝土在高温下剩余强度随温度的变化规律见图 3.37，低于 300 ℃ 时，温度升高对强度影响较小；超过 300 ℃ 后，混凝土剩余强度随温度升高而显著降低，且颜色也发生变化。混凝土长期处于高温环境下，氢氧化钙发生分解，石英岩骨料膨胀，尔后，水化硅酸钙脱水及石灰岩分解，使混凝土强度几乎完全丧失。因此，普通混凝土不能在高温环境下长期使用。

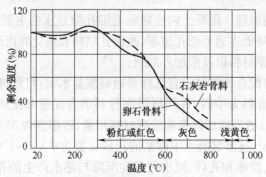

图 3.37　高温下混凝土强度和颜色的变化

基于上述规律,可通过选择合适的原材料,提高混凝土的耐热性。其一,选用能形成高温下稳定的水化物的胶凝材料,例如,水玻璃、铝酸盐水泥和矿渣硅酸盐水泥等,矿物掺合料可采用煅烧黏土、磨细石英砂、砖瓦粉末等;其二,选用耐热粗骨料,例如,可选用重矿渣、砖块、黏土质耐火砖碎块、安山岩、玄武岩、烧结铝矾土、烧结镁砂及铬铁矿等;此外,掺加一定量合成纤维,可提高混凝土耐热性。由这些组分材料按合适配合比配制的混凝土,其极限使用温度一般可达 900~1 400 ℃。

4. 耐酸混凝土

具有抗酸性介质腐蚀能力的混凝土,称为耐酸混凝土。如第2章所述,硅酸盐水泥易受酸性介质腐蚀,不能用作耐酸混凝土的胶凝材料。耐酸混凝土常用水玻璃作为胶凝材料,用氟硅酸钠作为促硬剂,掺入磨细的耐酸掺合料(如石英粉或辉绿岩粉)以及耐酸的粗细骨料(如石英石、石英砂),按一定比例配制而成。水玻璃耐酸混凝土的配合比大致为水玻璃:粉末填充料:砂:石=0.6~0.7:1:1:1.5~2.0。氟硅酸钠为水玻璃质量的 12%~15%。水玻璃用量必须满足混凝土流动性的要求,其密度应为 1.38~1.40 g/cm³。

水玻璃耐酸混凝土能抵抗各种酸(如硫酸、盐酸、硝酸等无机酸,,醋酸、靴酸和鞣酸等有机酸)和大部分腐蚀性气体(氯气、二氧化硫、三氧化硫等)的侵蚀。但不耐氢氟酸、300 ℃以上的磷酸、高级脂肪酸或油酸的侵蚀。水玻璃耐酸混凝土的3d 抗压强度为 11~12 MPa,28 d 的抗压强度不小于 15 MPa。水玻璃耐酸混凝土的凝结硬化机理,请见第2章。

水玻璃耐酸混凝土一般用于储油器、输油管、储酸槽、酸洗槽、耐酸地坪及耐酸器材等。

3.11.5 特定用途混凝土

1. 路面水泥混凝土

满足路面摊铺和易性、弯拉强度、表面功能等性能要求的水泥混凝土材料,称为路面水泥混凝土。其性能特点有:抗弯强度较高;表面致密,易于整修,良好耐磨性;良好的抗渗性与抗冻性;在温度和湿度的影响下,体积变化较小等。

路面水泥混凝土在原材料、技术性质及质量控制等方面与普通混凝土基本一致。但因所受荷载和所处使用环境的特点,路面混凝土在组分材料、配合比设计、施工等方面又略有差别。

(1)水泥 重交通荷载以上等级公路面层水泥混凝土应优先采用道路硅酸盐水泥,也可使用硅酸盐水泥和普通水泥,可掺入粉煤灰;中、轻交通荷载等级公路路面水泥混凝土可采用矿渣水泥。水泥强度等级不宜低于 32.5,水泥用量应不少于 300 kg/m³。

(2)骨料 粗骨料的质量是影响道路混凝土耐磨性的重要因素,必须选用具有较高抗压强度和耐磨性好的粗骨料,最大粒径宜大于 40 mm,级配应满足现行《公路水泥混凝土路面施工技术细则》(JTG/T F30—2014)的要求;细骨料应使用质地坚硬、耐久、洁净且级配良好的天然中砂或人工砂;可采用再生粗骨料。

(3)外加剂 常用的外加剂品种有减水剂、引气剂、早强剂和缓凝剂等。

(4)配合比设计 包括目标配合比和施工配合比设计,且宜采用正交试验法进行设计。目标配合比设计应确定水泥与骨料用量、水胶比、外加剂掺量;施工配合比设计应通过试拌和调整确定。目标配合比设计时,以路面混凝土的28d 弯拉强度均值作为设计依据,通过计算或正交试验拟定配合比参数,再进行试验室试拌,实测各项性能指标,选择满足混凝土弯拉强度、和易性和耐久性要求,且经济合理的配合比作为目标配合比。

路面水泥混凝土应具有较高的抗弯拉度、耐久性、抗磨性、抗冲击性、抗冻性等性能特点,并具有适合施工操作的和易性。抗压强度不应低于 30 MPa,抗弯强度与抗压强度的比值一般为 1∶5.5～1∶7.0。

路面水泥混凝土施工应遵循《公路水泥混凝土路面施工技术细则》(JTG/T F30—2014)的要求,应优先采用大型机械化施工,以实现高效率、高质量的混凝土路面施工。

2. 大体积混凝土

由水泥水化热引起的温度应力可导致有害裂缝的、体积较大的结构混凝土,称为大体积混凝土,一般结构物中实体最小尺寸大于或等于 1m 的部位或构件就可视为体积较大。

大体积混凝土浇筑后,水泥水化热易使混凝土绝热温升较高,并造成较大的内外温差,产生温度应力致使表层混凝土开裂。在降温过程中,由于混凝土受到约束,冷缩变形将使混凝土开裂进一步加剧,使一些表面裂缝发展为贯穿裂缝。另外,在大体积混凝土中,混凝土收缩变形引起的应力变化也不可忽视,据有关工程测试资料和计算分析,由收缩变形引起的混凝土拉应力占温度应力的 30% 以上。

在大体积混凝土施工中,以控制混凝土绝热温升和内外温差为主要目标,为了保证大体积混凝土的工程质量,其原材料、配合比设计和施工应符合下列规定:

(1) 原材料 宜采用中、低热硅酸盐水泥或低热矿渣硅酸盐水泥,当采用硅酸盐水泥或普通水泥时,应掺加矿物掺合料。胶凝材料的 3 d 和 7 d 水化热分别不宜大于 240 kJ/kg 和 270 kJ/kg。骨料宜为连续级配,最大粒径不宜小于 31.5 mm;细骨料宜为中砂。宜掺用缓凝型减水剂。

(2) 配合比设计 可采用混凝土 60 d 或 90 d 龄期抗压强度为设计依据。

(3) 配合比参数 水胶比不宜大于 0.55;单位用水量不宜大于 175 kg/m³;宜提高粗骨料用量,砂率宜为 38%～42%。

(4) 绝热温升 在配合比试配与调整时,控制绝热温升不宜大于 50 ℃。

(5) 施工 采用其他降低绝热温升的措施,如控制浇注层厚度和进度,以利散热;控制混凝土入模温度;浇注混凝土时投入适量的毛石;预埋循环冷却水管等。

3. 喷射混凝土

喷射混凝土是经喷射作用而浇筑、压实的混凝土,常经胶皮管由压缩空气喷射到浇筑面上。一般有干法和湿法两种,干法是将预先混合均匀的水泥、砂、石子和速凝剂干料装入喷射机,借助高压气流使混合物料通过喷头时与水混合,以很高的速度喷射至浇筑面。这种混凝土一般不用模板,能与浇筑面紧密地黏结在一起,形成完整而稳定的混凝土层,具有施工简便、强度增长快、密实性好、适应性强的特点。

为降低喷射过程中材料回弹和喷射后流淌,一般要求喷射混凝土能在几分钟内凝结,并获得较高早期强度。为此,需掺用混凝土速凝剂等。

为使喷射混凝土凝结硬化快,早期强度高,宜采用硅酸盐水泥或普通硅酸盐水泥;所用骨料宜为连续级配,最大粒径不宜大于 25 mm 或 20 mm,其中粒径大于 15 mm 的粗骨料应控制在 20% 以内,砂子以中砂或粗砂为宜。常用配合比为水泥∶砂∶石=1∶2∶2 或 1∶2.5∶2(质量比),水泥用量一般为 300～400 kg/m³,水灰比为 0.4～0.5。

喷射混凝土与岩石的黏结力应大于 1 MPa,抗渗等级在 P8 以上。喷射混凝土常用于隧道衬砌施工,也广泛用于基坑支护和矿井支护工程以及混凝土结构物的修补。

3.11.6 聚合物改性混凝土

聚合物改性混凝土是采用高分子材料(见第 7 章)对水泥混凝土进行改性形成的有机—无

机复合的混凝土,主要有聚合物浸渍混凝土(PIC)和聚合物水泥混凝土(PCC)。

1. 聚合物浸渍混凝土

采用可发生聚合反应的液态有机单体与引发剂组成的混合液浸渍混凝土干燥表面,然后经加热或辐射的方法使吸入混凝土表层毛细孔隙内的有机单体聚合成固体聚合物,由此形成的混凝土称为聚合物浸渍混凝土。按其浸渍方法的不同,分为完全浸渍和部分浸渍两种。

所用有机单体一般是容易引发聚合反应的含不饱和键的烯烃类有机化合物,如甲基丙烯酸甲酯(MMA)、苯乙烯(S)、丙烯腈(AN)等。目前使用较广泛的是 MMA 和 S。

为了保证浸渍质量,应控制混凝土浸渍前的干燥程度、真空程度、浸渍压力及浸渍时间。干燥有利于混合液渗入毛细孔隙;施加真空可加快混合液的渗透速度及浸渍深度。控制浸渍时间则有利于提高浸渍效果,在高压下浸渍有利于增加浸渍率和浸渍深度。

聚合反应形成的固体聚合物填塞了混凝土表面的毛细孔隙和微裂缝,使得聚合物浸渍混凝土表层极其致密,因此,其表层具有高强、抗侵蚀、抗渗、耐磨等优良物理力学性能。

聚合物浸渍混凝土主要用于路面、桥面、输送液体的管道、隧道支撑系统及水下结构等,特别适用于强侵蚀性、盐冻、强磨蚀或气蚀环境的工程。

2. 聚合物水泥混凝土

聚合物水泥混凝土是用聚合物乳液或水溶性聚合物水溶液、水泥、水和粗细骨料拌制而成的混凝土。这种混凝土的特点是胶凝材料由聚合物乳液或溶液和水泥构成。在凝结硬化过程中,聚合物与水泥之间一般不发生化学作用,而是在水泥水化过程中,乳液中的聚合物乳粒或聚合物大分子凝集成聚合物薄片或膜,填充在水泥石的水化物颗粒间、毛细孔隙以及水泥石与骨料间界面的孔隙中,改善了水泥石与骨料的黏结力,降低了毛细孔隙率。

拌制聚合物水泥混凝土可用普通硅酸盐水泥,也可采用高铝水泥和硅酸盐水泥等。快硬硅酸盐水泥的效果比普通硅酸盐水泥好。可用的聚合物乳液有氯丁和丁苯橡胶乳液、聚丙烯酸类乳液、乳化沥青等;水溶性聚合物有聚乙烯醇、纤维素醚、聚丙烯酰胺等。聚合物与水泥之质量比(聚灰比)对混凝土的性能影响较大,通常所用的聚灰比为 0.05~0.20。

聚合物水泥混凝土的特点是:抗拉、抗折强度及延展性高,抗冻性、抗侵蚀性和耐磨性好。因此它主要用于路面工程、机场跑道及防水工程等。

习　　题

1. 土木工程要求混凝土具有哪些基本性能?混凝土的特点有哪些?
2. 试述混凝土中四种基本组分材料的作用。
3. 试述理想混凝土材料结构的特征。
4. 混凝土用骨料有哪些技术性能?为什么?
5. 试说明骨料级配的含义,怎样评定骨料级配是否合格?
6. 试分析粗骨料的最大粒径、颗粒级配、粒形与其堆积密度、总比表面积间的关系。
7. 何谓减水剂?常用的有哪几种?并阐述混凝土中添加减水剂的效果及减水剂的作用机理。
8. 试述在混凝土中掺入引气剂、促凝剂、缓凝剂、膨胀剂等外加剂会取得怎样的效果。
9. 试述混凝土矿物掺合料的种类与其在混凝土中的作用效应。
10. 什么是混凝土拌合物的和易性?如何评价和易性?
11. 混凝土拌合物和易性的主要影响因素有哪些?其影响规律是什么?

12. 某工地施工人员采取下述几个方案提高混凝土拌合物的流动性,试问下面哪个方案可行?哪个方案不可行?并说明理由。
①增加水;②保持W/C不变,增加水泥浆用量;③加入减水剂;④加强振捣。
13. 试述离析、泌水对混凝土浇筑质量的影响。
14. 试述养护对混凝土性能与质量的重要性?混凝土养护制度包含哪些内容?
15. 试述混凝土自收缩与干燥收缩的异同点。
16. 请从混凝土在荷载作用下的破坏过程,阐述界面区结构的重要性。
17. 请说明混凝土徐变产生的机理和影响因素。
18. 试结合鲍罗米公式说明影响混凝土强度的内在因素有哪些?
19. 请说明混凝土材料力学性能特点,如何划分混凝土强度等级?
20. 试从混凝土的组成材料、配合比、施工、养护等几方面,提出提高混凝土强度的措施。
21. 简单分析下述不同试验条件对混凝土强度测试值有何影响?
①试件几何形状;②试件尺寸;③加荷速度;④试件与试验机的压板间的摩擦力。
22. 混凝土的弹性模量有几种表示方法?常用的是哪一种?怎样测定?
23. 以往的历史统计资料显示,甲、乙、丙三个施工队的施工水平各不同,若按混凝土强度变异系数C_V来衡量,甲队$C_V=10\%$,乙队$C_V=15\%$,丙队$C_V=20\%$。今有某工程要求混凝土强度等级为C30,混凝土的强度保证率为95%,问这三个施工队在保证质量的条件下,各自的混凝土配制强度(平均强度)各多少?指出哪一家的水泥用量最小,并说明理由。
24. 试述混凝土耐久性的含义,混凝土耐久性评价指标有哪些?
25. 请阐述混凝土耐久性的主要影响因素。如何提高混凝土的耐久性?
26. 请说明混凝土冻融破坏机理和改善混凝土抗冻性的技术措施。
27. 已知实验室配合比为$1:2.50:4$,$W/C=0.60$,混凝土混合物的表观密度$\rho_0=2400$ kg/m³。工地采用800 L(出料)搅拌机进行搅拌,当日实际测得卵石含水率为2.5%,砂含水率为4%。问每次各种材料投料量为多少?
28. 某试验室按初步配合比称取15L混凝土的原材料进行试拌,水泥5.2 kg,砂8.9 kg,石子18.1 kg,$W/C=0.6$。试拌结果表明坍落度太小,于是保持W/C不变,增加10%的水泥浆后,坍落度合格,测得混凝土拌合物表观密度2380 kg/m³,试计算调整后的试拌配合比。
29. 有下列混凝土工程及制品,一般选用哪一种外加剂较为合适?并简要说明原因:
①大体积混凝土;②高强度混凝土;③有抗冻要求的混凝土;④抢修工程用混凝土。
30. 某工程配制的C30混凝土,施工中连续抽取34组试件(试件为标准试件),检测28d强度,结果如下表。试求f_{cu}、σ及C_V,强度保证率。

试件组号	1	2	3	4	5	6	7	8	9	10	11	12
f_{cu}	32.1	37.5	38.1	39.3	38.2	40.2	43.1	45.3	40.1	30.1	28.3	29.2
试件组号	13	14	15	16	17	18	19	20	21	22	23	24
f_{cu}	32.5	40.1	37.4	38.1	36.4	33.3	38.4	36.7	35.7	31.6	36.2	37.9
试件组号	25	26	27	28	29	30	31	32	33	34		
f_{cu}	38.5	32.5	39.5	32.1	30.2	35.6	36.8	37.5	35.2	39.1		

31. 普通混凝土为何强度愈高愈易开裂,试提出提高其抗裂性的措施。
32. 配制高强混凝土的技术途径和原理是什么?

33. 请阐述你对高性能混凝土的理解。

34. 与普通混凝土相比,轻骨料混凝土在物理力学和变形性质上有何特点?

35. 今欲配制一结构用轻骨料混凝土,其强度等级为 CL25,坍落度要求 30～50 mm。原材料如下:32.5 级矿渣水泥;黏土陶粒,堆积密度 760 kg/m³,颗粒表观密度 1 429 kg/m³,1 h 吸水率 8.1%;普通中砂,堆积密度 1 470 kg/m³,视密度 2.50 g/cm³。试设计该轻骨料混凝土的配合比。

36. 试述泵送混凝土的组成与性能特点。

创新思考题

1. 请设想一种如何减小混凝土早期收缩裂缝的方法。
2. 请设计一种轻质高强的混凝土的组成与配合比,并阐明设计原理。
3. 请设计一种高流动性且不离析泌水的混凝土组成与配合比,并说明设计原理。

第4章 砌筑材料

砌筑材料是指用砌筑、拼装或其他方法构成承重或非承重墙体和其他构筑物的材料,主要包括砖、砌块、石材等砌筑块材及砌筑砂浆。砌筑材料具有使用灵活、价格低廉和耐久等特点。

本章分别介绍常用砌筑块材和砌筑砂浆。

4.1 砖与砌块

4.1.1 烧结砖与砌块

砖和砌块是砌筑用的人造块材,其外形多为直角六面体,但砌块的体积较大。砖和砌块种类繁多,按其孔洞率,分为实心砖与实心砌块(孔洞率为0～15%)、多孔砖与多孔砌块(孔洞率≥15%,且孔尺寸小而数量多)和空心砖与空心砌块(孔洞率≥15%,且孔尺寸大而数量少)。按其生产工艺,分为烧结砖与烧结砌块、非烧结砖与非烧结砌块。在还原气氛中烧成的青灰色粘土质砖为青砖;在氧化气氛中烧成的红色粘土质砖为红砖。非烧结砖又分为蒸养砖和蒸压砖,常压水蒸气养护硬化而成的砖为蒸养砖;加压水蒸气养护硬化而成的砖为蒸压砖。

1. 烧结砖与烧结砌块的生产

(1)原料 生产烧结砖的原料主要有黏土、页岩、煤矸石、粉煤灰、淤泥、建筑渣土和其他固体废弃物等,其主要化学成分有 SiO_2、Al_2O_3、Fe_2O_3、CaO、MgO、Na_2O、K_2O 等氧化物。因而,按其原料不同,分为黏土砖(N)、页岩砖(Y)、煤矸石砖(M)、粉煤灰砖(F)、淤泥砖(U)、建筑渣土砖(Z)和其他固体废弃物砖(G)等。

(2)生产工艺 主要工序有:原料经破碎或粉碎、磨细制成泥粉;泥粉加水调配、经炼泥机混炼成具有可塑性的均匀泥料;泥料经制砖机成型砖坯;砖坯经干燥、焙烧、冷却后制得烧结砖。通过改换制砖机的模口或模具,可生产不同截面尺寸和孔洞构造的各种型号砖或砌块坯体。

焙烧过程中坯体会发生一系列物理化学变化,温度较低时,主要发生矿物的脱水和分解反应,生成各种氧化物;随着温度升高,氧化物间发生固相反应,形成一些组成不同的硅铝酸盐矿物;温度升至900～1 000 ℃时,熔点较低的硅铝酸盐矿物熔融,并将未熔颗粒黏结在一起,坯体的孔隙率随之降低,体积有所收缩,强度随之提高,这个过程称为烧结;若温度继续升高,坯体将软化变形,直至熔融,这将影响烧结坯体的外观和尺寸规整性。因此,焙烧温度应控制在烧结温度范围内,以获得具有一定孔洞率和强度,外观尺寸规整的烧结砖或砌块。

(3)生产工艺对烧结砖质量的影响 烧结砖的质量与原料的组成和质量、生产工艺密切相关。砖坯受潮、受冻、遭雨淋或焙烧时升温过快,或烧成后冷却过快,将会产生强度低和耐久性差的酥砖;如果焙烧时温度过低或过高,则会出现欠火砖(色浅、声哑、孔隙多、吸水率大、强度低和耐久性差)或过火砖(颜色深、声亮、尺寸不规整、孔隙少、吸水率低、强度较高耐久性好);若砖坯在焙烧过程中产生不均匀收缩,会引起砖开裂和尺寸不规整;砖坯在成型、运输过程中可能会因碰伤、磨损而造成缺棱、掉角等外观缺陷。此外,焙烧窑的窑型也会影响烧结砖质量,一般隧道窑的产品质量最好,轮窑次之,而围窑、土窑的产品质量波动大。

2. 技术性能

烧结砖与烧结砌块的技术性能主要包括外观质量和尺寸偏差、强度、抗风化性能和泛霜与石灰爆裂等指标,要求尺寸偏差小、几何外形规整、缺棱掉角和裂纹少;应具有95%保证率的强度且满足相关现行标准规定的强度等级要求;用5 h沸煮吸水率和饱和系数应满足不同使用环境的要求。根据泛霜和爆裂程度分为优等品、一等品和合格品,合格品不容许出现严重泛霜,大于10 mm的爆裂处不得多于7处;不允许有欠火砖、酥砖和螺旋纹砖等。此外,烧结砖的放射性核素限量应符合《建筑材料放射性核素限量》(GB 6566—2010)的规定。

3. 品种

主要有普通烧结砖、烧结多孔砖与多孔砌块、烧结空心砖与空心砌块。

(1)烧结普通砖 标准尺寸为240 mm×115 mm×53 mm;表观密度一般为1 600~1 800 kg/m³;孔隙率为30%~35%;导热系数约为0.849 W/m·K;根据10块烧结普通砖试样的抗压强度平均值和强度标准值,分为MU30、MU25、MU 20、MU 15、MU 10等五个强度等级,其强度和抗风化性能应符合现行国标GB/T 5101规定的技术要求。

普通烧结砖具有强度较高、保温隔热、隔声、防火、耐腐、耐久等优点,故大量用作砌筑承重墙和外墙,也可用于砌筑柱、拱、烟囱、地沟、地面及基础等构筑物。在砌体中配置钢筋或钢丝以代替钢筋混凝土柱、过梁等。优等品砖可用于清水墙和墙体装饰;一等品和合格品可用于混水墙。中等泛霜的砖不得用于潮湿部位。

(2)烧结多孔砖与多孔砌块,外观为大面有贯穿孔或盲孔、与抹灰砂浆结合面上有粉刷槽和砌筑砂浆槽的直角六面体,孔洞尺寸小而数量多,孔洞率≥33%,孔洞轴向垂直于受压面,如图4.1所示。多孔砖的规格尺寸(mm)有290、240、190、140、115和90,按其体积密度,分为1 000、1 100、1 200和1 300四个密度等级。多孔砌块的规格尺寸(mm)有490、440、390、340、290、240、190、180、140、115和90;按其体积密度,分为900、1 000、1 100和1 200四个密度等级;按其抗压强度,分为MU30、MU25、MU 20、MU 15、MU 10等五个强度等级;其质量和各项性能应符合现行《烧结多孔砖和多孔砌块》(GB 13544—2011)规定的技术要求。

(3)烧结空心砖与空心砌块 外观为有平行于大面和条面的贯通孔洞、与抹灰砂浆结合面上有粉刷槽和砌筑砂浆槽的直角六面体,孔洞为矩形条孔或其他孔形,孔洞尺寸大而数量少,如图4.2所示。其长度规格尺寸(mm)有390、290、240、190、180和140;宽度规格尺寸(mm)有190、180、140和115;高度规格尺寸(mm)有180、140、115和90;按其抗压强度,分为MU10.0、MU7.5、MU 5.0、MU3.5等四个强度等级;按其体积密度分为800、900、1 000和1 100等四个密度等级;其质量和各项性能应符合现行《烧结多孔砖和多孔砌块》规定的技术要求。

图4.1 烧结多孔砖与多孔砌块

图4.2 烧结空心砖

烧结多孔砖与多孔砌块、烧结空心砖与空心砌块可节省黏土，节省能源，且砖的自重轻、热工性能好。在建筑工程中应用，既可提高建筑施工效率，降低造价，还可减轻墙体自重，改善墙体的热工性能等。空心砖与空心砌块主要用于非承重保温墙体。

4.1.2 非烧结砖与非烧结砌块

1. 非烧结砖

(1) 非烧结砖的生产与种类

①原料　生产非烧结砖的原料有石灰、石膏、水泥、砂和一些固体废料与废渣，如粉煤灰、高炉矿渣、钢渣、煤渣、磷渣等。

②生产工艺　非烧结砖在自然条件下养护或常压水蒸气、加压水蒸气中养护成型。一般生产工艺为：将各种原料在混碾机中混炼，先干混均匀，然后加入少量水进行湿混制成湿润的混合粉料；混合粉料经制砖机成型为砖坯；将砖坯置于自然条件下或蒸养罐中水蒸气养护，即制得非烧结砖。

③种类　非烧结砖的种类繁多，按照养护条件不同，又分为自然养护砖、蒸养砖和蒸压砖。按其所用原料不同，有灰砂砖、石膏砖、水泥砖、粉煤灰砖、炉渣砖、煤渣砖和磷渣砖等。按其孔洞率大小，有实心砖、多孔砖、空心砖等。

(2) 蒸压灰砂砖　以适当比例的石灰和石英砂、砂或细砂岩，经磨细、加水拌和、半干法压制成型为砖坯，再将砖坯置于压力为 0.6~0.8 MPa 的蒸压釜中蒸压养护而成。在蒸压养护过程中，钙质与硅质材料相互反应形成硅酸钙水化物而使砖坯固结，并产生强度。

①质量与性能　蒸压灰砂砖标准尺寸也是 240 mm×115 mm×53 mm。根据尺寸偏差、外观质量、强度及抗冻性等性能指标，分为优等品、一等品和合格品等三个质量等级；根据抗压强度和抗折强度，分为 MU25、MU20、MU15、MU10 四个强度等级，其质量和各项性能应符合现行国标 GB 11945 规定的技术要求。

②应用　替代烧结黏土砖，适用于各类民用建筑、公用建筑和工业厂房的内、外墙，以及房屋的基础。但刚出蒸压釜的蒸压灰砂砖不宜立即使用，需存放一个月后才能上墙。其砌体构造要求与烧结普通砖基本相同，强度等级在 MU20 以上的砖可用作建筑物基础结构，但应用防潮水泥砂浆抹面；MU10 以上的砖可用于防潮层以上的部位。

(3) 蒸压粉煤灰砖　以粉煤灰、生石灰为主要原料，掺加适量石膏等外加剂和其他骨料（碎石、炉渣、矿渣等），经配料、搅拌、消化、坯料制备、砖坯压制成型、高压蒸气养护而成的实心砖，外形为 240 mm×115 mm×53 mm 的直角六面体。

①性能　根据抗压强度和抗折强度，分为 MU30、MU25、MU20、MU15、MU10 等五个强度等级；其抗冻性指标有 D15、D25、D35 和 D50；线性干燥收缩率应不大于 0.50 mm/m；碳化系数（碳化后抗压强度保留率）应不小于 0.85；吸水率应不大于 20%。其外观质量与尺寸偏差以及强度、抗冻性应符合现行《蒸压粉煤灰砖》(JC/T 239—2014)规定的技术要求。

②应用　粉煤灰砖可用于工业与民用建筑的墙体和基础，但不得用于长期受热（200 ℃以上）、急冷急热和有酸性介质侵蚀的建筑部位。因其干缩值较大，砌筑时应采取防裂措施。

2. 非烧结砌块

砌块一般为直角六面体，也有各种异型砌块。砌块系列中主规格的长度、宽度或高度有一项或一项以上分别大于 365 mm、240 mm、115 mm。但高度不大于长度或宽度的六倍，长度不超过高度的三倍。

(1)砌块的种类　砌块可用多种材料制造成各种几何形状和结构构造,其品种和类型非常多。

①按其外部尺寸,有小型砌块、中型砌块和大型砌块,主规格的高度为115～380mm时,称为小型砌块。主规格的高度为380～980mm时,称为中型砌块;主规格的高度大于980mm时,称为大型砌块。一般以中小型砌块为主。

②按其空心率大小,分为空心砌块和实心砌块两种。空心率小于25%或无孔洞的砌块为实心砌块。空心率等于或大于25%的砌块为空心砌块。

③按其孔洞的排列,有单排孔和多排孔,砌块的宽度方向只有一排孔的为单排孔砌块;有两排或两排以上的孔为多排孔砌块,如双排孔、三排孔、四排孔等。

④按其所用主要原料及生产工艺,有水泥混凝土砌块、粉煤灰混凝土砌块、多孔混凝土砌块、石膏砌块、轻骨料混凝土砌块、加气混凝土砌块、泡沫水泥砌块等。

按其外形和表面特征,有劈离砌块、饰面砌块、咬接砌块、槽形砌块、异形砌块和吸声砌块等。

(2)砌块的生产　生产砌块的原材料主要包括胶凝材料、骨料和其他材料,胶凝材料有普通水泥、石膏和石灰;骨料有砂、石、陶粒、膨胀珍珠岩颗粒、煤矸石、页岩、炉渣等;其他材料有粉煤灰、矿渣、煤渣和一些固体废弃物等。

砌块的生产工艺比较简单,一般包括原料计量、搅拌混合、块体成型、养护和检验等工序,块体一般采用半干硬性混合料,振动压制成型。根据所用原材料不同,养护有自然养护、常压水蒸气养护和加压水蒸气养护等。

(3)常用砌块品种及其特性

①普通混凝土小型砌块　以水泥、砂、石和水搅拌成干硬性混凝土、振动压制成型、自然养护而成的砌块,包括空心砌块和实心砌块。小型空心砌块的主规格尺寸为390 mm×190 mm×190 mm,其孔数有单排孔、双排孔,如图4.3所示。此外,为了砌筑方便,还有宽度规格尺寸(mm)为290、240、140、120和90,以及高度规格尺寸(mm)为140、190等辅助砌块。

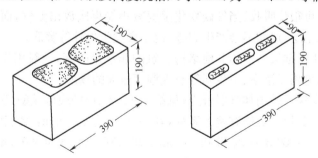

图4.3　小型空心砌块的主规格构造(单位:mm)

按其抗压强度,普通混凝土小型砌块分为承重砌块(L)和非承重砌块(N),承重空心和实心砌块的最小强度等级分别为MU 7.5和MU 15;非承重空心和实心砌块的最小强度等级分别为MU 5.0和MU 10.0,最大强度等级分别为MU 10.0和MU 20.0。普通混凝土小型砌块的质量和技术性能应符合《普通混凝土小型砌块》(GB/T 8239—2014)的规定。

普通混凝土小型砌块被广泛应用于多层或高层住宅建筑中,它具有砌筑工效高、墙面平整、易粉刷、质量轻等优点,可减轻墙体结构自重约35%;节约砌筑砂浆30%～40%;提高主体砌筑工效30%;增加使用面积2%;并能节省资源、节约能源。

②轻骨料混凝土小型砌块　采用轻骨料混凝土,经砌块成型机成型、养护制成的小型空心

砌块,有黏土陶粒、页岩陶粒、粉煤灰陶粒、浮石、自燃煤矸石等轻骨料混凝土小型砌块。

其主要规格尺寸为 390 mm×190 mm×190 mm。按其孔的排数,分为单排孔、双排孔、三排孔和四排孔等四类;按其表观密度,分为 700、800、900、1 000、1 100、1 200、1 300 和 1 400 八个等级;按其抗压强度,分为 MU2.5、MU3.5、MU 5.0、MU 7.5、MU 10.0 五个等级。其尺寸偏差和外观质量、密度等级、强度等级、吸水率、干缩率、相对含水率、碳化系数和软化系数等性能指标应符合《转集料混凝土小型空心砌块》(GB/T 15229—2011)的规定。

轻骨料混凝土小型空心砌块以其轻质、高强、保温隔热性能好、抗震、防火等特点,在各种建筑的墙体中得到广泛应用,一般多用于建筑物的非承重墙体,特别适用于保温隔热要求较高的建筑物围护结构中,可以降低墙体的传热系数。

③石膏砌块 以建筑石膏为主要原料,经加水搅拌、浇注成型和干燥制成的块状建筑石膏制品,在生产中还可以加入各种轻骨料、填充料、纤维增强材料、发泡剂等辅助材料。有时也可用高强石膏(α-石膏)代替建筑石膏。

石膏空心砌块其外形为长方体,纵横边缘分别设有榫槽和榫头。按其空心率,分为空心砌块(K)和实心砌块(S);按其防潮性能,分为普通石膏砌块和防潮石膏砌块。根据《石膏砌块》(JC/T 698—2010),石膏砌块长度规格尺寸(mm)有 600 和 660;高度规格尺寸为 500 mm;厚度规格尺寸(mm)有 80、100、120 和 150。实心石膏砌块和空心石膏砌块的表观密度应分别不大于 1 100 kg/m³ 和 800 kg/m³;断裂荷载不小于 2 000 N;软化系数不小于 0.6。

石膏砌块具有石膏制品的优点:属于不燃体(A 级);良好的保温隔声性能,厚度为 370 mm 普通砖墙的传热系数为 1.34 Kcal/(m²·h·℃),而 200 mm 厚的石膏板墙的传热系数为 0.17 Kcal/(m²·h·℃);100 mm 厚的石膏砌块大墙体的建筑隔声值达 36~38dB;石膏砌块墙体质量轻,抗震性好,80 mm 厚石膏砌块墙体约 72 kg/m²,100 mm 厚约 90 kg/m²;石膏砌块配合精密,墙体光洁平整,石膏砌块墙面一般不需抹面,可直接在墙面涂刷涂料、贴壁纸等;石膏砌块可钉、可锯、可刨、可修补,加工处理十分方便,施工速度快;石膏砌块具有呼吸功能,房间内过量湿气可很快吸收,当气候变化湿度减小能再次放出湿气,而不影响墙体牢固程度;石膏砌块的体积稳定,墙面不会产生裂缝,也不会发生虫蛀等弊病。

石膏砌块主要用于框架结构和其他结构建筑的非承重隔墙,一般用作内隔墙。掺入特殊添加剂的防潮砌块,可用于浴室、卫生间等空气湿度较大的场所。

④加气混凝土砌块 采用加气混凝土(见第 3.11.2 节)经块体成型、切割和蒸压养护等工序制成的轻质砌块。其尺寸规格有两个系列,其一,长度为 600 mm,高度为 200 mm、250 mm 和 300 mm,宽度从 75~300 mm(以 25 和 50 mm 递增);其二,长度为 600 mm,高度为 240 mm 和 300 mm,宽度从 60~240 mm(以 60 mm 递增)。

根据《蒸压加气混凝土砌块》(GB 11968—2006),按其立方体抗压强度值,分为 A1.0、A2.0、A2.5、A3.5、A5.0、A7.5、A10.0 等七个强度等级。立方体抗压强度是采用 100 m×100 mm×100 mm 立方体试件,含水率为 25%~45% 时测定的抗压强度。按其表观密度,分为 B03、B04、B05、B06、B07、B08 等六个级别;按其尺寸偏差和外观质量,分为优等品(A)和合格品(B)。加气混凝土的各项性能应符合《蒸压加气混凝土砌块》(GB 11968—2006)规定的技术要求。

使用蒸压加气混凝土砌块可以设计建造三层以下的全加气混凝土建筑,但这种砌块主要用于框架、框剪结构建筑的外墙填充保温层和内隔墙体,也可用于抗震圈梁构造柱多层建筑的外墙或保温隔热复合墙体。

4.1.3 墙体用板材

用于建筑物墙体的轻质板材品种较多,各种板材都有其特色。从板材的形式分,有薄板、条板、轻型复合板等类型。各类板材中又有很多品种,厚度不大于 20 mm 的薄板类板材有纸面石膏板、纤维水泥板、蒸压硅酸钙板、水泥刨花板、水泥木屑板、建筑用纸面稻草板等;宽度不大于 600 mm 的条板类板材有石膏空心条板、加气混凝土空心条板、玻璃纤维增强水泥空心条板、预应力混凝土空心墙板、硅镁加气空心墙板等;轻质复合板类板材有钢丝网架和泡沫塑料夹心板、钢丝网架和岩棉夹芯板以及其他夹芯板等。

轻质条板的长度为 2 500～3 000 mm;宽度规格为 600 mm;厚度规格有 60 mm、90 mm 和 120 mm,其主要技术性能有含水率不超过 10%,面密度为 60～100 kg/m²,抗折破坏荷载为板自身质量的 1.0～0.75 倍,干燥收缩值不超过 0.8 mm/m,单点吊挂力不小于 800 N,抗冲击性(5 次)要求无裂纹,空气声计权隔声量不低于 30 dB,耐火极限不小于 1 h,不燃体。

轻质墙板的共同特点是:单位面积质量轻,隔音隔热效果好,表面平整,抗震性能好,安装施工时基本是干作业操作,安装快捷,施工效率高。主要用作非承重内隔墙,也可用作公共建筑、住宅建筑和工业建筑的外围护结构。使用时应采取接缝防裂措施,确保墙体无裂缝。

4.2 石 材

以天然岩石为主要原料,经加工制作并用于建筑、装饰、碑石、工艺品或路面等用途的材料为石材,包括天然石材和人造石材。

4.2.1 天然石材

天然岩石是由各种不同的地质作用所形成的天然矿物的集合体。按其形成的地质条件,可分为岩浆岩(火成岩),沉积岩,变质岩等三大类,其种类、特点、结构与构造及用途见表 4.1。

表 4.1 天然岩石的种类、特点及用途

岩类		成因	常用岩石种类	结构	构造	特点	用途
岩浆岩	深层岩	熔融岩浆由地壳内部上升,经冷却而成	花岗岩、闪长岩、辉长岩等	矿物全部结晶	块状致密构造	表观密度大,吸水率小,抗压强度高,抗冻性和耐久性好	结构与饰面材料
	喷出岩		玄武岩、安山岩、辉绿岩等	洁净不完全,多呈细小结晶(隐晶质)或玻璃体	气孔状、斑状或块状构造	抗压强度较高,不易磨损	一般建筑工程,耐酸或耐热材料,铸石原料
	火山岩		火山凝灰岩、火山灰、浮石、火山砂	非晶体,玻璃体	多孔	表观密度小,孔隙率大,有化学活性	骨料、掺合料
沉积岩	机械沉积岩	由各种岩石经风化后,搬迁、沉积和再造岩作用而形成	砂岩、页岩、砾石、砂等	石英晶屑	层状构造	表观密度小孔隙率和吸水率较大,强度和耐久性较低	水泥原料、骨料
	化学沉积岩		石膏岩、白云岩、菱镁矿等	晶体	层状构造		建筑材料原料
	生物沉积岩		石灰岩、硅藻土、白垩等	粒状结晶,隐晶质,介壳质	层状构造		一般建筑工程,建筑材料原料

续上表

岩 类	成 因	常用岩石种类	结 构	构 造	特 点	用 途
变质岩	由岩浆岩形成	片麻岩（花岗岩变质而来）	等粒或斑晶	层状构造	吸水性强，抗冻性差	一般建筑工程，骨料
	由岩浆岩或沉积岩在地壳运动中产生熔融再结晶作用形成	大理岩（石灰变质岩）	致密结晶体	块状构造	强度较高，硬度不大，有装饰纹理，抗风化性差	装饰材料
	由沉积岩形成	石英岩（硅质砂变质岩）	等粒结晶体		强度高，耐久性好	饰面材料，一般建筑材料原料

天然岩石具有强度高，耐久性与耐磨性好等优点，有些岩石具有良好的装饰性。世界上有许多古建筑，如古埃及的金字塔、意大利的比萨斜塔、我国福建泉州的洛阳桥、河北赵州桥等；还有现代建筑，如北京天安门广场的人民英雄纪念碑等均由天然石材建造而成。在土木工程中，块状的毛石、片石、条石、块石等常用来砌筑构筑物基础、桥涵、墙体、勒脚、渠道、堤岸、护坡和隧道衬砌等；石板用于内外墙体的贴面和地面材料；片状石材可作屋面材料。粒状的砂，砾石，碎石等，广泛用作铁路道砟和各种混凝土、砂浆和人造石材的骨料。天然岩石还是生产砖，瓦，石灰，水泥，陶瓷，玻璃等建筑材料的主要原料。

1. 建筑天然石材的种类

经选择和加工成的具有特殊尺寸或形状的天然岩石，统称为天然石材。按其用途，分为天然建筑石材和装饰石材；按其材质，分为大理石、花岗石、石灰石、砂岩和板石等五类。

① 大理石　以大理石为代表，包括结晶的碳酸盐岩石和质地较软的其他变质岩的一类石材；

② 花岗石　以花岗岩为代表，包括岩浆岩和各种硅酸盐类变质岩的一类石材；

③ 石灰石　由方解石、白云石或两者混合化学沉积形成的石灰华类石材；

④ 砂岩　矿物成分以石英和长石为主，含有岩屑和其他副矿物的沉积岩类石材；

⑤ 板石　是指沿流片理产生的解理面裂开成薄片的一类变质岩类石材。

2. 天然石材的性能

天然石料的技术性质主要取决于天然岩石的矿物组成，结构与构造的特征，同时也受一些外界因素的影响，如自然风化或开采加工所形成的缺陷等。

(1) 物理性质　包括表观密度、吸水性、耐水性、抗冻性、耐热性和导热性等。

① 表观密度　石材的表观密度与矿物组成、结构和成因等有关。花岗石、大理石等致密岩石，其表观密度接近于密度，约为 2 500~3 100 kg/m³；而火山凝灰岩，浮石等孔隙率较大的石材，其表观密度较小，约为 500~1 700 kg/m³。

表观密度大于 1 800 kg/m³ 的为重质石料，一般用作构筑物基础，桥涵，隧道，墙，地面及装饰用材料。表观密度小于 1 800 kg/m³ 的为轻质石材，多用作墙体材料。

② 吸水性　深层岩及许多变质岩的孔隙率和吸水率均很小，如花岗岩吸水率小于 0.5%；沉积岩因成因不同，其吸水率波动很大，如一般石灰岩的吸水率小于 1%，而多孔贝壳石灰岩的吸水率却高达 15%。吸水性大的石材，强度较低，抗冻性较差，导热性较大。一般吸水率小于 1.5% 为低吸水性石材；介于 1.5%~3.0% 之间为中吸水性石材，大于 3.0% 为高吸水性石材。

③ 耐水性　石材的耐水性用软化系数 K（见第 1 章）表示，根据 K 值大小，石材的耐水性分为高、中、低三等。$K>0.90$ 的为高耐水性石材，$K=0.75~0.90$ 的为中耐水性石材，$K=$

0.60～0.75 的为低耐水性石材。K＜0.60 的石材不得用于重要建筑物中。

④抗冻性 石材的抗冻性与其吸水性、吸水饱和程度有关,吸水率越低,抗冻性越好,如坚硬致密的花岗岩,石灰岩等,抗冻性好。石材的吸水饱和程度用饱和系数表征,饱和系数是指材料的体积吸水率与开口孔隙的体积百分率之比。石材吸水后的饱和系数越大,抗冻性越差。石材浸水时间越长,饱和系数越大,抗冻性越差。如有些石灰石,浸水 1～5 d 时还是抗冻的,但浸水 30 d 后则耐冻性变差。这类石材不宜用于高湿度的寒冷地区。

⑤耐热性 石材的耐热性与其化学成分及矿物组成有关。含石膏的石材,在 100 ℃ 以上时开始破坏;含有碳酸镁的石材,温度高于 725 ℃ 会发生破坏;含有碳酸钙的石材,则在 827 ℃ 时开始破坏。由石英与其他矿物所组成的石材,如花岗岩等,当温度达到 700 ℃ 时,由于石英受热膨胀,强度就会丧失。

⑥导热性 石材的导热性与其表观密度和结构状态有关,重质石材的导热系数可达 2.91～3.49 W/m·K;轻质石材的导热系数约为 0.23～0.70 W/m·K。相同成分的石材,玻璃态比结晶态的导热系数小。具有封闭孔隙的石材,导热系数较小。

(2)力学性质 包括抗压强度、冲击韧性、硬度、耐磨性等。

①抗压强度 石材的抗压强度主要取决于矿物组成、结构和构造特征、胶结物的种类及均匀性,以及荷载和解理方向等因素。例如,花岗岩中石英是很坚硬的矿物,因而石英含量愈高,花岗岩的强度也愈高,而云母易解理成柔软的薄片,故云母含量愈多,花岗岩的强度愈低。由硅质矿物胶结的沉积岩强度高于石灰质胶结的沉积岩,而泥质胶结的沉积岩的强度最小;结晶沉积岩强度高于玻璃质沉积岩;致密构造的石材强度比疏松多孔构造的石材高,例如,致密岩石的抗压强度可达 250～350 MPa,一般为 40～100 MPa。具有层状、带状或片状构造的石材,其垂直层理方向的抗压强度比平行层理方向的高。

砌筑用石材以边长 70 mm 的立方体试件,用标准方法测得的抗压强度平均值作为评定其强度等级的依据。根据《砌体结构设计规范》(GB 50003—2011)的规定,砌筑用毛石分为 MU100、MU80、MU60、MU50、MU40、MU30、MU20 等七个强度等级。

②冲击韧性 天然石材是典型的脆性材料,抗拉强度约为抗压强度 1/14～1/50,其冲击韧性低,且与岩石矿物组成与结构有关。石英岩、硅质砂岩脆性较大,而含暗色矿物较多的辉长岩、辉绿岩等韧性较高。晶体结构的岩石韧性一般高于非晶体结构岩石。

③硬度 用莫氏硬度或邵氏硬度表示石材硬度,它取决于岩石矿物组成的硬度与构造。凡由致密、坚硬矿物组成的石材,其硬度均高。晶体结构的石材硬度高于玻璃体结构的石材。一般来说,石材的抗压强度愈高,硬度愈大,其耐磨性和抗刻痕性越好,但表面加工越困难。

④耐磨性 石材的耐磨性是指其在使用条件下抵抗摩擦、边缘剪切以及冲击等复杂作用下的性质。石料的耐磨性用磨耗率表示,该值为试样磨耗损失质量与试样磨耗前质量之比。

石材的耐磨性与其矿物的硬度、结构与构造特征以及石料的抗压强度和冲击韧性有关。岩石矿物愈硬,构造愈致密以及石材的抗压强度和冲击韧性愈高,石材的耐磨性愈好。

(3)工艺性质 包括加工性、磨光性和抗钻性等。

①加工性 指岩石对劈解、凿琢与破碎等加工工艺的难易程度。凡强度、硬度、韧性高的石料,不易加工;质脆而粗糙,有颗粒交错的结构,含有层状或片状构造以及易风化的岩石,都难以满足加工要求。

②磨光性 指岩石能够磨成光滑表面的性质。致密、均匀、细粒结构的石材,一般都有良好的磨光性。疏松、多孔、有鳞片状结构、云母含量多的石材,其磨光性均不好。

③抗钻性　指岩石接受钻孔难易程度的性质。影响抗钻性的因素很复杂,一般与岩石的强度、硬度、冲击韧性等有关。

3. 天然石材的技术要求

天然石材的技术指标包括体积密度、吸水率、抗压强度、抗弯强度和耐磨性。按行业标准《公路工程石料技术标准》(JTJ054/M0201—1994)的规定,各类石材按其抗压强度和磨耗率分为四级。其技术指标要求见表4.2。各类天然石材建筑板材的性能应符合相关现行国标的规定,其放射性应符合《建筑材料放射性核素限量》的规定。

表4.2　石材技术分级

岩 类	主要岩类名称	技术指标	等 级			
			1	2	3	4
岩浆岩类	花岗岩 玄武岩 安山岩 辉绿岩	抗压强度[1](MPa)	>120	100~200	80~100	—
		磨耗率[2](%)	<25	25~30	30~45	45~60
石灰岩类	石灰岩 白云岩	抗压强度(MPa)	100	80~100	60~80	30~60
		磨耗率(%)	<30	30~35	35~50	50~60
砂岩与片麻岩类	石英岩 片麻岩 花岗片麻岩	抗压强度(MPa)	>100	80~100	50~80	30~50
		磨耗率(%)	<30	30~35	35~45	45~60
砾 石		磨耗率(%)	<20	20~30	30~50	50~60

注：①抗压强度指饱水状态下极限抗压强度;
　　②磨耗率指搁板式磨耗机中测定值。

4. 天然石料在建筑工程中的应用

建筑工程在选用天然石料时,应根据建筑物的类型、使用要求和环境条件,再结合地方资源进行综合考虑,使所选用的石料满足适用、经济和美观等要求。

建筑工程中常用的天然石材有板材、毛(片)石、料石、道砟、骨料等。

(1)板材　指对采石场所得的荒料经人工凿开或锯解而成的板材,厚度为10~30 mm,长度和宽度范围一般为300~1 200 mm。一般多用花岗岩或大理岩锯解而成。按板材的表面加工程度分为粗面板材、细面板材和镜面板材。粗面板材主要用于外墙、柱面、台阶、地面等部位;具有镜面光泽的板材,如大理石板材,主要用于室内饰面及门面装饰、家具的台面等;天然大理岩建筑板材的主要矿物组成是方解石或白云石,在大气中受二氧化碳、硫化物、水汽等作用,表面易被溶蚀而失去表面光泽,且易风化、崩裂,故大理石板材主要用于建筑物室内。

(2)毛石或片石　毛石指由爆破直接得到的形状不规则,中部厚度不小于150 mm的石块。按其表面平整度分为乱毛石和平毛石。毛石多用于砌筑基础、挡土墙和沟渠,也用于干砌或浆砌护坡、浇筑毛石混凝土、砌筑桥墩与桥台、涵洞的边墙、端墙与翼墙以及墙体等。

(3)料石　指由人工或机械开采出来的较规则的六面体石块,略经加工凿琢而成。依石料表面加工的平整度分为毛料石、粗料石、半细料石和细料石。毛料石可用于桥墩台的镶面工程,涵洞的拱圈与帽石,隧道衬砌的边墙,也可用作高大或受力较大的桥墩台的填腹材料等。粗料石的抗压强度视其用途而定;用作桥墩破冰体镶面时,不应低于60 MPa用作桥墩分水体时,不应低于40 MPa;用于其他砌体镶面时,应不低于砌体内部石料的强度。

(4)道砟材料　道砟主要有碎石、砾石与砂三种。

①碎石道砟　由开采坚韧的岩浆岩或沉积岩,或是大粒径的砾石经破碎制得,其材质应坚韧、耐磨、不易风化,所含松软颗粒、尘屑不得超过规定限值。碎石道砟按其粒径可分为:标准道砟(20～70 mm),应用于新建、大修与维修铁路;中道砟(15～40 mm),应用于垫砂起道。

②砾石道砟　其性能要求与碎石道砟相同。按其颗粒级配,分为筛选砾石道砟与天然级配砾石道砟。筛选砾石道砟是由粒径为 5～40 mm 的天然级配砾石,掺以规定数量的 5～40 mm 的敲碎颗粒所组成。天然级配砾石道砟是砾石和砂子的混合物。其中 3～60 mm 粒径的砾石约占混合物总质量的 50%～80%,小于 3 mm 的砂子约占混合物总质量的 20%～50%。

③砂子道砟　主要由坚韧的石英砂组成,其中大于 0.5 mm 的颗粒应超过总质量的 50%,尘末与黏土含量均不得超过规定值。

4.2.2　人造石材

以高分子聚合物或水泥或两者混合物为黏合材料,以天然石材碎(粉)料和/或天然石英石(砂、粉)或氢氧化铝粉等为主要原料,加入颜料及其他辅助剂,经搅拌混合、凝结固化等工序复合而成的材料,统称为人造石,主要包括人造石实体面材、人造石英石和人造石岗石等。

1. 人造石实体面材

以甲基丙烯酸甲酯或不饱和聚酯树脂(见第 7 章)为基体,主要由氢氧化铝为填料,加入颜料及其他辅助剂,经浇铸或模压成型的人造石,简称实体面材。按其基体树脂,分为丙烯酸(PMMA)类和不饱和聚酯(UPR)类;按其长×宽×厚(mm),分为Ⅰ型(2 440×760×12.0)、Ⅱ型(2 440×760×6.0)和Ⅲ型(3 050×760×12.0);按其巴氏硬度和落球冲击性能,分优等 A 级和合格 B 级。A 级和 B 级的 PMMA 类实体面材,其巴氏硬度分别不小于 65 和 60;A 级和 B 级的 UPR 类实体面材,其巴氏硬度分别不小于 60 和 55。两类实体面材的 A 级和 B 级品,其 450g 钢球冲击高度分别不低于 2 000 mm 和 1 200 mm。弯曲强度不小于 40 MPa,弯曲弹性模量不小于 6.5 GPa;耐磨性不大于 0.6 g;线膨胀系数不大于 $5.0×10^{-5}/℃$。

2. 人造石英石

以天然石英石(砂、粉)、硅砂、尾矿渣等无机材料(主要成分是 SiO_2)为主要原料,以高分子聚合物或水泥或两者混合物为黏合材料制成的人造石,简称人造石英石,俗称石英微晶合成装饰板或人造硅晶石。其矩形石材的边长为 400～3 600 mm 不等,厚度有 8 mm、10 mm、12 mm、15 mm、16 mm、18 mm、20 mm、25 mm 和 30 mm 等规格;按其规格尺寸偏差、角度偏差、平整度、外观质量和落球冲击性能,分为优等 A 级和合格 B 级。人造石英石的 A 级和 B 级品,其 450g 钢球冲击高度分别不低于 1 200 mm 和 800 mm。弯曲强度和压缩强度分别不小于 35 MPa 和 150 MPa;耐磨性不大于 300 mm^3;线膨胀系数不大于 $3.5×10^{-5}/℃$。

3. 人造石岗石

以大理石、石灰石等的碎料、粉料为主要原材料,以高分子聚合物或水泥或两者混合物为黏合材料制成的人造石,简称岗石或人造大理石。按其规格尺寸偏差、角度偏差、平整度、外观质量和落球冲击性能,也分为优等 A 级和合格 B 级。A 级和 B 级品,其 225 g 钢球冲击高度为 800 mm。弯曲强度和压缩强度分别不小于 15 MPa 和 80 MPa;耐磨性不大于 500 mm^3;线膨胀系数不大于 $4.0×10^{-5}/℃$。

上述三种人造石材经切割、打磨抛光等工序可制成各种装饰板材,具有天然石材的纹理和质感,强度高,韧性好,不易碎裂。主要用作建筑物墙体和卫生间、厨房的饰面材料。

4.3 砌筑与抹面砂浆

砂浆是由胶凝材料、细骨料、掺合料、水和外加剂等组分材料按适当比例配制而成,也可看作是一种细骨料混凝土。砂浆在土木工程中用途广泛,而且用量也相当大。

按其用途,砂浆分为砌筑砂浆、抹面砂浆和保温砂浆、防水砂浆、耐酸砂浆、吸声砂浆和加固与修补砂浆等特性砂浆。砌筑砂浆在砌筑结构中起胶结作用,把块体材料胶结成整体结构;砂浆抹面用于墙面、地板及梁柱结构的表面,起防护、垫层和装饰等作用;特性砂浆可起保温、吸声、防水、防腐和加固修补等作用。此外,砂浆还用作瓷砖、大理石、水磨石等粘贴材料。

按所用胶结材料,有水泥砂浆、石灰砂浆、石膏砂浆、混合砂浆、水玻璃矿渣砂浆、硫磺耐酸砂浆、聚合物砂浆等。常用的混合砂浆有水泥石灰砂浆、水泥黏土砂浆和石灰黏土砂浆等。聚合物砂浆可用于耐腐蚀工程和加固修补工程;水玻璃矿渣砂浆可用于黏结加气混凝土板等;硫磺耐酸砂浆可抵抗一般无机酸、中性盐、酸性盐的侵蚀;石膏砂浆多用于装饰。

按生产和施工方法可将砂浆分为现场拌制砂浆和预拌砂浆等。

4.3.1 砂浆的组成材料

1. 胶凝材料和矿物掺合料

胶凝材料有水泥、石灰、石膏和聚合物等;矿物掺合料有粉煤灰、粒化高炉矿渣粉、黏土等,应根据砂浆的性能、使用环境和用途,选择胶凝材料和掺合料。

(1)水泥 水泥是配制砂浆的主要胶凝材料,依据砂浆品种和强度等级选择水泥强度等级,M15及以下强度等级的砌筑砂浆宜选择32.5级的通用硅酸盐水泥或砌筑水泥;M15强度等级的砌筑砂浆宜选用42.5级的通用硅酸盐水泥。

对于特殊用途的砂浆则应选择特殊水泥,如修补裂缝、预制构件的嵌缝等须用膨胀水泥,而装饰砂浆则多用白色水泥与颜料来配制。

(2)石灰 为改善砂浆的和易性和节约水泥,在砂浆中常掺入熟石灰或磨细生石灰粉等。抹面砂浆通常以石灰作胶凝材料配制成石灰砂浆、石灰混合砂浆。

使用生石灰时,为保证砂浆质量,需将石灰预先充分"陈伏",熟化成石灰膏,然后使用。严禁使用脱水硬化的石灰膏,消石灰粉也不得直接用于砌筑砂浆。

(3)矿物掺合料 掺加粉煤灰、粒化高炉矿渣粉、硅灰等矿物掺合料,可减少水泥用量,改善和易性,某些情况下还可提高砂浆强度。

(4)其他胶凝材料 合成树脂、水玻璃、硫磺、石膏等均可作为胶凝材料。

2. 砂子

宜选用中砂,并应符合现行行标《普通混凝土配合比设计规程》(JGJ 55—2011)规定的技术要求,且应全部通过4.75的筛孔;对于砖砌体的砌筑砂浆,砂的粒径不宜大于2.36 mm;抹面及勾缝的砂浆应采用细砂。

轻质砂浆应采用堆积密度小于1 000 kg/m³的轻砂。耐酸砂浆应采用耐酸细骨料,如陶砖碎粒等。若采用人工砂、山砂等配制砂浆时,应经试配来确定技术指标。

3. 外加剂

为改善砂浆的和易性,除石灰膏外还常掺用塑化剂、微沫剂、保水剂等砂浆外加剂。我国古代就已在砂浆中掺糯米浆、猪血等,以改善砂浆的性能。

微沫剂是一种有机物质,加入到砂浆拌合物中,形成大量微小的、高度分散的稳定气泡,增大拌合物的流动性,改善其保水性。常用的微沫剂有松香皂等。在某些情况下,水泥石灰砂浆中掺入微沫剂可使石灰用量减少一半。

保水剂也是一种加入到砂浆中能显著减少砂浆泌水,防止离析,并改善和易性的物质。常用的保水剂有甲基纤维素、硅藻土等。

为改善砂浆其他性能也可掺入另外一些材料,如掺入纤维材料可改善砂浆的抗裂性,掺入防水剂可提高砂浆的防水性和抗渗性,掺入引气剂可提高保水性能。减水剂对砂浆有增塑作用。

当砌筑砂浆中掺有外加剂时要检验其对砂浆性能的影响,对掺微沫剂的砂浆还要检验其对砌体结构性能的影响。

4.2.2 砌筑砂浆

砌筑砂浆用于砌筑砖石砌体,起黏结砌块、构筑砌体、传递荷载和衬垫等作用。砌筑砂浆是砌体结构的重要组成部分,工程应用中,应正确地设计、拌制和使用砂浆。

1. 砂浆的主要技术性质

砌筑砂浆没有粗骨料,一般以薄层抹铺在多孔吸水的基底上(如建筑砌块、黏土砖),所以,其使用性能和要求与混凝土有所不同。

(1)新拌砂浆的性质 新拌砂浆必须具备良好的和易性,即在运输和施工过程中不分层、泌水,能够在粗糙的砖石表面铺抹成均匀的薄层,与底面黏结性良好。砂浆的和易性包括流动性、稳定性和保水性三个方面。

①稠度 砌筑砂浆稠度表征其在自重或外力作用下流动的性能。稠度合适的砂浆,便于在砖、石等块体材料表面铺抹成均匀的砂浆层。砂浆流动性的影响因素有胶凝材料、掺合料的品种和用量、用水量、塑化剂和砂的粗细、表面特征、级配以及搅拌时间等。

砂浆稠度用"沉入度"表示,用砂浆稠度测定仪测试,即以标准圆锥体(见图4.4)沉入砂浆中的深度为沉入度(mm)。沉入度越大,砂浆流动性越大,即砂浆较稀。沉入度太大的砂浆易泌水;沉入度太小的砂浆不便于施工操作。

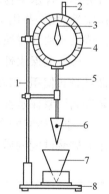

图4.4 砂浆稠度测定仪
1—支架;2—齿条测杆;
3—指针;4—刻度盘;
5—滑杆;6—圆锥体;
7—圆锥筒;8—底盘

砂浆流动性的选择与砌体材料种类、施工方法以及气候有关。砌筑多孔吸水的材料或天气干热时,砂浆稠度宜大些;砌筑密实不吸水的砌体或天气潮湿、寒冷时,砂浆的稠度宜小一些。适宜的稠度可按表4.3选择。

②稳定性 砂浆的稳定性是指砂浆在运输和停放时各组分材料不易分离的性质。稳定性不好的砂浆,在运输、停放、使用过程中容易出现离析、泌水现象,影响砂浆的匀质性,致使砌体质量不良。因此,砌筑砂浆应具有良好稳定性。

表4.3 建筑砂浆的适宜流动性(沉入度:mm)

砌体种类	干燥气候或多孔砌体	寒冷气候或密实砌体
烧结普通砖砌体、粉煤灰砖砌体	80~90	70~80
石砌体	40~50	30~40

续上表

砌体种类	干燥气候或多孔砌体	寒冷气候或密实砌体
混凝土砖、普通混凝土小型空心砌块、灰砂砖等砌体	60～70	50～60
烧结多孔砖、烧结空心砖、轻集料混凝土小型空心砌块、蒸压加气混凝土砌块等砌体	70～80	60～70

砌筑砂浆的稳定性用"分层度"表示。将砂浆搅拌均匀后,测其沉入度,再装入分层度测定仪,待 30 min 后,去掉上部 2/3(200 mm 厚)的砂浆,将底部余下 1/3 砂浆重拌后测其沉入度,前后两次沉入度的差值为分层度(mm)。分层度愈小,砂浆稳定性愈好。

分层度接近于零的砌筑砂浆,其稳定性好,但一般易发生干缩开裂,影响工程质量;分层度在 10～20 mm 的砂浆稳定性良好,砂浆硬化后性质也较好;分层度大于 30 mm 时,容易产生离析,不便于施工。砂浆的稳定性与材料组成有关。胶凝材料浆体不足,则砂浆易离析;若砂粒过粗、级配不良,则分层度将增大。

③保水性　砌筑砂浆的保水性是指其保存水分的能力。保水性不好的砂浆,砌筑时水分易被基面吸收,砂浆变得干涩,难于铺抹均匀,同时也影响胶凝材料的正常硬化,致使砌体质量不良;保水性不良的砌筑砂浆,易因干缩引起开裂。因此,砂浆应具有良好的保水性。

砂浆的保水性用"保水率"表示,即砂浆被吸水后,保持在砂浆中的水量占原砂浆中水量的百分率。保水率检测方法是:将砂浆搅拌均匀装入试模,将试模上表面砂浆抹平,放上 15 层中速定性滤纸,并用不透水片和 2 kg 重物压实,待 2 min 后测量滤纸所吸水量。同时通过配合比或烘干法获得原砂浆的含水量。以前后两次测量数据计算保水率。

砂浆的保水性与胶凝材料品种与用量、外加剂等有关。胶凝材料浆量不足,或砂的级配不良且颗粒偏粗,则砂浆保水性不好;含有石灰、石膏等胶凝材料,或添加增稠剂、引气剂时,可显著提高砂浆保水性。

《砌筑砂浆配合比设计规程》(JGJ/T 98—2010)将砂浆稠度(流动性)、保水率和抗压强度作为砂浆试配的质量指标,试配砂浆的保水率应符合表 4.4 的要求。

表 4.4　砌筑砂浆保水率(%)

砂浆种类	保水率
水泥砂浆	≥80
水泥混合砂浆	≥84
预拌砌筑砂浆	≥88

④其他性质　砂浆硬化前的性质包括凝结时间、表观密度等,它们对砂浆配制、施工和质量控制均有实际意义,往往也是工程检验的项目。采用贯入阻力法,从加水拌和到贯入阻力值达到 0.5 MPa 时所需时间,即为砂浆凝结时间。

砂浆的表观密度采用固定体积法测量,即以填入 1 升容器的砂浆在插到或振动密实后的单位体积质量,kg/m³。《砌筑砂浆配合比设计规程》规定:水泥砂浆的表观密度宜大于 1 900 kg/m³,水泥混合砂浆的表观密度宜大于 1 800 kg/m³,预拌砌筑砂浆的表观密度宜大于 1 800 kg/m³。

(2)硬化砂浆的性质　硬化砂浆应具有所需的抗压强度、拉伸黏结强度,抗冻、干缩、含气量、吸水率、抗渗性等。

①抗压强度　砌筑砂浆的抗压强度是采用边长为 70.7 mm 的立方体试块,按标准条件养

护至 28 d 后,测得的抗压强度平均值(MPa),用 $f_{m,0}$ 表示。根据砌筑砂浆的立方体抗压强度标准值,水泥砂浆和预拌砌筑砂浆划分为 M5、M7.5、M10、M15、M20、M25、M30 等七个强度等级,水泥混合砂浆划分为 M5、M7.5、M10、M15 等四个强度等级。

砂浆可视作由砂子颗粒和硬化胶凝材料基体构成的两相复合材料,因此,其强度主要取决于胶凝材料基体的强度和体积分数。对于水泥砂浆而言,其抗压强度主要取决于水泥石的强度和体积分数。水泥石的强度主要与水泥强度等级和水灰比有关,但新拌砌筑砂浆铺抹在砌体材料表面后,由于砌体材料表面吸水,即使砂浆用水量不同,吸水后保留在砂浆中的水分只与其保水性有关,而与砂浆拌合用水量或水灰比无关。所以,砌筑砂浆的抗压强度 $f_{m,0}$ 只与水泥实际强度和水泥用量有关,它们间符合公式(4.1):

$$f_{m,0} = \alpha \cdot f_{ce} \cdot \frac{Q_c}{1\,000} + \beta \tag{4.1}$$

式中　Q_c——1 m³ 砂浆的水泥用量,kg/m³;

　　　α、β——砂浆的特征系数,$\alpha = 3.03$;$\beta = -15.09$。

　　　f_{ce}——水泥的实测强度,也可按公式(4-2)计算:

$$f_{ce} = \gamma_c f_{ce,g} \tag{4.2}$$

式中　γ_c——水泥强度等级值的富余系数,该值应按实际统计资料确定,无统计资料时取 1.0;

　　　$f_{ce,g}$——水泥强度等级值,MPa。

②拉伸黏结强度　砂浆拉伸黏结强度采用直接拉伸试验测试,按规定制成基准水泥砂浆块,并将其成型面用砂纸磨平,再将受检砂浆装入置于基准砂浆块成型面上的成型框内成型,养护至规定龄期(一般是 14 d)后,在受检砂浆成型面黏结一个钢制夹具,保证对中情况下进行拉伸试验,以破坏发生在受检砂浆与基准砂浆块黏结面的数据为有效数据,取 10 个试件所得的不少于 6 个有效数据的拉伸强度平均值作为其拉伸黏结强度。

一般来说,拉伸黏结强度随砂浆抗压强度增大而提高,掺加聚合物改性材料可提高其拉伸黏结强度。由于砌筑砂浆主要起黏结、衬垫和传力作用,其拉伸黏结强度直接影响砌体结构的强度、耐久性、稳定性和抗震能力等。砂浆与砌体材料的黏结强度与其表面状态、清洁与润湿情况以及养护条件等有关。

③抗冻性　依据砂浆试件经受冻融循环试验后,抗压强度损失率不大于 25% 且质量损失率不大于 5% 的次数来划分砂浆的抗冻等级。对于夏热冬暖地区、夏热冬冷地区、寒冷地区和严寒地区等四种使用环境条件,对应砂浆抗冻等级要求分别为 F15、F25、F35 和 F50 抗冻等级,对于特殊工程还应按设计要求保证砂浆抗冻性,提高工程耐久性。

④干缩性能　砂浆的干燥收缩值是将砂浆制成标准试件,按照规定养护 7 d 后置于标准干燥条件,用比长仪分别测定初始长度和对应时间的长度,计算其干缩值。一般情况下,砂浆在标准干燥条件下 90 d 的收缩趋于稳定。

⑤其他性质　含气量、抗渗性、吸水率和弹性模量等性质的意义和测试方法与混凝土材料相似或相同。例如,砂浆抗渗性采用混凝土抗渗性试验方法测试,也以抗渗等级表示抗渗性,其区别是试件尺寸较小。砂浆吸水率通过将标准试件浸入水中 48 h 后测定吸水量来计算。砂浆的静力抗压弹性模量由 40% 轴心抗压强度对应的割线弹性模量确定。

2. 砌筑砂浆的配合比设计

施工现场配制砂浆,按如下方法和步骤进行配合比设计。

(1) 水泥混合砂浆初步配合比计算步骤

① 砂浆试配强度 $f_{m,0}$ 按公式(4-3)计算：

$$f_{m,0}=kf_2 \tag{4-3}$$

式中 f_2——砂浆强度等级值，MPa；

k——系数，根据施工水平、砂浆强度等级、强度标准差 σ，按表 4.5 取值。

表 4.5 砂浆强度标准差 σ 及 k 值

施工水平 \ 砂浆强度等级	强度标准差 σ(MPa)							k
	M5.0	M7.5	M10	M15	M20	M25	M30	
优 良	1.00	1.50	2.00	3.00	4.00	5.00	6.00	1.15
一 般	1.25	1.88	2.50	3.75	5.00	6.25	7.50	1.20
较 差	1.50	2.25	3.00	4.50	6.00	7.50	9.00	1.25

② 1 m³ 砂浆中的水泥用量 Q_c 按公式(4.4)计算：

$$Q_c=\frac{1\ 000(f_{m,0}-B)}{Af_{ce}} \tag{4.4}$$

当水泥砂浆中的水泥用量 Q_c 计算值小于 200 kg/m³ 时，则取 200 kg/m³。

③ 石灰膏用量 Q_D 按公式(4.5)计算：

$$Q_D=Q_A-Q_c \tag{4.5}$$

式中 Q_D——1 m³ 砂浆的石灰膏用量，kg/m³，石灰膏使用时的稠度宜为(120±5)mm；

Q_A——1 m³ 砂浆中水泥和石灰膏总量，一般为 350 kg/m³。

④ 以含水率小于 0.5% 的干砂计，1 m³ 砂浆中砂用量为其堆积密度值。

⑤ 根据砂浆稠度等要求，选择 1 m³ 砂浆的用水量 Q_w，一般为 210～310 kg/m³。

砂浆的配合比表示方法有质量配合比和体积配合比两种，质量配合比以水泥用量为 1 表示水泥：石灰膏：砂：水的比例；体积配合比以砂子体积为 1 表示水泥：石灰膏：砂：水的比例。

⑥ 试拌调整 按照计算得到的试配配合比试拌砂浆，并测试砂浆拌合物的流动性、稳定性和保水性，若没有达到要求，可通过改变用水量或水泥和石灰膏用量使之达到要求，得出基准配合比。再按基准配合比试拌砂浆，成型试件，标准养护 28 d 后进行强度检测。如不满足要求，进行调整，使水泥用量增加或减少 10%，并相应调整石灰膏和水的用量，使之达到设计强度要求，从而得出既满足流动性、稳定性和保水性又保证强度并节约水泥的配合比。

(2) 水泥砂浆和水泥粉煤灰砂浆试配配合比

① 试配强度 试配强度按式(4-1)计算。

② 水泥砂浆和水泥粉煤灰砂浆可分别按表 4.6 和表 4.7 选择砂浆初步配合比中各材料用量。

表 4.6 水泥砂浆每立方米材料用量

强度等级	水 泥	砂	用 水 量
M5	200～230	砂的堆积密度值	270～330
M7.5	230～260		
M10	260～290		
M15	290～330		

续上表

强度等级	水 泥	砂	用 水 量
M20	340～400	砂的堆积密度值	270～330
M25	360～410		
M30	430～480		

注：①当采用细砂或粗砂时，用水量分别取上限或下限；
②稠度小于 70 mm 时，用水量可小于下限；
③施工现场气候炎热或干燥，可酌量增加用水量。

表 4.7 水泥粉煤灰砂浆每立方米材料用量

强度等级	水泥和粉煤灰总量	粉 煤 灰	砂	用 水 量
M5	210～240	粉煤灰掺量可占胶凝材料总量的 15%～25%	砂的堆积密度值	270～330
M7.5	240～270			
M10	270～300			
M15	300～330			

注：①表中水泥强度等级为 32.5 级；
②当采用细砂或粗砂时，用水量分别取上限或下限；
③稠度小于 70 mm 时，用水量可小于下限；
④施工现场气候炎热或干燥，可酌量增加用水量。

③水泥砂浆或水泥粉煤灰砂浆的配合比表示方法与水泥混合砂浆相似。

④试拌调整与配合比确定

试拌调整：根据试配配合比试拌砂浆，测试其流动性（稠度）和保水率，若没有达到要求，可通过改变材料用量达到要求。而调整强度则在和易性已达到要求的基准配合比基础上，使水泥用量增加或减少 10%，同时相应调整掺合料、保水、增稠材料和水的用量，在保证稠度和保水率前提下成型试块，检测其强度。

（3）砌筑砂浆试配配合比计算实例

【例1】 用 32.5 级矿渣水泥和中砂配制砌砖用的 M10 水泥砂浆。已知水泥实测 28 d 抗压强度 36.8 MPa，密度为 3.1 g/cm³；中砂最大粒径 2.5 mm，堆积密度 $\rho_{s,0}$ 为 1 520 kg/m³，砂的含水率为 2%。施工单位的质量水平优良，砂浆施工稠度要求为 60～80 mm，试计算该砂浆试配配合比。

【解】 ①砂浆的配制强度。查表 4.5，$k=1.15$，$f_2=10.0$ MPa，则：
$$f_{m,0}=kf_2=1.15\times10.0=11.5 \text{ MPa}$$

②查表 4.6，选择水泥用量（Q_c）、砂子用量（Q_s）和用水量（Q_w）：

$Q_c=270\text{kg/m}^3$；

考虑砂含水率为 2%，故砂子用量为：

$Q_s=1\cdot\rho_{0s}\times(1+2\%)=1\times1\,520\times(1+0.02)=1\,550 \text{ kg/m}^3$；

$Q_w=280 \text{ kg/m}^3$；

③砂浆质量配合比为：水泥：砂子：水＝270：1 550：280＝1：5.74：1.04

4.3.3 抹面砂浆

凡涂抹在建筑物或构件表面的砂浆统称为抹面砂浆。根据其功能，可分为普通抹面砂浆、饰面砂浆及防水砂浆。这类砂浆的主要特点在于：砂浆不承受荷载，与基底层黏结牢固，表面不开裂。对于有特殊功能要求的抹面砂浆,拌制时应采用特殊骨料和外加剂。

1. 普通抹面砂浆

抹面砂浆以薄层涂抹于结构物和墙体表面,起保护和装饰作用。它可以抵抗自然环境各因素对工程构筑物的侵蚀,提高其耐久性,同时又可以获得平整、美观的效果。

为了便于涂抹,抹面砂浆的胶凝材料用量一般比砌筑砂浆要多一些。

抹面砂浆有一面暴露在空气中,水分容易失去,因此其保水性应比砌筑砂浆更好,否则影响其与基面的黏结力。同时,这有利于气硬性胶凝材料的凝结硬化,因此,石灰砂浆不仅用于内墙,还常用于外墙。但石灰砂浆硬化较慢,加入建筑石膏可加速其硬化,加入量愈多,硬化越快。因此,石灰石膏混合砂浆常用于墙面抹灰,还可用于木质底面的抹灰。

抹面砂浆分两层或三层施工,各层要求不同,所用砂浆的品种也可不同。砖墙的底层抹灰,多用石灰砂浆或石灰炉渣砂浆;而混凝土墙、梁、柱、顶板等的底层抹灰多用混合砂浆。中层抹灰一般采用麻刀石灰砂浆;面层抹灰则多用混合砂浆、麻刀或纸筋石灰砂浆。在墙裙、踢脚板、地面、窗台、水池等容易碰撞或潮湿的地方,一般采用1:2.5的水泥砂浆。

普通抹面砂浆的稠度和砂子的最大粒径可参考表4.8选择。

表4.8 抹面砂浆稠度及砂的最大粒径

抹面层	稠度(mm)		砂的最大粒径(mm)
	机械施工	手工施工	
底层	80~90	110~120	2.36
中层	70~80	70~80	2.36
面层	70~80	90~100	1.18

2. 饰面砂浆

饰面砂浆多用于室内外装饰,以增加美观效果。装饰砂浆一般是在普通抹面砂浆做好底层和中层抹灰后施工。常掺入不同颜色的颜料或选用具有一定颜色砂子,并采用某种特殊的操作工艺,使表面呈现特殊的表面形式或呈现各种色彩、线条和花样。饰面砂浆常用的类型有拉毛、水刷石、水磨石、干粘石、斩假石、人造大理石、喷粘彩色瓷粒等。

3. 防水砂浆

用作防水层的砂浆称为防水砂浆,主要用于隧道、水池、地下室、沟渠等工程。砂浆防水层的抗变形能力很小,是刚性防水层,仅适用于不受振动和具有一定刚度的混凝土或砖石砌体工程的表面。对于变形较大或可能发生不均匀沉陷的建筑物,都不宜采用砂浆防水层。

防水砂浆可以参照防水混凝土配制原理进行配制,其主要技术途径有:

(1)选择恰当的材料和用量 提高水泥用量,灰砂比约为1:2~1:3,水灰比一般为0.5~0.55,水泥选用32.5级的普通水泥,砂子最好使用中砂。

(2)掺入防水剂 常用的防水剂有氯化物金属盐类、金属皂类或水玻璃防水剂等。氯化物金属盐类防水剂主要由氯化钙、氯化铝和水按一定比例配制而成。金属皂类防水剂是由硬脂酸、氨水、氢氧化钾(或碳酸钠)和水按一定比例混合,加热皂化而成的。水玻璃防水剂的主要成分为硅酸钠(水玻璃),再加入四矾,如蓝矾(硫酸铜)、明矾(钾铝矾)、红矾(重铬酸钾)和紫矾(铬矾),因而称为四矾水玻璃防水剂。

这些防水剂掺入水泥砂浆中能生成复盐或凝胶体,填塞毛细孔道,提高砂浆的抗渗性。

(3)采用喷射法施工 施工方法与喷射混凝土同。所形成的密实、刚性砂浆防水层,其强度和抗渗性很高。

防水砂浆的施工对操作技术要求很高,配制防水砂浆是先把水泥和砂干拌均匀后,再把称量好的防水剂溶于拌合水中,与水泥、砂搅拌均匀后即可使用。

4.3.4 预拌砂浆与特种砂浆

1. 预拌砂浆

预拌砂浆(也称商品砂浆)是近年来在我国逐渐推广使用的一种建筑砂浆。与现场配制砂浆相比,其最大特点是集中生产和供应,相应产生的技术、经济、社会效益在于砂浆组成材料和配比稳定,砂浆质量较好。通过掺合料、外加剂的使用可以获得较多的砂浆品种,并可满足特殊工程或部位对砂浆提出的特殊性能的要求,相应加快了工程备料和施工速度,保证施工质量,改善施工现场环境,符合现代技术进步、文明施工和保护环境的发展趋势。

根据生产和供应形式,商品砂浆分为干混砂浆和湿拌砂浆两种。

①干混砂浆 又称干粉砂浆或干拌砂浆等,是将经优选、筛分和干燥处理的细集料、胶凝材料(水泥、钙质消石灰粉或有机胶凝材料)、掺合料、外加剂、保水增稠材料等组分材料,按砂浆性能要求确定的配合比干拌混合而成。干混砂浆以袋装运送至施工现场,加水搅拌后使用。

干混砂浆品种多样,主要有砌筑砂浆、保温砂浆、抹面砂浆和修补砂浆,也有针对施工使用特点或性能要求的专用砂浆等。根据抗压强度,砌筑干混砂浆有 M5、M7.5、M10、M15、M20、M25、M30 等七个强度等级,强度等级较高的可用于砌筑高强度混凝土空心砌块。施工中稠度可调整在 60~80 mm,分层度在 0~10 mm。

②湿拌砂浆 是按照砂浆性能要求,将一定比例的细集料、胶凝材料、掺合料,外加剂和水等组成材料在集中搅拌站计量、拌制后由专用设备运送至施工工地,并在规定时间内使用完毕的砂浆拌合物。为减少湿拌砂浆因运输时间长可能造成稠度下降的影响和保证便于施工的凝结时间,应考虑掺加外加剂。

表 4.9 预拌砌筑砂浆性能

项 目	干混砌筑砂浆	湿拌砂浆
强度等级	M5、M7.5、M10、M15、M20、M25、M30	M5、M7.5、M10、M15、M20、M25、M30
稠度(mm)	—	50、70、90
凝结时间(h)	3~8	≥8、≥12、≥24
保水率(%)	≥88	≥88

预拌砂浆根据应用范围,可配制成砌筑、抹灰、地面和防水砂浆,以及保温砂浆、瓷砖粘结砂浆、界面处理砂浆和灌浆砂浆等。为改善性能、节约成本和促进环境保护常用粉煤灰、磨细矿渣、石粉等掺合料作为预拌砂浆组成材料替代水泥和细集料。为改善施工和易性常掺加增塑、保水和引气外加剂。其中干混砂浆主要通过灰砂比、掺合料替代率、外加剂掺量等来控制砂浆性能。预拌砂浆试拌配制时,其强度应满足公式(4-1)要求试配时的稠度取 70~80 mm;干混砂浆应向使用者提供拌和水量范围。预拌砌筑砂浆的性能应符合表 4.9 的要求。

预拌砂浆的运输、储存、搅拌、性能检验和使用等均应符合现行各项标准、规范的规定。

2. 保温砂浆

以水泥或石灰膏、石膏等胶凝材料与膨胀珍珠岩砂、膨胀蛭石砂、火山渣或浮石渣、陶粒砂、中空玻化微珠砂、复合硅酸铝纤维等材料,以及聚苯颗粒等多孔轻质颗粒状材料或纤维材料,按一定比例配制的砂浆,具有良好的保温隔热性能,通常称为保温砂浆。这类砂浆可以分为有机和无机两类,具体品种通常按主要保温材料命名。除保温性能外,还有轻质、吸音能力强等优点。保温砂浆已经在建筑节能的墙体保温结构中广泛应用。常用的品种有水泥膨胀珍珠岩砂浆、水泥膨胀蛭石砂浆和水泥粉煤灰中空玻化微珠砂浆等。

3. 耐酸砂浆

用水玻璃(硅酸钠)与氟硅酸钠拌制可配成耐酸砂浆,有时可掺入一些石英岩、花岗岩、铸石、陶砖碎粒等细骨料。

4. 防射线砂浆

在水泥浆中掺入重晶石粉、重晶石砂可配制成有防 X 射线能力的砂浆。其配合比约为水泥：重晶石粉：重晶石砂＝1：0.25：4～5。如果掺加硼砂、硼酸等可配制成抗中子辐射的砂浆。

5. 聚合物砂浆

聚合物砂浆是以聚合物或聚合物乳液和水泥作为胶凝材料配制的砂浆,包括树脂砂浆和聚合物水泥砂浆两类。前者以环氧树脂作为胶凝材料;后者是在水泥砂浆中加入有机聚合物乳液配制而成。常用聚合物乳液有氯丁橡胶乳液、丁苯橡胶乳液、丙烯酸树脂乳液等。

聚合物砂浆的优点在于黏结力强、脆性低、耐蚀性好、凝结硬化正常、流动性好等,常用于修补加固和防护工程。

习　题

1. 新拌砂浆的技术要求与混凝土拌合物的技术要求有何异同?
2. 砂浆的强度公式与混凝土强度的鲍罗米公式有何不同? 为什么?
3. 配制 1 m^3 砂浆时的用砂量是①含水率 2% 的中砂 1 m^3；②含水率 1.5% 的中砂 1 m^3；③干燥粗砂 0.92 m^3；④干燥粗砂 1 m^3。
4. 今拟配制砌筑在干燥环境下的基础用水泥石灰混合砂浆,设计要求强度等级为 M15,施工单位的质量水平一般。所用材料为:①水泥,32.5 级矿渣水泥,堆积密度为 1 300 kg/m^3。②石灰膏,二级石灰制成,稠度为 120 mm,表观密度为 1 350 kg/m^3。③砂子为中砂,含水率 2% 时,堆积密度为 1 500 kg/m^3。求调制 1 m^3 砂浆需要各组分材料的用量和试配配合比。
5. 如何配制防水砂浆,在技术性能方面有哪些要求?

创新思考题

1. 请设计一种轻质高强的墙板或大型砌块,并说明其性能和设计原理。
2. 请设计一种轻质抹面砂浆,并说明其性能和设计原理。

第5章 金属材料

由金属元素或以金属元素为主构成的具有金属特性的材料,统称为金属材料,通常分为黑色金属、有色金属和特种金属材料。黑色金属是指以铁元素为主要成分的铁基合金——钢铁材料,包括工业纯铁、铸铁、非合金钢(碳钢)和合金钢等;有色金属是指除铁、铬、锰以外的所有金属及其合金,一般分为轻金属、重金属、贵金属、稀有和稀土金属等,如铝合金、铜合金等;特种金属材料包括不同用途的结构金属材料和功能金属材料,如记忆合金等。

钢铁是产量和用量最大的金属材料,约占95%,也是土木工程中应用最多的金属材料,其次是有色金属材料中的铝合金。与无机非金属材料相比,钢材有以下优点:

①强度高,尤其是抗拉和抗弯强度高,比强度也较高;
②具有优良的强韧性,能经受冲击和振动荷载;
③品质均匀、结构致密、性能稳定,力学计算理论可很好地反映钢材的本征性能。
④具有良好的加工性能,可以冷拉、冷弯、锻压、切割、焊接和铆接,便于装配。

但与无机非金属材料相比,钢材也有一些缺憾:

⑤耐腐蚀性差,在使用环境,尤其是潮湿空气中,大多数钢材容易锈蚀;
⑥抗火性差,温度达到300 ℃以上时,其强度明显下降;
⑦热的良导体,传热快,建筑物局部火灾,可影响整个钢结构,耐火极限较短;
⑧密度较大,价格较贵。

钢材是土木工程的重要结构材料之一,广泛用于钢结构、钢筋混凝土结构及其组合结构。采用各种型钢和钢板制作的钢结构,适用于大跨度、多层及高层结构、受动荷载作用的结构和重型工业厂房结构等。我国钱塘江大桥、南京长江大桥等就是钢结构桥梁。

将各种规格的钢筋与混凝土构成钢筋混凝土结构极好地弥补了钢材性能的缺憾,节约钢材;充分发挥钢材的力学特性;混凝土保护钢筋不被锈蚀;抗火性好,耐火极限时间长等。因此,各种构筑物和基础设施广泛采用钢筋混凝土结构。

近年来,铜、铝及其合金在建筑装饰领域中,已成为制造门窗、幕墙等的主要材料之一,同时也是很好的室内外装饰材料。

本章将主要介绍金属材料相关知识,重点阐述土木工程中常用的钢铁材料的分类与牌号、组成与性能特点等,为在工程中合理选择和正确使用钢材打下基础。

5.1 钢材的生产与种类

5.1.1 钢材的生产

钢铁是经炼铁、炼钢、连铸和轧钢等工艺过程生产的。

1. 炼铁与炼钢

(1)炼铁 在高炉中将铁从铁矿石中还原、得到生铁的冶炼过程为炼铁。铁矿石主要有赤铁矿（α-Fe_2O_3）、磁铁矿（Fe_3O_4）、褐铁矿（$2Fe_2O_3 \cdot 3H_2O$）和菱铁矿（$FeCO_3$），除含铁化合物外，它们还含 Si、Mn、P、S 等元素的化合物（称为脉石）。炼铁技术原理为：将铁矿石和焦炭等燃料及熔剂装入高炉中冶炼，焦炭燃烧提供热能，其不完全燃烧产生的 CO 气体作为还原剂将铁矿石中的铁还原，石灰石（$CaCO_3$）、萤石（CaF_2）等溶剂与脉石结合成低熔点、密度小的熔渣浮于铁液表面，分离后获得较纯净的生铁液，冷却后得到生铁。

(2) 炼钢　在炼钢炉内通过氧化反应降低原料含碳量，除去 P、S、O、N 等有害元素，保留或增加 Si、Mn、Ni、Cr 等有益元素，使之达到规定成分和性能的冶炼过程为炼钢，包括氧化、造渣、脱氧等阶段。炼钢的原料有生铁、废钢、溶剂、脱氧剂（锰铁、硅铁、铝块）、合金料等；炼钢方法有氧气转炉法和电炉法。氧气转炉法以生铁和废钢为原料，以纯氧 O_2 作氧化剂，其特点是生产率高、能耗与成本低，常用来生产各类用途的非合金钢和合金钢。电炉法以转炉钢和废钢为原料，以铁矿石和纯氧作氧化剂，其特点是冶炼温度高，杂质含量少，质量好；但耗电量大，成本高，主要生产高级优质钢和特殊用途钢材。

2. 连铸与轧制

(1) 连铸　将钢液经水冷却凝固并切成钢锭或连铸坯的工艺过程为钢的连铸。

(2) 轧钢　连铸形成的钢锭和连铸坯以热轧或冷轧方式，经不同的轧钢机轧制成各类钢材，形成钢板、型钢、钢筋、钢带等钢材产品，这一工艺过程称为轧钢。

5.1.2　钢材的分类

1. 按化学成分分类

(1) 碳素钢　碳含量在 0.0218%～2.11% 之间、且不特意加入合金元素的铁基合金，称为非合金钢，常称碳素钢或碳钢。按其碳含量又分为：低碳钢，C<0.25%；中碳钢，C=0.25%～0.60%；高碳钢，C>0.60%。此外，碳素钢还含有少量的硅、锰和微量的硫、磷等元素，硫与磷两个非金属元素影响钢材质量，因而，按硫（S）、磷（P）含量，划分其质量等级，有如下分类。

① 普通质量碳素钢：S≤0.040%，P≤0.040%

② 优质碳素钢：S≤0.035%，P≤0.035%

③ 特殊优质碳素钢：S≤0.020%，P≤0.020%

(2) 合金钢　在碳钢基础上为提高钢材性能而加入一种或几种合金元素，炼成的铁基合金，称为合金钢。常用合金元素有硅、锰、钛、钒、铌、铬等，按其合金元素总含量，合金钢分为以下三种：

① 低合金钢　合金元素总量小于 5%；

② 中合金钢　合金元素总含量为 5%～10%；

③ 高合金钢　合金元素含量大于 10%。

低碳钢和低合金钢是土木工程中应用的主要钢材品种。

2. 按脱氧程度分类

根据脱氧程度的不同，钢材分为沸腾钢、镇静钢和特殊镇静钢等三种。

(1) 沸腾钢　炼钢的脱氧阶段采用锰铁作脱氧剂，脱氧程度较低，这种钢液连铸时，因较多的 FeO 和 C 反应产生的 CO 气体逸出，使钢液呈沸腾状，称为沸腾钢，代号为"F"。沸腾钢的化学成分不均匀，硫、磷等杂质偏析较严重，并存在夹杂、裂纹、气孔和分层等缺陷，质量较差。

(2) 镇静钢　炼钢的脱氧阶段采用锰铁、硅铁和铝锭等作为脱氧剂，脱氧完全，这种钢液连铸时,能平静地冷却凝固,不会出现沸腾现象,称为镇静钢,代号为"Z"。镇静钢的金相组织致密,成分均匀,偏析程度少,性能稳定,质量好。适用于承受冲击荷载或其他重要结构工程。

(3)特殊镇静钢　脱氧程度比镇静钢更充分的钢,代号为"TZ"。特殊镇静钢的质量最好,适用于特别重要的结构工程。

3. 按金相组织分类

按钢退火态的金相组织,可分为亚共析钢、共析钢、过共析钢三种。

按钢正火态的金相组织,可分为珠光体钢、贝氏体钢、马氏体钢、奥氏体钢等四种。

4. 按成型方法分类

根据钢材成型工艺与方法,可分为锻钢、铸钢、热轧钢、冷轧钢等。

5. 按用途分类

如图 5.1 所示,按主要用途不同,钢材可分为:

①结构钢　主要用于土木工程结构及机械零件的钢,一般为低、中碳钢。

②工具钢　主要用于各种刀具、刃具、量具及模具等工具的钢,一般为高碳钢。

③特殊钢　具有特殊的物理、化学及机械性能的钢,如不锈钢、耐热钢、耐酸钢、耐磨钢等。

④专用钢　满足特殊使用或荷载条件要求的专用钢材。如桥梁专用钢,钢轨专用钢等。

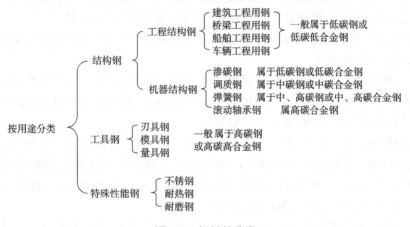

图 5.1　钢材的分类

通常把成分、质量和用途等几种分类方法结合起来给钢产品命名,如碳素结构钢、优质碳素结构钢、碳素工具钢、高级优质碳素工具钢、合金结构钢、合金工具钢等。

6. 按钢材的几何外形分类

按其外观与几何形状,将钢材分为型材、板材、管材和金属制品四大类,共十六大品种:

①型材　包括钢轨、型钢(圆钢、方钢、扁钢、六角钢、工字钢、槽钢、角钢及螺纹钢等)、线材(直径 5~10 mm 的圆钢和盘条)等。

②板材　有薄钢板(厚度≤4 mm);厚钢板(厚度>4 mm);钢带(实际是长而窄并成卷供应的薄钢板)。厚钢板又分为中板(厚度为 4~20 mm)、厚板(厚度为 20~60 mm)、特厚板(厚度>60 mm)。

③管材　有无缝钢管和焊接钢管,用热轧、热轧-冷拔或挤压等方法生产的管壁无接缝的钢管为无缝钢管;将钢板或钢带卷曲成型,然后焊接制成的有接缝钢管为焊接钢管。

④其他钢材制品　包括钢丝、钢丝绳、钢绞线等。

5.2 钢材的组成与结构

5.2.1 钢材的组成

1. 钢材的化学组成

铁 Fe 和碳 C 是钢材中的两个基本元素，C 含量为 $0.0218\%\sim 2.11\%$，此外，还含 Mn、Cr、Cu、Ni、Si、Mo、Co、Ti、W、V、Zr、Nb、Al、N、B 等合金元素以及 P、S、O 等有害元素。铁和碳构成两个物相——纯铁和碳化三铁 Fe_3C，因此，钢材的物相（金相）组成主要由图 5.5 所示的 $Fe-Fe_3C$ 二元体系相图来描述。

(1) Fe　纯铁熔点 1 538 ℃，密度为 $7.87 g/cm^3$，在钢铁冶炼过程中，固态铁随温度变化，发生如图 5.2 所示的晶相转变现象—同素异构转变。

$$\text{液态铁} \xrightleftharpoons{1\ 538\ ℃} \delta\text{-Fe} \xrightleftharpoons{1\ 394\ ℃} \gamma\text{-Fe} \xrightleftharpoons{921\ ℃} \alpha\text{-Fe}$$

图 5.2　Fe 的同素异晶转变

固态铁的同素异构转变是钢铁材料通过热处理获得预定金相组织和性能的理论依据。

(2) C　碳与金属元素相互作用形成两种合金相，即固溶体和金属碳化物。

(3) Fe_3C　一种具有复杂结构的间隙碳化物，通常称为渗碳体。含碳量为 6.69%，理论熔化温度为 1 227 ℃。它是介稳化合物，适当条件下会分解出单质 C（石墨）。

(4) 合金元素　按钢材中合金元素与碳的亲和力大小，可将合金元素分为非碳化物形成元素和碳化物形成元素两大类。

①非碳化物形成元素　这类合金元素主要有 Si、Ni、Co、Cu、Al、N、B 等，它们不与碳化合，主要溶入铁素体、奥氏体或马氏体中，形成间隙固溶体，起到固溶强化作用；有些元素可形成其他化合物，如 Al_2O_3、AlN、SiO_2、Ni_3Al 等。

②碳化物形成元素　这类合金元素主要有 Mn、Cr、Mo、W、V、Nb、Zr、Ti 等，其形成碳化物的倾向依次增强。它们又可分为两类，一类可溶入渗碳体中形成置换固溶体（见图 5.3），如 $(Fe, Mn)_3C$、$(Fe, Cr)_3C$ 等合金渗碳体，是低合金钢中存在的金相；另一类可与碳形成特殊碳化物，如 TiC、NbC、VC、MoC、WC、Cr_3C_6 等。

③有害元素　主要有 S、P 和 O 元素。S 元素主要以 FeS 存在于钢中，FeS 与 Fe 形成共晶熔点很低（985 ℃）的物质，多分布于奥氏体的晶界上；P 元素主要熔入铁素体中形成间隙固溶体，随着磷含量增加，将以磷化铁（Fe_3P）夹杂物存在；O 元素主要以 FeO 存在于非金属夹杂物中。

2. 钢材中的合金相

所谓合金，是指熔合两种或两种以上元素（至少一种是金属元素）所组成的具有金属特性的物相，按其结合方式，主要有固溶体、化合物和机械混合物等三种合金相：

(1) 固溶体　以一种金属元素为溶剂，另一种金属或非金属元素为溶质，形成的固体溶液晶体。一般有置换固溶体和间隙固溶体，如图 5.3 所示。溶质原子置换原子半径和化学价相近的溶剂原子，形成置换固溶体，

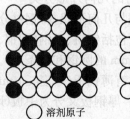
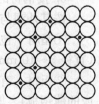

(a) 置换固溶体　　(b) 间隙固溶体

图 5.3　固溶体微观结构示意图

如 Mn、Cr 原子置换 Fe_3C 中的部分 Fe 原子,形成 $(Fe,Mn)_3C$、$(Fe,Cr)_3C$ 等合金渗碳体;半径较小的溶质原子嵌入溶剂原子的间隙中,形式间隙固溶体,如 C 溶入 $\gamma\text{-Fe}$、$\delta\text{-Fe}$ 的 Fe 原子的间隙中,形成间隙固溶体。

溶质原子的置换或溶入,没有改变溶剂原子原有金相的晶格结构,但改变了原有金相的组成,形成新的金相——固溶体,从而导致了性能的改变或强化,例如,固溶体的强度与硬度增加,塑性和韧性降低。通过溶入某种合金元素形成固溶体而使金属材料强度增加的现象称为固溶强化。

(2) 金属化合物　合金组元间相互作用所形成的一种晶格类型及性能均不同于任一组元的新的合金相——化合物,钢材中常见的金属化合物是碳化物、氮化物等。多数化合物具有较复杂的晶体结构,较高的熔点和硬度,较大的脆性,是合金中的强化相,会给钢材性能带来重大影响。

(3) 机械混合物　由两种单相固溶体或固溶体与化合物组成的一种复相物,称为机械混合物。机械混合物的各组成相保持其独立的晶格结构,不互溶,不存在化合作用,作为独立金相组织出现在合金中。机械混合物的性能取决于各组成相的相对含量及复相物的大小和形状。

5.2.2　钢材的微细结构

1. 晶体结构

金属材料中的金相均是晶体结构,基本上没有固体金属分子。钢材中的金属晶体主要有体心立方体(如 $\alpha\text{-Fe}$)、面心立方体(如 $\gamma\text{-Fe}$)和密排六方体等三种晶格结构,如图 1.3 所示。以这些晶格作为结构单元三维重复排列,形成尺寸为 $10^3 \sim 10^8$ 倍原子直径的晶体。晶格类型不同的金属,其性能也不同。一般来说,面心立方晶格与体心立方晶格的金属比密排六方晶格的金相具有较好的塑性,而体心立方晶格的金相强度较高。

2. 晶体缺陷

金属晶体的晶格中排列不规则的区域称为晶体缺陷,按空间尺度分为点、线、面三种缺陷:

(1) 点缺陷　晶格中不规则区域在空间三个方向上的尺寸都很小,主要形式有空位、置换原子、间隙原子。点缺陷周围晶格发生畸变,材料的屈服强度提高,塑性和韧性下降,电阻增加。

(2) 线缺陷　晶格中不规则区域在一个方向的尺寸很大,在另外两个方向的尺寸都很小,主要形式是位错。线缺陷附近的晶格畸变,对强度影响显著。强度的变化与位错密度有关,位错密度很低或者很高时,晶体颗粒的强度较高。

(3) 面缺陷　晶格中不规则区域在两个方向的尺寸很大,在另外一个方向的尺寸很小,主要形式是晶界和亚晶界。面缺陷导致晶格发生畸变,晶界增多,能显著提高材料的强度,也可提高材料的塑性和韧性,但是容易发生高温氧化,耐腐蚀性能降低。

3. 多晶粒结构

大多数金属是由许多晶体颗粒堆聚而成的多晶体,钢材的显微结构也是多晶体结构。在非自由结晶条件下,由于单个晶核在生长过程中互相抵触和约束,使各个晶体呈不规则的几何形状。单个微小晶体颗粒称为晶粒,由很多不规则外形的晶粒相互连锁构成的密堆聚体称为多晶粒结构体,如图 5.4 所示。因其内部各晶粒的取向呈无规分布,所以多晶粒结构体呈各向同性。

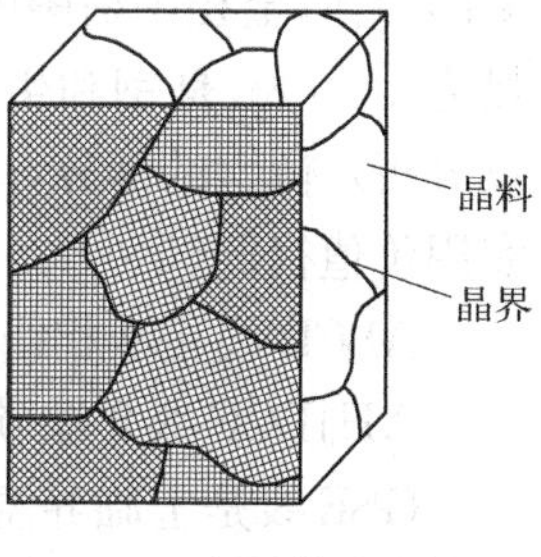

图 5.4　多晶体堆聚构造

多晶粒结构体中各晶粒之间的界面称为晶界,是一个晶粒向另一个晶粒的界面过渡区。

4. 钢材中的金相组织

如上所述,碳主要以固溶体和金属碳化物两种形式存在于钢材的金相中。由于碳含量和晶体结构不同,在显微镜下固溶体呈现具有不同结构形貌的金相组织,如铁素体和奥氏体;金属碳化物是渗碳体。固溶体和碳化物形成的机械混合物又呈现两种主要金相组织——珠光体和莱氏体,这些金相组织构成了钢材的微细结构,常用金相图像分析法确定其三维空间显微形貌。

(1) 铁素体 碳溶于 α-Fe 中形成的间隙固溶体称为铁素体,用 α 或 F 表示,为体心立方晶格结构。铁素体内原子间隙较小,溶碳能力较低,常温下仅能溶入小于 0.006% 的碳,在 727 ℃时溶碳量最大,但也只有 0.02%。由于溶碳量少且晶格滑移面较多,其材质极其柔软,塑性和韧性很好,但强度和硬度较低。

(2) 奥氏体 碳溶于 γ-Fe 中形成的间隙固溶体称为奥氏体,用 g 或 A 表示,为面心立方晶格结构。一般存在于高温下,碳含量最高为 2.11%(1148 ℃时)。随着温度的降低,碳在 γ-Fe 中的溶解度降低,并析出二次渗碳体(以区别由液态钢析出的一次渗碳体),当冷却到 727 ℃时,它的碳含量降为 0.77%,奥氏体便分解为珠光体。奥氏体的碳含量虽高,但碳全部嵌在 γ-Fe 的晶格中而不以渗碳体形式存在,故在高温下的塑性和韧性很好,可以进行各种形式的压力加工而不发生脆断。常温下的塑性也好,强度和硬度略高于铁素体,无磁性。

(3) 渗碳体 碳和铁形成的化合物 Fe_3C,其碳含量高达 6.69%,晶体结构复杂,外力作用下不易变形,故材质非常硬脆,抗拉强度很低,塑性和韧性几乎等于零。

(4) 珠光体 铁素体和渗碳体组成的机械混合物为珠光体,两金相呈片状存在于同一晶粒内,碳含量为 0.77%,其性质介于铁素体和渗碳体之间,强度、硬度和塑性均适中。

(5) 莱氏体 奥氏体与渗碳体组成的机械混合物为莱氏体,室温下转变为珠光体与渗碳体的机械混合物,其材质又硬又脆。

此外,还有马氏体、贝氏体等,但铁素体、奥氏体、渗碳体、珠光体和莱氏体为铁碳合金中的基本金相组织。在常温下碳钢的金相组织主要是铁素体、渗碳体和珠光体三种。

5.2.3 钢材中金相的转变

钢材中金相的转变可由如图 5.5 所示的 $Fe-Fe_3C$ 二元相图表征,它表示钢材冶炼中,不同碳含量和不同温度下处于平衡状态时钢材组成和金相组织的变化(相变),可用来研究各金相组织随温度和碳含量的变化规律。图 5.5 中的金相组织是在极缓慢冷却条件下得到的平衡金相,所以又称铁-碳相平衡图。

图 5.5 中金相平衡图的横坐标表示碳含量或 Fe_3C 含量的百分数,纵坐标表示温度。金相平衡图的左端碳含量为 0 的纵轴,实际上反映了纯铁的相变,即纯铁在不同温度下同素异晶转变的规律;金相平衡图的右端碳含量为 6.69% 的纵轴,则代表碳化三铁 Fe_3C。图中 E 点碳含量为 2.11%,是钢和生铁的分界点。E 点左侧属于钢的范围,E 点右侧属于生铁范围。这里只分析左侧钢的部分,图中 Q 点左侧碳含量小于 0.02% 的部分,为工业纯铁,因其材质太软,实用价值很低。

ABCD 线是液相线,表示温度降到此线时,液态合金便开始结晶,析出固相。

AHJECF 线是铁碳合金的固相线,表示温度降低到此线时,熔融体全部结晶为固相

GSE 线是上临界温度线(即相变线),其中左端 GS 段,表示温度降到此线时,奥氏体开始分解出铁素体,而右端 SE 段,则表示温度降到此线时,奥氏体开始析出二次渗碳体 Fe_3C_{II}。

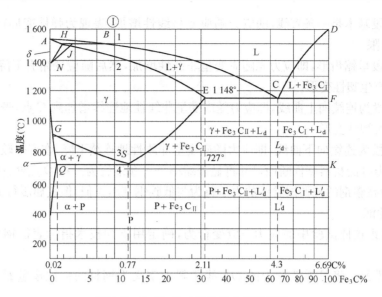

图 5.5　Fe-Fe₃C 二元体系金相平衡图

L—液态合金；γ—奥氏体；α—铁素体；P—珠光体；Fe₃C—渗碳体；L_d—莱氏体

QSK 线是下临界温度线，即奥氏体存在的下限温度，表示温度降到此线时，奥氏体消失，同时析出铁素体和二次渗碳体，两者以片状相间共存于同一晶粒内组成珠光体，这一过程称为共析。此时的温度为 727 ℃，碳含量为 0.77%，S 点称为共析点。

以碳含量为 0.6% 的合金为例，说明缓慢冷却时钢的金相组织转变过程，见图 5.5 中的①线。当液态合金从高温冷却至 1 点时，开始析出奥氏体；从 1 点以下便是液态合金与奥氏体固相的混合物；当温度下降至 2 点时，液态合金全部转变成奥氏体；当温度下降至 3 点时，奥氏体开始析出铁素体，从 3 点以下便是奥氏体与铁素体的混合物，随着温度继续下降，铁素体逐渐增多，奥氏体逐渐减少，但奥氏体中的碳含量却逐渐增加；当温度下降至 4 点(727 ℃)时，奥氏体中的碳含量恰好升为 0.77%，全部转变为珠光体。以后温度下降，金相组织基本不再变化，因此，常温下碳含量为 0.77% 的钢，其金相组织为铁素体和珠光体。

综上所述，碳素钢的金相组成与结构取决于碳含量和冶炼工艺。

5.3　钢材的主要性质

工程应用涉及的钢材性质主要包括力学、工艺和耐腐蚀等。例如，拉伸性能、冲击韧性、硬度与疲劳强度等力学性质；冷弯性能、焊接性能和冷加工性能等工艺性质；以及耐腐蚀性等。

5.3.1　钢材的力学性能

1. 室温拉伸行为

图 5.6 是低碳钢拉伸时的应力—应变曲线，该区线可分为 4 个线段，分别表征了低碳钢拉伸中的弹性、屈服、强化、颈缩与断裂等力学行为。

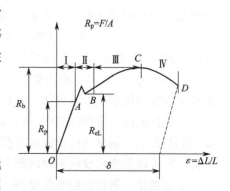

图 5.6　低碳钢受拉时的应力—应变曲线

①OA 线段基本是一条直线,即应力随应变呈线性增加,表现为弹性变形行为,A 点就是钢材的弹性极限。

②AB 线段呈锯齿形,即应力先随应变呈非线性增加,然后随应变略有下降到 B 点,表现为屈服行为,产生塑性变形。

③BC 线段为连续向上曲线,即应力随应变呈非线性地连续增加到 C 点,表现为变形强化行为,产生较大塑性变形。

④CD 线段为连续向下曲线,即应力随应变呈非线性地连续下降,在产生较大塑性变形的同时,最大应力处的材料试件断面尺寸将显著缩小——颈缩行为。在 D 点处,试件发生断裂。

中碳钢和高碳钢的拉伸试验中的力学行为与低碳钢基本类似,但其屈服行为不明显。

2. 拉伸性能

基于低碳钢拉伸试验中的应力—应变行为,确定用下列技术指标表征钢材的拉伸力学性能。

(1)弹性模量 将呈弹性行为的 OA 线段斜率定义为钢材的弹性模量 E,由公式(5.1)计算:

$$E = \frac{R_p}{\varepsilon_p} \tag{5.1}$$

式中 E——弹性模量,MPa;

R_p——弹性极限点的应力,MPa;

ε_p——弹性极限点的应变。

(2)拉伸强度 包括屈服强度、规定塑性延伸强度、抗拉强度等。

①屈服强度 当钢材试样呈现屈服现象,即发生塑性变形而荷载不增加时,所对应的应力定义为屈服强度,分为上屈服强度和下屈服强度。试样发生屈服而荷载首次下降前的最大应力(图 5.6AB 线段的最高点对应的应力)为上屈服强度,R_{eH};试样在屈服期间,不计初始瞬时效应时的最小应力(图 5.6AB 线段的最低点对应的应力)为下屈服强度 R_{eL}。上屈服强度的影响因素较多,而下屈服强度则较为稳定,因此,常以下屈服强度作为钢材的屈服强度或屈服点。

屈服强度对钢材使用意义重大,碳素结构钢和低合金结构钢在外加荷载使其到达屈服强度后,钢结构或构件产生较大塑性变形,以致不能满足使用要求。所以,一般以钢材的屈服强度为依据确定其强度设计值,亦即,钢材的屈服强度是衡量结构的承载能力和确定强度设计值的重要指标。

②规定塑性延伸强度 对于不呈现明显屈服现象的中碳钢和高碳钢,其屈服点难以确定,则以规定塑性延伸强度作为名义屈服强度。《金属材料 拉伸试验第 1 部分:室温试验方法》(GB/T 228.1—2010)规定,塑性延伸率等于规定的引伸计标距 L_e 百分率时的应力为规定塑性延伸强度,用 R_p 表示,但应在符号的小角标注明所规定的塑性延伸率,如 $R_{p0.2}$。一般规定塑性延伸率为 0.2% 时对应的规定塑性延伸强度 $R_{p0.2}$ 作为名义屈服强度。此外,还有规定总延伸率强度和规定残余延伸强度等指标。

③抗拉强度 拉伸试验中,测得的最大荷载对应的应力定义为试件的抗拉强度或极限强度,用 R_m 表示。钢材的抗拉强度是衡量钢材抵抗拉断破坏的强度指标,但不能直接作为设计依据。但抗拉强度可反映钢材内部金相组织和质量优劣,并与疲劳强度有较密切的关系。

④屈强比 钢材的屈服强度与抗拉强度的比值定义为屈强比(R_{eL}/R_m),对工程应用有较大意义。屈强比愈小,反映钢材的应力超过屈服强度工作时的可靠性愈大,即延缓结构损坏过

程的潜力愈大,因而结构愈安全。屈强比过小时,钢材强度的利用率偏低,不经济。常用碳素钢的屈强比为 0.58~0.63,合金钢的屈强为 0.65~0.75。

(3)变形性能 包括断后伸长率、最大力总伸长率等

①断后伸长率 断后伸长率反映钢材拉伸断裂时的塑性变形能力,是衡量钢材塑性的重要指标,定义为试件断后标距的残余伸长与原始标距之比的百分率,按公式(5.2)计算:

$$A_n = \frac{L_u - L_0}{L_0} \times 100 \tag{5.2}$$

式中　A_n——试件断后伸长率,%;

　　　L_u——试件断后标距,mm;

　　　L_0——试件的原始标距,mm,通常取 $5.65\sqrt{s_o}$,s_o 为平行长度处的原始横截面积;

　　　n——与试件的原始标距、截面直径有关的脚注,$n = L_0/d$。

钢材在拉伸时,既发生伸长,又有颈缩。因此,L_u 既包括试件标距部分的均匀伸长,也包括颈缩部分的局部伸长。因颈缩处的伸长较大,故试件原始标距(L_0)与直径(d_0)之比 L_0/d 愈大,颈缩处的伸长占总伸长的比例愈小,计算所得的断后伸长率也愈小。为此,钢材拉伸试件原始标距通常取 $L_0 = 5.65\sqrt{s_o}$,或取 $L_0 = 10d$,$L_0 = 100d$,其断后伸长率分别以 A 或 A_{10} 或 A_{100} 表示。对于同一种钢材,有 $A > A_{10} > A_{100}$。一般按 $L_0 = 5.65\sqrt{s_o}$ 取值,对于热轧钢筋,原始标距 $L_0 = 5.65$,$\sqrt{s_o} = 5d$。

②最大力总伸长率 定义为最大力时原始标距的总伸长与引伸计标距 L_e 之比的百分率,由公式(5.3)计算。它反映了钢材在达到最大破坏荷载前的变形特性。

$$A_{gt} = \frac{\Delta L_m}{L_e} \times 100\% \tag{5.3}$$

式中　A_{gt}——试件的断面收缩率,%;

　　　ΔL_m——试件最大力时的总伸长(包括弹性和塑性变形),mm;

　　　L_e——引伸计标距,mm。

若用人工方法测定 A_{gt},则由公式(5.4)计算:

$$A_{gt} = \left(\frac{L_m - L_0}{L_0} + \frac{R_m^o}{E}\right) \times 100 \tag{5.4}$$

式中　L_m——试件最大力时标距,mm;

　　　E——弹性模量,其值可取 2×10^5 MPa。

试件拉伸断裂时的伸长率和断面收缩率表征了钢材产生塑性变形时抵抗断裂的能力——塑性。

3. 冲击韧性

(1)冲击试验 钢材的冲击韧性采用如图 5.7 所示的夏比摆锤冲击试验测定,先将摆锤固定在一定高度的位置,再将带 V 型或 U 型槽口的试样放在两点式支座上,然后让摆锤作自由圆周运动,将试件冲断,记录试样断裂时的最大吸收能量。

(2)冲击韧性评价指标 钢材的冲击韧性

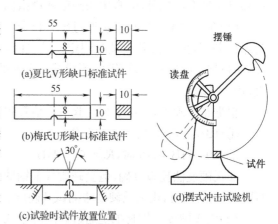

图 5.7　钢材冲击试验示意图(单位:mm)

定义为带槽口试件冲断时,单位面积所吸收的最大冲击能,按公式(5.5)计算:

$$a_k = \frac{W}{A} \tag{5.5}$$

式中 a_k——冲击韧性,J/mm^2;
W——试样冲断时的最大吸收能量,J;
A——试样槽口处最小横截面积,mm^2;

显然,a_k越大,则钢材的冲击韧性越高。

在冲击试验中,当试样是长为 55 mm,横截面为 10 mm×10 mm 的(V 型或 U 型槽口)标准试件时,也可用试样冲断时的最大吸收能量(J)直接作为钢材冲击韧性的评价指标,最大吸收能量越大,冲击韧性越高。

(3)冲击吸收能量—温度曲线 钢材的冲击韧性对温度比较敏感,其基本规律是:冲击韧性随温度降低而缓慢下降,当温度降至一定范围(狭窄的温度区间)时,钢材的冲击韧性骤然下降并呈脆性断裂,即表现冷脆性,见图 5.8。由韧性断裂转为脆性断裂时的温度称为脆性转变温度(即试样冲击吸收能量—温度曲线陡峭上升达到某一特定值时对应的温度),脆性转变温度越低,表明钢材的冷脆性越小。

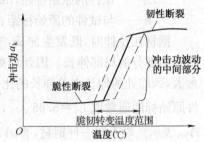

图 5.8 钢的脆性转变温度

因此,对需要进行疲劳验算的结构钢,应测试其在不同试验温度下的冲击韧性值,并确定脆性转变温度。尤其在设计寒冷及严寒地区使用的钢结构时,必须考虑钢材的冷脆性,应选用脆性转变温度低于最低使用温度的钢材,并要求该值大于规范规定的冲击韧性指标。如国标《桥梁用结构钢》(GB/T 714—2015)规定 Q345qE 号钢材在 -40 ℃下冲击试验的最大吸收能量应不小于 120J。

冲击韧性不但是衡量钢材断裂时所做功的性能指标,而且间接反映了钢材抵抗低温、应力集中、多向拉应力、加荷速率(冲击)和重复荷载等因素导致脆断的能力。

3. **硬度**

通过硬度测试可以估计钢材的力学性能,判定钢材材质的匀质性或热处理后的效果。

硬度是指钢材抵抗硬物压入表面的能力,测定金属硬度的方法有:布氏硬度法、洛氏硬度法和维氏硬度法三种,但常用的硬度评价指标是布氏硬度和洛氏硬度。

(1)布氏硬度 钢材抵抗通过硬质合金压头施加试验力所产生永久压痕变形的度量单位为布氏硬度,由布氏硬度试验测定。试验时,施加荷载使一定直径的硬质合金球压入试样表面,保持规定时间后卸除荷载,测量试样表面的压痕直径,试验力与压痕表面积之比为布氏硬度,用 HB 表示。

根据布氏硬度,可由下列经验关系估算碳素钢的抗拉强度 R_m:
① HB<175 时,R_m = 0.36HB;
② 450>HB>175 时,R_m = 0.35HB。

布氏硬度法比较准确,但受硬质合金钢球的硬度限制,只适用于测试 HB<450 的钢材,对 HB>450 的钢材,用洛氏硬度法测试其硬度。另外,布氏硬度压痕较大,不宜用于成品检验。

(2)洛氏硬度 钢材抵抗通过硬质合金或钢球压头,或对应某一标尺的金刚石锥体压头施加试验力所产生永久压痕变形的度量单位为洛氏硬度,由洛氏硬度试验测定。试验时,常用金刚石锥体或钢球压头,按照规定的荷载压入钢材表面,以压痕深度来表示硬度值,即为洛氏硬度,用 HR 表示。根据压头类型和初、主试验力的不同,又分为 A、B、…K 等多种洛氏硬度标尺,如 HRA、HRB、HRK 等。洛氏硬度法的压痕小,所以常用于判断工件的热处理效果。

4. 疲劳强度

金属材料承受重复或交变荷载作用时,在远低于屈服强度的应力反复作用下发生突然断裂,这种断裂现象称为疲劳破坏,疲劳过程缓慢,但断裂破坏是突发性的,事先无明显的塑性变形,故危险性较大,往往造成灾难性事故,详见 1.3.3 节。

金属材料经过无数次应力循环不发生断裂破坏的最大应力,即疲劳曲线(见图 5.9)中水平线段对应的应力值为疲劳强度,又称疲劳极限,用 σ_f 表示。现行钢结构设计规范是以应力循环次数 $N=2\times10^6$ 的疲劳曲线作为确定疲劳强度的取值依据。

疲劳强度除了与钢材质量有关外,还与所受应力的种类(拉、压或弯曲)、循环试验时的应力特征值、应力循环次数(N)及应力集中程度有关。

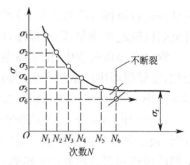

图 5.9 试验应力与循环次数的关系
$\sigma_1>\sigma_2>\sigma_3\cdots>\sigma_6$;$N_1<N_2<N_3<\cdots N_6$

5.3.2 钢材的工艺性能

钢材在使用前,大多数需要进行一定形式的加工处理,为保证钢材在各种加工处理中不降低钢材性能与质量,不产生损伤或缺陷,钢材应具有良好的工艺性能,包括热加工、热处理、冷加工、冷弯与焊接等。冷拔、冷轧、冷弯等冷加工中的"冷"表示常温(一般为 10~35 ℃),这里只介绍在土木工程中最常遇到的冷弯和焊接两个工艺性能。

1. 冷弯性能

土木工程施工中,需要将钢筋、型材、板材等钢材进行冷弯加工成一定的弯曲形状,冷弯过程使钢材发生塑性变形以保持弯曲形状,且不被损伤。钢结构在制作、焊后调直、安装等过程中也需进行冷加工,都要求钢材有较好的常温塑性变形能力。表征钢材在常温条件下,承受弯曲塑性变形的能力为冷弯性能,由弯曲试验确定。

弯曲试验是以圆形、方形、矩形或多边形钢材试样在弯曲装置上经受弯曲塑性变形,不改变加力方向,直至试样达到规定的弯曲角度 α 或两臂相互平行且相距为弯曲压头直径 d,如图 5.10 所示。冷弯结束后,弯曲试样外表面和两侧面无可见裂纹和起皮现象为冷弯合格,并以弯曲角度 α 以及弯曲压头直径 d 与钢材厚度 a 的比值 d/a 作为评价指标,弯曲角度 α 愈大,d/a 愈小,则表示钢材冷弯性能愈好。

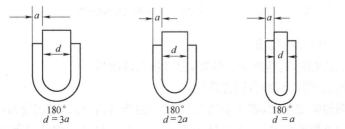

图 5.10 钢材冷弯试验示意图

钢材在冷弯过程中,受弯部位产生局部不均匀塑性变形,因此,如果钢材内部存在组织不均匀、内应力及夹杂物等缺陷将严重损害其冷弯性能。此外,冷弯试验还常用作检验钢材焊接质量的方法。

2. 可焊性

在土木工程中,钢结构、钢筋混凝土结构中的钢筋骨架、接头和连接件、预埋件等,大多数是采用焊接方式连接的。因此,钢材应具有良好的可焊性。

可焊性是指钢材是否适用通常的焊接方法与工艺的性能,由焊接试验测定。试验方法较为简便,采用电弧焊或短路接触对焊等焊接方法,将两块钢材试样焊接在一起作为试件,然后对试件进行拉伸或冷弯试验,拉伸试验时试件的断裂不发生在焊接处或冷弯试验时焊接处无可见裂纹或起皮现象,即可焊性合格。

钢材在焊接过程中,由于高温作用,焊缝及其附近的过热区将发生金相组织和晶体结构的变化,使焊缝周围的钢材产生硬脆倾向,降低焊接件的使用性能。可焊性好的钢材焊接时,硬脆倾向小,不易形成裂纹、气孔、夹渣等缺陷,焊接后仍能保持原钢材的性质。

钢材的化学成分、冶炼质量和冷加工等对可焊性影响很大。对焊接结构用钢,宜选用碳含量低、杂质含量少的镇静钢。对于高碳钢和合金钢,为改善焊接后的硬脆性,焊接时一般需采用焊前预热和焊后热处理等措施,提高其可焊性。

5.4 钢材主要性能的影响因素

5.4.1 组成的影响

1. 碳含量对钢材性质的影响

碳含量对碳素钢主要性能有重大影响,其影响是通过对碳素钢金相组织的改变实现的,铁碳合金的碳含量、金相组织与力学性能间的关系如图 5.11 所示。

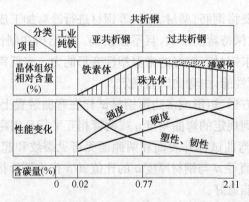

图 5.11 铁碳合金的含碳量、晶体组织与性能之间的关系

(1)碳含量对碳素钢性能的影响规律

①碳含量小于 0.02% 的纯铁,其塑性和韧性好,但强度与硬度低

②碳含量增加,硬度增加;塑性与冲击韧性降低;

③碳含量增加,碳素钢的强度增加,碳含量约为 0.9%,强度最高,然后随碳含量降低。

④碳含量增加,钢材的可焊性变差,当碳含量大于 0.3% 时,钢材的可焊性显著下降,冷脆性和时效敏感性增大;

⑤碳含量增加，碳素钢在大气环境中易锈蚀。

(2)碳含量对碳素钢性能的影响机理

常温下碳素钢主要有铁素体、珠光体和渗碳体，其力学性质见表 5.1。随碳含量的变化，金相发生变化(图 5.11)，因而导致其性能变化。

表 5.1　室温下钢中晶体组织的力学性能

名称	符号	组合类型	R_b(MPa)	HBW(Pa)	A(%)	a_k(J·cm^{-2})
铁素体	α	碳在 α-Fe 中的固溶体(体心立方晶格)	230	785	50	200
渗碳体	Fe$_3$C	铁和碳的化合物(复杂晶格)	30	7 850	0	0
珠光体	P	铁素体与渗碳体的层片状机械混合物	750	1 765	20～25	30～40

注：R_m—抗拉强度；A—拉伸断裂时的伸长率；HBW—布氏硬度；a_k—冲击韧性值。

①碳含量在 0.02%～0.77%范围内，碳素钢的金相组织为铁素体和珠光体，称为亚共析钢。在此范围内，随碳含量增加，铁素体逐渐减少，珠光体逐渐增加，因而钢的强度和硬度逐渐提高，塑性和韧性下降。

②碳含量为 0.77%时，碳素钢的金相组织全部为珠光体，称为共析钢。

③碳含量在 0.77%～2.11%范围内，碳素钢的金相组织为珠光体和渗碳体，称为过共析钢。在 0.77%～0.9%范围内，随碳含量增加，珠光体逐渐减少，渗碳体逐渐增多，坚硬的渗碳体作为第二相均匀地分布于较柔软的珠光体中，使强度和硬度提高，渗碳体含量越多，分布越均匀，碳素钢强度越高；当碳含量超过 0.9%时，渗碳体在金相组织中呈网状分布在晶界上导致强度降低，因此，碳含量超过 1.0%以后，强度开始持续下降。

所以，为使碳素钢既有较好的塑性和韧性，又有较高的强度与硬度，且可焊性好，建筑钢材的碳含量均小于 1.0%，低碳钢的碳含量小于 0.25%。

2. 合金元素对钢材性能的影响

(1)非碳化物形成元素的影响

①硅(Si)元素大部分溶于铁素体中形成固溶体，能提高钢材的强度和硬度，其含量小于 1.0%时，对塑性和韧性影响不大；

②氮(N)主要溶于铁素体中形成固溶体，提高钢的强度和硬度，但却显著降低钢的塑性和韧性，增加钢的时效敏感性和冷脆性。氮在铝、铌、钒等元素的配合下能够减少其不利影响，改善钢材性能，可作为低合金钢的合金元素。

(2)碳化物形成元素的影响

①(Fe，Mn)$_3$C、(Fe，Cr)$_3$C 等合金渗碳体，比渗碳体的硬度高且稳定，是低合金钢中的主要碳化物；锰元素还具有很强的脱氧与除硫能力，降低了硫、氧所引起的热脆性，从而改善钢材的热加工性能。

②与碳形成特殊碳化物，如 TiC、NbC、VC、MoC、WC、Cr$_3$C$_6$ 等，它们具有高熔点、高硬度和高耐磨性，稳定性好，主要存在于高碳高合金钢中，产生弥散强化，提高钢的强度、硬度和耐磨性。钛(Ti)和钒(V)能显著提高强度，细化晶粒，改善韧性，此外，钒还能减弱碳和氮的不利影响，钛能提高可焊性和抗腐蚀性。

(3)合金元素的强化机理

在碳素钢中加入合金元素，可提高其抵抗塑性变形能力和强度，其作用机理主要有：

①固溶强化　形成高强和高硬度的固溶体，提高强度和硬度。如前所述，合金元素作为溶

质原子通过置换或嵌入与溶剂金相形成置换固溶体或间隙固溶体——合金相,由于溶质和溶剂两种原子大小不同,造成溶剂中金属相的晶格畸变,增加了晶界面间滑移变形的阻力,使固溶体的强度和硬度高于溶剂金属,但塑性和韧性则有所降低。这种因形成固溶体使钢材强度和硬度明显提高,这种效应称为固溶强化。

②细晶强化 使晶粒细化,提高钢材的强韧性。如前所述,微细观上,金属材料是多晶粒结构体,各晶粒间存在晶界面。晶界面的结构不同于各自晶粒的内部结构,其原子排列取向较紊乱,易富集杂质原子及空位,并常发生晶格畸变,其能量较高。受力时晶界会阻碍晶粒的滑移,提高塑性变形的抗力,因而提高钢材的强度和硬度。另一方面,晶界还有阻止裂纹扩展的作用,若晶粒愈细,则晶界总面积愈大、愈曲折,愈不利于裂纹的扩展,使材料在断裂前能承受较大的塑性变形,因而提高钢材的塑性和韧性。所以,金属晶粒愈细,不仅对塑性变形的抗力愈大,强度和硬度愈高,而且塑性和韧性也愈好,这常称为细晶强化,细晶强化是金属及其合金强韧化的重要途径。

③弥散强化 细小均匀的第二相硬质点分布在基体中,阻碍位错移动而强化。当加入的合金元素量超过溶剂元素的溶解度后,将会产生第二相析出。这些第二相往往是金属化合物或氧化物颗粒,其硬度比溶剂金相高,这些细小颗粒均匀地分散在连续金相中。位错运动遇到这些颗粒时,阻力增加,使金属强度提高。在高强度铝合金和钢、镍基高温合金中广泛地应用这种强化机理和方法。

④位错强化 增加位错密度,提高强度。晶体中位错的存在可使晶体内的变形受阻,因此,位错密度增加,钢材强度提高。

3. 有害元素的影响

①硫元素的影响 热加工时,钢材内部出现热裂纹,引起钢材的脆断,这种现象称为热脆性。FeS 加大了钢材的热脆性,降低钢材的力学性能、可焊性和耐腐蚀性等。因此,应控制其含量不超过 0.065%。

②磷元素的影响 磷主要熔入铁素体中形成固溶体,使钢材的强度和硬度增加。但随着磷含量的增加,将以磷化铁(Fe_3P)夹杂物存在,使钢材的塑性和韧性显著降低,特别是温度愈低,对塑性和韧性的影响愈大。磷可显著提高钢材的脆性转变温度,降低钢材的可焊性。因此,应控制其含量不超过 0.085%。

③氧元素的影响 FeO 存在于非金属夹杂物中,使钢材的强度有所提高,但塑性特别是韧性显著降低,可焊性变差。应控制其含量不超过 0.05%。

5.4.2 钢材的热加工强化

1. 热加工

热加工是指将钢锭或钢坯加热至塑性状态(900～1 200 ℃),以辊轧或锻造(锻击或静压)等方法进行的变形加工,例如土木工程所用的钢筋和型材主要经热轧制成。热加工过程可使钢材内部的大部分气孔焊合(减少缺陷),并使粗晶粒细化,提高和改善钢材质量和性能。热加工制成的钢材产品,其厚度或直径或边长尺寸较小时,其内部缺陷小,致密性和匀质性高,相应的屈服强度、抗拉强度等力学性能也高。因此,相关标准在规定结构钢的力学性能时,对于同一牌号的钢材,对于不同的厚度或直径或边长尺寸,规定了不同力学性能指标,见 5.5 节。

2. 热处理

热加工后的钢材会存在残余内应力、金相组织和碳化物分布不均等现象,因而影响钢材的质量和性能。为了消除这种影响,需进行调质热处理。对轧制成型的钢材产品进行加热、保温和冷却的综合操作工艺称为热处理,其目的是通过不同的工艺,改变钢材的金相组织,从而改善和提高钢材的质量和性能。钢材一般只在生产厂进行处理并以热处理状态供应。钢的热处理有回火、正火、淬火、退火等形式,如图 5.12 所示。

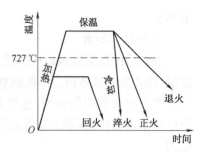

图 5.12 热处理工艺

(1)正火　又称常化,是将钢材加热至 727～912 ℃之间,钢材内铁素体全部转变为奥氏体,保温一段时间后,从炉中取出在空气中自然冷却或喷水、喷雾或吹风冷却的金属热处理工艺。其目的是使晶粒细化和碳化物分布均匀化,并去除钢材热加工中的内应力。

(2)退火　是指将钢材缓慢加热到一定温度,保持足够时间,然后以适宜速度冷却。目的是降低硬度,消除残余应力,稳定尺寸,减少变形与裂纹倾向;细化晶粒,调节金相组织,消除金相缺陷。从而提高质量和性能。

(3)淬火　把钢材加热到图 5.5 中的 GSK 线以上约 30～50 ℃,并保持一定时间,然后把它放到适当的介质(水或油)中进行急速冷却的热处理工艺。淬火可显著提高硬度和耐磨性,但也显著降低其塑性和韧性,且存在很大内应力,脆性增大。在淬火后进行回火处理,可消除部分脆性。钢轨表面特别是两端轨头部分,通常都要进行淬火处理,以提高硬度和耐磨性。

(4)回火　把钢材加热到图 5.5 中的 QSK 线(下临界温度 727 ℃)以下某一适当温度,保持一定时间后,在空气中自然冷却的热处理工艺。回火主要是消除淬火或正火后钢材的内应力和脆性。根据加热温度的高低,分为低温(150～250 ℃)、中温(350～500 ℃)和高温(500～650 ℃)三种回火工艺制度。一般来说,要求保持高强度和高硬度时,采用低温回火;要求保持高弹性极限和屈服强度时,采用中温回火;既要有一定强度和硬度,又要有适量塑性和韧性时,采用高温回火。

淬火和高温回火的联合处理称为调质。调质的目的主要是使钢材获得良好的综合性质,既有较高的强度,又有良好的塑性和韧性。经调质处理过的钢称为调质钢,它是目前用来强化钢材的有效措施,如土木工程中使用的某些高强度低合金钢及热处理钢筋等都是经过调质处理实现强化的。

热加工和热处理对钢材的质量和性能影响较大,因此,钢材产品供货时应注明其状态。

5.4.3　冷加工强化

1. 冷加工

钢材产品也可由冷加工制成,冷加工是指在低于再结晶温度下使金属产生塑性变形的加工工艺,如冷轧、冷拔、冷锻、冲压、冷挤压等。冷加工过程中,钢材产生塑性变形,改变了金相的晶体结构,增加了晶体中的位错密度,使钢材的强度和硬度明显提高,塑性和韧性有所降低,经冷加工使钢材产生一定塑性变形的过程称为钢材的冷加工强化。

2. 施工中的冷拉和冷拔

工程施工中,可以采用冷加工和时效处理,以改善钢筋性能。将热轧钢筋用拉伸设备在常温下拉伸,应力超过屈服强度,并产生一定塑性变形称为冷拉,如图 5.13 所示。冷拉后钢材的屈服强度提高,屈服阶段缩短,伸长率减小,硬度增加,但抗拉强度基

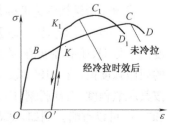

图 5.13　钢筋的冷拉和时效处理前后的抗拉应力—应变关系

本不变。

3. 冷加工时效

冷拉后的新屈服点和抗拉强度并非一直保持不变,而是随时间延续有所提高,塑性进一步降低,即产生时效效应。一般钢材冷拉后要通过时效后才有稳定的屈服强度。

产生时效效应的原因,主要是熔于铁素体中处于过饱和的氮和氧原子,分别以Fe_4N和FeO的形式析出,逐渐扩散到晶体的应力区或晶界上,阻碍晶粒滑移,增加了抵抗塑性变形的能力。

钢材经过冷加工后,在常温下存放15~20天,或加热至100~200 ℃并保持2小时左右,这个过程称为时效处理。时效效应导致钢材性能改变的程度称为时效敏感性,用时效敏感性系数C表示,按公式(5.6)计算:

$$C=\frac{a_k-a_{ks}}{a_k}\times 100\% \tag{5.6}$$

式中 a_k——常温下,时效前试件冲击吸收能的平均值;

a_{ks}——常温下,时效后试件冲击吸收能的平均值。

C值越大,时效敏感性越大。对受动荷载作用或经常处于较高温度下的钢结构(如锅炉、桥梁、钢轨和吊车梁用钢等),为避免过大的脆性,防止突然脆断,应选用时效敏感性小的钢材。土木工程中的外荷载一般为静荷载,所用钢材特别是钢筋曾经常利用冷加工和时效效应来提高其强度,以节约钢材。但近年来,由于我国强度高、质量好的预应力钢筋、钢丝等已可充分供应,因此,现行《混凝土结构工程施工质量验收规范》(GB 50204—2015)和《混凝土结构设计规范》(GB 50010—2010)不再把冷拉钢筋和冷拔低碳钢丝列入推荐的钢筋范围。

此外,钢材在加工过程中,其表面和内部不可避免地存在一些缺陷,如裂纹、毛刺、尖角、划痕、气孔、成分偏析和夹杂物等,这些缺陷会造成局部应力集中,降低钢材力学性能,尤其疲劳强度对缺陷很敏感。通过一定的处理工艺,可减小内部缺陷,例如,对钢材表面进行强化、喷丸处理,提高其表面光洁度等,可以提高钢材的力学性能和质量。

5.5 工程用钢材的种类与应用

土木工程中常用的钢材有钢结构用钢、混凝土结构用钢和其他用途钢三大类。

5.5.1 钢结构用钢

钢结构用钢主要有碳素结构钢、优质碳素钢和高强度低合金结构钢。

1. 碳素结构钢

我国碳素结构钢为低碳钢,由氧气转炉或电炉冶炼,一般以热轧、控轧或正火状态供货。

(1)牌号表示方法 现行国标《碳素结构钢》(GB 700—2006)规定,其牌号由代表屈服强度的字母Q、屈服强度值、质量等级符号、脱氧程度符号等4部分按顺序构成。按碳素结构钢的屈服强度值,有Q195、Q215、Q235和Q275 4个牌号;4个质量等级符号为A、B、C、D;按其脱氧程度,有沸腾钢(F)、镇静钢(Z)、特种镇静钢(TZ)3种,其中后两种的牌号的符号"Z"和"TZ"可以省略。例如,Q235AF表示屈服强度为235 MPa,质量为A级的沸腾钢;Q275D表示屈服强度为275 MPa,质量为D级的镇静钢。

(2)化学成分 C含量为0.12%~0.22%,Si含量为0.30%~0.35%,Mn含量为0.50%~

1.50%,屈服强度越高,这3种元素含量越高;P含量为0.035%～0.045%,S含量为0.035%～0.050%,以这两个有害元素含量由多到少,质量为A、B、C、D级。此外,还含有一些微量的残余元素,如N、Cu、Al、Ni、Cr等,D级钢应有足够的细化晶粒的合金元素。

(3)拉伸性能 《碳素结构钢》(GB 700—2006)规定了屈服强度、抗拉强度、断后伸长率和冲击韧性等力学性能指标。例如,对于Q195、Q215、Q235和Q275等4个牌号碳素结构钢,其抗拉强度分别为315～430 MPa、335～450 MPa、370～500 MPa和410～540 MPa;其断后伸长率分别不小于33%、31%、26%和22%,且钢材的厚度或直径越大,断后伸长率越小。

(4)冲击韧性 用规定尺寸的V型槽口试样的冲击吸收功(纵向)不小于27J,但质量等级不同,冲击试验的温度不同,B、C、D级钢材冲击试验温度分别为+20 ℃、0 ℃和-20 ℃。

(5)冷弯性能 采用宽度B为其2倍厚度a的试样 冷弯180°的弯心直径应达到表5.2规定。

表5.2 碳素结构钢的冷弯性能

牌 号	试样方向	冷弯试验(B=2a,180°)	
		钢材厚度(直径)(mm)	
		≤60	>60～100
		弯心直径d	
Q195	纵	0	—
	横	0.5a	—
Q215	纵	0.5a	1.5a
	横	a	2
Q235	纵	a	2a
	横	1.5a	2.5a
Q275	纵	1.5a	2.5a
	横	2a	3a

注:B为试样宽度,a为钢材厚度(直径)。

(6)碳素结构钢的选用 Q195和Q215钢材的碳含量小于0.15%,强度较低,但塑性和韧性较大,材质柔软,易于冷加工。主要用于加工薄板和拉丝,工程中一般用作钢钉、铆钉、螺栓等。Q215钢材经冷加工后可代替Q235钢材使用。

Q235钢材是土木工程中应用广泛的碳素结构钢,由于其强度、塑性、韧性及可焊性等综合性能优良,并且成本较低,能较好地满足一般钢结构和混凝土结构用钢的要求。因此,在钢结构中,用Q235钢材大量轧制成各种型钢、钢板、钢管等;在钢筋混凝土中,使用最多的Ⅰ级钢筋也是由Q235钢轧制而成。

Q275钢材不但强度高,其塑性和韧性均很好,应用范围也广,如Q275D可以用于-20 ℃下承受动荷载作用的结构中。与其他牌号的碳素结构钢相比,使用Q275钢材可节约钢材,降低成本,成为钢结构和钢筋混凝土结构的主要用钢之一。

在选用钢材牌号时,为保证承重结构的承载能力,防止在一定条件下出现脆性破坏,应根据结构的重要性、承受荷载的类型(动载或静载等)、承受荷载方式(直接或间接等)、连接方式(焊接或非焊接等)、钢材厚度和使用环境等因素综合考虑。例如:Q235A级钢一般仅适用于承受静荷载作用的结构,主要焊接结构中不能使用Q235A级钢;Q235B级钢用于承受动荷载、焊接的普通钢结构;Q235C级钢可用于承受动荷载、焊接的重要钢结构;Q235D级钢可用于低温条件下(-20 ℃)承受动荷载、焊接的重要结构。

因沸腾钢的冲击韧性较低,冷脆性和时效敏感性大。因此,其使用范围受限,下列情况的承重结构和构件不应采用Q235级沸腾钢:

①直接承受动荷载或振动荷载且需要验算疲劳的焊接结构;

②工作温度低于-20 ℃时的直接承受动荷载或振动荷载,但可不验算疲劳的结构以及承受静荷载的受弯及受拉的重要承重焊接结构。

③工作温度等于或低于-30 ℃的所有承重焊接结构。

④工作温度等于或低于-20 ℃的直接承受动荷载且需要验算疲劳的非焊接结构。

2. 优质碳素结构钢

根据现行国标《优质碳素结构钢》(GB/T 699—2015),优质碳素结构钢共有28个牌号,其C含量为0.05%～0.90%,Mn含量为0.35%～1.20%,Cr和Cu含量不大于0.25%,Ni含量不大于0.30%,P和S含量不大于0.035%。由此可见,优质碳素钢的C和Mn含量的范围较大,因此,根据其C和Mn含量表示其牌号。Mn含量较低时,其牌号用平均C含量的万分数表示;Mn含量较高时,在平均碳含量的万分数后加"Mn"字。例如,C含量为0.12%～0.18%、Mn含量为0.35%～0.65%的钢材,其牌号是15号;C含量为0.42%～0.50%、Mn含量为0.70%～1.00%的钢材,其牌号为45Mn。

碳含量高的优质碳素结构钢,其强度与硬度高,而塑性与韧性低。优质碳素结构钢一般连铸成钢锭、钢坯和钢棒,30～45号钢主要用于制造重要结构的钢铸件及高强螺栓。65～80号钢常用于生产预应力钢筋混凝土用的刻痕钢丝和钢绞线等。

3. 低合金高强度结构钢

低合金高强度结构钢是在碳素结构钢的基础上,加入总量小于5%的合金元素由转炉或电炉冶炼而成,其供货状态有热轧、控轧、正火、正火轧制或正火加回火、热机械轧制等。

(1)牌号表示方法 现行国标《低合金高强度结构钢》(GB/T 1591—2008)规定,其牌号由屈服强度的汉语拼音字母Q、屈服强度值、质量等级符号(A、B、C、D、E)等3个部分构成,按其屈服强度,共有Q345、Q390、Q420、Q460、Q500、Q550、Q620、Q690等8个牌号。例如Q550A表示屈服强度为550 MPa、质量为A级的低合金高强度结构钢。

(2)化学成分 C含量不大于0.18%或0.20%,Si含量不大于0.50%或0.60%,Mn含量不大于1.70%或1.80%;并应含有一定量的Nb、V、Ti、Cr、Ni、Cu、Mo、Al等合金元素,其中Nb、V、Ti、Al为细化晶粒元素,至少应含有一种合金元素。用碳当量CEV表示C元素与合金元素间的比例关系,对于不同供货状态的钢,其碳当量不同。

(3)拉伸性能 屈服与抗拉强度值、断后伸长率与钢材产品的公称厚度(直径或边长)有关,厚度越大,其屈服与抗拉强度值、断后伸长率越小,牌号中的屈服强度值对应的厚度不大于16 mm。例如,Q345、厚度≤16 mm的钢材,其屈服和抗拉强度分别为≥340 MPa和470～630 MPa,断后伸长率≥20%;Q690、厚度≤40 mm的钢材,其屈服和抗拉强度分别为≥670 MPa和770～940 MPa,断后伸长率≥14%。所以,钢材的强度或牌号越高,断后伸长率越小,详见现行国标《低合金高强度结构钢》(GB/T 1591—2008)。

(4)冲击韧性 采用夏比(V型)冲击试验,Q345、Q390、Q420、Q460等4个牌号的钢材冲击吸收能量应≥34 J,质量为B、C、D、E级,其试验温度分别为+20 ℃、0 ℃、-20 ℃和-40 ℃;Q500、Q550、Q620、Q690等4个牌号,质量等级为C、D、E的钢材冲击吸收能量分别应≥55 J、47 J、31 J。

(5)冷弯性能　Q345、Q390、Q420、Q460 等 4 个牌号的钢材,厚度 $a \leqslant 16$ mm 时,180°弯心直径 $d=2a$;厚度为 $>16 \sim 100$ mm 时,180°弯心直径 $d=3a$。

(6)特点　与碳素结构钢相比,低合金高强度结构钢具有以下特点:

①成分上,C 含量较低,均不高于 0.2%,一般为氧气转炉或电炉冶炼的镇静钢,S、P、O 等有害元素含量少,成分偏析少,并含合金元素。

②性能上,抗拉强度高,而且还具有良好的塑性、韧性、可焊性、耐磨性、耐蚀性和耐低温性等,是综合性能更加优良的建筑钢材。

③应用上,低合金高强度结构钢主要用于轧制各种型钢、钢板、钢管及钢筋,但特别适用于各种重型结构、高层结构以及大跨度结构和桥梁工程等承受动荷载的钢结构物或其他构筑物,如北京奥运中心主体育馆——鸟巢工程采用 Q420 号钢建造。在相同使用条件下,可比碳素结构钢节省用钢 20%~40%,可以有效地减轻结构物自重。

5.5.2　钢筋混凝土结构用钢

按照生产方式不同,钢筋混凝土结构用钢可分为热轧钢筋、冷轧带肋钢筋、预应力混凝土用钢棒、预应力混凝土用钢丝和钢绞线等。

1. 热轧钢筋

根据其表面特征不同,热轧钢筋分为光圆钢筋和带肋钢筋。

(1)热轧光圆钢筋　指经热轧成型、横截面呈圆形、表面光滑的钢筋。根据《钢筋混凝土用钢第 1 部分:热轧光圆钢筋》(GB 1499.1—2008),其牌号由 HPB+屈服强度特征值构成,有 HPB235 和 HPB300 两个牌号,由氧气转炉和电炉冶炼;其 C 和 Mn 含量分别为 0.22%、0.65% 和 0.25%、1.50%;其力学性能和冷弯性能见表 5.3。

(2)热轧带肋钢筋　指横截面通常为圆形,且表面带肋的钢筋。根据现行国标《钢筋混凝土用钢第 2 部分:热轧带肋钢筋》(GB 1499.2—2007),热轧带肋钢筋分为普通热轧钢筋和细晶粒热轧钢筋两种,其金相组织主要是铁素体和珠光体;其 C 和 Mn 含量分别不大于 0.25% 和 1.60%,P 和 S 含量不大于 0.045%。细晶粒热轧钢筋是在热轧过程中,通过控轧和控冷工艺形成的细晶粒钢筋,其晶粒度不粗于 9 级。

热轧带肋钢筋的公称直径为 6~50 mm,有 15 种不同直径的钢筋。热轧带肋钢筋的牌号由 HRB+屈服强度特征值构成,共有 5 个牌号,HRB400、HRB500、HRB600 和 HRB400E、HRB500E;细晶粒热轧钢筋的牌号由 HRBF+屈服强度特征值构成,共有 4 个牌号,HRBF400、HRBF500 和 HRBF400E、HRBF500E。这 9 个牌号热轧带肋钢筋的屈服强度 R_{eL}、抗拉强度 R_m、断后伸长率 A、最大力总伸长率 A_{gt} 等力学性能特征值见表 5.3。

表 5.3　热轧钢筋的力学性能和工艺性能

牌　号	公称直径 a (mm)	屈服强度 R_{el} (MPa)	抗拉强度 R_m (MPa)	伸长率 A (%)	最大力总伸长率 A_{gt} (%)	冷弯试验(180°) 弯心直径 d
		不　小　于				
HPB235	6~22	235	370	25.0	10.0	$d=a$
HPB300		300	420			
HRB400	6~25	400	540	16	7.5	$3d$
HRBF400	28~40					$4d$
HRB400E	>40~50				9.0	$5d$
HRBF400E						

续上表

牌号	公称直径 a (mm)	屈服强度 R_{el} (MPa)	抗拉强度 R_m (MPa)	伸长率 A (%)	最大力总伸长率 A_{gt} (%)	冷弯试验(180°) 弯心直径 d
			不 小 于			
HRB500 HRBF500	6~25	500	630	15	7.5	4d
	28~40					5d
HRB500E HRBF500E	>40~50				9.0	6d
	6~25					6d
HRB600	28~40	600	730	14	7.5	7d
	>40~50					8d

注:* HPB 是英文 Hot rolled Plain Bars(热轧光圆钢筋)的缩写,F 和 E 是英文 Fine(细)和 Earthquake(地震)的首字母。

(3)应用 光圆钢筋强度较低,塑性及焊接性能好,伸长率大,便于弯曲成型。可作为中小型钢筋混凝土结构的主受力钢筋和各种钢筋混凝土结构的箍筋;也可用于钢与木结构的拉杆;还可作为冷轧带肋钢筋的原材料;盘条可作为冷拔低碳钢丝的原材料。

各种牌号热轧带肋钢筋被广泛用作大、中型钢筋混凝土结构的主受力钢筋,经过冷拉后,还可用作预应力钢筋。

2. 冷轧带肋钢筋

冷轧带肋钢筋是由普通低碳钢、优质碳素钢或低合金钢热轧圆盘条为母材,经冷轧减径后在其表面带有沿长度方向均匀分布的三面或二面月牙形横肋的钢筋。

(1)牌号 根据《冷轧带肋钢筋》(GB 13788—2008)的规定,冷轧带肋钢筋牌号由 CRB 和其抗拉强度最小值构成,分为 CRB550、CRB650、CRB800 和 CRB970 等 4 个牌号。CRB550 钢筋的公称直径范围为 4~12 mm,其他牌号钢筋的公称直径为 4 mm、5 mm 或 6 mm。

(2)性能 根据现行国标《冷轧带肋钢筋》,其力学性能和冷弯性能应符合表 5.4 的规定。钢筋的强屈比 $R_m/R_{p0.2}$ 比值应不小于 1.03。

表 5.4 冷轧带肋钢筋的力学性能和工艺性能

牌号	$R_{p0.2}$(MPa) ≥	R_m(MPa) ≥	伸长率(%) ≥		冷弯试验 180°	反复弯曲次数	应力松弛初始应力 $R_{com}=0.7R_m$
			$A_{11.3}$	A_{100}			1 000 h 不大于(%)
CRB550	500	550	8	—	$D=3d$	—	
CRB650	585	650	—	4.0		3	8
CRB800	720	800	—	4.0		3	8
CRB970	875	970	—	4.0		3	8

注:表中 D 为弯心直径,d 为钢筋公称直径。

(3)应用 CRB550 钢筋宜用作钢筋混凝土结构中的主受力钢筋、钢筋焊结网、箍筋、构造钢筋以及预应力混凝土结构中的非预应力钢筋,其他牌号可作为预应力混凝土构件中的预应力主筋。

3. 预应力混凝土用钢棒

预应力混凝土用钢棒是由热轧盘条(低合金钢)经冷加工后(或不经冷加工)淬火和回火等

调质处理制成。经调质处理后的钢棒,其特点是塑性降低较小,但强度提高很多,综合性能好。

(1)分类　按其表面形状,预应力混凝土用钢棒(PCB)分为光圆钢棒(P)、螺旋槽钢棒(HG)、螺旋肋钢棒(HR)和带肋钢棒(R)等4种。

(2)性能　4种钢棒的抗拉强度 R_m 分别不小于1 080 MPa、1 230 MPa、1 420 MPa 和 1 570 MPa;规定非比例延伸强度 $R_{p0.2}$ 分别不小于 930 MPa、1 080 MPa、1 280 MPa 和 1 420 MPa。对于预应力混凝土用钢棒,其应力或应变松弛很重要,《预应力混凝土用钢棒》(GB/T 5223.3—2005)规定,初始应力为公称抗拉强度的60%、70%和80%时,普通松弛(N)钢棒的1 000 h 最大松弛值分别为2.0%、4.0%和9.0%;低松弛(L)钢棒的1 000 h 最大松弛值分别为1.0%、2.0%和4.5%。

(3)应用　预应力混凝土用钢棒具有强度高、韧性好,应力松弛低,与混凝土粘接性好,施工方便,节约钢筋等优点,主要用于预应力混凝土轨枕,还可用于预应力混凝土梁、板及吊车梁等。光圆钢棒只用于后张法预应力混凝土工程,其他钢棒用于先张法预应力混凝土工程。

预应力混凝土用钢棒常以弹性盘条或成捆供应,盘条开盘后可自行伸直。使用时应采用砂轮锯或切断机切割成所需长度,不能采用电弧切割,也不能焊接,以免引起强度下降或脆断。

4. 预应力混凝土用钢丝

预应力混凝土用钢丝是由优质碳素结构钢盘条,通过拔丝或轧辊等减径工艺经冷加工或再经消除应力等工艺制成的高强度钢丝。根据《预应力混凝土用钢丝》(GB/T 5223—2014),按加工状态分为冷拉钢丝(代号为WCD)和消除应力钢丝两类,消除应力钢丝又分为低松弛钢丝(代号为WLR)和普通松弛钢丝(代号为WNR);按外形分为光圆钢丝(P)、螺旋肋钢丝(H)和刻痕钢丝(I)三种。

消除应力光圆和螺旋肋钢丝的公称直径为 4.00～12.00 mm,其公称抗拉强度 R_m 有 1 470 MPa、1 570 MPa、1 670 MPa 和 1 770 MPa 等 4 级;最大力总延伸率 $A_{gt} \geqslant 3.5\%$;初始应力相当于实际最大力的70%和80%时,1 000 h 应力松弛率应分别不大于2.5%和4.5%。

冷拉钢丝、消除应力光圆、螺旋肋及刻痕钢丝均属于冷加工强化的钢筋,没有明显的屈服点,检验时只能以抗拉强度为依据。设计强度取值以条件屈服点(规定非比例伸长应力 $R_{P0.2}$)的统计值来确定。并且规定:非比例伸长应力值 $R_{P0.2}$ 不小于抗拉强度的75%。

预应力混凝土用钢丝具有强度高、松弛率低、抗腐蚀性强、质量稳定、安全可靠等特点,主要用于大跨度屋架及薄腹梁、大跨度吊车梁、桥梁等预应力混凝土结构。

5. 预应力混凝土用钢绞线

预应力混凝土用钢绞线一般是由2根、3根或7根直径为 2.5～6.0 mm 的高强度光圆或刻痕钢丝绞捻后,再经稳定化处理后制成。稳定化处理是指为了减少应用时的应力松弛,钢绞线在一定的张力下进行短时热处理。

根据《预应力混凝土用钢绞线》(GB/T 5224—2014),有3种钢绞线,即,由冷拉光圆钢丝捻制成的标准型钢绞线;由捻制后再经冷拔成的模拔型钢绞线;由刻痕钢丝捻制成的刻痕钢绞线。按其结构,钢绞线分为8类,即,用2根钢丝捻制的钢绞线:1×2;用3根钢丝捻制的钢绞线:1×3;用3根刻痕钢丝捻制的钢绞线:1×3I;用7根钢丝捻制的标准钢绞线:1×7;用6根刻痕钢丝和一根光圆中心钢丝捻制的钢绞线:1×7I;用7根钢丝捻制又经模拔的钢绞线:(1×7)C 等。

根据《预应力混凝土用钢绞线》，预应力钢绞线的力学性能包括公称抗拉强度、整根钢绞线的最大力、0.2%屈服力、最大力总伸长度以及应力松弛性能等指标。预应力钢绞线具有强度高、塑性好、易于锚固等特点，常用于大跨度、重荷载的预应力混凝土结构。

5.5.3 桥梁结构钢

铁路与公路的桥梁除了承受静荷载外，还直接承受动荷载，其中某些部位还承受交变应力的作用。桥梁全部暴露在大气中，有的处于多雨潮湿地区，有的处于冰雪严寒地带，它们要长期在受力状态下经受气候变化和腐蚀介质的严峻考验。因此，与一般结构钢相比，桥梁结构钢除了必须具有较高的强度外，还要求有良好的塑性、韧性、可焊性及较高的疲劳强度。考虑到严寒地区的低温影响和长期的使用安全，还要求具有较小的冷脆性和时效敏感性，以免发生脆断事故。

1. 牌号表示方法

根据《桥梁用结构钢》(GB/T 714—2015)，牌号由代表屈服强度的字母 Q、规定最小屈服强度值、桥的汉语拼音字母 q、质量等级符号等 4 部分依次组成。如：Q420qC 为规定最小屈服强度为 420 MPa、质量等级为 C 级的桥梁结构钢。此外，当以热机械轧制状态交货的钢板，且具有耐候性以及厚度方向性能时，在上述规定的牌号后分别加上耐候(NH)及厚度方向(Z)性能级别的代号，如：Q420qDNHZ15。

2. 技术要求

按其规定最小屈服强度值，桥梁结构钢主要有 Q345q、Q370q、Q420q、Q460q、Q500q、Q550q、Q620q 和 Q690q 等 8 个牌号；按其 P 和 S 含量，有 C、D、E、F 等 4 个质量等级，其 P 含量分别小于 0.030%、0.025%、0.020% 和 0.015%，S 含量分别小于 0.025%、0.020%、0.010% 和 0.006%。

桥梁结构钢表面不应有裂纹、气泡、结疤、夹杂、折叠和压入氧化铁皮等有害缺陷，不应有目视可见的分层。对厚度大于 20mm 的钢板应进行超声波探伤检验其内部是否有缺陷。

桥梁结构钢另一重要性能—冲击韧性要求高，对于质量为 C、D、E 级的各牌号钢，冲击试验温度分别为 0 ℃、−20 ℃ 和 −40 ℃，在该温度下，夏比(V)冲击试验吸收能量均应不小于 120 J；F 级钢在 −60 ℃ 下，夏比(V)冲击试验吸收能量均应不小于 47 J。

180°弯曲试验，对于厚度≤16 mm 的试样，要求弯曲压头直径为 2 倍试样厚度；对于＞16 mm 的试样，弯曲压头直径为 3 倍试样厚度。并用基于化学成分的耐大气腐蚀性指数表征其耐腐蚀性。

3. 特性与应用

各牌号桥梁结构钢的屈服和抗拉强度等力学性能见表 5.5。Q345q、Q370q、Q420q 和 Q460q 等牌号钢经过完全脱氧，其杂质含量少，具有良好的综合性能，不仅强度较高，而且塑性、韧性和可焊性等都较好。Q370q、Q420q 等牌号钢是我国目前建造钢梁主体结构的基本钢材。Q500q、Q550q、Q620q 和 Q690q 等牌号的桥梁结构钢具有很高强度，同样也具有良好的塑性和韧性，主要用于钢结构桥梁局部受力很大的杆件。高强度结构钢一般不用于主体结构，其原因是：虽然其强度大幅提高，但弹性模量变化不大，因而，尽管高强钢可以承受较高应力，保证了桥梁结构的承载力，但由于弹性模量不高而不能满足结构刚度的设计要求。

表 5.5 桥梁结构钢的主要力学性能(GB/T 714)

牌号	质量等级	拉伸试验		抗拉强度 R_m (MPa)	断后伸长率 A (%)
		下屈服强度 R_{eL} (MPa)			
		厚度(mm)			
		≤50	>50~100		
		≥			
Q345q	C、D、E	345	335	490	20
Q370q	C、D、E	370	360	510	20
Q420q	D、E、F	420	410	540	19
Q460q	D、E、F	460	450	570	18
Q500q	D、E、F	500	480	630	18
Q550q	D、E、F	550	530	660	16
Q620q	D、E、F	620	580	720	15
Q690q	D、E、F	690	650	770	14

5.5.4 钢 轨 钢

铁路钢轨经常处在车轮压力、冲击和磨损的作用下,要求钢轨不仅应具有较高的强度以承受较高的压力和抗剥离的能力,而且应具有较高的硬度、耐磨性、冲击韧性和疲劳强度。由于无缝线路的发展,还应具有良好的可焊性。用于多雨潮湿地区、盐碱地带和隧道中的钢轨,会经常受到各种环境介质的侵蚀作用,所以还应具有良好的耐大气腐蚀性能。

为了满足上述要求,钢轨应采用碱性氧气转炉或电炉法冶炼,并经炉外精炼和真空脱氧处理的碳含量较高(高碳钢)的镇静钢经连铸坯轧制而成,有 U71Mn、U75V、U77MnCr、U78CrV 和 U76CrRE 等 5 个牌号,其 C 含量为 0.65%~0.81%,并含有 Mn、Cr、V、Si 等合金元素,其 P,S 含量不大于 0.030%,O 含量不大于 0.003 0%,N 含量不大于 0.009 0%。由此可见,钢轨钢有害元素含量很小。钢轨全断面的金相组织应为珠光体和少量铁素体,不应有马氏体、贝氏体及晶界渗碳体。钢轨的均匀弯曲不得超过钢轨全长的 0.5%,表面不得有裂纹、线纹、折叠、横向划痕、分层等缺陷。

钢轨接头处轮轨的冲击力很大,为提高接头处的耐磨性,钢轨两端 30~70 mm 的范围内应进行轨顶淬火处理,淬火深度 8~12 mm。热轧钢轨的力学性能见表 5.6。

表 5.6 热轧钢轨的力学性能(TB/T 2344)

钢牌号	抗拉强度 R_m (MPa)	断后伸长率 (%)	轨头顶面中心线硬度 (HBW10/3000)
U71Mu	≥880	≥10	260~300
U75V	≥980	≥10	280~320
U70MnCr	≥980	≥9	290~330
U78CrV	≥1 080	≥9	310~360
U76CrRE	≥1 080	≥9	310~360

钢轨还应进行落锤试验以评定其冲击韧性,要求试样经打击一次后,两支点间不得有断裂现

象。在温度-20 ℃下测得断裂韧性 K_{IC} 的最小值和平均值分别为 26 MPa·m$^{1/2}$ 和 29 MPa·m$^{1/2}$。其疲劳寿命应大于 $5×10^6$ 次。

钢轨的类型以每米的平均质量表示,我国铁路钢轨主要有 75 kg/m、50 kg/m 和 43 kg/m 等 3 种,标准长度为 12.5 m、25 m、75 mm 和 100 mm 等。随着重载和高速线路的迅速发展,钢轨需要重型化。目前世界上最重的钢轨已达到 77.5 kg/m,而且对钢轨的性能和质量要求愈来愈高。

时速为 200～350 km/h 的高速铁路和铁路客运专线,主要采用无砟轨道结构和无缝钢轨,对钢轨的技术条件要求更高,附加的要求包括:保证材质内部高洁净(严格控制钢中的 P、S 有害元素含量)、钢轨表面基本无原始缺陷、脱碳层深度、残余拉应力指标、断裂韧性和疲劳裂纹扩展速率的技术条件以及采用长定尺钢轨,减少焊接接头等。

5.6 钢材的锈蚀与防止

在自然环境下,钢材因受到周围介质的化学或电化学作用会发生锈蚀现象。钢材锈蚀不仅减小有效承载面积,而且由于产生锈坑,造成应力集中,严重降低其性能。尤其在冲击荷载和循环交变荷载作用下,将产生锈蚀疲劳现象,使钢材的疲劳强度显著降低,甚至出现脆性断裂,导致钢结构破坏。钢筋混凝土结构中,钢筋锈蚀产生体积膨胀导致混凝土开裂,降低混凝土与钢筋的握裹力。有资料报道,当锈蚀率大于 3% 时,握裹力下降,锈蚀率 5% 时,握裹力降低 50% 以上;锈蚀率达 8% 时,混凝土裂缝宽度达 1.5～3 mm,握裹力降低 90% 以上,从而引起钢筋混凝土结构破坏。

5.6.1 钢材的锈蚀

根据锈蚀产生机理,钢材的锈蚀可分为化学锈蚀和电化学锈蚀两种。

1. 化学锈蚀

化学锈蚀是指钢材表面与周围介质发生化学反应形成铁锈(氧化铁与氢氧化铁)的化学过程。出厂的钢材表面一般有一薄层钝化膜(FeO),可起一定的防锈作用,故在干燥环境中,钢材锈蚀缓慢。当钢材与腐蚀性介质(如氯盐、酸性物质)接触时,钝化膜被破坏,发生化学锈蚀。

2. 电化学锈蚀

电化学锈蚀是指钢材与电解质溶液接触,形成微电池而产生的锈蚀。暴露在潮湿空气或土壤中的钢材,表面附着一层电解质水膜,由于表面成分或受力变形不均匀等原因,局部产生电极电位差,形成许多"微电池"。在电极电位较低的阳极区,铁原子被氧化失去电子形成 Fe^{2+} 离子进入水膜;在阴极区的水得到电子与溶入水中的氧作用形成 OH^-,两者结合成 $Fe(OH)_2$,进一步氧化成 $Fe(OH)_3$、FeOOH 等化合物。这个过程使得钢材表面形成锈坑和体积膨胀数倍的铁锈。

阳极反应: $Fe \rightarrow Fe^{2+} + 2e$

阴极反应: $O_2 + 2H_2O + 4e \rightarrow 4OH^-$

复合反应: $Fe^{2+} + 2OH^- = Fe(OH)_2$;$4Fe(OH)_2 + 2H_2O + O_2 = 4Fe(OH)_3$

如电解质水膜呈酸性,则阴极被还原的 H^+ 离子沉积,造成阴极极化使腐蚀停止,但水膜中含有一定浓度的氧时,则能够与 H^+ 离子结合成水,阴极不能极化,腐蚀迅速进行。

由此可见,引起钢材锈蚀的主要因素有环境中的湿度和氧、介质中的酸、碱、盐等物质、钢材的化学成分及表面状况等。一些卤素离子,特别是氯离子能破坏钢材表面钝化膜,使锈蚀迅速发展。

5.6.2 防止钢材锈蚀的措施

1. 制成耐蚀合金钢

在碳素钢中加入能提高抗锈蚀能力的合金元素,制成合金钢,如加入铬、镍、钛等元素制成不锈钢,或加入 0.1%~0.15% 的铜,制成含铜的合金钢,可以显著提高钢材的抗锈蚀能力。

2. 表面涂覆

用电镀或喷镀的方法在钢材表面覆盖其他耐蚀金属镀层,可提高其抗锈蚀能力,如镀锌、镀锡、镀铬、镀银等。土木工程中常用方法是在钢材表面涂覆一层防锈油漆或涂层,使钢材表面与环境隔离,可有效防止钢材锈蚀。这种方法简单易行,但不耐久,需要周期性涂覆维护。

3. 电化学保护

电化学保护原理是阻止或避免钢结构或钢筋混凝土中钢筋网发生电化学腐蚀,主要有阴极保护和阳极保护两种。

阴极保护是在被保护的钢结构上,连接一块比铁更活泼的金属,如锌、镁等,使锌、镁成为阳极失去电子而被腐蚀,钢结构成为阴极获得电子不被氧化,而被保护。

阳极保护是在钢结构或混凝土中的钢筋网附近埋设废钢铁,外加直流电源,将阴极接在被保护的钢结构上,阳极接在废钢铁上,通电后废钢铁成为阳极而被腐蚀,钢结构成为阴极而被保护。

例如,美国已有数百座桥梁采用了这种方式进行保护,对已经遭受氯盐侵蚀的钢筋混凝土结构,实行阴极保护可能是最有效的方法。国内正在积极地探索和推广此技术,例如,杭州湾大桥南、北航道桥主墩承台、塔座及下塔柱处于潮差区和浪溅区,采用了外加电流阴极防护系统,并用全自动监控系统自动调节电量,以确保100%的电流分布与传递,保护钢筋不被锈蚀。

5.6.3 混凝土中钢筋的防锈

混凝土材料具有较强的碱性(pH>12.5),钢筋表面的钝化膜在碱性的混凝土中非常稳定,因此,通常情况下,钢筋混凝土结构中的钢筋受混凝土保护不会发生锈蚀,具有足够的耐久性。如果混凝土保护层发生碳化,其碱度降低失去保护作用;或环境中的 Cl^- 离子渗入混凝土结构中,破坏钢筋表面钝化膜,引发钢筋锈蚀。这两种情况是导致钢筋混凝土结构中钢筋锈蚀,降低钢筋混凝土结构使用寿命的主要因素。因此,钢筋混凝土结构设计时,应根据结构的重要性与环境类别和作用等级,采取有效措施,防止钢筋锈蚀,提高钢筋混凝土结构耐久性。常用措施有:

1. 提高混凝土密实性

提高混凝土密实性,可改善其抗碳化性能及抗氯离子渗透性能,延缓 CO_2 气体扩散和 Cl^- 离子迁移的速度,从而提高混凝土对钢筋的保护作用。例如,减小混凝土水胶比,采用渗透性控制模板(模板的衬垫是一种无纺纤维织物,可将混凝土表面多余的自由水排出,降低混凝土表面水胶比)等,这些措施可显著提高混凝土及其表面密实性和质量。

2. 增加混凝土保护层厚度

在较为恶劣的环境中,增加钢筋混凝土结构中保护层厚度,延长 CO_2 气体和 Cl^- 离子渗透到钢筋表面的时间,从而提高钢筋混凝土结构服役寿命。为此,《混凝土结构耐久性设计规范》

(GB/T 50476—2008)，对不同的环境条件，规定了钢筋混凝土结构保护层厚度要求。如杭州湾特大桥的大气区及浪溅区的桥墩保护层厚度为 60 mm，承台保护层厚度陆上大气区为 75 mm，海上水位变动区为 90 mm。

3. 环氧树脂涂层钢筋

在钢筋表面喷涂一层环氧树脂，固化后形成环氧涂层钢筋，从而隔离钢筋表面与环境介质的接触，起到防锈作用。美国标准化和技术协会等联合调查确认，这种措施可延长钢筋混凝土结构 5~10 年的使用寿命。我国建设部于 1997 年制订了环氧树脂涂层钢筋的相关标准，近年来已陆续在海港工程中得到应用。

4. 其他措施

(1) 外加剂 在混凝土材料中掺入阻锈剂，可在一定程度上抑制、阻止或延缓钢筋混凝土结构中钢筋腐蚀的电化学过程。

(2) 塑料波纹管与真空辅助压浆技术 如果预应力混凝土结构的预应力筋孔道内灌浆不密实，极易造成高应力状态下预应力钢筋的锈蚀。采用耐腐蚀、密封性能好的塑料波纹管，配合真空辅助压浆技术，增强预应力孔道压浆的密实性，提高预应力筋及预应力体系的耐久性。

(3) 混凝土结构表面涂层 涂覆型涂层防腐蚀措施是针对海洋环境、较严重的土壤腐蚀环境中混凝土结构的防护技术之一。所用的涂料有环氧树脂、氟碳漆及其他一些防水涂料。青藏铁路、京沪客运专线等在恶劣环境地段的桥梁曾用或将用此技术。

另外，桥梁的混凝土承台下可采用钢护筒，保护混凝土不被碳化，杜绝氯离子渗入。

5.7 有色金属材料

土木工程除了广泛应用钢材外，铜、铝及其合金也被广泛应用于装修工程、配件及门窗等方面。国外甚至已开始将铝合金用于轻型大跨度结构，因此有色金属在土木工程中具有广阔应用前景。

5.7.1 铝及铝合金

1. 铝的性质

自然界中，铝以化合物状态存在，铝在地壳中的含量占 8.13%，仅次于氧和硅，占第三位。炼铝工业以铝矾土作原料提取 Al_2O_3，再通过电解 Al_2O_3，制得金属铝。

铝是银白色的有色金属，铝的质量分数不小于 99.00% 的金属称为纯铝，其密度为 2.70 g/cm³，熔点低，只有 660 ℃，导电性和导热性优良；铝是活泼金属，极易与空气中的氧化合，形成一层具有保护作用的氧化铝薄膜，使铝具有一定的耐腐蚀性。但由于自然生存的氧化铝膜很薄（一般小于 0.1 μm），因而耐蚀性有限。纯铝不耐碱，不耐酸，易被卤素元素腐蚀；铝的电极电位较低，如与电极电位高的金属接触并有电解质存在时，将形成微电池发生电化学腐蚀。

铝的塑性很好，伸长率可达 35%~50%，极易加工成各种型材、铝箔等制品。试验表明，铝材的冷加工强化效果比较明显，而且在低温下的塑性和韧性也不明显下降。铝材的缺点是强度和硬度不高（$R_{0.2}$=35~150 MPa，R_b=90~170 MPa，HBW=23~44），刚度低，故工程中不用纯铝制品，而是在其中加入合金元素制成铝合金使用。纯铝粉可作为涂料的银色填料及生产加气混凝土的加气剂。

2. 铝合金

(1) 组成和牌号表示方法　在基体 Al 元素中加入适量合金元素制得的金属物质称为铝合金,合金元素主要有 Cu、Mn、Si、Mg、Zn 和其他元素。因此,按所加合金元素,铝合金有 7 大系列,如:铝-铜(Al-Cu)系、铝-锰(Al-Mu)系、铝-硅(Al-Si)系、铝-镁(Al-Mg)系、铝-硅-铜-镁(Al-Si-Cu-Mg)系、铝-锌(Al-Zn)系和其他合金(如铝-钛系)等,铝合金牌号可采用国际四位数字体系的 2×××～8××× 牌号系列,第一位数字 2 代表铝-铜合金,3 代表铝-锰合金,4 代表铝-硅合金,5 代表铝-镁合金,6 代表铝-硅-铜-镁合金,7 代表铝-锌合金,8 代表其他合金等,第二位数字表示对铝合金的修改,如为 0,则表示原始合金,如为 1～9 中的任一整数,则表示对铝合金的修改次数,最后两位数字无特殊意义,仅表示同一系列中的不同合金。如,6005 是原始铝-硅-铜-镁系列中的 5 号铝合金。未命名为国际四位数字体系牌号的铝合金,应采用四位字符牌号,详见《变形铝及铝合金牌号表示方法》(GB/T 16474—2011)。

(2) 种类和用途　按加工方式,铝合金可分为铸造铝合金与变形铝合金两大类。将液态铝合金浇铸或压铸生产铝铸件产品的铝合金为铸造铝合金,主要用于制作建筑五金配件;通过热加工或冷加工进行塑性变形生产铝加工产品的铝合金称为变形铝合金,这类铝合金具有良好的塑性和可加工性,用于生产铝合金板材、管材、棒材及各种型材。

按强化方式,变形铝合金可分为热处理不可强化型和热处理可强化型两种。前者不能用淬火热处理提高强度,如 Al-Mn、Al-Mg 合金;后者可以通过热处理提高强度,如 Al-Cu-Mg(硬铝,强度 392 MPa 以上)、Al-Zn-Mg(超硬铝,强度 539 MPa 以上)、Al-Si-Mg(锻铝)合金等。热处理不可强化的铝合金一般是通过冷加工达到强化的,它们具有适中的强度和优良的塑性与耐蚀性,且易于焊接,常称之为防锈铝合金。

(3) 铝合金的表面处理　由于铝材表面的自然氧化膜很薄而耐蚀性有限,因此,铝合金建筑型材基材(未经表面处理的型材)不能直接用于建筑物。一般通过表面处理提高其耐蚀性与耐磨性,还可通过表面着色增加其装饰性。

铝合金不仅强度和硬度比纯铝高,而且还具有轻质、高延性、耐腐蚀和易加工等特点。

3. 常用铝合金建材制品

(1) 铝合金型材　用于加工门窗、幕墙等建筑用铝合金型材,主要采用变形铝合金 6063,其次是 6061 生产。根据现行国标《铝合金建筑型材》GB/T 5237,铝合金建筑型材分为基材、阳极氧化型材、电泳涂漆型材、粉末喷涂型材、氟碳漆喷涂型材、隔热型材等 5 种,其中基材不能直接用于建筑物。铝合金型材的尺寸规格及偏差、力学性能和化学成分应符合有关规定,除基材外的其他型材,还应同时满足涂层的质量要求。

表面涂层材料、形式及厚度等对铝合金的耐久性有很大的影响。电泳涂漆型材、粉末喷涂型材、氟碳漆喷涂型材适用于酸雨和 SO_2 气体含量较高的环境;阳极氧化型材适应的环境条件与氧化膜的厚度有关,AA10(单件氧化膜平均厚度不小于 10 μm)适用于室内门窗,以及大气清洁、远离工业污染、远离海洋的室外环境;AA15、AA20 用于有工业大气污染,存在酸碱气氛、潮湿或常受雨淋、海洋性气候的环境;AA20、AA25 适用于长期受大气污染、受潮或雨淋、摩擦等环境,特别是表面可能发生凝霜的环境。

(2) 铝合金门窗　铝合金门窗是将按特定要求成型并经表面处理的铝合金型材,经一定工艺加工成门窗框构件,再加连接件、密封件、五金件等组合而成的。铝合金门窗要求有一定的抗风压强度,良好的气密性和水密性,还应有良好的隔热、隔音与开闭性。根据铝合金的抗风压强度、气密性与水密性等 3 项指标,将铝合金产品分为优等品、一等品与合格品三个质量等级。

铝合金门窗按其结构与开启方式分为推拉窗(门)、平开窗(门)、悬挂窗、回转窗(门)、百叶窗、纱窗等多种。

(3)铝合金装饰板　用于装饰工程的铝合金板,其品种和规格也很多,按其表面处理方式,分为阳极氧化处理与喷涂处理装饰板。按装饰效果,分为花纹板、波纹板、压型板与浅花纹板等。按几何形状,分为条形板和方形板。按色彩,分为银白色、古铜色、金色、红色、蓝色等多种。

铝合金装饰板是目前应用较广泛的新型装饰材料,它具有重量轻、外观美、耐久性好、安装方便等优点,主要用于屋面、墙面、楼梯踏面等。

5.7.2 铜　　材

金属铜一般称为紫铜,即工业纯铜。为改善铜的强度,通常在铜中加入一些锌、锡、铝、铅等合金元素,得到铜合金。根据《铜及铜合金带材》(GB/T 2059—2008),铜及铜合金带材的主要性能有抗拉强度、断后伸长率、硬度、弯曲试验及电性能等。

1. 紫铜

紫铜具有导电与导热性优良、抗大气腐蚀性能良好和易加工等特点,但强度和硬度较低,不适合做结构材料,主要用于制造电线、电缆和作为合金元素等。

2. 铜合金

铜合金具有较高的强度与塑性、高的弹性极限与疲劳极限、较好的耐蚀性、抗碱性及优良的耐磨性。铜合金分黄铜、青铜和白铜三大类。土木工程中常用的是黄铜和青铜。

(1)黄铜　以锌为主要合金元素的铜合金称为黄铜。按其化学成分,可分为普通黄铜和特殊黄铜。

普通黄铜为铜锌合金,用 H+数字表示。H 为"黄"字汉语拼音首字母,数字表示铜的质量分数。例如 H80 表示 Cu 平均含量为 80%、锌含量为 20% 的普通黄铜。普通黄铜的力学性能与铜含量有关,一般随铜含量降低,普通黄铜的硬度和强度提高。

特殊黄铜是为了提高其强度、抗蚀性和铸造性能,在铜锌合金中再加入铝、硅、铁、锰、镍等合金元素制成。压力加工特殊黄铜牌号用"H+主加合金元素+铜的平均质量分数+合金元素平均质量分数"表示。例如 HPb59-1 表示平均 Cu 含量 59%、Pb 含量 1%、锌含量 40% 的铅黄铜。

黄铜不仅有良好的变形加工性能,还具有良好的铸造性能。土木工程中,黄铜主要用于把手、门锁、纱窗、五金配件和卫生洁具等方面。

(2)青铜　工业上将含铝、铅、锰、硅、铍等金属元素的铜基合金统称为青铜。青铜包括锡青铜、铅青铜、铝青铜、铍青铜等。其命名用"青"字汉语拼音首字母 Q+主加元素符号及其平均质量分数+其他元素平均质量分数组成。例如 QSn4-3 表示平均 Sn=4%、Zn=3%,其余为铜的锡青铜。青铜的硬度大、耐磨性高、强度较高和耐蚀性较好,主要用于制造管材、板材、螺栓和机械零件等。

习　　题

1. 冶炼方法与脱氧程度对钢材性能有何影响?
2. 什么是沸腾钢?有何优缺点?哪些条件下不宜选用沸腾钢?
3. 常温下钢材有哪几种金相组织,各有何特性?简述钢中碳含量、金相组织与性能三者间关系。

4. 什么是屈强比,对选用钢材有何意义?
5. 何谓冷脆性和脆性转变温度?它们对选用钢材有何意义?
6. 硫、磷、氮、氧等元素对钢材性能各有何影响?
7. 钢材的强化有哪些?它对钢材性能有何影响?
8. 碳含量对钢材性能有何影响?
9. 什么是低合金结构钢?与碳素钢结构相比,低合金结构钢有何特点?
10. 选用钢结构用钢时,应考虑哪些因素?
11. 解释钢牌号 Q235AF、Q235D 代表的意义,并比较二者在成分、性能和应用上的异同?
12. 热轧钢筋分为几个等级?各级钢筋有什么特性和用途。
13. 什么是预应力混凝土用钢棒、冷轧带肋钢筋、预应力混凝土用钢丝和钢绞线?它们各有哪些特性和用途?
14. 桥梁结构钢在性能和材质上有何要求?
15. 钢轨用钢在性能和材质上有何要求?
16. 简述钢材的锈蚀过程,请列举 3 种以上防止钢筋锈蚀的措施。
17. 铝合金型材分为哪几种?并说明其有何要求及应用范围。

创新思考题

1. 如果采用一种工艺能使钢材的微观结构为无定形结构,而不是晶体结构,那么,钢材性能会发生哪些变化?
2. 请设计一种防止钢筋混凝土中钢筋生锈的新方法,并说明原理。

第 6 章　木　材

木材是人类使用最早的建筑材料之一。由于木材具有许多优良特性,因而,木材仍是现代基本土木工程材料之一,在土木工程中被广泛使用。其主要特性有:
①天然木纹美观,具有独特的装饰性;
②微细观结构与宏观构造独特,有显著的各向异性;
③轻质高强,具有较好的弹性和韧性,能承受振动和冲击作用;
④热、声和电的传导性都较低;
⑤温度变形较小,但因含水率变化,容易发生较大变形或开裂,强度也会发生变化;
⑥耐火性差,容易燃烧,如果保护不善容易腐朽或遭虫蛀破坏;
⑦天然疵病多,如木节、弯曲、开裂等,会影响木材的匀质性和力学性能;
⑧木材是天然的可再生资源,且容易加工,从培育到加工,耗费的能源少。

根据科学分析,一个国家的森林覆盖面积至少要占国土面积的30%以上,截至2015年年底,我国平均森林覆盖率约为21.66%,世界排名110位,可见我国的木材资源严重不足,远不能满足实际需要。因此,节约木材,提高木材利用率,有着非常重大的意义。

本章讲述木材的结构和力学行为特点、物理力学性能及其影响因素等方面的基本知识。

6.1　木材的种类及结构

6.1.1　木材的种类

木材来自天然生长的树木,从树木的外观与特性,可分为针叶树材和阔叶树材两大类:
①针叶树材　生长较快,树干高大,纹理通直,材质较软,常称为软木,如松木、云杉和冷杉等。具有易加工,易干燥,易得大尺寸木料,表观密度和胀缩变形较小,强度较高,耐腐蚀性较强等特点,适于作结构用材。
②阔叶树材　生长缓慢,枝丫较多且粗,树干通直部分较短;材质坚硬,加工比较困难,常称为硬木,如柞木、楠木、水曲柳等。其胀缩变形较大,容易翘曲开裂,坚硬耐磨,纹理色泽美观,适于装修用材。

6.1.2　木材的构造与化学成分

木材的各项物理力学性能均与其构造和化学成分密切相关。

1. 木材的宏观构造

工程中所用的木材主要取自树干。木材的宏观构造可从如图6.1所示的树干三个切面进行剖析,这三个切面是:
①横切面——垂直于树干轴向的切面;
②径切面——通过树干轴的径向纵切面;

③弦切面——不通过树干轴,但平行于树干轴的纵切面。

树干横切面的宏观构造如图 6.1 所示,树干由树皮、形成层、木质部和髓心构成。木质部横切面上显示的许多环绕髓心、深浅相间的同心环称为年轮,树木每年生长一圈。每一年轮一般由两部分组成:色浅部分称早材(春材),是季节早期生长的,细胞较粗,材质较软;色深部分称晚材(秋材),是季节晚期生长的,细胞较小,材质较硬。树种相同时,如果年轮分布细密且均匀,则材质好。晚材所占比例愈高,木材的表观密度愈大,其强度也愈高。

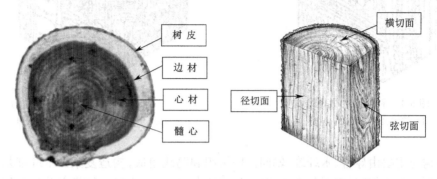

图 6.1 树干的宏观构造及其示意图

髓心居于树干中心,是最早形成的木质部分,其材质松软,强度较低,容易腐朽。

髓线是以髓心为中心横贯年轮呈放射状分布的横向细胞组织,它长短不一,在树干生长过程中起着横向输送和贮藏养料的作用。髓线由薄壁管状细胞组成,它与周围细胞组织的结合较弱,故木材干燥时,容易沿髓线方向产生放射状裂纹或裂缝。阔叶树的髓线比较发达,在其横切面上可以明显看到许多从树心向四周呈放射状分布的线条。

有些树种在横切面上木质部显示深浅不同的内外两圈,如图 6.1 所示。靠近树干中心的内圈颜色较深,称为心材;位于心材四周的外圈,颜色较浅,称为边材。一般来说,心材中储存的树脂较多,抗腐朽能力较强,含水量较少,翘曲变形较小;边材的含水量较多,容易收缩,抗腐朽能力较差,故心材比边材的使用价值较大,但在力学性质上两者无显著差别。

在木材其他的两个切面上,可以看到各种不同的木纹。一般来说,径切面上的纵向木纹接近于平行,而弦切面上的纵向木纹则大多呈现锥形或截头锥形,如图 6.1 所示。

此外,树干还存在一些天然缺陷,如木节、斜纹理以及因生长应力或自然损伤而形成的缺陷。木节是树木生长时被包在木质部中的树枝部分,斜纹理是不平行于树干轴向的纹理。

2. 木材的微观结构

木材是由无数管状细胞紧密结合而成的,由于木材的细胞是定向排列,形成顺纹和横纹的差别。显微镜下显示微小的木材细胞是由细胞壁和细胞腔两部分构成的,细胞壁是由细纤维组成的。细胞壁越厚,细胞腔越小,木材越密实,其表观密度和强度也越大,但胀缩变形也越大。与早材相比,晚材的细胞壁厚,细胞腔小,所以比早材密实。绝大多数细胞呈纵向排列,只有少数呈横向排列(如髓线)。针叶树材和阔叶树材的典型微观结构如图 6.2 和图 6.3 所示。

针叶树材主要由管胞、髓线及轴向薄壁组织等组成,管胞是沿树干轴向分布的细胞组织,在树木中起支承和输送养分的作用。管胞长约 2~5 mm,直径为 30~70 μm。早材中的管胞壁薄而腔大,晚材中的管胞壁厚而腔小。针叶树材的髓线细小,有些针叶树,如松木,可在管胞之间看到储藏树脂的囊孔(称之为树脂囊)。

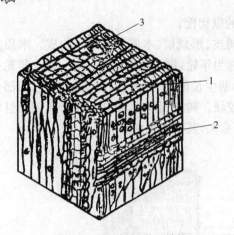 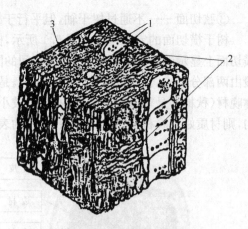

图 6.2 针叶树的微观结构　　　　　图 6.3 阔叶树的微观结构
1—管胞；2—髓线；3—树脂沟　　　　1—导管；2—髓线；3—木纤维

阔叶树材主要由导管、木纤维、轴向薄壁组织和髓线组成，构造复杂。木纤维是类似于管胞但管径更小的长细胞，主要起支承作用；导管壁薄而腔大，主要起输送养分的作用。根据导管的大小和分布不同，可将阔叶树材分为环孔材和散孔材两种。导管很大并排列成环状的，称之为环孔材；导管大小相近，且分布散乱的，称之为散孔材。阔叶树材的髓线很发达，粗大而明显。是否有导管以及髓线粗细是区分阔叶树材和针叶树材的重要特征。

3. 木材的化学成分

木材含有三种主要化学成分：纤维素、半纤维素和木质素。纤维素占木材的40%～50%，主宰着木材的大多数性能。纤维素是线型聚合物，每个分子含有5 000～10 000个糖分子单元。在木材中，纤维素构成微纤维束，既形成"无定型区"又有"结晶区"。

木质素的作用是将纤维素和半纤维素黏结在一起，构成坚韧的细胞壁，使木材具有强度和硬度。木材细胞定向排列，细胞壁中的细纤维呈螺旋状围绕细胞纵轴，并与树干轴向成不同角度，从而使木材的物理和力学性质具有各向异性。

6.2　木材的性质

木材的物理力学性质因树种、产地、气候和树龄的不同而各异。

6.2.1　木材的物理性质

1. 木材的密度和表观密度

(1)密度　木材的密度约为1.48～1.56 g/cm³，各树种之间相差不大，常取1.54 g/cm³。

(2)表观密度　木材的细胞腔和细胞壁中存在大量微小孔隙，因此，木材的表观密度较小，且受木材的含水率、细胞壁的厚薄、年轮的宽窄、纤维比率的高低、抽提物含量的多少、树干部位、树龄、立地条件和营林措施等因素的影响。按气干状态（含水率15%）下的表观密度，可将木材分为五级：很小：≤350 kg/m³；小：351～550 kg/m³；中：551～750 kg/m³；大：751～950 kg/m³；很大：>950kg/m³。

2. 木材的含水率

根据其存在形式，木材中所含的水可分为三类：

(1) 自由水　存在于细胞腔内和细胞间隙中的水为自由水，其含量影响木材的表观密度、燃烧性、贮存稳定性和抗腐蚀性。

(2) 吸附水　吸附在细胞壁内纤维间的水为吸附水，其含量影响木材的胀缩变形和强度。

(3) 化合水　木材中有机物的结合水为化合水，对木材的性能影响不大。

当细胞壁内纤维间吸附水达到饱和，而细胞腔和细胞间隙中自由水为零时的含水率称为木材纤维饱和点含水率。它因树种不同而异，一般介于25%～35%之间，通常取其平均值30%。当含水率大于纤维饱和点时，含水率只影响木材的表观密度，而对木材物理和力学性能影响很小。当含水率低于纤维饱和点时，木材的物理和力学性质随之而变化。例如，松木的含水率与胀缩变形的关系如图6.4所示。

木材在大气环境中能吸收或蒸发水分，与周围空气的相对湿度和温度处于平衡状态达到恒定的含水率，称为平衡含水率。木材平衡含水率随地区、季节及气候等因素而变化，约在10%～18%之间。图6.5为各种不同环境条件下，木材相应的平衡含水率。

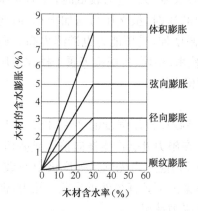

图 6.4　木材含水膨胀与含水率的关系

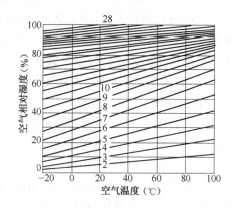

图 6.5　不同环境温湿度下木材的平衡含水率

一般来说，新伐木材的含水率大于35%，风干木材的含水率为15%～25%，室内干燥的木材含水率约为8%～15%。

3. 木材的湿胀和干缩

木材吸收水分后体积膨胀，丧失水分则收缩。这主要是因细胞壁中吸附水的增多或减少，使细胞壁中的细纤维之间的距离发生变化而造成的。木材的胀缩变形与纤维饱和点以下的含水率变化大致成直线关系，但不同方向的变形有所不同。木材含水率自纤维饱和点降到炉干状态时，顺纹方向的干缩率最小，约为0.1%～0.35%，径向干缩率次之，约为3%～6%，弦向干缩率最大，约为6%～12%。径向和弦向干缩率的较大差异是木材产生裂缝和翘曲的主要原因。不同部位的木材因干燥所引起的截面形状变化如图6.6所示。

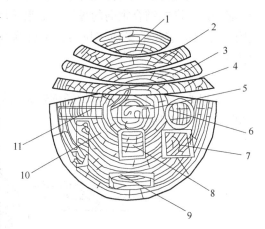

图 6.6　木材干燥后体积形状的变化
1—呈橄榄状；2、3、4—呈反翘；5—髓心锯板两头缩小呈纺锤状；6—圆形变成椭圆形；7—与年轮成对角线的正方形变成矩形；8—两边与年轮平行的正方形变成矩形；9、10—长方形板翘曲；11—径向锯板变形

6.2.2 木材的力学性质

木材有很好的力学性质,但呈各向异性。木材的受力状态可分为顺纹受力(作用力与木材轴向平行)和横纹受力(作用力与木材轴向垂直),横纹受力又分为弦向受力和径向受力。顺纹方向与横纹方向的力学性质有很大差别。木材的强度与木材中承担外力作用的厚壁细胞有关,这类细胞越多,细胞壁越厚,则强度越高。因此,可以认为木材的表观密度越高,晚材率越多,则木材强度越高。

1. 抗压强度

(1)顺纹抗压 木材顺纹抗压强度较高,一般为 30～70 MPa,仅次于顺纹抗拉和抗弯强度。顺纹抗压强度是木材力学性质中的重要指标,因这种受力类型在工程中使用最广泛,如木桩、柱、支柱、斜撑以及木桁架中的受压杆件等都属于顺纹受压。

(2)横纹抗压 木材横纹抗压强度只有顺纹抗压强度的 10%～20%。木材横纹受压时,如同对一束稻草横向施加压力一样,横向被压缩,并产生较大变形。应力较低时,变形与压力成正比。超过比例极限后,细胞壁失稳,细胞腔逐渐被压扁,这时,虽然压力增加很小,但变形却增加很大,直至细胞腔和细胞间隙被压紧后,变形又减慢增加,受压能力也继续提高。通常取木材横纹抗压时的比例极限为其横纹抗压强度。铁路枕木、垫块、桥面板等属于横纹抗压。

另外,髓线发达的木材,其径向抗压强度高于弦向抗压强度。

2. 抗拉强度

(1)顺纹抗拉 木材具有很高的顺纹抗拉强度,大约是顺纹抗压强度的 2～3 倍。木材顺纹抗拉强度虽然很高,但不能充分利用,因为施加拉力时,在施力处会产生横向挤压或剪切,由于木材的其他强度较低,于是尚未到达顺纹抗拉强度前,因其他应力先到达强度极限而破坏,致使木材的顺纹抗拉强度不能充分利用。例如,有些木屋架的下弦杆虽然承受顺纹拉力,但控制设计的往往不是顺纹抗拉强度,而是屋架节点处的其他受力情况。

(2)横纹抗拉 木材横纹抗拉强度很低,只有顺纹抗拉强度的 1/10～1/40,这是由于木材内部构造上横向结合很弱的缘故。如果破坏方向原来就存在有疵病,则横纹抗拉强度会更低。因此,木材应避免承受横纹拉力。木材横纹抗拉强度可用来判定木材在干燥过程中的开裂倾向。

3. 抗剪强度

根据剪力作用方向与木材纤维轴向间的关系,木材受剪可分为顺纹剪切、横纹剪切和横纹切断,如图 6.7 所示。

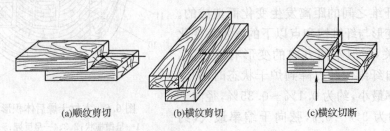

(a)顺纹剪切　　(b)横纹剪切　　(c)横纹切断

图 6.7　木材的不同方向上的剪切

(1)顺纹剪切 剪力方向与木材纤维轴向平行,如图 6.7(a)所示,顺纹剪切破坏仅发生于受剪面的纤维和纤维间粘结处,纤维本身无明显破坏,所以木材顺纹抗剪强度低,一般只有顺纹抗压强度的 1/7～1/3。髓线发达的木材，其弦切面的顺纹抗剪强度高于径切面的顺纹抗剪强度。

(2) 横纹剪切　剪力方向与木材纤维轴向垂直，如图 6.7(b)所示，而剪切面与木材纤维轴向平行。木材横纹剪切与顺纹剪切相似，同样没有破坏纤维结构，剪切破坏发生在受剪面的纤维与纤维间的横向粘结处，因此，木材横纹剪切强度比顺纹剪切强度更低。

(3) 横纹切断　剪力方向和剪切面均与木材纤维轴向垂直，如图 6.7(c)所示，例如，木钉、木销等。这种破坏需将木材纤维横向切断，因而强度较高，一般为顺纹抗剪强度的 4～5 倍。

由于木材的抗剪强度较低，而在木结构的联结处，往往不可避免地会受到剪切力作用，因此，在木结构设计中应进行剪应力校核。

4. 抗弯强度

木材受弯曲荷载时内部应力十分复杂，中性面以上受到顺纹抗压，以下受到顺纹抗拉。木材受弯破坏时，通常受压区的外边缘首先达到其强度极限，出现细小皱纹，随着应力增大这些皱纹逐渐向中性面扩展，当受拉区外边缘应力达到纤维的顺纹抗拉强度极限时，纤维本身及纤维间的黏结发生断裂，木材破坏。因此，木材抗弯强度介于顺纹抗拉与顺纹抗压强度之间。

木材各种强度之间的比例关系见表 6.1，工程常用的几种木材的物理力学性质见表 6.2。

表 6.1　木材各种强度比较

抗压		抗拉		抗剪		抗弯
顺纹	横纹	顺纹	横纹	顺纹	横纹切断	
1	1/10～1/3	2～3	1/20～1/3	1/7～1/3	1/2～1	3/2～2

表 6.2　常用木材的主要物理力学性质

树种	产地	气干表观密度 (g/cm^3)	变异系数 (%)	顺纹抗压 强度 (MPa)	变异系数 (%)	抗弯 强度 (MPa)	变异系数 (%)	顺纹抗拉 强度 (MPa)	变异系数 (%)	顺纹抗剪(径面) 强度 (MPa)	变异系数 (%)
杉木	湖南	0.371	9.8	37.8	13.2	63.8	17.2	77.2	18.8	4.2	23.0
红松	东北	0.440	8.6	33.4	12.5	65.3	11.6	98.1	15.5	6.6	13.0
马尾松	湖南	0.519	12.6	44.4	17.5	91.0	15.4	104.9	25.1	7.5	17.9
落叶松	东北	0.641	11.1	57.6	16.0	113.3	16.5	129.9	24.7	8.5	15.6
云杉	东北	0.417	11.5	35.2	16.9	69.9	17.2	96.7	24.6	6.2	19.6
冷杉	四川	0.433	11.3	35.5	12.9	70.0	13.4	97.3	23.3	4.9	29.0
柏木	湖北	0.600	8.2	54.3	10.4	100.5	10.8	117.1	26.6	9.6	12.8
柞木	东北	0.748	5.6	54.5	10.1	118.5	13.9	140.6	26.4	13.0	7.3
麻栎	安徽	0.930	6.8	52.1	13.0	128.6	11.4	155.4	19.2	15.9	12.5
铁杉	湖南	0.560	4.6	50.4	9.9	106.7	9.0	103.4	26.6	11.0	12.4

5. 木材强度的主要影响因素

(1) 含水率　木材含水率对木材强度的影响表现在以下两方面：

①当木材含水率小于纤维饱和点时，含水率增加，强度随之下降。因为吸附水增多，不仅会引起细胞壁中细纤维之间的距离增大，降低它们的内聚力，使亲水的细胞逐渐软化，而且还减少木材单位体积内的细胞物质数量，因而使强度降低。

②木材含水率变化一般对抗弯和顺纹抗压强度的影响较大，对顺纹抗剪强度的影响较小，

而对顺纹抗拉强度则几乎没有影响，如图 6.8 所示。

为了便于比较，国家标准规定，木材强度以含水率为 12% 时的数值为标准值，其他含水率时的强度可用公式(6-1)换算成含水率为 12% 时的强度：

$$\sigma_{12}=\sigma_W[1+\alpha(W-12)] \quad (6-1)$$

式中　σ_{12}、σ_W——含水率分别为 12% 和 W% 时的木材强度，MPa；

　　　　W——试验时的木材含水率，%；

　　　　α——校正系数，随外力作用方式不同而异。顺纹抗压为 0.05；顺纹抗拉：阔叶树为 0.015，针叶树为 0；弦切面或径面顺纹抗剪为 0.03；抗弯为 0.04；径向或弦向横纹局部抗压为 0.045。

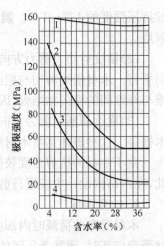

图 6.8　木材含水率对其强度的影响
1—顺纹抗拉；2—抗弯；
3—顺纹抗压；4—顺纹抗剪

当木材含水率在 9%～15% 范围内时，公式(6-1)计算才有效。

(2) 温度　木材受热后，细胞壁中的胶结物质会软化，引起木材强度降低。温度从 25 ℃ 升高到 50 ℃ 时，木材的顺纹抗压强度可降低 20%～40%。温度超过 140 ℃ 时，木材会逐渐碳化甚至燃烧。因此，长期处于高温(>60 ℃)作用下的建筑物，不宜使用木材。

(3) 荷载作用时间　长期荷载作用下，木材变形不断增大，强度不断降低。能长期承受而不破坏的最大应力称为木材的持久强度，一般比瞬时强度低 40%～50%。

(4) 疵病　疵病主要包括天然生长的缺陷(如木节、斜纹、弯曲等)、加工时产生的缺陷(如裂缝、翘曲等)以及病虫害(如腐朽、白蚁蛀蚀等)造成的缺陷等。一般木材中或多或少都存在一些疵病，使木材的物理力学性质受到影响，导致其使用价值降低，甚至完全不能使用。

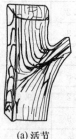
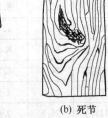

(a) 活节　　　　(b) 死节

图 6.9　木材中的木节

木节可分为活节、死节和腐朽节等几种，如图 6.9 所示。木节，特别是死节和腐朽节，会严重降低木材的顺纹抗拉强度，对顺纹抗压强度影响较小，而使横纹抗压和顺纹、横纹抗剪强度却反而有所提高。其抗弯强度则视木节在构件中的位置而定，位于受压区时，影响较小，愈靠近受拉区边缘，影响愈大。

斜纹也是一种常见的天然缺陷，其中的木材纤维与树干轴向成一定夹角。斜纹木材会严重降低其顺纹抗拉强度，抗弯强度次之，对顺纹抗压强度影响较小。

裂缝对木材强度的影响视其相对尺寸、作用力方向以及裂缝位置与破坏面的关系而定。所以，木材标准中，根据使用要求，对木材疵病的限制均有相应规定。

6.3　木材的防护处理

木材的防护处理包括木材的干燥、防腐、防蛀和防火处理，它是提高木材耐久性，延长木材使用寿命，提高木材利用率的重要措施。土木工程中使用的木材，一般都要经过干燥和防腐处理，重要建筑物的木构件则常要进行防火或防蛀处理。

6.3.1 木材的干燥

木材在加工和使用前,干燥处理可防止腐朽、虫蛀、变形、开裂和翘曲,提高其耐久性。

木材的干燥方法有自然干燥和人工干燥两种。自然干燥是木材架空堆放于棚内,利用空气对流作用,使木材的水分自然蒸发,达到风干的目的。自然干燥简便易行,成本低,但干燥时间长,过程不好控制,容易发生虫蛀、腐朽等现象。人工干燥是将木材置于密闭的干燥室内,通入蒸气使木材中的水分逐渐扩散而达到干燥状态。人工干燥速度快,效率高,但应适当地控制干燥温度和湿度,如控制不当,会因收缩不均匀而导致木材开裂和变形。

6.3.2 木材的防腐和防蛀

腐朽和虫蛀会缩短木材的使用寿命,降低木材品质,优质木材不允许有任何腐朽与虫蛀。

1. 木材的防腐

木材的腐朽主要是真菌侵害所致。常见的真菌有霉菌、变色菌、腐朽菌等三类。霉菌生长在木材表面,变色菌以木材细胞腔内物质为养料,它们不破坏细胞壁,只会使木材变色,影响外观,而不影响木材的强度。对木材起破坏作用的是腐朽菌,腐朽菌通过分泌酶来分解细胞壁中的纤维素、半纤维素和木质素,并作为养料吸取,使木材腐朽变质。

腐朽菌类的生存和繁殖须具备四个条件:温度、水分、空气和养料。温暖潮湿的环境最适合菌类生长。腐朽菌类生存和繁殖最适宜的温度是 $25 \sim 30$ ℃,当温度高于 60 ℃或低于 5 ℃时,则不能生存。木材的含水率在 $30\% \sim 50\%$ 时最适合腐朽菌类繁殖,完全浸在水中或深埋地下的木桩因缺乏空气,反而不会腐朽。木材含水率在 20% 以下时,腐朽菌类则停止繁殖。时干时湿的条件下,如桩木靠近地面或与水面接触的部分,木材最容易腐朽。

木材的防腐就是要防止菌类的繁殖。防腐原理是设法破坏菌类的生存条件,使之不能寄生和繁殖。如能使木材经常保持干燥或与空气隔绝(如油漆)就可以防止腐朽,也可以采用化学药剂,使木材具有毒性,将菌类赖以生存的养料毒化,以达到防腐目的。

2. 木材的防蛀

木材除了受菌类破坏外,还会受到虫类的侵害。在陆地上,木材常会受到白蚁或甲壳虫的蛀蚀。在水中,会受到蛀虫或海虫等的侵害,严重时可使木材完全失去使用价值。

经过防腐处理的木材,一般都能同时起到防止虫蛀的作用。但白蚁的预防却比较困难,往往要采取特殊的处理方法,如摸清白蚁的来龙去脉和生活习性,或采取措施断其水源,或用诱捕的方法以药物捕杀。

3. 木材的防火

木材是易燃材料,为了提高木材的耐火性,常对木材进行防火处理。最简单的办法是将不燃性材料,如薄铁皮、水泥砂浆、耐火涂料、石膏等,覆盖在木材表面上,防止木材直接与火焰接触。防火处理要求较高时,可将木材浸渍在防火剂中,或施加 $0.8 \sim 1$ MPa 的压力将防火剂注入木材内,使木材遇到高温时,表面能形成一层玻璃状保护膜,阻止或延缓起火燃烧。常用的防火剂有硼酸、硼砂、碳酸氨、磷酸氨、氯化氨、硫酸铝和水玻璃等。

6.4 木材的应用

在结构上,木材主要用于构架和屋顶,如梁、柱、椽、望板、斗拱等。木材还被广泛用于建筑室内装修与装饰,如地板、护壁板、木装饰线条和木花格等。

1. 木材的品种和规格

按用途和加工方式,木材主要分为原条、原木、枋材和板材等四类,见表6.3。

对于建筑用材,通常以原木、枋材和板材三种型材供应。它们的规格主要有:

(1)原木 可分为直接使用原木和加工用原木两种,各有规定的材质标准。

(2)枋材 宽度与厚度的乘积不足54 cm²枋材为小枋;55~100 cm²为中枋;101~226 cm²为大枋。

(3)板材 按照板材的厚度,可分为12 mm、15 厚的薄板,25 mm、30 mm 厚的中板,40 mm、50 mm 厚的厚板,以及厚度大于66 mm 的特厚板。

表6.3 木材的分类

名称	说明	主要用途
原条	指除去皮、根、树梢和枝桠,但尚未按一定尺寸加工成规定直径和长度的木料	建筑工程的脚手架、建筑用材、家具等
原木	指除去皮、根、树梢和枝桠,并已按一定长短和直径要求锯切和分类的圆木段	用于建筑工程、桩木、电杆、坑木等
枋材	指已经加工锯解的木料,其宽度小于3倍的厚度	门窗、扶手、家具等
板材	指已经加工锯解的木料,其宽度大于3倍的厚度	建筑工程、桥梁、家具、造船等

2. 木质人造板

主要有胶合板、纤维板、刨花板、木屑板和木丝板等,其幅面尺寸规格为1 220 mm×2 440 mm。

(1)胶合板 胶合板是将原木沿年轮方向旋切成大张薄片,经干燥、上胶,按纹理交错叠层后热压而成。其层数均为奇数,一般为3~13层。薄木片胶合时,相邻木片的纤维相互垂直,以克服木材的各向异性和因干燥而翘曲开裂的缺点。所用的胶合剂主要是酚醛、脲醛树脂。

根据其耐水性,胶合板分为四类:Ⅰ类为耐气候、耐沸水胶合板;Ⅱ类是耐水胶合板;Ⅲ类是耐潮胶合板;Ⅳ类是不耐水胶合板。胶合板的耐水性与所选用的胶合剂密切相关。

胶合板可制成大张、宽幅、无缝、无节疤的板材,板面木纹美观,各向收缩均匀,可用作隔墙、天花板、门心板、护墙板、家具等。胶合板可做到合理利用木材,节约木材约30%。

(2)纤维板 纤维板是将板皮、木块、树皮或刨花等破碎、浸泡、研磨成木纤维浆,加入一定的胶料,再经成型、热压、干燥等工序制成的木质人造板。根据其表观密度,分为硬质纤维板、软质纤维板和半硬质纤维板。硬质纤维板可用于室内墙壁、地板、门窗、家具及车船装修等。软质纤维板结构疏松,具有保温、吸音的特性,故常用作隔热、吸声材料。

(3)刨花板、木屑板和木丝板 利用刨花、木屑或由短小废料加工的木丝,经过干燥,拌以胶料,再加压成型,即可分别制成刨花板、木屑板和木丝板。所用的胶料可以是合成树脂胶,也可以是水泥、石膏、轻烧氧化镁等。这类板材的强度不高,表观密度较小,一般可用作天花板、隔墙等,也可用作保温、隔热材料。

(4)细木工板 细木工板又称木工板,是具有实木板芯的胶合板。它是将原木切割成条,拼接成芯材,再外贴面材加工而成的。其竖向抗弯压强度较低,但横向抗弯压强度较高。

此外,可将木材用树脂溶液浸渍后,再经高温高压处理使木材改性,或将较厚的零碎木料用树脂胶胶合成枋木,如拱架、工字梁或矩形梁等,这些都是节约木材,改进木材性质,充分发挥其经济效益的有效措施。

习　题

1. 为什么木材是各向异性材料？
2. 何谓木材平衡含水率、纤维饱和点含水率？并说明区别这些概念的意义。
3. 为什么木材多用来做承受顺纹抗压和抗弯的构件，而不宜做受拉构件？
4. 影响木材强度的因素有哪些？
5. 试述木材腐朽的原因及防腐措施？

创新思考题

请设计一种木材综合或合理利用的方案，并解释其原理。

第7章 高分子材料

高分子材料包括塑料、橡胶、纤维三大类,是一类以聚合物为主要成分的有机材料。

高分子材料的应用与发展经历了天然材料、改性天然材料、人工合成等三个阶段。人类最早使用的天然高分子材料主要是各种天然植物及其所含纤维素、动物的皮毛和骨胶等;1846年和1870年,通过化学方法分别制得了两种改性天然纤维素的人造材料—硝化纤维素和赛璐珞;1907年,制备出第一种人工合成聚合物—酚醛树脂,这是一项划时代的发明;此后,随着高分子化学理论和石油、煤化学工业技术的发展,开创并进入合成高分子材料科学与技术的新时代,尤其二次世界大战后,合成高分子材料在品种、数量和性能上取得了突飞猛进的发展。

因聚合物组成和大分子链及其聚集结构的特点,高分子材料具有许多金属和无机非金属材料不具备的特性,如密度小,比强度高;优异的力学性能、耐化学性能、电性能、光学性能和一定的热稳定性与耐候性,以及优良的耐磨、减摩、自润滑性、吸振和降噪等功能。因而,对各个科学技术领域的发展起着引导、支撑和相互依存的关键性作用。

因其优异性能或特定功能,高分子材料及其制品也已成为土木工程领域的基本材料之一。不仅用作建筑功能材料,如各种塑料管道(饮用水管、排水管、电线管等)、地面材料(塑料软、硬质地板、化纤地毯等)、墙面材料(塑料壁纸、塑料板、涂料、人造大理石板等)、屋面材料(塑料瓦、塑料卷材、橡胶卷材、防水涂料等),以及塑料门窗、密封胶、油漆等,也已用作工程结构材料,如玻璃钢筋、碳纤维增强树脂拉索与拉杆、树脂混凝土、土工合成材料和结构粘合剂等。不仅有单一性能的高分子材料,而且在向多功能高分子材料发展,并在现代土木工程领域发挥越来越重要的作用。各种高分子材料及其制品的制备流程如图7.1所示。

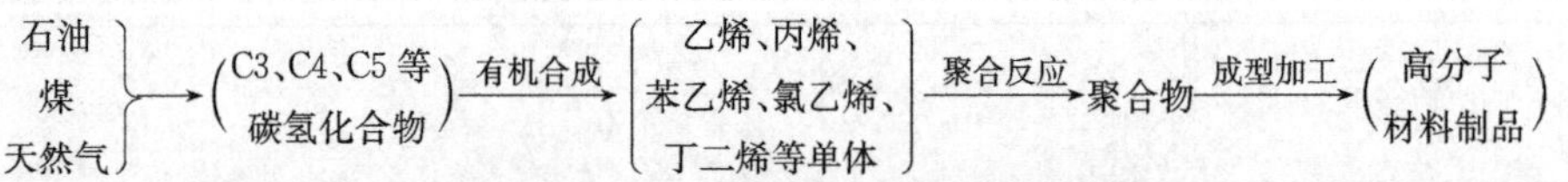

$$\left.\begin{array}{c}\text{石油}\\ \text{煤}\\ \text{天然气}\end{array}\right\} \rightarrow \left(\begin{array}{c}\text{C3、C4、C5等}\\ \text{碳氢化合物}\end{array}\right) \xrightarrow{\text{有机合成}} \left[\begin{array}{c}\text{乙烯、丙烯、}\\ \text{苯乙烯、氯乙烯、}\\ \text{丁二烯等单体}\end{array}\right] \xrightarrow{\text{聚合反应}} \text{聚合物} \xrightarrow{\text{成型加工}} \left(\begin{array}{c}\text{高分子}\\ \text{材料制品}\end{array}\right)$$

图7.1 高分子材料及其制品的制备流程

本章在介绍有关聚合物基本知识的基础上,讨论土木工程中常用的塑料、橡胶、合成纤维和粘合剂等高分子材料及其制品的组成、性能特点和工程应用等方面的知识。

7.1 聚合物基本知识

7.1.1 聚合物的组成与合成

高分子材料的优异性能或特定功能取决于聚合物的组成和结构,聚合物系指由众多原子或原子团主要以共价键结合形成的、相对分子质量很大的大分子化合物,也称高聚物。

1. 聚合物的组成

(1)化学组成 聚合物是由大量长度可达几百nm以上、截面尺寸不到1 nm的链状大分子组成的,大分子链由成千上万个一种或多种单体聚合而成。单体是能通过反应制备聚合物的有机小分子化合物,它们相互间以共价键结合,成为大分子链的重复结构单元。因此,聚合物的化学组成包括单体分子或大分子链的重复结构单元和大分子链端基的组成,而大分子链端基的组成取决于聚合反应中链的引发和终止机理,可以是单体、引发剂、溶剂或相对分子质量调节剂等。聚合物的化学组成较简单,其主要元素有 C、H、O、N 等。例如,由乙烯($CH_2=CH_2$)单体合成的聚乙烯(PE),大分子链的结构式为:

$$\Lambda-CH_2-CH_2-CH_2-CH_2-\Lambda \quad 或 \quad 缩写成: \left[CH_2-CH_2\right]_n$$

"$-CH_2-CH_2-$"就是组成 PE 大分子链的重复结构单元,称之为链节。n 表示大分子链中链节的重复次数,称之为聚合度,聚合度的大小决定了大分子链的长度和相对分子质量(简称分子量)。聚合物中每个大分子链有相同的化学组成,但有不同的聚合度,n 可达 $10^4 \sim 10^6$,甚至更高。所以,聚合物是由化学组成相同、聚合度不等的大分子同系物组成的。

(2)平均分子量　单个大分子链的分子量 M 等于链节或重复结构单元的分子量 m 与聚合度或重复结构单元数 n 的乘积,因此,每个大分子链的分子量不等,高达几万,几十万乃至几百万。因此,聚合物的分子量是所有单个大分子链的平均分子量,由统计方法确定。因统计方法不同,主要有数均分子量、重均分子量和粘均分子量。

① 按大分子链数量统计平均获得的分子量,定义为数均分子量;
② 按大分子链重量统计平均获得的分子量,定义为重均分子量;
③ 用黏度法测得的平均分子量,定义为粘均分子量。

(3)聚合物分子量的多分散性　大分子链分子量具有多分散性,其分布状态由多分散系数来表征。多分散系数 d 值定义为重均分子量与数均分子量之比,或粘均分子量与数均分子量之比。d 值≥5 时,聚合物分子量分布较窄;d 值≥5 时,聚合物分子量分布较宽。

聚合物分子量及其分布是聚合物物理力学性能的两个主要影响因素,一般采用熔融指数简介评价聚合物分子量及其分布,熔融指数越小,分子量越高,分布越窄;反之亦然。

2. 聚合物的合成反应

由单体或单体混合物合成聚合物的过程称为聚合反应。聚合反应中,参与反应的只是单体分子中具有反应能力的基团,称之为官能团;单体中参与反应的官能团数目或能结合新分子的位置数,称为官能度。官能团数不一定等于官能度数,例如,苯乙烯的双键"$-C=C-$"是 1 个官能团,但双键打开后,有两个新连接分子的位置,因而官能度是 2。邻苯二甲酸[$C_6H_4(COOH)_2$]中的羧基"$-COOH$"是 1 个官能团,只有 1 个官能度。具有双官能度或多官能度的单体间才可能发生聚合反应,聚合反应分为加聚反应和缩聚反应。

(1)加聚反应　一种或多种含有双官能度或多官能度的单体分子相互间发生加成反应,且没有任何小分子释放的聚合反应称为加聚反应。加聚反应合成的聚合物称为加聚物,其化学组成与单体分子完全相同。由一种单体合成的加聚物叫均聚物,如聚乙烯;由两种以上不同单体合成的加聚物叫共聚物。如由丁二烯($CH_2=CH-CH=CH_2$)和苯乙烯($CH_2=CH-C_6H_5$)合成的丁苯橡胶。共聚合成可以获得与其相应单体的均聚物性能完全不同的高分子材料。

大约有 80% 的聚合物是由加聚反应合成的,常用的均聚物有聚氯乙烯树脂、聚乙烯树脂、聚丙烯树脂和聚苯乙烯树脂等热塑性树脂;常用的共聚物有 ABS 树脂、SBS 树脂等热弹塑性树脂和聚丙烯酸类树脂、苯丙树脂等聚合物,以及聚丙烯酸类混凝土高性能减水剂。

(2)缩聚反应　一种或多种含有双官能度或多官能度的单体相互间发生官能团缩合反应,同时析出某种小分子化合物(如水、氨、醇、卤化氢等)的聚合反应为缩聚反应,由缩聚反应合成的聚合物称为缩聚物,其链节的化学组成与单体分子略有不同。

常用的缩聚物有三大热固性树脂——酚醛树脂、聚酯树脂和环氧树脂,以及混凝土用萘系磺酸盐、氨基磺酸盐系减水剂等。例如,苯酚与甲醛经缩聚反应合成酚醛树脂:

$$n\underset{\text{苯酚}}{\underset{}{\bigcirc\!\!\!-\!\!\!OH}} + n\underset{\text{甲醛}}{CH_2O} \xrightarrow{\text{缩聚反应}} \underset{\text{酚醛树脂}}{\left[\!\!\begin{array}{c}OH\\ \bigcirc\!\!\!-\!\!\!CH_2\end{array}\!\!\right]_n} + \underset{\text{水}}{nH_2O} \quad (7.1)$$

3. 聚合物的合成方法

聚合物的合成方法有本体聚合、溶液聚合、乳液聚合和悬浮聚合等,在不加溶剂和其他分散剂的条件下,由引发剂或光、热、辐射作用引发的单体的聚合反应,制得本体聚合物的方法称为本体聚合;将单体溶于适当溶剂中加入引发剂(或催化剂)在溶液状态下进行聚合反应,制得聚合物溶液的方法称为溶液聚合;将单体在乳化剂和搅拌作用下分散在水中形成乳液,再加入引发剂引发单体聚合反应,得到聚合物乳液的方法称为乳液聚合;溶有引发剂的单体以液滴状悬浮于水中进行聚合反应,制得聚合物颗粒的方法称为悬浮聚合。

4. 聚合物的种类与命名

大分子链中最长的链称为主链,主链上一般还含有侧基或支链。按主链所含原子的种类,聚合物分为碳链聚合物、杂链聚合物和元素有机聚合物三大类:

①碳链聚合物 主链全部为碳原子的聚合物,如聚乙烯、聚苯乙烯、聚氯乙烯等;

②杂链聚合物 主链除碳原子外,还含其他杂原子的聚合物,如聚醚、环氧树脂等;

③无机聚合物 主链上无碳原子的聚合物,但可含有由 C 原子组成的侧基或支链,如有机硅树脂、有机硅橡胶等。

每类聚合物又可由以下三种方法命名:

(1)以链节的化合物名称命名 在聚合物中链节所属的有机化合物类别前加"聚"字命名,如聚烯烃、聚酯,聚酰胺,聚醚等。

(2)以单体名称命名 对加聚物,在其单体前加"聚"字命名,如聚甲醛、聚苯乙烯、聚乙烯等,代表符号常用 P+单体英文名称的第一个字母表示,如聚乙烯的符号是 PE;对于缩聚物和某些共聚物,在其单体后加"树脂"或"橡胶"一词命名,如酚类和醛类单体的缩聚物称酚醛树脂,丙烯腈(A)、丁二烯(B)与苯乙烯(S)三种单体的共聚物成为 ABS 树脂,丁二烯与苯乙烯的共聚物称为丁苯橡胶。但也有一些聚合物不按此原则命名。

(3)采用商品名称和代表符号 如有机玻璃(聚甲基丙烯酸甲酯),胶木粉(酚醛树脂),涤纶(聚酯纤维)、腈纶(聚丙烯腈纤维)、维尼龙(聚乙烯醇纤维)、尼龙(聚酰胺纤维)等。

7.1.2 聚合物的结构

聚合物结构是指大分子链的链节在分子间作用力达到平衡时的空间排布和堆聚方式。聚合物组成简单,但其结构较复杂,其结构层次有链节结构、大分子链结构和聚集态结构。大分子链本身又有近程结构和远程结构;大分子链的聚集态有晶态、非晶态和取向态结构等。

1. 大分子链的近程结构

大分子链的近程结构主要包括链节或重复结构单元的连接方式、空间构型和共聚物中不同链节的序列结构等三个方面。

(1)连接方式 指主链上链节或重复结构单元的连接方式和顺序,取决于单体和聚合反应类型。缩聚物的连接方式是唯一的。加聚物的连接方式较复杂,如果链节中没有不对称原子,则连接方式也是唯一的,如聚乙烯;当链节中有不对称原子时,例如,某个原子含有1个侧基R或支链,则链节可以简单标注不含侧基的"头"和带有侧基的"尾",其连接方式有头-头、头-尾有序和头-尾无规等三种,如图7.2所示。

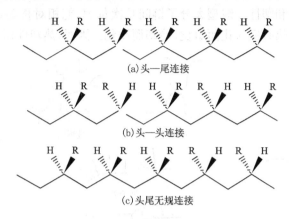

图7.2 结构单元中有1个不对称原子的线型大分子链的连接方式

(2)空间构型 大分子链上所含侧基或支链的空间排布称为大分子链的构型。大分子链中往往含有不同的侧基,如乙烯类聚合物分子通式为$[-CH_2-CHX-]_n$,其中X就是侧基,它可以是不同的原子或原子团。如果链节带1个侧基,则该侧基空间排布可以有三种方式:

①由单一构型基本单元且按单一顺序排列的大分子链,称为全同立构;
②由两种或两种以上构型基本单元且按交替排列的大分子链,称为间同立构;
③由两种或两种以上构型基本单元且按无规排列的大分子链,称为杂同立构。

全同立构和间同立构称为等规立构,一般条件下自由基聚合所得的大分子链均是无规立构,只有在特殊催化剂条件下聚合可得等规立构的大分子链,但也难以获得绝对单一的等规立构。

用立构规整度表征大分子链空间构型的规整程度,它对聚合物的物理力学性能有重要影响。立构规整度越大,大分子链结晶性越好,聚合物密度和硬度越高,玻璃化温度和强度提高,延伸率降低。例如,无规立构的聚丙烯是非晶态物质,工程应用有限;而全同立构聚丙烯是结晶性较高的聚合物,广泛用于生产管材、薄膜和合成纤维等。

如果大分子链的链节含有多个侧基或支链,其空间排布更复杂,但一般为无规立构。

(3)共聚物序列结构 共聚物中,大分子链中重复结构单元有不同的连接序列,例如:
①两种或多种重复结构单元以任意序列相连的为无规大分子链;
②两种或多种重复结构单元以严格交替序列连接的为交替大分子链;
③每种重复结构单元均形成一定长度的链段,且链段以一定序列连接的为嵌段大分子链;
④由一种重复结构单元形成主链,其他重复结构单元形成支链的为接枝大分子链。

由此可见,共聚物的主链有许多不同的序列结构,这既改变了链节间的相互作用,也改变了大分子链间的相互作用,所以,共聚物的许多性能与均聚物有较大差别。例如,聚苯乙烯是脆性较大的热塑性塑料,而用25%苯乙烯和75%丁二烯共聚合成的丁苯橡胶具有优良的弹性。

2. 大分子链的远程结构

(1) 大分子链的几何形态　主要有线型、支化和体型(或网状)，如图 7.3 所示。

线型是大分子链的最基本形态，双官能度单体合成的聚合物和未硫化橡胶的大分子链基本上是线型，如热塑性树脂。通常线型大分子链卷曲成不规则的线团，受拉时可以伸展为近似直线，具有良好的弹性和塑性。线型大分子链间是次价力，能相对移动，可在一定的溶剂中经溶胀而溶解；也可在加热时经软化而熔化，冷却而硬化。因而，热塑性树脂可反复加工。

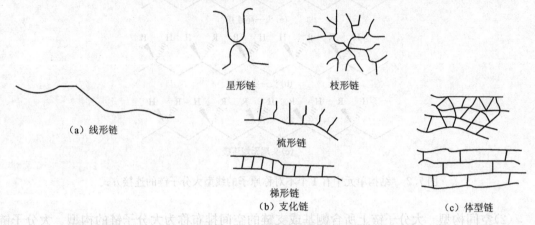

图 7.3　大分子链的几何形状

支化链是在主链上带有一些长短不一的支链，整个大分子链呈树枝状或梳子状，如接枝型 ABS 树脂和 SBS 树脂等。它们也能溶解在适当的溶剂中，加热也能熔融。

体型链是所有的大分子链之间均由短支链或基团以化学键交联，构成三维网络结构，在空间呈网状。由分子链交联形成三维结构的聚合物称为体形聚合物，例如，固化后的热固性树脂、硫化橡胶。体形聚合物既不能溶解，也不能加热熔融，有较好的刚度和强度，但弹性和塑性低、脆性较大。其加工只能在交联结构形成以前进行，一般不能重复加工。

(2) 大分子链的构象　构象是大分子链内非化学键连接的邻近原子或原子团之间空间相对位置的表征。大分子主链的共价键——σ键都有一定的键长和键角，并且可在保持键长和键角不变的情况下，按一定角度进行旋转运动，这称为 σ 键的内旋转。如图 7.4，C_2-C_3 键可在保持键角 109°28′ 不变时绕 C_1-C_2 键旋转；C_3-C_4 键又可绕 C_2-C_3 键旋转等等。σ 键内旋转导致了原子或原子团之间空间相对位置的多样化。大分子主链有成千上万个 σ 键均可发生内旋转，且旋转频率很高，这就造成了大分子链形态各异，呈不同的空间形象，即大分子链构象瞬息万变。

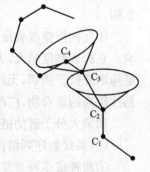

图 7.4　键角固定的大分子链的内旋转

(3) 大分子链的柔性　指线型大分子链能自由改变其构象，表现出柔软易变形的特性，一般用大分子主链的均方末端距表征。大量 σ 键的内旋转运动是大分子链高度柔性的本质原因。

3. 大分子链的聚集态结构

根据大分子链排列或堆集的有序程度，其聚集结构主要有非晶态(无定形)和晶态二种。

(1) 无定性结构　无定性结构的特征是大分子链无规排列，堆聚时相互穿插、勾缠形成相互间缠结,从而构成形似羊毛交织成的"毛毡";或无规线团状等微观形貌。缠结可看作是大分子链间的物理交联点,通过缠结形成大分子链网,限制了大分子链的运动,影响聚合物的物理力学性能。由无定形结构的大分子链组成的聚合物是非晶态聚合物,绝大部聚合物是非晶态的。

(2)晶态结构　大分子链有规则地排列或折叠构成晶态结构,可用"折叠链结构模型"描述,其要点是:大分子链平行聚集成长度可超过主链的链束;链束"折叠"成为"链带";链带"堆砌"称为"片晶",其形态有单晶、伸直链晶、串晶或柱晶、球晶和微晶等 5 种类型,如图 7.5 所示。

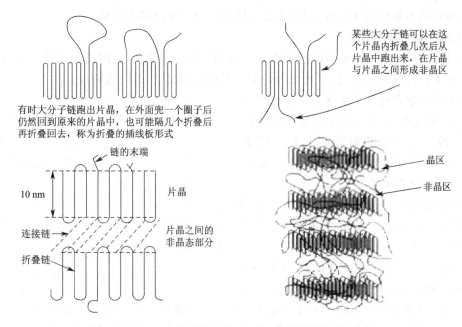

图 7.5　大分子链折叠时可能出现的几种情况

由晶态结构大分子链组成的聚合物为晶态聚合物,但大多数晶态聚合物中也或多或少存在着非晶态区域,且非晶态区和晶态区没有明显分界线,结晶区所占的质量百分数称为结晶度。例如,聚乙烯、聚四氟乙烯等典型易结晶聚合物,其结晶度一般也只有 50%～80%。一般来说,结构简单,重复结构单元较小,分子量和分子间作用力适中,主链对称性好,且不带支链或极少支链,规整性好,这种大分子链容易聚集成晶态结构。

7.1.3　聚合物的力学性能

聚合物的力学性能有三大特点:最大特点是其高弹性和黏弹性,其应力-应变关系是非线性的;其次,其力学行为的外力作用时间依赖性,它不是材料性能随时间发生变化,而是聚合物对外力的响应是一个速率过程,需要一定时间才能达到平衡;其三,其力学行为的温度依赖性,即力学性能对温度较敏感。这些特点与大分子链运动密切相关,大分子链运动是联系聚合物结构和性能的桥梁,力学行为及其特点是大分子链运动的宏观体现。

1. 大分子链运动的特点

(1)运动单元的多重性　大分子链结构的复杂性导致了运动单元的多重性,主要有:

①整链运动　以大分子链作为运动单元,整体移动,如塑料加工中的熔体流动;

②链段运动 以链段为运动单元,发生相对移动或蠕动。

③链节运动 以链节为运动单元,主要发生曲柄运动。

④侧基或短支链运动 以主链上的侧基或短支链为运动单元,发生振动或摆动。

(2)分子运动的时间依赖性 不同运动单元,其运动速度不同,运动单元的体积越大,速度越慢,所需时间越长。在外力场作用下,物质从一种平衡态通过分子运动转变到另一种平衡态所需时间称为松弛时间,聚合物的松弛时间可从 10^{-8} 秒到几天、几星期乃至几月、几年。

(3)分子运动的温度依赖性 分子运动需要能量,大分子链的运动单元不同,所需能量也不同。升高温度可促使分子运动,运动单元不同,促使其运动的最低温度也不相同。运动单元越小,发生运动的最低温度越低,因而大分子链的运动对温度特别敏感。

2. 聚合物的力学状态

在不同温度和外力作用时间下,聚合物可呈现不同的力学状态,即高分子材料的力学性能与温度、外力作用时间有关,其主要原因是大分子运动的温度、时间依赖性。

(1)无定性聚合物的力学状态 根据图7.6所示的形变—温度曲线,无定性聚合物呈现三种力学状态——玻璃态、高弹态和黏流态,两个转变——玻璃化转变和黏流转变,对应两个特征温度——玻璃化温度和粘流温度。

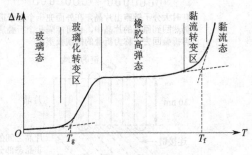

图7.6 典型的非晶态聚合物的形变—温度曲线

①处于玻璃态的聚合物呈弹性力学行为,表现为材质坚硬且较脆。变形小并以弹性为主,受外力作用产生的形变率一般约为 0.1%~1%,弹性模量约为 $(1\sim3.16)\times10^3$ MPa。从微观上看,玻璃态聚合物中大分子链的整链运动和链段运动均被"冻结";只有链节、侧基、原子等小运动单元在其平衡位置附近发生小范围的振动。受力时,链段可进行瞬时微量伸缩,键角有微小变化;外力一旦除去,其变形即恢复,因而呈弹性行为。

②处于高弹态的聚合物表现为柔韧且具有高弹性,其弹性模量只有 0.1~1 MPa,受外力作用可产生高达 100%~1 000%、并以弹性变形为主的形变;其形变—温度曲线近似为水平线。高弹态聚合物中大分子链能量较大,且内部自由空间增多,链段运动被激发,大分子链柔性大大增加,因而能产生很大变形。

③处于黏流态的聚合物是黏稠流体,聚合物大分子链发生整链运动,外力作用下产生黏性流动,并遵循非牛顿流体力学规律。

④玻璃化转变,无定形聚合物由玻璃态向橡胶高弹态的可逆转变为玻璃化转变,发生玻璃化转变的温度范围的近似中值称为玻璃化转变温度或玻璃化温度 T_g。玻璃化转变时,大分子链的链段运动被激发,随温度升高,聚合物的变形快速增大,模量和强度快速降低几个数量级。

⑤黏流转变,无定形聚合物由高弹态向黏流态的可逆转变为黏流转变,发生黏流转变的温度范围的近似中值称为黏流温度 T_f。在黏流温度 T_f 以上,聚合物的不可逆变形随温度快速增加,黏度快速降低。

由于聚合物大分子链长度的多分散性,因而其玻璃化转变和黏流转变温度范围均较宽。测定聚合物的 T_g 有很多种方法,如膨胀计法、差示扫描量热法和力学松弛法等。由力学松弛法测得的模量与时间的双对数 lgG—lgt 曲线如图 7.7 所示,可以看到,处于玻璃态或高弹态时,聚合物的模量一般不随时间变化;发生玻璃化转变或黏流转变时,其模量随时间快速降低。例如,温度低于 97 ℃,聚苯乙烯呈现玻璃态,硬而脆,弹性模量较高,约为 $10^{9.5}$ Pa;在 97~120 ℃ 间,发生玻璃化转变,气弹性模量从 $10^{9.5}$ Pa 下降到 $10^{5.7}$ Pa;温度继续升高,进入高弹态,其模量几乎不随温度升高而变化,保持在 $10^{5.7} \sim 10^{5.4}$ Pa 之间;呈现高弹态;当温度上升为 150~177 ℃,聚苯乙烯发生黏流转

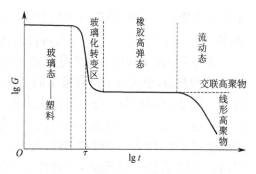

图 7.7　线形和交联聚合物典型松弛模量对时间的双对数图

变,其弹性模量在 $10^{5.4} \sim 10^{4.5}$ Pa 之间,呈现明显的流动。当温度超过 177 ℃,聚苯乙烯呈现黏流态,弹性模量快速下降到 $10^{4.5}$ Pa 以下。

(2)晶态聚合物的力学状态　与无定形聚合物相比,晶态聚合物也有熔点,由晶态转变为无定形态或黏流态的温度称为晶态聚合物的熔点 T_m,该温度范围较宽。

①分子量较小的晶态聚合物　与普通晶体一样,有明确的熔点 T_m。熔点以下为晶态,熔点以上变为黏流态,熔点 T_m 就是黏流温度。所以,这类聚合物随温度变化只有晶态和黏流态。

②分子量较大的晶态聚合物　其熔点 T_m 温度范围较宽。当 $T > T_m$,结晶相转变为无定形相,但因分子链很长,受力时还不能发生大分子链间相互滑动,因此,也出现高弹态。当温度继续升高到黏流温度 T_f 时,发生黏流转变,成为黏流态。

③半晶态聚合物　因含结晶相和无定形相,其无定形相有玻璃态、高弹态和黏流态,而结晶相力学状态随温度的变化规律类似于晶态聚合物。

(3)交联(体型)聚合物的力学状态　体型聚合物的大分子链运动与其交联度有关。轻度交联时,大分子链的链段运动仍可能,所以可能有玻璃态和高弹态,如橡胶大分子链通过硫化交联,获得高弹性。但交联束缚了大分子链,使其不能发生滑移,因而没有黏流态,如图 7.6 所示。随着交联度增大,交联点间的链段变短,链段运动阻力增大,玻璃化温度提高,高弹区缩小;当交联度增大到一定程度时,链段运动消失,此时聚合物只有玻璃态,没有力学状态的变化,其模量也不随时间而变化(见图 7.6),适用于制备工程结构材料。

所以,处于不同力学状态的聚合物,其力学性能完全不同,即具有很强的温度和时间依赖性。对于工程应用的高分子材料,玻璃化温度是决定其力学性能的关键指标。玻璃化转变不但导致聚合物强度和模量等力学性能大幅度下降,而且还伴随着比体积、热膨胀系数、导热系数、折光率、介电常数等物理性能的急剧变化。由玻璃态转变为高弹态,聚合物动态力学性能的变化表现为储能模量下降和损耗角正切值最大,即橡胶弹性和阻尼增强。因此,玻璃化温度 T_g 是工程塑料使用温度的上限,也是橡胶使用温度的下限。例如,作用结构工程塑料,应选用 T_g 高于使用环境最高温度的聚合物,以保证工程塑料结构件的刚度和耐热性;而作为防水材料,应选用 T_g 低于使用环境最低温度的聚合物,以便获得高弹性。

3. 玻璃化温度的影响因素

从分子运动观点来看,大分子链的链段运动被激发,聚合物的玻璃化转变开始,因此,玻璃化温度 T_g 的主要影响因素是大分子链间的相互作用力、几何立构和大分子链的柔性。

(1)大分子链间的相互作用力越强,内聚能密度越大的聚合物,其 T_g 越高。大分子主链上原子间和链节间均以共价键结合,侧基或链端可以离子键结合,共价键和离子键是聚合物大分

子链的主价力。例如,在聚丙烯酸中羧基与 Na^+ 离子形成离子键,T_g 从 106 ℃升高到 280 ℃,如用 Cu^{+2} 离子代替 Na^+ 离子,T_g 可提高到 500 ℃。

大分子链间的作用力主要是范德华力和氢键等次价力。虽然次价力比主价力的键能约小 1~2 个数量级,但大分子链和链节间的众多次价力的加和,使得大分子链间的总次价力可超过其主价力。因此,若大分子链间次价力较弱,聚合物的玻璃化温度较小,表现出很大的塑性,如软质塑料;若大分子链的运动因次价力作用受阻,则聚合物的玻璃化温度较高,显示出较高的强度和硬度,较小的塑性和柔性;若大分子链间次价力很强、且分子排列较规整,玻璃化温度很高,这种聚合物可制成强度和弹性模量很高的纤维材料,也可作为结构材料。

(2)大分子链柔性较大,则玻璃化温度较低,因此,凡能提高主链柔性的各种因素均将降低玻璃化温度,反之亦然。例如,减少大分子主链中的单键数、引入芳香环或交联等,可提高聚合物的 T_g;大分子主链结构中,Si-O 键柔性最好,C-O 键次之,C-C 键最差,因而,相应聚合物的 T_g 依次升高;主链中含有孤立双键时,柔性增大,T_g 降低,如聚氯丁二烯,T_g 低于负温,常温下是一种典型的橡胶;而类似的聚氯乙烯,其柔性较差,T_g 大于 100 ℃,常温下是一种硬质塑料。交联使大分子链的柔性降低或丧失,因而,交联聚合物没有玻璃化温度。

另一方面,侧基对大分子链柔性和聚合物的 T_g 也有重大影响。极性侧基使大分子链间作用力增大,柔性降低,T_g 升高,如聚丙烯腈、聚氯乙烯、聚丙烯中的侧基分别是为-CN、-Cl、-CH_3,极性(偶极矩)依次减小,T_g 依次降低,如表 7.1 所示。体积大的侧基因其空间位阻作用使柔性降低;侧基对称分布使主链间距离增大,使柔性增大,T_g 减小;侧基沿大分子链分布的距离较短,柔性较低,T_g 升高;长而柔的侧链或支链引入主链,因侧链或支链的柔性和自由体积增加而降低 T_g。双取代的乙烯类聚合物的 T_g 随其立构度变化而变化,如表 7.2 所示。

表 7.1 烯烃类聚合物取代基的极性和 T_g 的关系

聚合物	T_g(℃)	侧 基	侧基的偶极矩$\times 10^{-18}$(C·m)
线形聚乙烯	−68	无	0
聚丙烯	−10	−CH_3	0
聚丙烯酸	106	−COOH	1.68
聚氯乙烯	87	−Cl	2.05
聚丙烯腈	104	−CN	4.00

表 7.2 等规立构对聚合物 T_g 的影响

侧 基	聚丙烯酸酯的 T_g(℃)		聚甲基丙烯酸酯 T_g(℃)	
	全 同	间 同	全 同	间 同
甲基	10	8	43	115
乙基	−25	−24	8	65
正丙基	—	−44	—	35
异丙基	−11	−6	27	81
正丁基	—	−49	−24	20

此外,溶剂或增塑剂可显著削弱大分子链间作用力,提高大分子链柔性,显著降低 T_g,例如,添加增塑剂的聚氯乙烯,可制成软质塑料。

4. 聚合物的高弹性和黏弹性

(1) 高弹性　高弹态是聚合物具有的独特力学状态,轻度交联的聚合物(如硫化橡胶)主要呈现高弹性,与金属材料的弹性相比,聚合物高弹性呈现以下不同特征:

① 可逆弹性变形较大,可高达 1 000% 以上,而金属材料的可逆弹性变形一般不超过 10%;
② 高弹模量小,约为 $10^2 \sim 10^3$ kPa,比一般金属的弹性模量(10^7 kPa)小 4～5 个数量级;
③ 高弹模量随温度升高有所增加,而金属材料的弹性模量随温度升高而减小;
④ 橡胶在拉伸时会放热,而金属材料拉伸时会吸热;
⑤ 高弹性是因大分子链运动和构象变化引起的熵弹性,内能的贡献很小,而金属材料和无机非金属材料的弹性一般是形变引起的能量弹性,内能的贡献很大。

(2) 黏弹性　大多数高弹态聚合物呈现黏弹性,即兼有固体弹性和液体黏性的一种力学行为,主要表现为力学行为对外力作用时间和温度的强烈依赖性。与时间有关的力学行为有蠕变及其回复、应力松弛和动态响应等。因此,在恒定外力作用下,聚合物的应变 ε 和模量 G 是时间 t 和温度 T 的函数:

$$\varepsilon = \frac{\sigma}{G(t,T)} = J(t,T)\sigma \tag{7.2}$$

式中　$G(t, T)$ ——与时间和温度相关的模量,MPa;
　　　$J(t, T)$ ——与时间和温度相关的柔量,MPa^{-1}。

在一定的时间和温度条件下,作为近似,聚合物呈线性黏弹性,可用符合虎克定律的弹簧(模拟弹性)和满足牛顿定律的黏壶(模拟流体黏性)的简单组合模型来描述。常用的有麦克斯韦串联模型与沃伊特—开尔文并联模型(以下简称麦氏串连模型与沃—开并联模型)等二元件模型,如图 7.8 所示。

麦氏串连模型与沃—开并联模型均不能完全描述既有蠕变又有应力松弛的聚合物黏弹性,为此,人们在沃—开并联模型上再串联一个弹簧以表示瞬时弹性,或在麦氏串联模型的黏壶旁再并联一个弹簧以使其应力松弛不为零,形成了如图 7.9 所示的三元件模型。由此推导的运动方程式(7.3)能较好地描述聚合物的蠕变和应力松弛:

$$\frac{d\varepsilon}{dt} + \frac{G_2 \varepsilon}{\eta} = \frac{G_1 + G_2}{\eta} \frac{1}{G_1} \sigma + \frac{1}{G_1} \frac{d\sigma}{dt} \tag{7.3}$$

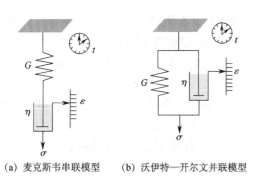

(a) 麦克斯韦串联模型　(b) 沃伊特—开尔文并联模型

图 7.8　麦克斯韦串联模型和沃伊特—开尔文并联模型

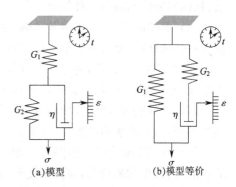

(a) 模型　(b) 模型等价

图 7.9　被称为标准线形固体的三元模型

聚合物在交变应力作用下,当产生的应变振幅较小并可完全回复时,聚合物的黏性就表现为力学损耗,用损耗模量、损耗角正切等表示。聚合物的力学损耗特性对于结构抗震减振、墙体隔音吸声和结构阻尼等方面有重要应用意义。

5. 聚合物的拉伸行为

在较大荷载作用下材料开始产生塑性变形,即材料屈服致使试样或制品外形发生明显改变。从工程应用的角度,产生塑性变形、发生屈服,材料就失效了。这对工程塑料尤其重要,像金属材料一样,其使用极限不是其极限强度,而是其屈服强度。

(1)应力—应变曲线　以拉伸试验为例,无定性聚合物典型的应力—应变曲线如图 7.10 所示。可以看到,拉伸应力—应变曲线的前半段形状与钢材的拉伸应力—应变曲线(见图 5.7)相似,在屈服点 Y 之前,聚合物基本呈弹性行为,主要产生弹性变形;屈服点是聚合物保持弹性的临界点,对应的应力称为聚合物的屈服应力σ_y或屈服强度。屈服点以后,聚合物呈塑性行为,产生塑性变形。屈服点以后的应力—应变曲线表明:先经由一小段应变软化,即随应变增加,应力稍有下降(YA 段);随即出现颈缩,应变增加而应力基本保持不变(AC 段);接着因大分子链取向而呈应变硬化,应力急剧增加(CB 段),直至断裂。B 点对应的应力称为极限强度,即拉伸强度;断裂时的相对伸长就是聚合物的断裂伸长率。应力—应变曲线起始部分 OY 段的斜率即为聚合物的弹性模量,斜率越大,弹性模量越高。

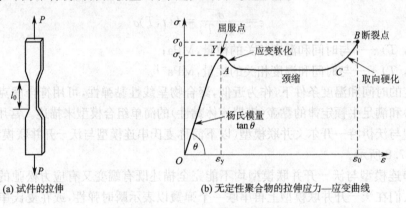

图 7.10　试件的拉伸和无定性聚合物典型应力—应变曲线

聚合物品种繁多,它们的应力—应变曲线呈现出多种形式,按其拉伸过程中屈服点表现、断裂伸长率及其断裂情况,聚合物力学性能特征包括了如图 1.13 所示的硬而脆、硬而韧、硬而强、软而韧和软而弱等 5 种类型。

①硬而脆的聚合物,如聚苯乙烯、聚甲基丙烯酸甲酯(有机玻璃)和酚醛树脂等。其弹性模量和拉伸强度高,断裂伸长率小(一般低于 2%),易脆裂,屈服点不明显。

②硬而韧的聚合物,如尼龙、聚碳酸酯(又称太空塑料)等。其弹性模量和屈服点高,拉伸强度大,断裂伸长率较大,在拉伸过程中会发生颈缩。

③硬而强的聚合物,如硬质聚氯乙烯(合适配方)及其与聚苯乙烯的共混物。其弹性模量和拉伸强度高,断裂前的伸长率约为 5%,拉伸过程中也会发生颈缩。

④软而韧的聚合物,如橡胶、增塑聚氯乙烯等。其弹性模量较低,拉伸过程中不呈现明显的屈服点,发生颈缩现象,拉伸强度较高,伸长率很大(20%~1 000%)。

⑤软而弱的聚合物,如聚合物凝胶(聚乙烯醇浓水溶液)等。它们承受外加荷载的能力很弱,承载力接近流体,但不流动,富有弹性。

(2)聚合物屈服行为　屈服点前,聚合物形变基本是可回复的;从屈服点开始,聚合物将在恒定应力下产生"塑性流动";屈服点后,大多数聚合物呈现应变软化,有些还非常迅速。聚合物的屈服行为主要来自链段或大分子链的运动,因此,聚合物的屈服行为与温度、应变速率、压力等有关。聚合物的屈服应力随应变速率增大而增加；当聚合物经受各向等压应力时，其屈服应力与压力呈近似直线关系，这一特性对塑料管道的应用是有利的。

此外，由于聚合物力学性能的温度和时间依赖性，因此，不同的温度和加载速度下，因聚合物表现不同的力学行为，其应力—应变曲线及其特征不同。

7. 聚合物的断裂行为和强度

将高分子材料用作结构材料时，必须了解和掌握聚合物的强度和断裂性能（如断裂的裂纹扩展规律和机理、断裂准则），以解决结构的疲劳、寿命预测和承载力等问题。

（1）聚合物的脆性和韧性断裂　聚合物的最大优点是其内在的韧性，即断裂前能吸收大量的机械能，主要呈韧性断裂，这是非金属材料中独一无二的。但温度、应变速率、加载方式、试样尺寸与形状等的改变，会使聚合物韧性变差，甚至呈现脆性断裂。

①温度　当温度由低到高，聚合物由脆性转变为韧性，由脆变韧时的温度称为脆—韧转变温度。在此温度以下，聚合物呈脆性断裂；在脆—韧转变温度和 T_g 之间，聚合物呈现韧性断裂，超过 T_g 时，呈强韧性断裂。

②应变速率　由于聚合物对应力响应滞后，因此，高应变速率下聚合物可能呈脆性断裂，低应变速率下可能呈韧性断裂。

③分子量　分子量增大会增加聚合物的脆性，反之亦然。

④交联　交联增加聚合物的脆性，交联密度越大，聚合物的脆性越大。

⑤增塑　增塑剂可以减小大分子链间作用力，增加聚合物的韧性和柔性。

（2）拉伸强度　聚合物的破坏或是大分子主链上化学键断裂，或是大分子链间次价键力破坏，因此，可由化学键或次价键的强度或键能估算聚合物的理论强度，亦即，聚合物的大分子链相互作用力越强，聚合物的拉伸强度越高；聚合物的结晶度越大，拉伸强度越高。

但大量试验表明，可由聚合物的弹性模量和剪切模量分别估算其最大拉伸和剪切强度，如经验公式(7.4)和(7.5)所示：

$$\sigma_{max} \approx 0.1E \tag{7.4}$$

$$\tau_{max} \approx 0.1G \tag{7.5}$$

式中　σ_{max}、τ_{max}——分别是聚合物的理论拉伸强度和剪切强度，MPa；

　　　E、G——分别是聚合物的弹性模量和剪切模量，MPa。

例如，聚乙烯的弹性模量约为 6×10^3 MPa，由此估算的理论拉伸强度约为 600 MPa，即聚合物的理论强度很高。同样，由于聚合物中存在一些缺陷，其实际强度比理论强度低。

（3）聚合物的冲击强度　聚合物具有很好的冲击韧性，其冲击强度与其力学状态、大分子链结构等有关。一般来说，玻璃态聚合物的冲击强度低于高弹态聚合物；交联聚合物的冲击强度随交联度增大而降低；晶态聚合物的冲击强度随结晶度增加或球晶增大而降低。例如，结晶度 70%~80% 的高密度聚乙烯的冲击强度只有结晶度 50% 的低密度聚乙烯冲击强度的 20%。

综上所述，聚合物力学行为呈明显的黏弹性特征和较大的温度和时间（应变速率）依赖性，其力学性能随温度变化而改变，时间与温度有等效性。所以，在工程应用中，一定要根据使用环境温度、外荷载 作用频率，选择合适的聚合物进行设计和应用。

7.1.4　聚合物的物理性能

1. 聚合物的电学性能

品种繁多的聚合物，其电学性能指标范围极宽。例如，聚合物可以是绝缘体、半导体、良导体,甚至超导体,其电导率的范围超过 20 个数量级;聚合物介电系数为 $1 \sim 10^3$ 或更高,宽达 3 个数量级;聚合物的耐受电压高达 100 万伏以上。宽泛的电学性质源自大分子链及其聚集结构、侧基与端基或支链的多样性,以及大分子链长度的多分散性。

2. 聚合物的热学性能

聚合物的热学性能包括热稳定性、热膨胀、热传导和阻燃性等。

(1)热稳定性　在热作用下,聚合物抵抗降解的能力为热稳定性,聚合物抵抗热致物理化学变化的能力称为耐热性,热致物理变化主要是软化与熔融;热致化学变化包括交联、环化、氧化、降解和分解等,即热老化。T_g 和熔融温度是表征其耐热性的温度参数。

聚合物的热稳定性与主链的化学键能有关,耐热性与其大分子链及其聚集结构有关,例如,引入极性基团、增加大分子链刚性、提高结晶度、交联等均可提高聚合物耐热性。聚合物大分子链的化学键键能越大,聚合物越稳定,耐热性越强。

表 7.3　典型聚合物的热膨胀系数

聚合物	20 ℃的热膨胀系数 (1×10^{-5}/℃)	聚合物	20 ℃的热膨胀系数 (1×10^{-5}/℃)
聚氯乙烯	6.6	聚碳酸酯	6.3
聚苯乙烯	6.0~8.0	聚甲基丙烯酸甲酯	7.6
聚丙烯	11.0	缩醛共聚物	8.0
低密度聚乙烯	20.0~22.0	天然橡胶	22.0
高密度聚乙烯	11.0~13.0	尼龙 66	9.0

(2)热膨胀　大分子链主链是强共价键,大分子链间是弱次价键,因此,晶态聚合物的热膨胀呈各向异性,垂直于主链方向的热膨胀系数较大;平行于主链方向的热膨胀系数较小,甚至是负值,例如,聚乙烯沿 x、y、z 轴方向上的热膨胀系数为:$\alpha_x = 20\times10^{-5}$/℃、$\alpha_y = 6.4\times10^{-5}$/℃ 和 $\alpha_z = -1.3\times10^{-5}$/℃。无定型聚合物,其热膨胀系数较大且各向同性,如表 7.3 所示。

表 7.4　典型聚合物的导热系数

聚合物	20 ℃的导热系数 [W/(m·K)]	聚合物	20 ℃的导热系数 [W/(m·K)]
聚氯乙烯	0.126~0.293	聚甲基丙烯酸甲酯	0.168~0.251
聚苯乙烯	0.080~0.138	缩醛共聚物	0.230
聚丙烯	0.117	聚酯	0.168
低密度聚乙烯	0.335	酚醛树脂	0.126~0.252
中密度聚乙烯	0.335~0.519	聚氨酯	0.0628~0.310
高密度聚乙烯	0.335~0.419	聚四氟乙烯	0.252
聚碳酸酯	0.192	尼龙 66	0.243

(3)热传导　聚合物的导热性较差,导热系数小,约为 0.22 W/m·K,是优良的绝热保温材料。晶态聚合物的导热系数随结晶度提高而增大;无定型聚合物的导热系数随分子量增大而增大,并随温度升高而增加。典型聚合物的导热系数如表 7.4 所示。

(4)可燃性　聚合物受热达到分解温度时,将释放出可燃气体(甲烷、乙烷等)、不燃气体

(CO_2、H_2O)、液态物质、固体物质(残留物)和固态颗粒(烟雾)。在足够氧存在时,这些物质氧化速度很快,产生的热足以引发燃烧。燃烧放出大量热加剧了聚合物的分解和燃烧。

聚合物中添加各种阻燃剂,或在大分子链上引入阻燃元素(如卤素、P)或侧基,或通过接枝交联与纳米复合,或在聚合物表面涂阻燃涂料等措施,可赋予聚合物阻燃性。

3. 聚合物的光学性能

大多数聚合物的折射率在 1.45～1.60 之间。引入芳香环、脂肪环、卤素元素、硫和重金属离子等可提高聚合物的折射率。有些聚合物具有很好的透光性,如有机玻璃、聚苯乙烯、聚碳酸酯等,它们的透光率均在 90% 以上。

7.1.5 聚合物溶液的性能

聚合物溶液可分为稀溶液和浓溶液,稀溶液中,大分子链孤立分散,相互间没有交叠或缠结,相互作用力较弱;浓溶液中大分子链之间产生聚集和缠结,相互作用力较强,两者的性质差异较大。土木工程中,常用的油漆、涂料、胶黏剂等一般是聚合物浓溶液。

1. 聚合物溶液的特性

(1) 聚合物的溶解 聚合物在溶剂中经历先溶胀后溶解的溶解过程,即溶剂分子进入大分子链间,使大分子链间距离逐渐增大——溶胀;最终使大分子链分离,并以分子状态分散在溶剂中形成均匀溶液——溶解。

(2) 热力学可逆平衡体系 聚合物溶液是真溶液,可反复溶解与浓缩。

(3) 聚合物溶液的黏度 溶液中大分子链呈无规线团状分散,其表观体积内包含了较多溶剂分子,因此,聚合物溶液黏度很大,其某些行为类似于胶体。例如,浓度为 1%～2% 的聚合物溶液的黏度比溶剂黏度大 10～20 倍,有些聚合物溶液在 5% 的浓度时就已成"冻胶"状态。

(4) 溶液性质的分子量依赖性 平均分子量不同,聚合物溶液性质有较大差别。

2. 聚合物的溶解和溶剂的选择

(1) 聚合物溶解的影响因素 大分子链的分子量及其多分散性、形状、聚集态结构和分子极性等均影响聚合物的溶解行为,并有如下基本规律:

① 不同化学组成与结构的聚合物,其溶解难易程度不同;

② 线型聚合物可以溶解于良溶剂中,而交联聚合物只能被溶胀,不能溶解;

③ 平均分子量越大,聚合物在良溶剂中的溶解度越小,溶解越难;

④ 晶态聚合物比无定型聚合物难溶,且结晶度越高,溶解度越小;

⑤ 提高温度和搅拌可加快聚合物的溶解。

(2) 溶剂的选择原则 聚合物只能溶于良溶剂中,选择良溶剂有如下几个基本原则。

① "极性相近"原则 极性大的聚合物溶于极性大的溶剂;极性小的聚合物溶于极性小的溶剂;非极性聚合物溶于非极性溶剂。聚合物与溶剂的极性越相近,越易溶解。例如,极性的聚乙烯醇可溶于极性的水中;极性较小的聚甲基丙烯酸甲酯可溶于极性相近的丙酮,不容于非极性的苯;非极性的天然橡胶溶于非极性的苯和甲苯。

② "溶度参数相近"原则 根据溶液热力学理论,聚合物和溶剂的溶度参数越接近,互溶性越好。一般来说,当两者溶度参数之差大于 ±3.5 时,聚合物就不溶了。当一种溶剂的溶度参数不满足要求时,可使用混合溶剂,两种不同溶剂混合后的溶度参数可按式(7.6)计算:

$$\delta_H = \delta_{s1} V_{s1} + \delta_{s2} V_{s2} \qquad (7.6)$$

式中 δ_H、δ_{s1}、δ_{s2}——分别是混合溶剂、溶剂 1 和溶剂 2 的溶度参数,$J^{0.5}/cm^{1.5}$;

V_{s1}、V_{s2}——分别是溶剂 1 和溶剂 2 占混合溶剂的体积分数。

常见聚合物和溶剂的溶度参数如表 7.5 所示。

表 7.5 常用聚合物和溶剂的溶度参数

聚合物	溶度参数 δ_p ($J^{0.5}/cm^{1.5}$)	溶 剂	溶度参数 δ_s ($J^{0.5}/cm^{1.5}$)
聚氯乙烯	19.4~20.5	环己烷	16.8
聚苯乙烯	17.8~18.6	苯乙烯	17.7
聚丙烯	16.8~18.8	乙酸丁酯	17.5
聚乙烯	16.1~16.5	甲基异丙基甲酮	17.1
聚甲基丙烯酸甲酯	18.4~19.4	氯仿	19.0
聚乙烯醇	47.8	水	47.3
聚碳酸酯	19.4	苯	18.7
聚醋酸乙烯酯	19.1~22.6	甲苯	18.2
聚氨酯	20.5	对二甲苯	17.9
尼龙 66	27.8	二甲基亚砜	27.4
丁苯橡胶	16.5~17.5	四氯化碳	17.6
氯丁橡胶	18.8~19.2	乙醇	26.0
环氧树脂	19.8~22.3	环己酮	20.2
酚醛树脂	23.1	正丙酮	24.7

3. 聚合物浓溶液

(1) 冻胶和凝胶　冻胶和凝胶是聚合物浓溶液失去流动性而又没有达到一定硬度的状态，如溶胀后的聚合物、淀粉糊和动物胶等。冻胶是由范得华力交联大分子链形成的，加热可使分子链运动而打破范得华力的交联，使冻胶溶解。工业上主要用于纺丝。凝胶是大分子链间以化学键结合的交联大分子的溶胀体，加热不溶不熔。它既是聚合物浓溶液，也是高弹性的固体，小分子能在其中渗透扩散。在土木工程中，用聚合物凝胶作为嵌缝密封材料。

(2) 增塑聚合物　通过添加可提高其加工性、柔韧性和延展性并降低软化温度的物质，使聚合物变软、变柔韧和/或更易加工，称为增塑，起增塑作用且挥发性低或可忽略的物质称为增塑剂。增塑过程就是聚合物和增塑剂的互溶过程，增塑聚合物就是一种凝胶状的聚合物浓溶液。

增塑机理是增塑剂分子插入大分子链之间，削弱大分子链间的作用力；使大分子链间的缠结点溶剂化而离解；增加了大分子链间的自由体积，降低了大分子链或链段的运动阻力，增加大分子链的柔性，降低聚合物的 T_g，提高聚合物的塑性。增塑剂添加量越多，T_g 越低。

要取得很好的增塑效果，应选择与聚合物相溶性好的增塑剂，上述溶剂选择原则同样适用于增塑剂。增塑剂要求长期保留在增塑聚合物中，不因迁移、蒸发、萃取而损失，所以，增塑剂应是较高沸点、低挥发性、不水溶和难迁移的有机化合物，见 7.2.1 节。

7.1.6 聚合物的老化

高分子材料的主要弱点是老化。橡胶老化的主要表现是变脆与龟裂或变软与发黏；塑料老化主要表现为褪色，失去光泽，变硬和开裂。引起老化的外因有热、光、辐射、应力等物理因素;氧、臭氧、水、酸、碱等化学因素;微生物、昆虫等生物因素。这些因素导致大分子链发生降解或交联,降解是大分子链发生断链或裂解的过程,其结果变成了小分子链,甚至单体,因而强度、弹性、熔点、黏度等均降低。交联是分子链之间形成化学键,形成网状结构,从而变硬、变脆。老化的内因是分子链结构、聚集态结构中的各种弱结合点。例如,乙烯基聚合物中的侧基或氢原子被热扰动完全扯开,引起聚合物炭化;橡胶中的大分子链被空气中的氧进一步交联,由于交联度增加,橡胶将变硬,失去橡胶弹性。

7.2 塑 料

7.2.1 塑料的组成与特性

塑料是指以聚合物(树脂)为主要组分,加入适当添加剂(如填料、增塑剂、固化剂、促进剂、稳定剂、阻燃剂、润滑剂、着色剂等),并在加工为制品的某阶段可流动成型的材料。

1. 组分材料及其主要作用

(1) 树脂　用作制备塑料制品的聚合物又称为树脂,它们是塑料的基体材料(类似于混凝土中的水泥),塑料的物理、力学和成型加工性能主要取决于所用的树脂。

树脂有天然树脂和合成树脂,现代塑料工业中主要采用合成树脂,常用的合成树脂有聚乙烯、聚丙烯、聚氯乙烯、聚苯乙烯、酚醛树脂、不饱和聚酯树脂和环氧树脂等。常温下它们可以是固态、半固态或液态,固态或半固态树脂受热后成可流动的熔体或液体。

(2) 增强纤维或填料　为改进或提高塑料制品的强度和刚性,降低塑料的成本和收缩率,而加入各种增强纤维和填料。常用的纤维有玻璃纤维、石棉纤维、碳纤维和硼纤维等(详见9.2节)。填料一般是固体粉末,常用的填料主要有轻质和重质碳酸钙粉、滑石粉、云母、金属氧化物等,填料和纤维的掺量为塑料质量的20%～40%,也可高达70%以上。

(3) 增塑剂　其定义见7.1.5节中的(3)。增塑剂通常是低分子的有机化合物或分子量较小的低聚物,常用增塑剂有邻苯二甲酸酯类、磷酸酯类、脂肪酸酯类、乙二醇和甘油类、环氧类、聚酯类以及氯化石蜡、矿物油和煤焦油等。

(4) 固化剂和促进剂　对于热固性树脂,需要加入固化剂和促进剂。促进和调节固化反应的物质称为固化剂,如用于酚醛树脂的加六亚甲基四胺,用于环氧树脂的乙二胺,聚酰胺等。固化剂参与交联反应使线性大分子链转变为体型网状结构,制得坚硬的热固性塑料制品。可促进固化剂与树脂的交联反应速度,或降低交联反应温度的物质称为促进剂,如环烷酸钴、三乙醇胺、氯化亚锡、三氯化铁等。

(5) 防老化剂　可延缓或防止在热加工和使用过程中因热、光和氧作用引起塑料老化的物质称为抗老化剂,包括抗氧剂、热稳定剂、紫外线吸收剂、光屏蔽剂等。如在ABS树脂、聚乙烯、聚苯乙烯中加入酚类或胺类有机抗氧化剂和紫外线吸收剂,如炭黑。在聚氯乙烯中需加入热稳定剂,如盐基性硫酸铅和硬脂酸铅等。

(6) 润滑剂　有利于塑料加工或防止粘连的物质称为润滑剂,它们可降低熔融态塑料的黏性,改善其加工性。常用的润滑剂有石蜡或硬脂酸及其盐类,有些润滑剂也兼有热稳定剂的作用,如硬脂酸盐。

(7) 着色剂　着色剂赋予塑料制品各种色彩,分为染料和颜料两种,染料是有机化合物,而颜料有无机和有机颜料两类。着色剂应该色泽鲜艳、着色力强、与聚合物相容以及稳定性、耐温性和耐光性好。

(8)阻燃剂　阻燃剂的作用是阻止塑料燃烧或赋予其自熄性。常用的阻燃剂有氧化锑等无机物或磷酸酯类和含溴化合物等有机化合物。

此外,还有发泡剂、溶剂、稀释剂、偶联剂等。并不是每种塑料中都要有这些添加剂,而是不同用途、不同品种的塑料选择不同的添加剂。

2. 塑料的成型方法

热塑性塑料主要有注射、挤出、压延、压缩模塑等成型方法;热固性塑料主要有层压、模压、挤拉等成型方法。

3. 塑料的命名与分类

(1)塑料的命名　塑料一般以其所采用的树脂中主要重复结构单元名称＋"塑料"二字来命名,例如,聚丙烯酸酯塑料,聚烯烃塑料,聚氯乙烯塑料、酚醛塑料等。

(2)分类　按其适用范围和用途,可分为通用塑料、工程塑料和特种塑料等三大类,将产量大、价格低、用途广的聚乙烯(PE)、聚丙烯(PP)、聚氯乙烯(PVC)、聚苯乙烯(PS)和 ABS 树脂等塑料称之为通用塑料;将尼龙(PA)、聚碳酸酯(PC)、聚甲醛(POM)、热塑性聚酯(PBT、PET)和改性聚苯醚(MPPO)等塑料称之为工程塑料;将聚苯硫醚(PPS)、聚砜(PSF)、聚酰亚胺(PI)、聚醚醚酮(PEEK)、液晶树脂(LCP)等塑料称之为特种塑料。

根据塑料所用树脂的加工性能和热效应,分为热塑性和热固性塑料两大类:

①热塑性塑料　具有热塑性的塑料。在塑料整个特征温度范围内,能反复加热软化、冷却硬化,且在软化状态采用模塑、挤塑等成型方法,通过流动能反复模塑为制品的性能为热塑性。热塑性塑料一般由为具有线型大分子的加聚物制备,如聚烯烃、聚氯乙烯、ABS 树脂等。

②热固性塑料　具有热固性的塑料为热固性塑料。通过加热或用其他方法固化时,能变成不溶、不熔产物的性能称为热固性,固化是大分子链间发生交联反应,形成体型结构的过程。热固性塑料所用树脂一般为缩聚物,如酚醛、环氧、不饱和聚酯、氨基树脂等。

根据塑料的力学性能及其特征,分为非硬质、硬质和半硬质塑料:

①非硬质塑料　在规定条件下,弯曲弹性模量或拉伸弹性模量不超过 70 MPa 的塑料;

②硬质塑料　在规定条件下,弯曲弹性模量或拉伸弹性模量不超过 700 MPa 的塑料;

③半硬质塑料　在规定条件下,弯曲弹性模量或拉伸弹性模量在 70~700 MPa 之间的塑料。

4. 塑料的特性

塑料及其制品是产量最大、应用最广的高分子材料,约占 68%。与金属和无机非金属材料相比,塑料具有以下特性:

(1)密度小,比强度高　塑料的密度一般为 0.9~2.2 g/cm³;塑料的比强度(强度与质量之比)高于钢材和混凝土。例如,玻璃纤维增强环氧树脂的比强度是一般钢材的 2 倍左右。

(2)力学性能范围宽,既有强度和刚度很高的硬质塑料,也有强度低、塑性大的软质塑料。

(3)耐磨性好,抗冲击强度高　具有良好的耐磨损性,冲击韧性好。

(4)导热性低　塑料的导热系数约为 0.024~0.81 W/(m·K),是良好的绝热保温材料。

(5)电绝缘性好　一般塑料都是电的不良导体,绝缘性好。

(6)耐腐蚀性和耐水性好　吸水性很低,抵抗酸、碱、盐、水等化学药品腐蚀的能力强。

(7)优良的装饰性　塑料可制成完全透明的制品,加入颜料或填料时,即可制得色彩鲜艳的半透明或不透明的制品。

(8)有良好的可加工性能和施工性能　塑料可以用多种方法加工成型,如薄膜、片状材料可用压延法、吹塑成膜法生产;模压制品可用注塑法、模压法生产;异型材可用挤出法生产。对塑料制品或异型材可进行锯、刨、钻等机械加工,并可采用黏结、铆接、焊接等方法连接。

(9)塑料生产所消耗的能源较小　塑料生产的能耗($63\sim188$ kJ/m³)低于钢材(316 kJ/m³)和铝材(617 kJ/m³)。

(10)塑料的缺点　弹性模量较小,只有钢材的$1/20\sim1/10$;热膨胀系数较大,耐热性差,一般塑料只能在100 ℃以下长时间使用,少数能耐受200 ℃;大多数塑料是可燃的,防火性差,且燃烧时会产生大量烟雾或有毒气体;受自然界的光、热、氧、臭氧等作用容易老化等。

所以,在工程应用中,应利用其优势性能,避免其劣势性能,合理选择塑料品种。

7.2.2　常用树脂及其塑料

1. 热塑性塑料

(1)聚烯烃类　由烯烃或两种以上烯烃单体的聚合物或烯烃类单体与其他单体的共聚物制得的塑料,主要包括聚乙烯(PE)、聚丙烯(PP)、聚丁烯(PB)、聚 4-甲基-1 戊烯(PMP)和其他聚烯烃塑料(如交联树脂塑料)等。这类塑料的优点有来源丰富,价格低,质量轻,易加工,具有良好的刚性、耐老化性、抗挠曲性、耐化学药品性和电绝缘性较好;其缺点有成型收缩率较大,强度不高,易燃烧,黏结性差,不易染色等。另一方面,它们的大分子链上的侧基分别为 H 原子、甲基、乙基、异丙基,因而其拉伸与屈服强度、刚度与硬度、冲击韧性、耐热性等性能依次提高,而耐低温性能和结晶性依次减弱。

(2)聚氯乙烯(PVC)其大分子主链上有极性侧基"-Cl",大分子间作用力强,其密度、T_g、强度与刚性均比聚烯烃塑料高。T_g约为$80\sim85$ ℃,密度为$1.35\sim1.45$ g/cm³;$80\sim175$ ℃间为高弹态;$175\sim190$ ℃开始熔融;能耐火焰且有自熄性。其主要缺点是热稳定性差,空气温度超过 140 ℃,因放出 HCl 引起自催化分解,因而加工时需加稳定剂;在光作用下会发生光降解。PVC 塑料是以 PVC 树脂为基料,与稳定剂、增塑剂、润滑剂和填料等多种助剂混合,经塑化、成型加工而成。添加不同掺量的增塑剂,可制成硬质、非硬质和半硬质聚氯乙烯塑料,非硬质聚氯乙烯塑料的材质柔软,弹韧性好,断裂伸长率较高;硬质聚氯乙烯塑料的材质坚硬,强度和刚度较高,尺寸稳定性好。

(3)聚苯乙烯(PS)类　这类塑料有聚苯乙烯、改性聚苯乙烯和 ABS 塑料。其中,PS 大分子主链上含有体积较大的苯环侧基,大分子的内旋受阻,柔性较差,刚度较大,不易结晶,属线性无定形聚合物;无色透明,透明度达到$88\%\sim92\%$,有良好的光泽;热变形温度为$70\sim98$ ℃,最高使用温度为$60\sim80$ ℃;拉伸强度为$41\sim52$ MPa,断裂伸长率为$1.0\%\sim2.5\%$;密度小于 1.0。

ABS 树脂是丙烯腈—丁二烯—苯乙烯的三元共聚物,其抗冲击性、耐热性、耐低温性、耐化学药品性及电气性能优良,还具有易加工、制品尺寸稳定、表面光泽性好等特点,容易涂装、着色,还可以进行表面喷镀金属、电镀、焊接、热压和粘接等二次加工。

(4)聚丙烯酸类　包括以聚甲基丙烯酸甲酯(PMMA)、甲基丙烯酸甲酯共聚物和其他丙烯酸类树脂制成的塑料。PMMA 俗称有机玻璃,其透明度比无机玻璃高,透光率达92%,并能透过73.5%的紫外线;密度为$1.18\sim1.19$ g/cm³;强度、冲击韧性都优于无机玻璃,不易碎裂;能抗稀酸、稀碱和润滑油的作用,但不耐强碱;耐气候性优良;80 ℃开始软化,$105\sim150$ ℃间塑性良好,可进行加工成型。缺点是表面硬度低,耐磨性差,易擦伤;由于导热性差,热膨胀系数大,易在表面和内部出现微裂纹;氯仿等溶剂是其很好的黏结剂。

(5) 聚酰胺类 聚酰胺(PA,俗称尼龙)是指大分子主链上交替出现酰胺基团(-NHCO-)的树脂,由二元胺与二元酸缩聚、ω-氨基酸的自聚合或内酰胺的开环聚合而成,如己二胺与己二酸的共聚物,命名为尼龙 66,聚己内酰胺称为尼龙 6 等。按其化学结构,分为脂肪族和芳香族聚酰胺。尼龙具有优良的力学性能,拉伸强度高,抗冲击韧性好;突出的耐磨性和自润滑性,无油润滑的摩擦系数为 0.1~0.3;耐候性和耐油性好;电绝缘性较好。主要用于门、窗、窗帘的导轨与滑轮;还可喷涂于建筑五金件的表面用作保护装饰涂层,也可配制胶黏剂等。

2. 热固性塑料

常用热固性塑料主要有环氧树脂(EP)、聚氨酯(PUR)、不饱和聚酯树脂(UP)、酚醛树脂(PF)、有机硅树脂、醇酸树脂(AK)、呋喃树脂等制成的塑料。

(1) 酚醛树脂(PF)塑料 是以酚类(如苯酚、甲酚、二甲酚等)和醛类(如甲醛、丁醛等)单体在酸或碱催化下缩聚而成的酚醛树脂为基体,再加入添加剂和填料而制得的。应用最多是苯酚和甲醛的缩聚物,按分子结构不同,可以得到热塑性和热固性两类酚醛树脂。

① 热塑性酚醛树脂 苯酚与甲醛的摩尔比为 6/5,在酸性催化下缩聚,制得的酚基与亚甲基连接、大分子链上不带羟甲基的酚醛树脂;

② 热固性酚醛树脂 苯酚与甲醛的摩尔比为 7/6,在碱性催化下缩聚,制得的大分子链上带羟甲基、且可自固化的酚醛树脂。

两类酚醛树脂具有较高的刚性和强度;使用温度高;抗冲击性能较差;耐化学药品性优良;具有良好的电绝缘性;尺寸稳定性和阻燃性好;但色暗、呈固有的脆性、不耐碱和吸湿性较大。

(2) 环氧树脂类塑料 凡大分子链中含有活泼的环氧基团的聚合物统称为环氧树脂(EP),环氧基团可以位于分子链的末端、中间或成环状结构,因而,品种繁多。环氧基团可与多种类型的固化剂发生交联反应,固化成不溶不熔的树脂体。固化的环氧树脂具有良好的物理、化学性能,它对金属和非金属材料的表面具有优异的粘接强度,介电性能良好,固化收缩率小,制品尺寸稳定性好,硬度高,柔性较好,对碱及大部分溶剂稳定。

(3) 聚酯树脂塑料 由二元醇或二元酸或多元醇和多元酸缩聚而成的聚合物统称为聚酯树脂,分为饱和和不饱和聚酯两种。不饱和聚酯(UP)指大分子主链中含有"-CH=CH-"双键的一种线型结构聚酯树脂,能与烯类单体,如苯乙烯、丙烯酸酯、乙酸乙烯酯等混合后,在引发剂和促进剂的作用下,常温下发生交联反应,固化成不溶不熔的树脂体。固化的聚酯树脂硬度大、透明性好、光亮度高、耐热性较好,电性能优良。缺点是固化收缩率大、韧度不高,耐化学介质性和耐水性较差。

(4) 聚氨酯类塑料 聚氨酯是聚氨基甲酸酯的简称,是一种具有高强度、抗撕裂、耐磨等特性的树脂,其性能可调范围宽、适应性强;粘接性能好;弹性好,具有优良的复原性,可用于动态接缝;低温柔性好;耐候性好,使用寿命长。可制备橡胶与塑料制品、胶黏剂、密封胶、泡沫材料和涂料等。

7.2.3 工程用塑料制品

土木工程用塑料制品主要有管材、型材、板材、片材、泡沫材料和土工材料等。

1. 塑料管材

塑料管材主要有建筑用热或冷水的给水管、排水管、电线管、燃气管和埋地输水或排水管等,它们主要由 PE、PP、PB 等聚烯烃类、ABS 和 PVC 塑料经挤出成型工艺制成。

(1) PE 管材 其低温抗冲击性好,可在-60~+60 ℃范围内安全使用;抗应力开裂性和可挠性好;卫生性好(无毒、不结垢)。有七种型号和规格,主要用于室外燃气和给水管道。

(2)PP-R管材 采用无规聚丙烯制成,无毒、卫生,可用于纯净饮用水系统;耐热性较好,最高使用温度可达95 ℃,可用于冷热水管道系统。

(3)PB管材 是优良的耐压管材,其长期使用环向应力最高;表面光滑且不结垢,卫生性好;最高使用温度可达110 ℃。可用于冷热水输送和热水采暖系统。

(4)PVC管材 价格低廉,其性能比聚烯烃管材差,主要用于排水管和电线管。

(5)埋地排水管 主要有双壁波纹管、双层轴向中空壁管和缠绕结构壁管等,由PE和PVC塑料挤出或挤出-缠绕工艺制成。双壁波纹管的内壁均匀光滑,内径为100～1 000 mm,有12个规格;外壁为波纹型,相应壁厚为1.0～5.0 mm;双层轴向中空壁管的断面为环向梯形结构,其外径为110～1 200 mm,内、外层壁厚为0.6～4.7 mm;缠绕结构壁管是管壁中埋螺旋型中空管,有A型、B型两种,A型管的内表面光滑,外表面平整,管壁有单层和多层结构;B型管内表面光滑,外表面为中空螺旋型肋,管径可达3 000 mm。这类管材主要用于市政工程无内压的排水系统,其性能优于混凝土管和铸铁或钢管,使用寿命在50年以上。

2. 塑料型材

塑料型材有门窗框、楼梯扶手、走线槽、壁脚板、异型管等,主要由硬质PVC塑料挤出成型。因硬质PVC塑料抗冲击性能较差,常添加6%～10%的丙烯酸脂、氯化聚乙烯、乙烯-醋酸乙烯共聚物和甲基丙烯酸甲酯—丁二烯—苯乙烯接枝共聚物等进行改性,以提高抗冲击强度、加工性、耐候性和焊角强度;并添加20%～50%质量分数的碳酸钙填料,以提高其尺寸稳定性。

3. 塑料板材与片材

以上述各种塑料为原料,经挤出、压延、层压等工艺可制成各种塑料板材与片材,其厚度为2～20 mm;长×宽为1 220 mm×2 440 mm或1 300 mm×2 000 mm。由硬质塑料制备板材,由半硬质或软质塑料可制成片材,在土木工程中主要用作塑料地板、屋面瓦与采光板、防水卷材与塑料壁纸、软土地基用排水板、铁路中钢轨与轨枕间的缓冲垫板以及道钉下的垫片等。

4. 泡沫塑料

工程常用的有聚苯乙烯和聚氨酯泡沫塑料,例如,由可发性聚苯乙烯树脂制备的发泡聚苯乙烯泡沫塑料(EPS)和挤塑聚苯乙烯泡沫塑料(XPS);由异氰酸酯和羟基化合物经聚合发泡制成的软质和硬质聚氨酯泡沫塑料。此外,由酚醛树脂溶液和硫酸铵、硫酸氢铵等发泡剂,经发泡、酸性催化或加热固化,可制得耐温达400 ℃的酚醛泡沫塑料制品。泡沫塑料的表观密度约为15～33 kg/m^3,导热系数略高于空气,小于0.03 W/m·K,是很好的绝热材料,建筑上主要用作绝热保温材料;在我国高铁板式无砟轨道结构中用作板下滑动垫层材料。

5. 塑料土工格栅

塑料土工格栅是经过拉伸形成的具有方形或矩形网格的塑料制品,其制备工艺是:先在经挤压成型的聚丙烯或高密度聚乙烯塑料板材上冲孔,然后在加热条件下施行定向拉伸。按其拉伸方向,分为单向拉伸和双向拉伸两种。单向拉伸格栅只沿板材长度方向拉伸制成,而双向拉伸格栅则继续将单向拉伸的格栅再在与其长度垂直的方向拉伸制成。定向拉伸使得塑料中的聚合物大分子链延伸并重新定向排列,加强了分子链间相互作用力,提高了强度和刚性,其伸长率只有未拉伸塑料板材的10%～15%。高的拉伸强度和刚性、呈长椭圆形网状结构的塑料土工格栅,埋入土壤中形成优良的承力和扩散连锁系统,被广泛应用于各类土工工程。

6. 热固性塑料制品

由热固性树脂和纤维及其织物、碎石与矿物粉末等增强材料，经各种成型工艺可制成增强塑料制品，包括各种管材、板材、棒材、波形瓦和人造石等。有关纤维增强塑料详见第9章。

7.3 橡　　胶

能改性或已改性成基本不溶解(但能溶胀)于沸腾的苯、甲基乙基酮和乙醇-甲苯共沸液等溶剂、且较低温度下处于高弹态的高分子弹性体称为橡胶，重要的品种有丁苯橡胶、丁腈橡胶、丁基橡胶、氯丁橡胶、聚硫橡胶、聚氨酯橡胶、聚丙烯酸酯橡胶、氯磺化聚乙烯橡胶、硅橡胶、氟橡胶、顺丁橡胶、异戊橡胶和乙丙橡胶等。未硫化橡胶的大分子链为线性结构，分子量很大，呈线团状，受外力作用能伸长，外力撤除后，大分子链发生回弹，呈现高弹性；硫化后，线型大分子链通过一些原子或原子基团交联，形成三维网状结构，其伸长率和压缩永久变形下降，强度、弹性和硬度增加，并具有良好的可挠性、耐磨性、绝缘性、不透水性和不透气性。引起橡胶发生老化的主要因素有氧、臭氧、热、光、应力、水分和油类等。

7.3.1 常用橡胶品种和特性

橡胶分为天然橡胶、合成橡胶和再生橡胶三大类，常用橡胶的性能与用途如表7.6所示。

表7.6　橡胶的性能与用途

品　种	耐热温度(℃)	耐寒温度(℃)	弹性	耐油	耐老化	特点与用途
天然橡胶	120	－60	优	次	良	弹性好、制胶管、胶凝剂
丁苯橡胶	120	－50	良	次	良	耐磨、地板、价低、产量大
顺丁橡胶	120	－73	优	次	良	弹性好、耐磨、飞机轮胎等
丁基橡胶	150	－45	中	次	良	气密性好、耐老化、密封胶或带
氯丁橡胶	130	－45	良	良	优	耐油、不燃、耐老化；胶凝剂
丁腈橡胶	150	－20	良	优	良	耐油、耐酸碱；密封卷、密封垫
聚硫橡胶	—	－7	中	优	良	气密性好、耐油；密封剂、密封带等
硅橡胶	230	－80	优	优	优	耐寒耐热；高级绝缘材料、密封材料
氟橡胶	220	－100	良	优	优	耐寒耐热、耐油；高级密封材料

1. 天然橡胶

天然橡胶的主要成分是聚异戊二烯，它采自橡胶植物(如三叶橡胶树、杜仲橡树、橡胶草)的浆汁，在浆汁中加入醋酸、氯化锌或氟硅酸钠使其凝固，凝固体压制后成为生橡胶。

生橡胶材质软，遇热变粘，易老化而失去弹性，易溶于油及有机溶剂。为克服这些缺点，常在橡胶中加硫，经硫化处理得到软质橡胶(熟橡胶)。若加入30%～40%的硫，硫化后得到硬质橡胶。天然橡胶经硫化后，其强度、弹性变形能力和耐久性提高，但可塑性降低。

天然橡胶的密度为0.91～0.93 g/cm³，没有固定的熔点，在130～140 ℃时软化，150～160 ℃时变黏变软，200 ℃时开始降解，270 ℃时迅速分解；常温下有很大弹性，低于10 ℃时逐渐结晶变硬；拉伸伸长率约为1 200%；电绝缘性好；在光、氧的作用下会逐渐老化，易溶于汽油、苯、二硫化碳和卤烃等溶剂，但不溶于水、酒精、丙酮及醋酸乙酯等。

天然橡胶一般用作橡胶制品的原料，配制胶黏剂和制作橡胶基防水材料等。

2. 合成橡胶

工程中常用合成橡胶有丁苯、丁腈、氯丁和丁基橡胶等,其物理状态有固体和乳液。

(1) 丁苯橡胶(SBR)　是丁二烯-苯乙烯共聚物,是目前产量最大、应用最广的合成橡胶,它是浅黄褐色弹性体,密度为 0.91～0.97 g/cm³,具有优良的电绝缘性,其弹性、耐磨性和抗老化性均优于天然橡胶,溶解性与天然橡胶相似,但耐热性、耐寒性、耐挠曲性和可塑性不如天然橡胶,脆化温度为 −50 ℃,最高使用温度为 80～100 ℃。主要用于制造硬质橡胶制品。

(2) 丁腈橡胶(NBR)　是丁二烯-丙烯腈共聚物,其密度随丙烯腈含量增加而增大;耐热性、耐油性比天然橡胶好,抗臭氧能力强。但耐寒性不如天然橡胶和丁苯橡胶。

(3) 氯丁橡胶(CR)　是氯丁二烯均聚物,其密度为 1.23 g/cm³;其物理力学性能和天然橡胶相似,耐老化、耐臭氧、耐候性、耐油性、耐化学腐蚀性均比天然橡胶好;耐燃性好(遇火便分解出 HCl 气体阻止燃烧),黏结力较高,脆化温度为 −35～−55 ℃,热分解温度为 230～260 ℃,最高使用温度为 120～150 ℃。

(4) 丁基橡胶(IIR)　也称异丁橡胶,是以异丁烯与少量异戊二烯为单体,在低温下(−95 ℃)合成的共聚物。其密度约为 0.92 g/cm³,透气性约为天然橡胶的 1/10～1/20。它是耐化学腐蚀、耐老化、不透气性和电绝缘性最好的橡胶,且耐热性好,吸水率小,抗撕裂性能好。但在常温下弹性小(只有天然橡胶的 1/4),黏性较差,难与其他橡胶混用。丁基橡胶的耐寒性好,脆化温度为 −79 ℃,最高使用温度为 150 ℃。

(5) 三元乙丙橡胶(EPDM)是以乙烯、丙烯为主要单体,经溶液聚合法合成的无定性聚合物。密度为 0.85 g/cm³ 左右,是最轻的橡胶。电绝缘性和耐化学腐蚀性好,耐光、热、氧、臭氧的老化性能优异,能在 150 ℃ 下长期使用,最高使用温度为 200 ℃。冲击弹性好,尤其是在低温下弹性保持较好,在 −57 ℃ 下变硬,−77 ℃ 下变脆。

(6) 再生橡胶(再生胶)是以废旧橡胶制品和橡胶工业生产的边角废料为原料,经再生处理而得到的具有一定橡胶性能的弹性体高分子材料。

再生处理主要是脱硫。脱硫并不是把橡胶中的硫磺分离出来,而是通过高温处理使橡胶产生氧化解聚,使大体型网状橡胶分子结构适度地氧化解聚,变成大量的小体型网状结构的平均分子量较小的链状物,使其获得再加工的可塑性。

7.3.2　橡胶在工程中的应用

橡胶在土木工程中的主要应用有:丁苯和氯丁橡胶乳液可用作水泥混凝土或砂浆的改性材料,其掺量一般不大于 15%,可显著改善混凝土或砂浆的黏结强度、韧性和耐腐蚀性,但使强度有所降低;丁腈橡胶、聚氨酯橡胶、丁基橡胶和硅橡胶可用作建筑密封材料、止水带和密封胶垫、密封胶等;乙丙橡胶可用于制造屋顶板、窗户密封条和防水卷材等;再生橡胶与沥青混合制作沥青再生橡胶防水卷材和防水涂料等。

采用橡胶材料和钢板叠合可制成各种建筑物隔震垫和桥梁支座等。

7.4　有机纤维

有机纤维是一种长径比很大的细长高分子材料,其大分子链聚集体一般呈晶体或部分晶体结构。根据其来源主要有天然纤维和合成纤维:

①天然纤维主要有植物纤维和动物毛发纤维,例如,棉纤维、麻纤维、毛纤维等;

②合成纤维主要由合成树脂经一定的加工工艺制成,其品种较多,常用的有聚酯纤维、聚丙烯纤维、聚乙烯纤维、芳烃纤维、聚乙烯醇纤维等。

7.4.1 有机纤维的种类与特性

1. 天然纤维

(1) 麻纤维　来自各种麻类植物,主要品种有亚麻、黄麻、剑麻和焦麻等。麻纤维的主要组成是纤维素,其含量视麻类植物品种而定,一般约含 60%～80%。纤维素是天然高分子化合物,其分子式是 $[C_6H_{10}O_5]_n$,它是由 n 个葡萄糖基单体聚合而成的聚合度很大(约为 10^4 数量级)的聚醚大分子,其重复结构单元是纤维素双糖,长度为 1.03 nm。微观上,麻纤维同时存在准结晶结构和无定形结构。准结晶区内大分子横向整齐紧密排列,非结晶区域大分子无规排列,比较疏松,含有较多缝隙与孔洞,密度较低。麻纤维的强度、伸长率和断裂能随结晶度、准结晶区取向和光学取向度增加而增大,随无定形区取向度增加而减少。

(2) 动物纤维　主要来自动物的毛发,例如,羊毛、兔毛、猪鬃等。毛纤维的主要组成物质是不溶性蛋白质,称为角朊。它是由多种 α-氨基酸缩合而成的长链大分子,组成元素包括碳、氧、氮、氢和硫等。毛纤维既有结晶结构,也有无定形结构,具有较高的强度和很好的弹韧性。

2. 合成纤维

合成纤维主要由合成树脂经熔体抽丝和湿法纺丝工艺加工制成。

①熔体抽丝工艺是先将树脂制成纺丝熔体,然后,将树脂熔体均匀地从喷丝板的毛细孔中挤出,再经空气或水冷却固化成初生纤维。初生纤维经过集束、拉伸、热定形、卷曲或切断等后加工处理,制得合成纤维。

②湿法纺丝工艺是将固体聚合物溶解在适当的溶剂中制成纺丝原液,然后,纺丝原液由喷丝头喷出进入凝固浴,凝固浴中的凝固剂使聚合物从溶液中沉淀析出,形成初生纤维,再经拉伸、水洗、上油、干燥和热定形等后加工处理,制得合成纤维。

合成纤维的力学性能特点是高拉伸强度和弹性模量,因此,纺丝后的拉伸是其关键工序。在拉伸过程中使线性大分子链拉直并取向,增加结晶度,从而提高其拉伸强度和弹性模量。

(1) 芳纶纤维　其化学名为聚酰胺纤维,由芳香族聚酰胺树脂制成,其大分子链结构中芳烃酰胺链节占 85% 以上,国际上已开发了四种芳纶纤维,土木工程中应用的是两种高强高模量芳纶纤维:全对位芳纶纤维和对位芳香族酰胺共聚纤维。

①全对位芳纶纤维　其代表性的产品为美国杜邦公司开发的凯芙拉(Kevlar)纤维,其主要成分是对苯二甲酸-对苯二胺缩聚物(PPTA),其中既含脂肪族主链,又含芳香族主链。

Kevlar 纤维具有较小的密度,较高的抗拉强度与弹性模量;耐热性好,直至 160 ℃,强度无明显下降,至 200 ℃ 仍保持尺寸稳定性;耐化学腐蚀性良好(在 80 ℃ 水泥滤液中浸泡 30d 强度下降约 30%)。此外,还具有很好的抗静电、抗动态疲劳、耐磨以及抗徐变等性能。

②对位芳香族酰胺共聚纤维　其代表性商品为日本帝人公司(Teijin Co.)开发的特克努拉(Technora)纤维。其力学和物理性能与 Kevlar 纤维相似,但其耐化学腐蚀性优于后者,在 95 ℃ 的水泥滤液和 140 ℃ 的饱和蒸汽中经历 100 h 仍可保持 95% 的抗拉强度,其性能如表 7.7 所示。

(2) 聚芳酯纤维　由芳香族聚酯树脂制成的纤维,具有高强度和高模量,在湿状态下强度保持率为 100%,吸湿性为零,蠕变及干湿熟化处理后的收缩率均为零。耐磨性、耐溶剂和耐酸碱性,振动能吸收性和耐冲击性均优于 PPTA 纤维。其品种和主要性能见表 7.7。

表7.7 有机合成纤维的种类和主要性能

纤维牌号		密度 (g/cm³)	单丝直径 (μm)	拉伸强度 (MPa)	弹性模量 (GPa)	极限延伸率 (%)	吸水率 (%)
芳纶纤维	Kevlar-29	1.44	12	2850~2900	62~70	3.6~4.4	4.3
	Kevlar-49	1.44	10	2700~2840	109~117	2.3~2.5	1.2
	Technora	1.39	12	3040~3100	71~77	4.2~4.4	—
聚芳酯纤维	HT	1.41		3610	833	3.8	0
	HM	1.42		—	1043	3.5	0
改性维纶纤维		1.3	10~12	800~850	12~14	11~12	
高模量维纶纤维		1.3	12~12	1200~1500	30~35	5~7	
腈纶纤维	Dolanit-10	1.18	16~18	800~950	16~19	9~11	
	RICEM	1.18	12~16	800~900	20~23	9~10	
	Dolanit-11	1.18	52~104	410~710	14.2~18.3	6~9	

(3) 维纶纤维 又名维尼纶纤维,维纶纤维是习用商品名,其化学名为聚乙烯醇纤维(缩写为 PVA 纤维或 PVAF),化学分子式为$[CH_2-CHOH]_n$。

土木工程中应用的有改性维纶纤维和高模量维纶纤维两种,其力学性能见表7.7。维纶纤维具有抗碱性强、亲水性好以及可耐日光老化等优点;在 −50~120 ℃温度范围内,纤维的力学性能变化小;热稳定温度为150 ℃,热分解温度为220 ℃;在潮湿环境中,当温度超过130 ℃后,纤维发生较大的收缩,且力学性能显著降低。

(4) 腈纶纤维 腈纶纤维是习用商品名,其化学名为聚丙烯腈纤维(缩写为 PAN 纤维或 PANF),此种纤维由含丙烯腈单体不少于85%的共聚物制得。普通腈纶纤维主要用于纺织工业,抗拉强度200~350 MPa。20世纪80年代初德国豪霍斯托公司开发并生产出高强腈纶纤维(商品名为 DolaniT),它们具有较好的耐碱性与耐酸性,其性能如表7.7所示,并具一定的亲水性,吸水率为2%左右;受潮后强度保留率为80%~90%;对日光和大气作用的稳定性较好;热分解温度为220~235 ℃,但可 200 ℃下短时间使用。

(5) 丙纶纤维 丙纶纤维是习用商品名,其化学名为聚丙烯纤维(缩写为 PP 纤维或 PPF),分子式为 $H(C_3H_6)_nH$,系由等规聚丙烯树脂熔体制成的。它是合成纤维中密度最小的纤维,耐碱与耐酸性好,使用温度较高。由于其原料价廉易得,合成工艺简单,售价适中,故其用途广泛。丙纶纤维有两种——膜裂纤维和单丝纤维,主要性能如表7.8所示。

(6) 尼龙纤维 尼龙纤维是习用商品名,其化学名是脂肪族聚酰胺纤维。这是一类由线型聚酰胺树脂制成的合成纤维,主要有尼龙6和尼龙66纤维。尼龙6纤维的化学名为聚己内酰胺纤维,在国外也称之为卡普隆纤维,中国的商品名为锦纶;尼龙66纤维的化学名为聚己二酰己二胺纤维,中国商品名为锦纶66。常用的尼龙6与尼龙66纤维均为短切的束状纤维,每束内含有一定数量的单丝,单丝的截面为圆形。其力学性能基本相近,如表7.8所示。

表7.8 几种有机合成纤维的种类与主要性能

纤维种类与名称		密度 (g/cm³)	单丝直径 (μm)	长度 (mm)	抗拉强度 (MPa)	杨氏模量 (GPa)	极限延伸率 (%)	吸水率 (%)
丙纶纤维	膜裂纤维	0.90	48~62	19~50	480~660	15~20	3.5~4.8	—
	单丝纤维	0.91	26~62	19	300~520	15~18	3.5	

续上表

纤维种类与名称		密度 (g/cm³)	单丝直径 (μm)	长度 (mm)	抗拉强度 (MPa)	杨氏模量 (GPa)	极限延伸率 (%)	吸水率 (%)
乙纶纤维	Bonfit	0.95	900	30、40	260	—	2.2	15
	Spectra-900	0.97	38	—	2 500	3.5	117	3.5
	Spectra-1000	0.97	27	—	3 000	2.7	172	2.5
尼龙纤维		1.14~1.16	23	13、19、50	900~950	5.2	~20	2.8~5

(7) 乙纶纤维 化学名是聚乙烯纤维(缩写为PEF)。由聚乙烯树脂经热熔、纺丝、短切等工序制成。有普通型与高强高模量型两种,其规格和主要性能见表7.8。

(8) 其他有机纤维 近代理论和实践表明,合成棒状芳杂环聚合物,并在液晶相熔融状态下纺丝所获得的纤维,其力学性能和热稳定性接近于有机聚合物晶体的理论极限值。例如,大分子主链中含有苯并双杂环的对位芳香聚合物的聚苯并恶唑、聚苯并噻唑、聚苯并咪唑等就是有机杂环类刚性棒状纤维,其抗拉强度和弹性模量很高,主要用于航空、航天领域。

7.4.2 有机纤维在工程中的应用

合成纤维在土木工程中主要用作水泥基或树脂基复合材料的增强材和土工材料。

1. 增强材料

麻纤维和动物纤维可用作石膏、石灰等胶凝材料的增强材,提高其抗裂性和韧性。

合成纤维主要用作纤维水泥材料、纤维混凝土和纤维硅酸钙制品的增强材,起到增强、增韧、抗裂等作用,请详见第9章。

2. 土工布

土工布是由涤纶、丙纶、乙纶、晴纶、锦纶等合成纤维通过针刺或编织而成的布状织物,又称土工织物,一般宽度为4~6 m,长度为50~100 m。具有重量轻、断裂与撕破强度较高、透水性强、抗冷冻、抗微生物性好(对微生物和虫蛀均不受损害)、耐腐蚀等特性,在土工工程中能起过滤、反滤、排水、隔离、加筋、防渗、防护和密封等多种功能。土工布主要有针刺非织造土工布、非织造布与塑料膜(PE、PVC、CPE等)复合土工布或膜和机织及其与非织造复合土工布等三个系列和多个品种,被广泛应用于水利、电力、矿井、公路和铁路等土工工程。

7.5 高分子胶黏剂

胶黏剂又称黏合剂或黏结剂,是一种具有黏合性能、并能将两个物体的表面紧密黏结在一起的物质。胶黏剂的种类繁多,性能各异,本节主要介绍土木工程中使用的高分子胶黏剂。

7.5.1 胶黏剂的组成与种类

1. 胶黏剂的组成及其作用

各种高分子胶凝剂主要由胶料或基料和助剂、填料组成,助剂包括稀释剂或溶剂、固化剂及促进剂、增塑剂或增韧剂和其他防老化添加剂等。

(1) 胶料 高分子胶黏剂的主要成分是具有较强黏合性能的聚合物胶料,也称黏料或基料,它赋予胶黏剂黏结强度、耐久性及其他物理力学性能。具有强黏合性能的聚合物胶料,其大分子链上一般含有极性基团或侧基,如淀粉、骨胶、虫胶等天然树脂;环氧、酚醛、聚氨酯、有机硅、聚乙烯醇、聚丙烯酸类等合成树脂；氯丁橡胶、丁腈橡胶等合成橡胶。

(2) 稀释剂或溶剂　稀释剂一般应是胶料的溶剂，分为惰性和活性稀释剂。惰性稀释剂主要作用是调节胶黏剂的黏度，以便于施工；改善胶黏剂对被粘物表面的渗透或浸润性，提高黏结强度，如二甲苯、丙酮、酒精、水等。活性稀释剂是能参与热固性胶黏剂固化反应的低黏度液体物质，如低分子量环氧化合物、丙烯酸酯类化合物等。

(3) 固化剂及促进剂　固化剂和促进剂均为胶黏剂中聚合物胶料的固化剂和促进剂，如环境树脂的胺类化合物、酸酐类化合物等固化剂和环烷酸钴等促进剂。

(4) 增塑剂与增韧剂　增塑剂或增韧剂能提高固化后胶黏剂的柔韧性，如邻苯二甲酸二辛酯、低分子量聚酰胺树脂等。

(5) 填料　为了降低胶黏剂固化过程中的收缩，提高胶黏剂的强度和耐热性，需加入活性或惰性粉末填料。常用的有石英粉、硅粉、滑石粉、石棉粉、金属粉和氧化物粉末等。

(6) 其他添加剂　为了提高胶黏剂的耐老化性能，需加入防老剂。另外，为使胶黏剂具有某些特殊性能，还可加入防霉剂、防腐剂等添加剂。

2. 胶黏剂的种类

(1) 按胶黏剂的用途，可分为结构型、非结构型和特种用途胶黏剂。

结构型胶黏剂指黏结固化后能承受较大的荷载，受热、低温或化学侵蚀等作用也不降低其性能的胶黏剂，它们主要用于结构部件的黏结或强化加固，如环氧、酚醛—丁腈；环氧—尼龙等热固性树脂为基料的胶黏剂。

非结构型胶黏剂一般不能承受较大的荷载，只用来黏结受力较小或粘贴不受力的部件或定位，如聚醋酸乙烯酯、聚乙烯醇、羧甲基纤维素、橡胶等为基料的胶黏剂。

特种用途胶黏剂是指具有某一特殊性能的胶黏剂，如耐高温、耐超低温、导电、导热、光敏、应变胶黏剂等，主要用于有特定功能要求的部件黏结或定位。

(2) 按胶黏剂的物理形态，有水溶性、水乳型、溶剂型、无溶剂型、膏状与腻子、固态型等。

(3) 按胶黏剂的固化条件，可分为溶剂挥发型、化学反应型和热熔冷却型三类。

① 溶剂挥发型胶黏剂　主要通过溶剂挥发而固化，其胶料一般是热塑性树脂或合成橡胶，稀释剂为惰性，如聚乙烯醇建筑胶水、氯丁橡胶胶黏剂等；

② 化学反应型胶黏剂　主要通过胶黏剂分子与固化剂、活性稀释剂的交联反应而固化，根据固化反应条件，分为室温固化型、高温固化型、低温固化型和光固化型等，如环氧胶黏剂。

③ 热熔冷却型胶黏剂　主要通过加热后变成流态，趁热施工，冷却后胶黏剂就固化，如沥青、松香胶等。

7.5.2　胶黏剂的粘结性能

1. 胶黏剂的粘结力

胶黏剂能使被粘物间牢固地粘结在一起，其粘结力主要来自机械咬合力、吸附力、化学键力和分子间相互扩散交融产生的融合力。

(1) 机械咬合力　胶黏剂渗透到粗糙多孔的被粘物表面的空隙中，固化后形成许多微小的锚固点产生机械咬合力。

(2) 物理吸附力　胶黏剂分子与被粘物表面分子相互吸附，产生次价键力。

(3) 化学键力　胶黏剂分子与被粘物表面分子间发生化学反应，形成牢固的化学键力。

(4) 扩散融合力　胶黏剂分子与被粘物表面层分子发生相互扩散和交融，产生融合力。

事实上，胶黏剂与被粘物之间的牢固黏结是这几种粘结力的综合结果。胶黏剂不同、被粘物不同或被粘物表面处理或粘结头的制作工艺不同时，所产生的黏结力也不一样。其中胶黏剂对被粘物表面的完全浸润是获得较高粘结强度的必要条件。

2. 影响粘结强度的主要因素

(1) 胶料的组成与分子量　大分子链中含有较多极性基团的聚合物胶料，如环氧树脂、氯丁橡胶等，其胶黏剂有较强的粘结强度，尤其对极性表面的被粘物，粘结强度更大。聚合物胶料分子量较小，其黏度较小，内聚力较低，粘结力较小；而分子量过大，在溶剂中难以溶解和分散，内聚力较大，粘结力也较小；只有当胶料分子量适当时，胶黏剂才有较高粘结强度。

(2) 胶黏剂对被粘物表面的浸润性能　胶黏剂对被粘物表面浸润性越好，粘结强度越高。因此，对于不同的被粘物，应选用不同的胶黏剂。极性被粘物应选用极性胶黏剂，非极性被粘物应选用非极性胶黏剂。胶黏剂中的溶剂能溶解被粘物表面，粘结强度更高，有些被粘物的良溶剂本身就是其胶黏剂，如氯仿就是有机玻璃的胶黏剂，能产生很强的融合力。

(3) 填料　选择合适的填料，既能降低成本，节约胶料，又能提高胶黏剂与被粘物间粘结强度。当胶黏剂与被粘物的线膨胀系数相差较大时，容易造成粘结界面剪切破坏，加入适当填料调节其膨胀系数，避免剪切破坏。

(4) 胶黏剂膜的厚度　黏结强度随胶黏剂膜层厚度的减少而有所提高，但胶黏剂层太薄，涂覆不均匀易引起缺陷，降低粘结强度，其厚度一般应控制在 0.05～0.25 mm 为宜。

(5) 黏结工艺因素与施工条件　胶黏剂黏度和使用时间、被粘物表面处理情况、涂胶后静置时间、粘结面积、硬化时的环境温度和硬化时间等都对粘结强度有影响。

3. 胶黏剂的基本要求

为使被粘物表面产生足够的黏结强度，胶黏剂应满足下列基本要求：

(1) 有足够的流动性和对被粘物表面的浸润性，保证被粘物表面能被完全浸润。

(2) 固化速度和黏度容易调整，且易于控制。

(3) 胶黏剂的膨胀与收缩变形小，体积稳定性好。

(4) 不易老化，胶黏剂的性能不因温度及其他环境条件而变化。

(5) 粘结强度大。

7.5.3　常用胶黏剂种类与性能

1. 合成树脂类胶黏剂

(1) 聚醋酸乙烯酯(PVAC)胶黏剂　该胶黏剂以聚醋酸乙烯酯乳液为基料配制而成。它无毒、无味，粘结强度高，常温下经水分挥发而硬化，其耐水性和耐热性较差。可单独使用，也可与水泥、石膏、羧甲基纤维素等混合使用。是一种非结构胶黏剂，用于黏结非金属材料，如木材或木质夹板、塑料壁纸、陶瓷饰面材料和石膏板等，还可配制乳液涂料和乳液腻子等。

(2) 聚乙烯醇(PVAL)和聚乙烯醇缩醛(PVAM)胶黏剂　将聚乙烯醇树脂溶解在水中，就可形成聚乙烯醇胶黏剂，它是一种非结构型胶黏剂，在建筑上广泛用于粘贴壁纸，也可掺入水泥砂浆中，改善砂浆的黏附力，用于粘贴陶瓷片，还可与双飞粉或石膏拌合用于涂刮墙面。

聚乙烯醇胶耐水性较差，将聚乙烯醇与甲醛或丁醛在酸性条件下缩合，得到聚乙烯醇缩醛胶黏剂，如建筑上普遍使用的 107 和 801 建筑胶，它们具有较高的粘结强度和较好的耐水性。但含有一定量的游离醛，因而有刺激性气味和毒性。其用途与聚乙烯醇胶相同。

(3) 丙烯酸酯类胶黏剂　该胶黏剂以聚丙烯酸树脂为胶料配制而成。常用的 502 胶以 α-

氰基丙烯酸酯单体为胶料,在很小量水分子存在下,α-氰基丙烯酸酯可以迅速自聚成聚 α-氰基丙烯酸酯而固化,室温下在几分钟甚至几秒钟内固化,故称瞬干胶。因含许多强极性氰基(-CN),且黏度很小,渗透性强,因而,具有很高的粘结强度。但其耐热性差,较脆,不宜大面积黏结,不宜在高度潮湿环境下和有强烈震动条件下使用。可用于黏结多种金属和非金属材料,常用作金属螺栓、钢棒与混凝土内孔间的锚固粘结。

(4) 环氧树脂胶黏剂　凡以环氧树脂为胶料配制的胶黏剂都称为环氧树脂胶黏剂。此类胶黏剂一般是双组分型,环氧树脂胶和固化剂、促进剂、增韧剂等助剂分别包装,使用时,将两组份材料混合在一起,形成环氧树脂胶黏剂。

环氧树脂胶黏剂与金属、木材、塑料、橡胶、混凝土及水泥制品等均有很强的黏结力,有万能胶之称。能用不同的固化体系固化,固化后的胶黏剂膜层的粘结强度高、收缩率小(约2%)、体积稳定性较好,耐湿热,耐腐蚀。在建筑上主要用作结构胶黏剂,粘结金属、混凝土,用于混凝土结构物的补强加固、裂缝修补,粘贴天然石材、玻璃、陶瓷等。

(5) 聚氨酯胶黏剂　这也是一种以异氰酸酯和含有多元羟基的聚酯为胶料的双组分型胶黏剂,可在室温下固化,具有很强的粘结力和很好的耐溶剂、耐油、耐酸、耐震等性能。对塑料、金属、玻璃等材料有良好的黏合力,适用于防水、耐腐蚀等工程。

2. 橡胶类胶黏剂

该类胶黏剂以橡胶为胶料配制而成,几乎所有的天然橡胶和合成橡胶都可以用来配制胶黏剂。橡胶胶黏剂富有柔韧性,优异的耐挠曲及耐冲击震动,粘结性好,但耐热性较差。常用的有氯化天然橡胶胶黏剂、氯丁橡胶胶黏剂、丁苯橡胶胶黏剂、丁腈—氯化橡胶胶黏剂等。它们主要用于橡胶、塑料、金属和非金属材料的黏结。

7.5.4　土木工程中选用胶黏剂的基本原则

1. 根据被粘材料的性质选用胶黏剂

陶瓷、玻璃、水泥制品和石材等多孔脆性材料,其表面硬度高,密度大,粘结这类材料一般应选用强度高、硬度大和不易变形的热固性树脂胶黏剂,如环氧树脂胶黏剂、不饱和聚酯胶黏剂、聚合物水泥砂浆等;

橡胶制品和软质塑料制品等材料的弹性变形大,材质柔软,粘结这类材料应选用弹性好、有一定韧性的橡胶类胶黏剂,如氯丁橡胶胶黏剂、聚氨酯胶黏剂、氯丁—酚醛胶黏剂等。

对于金属材料、木材、纸张、聚氯乙烯塑料、丁腈橡胶等极性表面的材料,应选用带有极性基团的树脂或橡胶类胶黏剂,如环氧树脂胶黏剂、酚醛—丁腈胶黏剂、聚醋酸乙烯酯乳胶、聚乙烯醇胶、丙烯酸酯胶黏剂等。对于聚乙烯塑料、聚丙烯塑料、聚苯乙烯塑料、硅橡胶等非极性表面的材料,应选用非极性树脂或橡胶胶黏剂,如聚异丁烯胶、EVA 热熔胶、聚丙烯酸树脂胶和硅橡胶胶黏剂等。

2. 根据被黏结材料的使用要求选用胶黏剂

对于结构受力构件,必须选用强度高、硬度大和不易变形的结构胶黏剂,如环氧树脂胶黏剂、环氧—丁腈胶黏剂、环氧—聚硫复合胶黏剂等。

若要求在较高温度或较低温度下工作,应根据使用温度范围选用合适的胶黏剂。如橡胶胶黏剂的最高温度为 60～80 ℃,酚醛树脂胶黏剂为 80～120 ℃,环氧树脂胶黏剂的允许使用温度为 －40～180 ℃ 等。

若要求在有腐蚀性环境下工作,应根据腐蚀性介质种类选用合适的耐腐蚀性介质的胶黏剂。如环氧—芳香胺胶、环氧—丁腈胶、环氧—酚醛胶、酚醛—丁腈胶、酚醛—氯丁胶等。

3. 根据粘接施工工艺选用胶黏剂

施工中，必须根据被粘结构类型采用最适宜的粘接工艺，再根据粘接工艺选用合适的胶黏剂。在土木工程中，在施工现场进行粘接操作，一般应选用室温、非压力型胶黏剂。如环氧树脂类胶黏剂、丙烯酸酯类胶黏剂等。

习　题

1. 解释下列名词
   ①单体、链节、链段和聚合度
   ②官能团与官能度
   ③均聚物、共聚物与缩聚物
   ④线型、支链型和体型大分子链结构
   ⑤玻璃化温度和粘流温度
2. 高分子材料的结构特点有哪些？
3. 试述高分子材料的结构与性能的关系。
4. 解释高分子材料力学性能的温度依赖性。
5. 请说明高分子材料力学性能的时间依赖性。
6. 塑料的主要组成有哪些？其作用如何？
7. 热固性塑料和热塑性塑料的主要不同点有哪些？
8. 塑料的主要特性有哪些？
9. 合成纤维的主要性能特点有哪些？
10. 橡胶有哪几类？各有何特性？
11. 建筑胶黏剂的种类有哪些？
12. 对胶黏剂有哪些基本要求？
13. 如何选用建筑胶黏剂？

创新思考题

1. 请设计一种适用于结构工程的工程塑料的组成，并阐明原理。
2. 请设计一种用于混凝土结构加固的黏结剂，并说明其性能和原理。

第 8 章 沥青及沥青基材料

沥青是一种有机胶凝材料,也称沥青胶结料,是一些组成复杂的高分子碳氢化合物及其衍生物的混合物。按其来源或获得方式,沥青分为地沥青和焦油沥青两大类。

地沥青包括天然沥青和石油沥青。在自然环境中天然存在的沥青类物质称为天然沥青,如湖沥青、岩沥青等,含有较多的无机矿物质;以原油为主要原料经加工得到的沥青类物质称为石油沥青,其无机矿物质含量很少。

焦油沥青是由煤、泥炭、木材等有机物质为原料,经干馏加工得到的残渣或黏稠物质,一般由原料物质名称来命名。例如,以煤为原料加工所得的物质称为煤沥青或煤焦油沥青。

沥青材料的特性:外观呈黑褐色或黑色;常温下呈固体、半固体或液体状态;是热塑性材料,温度敏感性强,随温度变化,呈现非牛顿流体、黏塑性或黏弹性等力学行为;又是憎水性材料,几乎不溶于水,具有优异的耐水性和抵抗酸、碱、盐等化学物质侵蚀的能力;与岩石矿物、水泥混凝土、钢材以及木材等材料有良好黏结性。

沥青在土木工程领域有多种用途,在道路工程中用作胶结料,与不同组成的矿质骨料按比例配合后,可以修筑不同结构的沥青混合料路面;在建筑工程中用于制备屋面、地面、地下结构的防水、防潮材料,以及木材、钢材的防腐材料。

石油沥青是常用的沥青材料,本章将主要学习石油沥青及其与矿料混合制得的沥青混合料的组成与性能、配合比设计、试验方法和工程应用等方面的基本知识。

8.1 石油沥青

石油沥青是原油经减压蒸馏,溶剂脱沥青或氧化等工艺过程得到的半固态或固态物质。

8.1.1 石油沥青的制备方法和种类

1. 加工方法

如图 8.1 所示,原油经常压蒸馏,提炼出各种轻质馏分(汽油、煤油、柴油等)后得到常压渣油,常压渣油经减压蒸馏得到粗柴油、馏出液和减压渣油,减压渣油主要是沥青类物质,是制造石油沥青的原料。由减压渣油制造石油沥青的工艺方法主要有蒸馏法、溶剂沉淀法、氧化法和调和法等。经不同加工方法,可制得具有不同性能和规格的石油沥青品种。

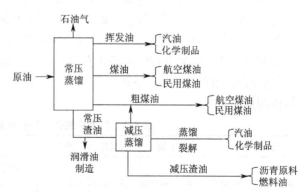

图 8.1 石油沥青制造流程示意图

2. 石油沥青的种类

根据加工方法，石油沥青分为直馏沥青、氧化沥青、溶剂脱沥青、调和沥青、稀释沥青、改性沥青和乳化沥青等。

(1) 直馏沥青　原油经常压和减压后所得的符合一定标准的沥青类物质。

(2) 氧化沥青　在 240~320 ℃ 的高温下向减压渣油或脱油沥青吹入空气，使其组成和性能发生变化，所得的沥青类物质。

(3) 溶剂脱沥青　采用溶剂法处理减压渣油，利用溶解度的差异，从减压渣油中除去某些对沥青性质不利的组分，得到符合一定标准的沥青类物质。

(4) 调合沥青　将两种或两种以上不同技术性质的沥青，按确定的比例进行调合，得到符合一定标准的沥青产品，也称调配沥青。常根据所要求的技术性能指标，用试验法、计算法或组分调节法确定调配比例。

(5) 稀释沥青　加入适量轻质石油馏分或溶剂稀释后，制得的液态石油沥青为稀释沥青。

(6) 聚合物改性沥青　在沥青类物质中加入一种或多种聚合物，在一定工艺条件下制得的沥青产品为聚合物改性沥青。

(7) 乳化沥青　由沥青类物质和水在乳化剂和剪切力作用下制成的沥青乳液。

按照沥青的用途，分为道路石油沥青、建筑石油沥青和普通石油沥青。

①道路石油沥青主要用于公路和城市道路路面工程，通常为直馏沥青或氧化沥青。

②建筑石油沥青主要用于建筑屋面、防水防腐工程等，通常为氧化沥青。

③普通石油沥青一般与建筑石油沥青掺配或经改性处理后使用，很少单独使用。

此外，还有水工沥青、橡胶沥青、电缆沥青、绝缘沥青等其他沥青品种。

8.1.2　石油沥青的化学组成与结构

1. 元素组成

沥青主要由碳和氢元素组成，碳含量为 80%~88%，氢为 8%~11%；此外，还含有硫(0~6%)、氮(0~1%)、氧(0~1.5%)；以及钠、镍、铁、镁和钙等金属元素，金属元素主要以有机衍生物形式存在，约占 5%。准确的元素组成不易获得，且随原油来源而有所不同。

2. 沥青组分

石油沥青是许多碳氢化合物和有机衍生物的混合物，化学成分极为复杂，作沥青化学成分的全面分析非常繁复，也难以由分析数据评价其与沥青性质间的相互关系。因此，一般将沥青所含的化合物划分为化学组成与物理性质相似且具有某些共同特征的几个部分，即沥青组分。首先，可将其分为两大化学组别，即沥青质和软沥青质；其次，软沥青质又分为饱和分、芳香分和胶质等三个组分。所以，常称石油沥青由沥青质、胶质、芳香分和饱和分四组分构成，芳香分和饱和分又统称为油分；此外，还含有少量蜡分和似碳物。沥青中各组分的含量按照现行行标《石油沥青四组分测定法》(NB/SH/T 0509—2010)规定的方法测定，其主要特性和在沥青中的作用见表 8.1。

表 8.1　沥青各组分的特征及其对沥青性质的影响

组分	含量	分子量	碳氢比	密度	特　征	在沥青中的主要作用
沥青质	5%~30%	1 000~10 000	0.8~1.0	1.1~1.5	黑褐至黑色的硬而脆的固体微粒，加热后不溶解，而分解为坚硬的焦炭，使沥青带黑色	是决定沥青黏性的组分，含量高，沥青黏性大，温度稳定性好，塑性降低，脆性增加

续上表

组分	含量	分子量	碳氢比	密度	特征	在沥青中的主要作用
胶质	15%~30%	600~1 000	0.7~0.9	1.0~1.1	黄色至褐色的半固体或黏稠液体,有很强的极性,能溶于醚、汽油和苯等	起扩散剂或胶溶剂作用,赋予沥青可塑性、流动性和黏结性,对沥青延性与黏结力有很大影响
芳香分	40%~65%	300~600	0.7~0.8	1.0~1.1	深棕色的黏稠液体,由最低分子量得环烷芳香化合物组成	胶溶沥青质的分散介质,含量增加,沥青塑性增大,温度稳定性变差
饱和分	5%~20%	300~600	0.7~0.8	1.0~1.1	非极性稠状油类,由直链烃和支链烃组成	起润滑和柔软作用,含量越多,沥青的软化点越低,针入度越大,稠度越小
蜡分	1%~3%	100~500	0.5~0.7	0.7~1.0	常温下为固态,以纯正构烃或其他烃类为主	低温下,蜡结晶体增大沥青脆性,较高温度下,蜡熔融使沥青黏度降低,并使沥青发软。增大沥青的感温性,降低沥青得黏附性

3. 沥青的结构

沥青呈胶体结构,其四组分间相互亲和性不同,沥青质对油分(芳香分和饱和分)显示憎液性,且不相容,但对胶质显示亲液性,可被胶质浸润;胶质又对油分显示亲液性,两者相容性好。从而使得沥青质的固体微粒通过胶质的亲和及"桥梁"作用,形成以沥青质为胶核,周围吸附胶质和部分油分的胶团,并高度分散在油分中,构成了沥青的胶体结构。因各组分含量不同,沥青有溶胶、溶凝胶和凝胶等三种胶体结构,如图8.2所示。

(1)溶胶型结构 沥青质含量少,胶团数量少而充分分散在油分中,且相互作用力很弱,这种沥青呈溶胶型胶体结构,如图8.2(a)所示。

(a)溶胶型结构　(b)溶凝胶型结构　(c)凝胶型结构

图8.2　沥青的胶体结构示意图

常温下,溶胶型沥青的流变性遵从牛顿流体定律[见公式(1.1)],其黏度一般为常数,流动性与塑性较大,开裂后自愈合能力较强,但温度稳定性较差,容易发生黏流或流淌。

(2)溶凝胶型结构 沥青质含量适中,胶团数量较多,且相互间距离较小而产生一定的相互作用力,这种沥青呈溶凝胶型胶体结构,如图8.2(b)所示。溶凝胶型沥青的性质介于溶胶型和凝胶型之间。具有一定黏弹性和触变性,也称弹性溶胶,常温下一般呈半固态。

(3)凝胶型结构 沥青质含量多而其他三组分含量少,胶团数量多,以致相互接触而产生凝聚与交联,形成不规则空间网状的凝胶型胶体结构,如图8.2(c)所示。常温下,凝胶型沥青一般呈固态,黏弹性较大,温度稳定性较好,但流动性与延性较小,低温变形能力差。

此外,石油沥青的胶体结构随温度而改变。当温度升高时,固态沥青中易溶的胶质会部分转变为液体,则原来的凝胶结构将转变为溶凝胶或溶胶结构,于是沥青的黏度降低,流动性和塑性增大。当温度降低时,则又会恢复到原来的凝胶结构。

工程应用中常按沥青的针入度指数PI值来判别沥青的胶体结构类型:

①PI<-2时,为溶胶型结构

②-2≤PI≤+2时,为溶凝胶型结构

③ PI>+2 时,为凝胶型结构

一般来说,大多数直馏沥青的沥青质含量较少,油分较多,多属溶胶型或溶凝胶型结构;氧化沥青和半氧化沥青的沥青质含量相对较多,大多数为凝胶型结构。但由于沥青组成和性质的复杂性,有些沥青未必完全符合此规律。

8.1.3 石油沥青的技术性质

石油沥青的技术性质主要有黏性、塑性、热稳定性、感温性和大气稳定性等,沥青性质的主要影响因素是沥青中各组分含量和温度,四组分对沥青性质的影响见表 8.1。

1. 黏性

沥青的黏性(黏滞性)是指沥青在外力或自重力作用下,沥青粒子产生相对位移时抵抗变形的能力,是沥青作为胶结材料的重要性质之一。

沥青的黏性常用黏度来表征,黏度是沥青流动时内摩擦力的度量。沥青的黏度一般分动力黏度和运动黏度,动力黏度是沥青在一定剪切应力下流动时,剪切应力和剪切速率之比,以 Pa·s 表示;运动黏度为相同温度下沥青的动力黏度与其密度之比,以 m^2/s 表示。动力黏度一般需采用流变仪测定剪切应力—剪切速率曲线,然后得出两者比值。

但在工程应用中,常用针入度和标准黏度来表征和评价沥青的黏度。

(1)针入度 在规定条件下,直径为 1.00~1.20 mm 的标准针穿入沥青试样的深度为针入度,以 1/10 mm 表示,采用针入度仪测量,如图 8.3 所示。对于常温下呈固态或半固态的沥青,一般用针入度表征其黏度,针入度愈大,沥青的黏度愈小。

(2)条件黏度 在标准温度下,用图 8.4 所示的标准黏度计测量 50 mL 液体沥青从规定直径的流孔中完全流出所需时间(s)为条件黏度或标准黏度,以 $C_{T,d}$ 表示(s),其中 T 为试验温度,d 为流孔直径,常用流孔直径有 3 mm、4 mm、5 mm 和 10 mm 等四种。对于液态沥青,常用条件黏度表示其黏度,在相同温度和流孔孔径下,流出时间愈长,沥青的黏度愈大。

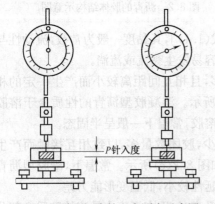

图 8.3 黏稠沥青针入度测定示意图

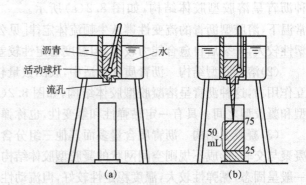

图 8.4 液体沥青条件黏度测定示意图

沥青的黏度主要取决于各组分的相对含量和温度。沥青质含量较高时,胶团间相互作用力较大,则沥青黏度较高;沥青黏度随温度升高而降低。

2. 塑性

塑性是指沥青在受到外力作用时产生塑性变形的性质,一般用延度来表征。

延度是在规定的温度和拉伸速度的试验条件下,使沥青标准试样拉伸至断裂时的最大延伸长度,以 cm 表示,用沥青延度仪测量,如图 8.5 所示。延度值越大,沥青的塑性越大。

沥青中油分和沥青质含量适当,胶质含量越多,胶核膜层越厚,则沥青的塑性越大;沥青的塑性随温度升高而增大。塑性小的沥青在低温或负温下易开裂;塑性大的沥青变形能力较大,不易开裂。塑性大的沥青开裂后,由于其特有的黏塑性,裂缝可能会自行愈合,即塑性大的沥青具有自愈合性。

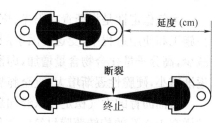

图 8.5 沥青延度测定示意图

3. 热稳定性

沥青属非晶态热塑性高分子材料,随温度变化也呈玻璃态、高弹态和黏流态等三种物理力学状态,低温下是玻璃态;常温时呈黏弹态;高温时呈黏流态。因此,随温度升高,沥青的塑性变形不断增大,黏度不断减小,并逐渐软化和液化成黏性流体。热稳定性是指沥青受热产生黏性流动的难易程度,热稳定性好,则不易发生黏性流动,或发生黏性流动的温度越高。

沥青是复杂混合物,其玻璃化温度和黏流温度不明显,力学状态转变温度范围较宽。因此,国际上普遍采用环球法软化点(简称软化点)作为热稳定性的评价指标,它也反映了沥青由固态或半固态转变为黏流态时的黏流温度。

在规定条件下,加热沥青试样使其软化至一定稠度时的温度为沥青软化点,以℃表示,其测试方法与装置如图 8.6 所示。软化点愈高,表明沥青的热稳定性愈好。

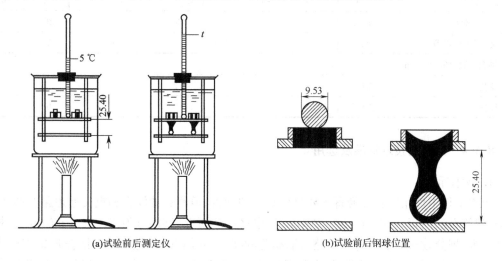

图 8.6 沥青软化点测定示意图(单位:mm)

4. 感温性

感温性指沥青对温度的敏感程度,常表征为黏度或稠度随温度变化而改变的程度。有多种沥青感温性评价指标,如针入度指数 PI、针入度黏度指数 PVN、黏温指数 VTS 和沥青等级指数 CI 等。现行行标 JTG E20 采用针入度指数作为沥青感温性评价指标,其确定方法是:在 15 ℃、25 ℃、30 ℃等 3 个或 3 个以上温度条件下测定沥青针入度,然后按规定的方法计算得出针入度指数。针入度指数 PI 越大,沥青的温度敏感性越小。

5. 大气稳定性

大气稳定性是指沥青在阳光、热、空气和潮湿等因素的长期综合作用下抵抗老化的性能。在施工和使用过程中，受这些因素的综合作用，沥青各组分会发生递变，低分子量化合物含量减少，高分子量化合物含量增加，即油分和胶质逐渐减少，而沥青质逐渐增多，从而使沥青塑性逐渐减小，硬脆性逐渐增大，直至脆裂，这个过程称为石油沥青的老化。

石油沥青的大气稳定性以经加热蒸发后沥青试样的质量损失率和针入度比表征，将沥青试样在160 ℃的旋转薄膜烘箱中蒸发5 h，冷却后测量其蒸发后的质量和针入度，计算蒸发前后沥青试样的质量损失率和针入度比。质量变化越小，针入度比愈大，沥青的大气稳定性愈好。

6. 其他性质

除上述主要性质外，还有沥青的闪点、脆点和溶解度等其他性能指标。闪点是加热沥青所逸出的蒸气与空气的混合物与火焰接触发生闪火时的最低温度，以 ℃ 表示；脆点是规定条件下冷却并弯曲沥青涂片至出现裂纹时的温度，以 ℃ 表示；溶解度是指沥青试样在三氯乙烯中可溶解的量，以质量百分数表示。

表8.2 石油沥青的技术要求

项 目		道路石油沥青					建筑石油沥青		
		200	180	140	100	60	10	30	40
针入度(25 ℃，100 g，5 s)/(1/10 mm)		200～300	150～200	110～150	80～110	50～80	10～25	26～35	36～50
延度(25 ℃)	≥(cm)	20	100	100	90	70	1.5	2.5	3.5
软化点(环球法)	≥(℃)	30～45	35～45	38～48	42～52	45～55	95	75	60
闪点(开口杯法)	≥(℃)	180	200	230			260		
溶解度(三氯乙烯等)	≥(%)	99.0					99.0		
薄膜烘箱试验(160 ℃，5 h)									
质量变化	≤(%)	1.3			1.2	1.0	1		
针入度比	≥(%)	—					65		

8.1.4 沥青的技术标准及选用

1. 技术标准

土木工程中使用的石油沥青主要是建筑石油沥青、道路石油沥青和重交通道路石油沥青。根据《建筑石油沥青》(GB/T 494—2010)和《道路石油沥青》(SH/T 0522—2010)的规定，按针入度范围，划分建筑石油沥青和道路石油沥青的牌号，并用针入度值表示，见表8.2；对于重交通石油沥青，根据《重交通道路石油沥青》(GB/T 15180—2010)的规定，按针入度范围分为AH-130、AH-110、AH-90、AH-70、AH-50和AH-30等六个牌号，技术要求见表8.4。同种沥青中，牌号愈大，针入度愈大，软化点愈低。

2. 石油沥青的选用

工程设计和施工中，应根据工程性质(房屋、防腐、道路)与要求、使用部位、环境条件等因素选用石油沥青。在满足技术要求的前提下，应选用牌号较大的沥青，以延长使用寿命。

建筑石油沥青的针入度和延度较小，软化点较低，主要用于生产或配制屋面与地下防水、防腐等工程用的各种沥青质防水材料。

道路石油沥青适用于修筑中、低等级道路及城市非主干道沥青路面。

重交通道路石油沥青适用于修筑高等级道路、高速公路和城市主干道的沥青路面。

为了避免道路在高温下出现车撤、低温下脆裂,应根据地区的年最高温度,选择沥青牌号,例如,寒区宜选择 AH-90 或 A-100 以上牌号的石油沥青;温区宜选择 AH-70、AH-90 或 A-60 和 A-100 石油沥青;热区宜选择 AH-50、AH-70 或 A-60 和 A-100 石油沥青。

3. 沥青的掺配

由于生产和供应的局限性,或现有牌号的沥青不能满足使用要求时,可按使用要求,将不同牌号的沥青按一定比例掺配在一起,从而得到满足技术要求的沥青。

进行沥青掺配时,按公式(8.1)和(8.2)计算掺配比例:

$$P_1 = \frac{T-T_2}{T_1-T_2} \times 100\% \tag{8.1}$$

$$P_2 = 100 - P_1 \tag{8.2}$$

式中 P_1——高软化点沥青的用量,%;
　　　P_2——低软化点沥青的用量,%;
　　　T_1——高软化点沥青的软化点值,℃;
　　　T_2　低软化点沥青的软化点值,℃;
　　　T——要求达到的软化点(℃);

根据计算出的掺配比例及其±(5%～10%)的邻近掺配比例,分别进行不少于三组的试配和软化点试验,绘制出掺配比例—软化点曲线,从曲线上确定实际掺配比例。

8.2　煤　沥　青

煤沥青是由煤干馏得到的煤焦油,再经蒸馏加工制成的沥青类物质。

8.2.1　煤沥青的组成及性质

1. 煤沥青的组成

煤沥青的元素组成中,C 占 92%～93%,H 占 3.5%～4.5%,其余为 O,N,S 等元素,其 C/H 原子比约为 1.7～1.8。但化学物种类较多,已查明的化合物有 70 余种,是不饱和芳香烃和有机衍生物的复杂混合物,大多数为二环以上的多环芳烃,以及 O,N,S 等元素的杂环化合物和少量直径微小的炭粒,分子量在 170～2 000 之间。其组分有油分、固态和液态胶质及游离碳等,还有少量酸性和碱性表面活性物质。煤沥青组成既与炼焦煤性质及其杂质的含量有关,又受焦化工艺、煤焦油质量和煤焦油蒸馏条件的影响。

2. 煤沥青的主要性质

煤沥青常温下为黑色固体,密度为 1.25～1.35 g/m³,无固定的熔点,呈玻璃体,受热后软化继而熔化。随着煤焦油干馏温度和蒸馏程度不同,得到的煤沥青性质也不同。根据现行国标 GB/T 2290,按煤沥青的软化点,分为低温、中温和高温煤沥青等三种,每种有 1、2 两个牌号。1 号和 2 号低温煤沥青的软化点分别为 30～45 ℃和 46～75 ℃;1 号和 2 号中温煤沥青的软化点分别为 80～90 ℃和 75～95 ℃;1 号和 2 号高温煤沥青的软化点分别为 95～100 ℃和 95～120 ℃。土木工程中所用的煤沥青主要是半固体状的低温煤沥青。

3. 煤沥青与石油沥青的差别

由于煤沥青的组分与石油沥青有明显差别,因此,与石油沥青相比,煤沥青有如下特点:

(1) 密度大　煤沥青密度比石油沥青大。

(2) 塑性差　煤沥青中含有较多的碳粒和固体胶质,变形较小,脆性较大。

(3) 热稳定性差　煤沥青中可溶性胶质含量较高,受热后软化而溶于油分中,易产生黏流。

(4) 大气稳定性差　低温煤沥青中易挥发的油分多,且化学不稳定的成分(不饱和分的芳香烃)含量多,在光、热和氧的综合作用下,老化过程较快。

(5) 有毒、有臭味,防腐能力强　煤沥青中含有酚、蒽等易挥发的有毒成分,施工时对人体有害。但将其用于木材防腐,效果较好。

(6) 与矿物质材料表面黏附力较强　煤沥青中含表面活性物质较多,能与矿物质材料表面很好地黏附,可提高煤沥青与矿物质材料的黏结强度。

煤沥青与石油沥青外观相似,使用时注意区分两者,鉴别两者的方法见表8.3。

表 8.3　煤沥青与沥青的鉴别方法

鉴别方法	煤沥青	沥青
密度	较大,约为 1.25～1.35 g/m³	接近 1.0 g/cm³
锤击	音清脆,韧性差	音哑,富有弹性,韧性好
燃烧	烟呈黄色,有刺激味	烟无色,无刺激性臭味
溶液颜色	用 30～50 倍汽油或煤油溶解后,将溶液滴于滤纸上,斑点分内外两圈,呈内黑外棕或黄色	溶解方法同左,斑点完全均匀散开,呈棕色

8.2.2　煤沥青的应用

煤沥青具有良好的耐水、耐潮、防霉、防微生物侵蚀、耐酸性气体等特性,对盐酸和其他稀酸均有一定的抵抗作用,被广泛应用于涂料的生产。例如,无溶剂环氧煤沥青涂料、沥青清漆、沥青烘干漆、沥青瓷漆等。最具代表性的是环氧煤沥青涂料,利用煤沥青改性环氧树脂制成的环氧煤沥青,综合了煤沥青和环氧树脂的优点,被广泛应用与码头、港口、采油平台、矿井下的金属构筑物表面,以及油轮的油水舱、埋地金属管道、化工建筑及设备、贮池、污水处理水池等。由于煤沥青具有抗微生物侵蚀的特性,还可用煤沥青制造船底防污漆。

将煤沥青与石油沥青按一定比例混合制成混合沥青,其主要优点有:与石料的黏附性提高,可改善路面的坚固性,黏度随温度的变化有利于降低沥青混合料生产、摊铺和压实的操作温度,抗油侵蚀性能好,路面抗荷载性能高,即抗塑性变形,路面摩擦系数大。1970 年以来,德国、瑞士、法国、波兰等许多国家开始生产以石油沥青为主要成分的混合沥青,用于铺设重载公路。此外,煤沥青还可用作炭素材料制品和耐火材料工业的黏合剂。

8.3　石油沥青的改性

8.3.1　改性沥青的种类与制备方法

无论是用作屋面防水材料还是用作路面胶结材料,沥青基材料都是直接暴露于自然环境中,而环境因素的综合作用对其性能又有较大影响。另一方面,现代土木工程要求沥青在服役条件下具有优良的使用性能,在低温条件下应具有弹性和塑性;在高温条件下要有足够的强度和稳定性;在加工和使用条件下具有抗老化能力和较长使用寿命;还应与矿料和结构表面有较强的黏附力,以及对变形的适应性和耐疲劳性等。但常用石油沥青品种很难满足现代土木工程的多方面要求。为此,可在沥青中加入适量的磨细矿物填充料、聚合物材料和其他改性剂,通过充分混溶,使之均匀分散,形成各种改性沥青,以满足现代土木工程的应用要求。

1. 改性沥青的种类

改性沥青是指掺加改性材料使沥青性能得以改善而制得的一种沥青材料,图 8.7 列出了各种改性技术途径和常用改性材料。根据沥青改性的目的和要求,可按如下原则,选择改性材料:

①为提高抗永久变形能力,宜使用热塑性弹性体类和合成树脂类改性剂;
②为提高抗低温开裂能力,宜使用热塑性弹性体和橡胶类改性剂;
③为提高疲劳开裂能力,宜使用热塑性弹性体类、橡胶类和合成树脂类改性剂;
④为提高抗水损害能力,宜使用各类抗剥落剂等添加剂。

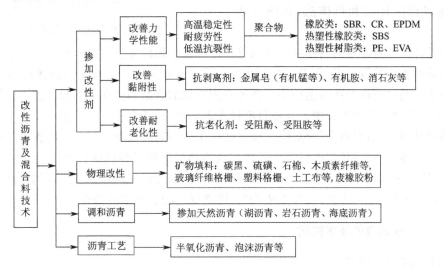

图 8.7 道路改性沥青及改性沥青混合料技术

(1) 橡胶改性沥青 橡胶是沥青的重要改性材料,它和沥青有较好的混溶性,并能使沥青具有橡胶的很多优点。在沥青中掺入橡胶改善了沥青的变形性能、低温柔性和抗老化性能等。用于沥青改性的橡胶有天然橡胶、合成橡胶和再生橡胶三类,合成橡胶主要有氯丁橡胶(CR)、丁苯橡胶(SBR)、丁二烯橡胶(BR)、异戊二烯橡胶(IR)、乙丙橡胶(EPDM)等,其中丁苯橡胶(SBR)是应用最广的沥青改性材料,它能显著提高沥青的低温变形能力,改善沥青的感温性和黏弹性。氯丁橡胶极性较大,主要用作煤沥青的改性剂。

(2) 热塑性弹性体改性沥青 用于沥青改性的热塑性弹性体主要有苯乙烯—丁二烯—苯乙烯嵌段共聚物(SBS 树脂)和苯乙烯—异戊二烯—苯乙烯嵌段共聚物(SIS 树脂)。由于 SBS 的价格比 SIS 低,所以应用比较广泛。SBS 兼有橡胶和塑料的特性,常温下具有橡胶弹性,高温下又能成为可塑性材料。研究表明,沥青中掺入 3%~10% 的 SBS 后,显著改善了沥青的热稳定性、形变模量、低温弹性和塑性变形能力等,使之具有良好的耐高温性、优异的低温柔性和耐疲劳性。SBS 改性沥青主要用于制作建筑防水卷材和修筑高等级道路和高速公路的路面等。

(3) 树脂改性沥青 用合成树脂改性沥青,可以提高沥青的耐寒性、耐热性、黏附性和不透水性。由于石油沥青中芳香分含量较少,故树脂和沥青的相容性较差,而且可用的树脂品种也较少。常用合成树脂有聚乙烯(PE)、无规聚丙烯(APP)、乙烯—醋酸乙烯共聚物(EVA)等。

(4) 矿物填料改性沥青　为了提高沥青的黏结力、耐热性和稳定性,扩大沥青的使用温度范围,常加入一定数量的粉状或纤维状的矿物填料,如滑石粉、石灰、水泥、云母粉、硅藻土等。

各种改性沥青适用于制造各种建筑防水材料和弹性密封材料,以及修筑各种道路路面等。

2. 改性沥青的制备方法

各种改性材料对沥青的改性效果与其和沥青的相容性以及在沥青中的均匀分散性有关,必须采取合适的工艺方式将改性材料充分分散在沥青中,才能制备出性能优良的改性沥青。常用的工艺方法主要有预混法和直接投入法,但大部分改性沥青采用预混法制备,预混法主要有机械搅拌法、胶体磨或高速剪切搅拌法和母体法,如图 8.8 所示。

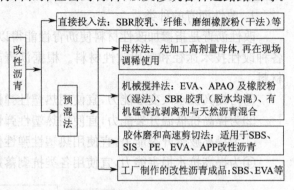

图 8.8　改性沥青的制备方法

机械搅拌法是将改性材料和沥青在加热条件下通过强机械搅拌混合均匀。由于大多数聚合物在基质沥青中溶解缓慢,因此,聚合物改性沥青最常用的制备方法是胶体磨或高速剪切法。该方法是通过胶体磨或高速剪切设备等专用机械的研磨和剪切力强制性将固体聚合物破碎,使其充分分散在基质沥青中。这是目前最先进的方法,适合于工厂化生产。为了便于施工现场制备改性沥青,有时可采用母体法,该方法先采用溶剂法或剪切混炼法制备聚合物含量高的改性沥青母体,再在现场把改性沥青母体与基质沥青掺配稀释成改性剂含量合适的聚合物改性沥青,所以又称为二次掺配法。工程应用时,应根据改性材料和基质沥青的特性和二者的相容性,选择合适的工艺方法,制备组成均匀、性能稳定的各种改性沥青。

8.3.2　改性沥青的技术性质

1. 改性沥青的技术要

实践表明,用评价沥青的技术指标来评价改性沥青,往往会得出一些错误的结论,因此,必须有适用于改性沥青的评价指标和试验方法。我国聚合物改性沥青的技术要求见表 8.4。

2. 改性沥青的专用性能指标

表 8.4 表明,除了针入度、延度和软化点等指标外,针对改性沥青的特点,还提出了改性沥青的专项性能指标,如弹性恢复、离析、黏韧性、低温柔韧性和抗老化性等。

表 8.4　聚合物改性沥青技术要求

指　　标		SBS 类（Ⅰ类）				SBR 类（Ⅱ类）			EVA、PE 类（Ⅲ类）			
		Ⅰ-A	Ⅰ-B	Ⅰ-C	Ⅰ-D	Ⅱ-A	Ⅱ-B	Ⅱ-C	Ⅲ-A	Ⅲ-B	Ⅲ-C	Ⅲ-D
针入度(25℃,100 g,5 s)(0.1 mm)	≥	100	80	60	40	100	80	60	80	60	40	30
针入度指数 PI[1]	≥	−1.0	−0.6	−0.2	+0.2	−1.0	−0.8	−0.6	−1.0	−0.8	−0.6	−0.4
延度(5℃,5 cm/min)(cm)	≥	50	40	30	20	60	50	40				
软化点 T(℃)	≥	45	50	55	60	45	48	50	48	52	56	60
运动黏度[2] (135℃)　(Pa·s)	≤						3					
闪点(℃)	≥		230				230			230		
溶解度(%)	≥		99				99			—		

续上表

指　标		SBS类（Ⅰ类）				SBR类（Ⅱ类）			EVA、PE类（Ⅲ类）			
		Ⅰ-A	Ⅰ-B	Ⅰ-C	Ⅰ-D	Ⅱ-A	Ⅱ-B	Ⅱ-C	Ⅲ-A	Ⅲ-B	Ⅲ-C	Ⅲ-D
离析[3]，软化点差（℃）	≥	2.5				—			无改性剂明显析出、凝聚			
弹性恢复（25 ℃）（%）	≥	55	60	65	70	—			—			
黏韧性（N·m）	≥	—				5			—			
韧性　（N·m）	≥	—				2.5			—			
RTFOT后残留物[4]												
质量损失　（%）	≤	1.0				1.0			1.0			
针入度比（25 ℃）（%）	≥	50	55	60	65	50	55	60	50	55	58	60
延度（5 ℃）　（cm）	≥	30	25	20	15	30	20	10	—			

注：①针入度指数PI由实测15 ℃、25 ℃、30 ℃三个不同温度的针入度按式 $\lg P = AT + k$ 直线回归求得参数 A 后由 $PI = (20 - 500A)/(1 + 50A)$ 求得，但直线回归的相关系数不得低于0.997。
②表中135 ℃运动黏度由布洛克菲尔德旋转黏度计（Brookfield型）测定，若不改变改性沥青物理力学性质并符合安全条件的温度下易于泵送和搅和，或经试验证明适当提高泵送和拌和温度时能保证改性沥青的质量，容易施工，可不要求测定。有条件时应用毛细管法测定改性沥青在60 ℃时的动力黏度。
③当SBS改性沥青在现场制作后立即使用或储存期间进行不间断搅拌或泵送循环时，对离析试验可不作要求。
④老化试验以旋转薄膜加热试验（RTFOT）方法为准。容许以薄膜加热试验（TFOT）代替，但必须在报告中注明，且不得作为仲裁结果。

（1）弹性恢复　弹性恢复表征改性沥青的弹性变形能力，其测量方法是：按沥青延度试验方法，在（20±0.5）℃下，以5 cm/min的速度将改性沥青试样拉伸10 cm时停止，用剪刀从试样中间剪断，并让其自由恢复，测量试样恢复后的长度 X，按公式（8.3）计算弹性恢复率：

$$弹性回复率 = \frac{E - X}{E} \times 100\% \tag{8.3}$$

式中　E——试样的原始长度，cm；
　　　X——试样剪断并恢复后的试样长度，cm。

该指标特别适用于SBS改性沥青，弹性恢复率越大，表明其弹性变形能力越好。

（2）离析　聚合物与沥青相容性不良时，制备的改性沥青在静置、冷却过程中，会发生聚合物从沥青中析出、上浮等离析现象。用离析试验检验聚合物改性沥青抗离析性，试验时，将盛有聚合物改性沥青的样品管在163 ℃烘箱中保持48 h后，分别从样品管的顶部和底部提取试样，测定其环球法软化点，以软化点差评价改性沥青的抗离析性。软化点差越大，表明改性沥青的离析程度越大，抗离析性不良。该性能指标主要适用于SBR改性沥青。

（3）黏韧性和韧性　由黏韧性试验测试，将半球形不锈钢拉伸头置入盛有热沥青的试样皿中，在规定温度下以500 mm/min速度将拉伸头从沥青试样中拉出，记录并绘制拉伸力—拉伸长度曲线，按现行标准规定的方法，计算黏韧性和韧性（N·m），用以评价改性材料对沥青的改性效果，主要适用于SBR改性沥青。黏韧性和韧性越大，改性效果越好。

（4）低温柔韧性　以5 cm/min的拉伸速度，测试改性沥青在5 ℃时的低温延度作为评价改性沥青低温柔韧性（抗裂性能）的技术指标。

（5）抗老化性　采用薄膜加热试验前后的残留针入度比（25 ℃，100 g，5 s）、残留低温延度（5 ℃，5 cm/min）和残留弹性恢复（25 ℃，30 min，10 cm，5 cm/min）来评价改性沥青的抗老化性。残留针入度比越大，说明沥青的抗老化性能越好；残留低温延度越大，沥青混合料的低温抗裂性越好；残留弹性恢复率越大，其抗老化性能越好。

8.4 沥青混合料

8.4.1 定义与分类

1. 定义与特点

沥青混合料是将一定级配的矿料(粗、细集料和填料的统称)与适量沥青拌和而成的混合料的总称,包括沥青混凝土混合料(AC 或 LH)和沥青碎石混合料(AM 或 LS)。

沥青混合料适用于修筑各种道路的沥青路面,也可用于水工构筑物表面或内部的防渗层和高速铁路路基的路肩防水面层。作为高等级公路最主要的路面材料,沥青混合料显示如下特点:

①沥青混合料是一种黏弹性材料,具有一定的高温稳定性和低温抗裂性;阻尼吸振能力强,行车比较舒适,噪声低;变形适应性好,不需设置施工缝和伸缩缝。

②沥青混合料路面平整且有合适的粗糙度,具有良好的抗滑性;沥青混合料路面为黑色,无强反光,行车安全。

③施工方便,速度快,不需要较长的养护期,能即时开放交通。

④沥青混合料路面维修便捷,并可再生利用,节约资源。

但沥青混合料路面也存在一些不足,如路面表层因老化或水害而松散,引起路面破坏;夏季高温时因软化而产生车辙、波浪等现象;冬季低温时因硬脆而易产生裂缝。

2. 分类

(1)按沥青胶结材料品种,分为普通与改性(石油)沥青混合料和煤沥青混合料。

(2)按制造工艺,分为热拌、冷拌和再生沥青混合料。

(3)按集料公称最大粒径,分为特粗、粗粒、中粒、细粒和砂粒式 5 种。

(4)按矿料级配和空隙率,分为连续和间断级配沥青混合料,矿料颗粒的连续和间断级配曲线如图 8.9 所示;以及密级配、半开级配和开级配沥青混合料。

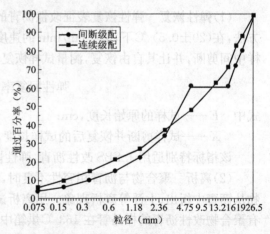

图 8.9 集料连续和间断级配曲线

①密级配沥青混凝土混合料 按密实级配原理设计组成的矿料与沥青结合料拌和而成。设计空隙率较小的密级配沥青混凝土混合料和沥青稳定碎石混合料,按关键性筛孔通过率,又可分为细型(F 型)、粗型(C 型)密级配沥青混合料。

②开级配沥青混合料 矿料级配主要由粗集料嵌挤组成,细集料及填料较少(或不加填料),设计空隙率为 18% 的沥青混合料。

③半开级配沥青混合料 由适当比例的粗集料、细集料及少量填料(或不加填料)与沥青结合料拌和而成,击实成型试件的剩余空隙率在 6%~12% 的半开式沥青混合料,以 AM 表示。

8.2.2 热拌沥青混合料

经人工组配的矿料和沥青胶结料在专门设备中加热拌和制成,用专用运输车运送至施工现场,在热状态下进行路面摊铺和压实,称为热拌热铺沥青混合料,简称热拌沥青混合料。

热拌沥青混合料(HMA)适用于各种等级公路的沥青路面,其种类如表8.5所示。本节主要讲述热拌沥青混合料的一些基本原理、技术性质、影响因素和设计方法等。

表 8.5 常用热拌沥青混合料种类

类 型	密级配		开级配		半开级配	公称最大粒径(mm)	最大粒径(mm)
	连续级配	间断级配	间断级配				
	沥青混凝土	沥青稳定碎石	沥青玛蒂脂碎石	排水式沥青磨耗层	排水式沥青碎石基层	沥青碎石		
特粗式	—	ATB-40	—	—	ATPB-40	—	37.5	53.0
粗粒式	—	ATB-30	—	—	ATPB-30	—	31.5	37.5
	AC-25	ATB-25	—	—	ATPB-25	—	26.5	31.5
中粒式	AC-20	—	SMA-20	—	—	AM-20	19.0	26.5
	AC-16	—	SMA-16	OGFC-16	—	AM-16	16.0	19.0
细粒式	AC-13	—	SMA-13	OGFC-13	—	AM-13	13.2	16.0
	AC-10	—	SMA-10	OGFC-10	—	AM-10	9.5	13.2
砂粒式	AC-5	—	—	—	—	—	4.75	9.5
设计空隙率(%)	3～5	3～6	3～4	>18	>18	6～12	—	—

1. 组成材料

热拌沥青混合料由矿料(包括粗、细集料和填料)和沥青胶结料组成,沥青包裹在矿料颗粒表面。在热状态下沥青呈黏流态,在固体颗粒间起润滑作用,赋予沥青混合料黏流性,以便摊铺和压实;在常温下沥青为黏弹性固态,起胶结作用,将矿料颗粒胶结在一起;矿料颗粒主要起骨架和填充作用,其颗粒级配宜处于表8.6中的范围。

表 8.6 矿质颗粒标准级配范围

筛孔(mm)	19	16	13.2	9.5	4.75	2.36	1.18	0.6	0.3	0.15	0.075
通过量	100	95～100	75～90	58～78	42～63	32～50	22～37	16～28	11～21	7～15	4～8
通过量中值	100	97.5	82.5	68	52.5	41	29.5	22	16	11	6

(1)沥青材料 包括道路石油沥青、改性沥青和煤沥青。一般根据道路交通量、气候条件、沥青混合料的类型和施工条件等因素,选择满足技术要求的沥青品种。较热地区,较繁重的交通量,细粒式或砂粒式混合料,宜采用黏度较高的沥青;反之,则采用黏度较低的沥青。

(2)粗集料 可采用碎石、破碎砾石、筛选砾石、矿渣等,粗集料应洁净、干燥、无风化和杂质,并具有足够的强度和耐磨耗性;应具有良好的颗粒形状。路面抗滑表层粗集料应选用坚硬、耐磨、抗冲击性好的碎石或破碎砾石。粗集料的性能与质量要求见表8.7。

(3)细集料 宜采用优质的天然砂、人工砂和石屑,细集料应洁净、干燥、无风化和杂质,颗粒级配适当,与沥青有良好的黏结力。用于高速公路、一级公路、城市快速路、主干路沥青混凝土面层及抗滑表层等,石屑用量不宜超过砂的用量。细集料的技术要求见表8.8。

(4)填料 宜采用石灰岩或岩浆岩中的强极性岩石等憎水性石材经磨细得到的粉末,原石料中泥土含量应小于3%。填料应干燥、结净、无团粒结块,其技术要求见表8.8。此外,可掺加水泥、石灰和粉煤灰等粉末作部分填料,以提高沥青混合料的抗剥离性,但其用量不宜超过矿料总量的2%。

表 8.7 沥青混合料用粗集料质量技术要求

项 目		单 位	高速公路及一级公路		其他等级公路
			表面层	其他层次	
石料压碎值	≤	%	26	28	30
洛杉矶磨耗损失	≤	%	28	30	35
视密度	≤	g/cm³	2.60	2.50	2.45
吸水率	≤	%	2.0	3.0	3.0
对沥青的粘附性	≥		4 级		3 级
坚固性	≤	%	12	12	—
细长扁平颗粒含量	≤	%	15	18	20
水洗法<0.075mm 颗粒含量	≤	%	1	1	1
石料磨光值	≥	BPN	42		实测值
石料冲击值	≤	%	28		实测值
软石含量,	≤	%	3	5	5

表 8.8 沥青混合料用细骨料和填料的技术要求

项 目		单位	高速公路、一级公路		其他等级公路	
			细集料	填料	细集料	填料
表观密度	≥	g/cm³	2.50	2.50	2.45	2.45
坚固性(>0.3 mm 部分)	≥	%	12	—	—	—
含水量和亲水系数	<	%		1.0		1.0
砂当量	≥	%	60		50	—
亚甲蓝值	≥	g/kg	25		—	—
棱角性(流动时间)	≥	s	30	—	—	—

2. 宏观结构

沥青混合料可视为矿料颗粒增强沥青的多孔复合材料,与水泥混凝土的密实结构不同,沥青混合料中,填料填充在沥青中构成胶结料,粗、细集料构成颗粒堆积体,胶结料未完全填充粗、细集料颗粒堆积体中的空隙,因而空隙较多,孔径较粗。因此,矿料颗粒级配对沥青混合料有重要影响,颗粒级配良好的矿料颗粒堆积体不仅可减少沥青胶结料的用量,并且还改善沥青混合料的体积稳定性。根据颗粒堆积体的密实性,沥青混合料的宏观结构可分为悬浮密实结构、骨架孔隙结构和骨架密实结构,如图 8.10 所示。

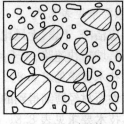
(a) 悬浮密实结构

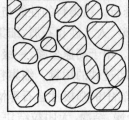
(b) 骨架空隙结构

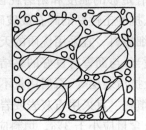
(c) 骨架密实结构

图 8.10 沥青混合料的典型组成结构

(1) 悬浮密实结构　由连续级配颗粒的矿料构成密实堆积体,矿料颗粒从大到小连续分布,较大颗粒都被较小粒径的颗粒拨开,大颗粒以悬浮状态分布于较小颗粒中,如图 8.10(a)所示。这种结构通常按最佳级配原理进行设计,因而密实度与强度较高,但其稳定性较差。

(2) 骨架空隙结构　较粗的集料彼此紧密接触,形成骨架,较细的颗粒数量较少,不足以填充粗集料的堆积空隙,颗粒堆积体空隙较大,如图 8.10(b)。这种结构中,粗集料间的内摩阻力较大,体积稳定性较好,但黏聚力较低。

(3) 骨架密实结构　矿料颗粒为间断级配,一定数量的粗集料构成骨架,按粗集料骨架中空隙率加入一定的细集料颗粒,构成密实堆积体,如图 8.10(c)所示。这种结构综合上述两种结构之长处,使得沥青混合料不仅具有较高的黏聚力,而且有较大内摩阻力。

3. 沥青混合料的强度理论

(1) 高温强度和稳定性　使用过程中,沥青混合料路面结构的破坏形式主要有:高温时,因抗剪强度不足或塑性变形过大而产生的推挤和车辙;低温时,因抗拉强度不足或变形能力较差而开裂。因此,从工程应用出发,在高温下沥青混合料必须具有足够的抗剪强度和抵抗变形的能力。试验表明,沥青混合料的抗剪强度主要取决于沥青与矿料间的黏结力(c)、矿料骨架中颗粒间的内摩阻角和外荷载产生的正应力,可用公式(8.4)表示:

$$\tau = c + \sigma \cdot \tan\varphi \tag{8.4}$$

式中　τ——沥青混合料的抗剪强度,MPa;
　　　c——沥青与矿料间的黏结力,MPa;
　　　σ——外荷载产生的正应力,MPa;
　　　φ——矿料骨架的内摩阻角,°。

可以看到,τ 值随 c、φ 值的增大而增加。

(2) 抗剪强度 τ 的影响因素

① 沥青黏度　其他因素相同时,沥青与矿料间的黏结力 c 随沥青黏度提高而增加。沥青黏度表征了沥青抵抗剪切作用的抗力,所以,沥青混合料受到剪切作用时,特别是受到短暂的瞬时荷载时,高黏度的沥青能增大沥青混合料的黏滞阻力,提高其抗剪强度。

② 沥青和矿料相互间作用　沥青混合料中沥青与矿料间相互作用的物理化学机理尚不清楚。苏联学者 П·A·列宾捷尔等曾提出了一个较合理的解释,认为沥青在矿料颗粒表面可发生化学和物理吸附,使得沥青中有些化学组分在矿料颗粒表面发生重分布,形成扩散膜层,见图 8.11(a);膜层内沥青的沥青质与胶质的含量与油分含量的比值随厚度方向由里向外递减,其黏度和抗剪强度也随之递减;因此,在膜层厚度 δ_0 范围内的沥青称为"结构沥青",其沥青质与胶质的含量高,黏度和抗剪强度较大;在 δ_0 以外的沥青称"自由沥青",其组成、黏度和抗剪强度与沥青胶结料相同。由此可知,矿料颗粒表面的"结构沥青"是沥青混合料抗剪强度的主要贡献者,因而,沥青与矿料颗粒表面相互作用越强,厚度较大、黏度较高的"结构沥青"将赋予沥青混合料更高的抗剪强度。

③ 矿料的物理性质　矿料的物理性质包括比表面积、级配类型和表面特征等。根据"结构沥青"的形成机理,在沥青用量相同时,矿料比表面积越大,则"结构沥青"厚度越薄,占沥青用量的比例越大,沥青混合料的黏结力也越高。一般来说,粗集料的比表面积约为 0.5~3 m²/kg,而填料的比表面积却达到 300~2 000 m²/kg 以上。所以,矿料中应含有适量、并有一定细度的填料,以使矿料有足够的总表面积。另一方面,矿料颗粒级配不同,其比表面积也不同。粗集料少、细集料多的连续级配矿料,其比表面积较大,沥青混合料的黏结力较大,但内摩阻力较小;若采用适宜粗、细集料级配,使沥青混合料的内摩阻角和黏结力均较大,则其抗剪强度较高。

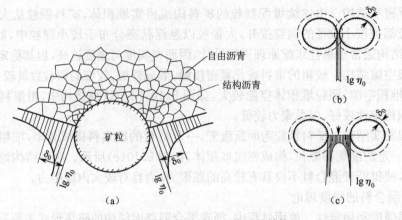

图 8.11 沥青与矿料相互作用的结构图

集料的形状及表面粗糙度不但影响矿料的比表面积,而且影响矿料骨架的内摩阻角,因而影响沥青混合料的抗剪切度。粒径和级配相同的集料,表面圆滑的砾石的内摩阻角比具有棱角近似等径多面体和表面粗糙的碎石低,因而,由前者拌制的沥青混合料的抗剪强度会低于由后者拌制的沥青混合料。

④沥青用量 沥青与矿料的质量比(即沥青用量或油石比)对沥青混合料抗剪强度的影响规律如图 8.12 所示,沥青用量较少时,沥青不足以在矿料颗粒表面形成一定厚度的"结构沥青",沥青混合料黏结力较小;随沥青用量的增加,矿料颗粒表面一定厚度的"结构沥青"逐渐形成,其黏结力随之增大;当沥青用量增加至某一用量时,"结构沥青"达到一定厚度,同时,集料颗粒间接触又较紧密,如图 8.11(b)所示,则沥青混合料的抗剪强度达到最大值;如果沥青用量继续增加,则集料颗粒间距较大,如图 8.11(c)所示,颗粒间的"自由沥青"较多,降低了矿料颗粒与沥青的黏结力,使得沥青混合料的抗剪强度随之减小。所以,对于每一种矿料和沥青来说,

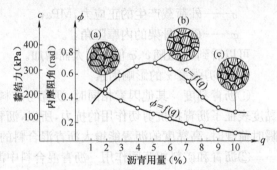

图 8.12 沥青混合料结构和 c、ϕ 值随沥青用量的变化
(a)沥青用量不足;(b)沥青用量适中;(c)沥青用量过多

沥青混合料都有一个最佳沥青用量,可综合抗剪强度和施工和易性要求,通过试验确定最佳沥青用量,也可参照后面的表 8.11 选用。

此外,沥青与矿料的黏结力随温度升高而降低,随加荷速度增加而增高,而内摩阻角几乎不受温度变化和加荷速度的影响。

4. 沥青混合料的主要性能

用于沥青路面的沥青混合料应具有平整、密实、抗滑、耐久的品质,并具有高温抗车辙、低温抗开裂,以及良好的抗水损害能力,其技术指标主要有马歇尔稳定度、流值、高温稳定性、水稳定性、抗滑和抗裂性能等。

(1)马歇尔稳定度和流值 按现行标准《公路工程沥青及沥青混合料试验规程》(JTG E20—2011)规定的方法进行马歇尔试验,按马歇尔击实法成型沥青混合料圆柱体试件(直径 101.6 mm,高 63.5 mm),试验时先将试件放入 60 ℃(煤沥青混合料为 37.8 ℃)水中浸泡 30~40 min,然后将试件侧立装入马歇尔试验机的上下压头之间,如图 8.13 所示,并装好百分表

(或专用流值表)后加载,分别测量试件破坏时的极限荷载 N 和最大荷载时对应的压缩变形值(以 1/10 mm 为一个流值单位),前者为沥青混合料的马歇尔稳定度,后者为其流值。

(2)高温稳定性　在高温条件下,经受长期交通荷载作用,沥青混合料不产生车辙和波浪等劣化现象的性质称为高温稳定性或抗车辙能力,由动稳定度作为评价指标。动稳定度的含义是指在高温条件下(试验温度一般是 60 ℃),沥青混合料每产生 1 mm 变形时,所承受标准轴载的行走次数。环境气候温度越高,沥青混合料的动稳定度指标应越大,如夏季平均最高气温>30 ℃的地区,普通沥青和改性沥青混合料的动稳定度应分别大于 800 和 2 400 次/mm。调整集料级配和沥青用量、提高沥青稠度或选用改性沥青等可提高动稳定度。

(3)水稳定性　水侵入沥青混合料中会使矿料与沥青间的黏结力降低,易发生剥落,并引起体积膨胀等水损害现象。沥青混合料抵抗水损害的能力称为水稳定性。按《公路工程沥青及沥青混合料试验规程》(JTG E20—2011)规定的方法,采用马歇尔击实法成型试件,

图 8.13　马歇尔稳定度试验

测试浸水后试件的马歇尔试验残留稳定度和冻融劈裂的劈裂强度比作为其评价指标。马歇尔试验残留稳定度和冻融劈裂的劈裂强度比越大,沥青混合料的水稳定性越好。对于年降雨量≥500 mm 的地区,这两项指标应分别不小于 75 和 80。

(4)低温抗裂性能　沥青路面的低温收缩裂缝是一种常见病害,沥青混合料抵抗因低温收缩导致开裂的能力称为低温抗裂性。按《公路工程沥青及沥青混合料试验规程》(JTG E20—2011),在低温-10 ℃下进行弯曲试验,测定破坏时的强度、应变和劲度模量,并根据应力-应变曲线的形状,综合评价其低温抗裂性能。一般以沥青混合料低温弯曲试验破坏应变作为评价指标,要求不小于 2 000 微应变($\mu\varepsilon$)。

(5)抗渗性　沥青路面应具有一定的抗水渗透性,由渗水系数作为评价指标。按《公路工程沥青及沥青混合料试验规程》中 T0730 试验方法测量,对于密级配沥青混凝土,其渗水系数应不大于 120 mL/min。

5. 热拌沥青混合料配合比设计

热拌沥青混合料配合比设计通过目标配合比设计、生产配合比设计及生产配合比验证等三个阶段,确定材料品种及配合比、矿料级配和最佳沥青用量。一般采用马歇尔试验配合比设计方法进行设计,其设计步骤如下

(1)确定工程设计级配范围　根据《公路沥青路面施工技术规范》(JTG F40—2004)的规定,沥青混合料的矿料级配应符合工程设计规定的级配范围。密级配沥青混合料宜根据公路等级、气候及交通条件,选择粗型或细型混合料,通常情况下,工程设计级配范围不宜超出表 8.9 的要求。

表 8.9　密级配沥青混凝土混合料矿料级配范围

级配类型		通过下列筛孔(mm)的质量百分率(%)											
		31.5	26.5	19	16	13.2	9.5	4.75	2.36	1.18	0.6	0.3	0.15	0.075
粗粒式	AC-25	100	90~100	75~90	65~83	57~76	45~65	24~52	16~42	12~33	8~24	5~17	4~13	3~7
中粒式	AC-20		100	90~100	78~92	62~80	50~72	26~56	16~44	12~33	8~24	5~17	4~13	3~7
	AC-16			100	90~100	76~92	60~80	34~62	20~48	13~36	9~26	7~18	5~14	4~8

续上表

级配类型		通过下列筛孔(mm)的质量百分率(%)										
		31.5	26.5	19	16	13.2	9.5	4.75	2.36	1.18	0.6	0.3	0.15	0.075
细粒式	AC-13				100	90~100	68~85	38~68	24~50	15~38	10~28	7~20	5~15	4~8
	AC-10					100	90~100	45~75	30~58	20~44	13~32	9~23	6~16	4~8
砂粒式	AC-5						100	90~100	55~75	35~55	20~40	12~28	7~18	5~10

(2)矿料配合比设计 宜借助电子计算机的电子表格用试配法或图解法,进行矿料配合比设计。

①对现场取样的粗集料、细集料和填料等各种矿料进行筛析试验,并分别绘出各自的筛分曲线。同时测出各自的相对密度,以供计算物理常数备用。

②根据各种矿料的筛析试验数据,借助电子计算机的电子表格用试配法,计算满足工程设计级配范围的各种矿料配合比。

③对于高速公路和一级公路,宜在工程设计级配范围内计算1~3组粗细不同的配合比,按《公路工程沥青及沥青混合料试验规程》(JTG E20—2011)中 T 0725 的方法绘制设计级配曲线(见图 8.14 中示例),分别位于工程设计级配范围的上方、中值及下方。设计合成级配不得有过多的锯齿形交错,且在 0.3~0.6 mm 范围内不出现"驼峰"。当反复调整仍不能满意时,宜对原材料进行调整或更换原材料重新设计。

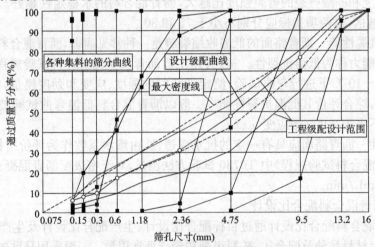

图 8.14 矿料级配曲线示例

④根据当地实践经验选择适宜的沥青用量,分别制作几组矿料级配的马歇尔试件,测定压实沥青混合料的孔隙率(VMA),初选一组满足或接近设计要求的级配作为矿料的设计级配。

(3)马歇尔试验 按现行标准 JTG F40 规定的方法进行。

①按公式(8.5)计算矿料的合成毛体积相对密度 γ_{sb}。

$$\gamma_{sb}=\frac{100}{\frac{P_1}{\gamma_1}+\frac{P_2}{\gamma_2}+\cdots\cdots+\frac{P_n}{\gamma_n}} \tag{8.5}$$

式中 P_1、P_2、$\cdots P_n$——各种矿料成分的配合比,其和为 100;

γ_1、$\gamma_2\cdots\gamma_n$——各种矿料相应的毛体积相对密度,由静水天平法测量,无量纲。

②按公式(8.6)计算矿料的合成表观相对密度 γ_{sa}。

$$\gamma_{sa}=\frac{100}{\frac{P_1}{\gamma'_1}+\frac{P_2}{\gamma'_2}+\cdots\cdots+\frac{P_n}{\gamma'_n}} \tag{8.6}$$

式中 γ'_1、$\gamma'_2 \cdots \gamma'_n$——各种矿料相应的表观相对密度,无量纲。

③按公式(8.7)和(8.8),预估适宜的油石比和沥青用量:

$$P_a = \frac{P_{a1} \times \gamma_{sb1}}{\gamma_{sa}} \quad (8.7)$$

$$P_b = \frac{P_a}{100+P_a} \times 100 \quad (8.8)$$

式中 P_a——预估的最佳油石比(沥青与矿料的质量百分比),%;
P_b——预估的最佳沥青用量(占沥青混合料总量的百分比),%;
P_{a1}——已建类似工程沥青混合料的标准油石比,%;
γ_{sb}——矿料的合成毛体积相对密度,由公式(8.5)计算;
γ_{sb1}——已建类似工程中矿料的合成毛体积相对密度。

④确定矿料的有效相对密度

ⓐ对于普通沥青混合料,宜以预估的最佳油石比拌和两组混合料,采用真空法实测最大相对密度,取平均值;然后由公式(8.9)反算合成矿料的有效相对密度:

$$\gamma_{sc} = (100 - P_b) / \left(\frac{100}{\gamma_t} + \frac{P_b}{\gamma_b} \right) \quad (8.9)$$

式中 γ_{sc}——合成矿料的有效相对密度,无量纲;
P_b——试验采用的沥青含量(占沥青混合料总质量的百分率),%;
γ_t——试验沥青用量条件下实测的最大相对密度,无量纲;
γ_b——沥青的相对密度(25 ℃/25 ℃)无量纲。

ⓑ对于改性沥青混合料,有效相对密度 γ_{sc} 可直接由矿料的合成毛体积相对密度 γ_{sb}、合成表观相对密度 γ_{sa} 和沥青吸收系数 C 值,按公式(8.10)计算;C 值由公式(8.11)计算:

$$\gamma_{sc} = C \times \gamma_{sa} + (1-C) \times \gamma_{sb} \quad (8.10)$$

$$C = 0.033\omega_x^2 - 0.2936\omega_x + 0.9339 \quad (8.11)$$

$$\omega_x = \left(\frac{1}{\gamma_{sb}} - \frac{1}{\gamma_{sa}} \right) \times 100 \quad (8.12)$$

式中 ω_x——合成矿料的吸水率,由公式(8.12)计算,%。

⑤以预估的油石比为中值,按一定间隔(如 0.5%)取 5 个或 5 个以上不同的油石比分别成型马歇尔试件,采用表干法或蜡封法测定其毛体积相对密度 γ_f 和吸水率,取平均值。并确定沥青混合料的最大理论相对密度。

ⓐ对于普通沥青混合料,在成型马歇尔试件的同时,用真空法实测各组沥青混合料的最大理论相对密度,也可按公式(8.13)和式(8.14)计算不同油石比时的最大理论相对密度 γ_{ti}。

ⓑ对于改性沥青混合料,按公式(8.13)和式(8.14)计算各个不同油石比时的最大理论相对密度 γ_{ti}。

$$\gamma_{ti} = (100 + P_{ai}) / \left(\frac{100}{\gamma_{sc}} + \frac{P_{ai}}{\gamma_b} \right) \quad (8.13)$$

$$\gamma_{ti} = 100 / \left(\frac{P_{si}}{\gamma_{sc}} + \frac{P_{bi}}{\gamma_b} \right) \quad (8.14)$$

式中 γ_{ti}——合成矿料的有效相对密度,无量纲;
P_{ai}——所计算的沥青混合料中的油石比,%;
P_{bi}——所计算的沥青混合料的沥青用量,$P_{bi} = P_{ai}/(1-P_{ai})$,%;
P_{si}——所计算的沥青混合料的矿料含量,$P_{si} = 100 - P_{bi}$,%;

⑥按公式(8.15)、(8.16)和(8.17),分别计算沥青混合料试件的空隙率VV、矿料间隙率VMA、有效沥青的饱和度VFA等体积指标,取1位小数,进行体积组成分析。

$$VV = \left(1 - \frac{\gamma_f}{\gamma_t}\right) \times 100 \tag{8.15}$$

$$VMA = \left(1 - \frac{\gamma_f}{\gamma_{sb}} \times P_s\right) \times 100 \tag{8.16}$$

$$VFA = \frac{VMA - VV}{VMA} \times 100 \tag{8.17}$$

⑦进行马歇尔试验,测定沥青混合料的马歇尔稳定度和流值。

(4)确定最佳沥青用量(OAC) 沥青混合料性能全部满足设计或相关规范要求的沥青用量中值为最佳沥青用量,一般采用马歇尔法确定最佳沥青用量。

①以沥青用量或油石比为横坐标,以马歇尔试验的各项指标为纵坐标,将试验结果点入图中,连成圆滑的曲线,如后面的图 8.17 所示。确定所有指标均符合现行标准 JTG F40 规定的沥青混合料技术标准的沥青用量范围 $OAC_{min} \sim OAC_{max}$。

②根据试验曲线走势,按下列方法确定最佳沥青用量初始值 OAC_1:

在图 8.17 中,取分别对应于密度最大值、稳定度最大值、目标空隙率(或中值)和沥青饱和度范围 VFA 的中值的沥青用量 $a_1、a_2、a_3$ 和 a_4,求这四个值的平均值作为 OAC_1。

$$OAC_1 = (a_1 + a_2 + a_3 + a_4)/4 \tag{8.18}$$

如果在所选择的沥青用量范围 $OAC_{min} \sim OAC_{max}$ 未能覆盖沥青饱和度的要求范围,则以 $a_1、a_2、a_3$ 三者的平均值作为 OAC_1。

对于所选择试验的沥青用量范围 $OAC_{min} \sim OAC_{max}$,密度或稳定度没有出现峰值时,可直接以目标空隙率所对应的沥青用量 a_3 作为 OAC_1,但 OAC_1 必须介于 $OAC_{min} \sim OAC_{max}$ 的范围内,否则应重新进行配合比设计。

③确定沥青最佳用量的初始值 OAC_2,以各项指标均符合技术标准(不含 VMA)的沥青用量范围 $OAC_{min} \sim OAC_{max}$ 的算术平均值作为 OAC_2。

④确定最佳沥青用量 应考虑沥青路面的工程实践经验、道路等级、交通特性、气候条件等因素,综合确定最佳沥青用量 OAC。

ⓐ一般情况下,可取 OAC_1 及 OAC_2 的算术平均值为最佳沥青用量 OAC。

ⓑ对热区道路以及车辆区划交通的高速公路、一级公路、城市快速路、主干路,预计有可能出现大车辙时,宜在空隙率符合要求的范围内,将计算的最佳沥青用量减小 0.1%~0.5% 作为设计沥青用量。

ⓒ对寒区道路、旅游区道路,最佳沥青用量可以在 OAC 的基础上增加 0.1%~0.3%。

根据前述的强度理论,实质上,最佳沥青用量就是使沥青混合料获得最优性能时,矿料颗粒表面被有效厚度的沥青膜所包裹。通常情况下,连续密级配沥青混合料的沥青膜有效厚度宜不小于 6 μm;密实式沥青碎石的有效沥青膜厚度宜不小于 5 μm。

(5)配合比设计检验 用于高速公路和一级公路的密级配沥青混合料,需以设计的沥青混合料配合比,按现行标准 JTG F40 的要求,制作相应的沥青混合料试件,分别进行高温稳定性、水稳定性、低温抗裂性和渗水系数等各项使用性能的检验,如均符合要求,则确定为生产配合比;否则,必须更换材料或重新进行配合比设计。

沥青混合料的配合比设计是一项较繁重的任务,需经反复计算、试验和调整,并参考以往工程实践经验,才能确定符合工程设计和使用要求的矿料级配和最佳沥青用量。常用沥青混合料的矿料级配和沥青参考用量见表 8.10。

表 8.10 常用型号沥青混合料的矿料级配及沥青用量参考值

级配类型			通过下列筛孔(方孔筛,mm)的质量不百分率(%)													沥青用量参考值(%)
			53.0	37.5	31.5	26.5	19.0	16.0	13.2	9.50	4.75	2.36	1.18	0.60	0.30	0.15	0.075	
沥青混合料	粗粒	AC-30 I	100	100	90~100	79~92	66~82	59~77	52~72	43~63	32~52	25~42	18~32	13~25	8~18	5~13	3~7	4.0~6.0
		AC-30 II		100	90~100	65~85	52~70	45~65	38~58	30~50	18~38	12~28	8~20	4~14	3~11	2~7	1~5	3.0~5.0
		AC-25 I			100	95~100	75~90	62~80	53~73	43~63	32~52	25~42	18~32	13~25	8~18	5~13	3~7	4.0~6.0
		AC-25 II			100	90~100	65~85	52~70	42~62	32~52	20~40	13~30	9~23	6~16	4~12	3~8	2~5	3.0~5.0
	中粒	AC-20 I				100	95~100	75~90	62~80	52~72	38~58	28~46	20~34	15~27	10~20	6~14	4~8	4.0~6.0
		AC-20 II				100	90~100	65~85	52~70	40~60	26~45	16~33	11~25	7~18	4~13	3~9	2~5	3.5~5.5
		AC-16 I					100	95~100	75~90	58~78	30~50	32~56	22~37	16~28	11~21	7~15	4~8	4.0~6.0
		AC-16 II					100	90~100	65~85	50~70	30~50	18~35	12~26	7~19	4~14	3~9	2~5	3.5~5.5
	细粒	AC-13 I						100	95~100	70~88	48~68	36~53	24~41	18~30	12~22	8~16	4~8	4.5~6.4
		AC-13 II						100	90~100	60~80	34~52	22~38	14~28	8~20	5~14	3~10	2~6	4.0~6.0
		AC-10 I							100	95~100	55~75	38~58	26~43	17~33	10~24	7~16	4~9	5.0~7.0
		AC-10 II							100	90~100	40~60	24~42	15~30	9~22	6~15	4~10	2~6	4.5~6.5
	砂	AC-5 I								100	95~100	55~75	35~55	20~40	12~28	7~18	5~10	6.0~8.0
沥青碎石	特粗	AM-40	100	90~100	50~80	40~65	30~54	25~30	20~45	13~38	5~25	2~15	0~10	0~8	0~6	0~5	0~4	2.5~3.5
	粗粒	AM-30		100	90~100	50~80	38~65	32~57	25~50	17~42	8~30	2~20	0~15	0~10	0~8	0~5	0~4	3.0~4.0
		AM-25			100	90~100	50~80	43~73	38~65	25~55	10~32	2~20	0~14	0~8	0~8	0~6	0~5	3.0~4.5
	中粒	AM-20				100	90~100	60~85	50~75	40~65	15~40	5~22	2~16	1~12	0~10	0~8	0~5	3.0~4.5
		AM-16					100	90~100	60~85	45~68	18~42	6~25	3~18	1~14	0~10	0~8	0~6	3.0~4.5
	细粒	AM-13						100	90~100	50~80	20~45	8~28	4~20	2~16	0~10	0~8	0~6	3.0~4.5
		AM-10							100	85~100	35~65	10~35	5~22	2~16	0~12	0~9	0~6	3.5~5.5
抗滑表层		AK-13A						100	90~100	60~80	30~35	20~40	15~30	10~23	7~18	5~12	4~8	3.5~5.5
		AK-13B						100	85~100	50~70	18~40	10~30	8~22	5~7	3~12	3~9	2~6	3.5~5.5
		AK-16					100	90~100	60~82	45~70	25~45	15~35	10~25	8~18	6~13	4~10	3~7	3.5~5.5

6. 沥青混合料配合比设计例题

[题目]：试设计上海某高速公路沥青混合料路面用沥青混合料的配合比。拟采用三层式沥青混凝土上面层，上海地区最低月平均气温为－8 ℃。可采购的原材料如下：

①沥青材料　可供应50号、70号和90号的道路沥青，经检验技术性能均符合要求。

②矿质材料　粗集料为石灰石轧制碎石，饱水抗压强度120 MPa，洛杉矶磨耗率12%、粘附性(水煮法)5级，视密度2.70 g/cm³；细集料为海砂，中砂，含泥量及泥块量均<1%，视密度2.65 g/cm³；填料为石灰石粉，粒度范围符合技术要求，无团粒结块，视密度2.58 g/cm³。

[设计要求]：根据现有各种矿质材料的筛析结果，确定各种矿质材料的配合比；由马歇尔试验方法，按水稳定性检验和抗车辙能力校核，确定最佳沥青用量。

[解答]：

(1) 矿质混合料配合组成设计

①确定沥青混合料类型　对于路面结构为三层式沥青混凝土上面层的高速公路，为使上面层具有较好的抗滑性，选用细粒式密级配 AC-13 沥青混凝土。

②确定矿料级配与范围　由表8.9选取细粒式密级配沥青混凝土的矿料级配范围。

③矿料配合比计算

a. 根据现场取样，碎石、石屑、砂和填料等原材料筛分曲线如图8.15所示。

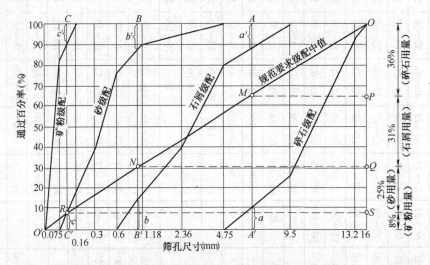

图8.15　各矿质原料的筛分曲线和矿料配合比计算图

b. 用如图8.15所示的图解法计算矿料配合比，确定的各矿质材料配合比为"碎石∶石屑∶砂∶填料=36∶31∶25∶8"，由该配合比计算得到的合成矿料的级配曲线如图8.16中圆点线所示。

c. 由于高速公路交通量大、轴载重，为使沥青混合料具有较高的高温稳定性，合成级配曲线应偏向级配曲线范围的下限，而从图8.16可以看出，计算结果的合成级配曲线接近级配范围的中值(图8.16中的虚线)，为此应调整配合比。调整时，增加粗集料用量，减少细集料用量，使合成矿料颗粒粒径偏粗。调整后的各矿质材料用量的配合比为"碎石∶石屑∶砂∶填料=41∶36∶15∶8"，其矿料合成级配见图8.16中的实点线。可以看出，调整后的合成级配曲线光滑平顺且接近级配下限，确定矿料配合比为：碎石41%，石屑36%，砂15%，填料8%。

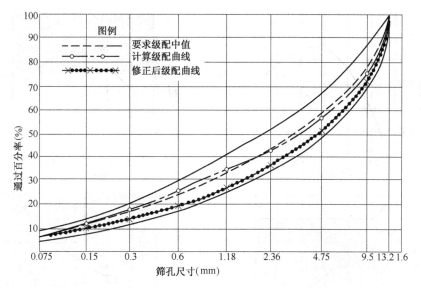

图 8.16 矿质混合料级配范围和合成级配图

(2)确定最佳沥青用量

①进行马歇尔试验

ⓐ上海属于夏炎热冬温地区,采用 70 号石油沥青,以由实践经验预估的沥青用量为中值,采用 0.5% 的间隔变化和计算的矿料配合比,按规定方法成型 5 组沥青混合料马歇尔试件。

ⓑ按规定方法测定各组马歇尔试件的最大相对密度 γ_{sc},并由前述公式计算空隙率 VV、矿料间隙率 VMA、有效沥青的饱和度 VFA 和马歇尔稳定度 MS 和流值 FL,试验结果如表 8.11 所示。并绘制 γ_{sc}、VV、VMA、VFA、MS、FL 与沥青用量的关系图,如图 8.17 所示。

表 8.11 马歇尔试验物理—力学指标测定结果汇总表

试件组号	沥青用量(%)	技术性质						
		γ_{sc} (g/cm³)	VV (%)	VMA (%)	VFA (%)	MS (kN)	FL (0.1 mm)	马歇尔模 T (kN/mm)
01	5.0	2.328	5.8	18	65	6.7	21	31.9
02	5.5	2.346	4.7	18	72	7.7	23	33.5
03	6.0	2.354	3.6	17	80	8.3	25	33.2
04	6.5	2.353	2.9	18	82	8.3	28	29.3
05	7.0	2.348	2.5	18	86	7.8	37	21.1
标准 JTG F40 规定值	—	—	3~6	≥15	70~85	7.5	20~40	—

②由马歇尔试验结果,确定最佳沥青用量

a. 从图 8.17 得,马歇尔稳定度最大值对应的沥青用量 $a_1=5.4\%$,密度最大值对应的沥青用量 $a_2=6.0\%$,规定空隙率范围的中值对应的沥青用量 $a_3=5.1\%$,沥青饱和度范围的中值对应的沥青用量 $a_4=4.9\%$。则沥青用量初始值 OAC_1 为:

$OAC_1=(a_1+a_2+a_3+a_4)/4=5.35\%$。

b. 由图 8.17 得,各使用性能符合沥青混合料技术指标要求的最小沥青用量 OAC_{min} 为 5.30%;最大沥青用量 OAC_{max} 为 6.45%。则:

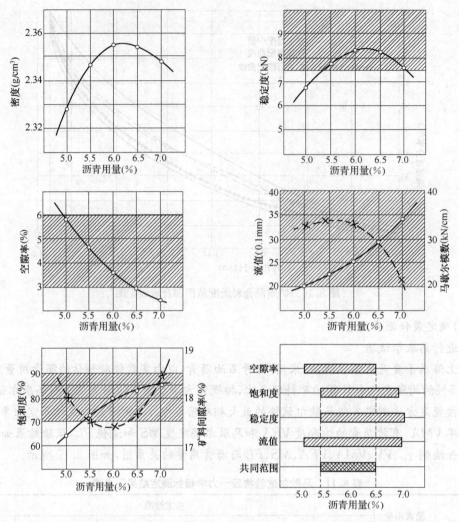

图 8.17　马歇尔试验物理—力学指标与沥青用量关系图

$OAC_2 = (5.30\% + 6.45\%)/2 = 5.88\%$

c. 通常情况下,取 OAC_1 及 OAC_2 的中值作为计算的最佳沥青用量 OAC:

$OAC = (5.35\% + 5.88\%)/2 = 5.6\%$

d. 对比表 8.11 中的试验结果,沥青用量为 $OAC = 5.6\%$ 时,沥青混合料各项指标均能符合现行标准 JTG F40 的要求。但上海属夏季炎热地区,并考虑高速公路重载交通,预计有可能出现车辙,宜在空隙率符合要求的范围内,将计算的最佳沥青用量减小 $0.1\% \sim 0.5\%$ 作为设计沥青用量,则调整后的最佳沥青用量 OAC' 为 5.3%。

③按设计要求,进行水稳定性检验和抗车辙能力校核,确定最佳沥青用量。

a. 抗车辙能力校核　以沥青用量 5.3% 和 5.6% 制备两组沥青混合料试件,进行抗车辙试验,试验结果如表 8.12。结果表明,两组沥青混合料试件,其动稳定度均大于现行标准 JTG F40 要求的 1 000 次/mm,符合高速公路抗车辙的要求,但沥青用量为 5.3% 时,动稳定度更高。

b. 水稳定性检验　同样采用沥青用量为 5.3% 和 5.6% 制备两组沥青混合料试件,按 JTG E20 规定的方法进行浸水马歇尔试验和冻融劈裂试验,试验结果如表 8.12 所示。结果表明,两种沥青混合料试件的浸水残留稳定度和冻融劈裂试验的残留强度比均分别大于80%和75%,符合水稳定性要求。

因此,沥青用量为5.3%时,水稳定性符合要求,且动稳定度和抗车辙能力较高,确定最佳沥青用量为5.3%。

表8.12 两组沥青混合料试件的抗车辙与水稳定性试验结果

沥青用量(%)	动稳定度 DS(次/mm)	浸水残留稳定度 SM_0(%)	冻融劈裂残留强度比(%)
OAC=5.6	1 030	92	85
OAC'=5.3	1 320	85	82

由此可得,适用于该工程的沥青混合料,其矿料配合比为"碎石∶石屑∶砂∶填料=41∶36∶15∶8";最佳沥青用量为5.3%。

8.2.3 其他沥青混合料

1. 沥青玛蹄脂碎石(SMA)混合料

由沥青结合料与少量的纤维稳定剂、细骨料以及较多填料(矿粉)混合形成的沥青玛蹄脂填充于间断级配的粗骨料骨架的空隙组成的沥青混合料,称为沥青玛蹄脂碎石混合料,简称SMA。

(1)SMA是由相互嵌挤的粗骨料骨架和沥青玛蹄脂两部分组成的,其结构如图8.18所示。

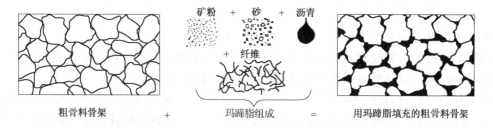

图8.18 沥青玛蹄脂碎石混合料的组成

对比图8.10中密级配热拌沥青混合料(AC)和图8.19中SMA的结构,可以发现,前者中粗集料颗粒彼此并未紧密接触,存在较大间隙,且含量较多细集料与填料、沥青组成的沥青砂填充在间隙中;后者粗集料颗粒相互嵌挤构成堆积骨架,且细骨料含量很少,粗集料骨架体积约占70%以上,沥青玛碲脂填充在骨架的间隙中,使得SMA的空隙率小,约为3%~4%。

(2)由于SMA中相互嵌挤的粗集料颗粒间的接触面(或支撑点)很多,粗集料骨架承载能力强,因而SMA具有很强的抵抗荷载变形的能力,即抗剪切强度高;沥青玛蹄脂中含有纤维和较多填料,高温下玛碲脂也具有很高的黏度,因而高温对SMA剪切强度的影响也较小。所以,SMA具有较强的高温抗车辙能力,其车辙试验动稳定度要求不小于1 500次/mm。

由于SMA的粗集料骨架的空隙中填充了相当数量的沥青玛蹄脂,纤维增强的沥青玛蹄脂既具有较好的拉伸强度,又具有良好的柔韧性,赋予SMA较好的低温抗裂性。

SMA的空隙率小,渗水系数只有密级配热拌沥青混合料的60%~70%,约为80 mL/min;沥青玛蹄脂与粗集料的黏结力好,因而,SMA具有较好的水稳定性;一般采用坚硬、表面粗糙、耐磨和间断级配的粗集料,且其含量高,因此,压实后的 SMA 表面形成大的孔隙,构造深度一般超过 1 mm,所以,SMA 路面的抗滑性能高。此外,实验证明,SMA 的耐疲劳性能大大优于密级配热拌沥青混凝土,具有较好的耐久性。所以,SMA 结构能全面提高沥青混合料和沥青路面的使用性能,减少维修养护费用,延长使用寿命。

(3)SMA 的配合比设计方法和步骤与密级配热拌沥青混合料基本相同,但由于粗集料骨架的重要性,需要计算粗集料骨架间隙率,并需按现行标准 JTG F40 中的 T0732 和 T0733,分别测试和检验谢伦堡沥青渗漏试验的结合料损失和肯塔堡飞散试验的混合料损失或浸水飞散损失等性能指标。

2. 冷拌沥青混合料

冷拌沥青混合料是指常温下拌和的沥青混合料,也称常温沥青混合料。

(1)组成材料　一般采用乳化沥青、改性乳化沥青或稀释沥青作为胶结料;采用的矿料及其要求与热拌沥青混合料大致相同。

(2)配合比设计　可参照热拌沥青混合料的相应矿料级配,并根据已有的经验经试拌确定设计级配范围和施工配合比,乳化沥青用量可按热拌沥青混合料的沥青用量折算,实际沥青残留物量可比同规格热拌沥青混合料的沥青用量减少 10%~20%。

(3)技术性质　冷拌沥青混合料在常温条件下保持疏松,易于施工,不易结团;以压实后标准试件($h=50$ mm、$d=50$ mm)在温度 20 ℃的极限抗压强度值表示其强度;水稳性是以标准试件在常温下,经真空饱水 1 h 后的饱水率表示,约为 3%~6%。

(4)应用　冷拌沥青混合料适用于三级及三级以下公路的沥青面层、二级公路的罩面层,以及各级公路沥青路面的基层、联结层或平整层。冷拌改性沥青混合料可用于沥青路面坑槽修补。

3. 乳化沥青稀浆混合料

用适当级配的石屑或砂、填料(水泥、石灰、粉煤灰、石粉等)与乳化沥青、外掺剂和水,按一定比例拌和而成的流动型沥青混合料,称为乳化沥青稀浆封层混合料

(1)组成材料　粗集料为石屑,细集料为人工砂;填料一般为粒径小于 0.075 mm 的石粉、粉煤灰、水泥和石灰等;乳化沥青主要是阳离子慢凝型乳化沥青或改性乳化沥青,也可采用慢裂或中裂拌和型乳化沥青;外掺剂有氯化铵、氯化钠、硫酸铝等,用于调节和易性和凝结时间。

(2)配合比设计　根据不同的用途和要求,由室内试验确定配合比。一般先根据设计要求,初步确定配合比范围;然后进行稀浆混合料的稠度、凝结时间、养护时间、湿轮迹等试验,检验配合比是否符合要求,若不符合要求则需调整配合比,直至符合要求为止。

(3)性能要求　乳化沥青稀浆封层混合料应满足稀浆封层厚度、抗磨耗、抗滑、龟网裂处治、稠度、易拌和摊铺、初凝时间等性能要求。

(4)应用　将乳化沥青稀浆混合料均匀洒布在路面上,形成沥青封层。既可作为新建、改建路面的表面磨耗层,又可作为维修旧路面病害的加铺层,还可处理路面早期病害如磨损、老化、细小裂缝、光滑、松散等,延长路面使用寿命。

4. 多孔隙沥青混凝土表面层(PAWC)

这种沥青基材料还有多个其他名称,如,多孔隙沥青混凝土磨耗层、开级配磨耗层(OGFC)、排水沥青混凝土磨耗层和透水沥青混凝土磨耗层。经压实后,其空隙率在 15%~30%之间,从而在层内形成一个水道网。

(1)组成材料　粗集料应采用坚固、耐久、高强度(骨料压碎值不大于 20%)、低扁平指数

第8章 沥青及沥青基材料

和高磨光值的碎石；填料用熟石灰粉，其含量为2%～5%。矿料堆积空隙率宜大于20%，通常采用2.36～9.5 mm之间的间断级配，间断的量值取决于所用沥青结合料和设计的空隙率。为达到目标空隙率，级配中应含高比例的粗骨料，大于4.75 mm的矿料含量宜超过75%。可采用聚合物、废橡胶粉或纤维等改性剂改性的沥青作沥青结合料。

(2) 性能特点　因孔隙吸音而可降低噪声；潮湿气候（即降雨时）条件下和高速行驶时的抗滑能力较强；可在相当程度上减少由行车引起的水雾现象，40 mm厚的多孔隙沥青混凝土路面饱和时足以吸收8 mm的雨量。其缺点是耐久性较差，易剥落；沥青含量允许范围较小。

(3) 应用　适用于要求低噪音的高速公路路面。

5. 再生沥青混合料

再生沥青混合料是将已破坏的旧沥青路面材料回收、破碎，再添加一定量的再生剂、新沥青和新矿料拌制而成。添加再生剂和新沥青到回收的旧沥青路面材料中，目的是使再生沥青的组分和性质满足拌制沥青混合料的要求；添加新矿料，是使新、旧矿料混合后满足设计的矿料配合比。

再生沥青混合料配合比设计步骤有：确定旧路面材料掺配比例；选择再生剂和新沥青材料，并确定其用量；选择粗、细集料，确定新旧集料的配合比例；检验再生沥青品质，并确定再生混合料最佳油石比；再根据设计要求，检验再生混合料的物理力学性质等。

再生沥青混合料分为表面处治型再生混合料、再生沥青碎石混合料以及再生沥青混凝土混合料等三种形式。按集料最大粒径的尺寸，可以分成粗粒式、中粒式和细粒式三种。按拌制温度分成热拌再生混合料和冷拌再生混合料二种，在热态下拌和，旧沥青路面材料中的旧沥青和新沥青均处于熔融状态，经过机械搅拌，能够充分地混合，再生效果较好；而冷拌再生沥青混合料再生效果较差，成型时间较长，通常限于低交通量的道路使用。

6. 沥青胶粘剂

沥青胶粘剂由沥青、石粉、石棉屑和橡胶屑混合配制而成，其各组成材料的典型比例如表8.13所示。其制备方法是：将沥青脱水加热至140 ℃；称取各组成材料拌和均匀。掺有橡胶屑或橡胶粉的胶粘剂，应将橡胶预先溶于有机溶剂中或与少量沥青溶解，然后拌和。

表8.13　沥青胶各组成材料比例

编号	材料组成	软化点(℃)
1	油-100,沥青60%,石粉(石灰石)20%,7级石棉屑20%	70～85
2	油-100,沥青60%,石粉(石灰石)20%,石棉屑15%,橡胶屑5%	60～70
3	油-60甲,沥青60%,石粉(石灰石)25%,7级石棉屑15%	60～65

沥青胶粘剂主要用于水泥混凝土路面预设伸缩缝的填塞，以防止雨水进入混凝土路面内部。因此，沥青胶粘剂应具有足够的弹性、柔韧性和黏结力；在低温条件下，受荷载的作用不产生脆裂。软化点较高(60～85 ℃)，在高温条件下，不因软化膨胀而挤出，能够适应混凝土路面接缝间隙的热胀冷缩变形。

7. 水泥乳化沥青砂浆

将乳化沥青、水泥、细集料和其他添加剂，按适当比例在高剪切力搅拌机中拌合而成的均匀砂浆，称为水泥乳化沥青砂浆，简称CA砂浆。CA砂浆的配合比参数主要有沥灰比（乳化沥青中沥青残留物和水泥质量比）、砂灰比（细集料与水泥质量比）和水灰比，沥灰比一般为0.2～0.9；砂灰比一般为1.5～2.0；水灰比一般为0.5～0.75。CA砂浆具有自流平和自密实的流变性能;在常温下因水泥水化反应而凝结硬化为固体材料;硬化 CA 砂浆的强度和弹性模量等力学性能随沥灰比增大而减小,而水灰比和砂灰比对力学性能的影响较小;并具有良好的耐久性。在我国高速铁路的建设中,CA 砂浆被用于 CRTS Ⅰ 和 Ⅱ 型板式无砟轨道结构中轨道板与底座板或支撑层间的充填层材料。此外,CA 砂浆也可用于道路工程和屋面防水工程,但这方面还有待进一步开发利用。

习 题

1. 沥青有哪些种类?各自有何特点?
2. 石油沥青有哪些组分?各组分的组成与性能特点是什么?
3. 石油沥青胶体结构有何特点?溶胶结构和凝胶结构有何区别?
4. 石油沥青的黏性、塑性、温度稳定性及大气稳定性的概念和评价指标是什么?
5. 石油沥青按用途分为几类?其牌号是如何划分的?牌号大小与其性质有何关系?
6. 实验室有 A、B、C 三种沥青,但不知其牌号。经过性能检测,针入度(0.1 mm)、延度(cm)、软化点(℃)结果分别如下。请确定这三种沥青的牌号。
   A:70、50、45;
   B:100、90、45;
   C:15、2、100。
7. 某工程欲配制软化点不低于 85 ℃的混合沥青 15 t,现有 10 号沥青 10.5 t,30 号沥青 3 t 和 60 号沥青 9 t。试通过计算确定出三种牌号的沥青各需用多少吨?
8. 聚合物改性沥青的主要品种及其性能特点有哪些?
9. 常用于改性沥青的聚合物有哪几类?并分析它们对沥青性能的改善作用。
10. 何谓沥青混合料?高等级公路路面用沥青混合料有哪几类?试述其结构和性能特点。
11. 沥青混合料对矿料有哪些技术要求?
12. 基于沥青混合料的强度理论,简述沥青混合料抗剪强度的主要影响因素。
13. 什么是马歇尔试验及其测试指标?
14. 试述沥青路面所要求的热拌沥青混合料的主要性能及其指标。
15. 简述热拌沥青混合料配合比的任务、设计方法和步骤。

创新思考题

1. 沥青混合料在使用过程中,容易出现沥青与粗骨料界面剥落现象,请设想一种改善方法。
2. 请设想一种提高沥青混合料高温稳定性的技术措施,并说明原理。

第 9 章 纤维增强复合材料

9.1 概 述

广义地说,两种或两种以上的异质或异形材料,以微观、细观或宏观等不同结构尺度,按一定方式组合而成的一种材料复合体,称为复合材料,如固溶体、塑料等。狭义地说,各组分材料保持其自身的组成、物态和特性,相互间不溶解、不融合,但可协同作用,由此组合而成的材料复合体,称为复合材料,如水泥混凝土、沥青混合料、玻璃钢等。

复合材料可包含多种组分材料,但在分析其性能与组成间关系时,通常简化为两个"相"——连续相和分散相,连续相称为基体相或基材,基材也可包含多种组分,如水泥净浆、混凝土、塑料、铝等;分散相称为增强相或增强材,一般为单一组分,如固体颗粒、纤维及其织物、气泡等。由不同种类的基材和增强材可组合成各种复合材料,基材与增强材的协同作用,使得复合材料具有不同且优于任何一种组分材料的优良或特定性能。

其中,纤维增强复合材料是一类极其重要的复合材料,是 20 世纪因航空、航天、国防和电子等尖端技术领域的需求发展起来的,并作为这些领域最富潜力的战略性结构或功能材料,不断创新和发展,现已推广到其他各个技术和工业领域。

同样,为适应高耸、大跨、长寿命的基础设施建设,现代土木工程领域也越来越多地应用高性能纤维增强复合材料,例如,高性能钢纤维混凝土、纤维水泥材料、玻璃纤维增强塑料棒、碳纤维增强塑料杆等在房屋、桥梁、隧道、公路、铁路等构筑物中获得广泛应用。

本章主要介绍土木工程中常用的纤维增强水泥基复合材料、纤维增强塑料的组成与制备原理、性能与增强机理和工程应用等方面的知识。

9.1.1 纤维增强复合材料的种类

1. 纤维水泥复合材料

以水泥净浆、砂浆或混凝土为基材(统水泥基材)、纤维为增强材的复合材料统,称为纤维增强水泥基复合材料或纤维增强水泥复合材料,简称纤维水泥材料(缩写为 FRC),主要有以下几种:

(1)按纤维品种,有金属纤维水泥材料、玻璃纤维水泥材料、合成纤维水泥材料、天然纤维水泥材料、碳纤维水泥材料和混杂纤维水泥材料等。

(2)按水泥基材的组成和特性,有纤维硅酸盐水泥材料、纤维低碱度硫铝酸盐水泥材料、纤维混凝土和纤维砂浆等。

土木工程中常用的有钢纤维混凝土、丙纶短纤维混凝土、抗碱玻璃纤维低碱度硫铝酸盐水泥材料、丙纶短纤维水泥材料、木浆纤维硅酸钙材料、注浆纤维混凝土(SIFCON)、钢纤维活性粉末混凝土(RPC)和抗碱玻璃纤维硅酸盐水泥材料等。

2. 纤维增强塑料

以合成树脂(塑料)为基材、纤维为增强材的复合材料,统称为纤维增强树脂基复合材料,简称纤维增强塑料(缩写 FRP),主要有以下种类:

(1)按照纤维品种,有玻璃纤维增强塑料(俗称玻璃钢)、碳纤维增强塑料、合成纤维增强塑料和金属纤维增强塑料等。

(2)按塑料的特性,有纤维增强热塑性塑料和纤维增强热固性塑料两大类。例如,土木工程中常用的纤维增强环氧塑料、纤维增强聚酯塑料、纤维增强聚丙烯塑料等。

3. 层状复合材料

将一种或一种以上的复合材料或单一材料以层叠的方式组合而成的具有不同结构构造的复合体,称为层状复合材料,主要有如下两种:

(1)单层复合材料 由单一复合材料组成,其断面不呈明显的层叠结构,如波纹瓦等;

(2)多层复合材料 由两种及两种以上不同复合材料或复合体组合而成,其断面呈现明显的夹层、叠层等构造的复合体。例如,以纤维水泥板为上下面板、泡沫混凝土为芯层叠合而成的夹层复合材料,以纤维增强塑料为上下面板、纸蜂窝为芯层叠合而成的夹层复合材料等。

此外,还有纤维增强陶瓷、纤维增强石膏、纤维增强玻璃等多种复合材料。

9.1.2 纤维增强复合材料的特点

1. 基材与增强材的作用

(1)基材的作用 基材在复合材料中主要起三方面作用:

① 决定复合材料的基本属性和加工性能;

② 将纤维黏结成整体,并在纤维间传递荷载;

③ 保护纤维表面,免受磨耗或大气腐蚀引起的损伤。

(2)纤维增强材的作用 纤维在复合材料中主要起四方面作用:

① 沿纤维轴向承受拉伸荷载,提高强度和刚度;

② 细化、发散基材中的裂纹,改善基材的力学行为;

③ "桥连"基材中的裂缝,阻止裂缝的扩展,减少应力集中,提高抗拉强度;

④ 通过纤维拔出功,赋予复合材料在高应力水平下的高韧性。

2. 复合材料中的界面

异相材料的复合,产生了相界面。"界面"特指在基材与增强材结合面上形成的、有一定厚度的薄层区域,因其组成、微结构和特性既不同于基材又有别于增强材,称为复合材料中的第三相,称为界面相,也称界面层或界面区。

界面相对复合材料的性能有重大影响,而界面相的形成机理却十分复杂,异质材料相互接触时,可能产生物质的相互扩散或溶解、诱导结晶或化学交联、力学约束等物理、化学和力学效应,使得界面相形成是多尺度、多层次、时间性、区域性的复杂问题。因此,界面相的厚度、组成、微结构和特性等不但取决于两相材料的组成,而且与复合材料制备过程的热力学、动力学和工艺条件等有关。通常,可通过纤维表面处理、基材的组成材料设计、固化或养护条件控制等方面,调节和改善界面相,使两相材料的协同作用赋予复合材料优良物理力学性能。

3. 性能特点

由于复合材料的组成与结构的复杂性,纤维复合材料具有以下性能特点:

(1)物理力学性能的线性加和性　即复合材料与两相材料性能间遵循简单的混合定律：

$$P_c = aP_f + bP_m \tag{9.1}$$

式中　P_c、P_m、P_f——复合材料、基材和纤维的性能；
　　　a、b——与纤维和基材的性能、体积分数和界面相有关的系数。

(2)性能的不均一性　纤维复合材料一般呈各向异性，与纤维轴平行的纵向性能和与纤维轴垂直的横向性能有较大差异；

(3)性能的可设计性强　可根据要求，通过设计复合材料的组成、织构和结构等，充分发挥两相材料的优点，弥补各自的不足，使复合材料获得优良的性能或功能，或在某个方向获得所需要的性能，实现材料的结构与功能一体化。

(4)性能的离散性　复合材料的性能在很大程度上取决于纤维的均匀分布，因分布不同而导致复合材料性能离散性较大。

(5)比强度和比刚度大　由于纤维和树脂或水泥基材的密度较小，复合材料强度高，因而纤维增强复合材料具有高比强度和比刚度。

4. 工艺特点

(1)复杂的表面或几何形状、大尺寸的构件可以一次性成型，没有接缝或接头等。

(2)可以通过纤维布局，实现定向强化。

(3)可以通过模具或模型，使得构件或制品表面产生特定的性能和装饰效果。

9.2　钢纤维混凝土

纤维混凝土是指掺加钢纤维或短合成纤维的混凝土材料的总称，分为钢纤维混凝土和合成纤维混凝土两大类。近年来，钢纤维生产技术不断发展，成本逐步降低；钢纤维混凝土及其配筋构件和结构性能的试验研究、理论分析、数值模拟、设计方法日趋完善；因而，钢纤维混凝土的工程应用日益广泛，应用领域涉及道路、桥梁、建筑、水利、港口、铁路、矿山、军事等工程领域。理论研究和工程应用表明，钢纤维混凝土可以满足工程中的高拉应力、复杂受力、抗裂、阻裂、结构抗震、高韧性等普通混凝土难以达到的受力性能要求，具有广阔的应用前景。本节主要介绍钢纤维混凝土的组成、结构、性能和配合比设计等方面知识。

9.2.1　钢纤维混凝土的组成与结构

钢纤维混凝土是一种以混凝土为基材、钢纤维为增强材的纤维增强水泥基复合材料。

1. 混凝土基材

混凝土基材可以是普通混凝土、高强混凝土、无粗骨料混凝土和其他混凝土等，有关混凝土的组成材料、结构与性能、配合比设计方法、拌制和养护等方面知识，详见第3章。

2. 钢纤维增强材

(1)钢纤维分类

钢纤维是由细钢丝切断、薄钢片切削、钢锭铣削或钢熔体抽取等方法制成的短而细的金属纤维。

①按钢材种类　分为碳钢纤维、低合金钢纤维和不锈钢纤维。

②按生产工艺　分为钢丝切断纤维(W)、薄钢板剪切纤维(S)、熔抽纤维(Me)和铣削纤维(Mi)等四类，其基本特征如表9.1所示。

表 9.1　钢纤维的基本特征

类　型	断面形状	表面状态	黏结力机理
切断型	圆形	较光滑	压痕、折弯
剪切型	矩形	较粗糙	扭转、折弯
铣削型	三角形	铣削面粗糙	扭转、折弯
熔抽型	月牙形	氧化皮膜	两端较粗

③按形状和表面　如图9.1所示,分为平直形(a)和异形,异性钢纤维又分为压痕形(b)、波浪形(c)、端钩形(d,e)、大头形(f,g)和不规则麻面形(h)等。

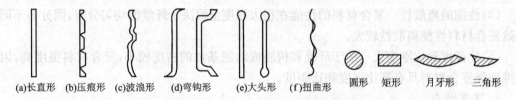

(a)长直形　(b)压痕形　(c)波浪形　(d)弯钩形　(e)大头形　(f)扭曲形　　圆形　　矩形　　月牙形　　三角形

图 9.1　钢纤维的外形与断面形状

(2)钢纤维的性能与规格

主要包括外观质量、几何形状与尺寸和力学性能等,各种钢纤维,其规格和性能应满足现行行标《钢纤维混凝土》(JG/T 472—2015)的规定。

①外观质量　钢纤维表面应洁净,不得粘混油污和其他妨碍其与混凝土基材黏结的杂质;钢纤维中因加工不良和严重锈蚀造成的黏连片、铁屑、杂质等物质含量不应超过1%。

②几何尺寸　钢纤维的几何尺寸主要是长度、直径或等效直径(截面为非圆形的钢纤维,按其面积相等原则换算的圆形截面直径为等效直径)和长径比,见表9.2。

表 9.2　钢纤维几何参数选用表

结构类型	长度 l_f(mm)	直径或等效直径 d_f(mm)	长径比 l_f/d_f
一般浇筑成型结构	25~60	0.3~1.2	40~100
框架抗震节点	40~60	0.4~1.2	50~100
铁路轨枕	20~30	0.3~0.6	50~70
喷射钢纤维混凝土	15~25	0.3~0.5	30~60

③力学性能　钢纤维的力学性能有抗拉强度和弹性模量。按其抗拉强度,划分为380级、600级、1 000级、1 300级和1 700级等五个强度等级,其相应抗拉强度值范围见表9.3。

表 9.3　钢纤维抗拉强度等级

抗拉强度等级	380级	600级	1 000级	1 300级	1 700级
抗拉强度(MPa)	380~600	600~1 000	600~1 000	1 000~1 300	≥1 700

此外,钢纤维经受一次向最易弯折方向的90°弯折不发生折断。

20世纪80年代后期,法国开发了一种非晶态的金属纤维,其断面呈矩形,宽度为1~1.6 mm,厚度为0.026~0.03 mm,长度为15~45 mm。此种纤维是由一定成分的金属熔液流至经高速旋转飞轮上甩制、并经水冷却急剧淬火制成的,其抗拉强度高达2 000 MPa,但弹性模量只有140 GPa。

(3) 钢纤维用量 有两个表征参数,即钢纤维体积率和钢纤维含量特征参数。

① 钢纤维体积率 钢纤维质量占钢纤维混凝土体积的百分数称为钢纤维体积率,用 ρ_f 表示。钢纤维体积率一般为 0.5%～3%,可根据结构类型,按表 9.4 选择。

表 9.4 钢纤维体积率选用表

结构类型	ρ_f(%)	结构类型	ρ_f(%)
一般浇注型结构	0.5～2.0	铁路轨枕、防水屋面	0.8～1.2
局部受压构件、桥面板	1.0～1.5	喷射混凝土	0.5～1.5

② 钢纤维含量特征参数 钢纤维体积率与长径比的乘积称为含量特征参数,用 λ_f 表示,即 $\lambda_f = \rho_f l_f / d_f$。在钢纤维体积率和长径比的一定范围内,可以用 λ_f 反映 ρ_f 和 l_f/d_f 的综合效果。

3. 钢纤维混凝土的结构

钢纤维混凝土由钢纤维和混凝土基材构成,因混凝土基材本身不是均一材料,而是由粗、细骨料分布在水泥石中构成的,且粗、细骨料的粒径大于钢纤维直径或等效直径,因此,钢纤维主要分布在水泥石中。所以,钢纤维混凝土的宏观结构可视为粗、细骨料颗粒和钢纤维均匀分布在水泥石中,构成的多物相多孔的非均匀复合体。钢纤维的长径比和体积率较大时,钢纤维相互搭接形成纤维网络结构,如图 9.2 所示。

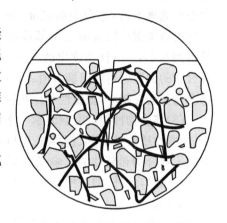

图 9.2 钢纤维混凝土的宏观结构

9.2.2 钢纤维混凝土拌合物性能

1. 钢纤维混凝土的拌制

钢纤维混凝土应采用强制式搅拌机搅拌。拌制时,一般先将钢纤维和骨料、水泥干拌混合,然后加水拌和成均匀的钢纤维混凝土拌合物;也可在骨料、水泥和水一起拌和过程中均匀撒入钢纤维拌和而成。拌制过程中,应避免钢纤维结团现象。当钢纤维体积率较大或水灰比较小时,应适当延长搅拌时间。

2. 钢纤维混凝土拌合物的性能

钢纤维混凝土拌合物的和易性(坍落度、扩展度)、含气量和表观密度试验与普通混凝土相似,按《普通混凝土拌合物性能试验方法标准》(GB/T 50080—2016)规定的方法测试。此外,钢纤维混凝土拌合物中的钢纤维应分散均匀,不应出现钢纤维结团现象,因而,还应测试钢纤维体积率和分散均匀性。

(1) 分散均匀性测试 从不同部位抽取一定量的拌合物作试样,按《纤维混凝土应用技术规程》(JGJ/T 221—2010)规定的方法测量各组试样中钢纤维体积率,由公式(9.2)计算得到的 β 值表示拌合物中钢纤维分散均匀性。

$$\beta = e^{\varphi(x_i)}$$
$$\varphi(x) = \frac{1}{\mu} \times \left[\frac{\sum_{i=1}^{n}(x_i - \mu)^2}{n} \right]^{0.5} \tag{9.2}$$

式中 μ——各组试样中钢纤维体积率的平均值,%;
n——拌合物试样的组数;
x_i——第 i 组试样中的钢纤维体积率,%。

β 值越小,则表示钢纤维分散越均匀,当 $\beta=1$ 时,钢纤维分散最均匀。

(2) 倒置坍落度筒稠度　由于拌合物中存在钢纤维网络,且钢纤维的表面积较大,因此,钢纤维的掺入使基材混凝土拌合物的内摩阻力增大,其坍落度或扩展度变小。

《钢纤维混凝土》(JG/T 472—2015)规定,当钢纤维混凝土拌合物的坍落度小于 20 mm 时,宜采用倒置坍落度筒法测定其稠度值。

测定方法是:将坍落度筒垂直倒置于钢底筒上(见图 9.3);将钢纤维混凝土拌合物试样装入带有插板的倒置坍落度筒内,使顶面略突出筒口,刮去多余的拌合物后用抹刀抹平;轻轻抽出插板,同时开启振动棒,在其接触钢纤维混凝土表面的瞬间用秒表开始计时;使振动棒沿坍落度筒中心线垂直下沉,达到距筒底面 (10 ± 1) mm 处为止,继续振捣直至钢纤维混凝土全部流出坍落度筒,停止计时,精确到 0.1 s。由秒表读出的时间(s)即为钢纤维混凝土拌合物的倒置坍落度筒稠度值。该值越大,钢纤维混凝土拌合物流动性越小,黏聚性和保水性越好;反之亦然。

(3) 拌合物性能的影响因素　水泥浆用量、水胶比、砂率、骨料性质及外加剂、搅拌工艺与方法等因素对钢纤维混凝土拌合物和易性的影响及其规律与普通混凝土相同(见第 3 章),此外,钢纤维体积率和长径比对其和易性有较大影响。

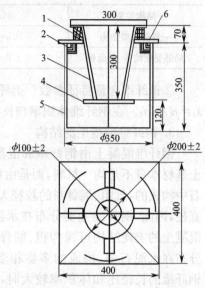

图 9.3　倒置坍落度筒(单位:mm)
1—固定块;2—限位块;3—坍落度筒;
4—插板;5—钢底筒;6—底筒盖

① 拌合物中钢纤维分散均匀性主要受钢纤维体积率、长径比、钢纤维品种,混凝土基材配合比以及等因素的影响。大量试验表明,钢纤维的体积率小于 2%、长度为 20~40 mm、长径比为 50~80 时,分散均匀性较好;粗骨料最大粒径为 15~20 mm,砂率、水泥浆量较大时,钢纤维容易分散。反之,钢纤维体积率和长径比较大、基材混凝土拌合物稠度较小时,容易出现钢纤维结团现象。

② 钢纤维体积率增加,拌合物内摩阻力增大,流动性减小,黏聚性和保水性增加;钢纤维长径比越大,表面愈粗糙,钢纤维混凝土拌合物的流动性愈小。反之亦然。

③ 基材混凝土拌合物中水泥浆量较多,水泥浆稠度适中,砂率较大时,拌合物和易性良好。试验表明,水泥浆用量为 360~450 kg/m³、水胶比为 0.40~0.50、砂率 40%~50% 时,钢纤维混凝土拌合物具有良好的和易性。加入适量的外加剂,能使拌合物在不增加用水量和水泥用量的情况下,获得较好的和易性;此外,含气量增加,坍落度相应增加,有利于和易性的改善。

3. 钢纤维混凝土拌合物的振捣密实性

钢纤维混凝土应采用机械振捣,在保证其振捣密实时,应避免离析和分层。

与相同配合比的普通混凝土拌合物相比,钢纤维混凝土拌合物振捣密实所需时间应延长。振捣时间与钢纤维的体积率、长径比有关,钢纤维体积率相同时,钢纤维长径比大者,振捣所需时间要长。若在同样的长径比下,体积率大者,其振捣的时间要长。但振动频率太大、振捣时间过长,导致钢纤维下沉,会降低钢纤维分散均匀性。

9.2.3　钢纤维混凝土的性能

由于其高抗拉强度,钢纤维的主要作用是阻滞混凝土基材内部原始裂缝扩展、避免单一粗裂缝形成,使钢纤维混凝土能保持宏观整体共同受力。因而,钢纤维混凝土的抗拉强度和主要由主拉应力控制的抗弯、抗剪、抗扭等强度以及各类应力状态下的韧性均显著提高;而其抗压强度与混凝土基材的抗压强度几乎相同或略有提高。

1. 钢纤维的增强机理

钢纤维对混凝土基材的增强机理主要有两种理论解释,即复合材料理论和纤维间距理论(或称为纤维阻裂理论)。因钢纤维的作用主要是提高其抗拉强度和韧性,因此,下面以拉伸为例说明这两个理论的解释。

(1) 复合材料力学理论　该理论基于公式(9.1)的混合定律,并引入纤维方向系数(η_0)和纤维长度系数(η_t),表征拉伸应力方向上有效纤维体积率的比例和钢纤维长度的非均匀分布等因素,推导钢纤维混凝土的抗拉强度与钢纤维体积率、混凝土基材抗拉强度间关系。

在混凝土基体开裂前的近似弹性变形范围内,钢纤维混凝土的应力由公式(9.3)表示:

$$\sigma = \rho_c \sigma_c + \eta_0 \eta_t \rho_f \sigma_f \tag{9.3}$$

式中　σ——钢纤维混凝土的拉应力,MPa;
　　　σ_f——钢纤维的拉应力,MPa;
　　　σ_c——混凝土基材的拉应力,MPa;
　　　ρ_f——钢纤维体积率,%;
　　　ρ_c——混凝土基材的体积率,%。

当钢纤维混凝土的应变达到混凝土基材初裂应变 ε_{tu} 时,开始出现可见微裂缝,其应力达到混凝土基材的抗拉强度 f_{tc},此时,钢纤维混凝土初裂时抗拉强度 f_{fcr} 为:

$$f_{fcr} = \rho_c f_{tc} + \eta_0 \eta_t \rho_f \sigma_{fr} \tag{9.4}$$

由于钢纤维对初始裂缝的"桥连"阻裂作用,混凝土基材初裂后,钢纤维混凝土并未失稳破坏,仍由桥连裂缝的钢纤维承受拉应力。钢纤维承受的拉应力 σ_{fr} 与钢纤维—混凝土基材的界面黏结剪切应力 τ、埋入混凝土基材的钢纤维表面积成正比,即钢纤维所受应力为:

$$\sigma_{fr} = \eta_0 \eta_t \frac{2l_f}{d_f} \tau \tag{9.5}$$

钢纤维承受的拉应力随外加应力增大而增加,而界面黏结力恒定。当钢纤维承受的拉应力大于界面黏结力时,钢纤维逐渐拔出,裂缝稳定扩展;当应力达到一定值时,钢纤维的桥连作用失效,钢纤维混凝土发生裂缝失稳扩展而破坏,此时的应力为钢纤维混凝土抗拉强度 f_{ft}。

将公式(9.5)代入公式(9.4),得到钢纤维混凝土抗拉强度的计算公式(9.6):

$$f_{ft} = f_{tc}(1-\rho_f) + \eta_0 \eta_t \rho_f \frac{2l_f}{d_f} \tau \tag{9.6}$$

(2) 纤维间距理论　该理论运用线弹性断裂力学原理解释钢纤维对裂缝发生和发展的约束作用,认为混凝土基材是多孔脆性材料,其内部存在裂缝、毛细孔隙等缺陷,其抗拉强度低,拉伸时呈脆性破坏。为提高其抗拉性能,应尽量减小内部缺陷的尺寸,并降低裂缝尖端的应力强度因子。如图9.3所示,无规分布的钢纤维桥连裂缝,因而,钢纤维与裂缝两边混凝土基材的界面黏结力阻碍裂缝扩展。设外加拉应力引起混凝土基材内部裂缝尖端的应力强度因子为 K_c,与裂缝尖端相邻近的界面黏结应力 τ 产生的反向应力场的应力强度因子为 K_f,若钢纤维混凝土总的应力强度因子 K_t 减小,裂缝扩展受阻,抗拉强度提高。K_f 与钢纤维的间距(体积率 ρ_f)、钢纤维长度 l_f 与直径 d_f、界面黏结力 τ、钢纤维的分布及其状态等因素有关。所以,应用断裂力学理论也可推导出公式(9.6),同学们可以阅读相关书刊,这里不再叙述。

2. 抗拉强度

(1) 试验方法　钢纤维混凝土抗拉强度有轴心抗拉强度和劈裂抗拉强度，JGJ/T 221 规定，轴心抗拉强度可采用劈裂抗拉强度乘以 0.85 确定。现行标准 JG/T 472 规定，劈裂抗拉强度采用 GB/T 50081 规定的混凝土劈裂抗拉强度试验方法测定。采用边长为 150 mm 的立方体标准试件，按规定的标准方法测得的劈裂抗拉强度称为抗拉强度标准值。当纤维长度不大于 40 mm，可采用边长为 100 mm 的立方体非标准试件。但采用边长为 100 mm 的立方体试件测得的劈裂抗拉强度值，应乘以 0.8 的尺寸换算系数。

(2) 抗拉强度标准值计算公式　设 f_{ftk} 为钢纤维混凝土抗拉强度标准值(MPa)，f_{tk} 为混凝土基材抗拉强度标准值(MPa)，τ_i 为钢纤维-混凝土基材的平均界面黏结抗剪强度。由于钢纤维混凝土中钢纤维体积率较小，取 $1-\rho_f \approx 1$，因而，由公式(9.6)可得公式(9.7)：

$$f_{ftk} = f_{tk}\left(1 + \eta_0 \eta_t \frac{2\tau_i}{f_{tk}} \rho_f \frac{l_f}{d_f}\right) \tag{9.7}$$

令 $\alpha_t = \eta_0 \eta_t \dfrac{2\tau_i}{f_{tk}}$，$\lambda_f = \rho_f \dfrac{l_f}{d_f}$，则式(9-7)可转化为式(9.8)：

$$f_{ftk} = f_{tk}(1 + \alpha_t \lambda_f) \tag{9.8}$$

式中　λ_f——与钢纤维体积率、长径比有关的参数，称为钢纤维含量特征参数；

　　　α_t——钢纤维对混凝土抗拉强度的影响系数，它与钢纤维品种、形状、分布和强度等级等因素有关，其值通过试验确定。当缺乏试验资料时，对于强度等级为 CF20～CF80 的钢纤维混凝土，可按表 9.5 取值。

表 9.5　钢纤维对混凝土抗拉强度和弯拉强度的影响系数

钢纤维品种	钢纤维形状	强度等级	α_t	α_{tm}
冷拉钢丝切断型	端钩形	CF20～CF45	0.76	1.13
		CF50～CF80	1.03	1.25
薄板剪切型	平直形	CF20～CF45	0.42	0.68
		CF50～CF80	0.46	0.75
	异形	CF20～CF45	0.55	0.79
		CF50～CF80	0.63	0.93
钢锭切削型	异形	CF20～CF45	0.70	0.92
		CF50～CF80	0.84	1.10
低合金钢熔抽型	大头形	CF20～CF45	0.52	0.73
		CF50～CF80	0.62	0.91

公式(9.8)表明，钢纤维混凝土的抗拉强度只与钢纤维含量特征参数、混凝土基材抗拉强度有关，因此，该公式只适用于钢纤维体积率较小的钢纤维混凝土。

3. 抗压强度

(1) 强度等级　现行行标《钢纤维混凝土》(JG/T 472—2015)规定，钢纤维混凝土强度等级按立方体抗压强度标准值 $f_{fcu,k}$ 确定，采用符号 CF 与 $f_{fcu,k}$(MPa)表示。$f_{fcu,k}$ 为按标准方法制作和养护的边长为 150mm 的立方体标准试件，用标准试验方法在 28d 龄期测得的具有 95% 保证率的抗压强度。按钢纤维混凝土立方体抗压强度标准值，划分 CF20、CF25、CF30、CF35、CF40、CF45、CF50、F55、CF60、CF65、CF70、CF75、CF80、CF85、CF90、CF95 和 CF100

等强度等级。

钢纤维混凝土的立方体抗压强度和轴心抗压强度按照现行国标《普通混凝土力学性能试验方法标准》(GB/T 50081—2016)规定的方法测试,当纤维长度不大于 40 mm 时,立方体抗压强度试验可采用边长为 100 mm 的非标准立方体试件;轴心抗压强度试验采用 150 mm×150 mm×300 mm 的棱柱体标准试件,也可采用 100mm×100 mm×300mm 的非标准试件。

(2)立方体抗压强度的计算公式 试验表明,钢纤维混凝土抗压强度主要取决于混凝土基材的抗压强度。当钢纤维体积率 ρ_f 为 $0\sim2\%$,且混凝土基材强度较低,而钢纤维与混凝土基材的界面黏结抗剪强度较高时,钢纤维的增强作用会使抗压强度平均提高 6% 左右。因此,钢纤维混凝土抗压强度可按公式(9.9)计算:

$$f_{fcu} = f_{cu}(1+0.06\lambda_f) \tag{9.9}$$

式中 f_{fcu}——钢纤维混凝土立方体抗压强度平均值,MPa;
  f_{cu}——混凝土基材的立方体抗压强度平均值,MPa。

4. 弯拉强度

钢纤维混凝土弯拉强度采用《普通混凝土力学性能试验方法标准》(GB/T 50081—2016)规定的混凝土抗折强度试验方法测定,采用标准试件尺寸为 150 mm×150 mm×600 mm (550 mm)。当纤维长度不大于 40 mm 时,可采用 100 mm×100 mm×400 mm 的非标准试件,但应将其抗折强度测试值乘以 0.85 的尺寸换算系数。

由于钢纤维混凝土的弯拉应力状态与拉应力相似,根据公式(9.8),可得钢纤维混凝土弯拉强度标准值的计算公式(9.10):

$$f_{ftmk} = f_{tmk}(1+\alpha_{tm}\lambda_f) \tag{9.10}$$

式中 f_{ftmk}——钢纤维混凝土弯拉强度标准值,MPa;
  f_{tmk}——同强度等级混凝土基材弯拉强度标准值,MPa;
  α_{tm}——钢纤维对弯拉强度的影响系数,通过试验确定,当缺乏试验资料时,对于强度等级为 CF20~CF80 的钢纤维混凝土,可按表 9.5 取值。

运用类似的原理和方法,可以推导得到钢纤维混凝土抗剪强度的计算公式。

5. 弹性模量

在受压、受拉和剪切时,钢纤维混凝土初裂前的应力-应变行为与混凝土基材很相似,其压应力-应变行为与混凝土基材几乎相同。受拉应力作用初裂后,钢纤维承受拉应力使得钢纤维混凝土呈现两种力学行为——应变软化和应变强化,如图 9.4 所示。

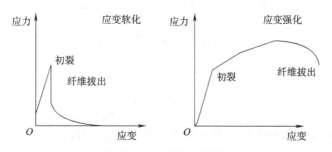

图 9.4 钢纤维混凝土受拉应力—应变曲线

图 9.4 中曲线表明,当钢纤维混凝土受拉初裂后,无论呈应变软化还是应变强化行为,其初裂前的应力—应变曲线大致相同,呈直线关系,且与混凝土基材相似。因此,钢纤维混凝土

受压和受拉弹性模量以及剪切变形模量与其强度等级相同的混凝土基材的相应模量相同，按《普通混凝土力学性能试验方法标准》(GB/T 50081—2016)规定的方法测定。同样，钢纤维混凝土的弹性模量随其抗压强度的提高而增加。但钢纤维混凝土弯拉模量以由试验确定。

6. 韧性

(1)增韧机理　钢纤维对混凝土基材不但有增强作用，而且还有增韧作用，即显著提高混凝土基材的变形性和冲击吸收能，尤其是当钢纤维体积率较大时，增韧效果更加显著。钢纤维是通过将脆性混凝土基材单一粗裂缝的失稳扩展转变为多道微细裂缝形成，实现增韧的。当钢纤维体积率达到一定值时，钢纤维混凝土随应变增大会呈现如图9.4所示的应变强化行为，试件出现多缝开裂而不是单缝开裂，这不但增加了变形量，而且提高了应力—应变曲线下的面积，即破坏前吸收了大量机械能。

(2)弯曲韧度　为便于测量，钢纤维混凝土一般由弯曲韧度作为其韧性的评价指标，并用弯曲韧度比表征。采用四点弯曲法进行弯曲韧性试验，当钢纤维长度小于40 mm时，采用截面为100 mm×100 mm的梁式试件；当纤维长度大于40 mm时，采用截面为150 mm×150 mm的试件。试件支座跨度为截面边长的3倍，试件长度应比试件跨度长100 mm以上；初裂前加载速率为0.05～0.08 MPa/s，初裂后适当减小加载速率；绘制如图9.5所示的荷载—挠度曲线；根据该曲线，按公式(9.11)计算试件峰值挠度前的初始弯曲韧度比$R_{e,p}$：

$$R_{e,p}=f_{e,p}/f_{ftm}=\frac{\Omega_p L}{bh^2 \delta_p}/f_{ftm} \tag{9.11}$$

式中　$f_{e,p}$——等效初始弯拉强度，MPa；

　　　f_{ftm}——钢纤维混凝土的弯拉强度，MPa；

　　　b,h,L——分别是试件的截面宽度、高度和跨度，mm；

　　　δ_p——峰值荷载时的跨中挠度，mm；

　　　Ω_p——试件跨中挠度为δ_p时的荷载—挠度曲线下的面积，N·mm。

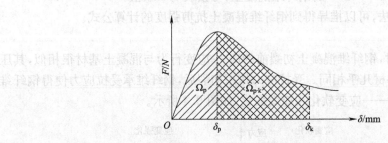

图9.5　四点弯曲试验的荷载—挠度曲线

按公式(9.12)计算试件峰值挠度后的弯曲韧度比$R_{e,k}$：

$$R_{e,k}=f_{e,k}/f_{ftm}=\frac{\Omega_{p,k} L}{bh^2 (\delta_k-\delta_p)}/f_{ftm} \tag{9.12}$$

式中　$f_{e,k}$——对应于试件跨中挠度为δ_k的等效弯拉强度，MPa；

　　　$\Omega_{p,k}$——δ_p至δ_k对应的荷载—挠度曲线下的面积，N·mm；

　　　δ_k——给定的计算跨中挠度L/k，mm，k值分别为500、300、250、200、150。

由此可见，峰值挠度后的荷载-挠度曲线下的面积越大，弯曲韧度比越大，则钢纤维混凝土的弯曲韧性越好；反之亦然。因此，当钢纤维混凝土呈应变强化行为时，其弯曲韧性好。

7. 力学性能的影响因素

综上所述，钢纤维混凝土力学性能的影响因素主要有混凝土基材的力学性能、钢纤维品种与长径比、钢纤维体积率以及钢纤维分散均匀性。钢纤维混凝土的强度随混凝土基材强度增加而提高；随钢纤维增强与增韧效果增大而提高。当钢纤维分布均匀时，钢纤维体积率越大，其增强与增韧效果越大；钢丝切断型钢纤维比其他品种的钢纤维的增强效果好；异形钢纤维比平直形钢纤维的增强效果好。钢纤维长度和长径比太小，将影响其增强效果；如果太大，在搅拌过程中易出现结团现象，影响其在混凝土中分散均匀性。当钢纤维长度大于临界长度（l_{fcr}）时，钢纤维将产生拉断破坏，虽其强度得到了充分发挥，但增韧效果变差。因此，在选定钢纤维长度时，应使 $l_f < l_{fcr}$，这样才能对混凝土产生增强与增韧双重效果。

8. 耐久性能

钢纤维混凝土的抗腐蚀性、抗碳化性能和氯离子扩散系数等耐久性能主要取决于混凝土基材的相应耐久性能，其测试方法也与普通混凝土相同。由于钢纤维的增强增韧作用，钢纤维混凝土抗冻性能优于同等级普通混凝土；因抗裂性提高，其抗渗性也比同等级混凝土有所改善。

9.2.4 钢纤维混凝土的配合比设计

如前所述，钢纤维混凝土由混凝土基材和钢纤维组成，且其各项性能均与混凝土基材的性能、钢纤维体积率、钢纤维品种与长径比有关，因此，钢纤维混凝土配合比设计任务包括混凝土基材配合比设计和钢纤维体积率、钢纤维品种与长径比的确定。混凝土基材配合比设计原理和方法与普通混凝土相同，按照《普通混凝土配合比设计规程》（JGJ 55—2011）进行。

1. 配合比设计的基本要求

钢纤维混凝土除应满足拌合物性能、设计强度和耐久性能等外，还应满足抗拉和弯拉强度、韧性的设计要求。对建筑工程一般应满足抗压和抗拉强度的要求；对路（道）面工程，一般应满足抗压和抗折强度的要求。因此，除按抗压强度设计值外，还应根据工程性质和要求，分别按抗折强度或抗拉强度的设计值，确定拌合物的配合比。

2. 原材料选择

（1）水泥、粗骨料、细骨料、矿物掺合料和各种化学外加剂的选择与普通混凝土相同，但为便于钢纤维均匀分散，粗骨料公称最大粒径不宜大于 20 mm。

（2）钢纤维形状和强度等级，宜根据钢纤维抗拉或弯拉强度的设计要求经试验确定。钢纤维长度宜为 20～60 mm；直径或等效直径宜为 0.3～1.2 mm；长径比宜为 30～200。

（3）钢纤维体积率应根据设计要求确定，一般不应小于 0.35%；当采用 1 000 级以上抗拉强度等级的异性钢纤维时，不应小于 0.25%。

3. 初步配合比确定

（1）钢纤维混凝土的试配强度应符合《普通混凝土配合比设计规范》的规定。当采用抗压强度和抗拉强度双控时，确定钢纤维混凝土试配抗拉强度时，应采用与抗压强度相同的变异系数；钢纤维混凝土试配弯拉强度，可根据工程性质，按弯拉强度设计值的 1.10～1.15 倍确定。

（2）根据试配抗压强度，按照《普通混凝土配合比设计规范》的规定，计算水胶比并选取单位体积用水量（表 3.13）和砂率（见表 3.23），其中砂率宜选取同等条件下普通混凝土砂率范围的上限值。

（3）根据试配抗拉强度、弯拉强度或韧性与耐久性要求，经计算或根据已有资料确定钢纤维体积率。例如,根据抗拉或弯拉强度设计值,分别由公式(9-9)和公式(9-10)计算得出钢纤维体积率的初始值。

(4)按假定质量法或体积法,计算各组分材料用量,确定初步配合比。

①按假定质量法确定钢纤维混凝土配合比时,按公式(9-13)、公式(9-14)和公式(9-15)计算各组分材料用量:

$$m_{c0}+m_{a0}+m_{w0}+m_{s0}+m_{g0}=(1-\rho_f)m_{cp} \tag{9-13}$$

$$\beta_s=\frac{m_{s0}}{m_{s0}+m_{g0}+m_{f0}} \tag{9-14}$$

$$m_{f0}=7850\rho_f \tag{9-15}$$

式中 m_{c0}、m_{a0}、m_{w0}、m_{s0}、m_{g0}、m_{f0}——分别为 1 m³ 钢纤维混凝土中所用水泥、矿物掺合料、水、砂、石和钢纤维的质量,kg;

m_{cp}——1 m³ 钢纤维混凝土的假定质量,kg;

β_s——新拌钢纤维混凝土的砂率;

ρ_f——钢纤维体积率。

②按体积法确定钢纤维混凝土配合比时,按公式(9.14)、公式(9.15)和公式(9.16)计算各组分材料用量:

$$\frac{m_{c0}}{\gamma_c}+\frac{m_{a0}}{\gamma_a}+\frac{m_{w0}}{\gamma_w}+\frac{m_{s0}}{\gamma_s}+\frac{m_{g0}}{\gamma_g}+\rho_f+0.01a=1 \tag{9.16}$$

式中 γ_c、γ_a、γ_w、γ_s、γ_g——分别是水泥、矿物掺合料、水、砂和石的密度或视密度,kg/cm³;

a——钢纤维混凝土的含气量百分数。

钢纤维混凝土的初步配合比表示为,水泥:矿物掺合料:水:砂:石=m_{c0}:m_{a0}:m_{w0}:m_{s0}:m_{g0}。

3. 试拌与调整

(1)钢纤维混凝土配合比试配,应采用工程实际使用的原材料,进行钢纤维混凝土拌合物性能、力学性能和耐久性能试验,并按《普通混凝土配合比设计规范》的规定,进行配合比的调整。满足性能设计值和施工要求,可确定为设计配合比。

(2)应根据工程要求,对设计配合比进行调整,确定为钢纤维混凝土施工配合比。

由于钢纤维混凝土具有优良的力学性能,尤其抗拉和弯拉强度、韧性比普通混凝土高几倍,因此,钢纤维混凝土适用于对抗拉、抗剪、弯拉强度和抗裂、抗冲击、抗疲劳、抗震、抗爆等性能要求较高的工程或其局部部位。

9.3.5 超高性能钢纤维混凝土

超高性能钢纤维混凝土是一种高强度、高韧性、低孔隙率的超高强水泥基复合材料,也称超高性能混凝土(Ultra-High Performance Concrete,UHPC),如活性粉末混凝土、注浆钢纤维混凝土和注浆钢纤维网混凝土。

1. 活性粉末混凝土

以水泥和矿物掺合料等活性粉末材料、细骨料、外加剂、高强度微细钢纤维和/或合成纤维、水等原料拌制的超高强增韧混凝土,称为活性粉末混凝土(Reactive Powder Concrete,RPC),是 1993 年由法国 Bouygues 公司 Richard 等人率先研制的。

(1)组成 RPC 是以细砂砂浆为基材、微细钢纤维为增强材的钢纤维水泥基复合材料。

依据《活性粉末混凝土》(GB/T 31387—2015)的规定,宜采用的组分材料及其要求为:硅酸盐水泥或普通硅酸盐水泥;I级粉煤灰、S95及以上等级的粒化高炉矿渣、硅灰、G85及以上等级的钢铁渣粉等矿物掺合料;二氧化硅含量不小于97%的单粒级石英砂或石英粉;减水率大于30%的高性能减水剂;高强度微细钢纤维等。其中,石英砂和微细钢纤维的性能指标应分别满足表9.6和表9.7的要求。

表9.6 不同粒级石英砂的超粒径颗粒含量

粒级要求	1.25~0.63 mm粒级		0.63~0.315 mm粒级		0.315~0.16 mm粒级	
	≥1.25 mm	<0.63 mm	≥0.65 mm	<0.315 mm	≥0.315 mm	<0.16 mm
超粒径颗粒含量(%)	≤5	≤10	≤5	≤10	≤5	≤5

表9.7 钢纤维的性能指标

项目	抗拉强度(MPa)	长度[a](12~16 mm 纤维比例)(%)	直径[b](0.18~0.22 mm 纤维比例)(%)	形状合格率(%)	杂质含量(%)
性能指标	≥2 000	≥96	≥90	≥96	≤1.0

注:[a] 50根试样的长度平均值为12~16 mm;[b] 50根试样的直径平均值为0.18~0.22 mm。

(2)性 能 因其主要组分材料是粒径较小的粉末,比表面积很大,因而RPC拌合物很黏稠,并因适量高性能减水剂的分散与增塑作用,使其具有良好的流动性;因低孔隙率和钢纤维的增强增韧作用,RPC具有高强度和高韧性,其应力—应变曲线呈应变强化行为,具有良好的延展性和断裂与冲击韧性。其力学性能也按《普通混凝土力学性能试验方法标准》规定的试验方法测试,依据抗压和抗折强度标准值,《活性粉末混凝土》规定的活性粉末混凝土的力学性能等级如表9.8所示。Richard等人最初研制的RPC有RPC200和RPC800两级,其主要性能如表9.9所示。

RPC具有良好的孔结构和低孔隙率,使其具有极低的渗透性、很高的抗有害介质侵蚀能力和良好的耐磨性,抗冻等级(快冻法)不小于F500级;抗氯离子渗透性(6 h库伦电量法)不大于100C;抗硫酸盐侵蚀性不小于KS120级。

表9.8 活性粉末混凝土的力学性能等级

等 级	RPC100	RPC120	RPC140	RPC160	RPC180
抗压强度(MPa)≥	100	120	140	160	180
抗折强度(MPa)≥	12	14	18	22	24
弹性模量(GPa)≥			40		

表9.9 RPC200和RPC800两级活性粉末混凝土的主要性能

等级	成型压力(MPa)	养护温度(℃)	抗压强度(MPa)	抗折强度(MPa)	弹性模量(GPa)	断裂能(kJ/m^2)	氯离子扩散系数(m^2/s)
RPC200	常压	20~90	170~230	30~60	50~60	20~40	10^{-14}
RPC800	10~50	250~400	500~800	45~140	65~75	12~40	10^{-14}

(3)配合比设计 RPC配制的基本原理是:不使用粒径大于1 mm的粗骨料,提高粉末材料的细度与活性,采用合理粒径级配,使粉末颗粒密实堆积,并采用低水胶比和高性能减水剂,在获得良好拌合物性能的同时,使内部缺陷(孔隙与微裂缝)减到最少,以获得超高强度与高耐久性的砂浆基材;再掺加适量的微细钢纤维,获得高韧性的钢纤维水泥基复合材料。

RPC配合比设计方法和步骤与钢纤维混凝土相似，根据拌合物和易性、力学和耐久性能的设计要求，计算初始配合比；再经试配、调整，得出满足和易性要求的基准配合比；经强度和耐久性能复核，确定设计配合比。设计时，配制强度取1.1倍的设计强度等级；宜采用绝对体积法计算各组分材料用量；胶凝材料用量一般为850～1 000 kg/m³；水胶比为0.14～0.22；钢纤维体积率为1.0～3.0%；通过调节粉体材料和减水剂用量，改善密实性、流动性和黏聚性。

（4）拌和及成型工艺　因水胶比较小和粉体材料较多，RPC材料应采用强制式搅拌机，搅拌称均匀的黏稠状拌合物；采用振动浇注和常压或加压压制成型；宜采用的养护制度是：在10 ℃以上、相对湿度60%以上的环境中静停6 h以上；然后在温度为40 ℃±3 ℃或70 ℃±5 ℃的蒸汽中进行湿热养护24 h或48 h以上；再在相对湿度95%以上的环境中养护至规定龄期。

（5）应用　RPC可以用来预制各种结构构件，尤其适合于生产尺寸较小的构件，如异型梁、板材、管材。也可生产桥面板、隧道内衬管片等。

2. 注浆钢纤维混凝土

注浆钢纤维混凝土（Slurry Infiltrated Fiber Concrete，SIFCON）是一种钢纤维体积率很大的超高性能钢纤维水泥基复合材料。如前所述，钢纤维混凝土的力学性能随钢纤维体积率增加而显著提高，但钢纤维体积率超过2%时，在拌和过程中钢纤维容易结团而难以均匀分散。为此，1968年Haynes发明了一种制备方法，该方法的特点是：钢纤维不与水泥浆或细砂砂浆一起拌和，而是将钢纤维预先填充在试件或构件成型的模具中，再将新拌细砂砂浆注入模具中振捣密实，制得注浆钢纤维混凝土。1978年，Lankard等对此成型方法进行了系统研究，使钢纤维体积率达到20%，获得高强度、高韧性的注浆钢纤维混凝土，命名为SIFCON。

（1）SIFCON的组成　采用平直形或异型钢纤维，其长径比为60～100，长度为30～60 mm；钢纤维体积率为5%～20%，钢纤维品种相同时，长度愈小，钢纤维体积率越大。砂浆基材与RPC相似，但其细骨料粒径更小，一般为粒径小于125 μm的特细砂，以便能通过填充在模具中的钢纤维间隙；胶凝材料由水泥与矿物掺合料组成；砂胶比为0～1.5；水胶比通常为0.25～0.35。为了保证其密实性，注浆用的新拌水泥浆或水泥砂浆应具有自密实性。

（2）SIFCON的性能　其表观密度随钢纤维体积率增加呈线性增大，水泥基材的表观密度为1 900 kg/m³时，钢纤维体积率为20%，其表观密度可达3 000 kg/m³；因钢纤维体积率较大，不但抗拉强度和抗折强度高，其抗压强度也显著提高；尤其是其韧性很高，其能量吸收值比普通混凝土高1～2个数量级；SIFCON在受压时能产生较大的变形，受压弹性模量为14～25 GPa。

（3）工程应用　由于钢纤维体积率较大，成本较高，SIFCON主要用于一些特殊工程，或特殊的混凝土结构构件或局部部位。例如，SIFCON适用于制备受弯构件，用作抗震钢筋混凝土结构或预应力混凝土梁—柱框架的接点部位等，特别适用于防爆、抗爆的军事设施。

3. 注浆钢纤维网混凝土

注浆钢纤维网混凝土（Slurry Infiltrated Steel Mat Concrete，SIMCON）与SIFCON相似，但其增强材不是钢纤维，而是由长径比很大（可达400以上）的钢纤维相互搭接、层层铺叠构成的非编织钢纤维网或毡，厚度一般为12～50 mm，宽度可达1 200 mm。由于钢纤维间隙较小，因此，水泥基材的砂胶比小于SIFCON，一般为0.3～0.5，并要求具有很好的自密实性。SIMCON的制备工艺与SIFCON相同。

试验表明，由于钢纤维网中钢纤维长径比很大，因此，SIMCON的钢纤维增强效率是SIFCON的2～4倍，增韧效率是SIFCON的3～6倍。SIMCON试件受弯时，受拉区呈多缝开裂,裂缝宽度较小,因此,其弯拉强度和韧性很高。SIMCON 在工程中的用途和 SIFCON 类似,适用于有特殊要求的工程或用于制备特殊构件。

9.3 非金属纤维水泥基复合材料

以水泥净浆、混凝土或硅酸钙水化物等为基材,以合成纤维、玻璃纤维、碳纤维和/或植物纤维等非金属纤维作增强材组合而成的复合材料,统称为非金属纤维水泥基材料,包括合成纤维混凝土、石棉水泥材料,抗碱玻璃纤维水泥材料,玻璃纤维低碱水泥材料、木纤维水泥材料、木纤维硅酸钙材料、碳纤维水泥材料、芳纶纤维和维纶纤维水泥材料等。

复合材料中,非金属纤维增强材的主要作用有两方面:

①防裂阻裂作用 阻止水泥基材因收缩引起的开裂;阻止或延缓原始裂缝的扩展。

②增强增韧作用 合成纤维的弹性模量较低,其主要作用是提高纤维水泥材料的弯曲韧性和冲击能,提改善其抗拉和弯拉强度

水泥基材的作用有:将均匀分布的纤维胶结成整体,共同承受外力,并在其自身初裂后,通过其与纤维的界面黏结力,将应力传递给纤维,弥补其抗拉强度低、变形能力小等弱点。

9.3.1 合成纤维混凝土

合成纤维混凝土是以短合成纤维作增强材、混凝土或砂浆为基材组合而成的复合材料。

1. 合成纤维增强材

合成纤维主要有聚丙烯纤维(PPF)、聚丙烯腈纤维(PANF)、聚酰胺纤维(尼龙 6 和尼龙 66,PAF)和聚乙烯醇纤维(PVAF)等,它们的组成、性能和制备等详见第 7 章。用作混凝土增强材的合成纤维,其单丝的等效直径(异形、非圆形截面的纤维按等面积原则折算为圆形截面后的计算直径)一般为 5~100 μm,长度为 3~40 mm;粗纤维的等效直径大于 100 μm,长度为 15~60 mm;膜裂网状纤维的长度为 5~40 mm;其主要性能指标应符合表 9.10 的要求。

表 9.10 合成纤维抗拉强度等级

用 途	断裂强度(MPa)	初始模量(GPa)	断裂伸长率(%)	耐碱性能(极限拉力保持率)(%)
防裂抗裂纤维	≥270	≥3.0	≤50	95.0
增韧纤维	≥450	≥5.0	≤30	

2. 纤维的阻裂作用及其机理

合成纤维掺入混凝土中,主要目的是提高混凝土或砂浆的抗裂性,减少表面积较大的混凝土浇注体或砂浆饰面层表面裂缝数量,降低裂缝宽度。其次,改善或增加混凝土和韧性。

纤维以三维无规或定向分布于水泥基材中,其阻裂作用机理可由图 9.6 表明。当纤维水泥材料浇注后,并处于约束状态时,素混凝土凝结硬化时的收缩使其产生内拉应力,图 9.6(a);因其抗拉强度低,变形能力小,当内拉应力达到其抗拉强度时出现单缝开裂,形成单一粗裂缝而断开,图 9.6(b)。纤维混凝土中因收缩产生的内拉应力是由基材和纤维共同承

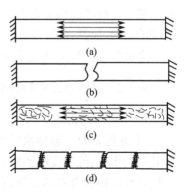

图 9.6 纤维阻裂作用示意图

担,图9.6(c);由于纤维抗拉强度高,抗裂能力增加,同时,由于纤维与基材相互间的应力传递和合成纤维较大的变形能力,当内拉应力达到其抗拉强度时,纤维混凝土出现裂缝宽度很小的多缝开裂,避免了单道粗裂缝的形成,图9.6(d)。另一方面,混凝土基材不可避免地存在毛细孔缝、孔隙等原始裂缝,分布于基材中的纤维可能桥连原始裂缝,提高裂缝面刚度,减小裂缝尖端应力强度因子,因而避免了原始裂缝扩展成粗裂缝。因此,合成纤维可有效地阻止或防止混凝土出现开裂现象。

3. 合成纤维混凝土的性能

(1)混凝土裂缝降低系数 按协会标准 CECS 38 规定的方法,测试混凝土裂缝降低系数,可评价合成纤维阻止混凝土早期收缩裂缝的有效性和纤维混凝土抗裂性。采用如图9.7所示的钢制模具(截面为边长 600 mm 的正方形、高为 63 mm),将拌和均匀的纤维混凝土和相同配合比的混凝土基材(对比试件)分别浇注入两个模具中,振实、抹平表面后用塑料薄膜覆盖2 h,控制环境温度20 ℃±2 ℃;2 h后揭下薄膜,两个平面薄板试件各用1台电风扇吹其表面,风速为 0.5 m/s,相对湿度不大于60%,成型后24 h观察并测量试件表面裂缝数量、宽度和长度;按公式(9.17)计算裂缝总面积:

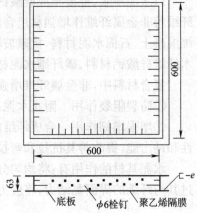

图9.7 纤维混凝土开裂试验模具
(单位:mm)

$$A_{cr} = \sum_{i=1}^{n} \omega_{i,\max} l_i \qquad (9.17)$$

式中 A_{cr}——试件裂缝的名义总面积,mm^2;
$\omega_{i,\max}$,l_i——第 i 条裂缝的名义最大宽度和长度,mm。

按公式(9.18)计算裂缝降低系数 η:

$$\eta = \frac{A_{mcr} - A_{fcr}}{A_{mcr}} \qquad (9.18)$$

式中 A_{mcr}、A_{fcr}——分别为混凝土基材和纤维混凝土试件裂缝的名义总面积,mm^2。

每次试验做两组试件,取其平均值作为评价指标,裂缝降低系数越大,阻裂效果越好。试验结果表明,纤维的弹性模量和体积率愈大,其阻裂效果愈好。一般纤维体积率为0.1%~0.5%时,就可对混凝土早期的塑性与干燥收缩起到显著阻裂作用。

(2)抗压强度比 采用边长为150mm的立方体试件,按 GB/T 50081 规定的方法,测试混凝土基材和纤维混凝土立方体试件抗压强度,两者之比为抗压强度比,以此评价纤维对混凝土强度的影响,显然,抗压强度比大于1,表明纤维有一定的增强作用。

合成纤维混凝土其他性能及其测试以及工程应用,可参见9.2节和现行标准 JGJ/T 221。

9.3.2 纤维水泥材料的组成和增强增韧机理

1. 组成与结构

(1)水泥基材 包括水泥净浆、砂浆和硅酸钙凝胶体。砂一般为细砂或特细砂;水泥品种有硅酸盐水泥、低碱度硫铝酸盐水泥、铝酸盐水泥和改性硅酸盐水泥等;矿物掺合料包括混凝土用活性矿物掺合料和石灰石粉、云母粉、黏土等粉末材料;外加剂有减水剂、增稠剂、分散剂、界面改性剂等。硅酸钙凝胶体是由硅质材料和钙质材料经高压蒸养形成的以水化硅酸钙为主要成分的一类材料。

(2) 纤维增强材　主要品种有普通玻纤、抗碱玻纤、碳纤维、木质纤维、石棉纤维以及丙纶、乙纶、维纶、芳纶等有机合成纤维,其规格可以是无捻粗纱、有捻粗纱、纤维毡、纤维布等。对于抗碱性较低的普通玻纤,其表面采用合成树脂进行涂敷处理。纤维增强材的基本要求是:水泥基材碱性较强,纤维增强材应不受水泥碱性水化物侵蚀,抗碱性强;当使用短切纤维时,纤维与水泥基材的界面黏结强度一般不应低于 1 MPa;抗拉强度和弹性模量高等。常用的玻璃纤维、碳纤维和合成纤维的品种和性能见 9.4 节。

(3) 宏观结构　纤维水泥材料是由水泥基材和纤维构成的两相多孔复合材料,其宏观结构与纤维增强材的品种、规格有关,连续纤维或纤维布水泥材料中,纤维定向排列分布在基材中,如图 9.8 所示;短切纤维水泥材料,纤维在水泥基材中无规分布,如图 9.9 所示。

图 9.8　连续纤维水泥材料的结构

图 9.9　短切纤维水泥材料的结构

同样,纤维水泥材料也存在纤维与水泥基材间的界面区,界面区的结构与纤维的种类、吸附性能和纤维水泥材料成型工艺等有关。试验表明,纤维与水泥基材间界面区的厚度有几微米至 50~60 微米不等,主要由三层构成:吸附在纤维表面的羟钙石和 C-S-H 凝胶的双层膜,厚度一般仅为 1~2 微米;氢氧化钙晶体富聚区,结构较疏松;由 C-S-H 凝胶组成的、孔隙率较大的多孔区。微观上,纤维与水泥基材间不是面结合,而是与水泥水化物颗粒的点接触。

2. 制备方法

纤维水泥材料中纤维体积率较高,制备工艺的关键是如何将连续纤维或短切纤维均匀地分布在水泥基材浆料中,尤其是长径比较大时,均匀分散是成型工艺的难题。

所有制备方法可以归结为两种技术路线:其一是纤维与水泥基浆料一起搅拌混合均匀,形成浓度较小的纤维水泥稀浆,再成型纤维水泥坯料,常采用长径比较小的纤维,有利于纤维均匀分散,这称为纤维拌合法;其二是纤维与水泥基材浆料不在一起混合搅拌,而是在形成坯料时将纤维混入预先拌和的浓度较大的水泥基材稠浆中,这称为纤维后混法。

(1) 纤维拌合法　按照纤维水泥坯料成型工艺,有抄取法、流浆法和挤出法等。

①抄取法和流浆法　将水泥基材和纤维一起搅拌成固体物含量(浓度)为 5%~20% 的均匀混合稀浆,再采用抄取法或流浆法工艺及其设备脱除混合料浆中的多余水分,形成均匀的纤维水泥坯料,再经加压或其他工艺压制密实;

②挤出法　将水泥基材和纤维一起搅拌成浓度较高的可塑性浆体,并由挤出法工艺及其设备成型纤维水泥坯料,硬化后制成纤维水泥材料及其各种制品。

纤维拌合法的特点:纤维在水泥基材中分布均匀;制品中纤维呈二维无规分布,且纤维统计分布趋向于制品的主受力方向,纤维利用效率较高;坯料由若干薄料层叠合而成,呈层状结构;压制坯料的成型压力越大,纤维水泥材料及其制品的密度和强度越高。温石棉水泥与硅酸钙、混杂纤维水泥与硅酸钙等纤维水泥材料及其板材、瓦材等均采用纤维拌合法制造。

(2)纤维后混法 按照纤维混入方式,有抹浆法、喷射法和纤维埋入法等。

①抹浆法 当采用连续纤维或纤维织物时,一般采用抹浆法成型。先拌制均匀水泥基材浆体,然后将可塑性浆体抹涂在连续纤维或纤维织物上,形成纤维水泥坯料,再经养护工艺硬化为纤维水泥材料及其制品。例如,玻纤网格布水泥材料就采用这种制备方法。

②喷射法 先拌制均匀的水泥基材浆体,将连续的纤维无捻粗纱切割至一定长度并由气流喷出分散的短切纤维,由另一喷枪喷出一定稠度的水泥基材浆体,两者无规自由落在无端毛布上或模具中,形成一定厚度的纤维水泥混合料浆层,经真空脱水和压实后形成纤维水泥坯料,硬化后成为纤维水泥材料及其制品。该方法制备的制品特点有:单层结构;纤维在制品中呈三维乱向分布;表面可带装饰花纹等。例如,日本旭硝子玻璃公司采用这种方法,工业化生产玻璃纤维增强水泥(GRC)板。

③纤维埋入法 将流动性较好的黏稠水泥砂浆或水泥基材浆料均匀地泵送至表面铺有塑料薄膜并按一定速率运行的特制传送带上,通过专门的装置使一部分连续无捻粗纱沿着传送带运行方向埋入砂浆中,将另一部分无捻粗纱切成一定长度的短切纤维按二维无规分散并埋入砂浆料中,形成含有两部分纤维的坯料,硬化后成为纤维水泥材料及其制品。该方法生产的纤维水泥制品的纤维体积率较大,其强度和韧性较高。例如,德国海德堡水泥公司、奥地利托尼工业公司和意大利 Fibronit 集团公司均采用这种方法生产 GRC 瓦和板材。

纤维后混法避免了纤维和水泥基材浆料的混合,且纤维体积率高、水泥基材浆料中水胶比较小,因而制备的纤维水泥材料及其制品的强度高,韧性好。但由于纤维与水泥基材未经充分混合,匀质性较低。

上述两种技术路线各有优缺点,还有待进一步创新和发展新的成型工艺与方法。

3. 纤维增强增韧机理

(1)纤维水泥材料破坏模式 当纤维水泥材料轴向受拉时,可发生三种破坏模式,其应力—应变曲线如图 9.10 所示。通过三种破坏模式的分析,可理解纤维增韧机理。

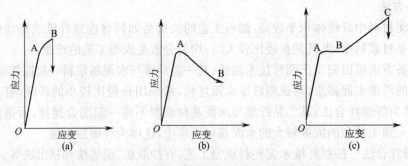

图 9.10 纤维水泥材料受拉时的三种破坏形式

①模式Ⅰ 如图 9.10(a)所示的受拉应力-应变曲线,从零应力至 A 点间呈直线,为弹性变形阶段,其应力—应变关系遵从虎克定律,A 点时水泥基材发生初裂,对应的应力称为初裂强度。尔后,应力—应变关系呈缓慢上升的曲线段,在该区段内,随应力增加,水泥基材中出现大量肉眼难以观察到的微裂缝。B 点时大部分纤维被拉断,少部分纤维由水泥基材中拔出,此时

纤维水泥材料呈脆性断裂,但其脆性比水泥基材小。纤维的长径比较小而体积率较大、且界面黏结强度较大的纤维水泥材料呈该破坏模式,此类材料中纤维主要起增强作用,因而具有高于水泥基材的抗拉和弯拉强度,但韧性与抗冲击能较小。例如,石棉或温石棉水泥材料、木纤维水泥材料和木纤维硅酸钙材料等。

②模式Ⅱ 如图9.10(b)所示的受拉应力-应变曲线,从零应力到A点为弹性变形阶段,在A点时水泥基材发生初裂;此后,桥连裂缝的纤维承受拉力,当拉应力大于纤维与水泥基材的界面黏结力时,纤维逐渐自水泥基材中拔出,由A点到B点,应力随应变增加而降低,呈应变软化行为,应力随应变降低的速率随界面黏结力提高而减小,因而可产生较大的变形。在此情况下,纤维水泥材料的抗拉强度与初裂强度接近或相等,但其韧性明显增大。纤维的长径比较大而体积率较小、界面黏结强度不高的纤维水泥材料一般呈现此种破坏模式,此类纤维水泥材料中纤维的增强效果较小,但增韧效果明显,例如,合成纤维水泥材料、合成纤维砂浆等。

③模式Ⅲ 如图9.10(c)所示的受拉应力-应变曲线,从零应力至A点仍为弹性变形阶段;而后,AB段呈近似水平线段,其应力恒定而应变不断增加,即出现屈服行为;此时,水泥基材出现大量垂直于应力方向的微裂缝,即呈多缝开裂;从B点到C点,应力主要有纤维承受,因纤维高抗拉强度,应力随应变增加,呈应变强化行为;到C点时,纤维被拉断和从水泥基材中拔出,纤维水泥材料断裂破坏。如果纤维的弹性模量和体积率较大,则C点的应力与应变值均较大。当用连续长纤维或长径比大的短纤维作增强材、且体积率较高时,纤维水泥材料呈现此种破坏模式。此类材料具有较高的抗拉强度、弯曲韧性与抗冲击强度。例如,连续玻璃纤维水泥材料,膜裂聚丙烯纤维水泥材料等。

由此可见,破坏模式Ⅰ,纤维起一定增强作用但增韧效果较差;破坏模式Ⅱ,纤维水泥材料呈应变软化行为,纤维起一定增韧作用但增强效果较差;破坏模式Ⅲ,纤维水泥材料呈多缝开裂和应变强化行为,纤维增强和增韧作用效果最好。因水泥基材的脆性较大,如何使纤维水泥材料呈多缝开裂和应变强化行为,其原理比较复杂。

(2)ACK多缝开裂模型 对于由一维定向均布连续纤维增强的纤维水泥材料,英国学者Avesten、Cooper与Kellv曾提出一个多缝开裂模型,称为ACK模型。基于该模型,当抗拉强度高、断裂伸长率较大的纤维,且纤维体积率大于临界值时,纤维水泥材料初裂后所受拉应力完全由纤维承担,变形能力较大的纤维产生拉伸变形,而变形能力小的水泥基材产生垂直于纤维轴的多道微细裂缝,且因纤维的高抗拉强度使得纤维水泥材料呈现应变强化行为。

根据力平衡关系,得出纤维水泥材料多缝开裂时的最小裂缝间距 x' 为:

$$x' = \frac{d_f \sigma_m}{4 V_f \tau}(1-V_f) \tag{9.19}$$

式中 d_f、V_f——纤维直径(mm)和纤维体积率(%);

σ_m、τ——水泥基材的初裂强度和纤维—水泥基材界面剪切黏结强度,MPa。

纤维水泥材料多缝开裂时消耗的能量是水泥基材表面能和纤维应变能的总和,可由图9.10(c)所示的受拉应力—应变曲线下的面积计算得出。

由公式(9.19)可知,纤维体积率和界面剪切黏结强度越大,纤维直径越小,多缝开裂时纤维水泥材料中裂缝间距小而数量多,其增韧效果越好。反之,间距越大或出现单缝开裂。

(2)ECC模型 美籍华裔学者 Victory Li 曾用2%PVA纤维增强水泥基材,发明了工程水泥基复合材料(ECC),拉伸时ECC呈多缝开裂和应变强化行为,应变为1%时裂缝宽度恒定为60 μm,极限应变达到3%~5%。

图 9.11 给出了 ECC 中桥连裂缝的纤维上的应力与裂缝张开宽度的关系，其中阴影面积代表裂缝尖端韧性 J_{tip}，斜线部分面积为余能量 J'_b，基于稳态裂缝扩展的 J 积分分析，得出 PVA 纤维水泥材料呈多缝开裂和应变强化行为，需满足下列条件：

$$J_{tip} \leqslant \sigma_0 \delta_0 - \int_0^{\delta_0} \sigma(\delta) d\delta \equiv J'_b \quad (9.20)$$

$$\sigma_{fc} < \sigma_0 \quad (9.21)$$

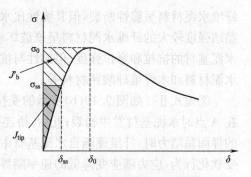

图 9.11 纤维桥连应力—裂缝张开宽度曲线

亦即，当表征裂缝尖端韧性的 J 积分 J_{tip} 小于裂缝扩展余能量 J'_b，或初裂拉伸强度 σ_{fc} 大于桥连纤维的最大应力 σ_0 时，纤维水泥材料呈应变强化行为。

基于上述两个模型，通过纤维品种与规格的选择、水泥基材配合比设计、界面黏结强度调节，可以赋予纤维水泥材料应变强化行为和高韧性。

9.3.3 耐碱玻纤水泥材料

以玻璃纤维作增强材、水泥净浆或砂浆作基材的纤维水泥材料，简称为 GRC。由于普通玻璃纤维的耐碱性较差，而普通水泥基材的碱性较强(pH>12.(5))，因此，耐久性是 GRC 材料的关键性能。自 20 世纪 50 年代以来，许多国家致力于这方面的研究。改善耐久性的技术途经主要有两个方面，其一是提高玻璃纤维的耐碱性，开发了抗碱玻璃纤维；其二是降低水泥的碱度，我国发明了低碱度硫铝酸盐水泥，国外采用改性硅酸盐水泥。

1. 组成材料

(1) 增强材 主要采用能耐碱性物质长期侵蚀的耐碱玻璃纤维(AR 玻纤，见表 9.1(5))，有无捻粗纱和网格布两种。按玻璃成分中 ZrO_2 含量分为 L 类和 H 类，L 类耐碱玻纤中 ZrO_2 含量为 14.5%±0.8%或 ZrO_2 和 TiO_2 含量之和不小于 19.2%；H 类耐碱玻纤中 ZrO_2 含量不小于 16%。断裂伸长率不大于 4.0%；经耐碱性试验后，其拉伸断裂强力保留率不小于 75%。

(2) 水泥基材 有硫铝酸盐水泥和改性硅酸盐水泥为主要胶凝材料的水泥基材。

① 硫铝酸盐水泥基材 以低碱度硫铝酸盐水泥(见第 2 章)为胶凝材料，其 1:10 的水泥浆液 1 h 后的 pH 值为 10.5 左右；一般采用粒径小于 2mm 的细砂为细骨料，有时还掺加膨胀珍珠岩颗粒和陶粒等轻骨料；可掺加粉煤灰、矿渣、石灰石粉等矿物掺合料，其掺量一般为水泥质量的 10%~30%；以及减水剂、缓凝剂等外加剂。由这些组分材料拌和成水泥基材。

② 改性硅酸盐水泥基材 以硅酸盐系水泥(见第 2 章)为胶凝材料，掺加超细低钙粉煤灰、硅灰、磨细矿渣、超细偏高岭土粉末等高火山灰活性的矿物掺合料或硫铝酸钙、无水石膏等胶凝矿物粉末，减少或消除水泥基材中的羟钙石和碱金属离子，降低水泥基材碱度。此外，还可将成型后的 GRC 材料及其制品进行超临界碳化处理，使水泥基材中的 $Ca(OH)_2$ 转化为 $CaCO_3$，从而降低水泥基材碱度。

2. 制备工艺

GRC 制品的生产以喷射法为主，也可采用挤出法、立模浇筑法和纤维后混法等。

3. 耐碱玻纤硫铝酸盐水泥材料(GRC)的性能与应用

(1) 物理性能 这种 GRC 材料及其制品的表观密度为 1 800~2 000 kg/m³，吸水率为 18%；如果掺加了轻骨料，则表观密度为 1 000~1 300 kg/m³，吸水率为 30%以上。

(2)力学性能　GRC的抗压强度主要取决于水泥基材;而抗拉和抗弯强度与纤维的长径比、体积率、分散均匀性等因素有关。用喷射法成型的GRC的典型性能如表9.11所示。

表9.11　用喷射法生产的GRC的典型性能

性　能	指　标	性　能	指　标
抗压强度(MPa)	50～80	弯曲弹性极限(MPa)	7～11
弹性模量(GPa)	10～20	极限应变(‰)	0.6～1.2
冲击强度(kJ/m²)	10～25	层间剪切强度(MPa)	1.5～3.0
拉伸弹性极限(MPa)	5～7	平面剪切强度(MPa)	7～10
极限弯曲强度(MPa)	21～31	冲孔剪切强度(MPa)	30～40
密度(kg/m³)	1 700～2 100		

(3)工程应用　在我国,耐碱玻纤硫铝酸盐水泥材料及其制品得到了广泛应用,主要有非承重制品,如隔墙板、外墙内保温板、复合外墙外保温板、外墙装饰挂板、装饰制品等等;次要承重制品,如GRC粮仓、网架屋面板、波瓦和农用温室骨架等等。

9.3.4　合成纤维水泥材料

1. 组成材料

(1)增强材　主要有丙纶纤维、维纶纤维、乙纶纤维和芳纶纤维等合成纤维,可以是短切纤维、连续纤维和纤维织物(纤维布、纤维毡)。纤维体积率一般为2％～8％。

(2)水泥基材　合成纤维耐碱性强,一般采用以硅酸盐系水泥为胶凝材料的净浆或砂浆。

2. 性能特点

与玻璃纤维相比,合成纤维的断裂延伸率较大,密度小,其弹性模量与水泥基材的弹性模量之比较小;另一方面,合成纤维与水泥基材的界面黏结力较小。因此,当纤维体积率较大时,合成纤维水泥材料呈应变强化行为,其抗拉、弯拉强度和韧性较高;当纤维体积率较小时,合成纤维水泥材料也具有较高的强度和韧性。例如,当乙纶纤维体积率为1％时,以砂浆作基材的纤维水泥材料具有较高的弯拉强度和弯曲韧性,如表9.12所示。合成纤维水泥材料的力学性能随纤维体积率增大而显著提高,如表9.13所示。

表9.12　砂浆基材与高模量乙纶纤维砂浆材料的力学性能

材料类别	弯拉强度(MPa)	抗拉强度(MPa)	抗压强度(MPa)	弯曲韧性比值
砂浆基材	2.6	2.9	57.0	1
乙纶纤维砂浆材料	8.9	3.2	45.7	150

表9.13　砂浆基材与芳纶纤维砂浆材料的力学性能

材料类别	纤维体积率(％)	弯拉强度(MPa)	劈拉强度(MPa)	抗压强度(MPa)	弯曲韧度指数			
					η_{m5}	η_{m10}	η_{m30}	η_{m50}
砂浆基材	0	2.6	2.9	57.0	—	—	—	—
纤维砂浆	0.5	4.1	4.2	52.1	6.9	14.9	33.9	42.0
纤维砂浆	1.0	5.1	4.4	50.3	7.8	17.7	41.3	49.2
纤维砂浆	1.5	6.1	4.6	45.5	7.9	19.4	55.0	70.8

注:纤维直径与长度分别为12 μm和6.4 mm;砂浆基材配比为水泥:细砂:水=1:1:0.4;韧度指标指数为弯曲试验测试的弯曲挠度分别为5、10、30、50 μm时荷载—挠度曲线下的面积。

3. 工程应用

合成纤维水泥材料有两方面的应用,其一是配制抗裂抗渗砂浆,用于房屋建筑、道路、桥梁、隧道和水利工程等工程结构的饰面材料和表面缺损的修补材料;其二是采用各种成型工艺制成外墙板、隔音板、地板、永久性模板和各种管材等制品,应用于建筑工程中。

9.4 纤维增强塑料

以合成树脂或塑料为基体,纤维或纤维织物为增强材,通过复合工艺组合而成的塑料基复合材料,称为纤维增强塑料,简称 FRP。本节主要介绍纤维增强热固性塑料的组成、制备方法、性能和工程应用等方面的基本知识。

9.4.1 纤维增强材

纤维增强材主要有玻璃纤维、碳纤维、芳烃纤维和玄武岩纤维等,以前两种纤维为主。

1. 玻璃纤维

以石英砂、石灰石、白云石等为主要组分,并配以纯碱、硼酸等,有时还适当掺入 TiO_2、ZrO_2、Al_2O_3 等氧化物,熔制成硅酸盐熔体,经拉丝工艺制成的丝状物为玻璃纤维。经不同工艺方法,可加工成无捻粗纱、有捻粗纱、短切原丝、粗纱布、纤维毡、纤维网等制品。

玻璃纤维(简称玻纤)具有不燃、不腐烂、耐热、强度和弹性模量高、断裂伸长率较小、尺寸稳定性好等性能特点,其直径一般为 $5\sim20~\mu m$,平均直径约为 $12~\mu m$。因其主要组成不同,有多个具有不同特性的玻璃纤维品种,常用品种及其性能如表9.14所示。

表 9.14 常用玻纤增强材的性能

牌号	直径 (μm)	密度 (g/cm^3)	线胀系数 ($10^{-6}/K$)	弹性模量 (GPa)	拉伸强度 (MPa)	伸长率 (%)	泊松比	软化温度 (℃)
E	12	~2.54	~5.0	72.4~76	3 600	~2.0	0.21	845
AR	12	2.68	7.5	70~80	3 600	~2.0	0.22	—
M_2	12	2.89	5.7	110	3 500	—	—	—
S-994	12	~2.48	2.9~5.0	~86	4 600	—	—	968

(1)E-玻纤　碱金属氧化物含量少的无碱玻璃纤维,具有高强度、较高弹模、低密度和良好耐水性,是纤维增强塑料最为理想的增强材。主要缺点是其抗酸、碱等化学腐蚀性较低,限制其在水泥基复合材料中的应用,但经过表面涂覆树脂处理后,可用于水泥基复合材料。

(2)AR-玻纤　也称耐碱玻璃纤维,因其含约 14%~16% 的 ZrO_2,其耐碱性物质长期腐蚀,适用作水泥基复合材料的增强材。

(3)S-玻纤　由硅—铝—镁玻璃拉制成的高强玻璃纤维,,其拉伸强度比 E-玻纤高 25% 以上。

(4)M-玻纤　用高模量玻璃拉制成的高模量玻璃纤维,其弹性模量比 E-玻纤高 25%。

此外,还有耐化学腐蚀强的 C-玻纤;高碱金属氧化物含量的 A-玻纤;低介电的 D-玻纤;以及特种玻纤(如空心玻纤)等。

2. 碳纤维

碳纤维是由有机纤维热解制得的含碳量超过 90%(质量百分数)的纤维,主要有碳纤维、

第9章 纤维增强复合材料

碳晶须和碳纳米管等品种。碳纤维是由不完整石墨晶体沿纤维轴向排列的一种多晶纤维,其制造工序由母体材料熔体纺丝、预氧化、碳化、石墨化等,其中,碳化、石墨化处理在惰性气体和高温(1 200~3 000 ℃)下进行。

碳纤维具有高比强度、高比模量、高导电性、低膨胀系数、断裂韧性高、耐磨性好、抗烧蚀以及很好的化学稳定性和尺寸稳定性、强度随温度升高而增加等特点。

按碳纤维的性能,分为高强型(HT)、通用型(GP)、高模量型(HM)、高强模量型(HP)等多种规格,其主要性能如表 9.15 所示。

表 9.15 碳纤维的类型和主要力学性能

性 能	碳 纤 维			
	HT	GP	HM	HP
直径(μm)	7	10~15	5~8	9~18
弹性模量(GPa)	2 000~2 400	3 800~4 000	3 500~7 000	4 000~8 000
拉伸强度(MPa)	2 500~4 500	420~1 000	2 000~2 800	3 000~3 500
断后伸长率(%)	1.3~1.8	2.1~2.5	0.4~0.8	0.4~0.8
密度(g/cm^3)	1.78~1.96	1.57~1.76	1.4~2.0	1.9~2.1

按其母体材料,分为聚丙烯腈基(PAN)碳纤维、沥青基碳纤维和黏胶基碳纤维等 3 种。

(1)聚丙烯腈(PAN)碳纤维 由聚丙烯腈树脂为母体制得的碳纤维,是常用主要品种,约占 80% 以上。尽管 PAN 碳纤维拉伸强度高,但未达到其理论强度 180 GPa 的 5%。

(2)沥青基碳纤维 由各向同性或各向异性的沥青为母体材料制得的碳纤维,其含碳量大于 92%,分为通用型和高性能型两种。

(3)黏胶基碳纤维 由改性纤维素树脂制成的黏胶为母体材料制得的碳纤维,其含碳量大于 99%,有黏胶基碳纤维和黏胶基石墨纤维两种。

这三种碳纤维的规格和主要性能如表 9.16 所示,常用的碳纤维增强材是连续碳纤维、短切碳纤维、碳纤维粗纱束、碳纤维毡和碳纤维织物等。

表 9.16 商品碳纤维的种类和主要性能

种类与牌号		拉伸强度 (GPa)	弹性模量 (GPa)	断裂伸长率 (%)	密度 (g·cm^{-3})	直径 (μm)	电阻率 ($\mu\Omega \cdot cm$)
PAN 基碳纤维	J9107	3.49	227.6	1.63	1.68	6.3	19.6
	S9206	3.10	217.3	1.45	1.71	6.3	19.8
	L8506	2.90	203.3	1.48	1.71	6.5	24.8
沥青基碳纤维	通用型	2.31	525	0.44	—	13.25	—
	高性能型	2.18	483	0.46	—	13.68	—
黏胶基碳纤维	J9107	0.40~0.60	25~35	1.5~2.0	1.4	5~7	4.0
	L8506	0.60~0.80	60~80	1.0~1.5	1.5~1.8	5~7	4.0

此外,还有一些无机矿物纤维可以作为增强材,例如,玄武岩纤维、纤维状海泡石、针状硅灰石和云母鳞片等,它们的主要成分是硅酸盐或硅铝酸盐,密度一般在 2.0~3.0 g/cm^3,熔点高达 1 400 ℃ 以上,长径比为 10~30。无机矿物纤维对水泥浆中的无机颗粒有较强的吸附作用,也可作为水泥基复合材料的增强材。

9.4.2 热固性塑料基材

1. 组成体系

工程结构用纤维增强塑料主要采用热固性塑料为基材,由树脂液体系和填料组成的混合料固化后形成塑料基材。常用填料有滑石粉、石英砂、石墨、陶土、磨细瓷粉、金属粉和玻璃粉末等,其作用是降低树脂液固化收缩率、热效应、热膨胀系数,提高体积稳定性。树脂液体系包括热固性树脂及其辅助剂,热固性树脂是指在加热或固化剂体系的作用下,能发生交联反应而转变为不熔不溶固体的树脂。常用热固性树脂液体系有酚醛、聚酯和环氧三大类:

(1)酚醛体系 由酚醛树脂(简称酚醛)及其辅助剂组成。

①酚醛树脂 指酚类和醛类单体经缩聚反应合成的一类聚合物,分热塑性和热固性两种,详见7.2.2节。

②辅助剂 主要有固化剂和增韧材料

a. 热固性酚醛树脂通过羟甲基之间在酸性催化下的缩合反应而固化,不需固化剂,酸性催化剂有盐酸、磷酸、硫酸)石油磺酸等;热塑性酚醛树脂需借助固化剂才能进行固化,常用的固化剂有六次甲基四胺和多聚甲醛、三羟甲基三聚氰胺、多羟甲基双氰胺和环氧树脂等。

b. 增韧材料 酚醛树脂脆性较大,常添加一些增韧材料,如天然橡胶、丁腈橡胶、丁苯橡胶、聚乙烯醇缩醛等。也可与环氧树脂混合使用。

(2)聚酯体系 由不饱和聚酯树脂(简称聚酯)及其辅助剂组成。

①不饱和聚酯树脂 是指具有线型结构、分子量不高的大分子主链上含有酯键和不饱和双键的一类缩聚物,详见7.2.2节。按《纤维增强塑料用液体不饱和聚酯树脂》(GB/T 8237—2005),不饱和聚酯树脂分为通用型、耐热型、耐腐蚀型和耐燃型等,其浇注体弯曲强度不小于80 MPa,弯曲弹性模量不小于2 700 MPa。

②辅助剂 主要有交联剂、引发剂、促进剂、阻聚剂和光敏引发剂等。

a. 交联剂主要是烯烃类单体,如苯乙烯、甲基丙烯酸甲酯、邻苯二甲酸二丙烯酯等。

b. 引发剂一般为有机过氧化合物,常用的有过氧化氢($H_2O_{(2)}$)、过氧化甲乙酮(MEKP)、过氧化环己酮(CYHP)、过氧化苯甲酰(BPO)等

c. 促进剂是能促进不饱和聚酯树脂的固化反应或降低固化温度的一类物质,一般应与引发剂配伍构成引发体系,例如,与过氧化物配合的促进剂有二甲基苯胺、二乙基苯胺和硫醇、硫醚等;与氢过氧化物配合的促进剂有环烷酸钴、环烷酸钒等。

d. 阻聚剂用于终止或延缓不饱和聚酯树脂在贮存和运输中的聚合反应,常用阻聚剂有亚硫酸盐、苯二酚、叔丁基邻苯二酚、硝基苯等。

不饱和聚酯树脂与固化剂、引发剂和促进剂混合在一起形成树脂液,在引发剂作用下,聚酯大分子链上双键和烯烃固化剂分子的双键进行共聚反应,使线型结构的聚酯大分子链交联成体型大分子,树脂液转变为固体塑料。

(3)环氧体系 由环氧树脂及其辅助剂组成。

①环氧树脂 是指大分子链中含有两个或两个以上环氧基团的一类聚合物,缩写代号EP。《塑料环氧树脂第1部分:命名》(GB/T 1630.1—2008)规定,环氧树脂以代号"EP"和一组5位数字的字符,后接一组3位数字的字符来命名,第一组5位字符表示类别和主要性能,后一组3位数字表示次要性能。主要性能包括黏度、环氧当量和有机改性剂或溶剂类型;次要性能有密度、添加剂和特性。

按其分子组成与结构,环氧树脂类别有双酚 A/缩水甘油醚(0(1)和芳香族(0(2)、脂肪族(0(3)、脂环族(0(4)缩水甘油醚类(酯),以及环烯烃类—环氧(0(5)、酚醛—环氧(0(6)和卤代环氧化物(0(7)等。常用的双酚 A/缩水甘油醚,简称双酚 A 型环氧树脂,按其环氧当量值由 170g/mol 增加到 270g/mol,有 EP01431 310～EP01451 310 等 4 个型号。

此外,由双酚 A 型或酚醛型环氧树脂与甲基丙烯酸反应得到的一类变性环氧树脂,通常被称为乙烯基酯树脂(VE),别名环氧丙烯酸树脂。

②辅助剂　主要有固化剂、溶剂、改性剂等。

a. 固化剂是能与环氧基团发生交联反应的一类物质,其种类较多,但大体上可分为两类:

ⓐ反应性固化剂　可与环氧基团进行加成反应,使线性大分子链交联成体型大分子,这类固化剂一般含有活泼氢原子,例如,多元伯胺、多元羧酸、多元硫醇和多元酚等;

ⓑ催化性固化剂　可引发环氧基团发生阳离子或阴离子聚合反应,并使大分子链相互交联、固化,例如,叔胺和三氟化硼络合物等。

此外,为改善环氧塑料基材的湿热性能和韧性,开发了一类新型固化剂—聚醚二胺,如二氨基二苯醚二苯砜、二氨基二苯醚双酚 A 等。

b. 溶剂　其作用是降低环氧树脂的黏度、提高流动性,也有两类:

ⓐ活性溶剂　这类溶剂含有活性环氧基团,能参与环氧树脂的交联固化反应。常用的有环氧丙烷丙烯醚、环氧丙烷丁基醚、环氧丙烷苯基醚、脂肪族环氧、脂环族环氧等。

ⓑ非活性溶剂　这类溶剂不参与固化反应,但有时可起到增塑剂的作用。常用的有丙酮、甲乙酮、环己酮、苯、甲苯、正丁醇和苯乙烯等。

ⓒ有机改性剂　有活性和非活性两类,活性改性剂可参与环氧树脂的固化反应,常用的有聚酰胺树脂、聚硫橡胶、聚丁二烯环氧树脂和不饱和聚酯树脂;非活性改性剂一般不参与环氧树脂的固化反应,常用的有邻苯二甲酸二甲酯、二丁酯、二乙酯、二辛酯和磷酸三丁酯等。

2. 工艺性能

热固性塑料基材的性能主要取决于树脂液体系的组成和性能,树脂液体系的工艺性能、热物理性能和力学性能等需满足纤维增强塑料制造和其工程应用的需要。在制备纤维增强塑料时,纤维或其织物表面应完全被液态或熔融态树脂液浸渍和包裹,以便固化后纤维均匀分布于塑料基材中。为此,树脂液应具有良好的流动性、浸润性、黏附性和固化性能。

(1)流动性　树脂液的流动性由其黏度表征,常用热固性树脂的分子量一般为 400～2 000,其黏度较低;掺入辅助剂后,其黏度进一步降低;此外,还可通过调节温度使树脂液获得成型工艺所需的流动性。

(2)浸润性与黏附性　由 1.2.2 节可知,树脂液对纤维的浸润性和粘附性与树脂液的表面张力和树脂液—纤维间界面张力有关。树脂液的黏度越低,表面张力越小,树脂液与纤维表面分子间相互作用力越大,界面张力越小,则浸润性和黏附性越好。因此,采用黏度越小、流动性较大的树脂液,有利于树脂液对纤维的浸润和黏附;另一方面,通常对纤维进行表面处理,降低树脂液—纤维间界面张力,提高树脂液与纤维表面间作用力,可进一步改善树脂液对纤维的浸润性和黏附性,例如,玻璃纤维表面用"偶联剂"处理,可使树脂液与玻纤表面发生化学反应,从而提高浸润性和界面黏结强度。

(3)固化性能　树脂液由液态或熔融态转变为固态的固化过程一般经历三个阶段,A 阶段为液态或熔融态,有利于纤维浸渍和流动;B 阶段为凝胶态,常温下没有流动性,但加热可流动;C 阶段为不溶不融固态。固化分为热固化和室温固化,主要通过固化剂和促进剂的配伍和选择来实现。由于酚醛树脂固化中有水分子释放，一般采用加压固化。

3. 物理力学性能

(1) 力学性能　塑料基材的拉伸、压缩、弯曲强度和抗冲击性能、断裂韧性等力学性能主要取决于固化后树脂液浇注体。常用三大热固性树脂浇注体的力学性能指标见表9.17。

(2) 物理性能　热固性树脂密度较小，耐温性良好，但一般在300℃时会发生热老化现象。常用三大热固性树脂的一些物理性能指标如表9.18所示。

表9.17　三大热固性树脂浇注体的力学性能

树脂	抗拉强度(MPa)	拉伸伸长率(%)	受拉弹性模量(GPa)	抗压强度(MPa)	弯曲强度(MPa)
酚醛	42.0～64.0	1.5～2.0	3.2	88.0～110.0	78.0～120.0
聚酯	42.0～71.0	1.3～5.0	2.1～4.5	92.0～190.0	60.0～120.0
环氧	65.0～85.0	1.7～5.0	3.2	110.0～210.0	130.0

表9.18　常用热固性树脂浇注体的物理性能

性　　能	酚醛	聚酯	环氧
密度(g/cm^3)	1.30～1.32	1.10～1.46	1.11～1.23
热变形温度(℃)	78～82	60～100	120
线膨胀系数(10^{-6}/℃)	60～80	80～100	60
收缩率(%)	8～10	4～6	1～2
与纤维、金属与混凝土表面的黏结力	很强	较强	很强

4. 耐化学腐蚀性

热固性树脂抵抗水、酸或碱水溶液侵蚀的能力均较强，但抵抗有机溶剂侵蚀的能力较弱，酚醛树脂的耐碱性较差。

9.4.3　纤维增强塑料的制备方法

1. 成型工艺

纤维增强塑料及其制品的成型工艺包括纤维与树脂液混合或浸渍、制品成型与固化。当采用短切纤维时，一般采用纤维与树脂液搅拌成团状混合料；当采用连续纤维或纤维织物(纤维布或纤维毡)时，由连续纤维或织物通过树脂液槽浸渍后，成为纤维表面完全被树脂液包裹的片状或带状混合料。固化分预固化和完全固化两个阶段，预固化阶段，混合料成为半固态，加热后可流动，完全固化阶段，混合料为不溶不融固态；按其固化温度，分为常温固化和室温固化；按其固化压力，分为加压固化和常压固化。可根据树脂液种类及其固化体系，选择固化方法和固化制度。制品成型方法主要有手糊法、喷射法、模压法、拉挤法、缠绕法和层叠法等16种，可根据制品的几何形状与尺寸、纤维增强材规格，选择制品成型方法。

2. 成型方法

(1) 手糊法　主要由手工并借助辅助性设备和工具完成制品成型，其操作步骤是：在模具或模板上涂刷一层树脂液、贴一层纤维织物并使其浸入树脂液中，如此反复进行，形成规定厚度的坯料；固化后，脱模和修整，制得成品。手糊法成型的制品，其质量和性能离散性较大，一般适用于表面积较大、形状与结构复杂的薄壳形制品的成型，如波形瓦、雨棚等。采用纤维增强塑料对钢筋混凝土结构进行补强加固，一般也采用手糊法。

(2) 喷射法　利用喷枪分别将树脂液与短切纤维同时喷到模具或模板上,反复喷射、积层与辊压脱泡,形成规定厚度的坯料;固化后制得纤维增强塑料制品。该方法可用纤维粗纱,适用于形状与结构复杂的薄壳形制品的成型,如整体浴室的部件。

(3) 模压法　将预固化的团状或片状混合料(模压料)装入金属对模中,在一定温度和压力作用下压制、固化成型。该方法一般适用于体积较小的制品,如窨井盖、管道接头等;也可制备薄壳形制品。

(4) 缠绕法　将连续纤维或织物带通过树脂液槽浸渍后,由缠绕机按一定规律缠绕在芯模上,达到规定厚度,经固化,制成截面为圆形或椭圆形制品,如管材、压力容器等。

(5) 拉挤法　连续纤维或织物由牵引装置牵引,进入树脂液槽浸渍并经烘干预固化,再通过带有加热控温装置的挤拉机和模头定型固化,制成连续型材。选择具有不同形状的模头,可制备管材、棒材和截面为方形、工字形、槽形等异型材。如玻纤增强塑料筋、门窗框等。

(6) 层叠法　将预固化的片状混合料,一层一层叠合后经层压机加压固化后,制成各种规格的板材,还可制成各种不同芯材的夹层板等。

此外,还有一些其他成型方法,例如,真空袋压法、卷绕法、传递模塑法、连续制板法等。

9.4.4　纤维增强塑料的基本性能

1. 力学性能

(1) 力学性能特点　与金属材料相比,纤维增强塑料的力学性能有如下特点:

① 比强度和比刚度高　因其密度小,一般为 $1.4\sim2.2$ g/cm³,而强度与碳素钢相近,因此,纤维增强塑料的比强度和比刚度与高级合金钢相近,超过铝合金。

② 力学性能可设计　其力学性能均随纤维体积率增加而提高,且与纤维增强材的种类与几何形态、铺层方式等有关。因此,通过选择合适的原材料和纤维排布,可制成具有各种力学性能指标的纤维增强塑料及其构件或结构。

③ 抗疲劳性能良好　纤维增强塑料疲劳破坏是从塑料基材开始,逐渐扩展到纤维与塑料基材的界面上,不呈突发性断裂行为,其疲劳强度为其抗拉强度的 70%～80%。

④ 安全性好　纤维增强塑料中含有成千上万根独立纤维,当少量纤维因超载断裂时,内部应力会重新分布,不致使材料或构件在短时间内丧失承载能力。

(2) 拉伸性能　纤维增强材的拉伸强度和纤维体积率越大,纤维增强塑料的抗拉强度越高;纤维轴向的抗拉强度和弹性模量最大;垂直于纤维轴向的抗拉强度和弹性模量较小。

(3) 压缩性能　纤维增强塑料的压缩破坏主要是塑料基材破坏,塑料基材的抗压强度和弹性模量越高,则纤维增强塑料的抗压强度和弹性模量也越高;无规分布的短切纤维作增强材时,纤维对横向变形和破坏有约束作用,因而其抗压弹性模量与抗拉弹性模量较相近。

(4) 弯曲性能　在弯曲试验中,纤维增强塑料首先发生界面破坏,接着是塑料基材的破坏,最后才是纤维增强材的拔出或断裂,其弯曲强度和弯曲弹性模量较高。

(5) 剪切性能　其剪切强度取决于纤维—塑料基体界面黏结强度和塑料基材的强度,其层间剪切强度几乎与纤维体积率无关,一般为 $100\sim130$ MPa。但剪切模量随纤维体积率增加而提高。

(6) 冲击性能　其抗冲击强度主要与成型方法、增强材的规格有关。一般来说,缠绕成型的制品抗冲击强度最高,约为 500 kJ/m²;模压成型制品次之,约为 $50\sim100$ kJ/m²;手糊成型制品较低,约为 $10\sim30$ kJ/m²。

(7) 蠕变性能　在恒定应力作用下,纤维增强塑料会发生随时间增大的变形—蠕变,严重时将导致复合材料或制品体积不稳定。塑料基材中树脂交联度和纤维体积率越大,蠕变会越小。

2. 物理性能

(1) 电性能　纤维增强塑料的电性能一般介于纤维和塑料基材的电性能之间,且与纤维增强材和塑料基材品种、纤维表面处理剂、环境温度和湿度有关。无碱玻纤的电绝缘性好,石英玻纤和高硅氧玻纤的介电性最佳,碳纤维是半导体材料,其导电性随热处理温度的升高而提高。塑料基材的电性能与合成树脂大分子链极性有关,极性越大,电绝缘性越差。因此,通过选择纤维与合成树脂的种类及其相对体积率,可以获得不同电性能的复合材料。

(2) 热学性能　纤维增强塑料是热的不良导体,其导热系数一般在 0.17~0.48 W/(m·K)之间。热膨胀系数与纤维体积率、树脂种类有关,纤维体积率越大,热膨胀系数越小,一般在(4~36)×10^{-6}/℃范围内。热变形温度主要取决于塑料基材及其交联度,一般为 100~250 ℃。

(3) 光学性能　纤维增强塑料有一定的透光性,但呈光散射现象。当塑料基材是透明的,且纤维和塑料基材的折光指数相同时,纤维增强塑料是透明的。

3. 耐久性能

因大气环境中的温度、湿度、紫外光等因素的作用,纤维增强塑料性能会随时间发生衰变。

(1) 温度　因纤维增强材和塑料基材的热膨胀系数的差异,温度循环变化会导致界面脱黏,从而降低其力学性能;长期暴露在高温下,塑料基材的热老化使纤维增强塑料变脆。

(2) 湿度　在潮湿环境或水中,水分子渗入纤维增强塑料内或界面上,因玻璃纤维表面亲水性和树脂大分子链的极性,渗入到界面上的水分子削弱界面强度,降低其弹性模量和强度。

(3) 溶液和溶剂　完全固化的塑料基材有很好的抵抗酸、碱侵蚀能力,但有些有机溶剂会使复合材料中的塑料基材发生溶胀,因而降低其强度和弹性模量。

(4) 大气老化　长期暴露在大气环境中,太阳光的紫外线会引起塑料基材老化,从而导致纤维增强塑料开裂和变脆。

表 9.19　不同纤维增强材和制备方法的纤维增强塑料的物理力学性能

性　能	成型工艺方法						
	手糊	喷射	模压	拉挤	缠绕	袋压	模压
增强材	玻纤布	无捻粗纱	预混料	无捻粗纱	无捻粗纱	Kevlar49	碳 T300
树脂	聚酯	聚酯	聚酯、环氧、酚醛	聚酯	聚酯、环氧	环氧	环氧
纤维含量(%)	45~55	30~40	10~45	50~80	60~90	47	45
密度(g/cm³)	1.6~1.8	1.4~1.6	1.3~1.9	1.6~2.2	1.7~2.3	1.2	1.55
抗拉强度(MPa)	210~350	60~130	35~70	560~1 300	560~1 800	538	813.0
拉伸模量(GPa)	10.5~31.6	5.6~12.7	10.5~14.1	28.0~42.0	28.0~63.0	31.0	62.0
伸长率(%)	1.6~2.0	1.0~1.4	0.3~0.5	1.2~2.5	1.6~2.8	—	—
抗压强度(MPa)	210~390	110~180	90~190	210~490	350~530	179.0	450.0
弯曲强度(MPa)	310~530	110~200	40~180	700~1 300	700~1 900	443.0	977.0
弯曲模量(GPa)	14.0~28.0	7.0~8.4	11.0~18.0	28.0~42.0	35.0~49.0	30.0	63.0
冲击强度(MPa)	0.5~3.7	0.9~2.8	0.2~4.6	8.3~11.0	7.4~11.0	—	—
洛氏硬度	—	H40~105	H80~112	H80~112	H90~120	—	—

续上表

性能	成型工艺方法						
	手糊	喷射	模压	拉挤	缠绕	袋压	模压
热导率/[W/(m·K)]	0.26~0.32	0.17~0.21	0.18~0.24	0.28~0.32	0.28~0.32	—	—
线膨胀系数(10^{-6}/K)	7~11	22~36	23~34	5~14	4~11	—	—
热变形温度(℃)	180~200	180~200	200~260	160~190	180~200	—	—
最高使用温度(℃)	65~150	65~150	100~200	65~240	100~240	—	—

纤维增强塑料的各项性能受纤维品种与规格、塑料基材组成、纤维体积率、成型工艺与方法等多种因素的影响,其影响规律和机理比较复杂。表 9.19 列出了一些由不同制备方法的纤维增强塑料的物理力学性能数据,读者可从中总结出一定的规律性。

9.4.5 纤维增强塑料在工程中的应用

纤维增强塑料已在土木工程中获得广泛应用,例如,各种型号和规格的纤维增强塑料板材、型材和管材已用作屋顶采光板、隔墙板、饰面板、建筑模板、门窗框和排水、排污和化工管道等;用纤维增强塑料制成夹层复合结构可建造轻载重桥梁。根据现行国标 GB 50608 的有关规定,纤维增强塑料筋可代替钢筋用于混凝土结构;代替钢管制成纤维增强塑料管混凝土构件;纤维增强塑料片材用于混凝土结构和砌体结构的补强加固等。

1. 组成材料的选择

(1)纤维增强材的选择 应根据构件或结构的功能,选取满足化学、物理和力学性能要求的纤维或其织物,选择纤维增强材的类别与规格的一般规律是:

①若构件或结构要求高刚度,则可选用高模量碳纤维或玻璃纤维;
②若构件或结构要求高抗冲击性能,则可选用玻璃纤维、Kevlar 纤维;
③若构件或结构要求很好的低温工作性能,则可选用低温下不脆化的碳纤维;
④若构件或结构要求尺寸不随温度变化,则可选用 Kevlar 纤维或碳纤维。

(2)塑料基材选择 根据结构使用环境条件、使用性能和制备方法,选择合成树脂及其辅助剂。一般应选用各种型号不饱和聚酯树脂和各种牌号的环氧树脂以及乙烯基酯树脂。

2. 混凝土结构用纤维增强塑料筋

(1)定义与品种 由单向连续纤维拉挤法成型并经浸渍树脂、固化的纤维增强塑料棒材制品,称为纤维增强塑料筋,简称 FRP 筋。可采用玻璃纤维、碳纤维、芳烃纤维或玄武岩纤维作增强材,因而有 GFRP 筋、CFRP 筋、AFRP 筋和 BFRP 筋等类型。

(2)组成和性能 FRP 筋的纤维体积率不应小于 60%,其抗拉强度应按 FRP 筋材的截面面积(含塑料基材)计算,截面面积应按名义直径计算。四种 FRP 筋的主要力学性能指标见表 9.20。

表 9.20 FRP 筋和单向 FRP 板的主要力学性能指标

类 型	抗拉强度标准值(MPa)		弹性模量(GPa)	伸长率(%)
CFRP 筋	≥1 800		≥140	≥1.5
GFRP 筋	d≤10 mm	≥700	≥40	≥1.8
	22 mm≥d<10 mm	≥600		≥1.5
	d>22 mm	≥500		≥1.3

续上表

类型	抗拉强度标准值(MPa)	弹性模量(GPa)	伸长率(%)
AFRP筋	≥1 300	≥65	≥2.0
BFRP筋	≥800	≥50	≥1.6
高强型CFRP板	≥2 300	≥150	≥1.4
GFRP板	≥800	≥40	≥2.0

注：抗拉强度标准值为具有95%强度保证率的抗拉强度值。

3. 结构补强加固用纤维增强塑料板材

按照《纤维增强复合材料建筑工程应用技术规范》(GB 50608—2010)的规定，用于结构粘贴加固的单向FRP板材的纤维体积率不宜小于60，其主要力学性能指标如表9.21所示。

当采用手糊法，现场用单向纤维布进行结构加固时，可理论计算其抗拉强度和刚度。

(1) 纵向抗拉强度 f_t 由公式(9.22)进行理论计算：

$$f_t = \sigma_{fmax} V_f + (\sigma_m)_{\varepsilon_{fmax}} (1 - V_f) \tag{9.22}$$

式中 σ_{fmax}——纤维的抗拉强度，MPa；

$(\sigma_m)_{\varepsilon_{fmax}}$——最大拉伸应力时塑料基材的抗拉强度，MPa；

V_f——单向纤维体积率，%。

(2) 纵向抗压强度可由公式(9.23)估算：

$$f_c = \left\{ 2V_f \sqrt{\frac{V_f E_f E_m}{3(1 - V_f)}}, \frac{G_m}{1 - V_f} \right\}_{min} \tag{9.23}$$

式中 E_m、G_m——分别为塑料基材的抗压弹性模量和剪切模量，MPa。

表9.21 纤维增强塑料工程弹性常数预测公式

工程弹性常数	单向层的预测公式	正交层的预测公式
纵向弹性模量	$E_L = E_f V_f + E_m (1 - V_f)$	$E_L = k \left(E_{L1} \dfrac{n_L}{n_L + n_T} E_{t2} \dfrac{n_t}{n_L + n_T} \right)$
横向弹性模量	$E_T = \dfrac{E_{12} E_m (V_f + \eta V_m)}{E_{12} V_m \eta + E_m V_f}$	$E_T = k \left(E_{L2} \dfrac{n_L}{n_L + n_T} E_{t1} \dfrac{n_t}{n_L + n_T} \right)$
纵向泊松比	$\nu_L = \nu_f V_f + \nu_m (1 - V_f)$	$\nu_L = \nu_{L1} E_{T1} \dfrac{n_L + n_t}{n_L E_{t1} + n_t E_{L2}}$
横向泊松比	$\nu_T = \nu_L \dfrac{E_T}{E_L}$	$\nu_T = \nu_L \dfrac{E_T}{E_L}$
面内剪切弹性模量	$G_{LT} = \dfrac{G_{fl} G_m (V_f + \eta V_m)}{G_{fl} V_m \eta + G_m V_f}$	$G_{LT} = k G_{L1T1}$

注：E_f、E_m——纤维和塑料基材的弹性模量；ν_f、ν_m——纤维和基材的泊松比；G_f、G_m——纤维和基材的剪切模量；n_L、n_T——分别为单位宽度正交层中经向和纬向的纤维量；E_{L1}、E_{L2}——分别为经线和纬线作为单层时纤维方向的弹性模量；E_{T1}、E_{T2}——分别为经线和纬线作为单层时垂直于纤维方向的弹性模量；ν_{L1}——由经线作为单向层时纤维的纵向泊松比；G_{L1T1}——由经线作单向层时的面内剪切模量；k——波纹影响系数，为0.90~0.95；η——试验修正系数，CFRP和GFRP，分别取0.97和0.5。

(3) FRP单向板和正交双向板的工程弹性常数可按表9.21中的相关公式估算。

(4) 纤维或织物铺层设计 根据使用要求，对纤维或其织物的铺向和铺层厚度进行设计。

4. 管材约束混凝土组合构件用纤维增强塑料管材

用于FRP约束混凝土组合构件的FRP管材，可选用CFRP、GFRP、AFRP或混杂纤维增强塑料的方管和圆管，纤维体积率应不小于50%，并应根据FRP混凝土组合构件的受力状态对纤维取向和铺层进行专门设计。

习　　题

1. 什么是复合材料？复合材料有哪些种类？
2. 复合材料包括哪两相？各自的主要作用是什么？
3. 为什么要将两种或两种以上异质材料复合在一起？
4. 简述纤维增强复合材料的界面特征。
5. 纤维增强复合材料有哪些性能和应用特点？
6. 纤维增强复合材料中常用的纤维增强材有哪些？它们的主要力学性能特点是什么？
7. 为什么要将钢纤维的几何外形制成各种异状？
8. 钢纤维的几何和体积参数有哪几项？
9. 对照图9.3，简述钢纤维混凝土的宏观结构。
10. 对照普通混凝土拌合物的和易性，说明钢纤维混凝土拌合物和易性的特点。
11. 如何提高钢纤维混凝土中钢纤维的增强效果？
12. 根据钢纤维混凝土强度的一般计算公式(9.8)，设计确定参数 a 的试验方法。
13. 如何提高钢纤维混凝土的韧性？
14. 简述钢纤维混凝土配合比设计和普通混凝土配合比设计的异同点。
15. 某桥面板工程需用 CF40 钢纤维混凝土，其设计抗折强度 7.0 MPa，强度保证率为 95%；维勃稠度为 12 s，剪切型钢纤维，其 $l_f/d_f=60$；42.5 普通硅酸盐水泥，其实测抗折强度 7.5 MPa，密度 3.1；密度为 2.65 的中砂；碎石粒径 5~20 mm，密度为 2.7。求初始配合比。
16. 非金属纤维增强水泥基复合材料所用纤维增强材的基本要求有哪些？为什么？
17. 非金属纤维在水泥基材中的主要作用是什么？
18. 玻璃纤维水泥材料和合成纤维水泥材料在力学性能上有何异同点？
19. 为什么非金属纤维水泥材料的抗压强度随着纤维体积率增加有下降趋势？
20. 玻璃纤维增强塑料与玻璃纤维增强水泥基材料在性能上有何异同点？为什么？
21. 纤维增强塑料常用的纤维增强材和树脂品种有哪些？
22. 纤维增强塑料中热固性树脂的工艺性能有哪些？如何评价？
23. 纤维增强塑料的成型工艺方法有哪些？它们与纤维水泥材料的成型工艺有何异同点？
24. 纤维增强塑料的性能特点是什么？
25. 如何根据工程要求设计纤维增强塑料的组成和结构？
26. 采用纤维增强塑料代替钢材用于钢筋混凝土或钢管混凝土，其性能会有哪些不同？

创新思考题

1. 请设计一个提高钢纤维在钢纤维混凝土拌合物中分散均匀性的成型方法，并阐述其原理。
2. 请设计一种轻质高强的纤维水泥材料，并阐述其原理。
3. 请设计一种跨距为 3 m、结构尽量轻、刚度尽量大的纤维增强塑料桥面板，并阐述其原理。

第10章 建筑功能材料

本章主要介绍具有特定建筑功能的防水材料、绝热材料、隔声材料和装饰材料制品。

10.1 防水材料

10.1.1 防水材料的种类

1. 定义与基本性能

(1)定义 具有建筑防水功能的工程材料,统称为防水材料。防水材料覆盖在构筑物表面形成防水层,能防止雨水、地下水、废水、腐蚀性液体以及空气中的湿气、水蒸气等侵入构筑物,保护构筑物及其功能不受侵害,提高构筑物使用寿命。

(2)基本性能 防水材料应具有下列基本性能。

①耐水性:应不被水或其他液体溶解或降解;

②抗渗性:应密闭不透,并能抵抗一定的压力水的作用而不发生渗透;

③强度:应具有一定的抗拉、抗撕裂强度,以抵抗基层变形所产生的应力作用;

④黏结性:应与基层有良好的黏结强度;

⑤温度适应性:在使用环境温度的变化区间内,应保持其性能不发生明显变化;

⑥耐老化性:在使用环境中,不因光、热、细菌和腐蚀性介质的作用而发生劣化。

2. 类型与品种

防水材料类型与品种很多,按其物理形态和特性,分为防水卷材、防水涂料和密封材料等;按其主材材质,分为沥青防水材料、高分子防水材料、无机防水材料等。

近几十年来,我国防水材料及其施工技术取得了长足的发展和进步,主要体现在:材质上,由传统的沥青基向性能更优越的高分子改性沥青和高分子材料——橡胶和树脂基发展;在防水构造上,由多层向单层防水发展;在施工方法上,由热熔法向冷粘贴法发展。

本节主要介绍防水卷材、防水涂料和密封材料等三类防水材料的制备、工程行为与性能及其原理、工程应用等方面的知识。

10.1.2 防水卷材

1. 防水卷材的组成与制备

防水卷材是可卷曲成卷状的柔性防水材料。按其主材种类,主要有石油沥青油毡、改性沥青防水卷材和高分子防水片材等;按其匀质性,分为无胎卷材和有胎卷材两种。

(1)组成 包括主材、填料、胎体、添加剂和表面隔离材料等组分材料。

①主材 主要有石油沥青与改性沥青(见第8章)和高分子材料(见第7章)等。改性沥青主要有弹性体 SBS 改性沥青和无规聚丙烯(APP)、无规聚烯烃(APAO 或 APO)等塑性体改性沥青。高分子材料主要有三元乙丙、氯丁、丁基、再生橡胶等橡胶类材料以及聚乙烯、软质聚

氯乙烯、氯化聚乙烯、氯磺化聚乙烯等塑料类材料,高分子材料应在使用环境的最低温度与最高温度区间($-20\sim+80$ ℃或$-40\sim+60$ ℃)内应处于高弹态(见第7章)。

②填料　主要包括轻质碳酸钙粉、滑石粉、炭黑粉、天然石灰石粉等矿物粉末。

③助剂　根据主材种类,掺加不同的添加剂。例如,聚氯乙烯树脂必须添加增塑剂,以降低其玻璃化温度;硫化橡胶需要加入硫化剂,以赋予高弹性。此外,还有抗氧剂、紫外线吸收剂、着色剂和促进剂等。

④胎体　胎体主要有原纸、聚酯毡、玻纤毡、玻纤网格布增强玻纤毡、聚酯毡与玻纤网格布复合毡、涤棉无纺布与玻纤网格布复合毡、中碱和无碱玻纤等。

⑤表面隔离材料　有聚乙烯薄膜、粒径小于0.60 mm的细砂和矿物颗粒(如云母片)等。

(2)防水卷材的生产方法　沥青防水卷材一般是有胎卷材,采用涂覆工艺生产。将由沥青或改性沥青、填料和添加剂等组分材料加热混合制得液态混合料,再将该液态混合料均匀地涂覆在胎体上,再经滚压、冷却、卷取等工序制得卷材。有时还在卷材表面撒布隔离材料。

橡胶和塑料类防水卷材常采用压延法生产,塑料类防水卷材还可用挤出法生产,生产工艺包括配料、密炼与热炼(或捏合与塑化)、挤出或压延成型、硫化、检验、分卷、包装等工序。

2. 防水卷材的技术性能

防水卷材应具有以下基本性能,其性能指标按《建筑防水卷材试验方法》(GB/T 328—2007)规定的方法检测。

(1)外观质量　主要检查是否有气泡、裂缝、孔洞、疙瘩和裸露斑点等影响抗渗性的缺陷。

(2)尺寸规格　主要有厚度、长度、宽度、平直度、平整度和单位面积质量等。

(3)力学性能　最大拉力、最大拉力时延伸率、断裂延伸率等拉伸性能和撕裂性能。拉伸性能采用哑铃形试件测量,一般要求硫化橡胶类、非硫化橡胶类和塑料类卷材最大拉力应分别大于6.0 MPa、3.0 MPa和10.0 MPa;无胎基防水卷材的断裂伸长率应不小于100%。沥青防水卷材由钉杆法测量其撕裂性能,以尺寸为200 mm×100 mm的长条形试件握住钉杆的最大拉力表征;高分子防水卷材以预割口试件被撕裂的最大拉力表示其撕裂性能,一般应大于10 kN/m。

(4)不透水性　表征柔性防水卷材的抗渗能力,采用A法和B法两种方法测量,A法以整个试验过程中承受要求的水压24 h后,试件表面的滤纸不变色为合格;B法以试件承受规定水压24 h后的最终压力与开始压力相比下降不超过5%为合格。

(5)耐热性　对于有胎沥青卷材和改性沥青卷材,需检验其耐热性。将试件垂直悬挂在规定的温度条件下,以沥青涂盖层与胎体相比滑动不超过2 mm为耐热性合格;以试件垂直悬挂后沥青涂盖层与胎体相比滑动2 mm的温度为其耐热性极限。

(6)尺寸稳定性　经规定热处理后,防水卷材试件的纵、横向尺寸变化率应较小。

(7)低温柔性　由柔性和冷弯温度表征沥青类卷材的低温柔性。在规定的低温条件下处理一段时间后,防水卷材试件弯曲无裂缝为其低温柔性;以试件绕规定直径的棒弯曲无裂缝时的最低温度为其冷弯温度。由低温弯折性表征高分子类防水卷材的低温柔性,由弯折仪测量。

(8)耐化学液体性　将高分子防水卷材试件浸泡在10%氯化钠溶液、石灰悬浮液和5%~6%亚硫酸钠溶液中24 h后,测定试件的外观、质量和尺寸变化率和低温弯折性,变化越小,则耐化学液体性能越好。

(9)抗冲击性能　将试件支撑在发泡聚苯乙烯板上,由下端有规定穿刺工具的重锤自由下落冲击在试件的上表面上,然后用不透水性试验检测试件上表面是否击穿,以表征其抗冲击性能。

(10) 抗老化性　抗老化性能的试验方法有热空气老化、臭氧老化和人工气候老化等，以经一定时间的老化试验后，试件的拉伸强度、拉断伸长率保留率评价抗老化性能。

此外，还有表征防水卷材施工时，搭接与接缝强度的性能指标。

上述性能指标主要是检验在各种条件下受不同因素作用，防水卷材是否具有保持其不透水性和建筑防水功能的能力。对于不同防水卷材品种，有不同性能指标要求。

3. 石油沥青纸胎油毡

石油沥青纸胎油毡是指以石油沥青浸渍原纸，再涂盖其两面，并在表面涂或撒隔离材料所制成的卷材，按卷重和物理性能分为Ⅰ型（17.5 kg/卷）、Ⅱ型（22.5 kg/卷）和Ⅲ型（28.5 kg/卷），幅宽为 1 000 mm，每卷约为 20 m²；其物理性能如表 10.1 所示。Ⅰ、Ⅱ型油毡适用于辅助防水、保护隔离层、临时性建筑防水、防潮及包装；Ⅲ型油毡适用于屋面工程的多层防水。

表 10.1　石油沥青油毡的物理性能

项目			指标		
			Ⅰ型	Ⅱ型	Ⅲ型
单位面积浸涂材料总量/(g/m²)		≥	600	750	1000
不透水性	压力(MPa)	≥	0.02	0.02	0.10
	保持时间(min)	≥	20	30	30
吸水率(%)		≤	3.0	2.0	1.0
纵向拉力/(N/50 mm)			≥340 N		≥440 N
耐热度(85±2) ℃，2 h			涂盖层无滑动、流淌和集中性气泡		
柔性(18±2) ℃			绕 φ20 mm 圆棒无裂纹		

4. 改性沥青防水卷材

(1) 品种　有弹性体和塑性体改性沥青防水卷材两类，均为有胎防水卷材。弹性体改性沥青防水卷材是以苯乙烯—丁二烯—苯乙烯(SBS)热塑性弹性体作石油沥青改性剂，两面覆以隔离材料制成的；塑性体改性沥青防水卷材是以无规聚丙烯(APP)或聚烯烃类聚合物(APAO、APO 等)作沥青改性剂，两面覆以隔离材料制成的。

(2) 型号与规格　按胎体分为聚酯毡(PY)、玻纤毡(G)、玻纤增强聚酯毡(PYG)；按性能分为Ⅰ型和Ⅱ型。

表 10.2　高聚物改性沥青防水卷材的物理力学性能

项目		指标								
		弹性体改性沥青卷材				塑性体改性沥青卷材				
		Ⅰ型		Ⅱ型			Ⅰ型		Ⅱ型	
		PY	G	PY	G	PYG	PY	G	PY	G	PYG
耐热性	℃	90		105			110		130		
	试验现象	≤2 mm，无流淌、滴落									
低温柔性		−20 ℃，无裂缝		−25 ℃，无裂缝			−7 ℃，无裂缝		−15 ℃，无裂缝		
最大拉力/(N/50mm) ≥		500	350	800	500	900	500	350	800	500	900
最大拉力的延伸率(%) ≥		30	—	40	—	—	25	—	40	—	—

续上表

项目		指标								
		弹性体改性沥青卷材					塑性体改性沥青卷材			
		Ⅰ型		Ⅱ型			Ⅰ型		Ⅱ型	
		PY	G	PY	G	PYG	PY	G	PY	G
热老化	拉力保持率(%) ≥	90								
	延伸率保持率(%) ≥	80								
	低温柔性	−15 ℃,无裂缝		−20 ℃,无裂缝			−2 ℃,无裂缝		−10 ℃,无裂缝	
人工加速老化	外观	无滑动、流淌、滴落								
	拉力保持率(%) ≥	80								
	低温柔性	−15 ℃,无裂缝		−20 ℃,无裂缝			−2 ℃,无裂缝		−10 ℃,无裂缝	

(3) 性能特点　改性沥青防水卷材具有良好的低温柔性、耐热性、不透水性、较高的抗拉强度、适宜的延伸率和良好的耐久性等特点。弹性体和塑性体改性沥青防水卷材的性能应分别满足《弹性体改性沥青防水卷材》(GB/T 18242—2008)和《塑性体改性沥青防水卷材》(GB/T 18243—2008)的规定,主要性能如表 10.2 所示。可以看到,塑性体改性沥青卷材耐热温度高于弹性体改性沥青卷材,而后者保持柔性的温度低于前者;其最大拉力及其延伸率主要取决于胎体种类,两种卷材耐老化学能有相同要求。

(4) 用途　两类改性沥青防水卷材主要适用于工业与民用建筑的屋面和地下防水工程;以玻纤增强聚酯毡为胎体的卷材可用于机械固定的单层防水;玻纤毡为胎体的卷材适用于多层防水中的底层防水;外露使用时,宜采用上表面隔离材料为不透明矿物颗粒的防水卷材;地下工程防水宜采用表面隔离材料为细砂的防水卷材。

5. 高分子防水片材

高分子防水片材是以合成橡胶、合成树脂或两者的共混体为主材,加入适量的助剂和填料等,经挤出或压延等方法生产的可卷曲片状防水材料。

(1) 分类　高分子防水片材种类很多,按主材品种与特性,分为硫化与非硫化橡胶类、树脂类防水片材,硫化与非硫化橡胶类主要有三元乙丙橡胶、氯丁橡胶、氯磺化聚乙烯、氯化聚乙烯和橡塑共混等,树脂类有聚氯乙烯、乙烯醋酸乙烯共聚物、聚乙烯、乙烯醋酸乙烯共聚物和改性沥青共混等。按片材的截面结构,分为均质片材、复合片材(含有复合织物等保护层或增强层)、自粘片材(表面复合一层自粘材料和隔离保护层)、异型片材(表面为连续凸凹壳体或特定几何形状)和点或条粘片材(保护层多点或条粘结在一起)等。

(2) 规格尺寸　其长度一般不小于 20 m;其厚度有大于 0.5~2.0 mm 的 6 个规格;橡胶类片材的宽度为 1.0~1.2 m 的 3 个规格,树脂类片材宽度为 1.0~6.0 m 的 8 个规格。

(3) 性能特点　三类高分子均质和复合片材的物理力学性能见表 10.3,可以看到,高分子防水片材的拉伸强度和撕裂高、延伸率大、低温弯折性和抗水渗透性好、尺寸稳定等特点。

高分子防水片材的抗老化性能要求高,经 80 ℃ 热空气老化和人工气候老化规定时间后,硫化橡胶类、非硫化橡胶类和树脂类均质、复合片材的拉伸强度保留率均应大于 80%,拉断伸长率保留率均应大于 70%。非硫化橡胶类防水片材经臭氧老化后,20% 伸长率时应无裂纹。

表 10.3　高分子防水片材的物理力学性能

项　目		指　标					
		硫化橡胶类		非硫化橡胶类		树脂类	
		均质片材	复合片材	均质片材	复合片材	均质片材	复合片材
拉伸强度(MPa)	23℃ ≥	6.0~7.5	80	3.0~5.0	60	10~14	60~100
	60℃ ≥	1.8~2.3	30	0.4~1.0	20	4~6	30~40
拉断伸长率(%)	23℃ ≥	300~450	300	200~400	250	200~550	150~400
	-20℃ ≥	170~200	150	100~200	50	300~350	300
撕裂强度(kN/m) ≥		23~25	40	10~18	20	40~60	20~50
不透水性(30 min 无渗漏的水压)(MPa)		0.2~0.3	0.3	0.2~0.3	0.3	0.3	0.3
低温弯折性(无裂缝温度)(℃)		-40~-30	-35	-30~-20	-20	-30~-20	-30~-20
加热伸缩量(mm)	延伸 ≤	2	2	2~4	2	2	2
	收缩 ≤	4	4	4~10	4	6	2~4

（4）工程应用　土木工程中常用合成高分子防水卷材的品种、性能特点和用途见表 10.4。在工程设计和施工中，应根据设计防水等级，选择防水卷材厚度；应根据使用环境的最高与最低气温、基面坡度等因素，选择耐热度、低温柔性相适应的防水卷材；应根据地基变形、结构形式、环境年温差、日温差和振动等，选择拉伸性能相适应的防水卷材；应根据防水材料暴露程度，选择老化性能相适应的防水卷材。

表 10.4　高分子防水片材的性能特点与用途

种类和品种		性能特点	用　途
三元乙丙橡胶片材	三元乙丙橡胶片材（硫化型）	具有极优异的耐老化、耐腐蚀及耐臭氧性能，拉伸强度高、延伸率大，低温柔性好，接缝必须用专用黏结剂	适用于屋面、地下工程和水池等土木工程
	三元乙丙共混片材（非硫化型）	具有强度高、延伸率大、耐老化和耐低温性能好，黏结性能好	
	聚酯毡—三元乙丙橡胶复合片材（非硫化型）	具有强度高、耐高低温性能好、耐老化性好、抗收缩、易黏结	
氯化聚乙烯—橡胶共混片材	氯化聚乙烯—橡胶共混片材 氯化聚乙烯三元共混片材 氯化聚乙烯—橡胶共混片材	具有强度高、耐低温、耐腐蚀性能好，并有良好的黏结性能	适用于屋面、地下及水池等防水工程
	非硫化氯化聚乙烯—橡胶共混片材	具有强度高、尺寸稳定好、耐热老化、耐腐蚀性能好，并有良好的黏结性能	
	氯化聚乙烯片材	强度较高，延伸率较大，耐高低温性能较好，黏结性能好，价格适宜	同上
聚氯乙烯片材	聚氯乙烯均质片材	拉伸强度高，延伸率大，较好的低温弯折性和耐老化性能，可用热焊接法施工与接缝，整体性好	同上
	聚氯乙烯复合片材	与上相比，此种卷材下复聚酯无纺布层，尺寸稳定好，延伸率受到一定影响	
聚乙烯片材	高密度聚乙烯片材	具有良好拉伸强度，耐化学药品性、抗穿刺性能强和耐老化、柔软性能好等特点	适用于水库、水池、土石坝、工业废水池、垃圾掩埋场的防水
	低密度聚乙烯片材		

续上表

种类和品种		性能特点	用　　途
聚乙烯片材	聚乙烯丙纶复合片材	具有抗拉强度高,抗渗能力强,低温柔性好,线膨胀系数小,表面摩擦系数大,无毒、造价低等特点	屋面、地下、水利等防水工程
	氯磺化聚乙烯片材	具有耐臭氧、耐候、耐寒冷、耐化学药品、耐燃、耐霉菌、抗离子辐射等性能特点	适用于屋面、地下防水工程
	氯丁橡胶片材	具有较好的强度和延伸率,并有很好的黏结性	同上
自粘型复合片材	聚乙烯膜覆面自粘密封片材	这类卷材带有自粘密封层,具有自粘密封作用。覆面层有多种,分别适用于不同的应用要求 对基层适应能力强,可减小基层开裂对卷材表面幅面材料的影响	适用于屋面、地下、卫生间等防水工程
	三元乙丙卷材覆面自粘型片材		
	聚氯乙烯卷材覆面自粘片材		
	铝箔覆面自粘型片材		
	EVA防水片材	具有较好的抗拉强度和很好的断裂延伸率,有一定的抗刺穿力,材质柔软,易焊接和黏结	地铁、隧道等地下防水工程

10.1.3　防水涂料

涂料是涂覆在物体表面,并能与被涂物形成牢固附着的连续薄膜的一类液态材料,它主要由主要成膜物质(如树脂、橡胶、沥青、水泥等)、次要成膜物质(颜料与填料)和辅助材料(稀释剂、固化剂、催干剂等)等组分材料调配而成。

防水涂料是以高聚物改性沥青、合成树脂、橡胶和其他材料为主要成膜物质(又称基料)的一类防水材料,将其涂刮在结构物表面或基面上,成膜物质结膜后,形成具有一定厚度和建筑防水功能的固体防水膜。与防水卷材相比,防水涂料具有如下特点:

①适应性强,能在平面、坡面、立面、阴阳角及各种复杂表面上涂覆施工,形成无接缝的防水膜,对一些容易造成渗漏的部位和不规则的构造和节点,可进行强化涂覆。

②常温涂刷或喷涂施工,操作简便;乳液型涂料可在潮湿无积水的基面上涂覆施工。

③无需黏结剂,其防水膜与基面黏结性好。

④防水膜厚度难以均一,且常出现针眼、气孔等现象,施工时应薄层多次涂刷或喷涂。

因此,选用防水涂料时,须认真了解防水涂料的性质与特征、使用方法、最低单位面积用量和施工方法,必须认真考虑防水层各个细部的强化处理。

1. 种类

防水涂料主要有溶剂型树脂防水涂料、聚合物乳液防水涂料和其他防水涂料三种类型:

(1)溶剂型树脂防水涂料　这类防水涂料有单组分和双组分反应型两种:

①挥发固化型　由聚合物改性沥青、树脂或橡胶等基料溶解在有机溶剂中,形成防水涂料,涂覆后,通过溶剂挥发,基料大分子链结聚形成固体防水膜。一般采用溶解能力强、挥发速度快的有机物作为溶剂,涂料干燥快,结膜细腻而致密,但溶剂挥发,对环境有一定污染。

②反应固化型　基料由多组分CL组成并分别包装,施工时按比例混合在一起,涂覆后,通过两组分基料间发生化学反应而形成固体防水膜。例如,聚氨酯防水涂料、聚脲防水涂料等。其特点有可一次形成较厚的涂膜,且无收缩,涂膜致密;几乎不含溶剂,污染少。

(2)聚合物乳液防水涂料　以聚合物乳液作为基料,涂覆后,通过水分挥发,成膜物质结膜形成固体防水膜。例如,丙烯酸乳液防水涂料、乳化沥青防水涂料等。该类涂料干燥较慢,一次成膜的致密性比溶剂型涂料低,一般不宜在5℃以下施工;但在稍为潮湿、不积水的构筑物基面上施工;生产、贮运和使用比较安全,不污染环境。

(3) 其他防水涂料,例如,沥青防水涂料、水玻璃防水涂料等。

2. 性能

防水涂料性能包括涂膜的物理力学性能和涂料的施工性能,按现行国标《建筑防水涂料试验方法》(GB/T 16777—2008)规定方法测试。

(1) 固体含量　防水涂料是将基料、填料和其他辅助材料等组分分散在介质中形成的,固体成分占涂料总质量的百分比称为涂料的固体含量。它影响到涂料的运输、施工和施工后的涂膜厚度,一般要求固体含量不小于45%。

(2) 涂膜的物理力学性能　防水涂料形成防水膜后,其物理力学性能与防水卷材相似,有拉伸强度、断裂伸长率、低温柔性、不透水性、耐老化性能等。这些性能的试验方法是:将涂料涂在玻璃板上,形成厚度为1 mm的膜后,将膜取下,采用与防水卷材相似的方法进行测试。其性能指标要求比防水卷材略低或相近。

(3) 施工性能　防水涂料的施工性能包括涂膜干燥时间,最低成膜温度。

涂膜干燥时间又分为表面干燥时间和实体干燥时间,涂料施工后到涂膜表面不粘手的时间为表面干燥时间,一般为4～8 h;涂膜完全干燥时间为实体干燥时间,一般为12 h以上。

防水涂料通过分散介质挥发或组分间反应,成膜物质相互积聚成膜,形成防水膜所要求的最低温度为最低成膜温度。

(4) 黏结性能　防水涂料依靠自身的渗透作用,渗入基层并与基面黏结起来,要求涂膜与基层有很好的黏结强度,一般采用8字模法测量,要求黏结强度不小于0.3 MPa。

3. 高聚物改性沥青防水涂料

高聚物改性沥青防水涂料是以高聚物改性沥青为基料配制成的防水涂料,基料有SBS热塑弹性体、氯丁橡胶、丁苯橡胶等橡胶改性沥青和APP树脂、聚丙烯酸等树脂改性沥青等,主要分水乳型和溶剂型防水涂料两种。

(1) 溶剂型橡胶沥青防水涂料　以橡胶改性沥青为基料,经溶剂溶解配制而成的溶剂型防水涂料,固体含量不小于48%。按其抗裂性和低温柔性分为一等品和合格品,其抵抗基层裂缝宽度分别为0.3 mm和0.2 mm;低温柔性(涂膜绕ϕ10 mm圆棒无裂纹)测试温度分别为-15℃和-10℃;黏结强度不小于0.20 MPa;耐热度为80℃;不透水性水压力为0.2 MPa。

(2) 水乳型改性沥青防水涂料　以聚合物乳液和乳化沥青混合形成基料,配制而成的防水涂料,固体含量不小于45%。按其性能分为H形和L形两种,其耐热度分别为(80±2)℃和(110±2)℃;表干时间和实干时间分别不大于8 h和24 h;黏结强度不小于0.30 MPa;不透水性水压力为0.1 MPa;断裂伸长率不小于600%;L型防水涂料的低温柔性测试温度为-15℃。

4. 溶剂型高分子防水涂料

以合成树脂或合成橡胶作为基料配制而成的防水涂料,称为合成高分子防水涂料,用作基料的高分子材料有聚氨酯、聚脲、硅橡胶和聚丙烯酸酯类等,前两者属于反应固化型;后两者属于挥发固化型。根据现行国标《层面工程技术规范》(GB 50345—2012)的规定,其主要性能指标应符合表10.5的要求。

表 10.5 合成高分子防水涂料的物理力学性能

项　目		指　标				
		反应固化型				挥发固化型
		Ⅰ型		Ⅱ型		
		单组分	多组分	单组分	多组分	
拉伸强度(MPa)		≥1.9		≥2.45		≥1.5
断裂伸长率(%)		≥550	≥450	≥550	≥450	≥300
低温柔性(℃，2 h无裂纹)		−40 弯折	−35 弯折	−40 弯折	−35 弯折	−20 绕 ϕ10 mm 棒
不透水性	压力(MPa)	≥0.3				≥0.3
	保持时间(min)	≥30				≥30
固体含量 (%)		≥80	≥92	≥80	≥92	≥65

5．聚合物水泥防水涂料

以丙烯酸酯、乙烯—醋酸乙烯酯等聚合物乳液和水泥为基料，加入填料及其他助剂配制而成，经水分挥发和水泥水化反应固化成膜的双组分水性防水涂料，称为聚合物水泥防水涂料。两组份经分别搅拌后，其液体组分应为无杂质、无凝胶的均匀乳液，固体组分应为无杂质、无结块的粉末。两组份混合后形成防水涂料，其固体含量不小于70%。按防水涂膜的物理力学性能分为Ⅰ型、Ⅱ型和Ⅲ型，Ⅰ型涂膜的拉伸强度不小于1.2 MPa，断裂伸长率不小于200%，低温柔性测试温度为−10 ℃，适用于变性较大的基层；Ⅱ型和Ⅲ型涂膜的拉伸强度不小于1.8 MPa，断裂伸长率不小于80%，适用于变形较小基层。三种型号的防水涂料均应抵抗0.3 MPa水压30 min不透水，与基层黏结强度分别不小于0.5 MPa、0.7 MPa和1.0 MPa。

6．防水涂料的应用

在工程设计和施工中，应根据设计防水等级和防水涂料品种，选择防水涂膜厚度；应根据使用环境的最高与最低气温、基面坡度等因素，选择耐热度、低温柔性相适应的防水涂料；应根据地基变形、结构形式、环境年温差、日温差和振动等，选择拉伸性能相适应的防水涂料；应根据防水材料暴露程度，选择老化性能相适应的防水涂料。

除上述防水卷材和防水涂料等柔性防水材料外，还有其他防水材料，例如水泥渗透结晶型防水材料，它是以硅酸盐水泥为主要成分、掺入一定量的活性化学物质制成的刚性材料，与水作用后，材料中的活性物质以水为载体渗入混凝土中，与水泥水化物反应生成不溶性针状晶体，堵塞毛细孔隙和微细裂缝，从而提高混凝土基层的致密性和抗渗性，产生刚性防水效果。

10.1.4　密封材料

土木工程中的各种构筑物是由各种构件连接起来的，各构件间存在一定的接缝，为使构件间接缝具有气密和水密性，一般均需采用密封材料对缝隙进行嵌缝密封处理。

能承受接缝位移以达到气密、水密目的而嵌入建筑接缝中的材料成为建筑密封材料，土木工程中使用的密封材料必须满足以下要求：

①良好的黏结性和密封性，使接缝不渗漏、不透气；

②良好的伸缩性，能经受建筑构件因温度、湿度、风力、地震等引起的接缝位移；

③良好的和抗下垂性和温度稳定性,常温不下垂、高温不流淌、低温不脆裂;

④良好的耐候性和耐水性,在室外长期经受日照、雨雪、寒暑等条件的作用下,能长期保持其黏结性与拉伸压缩性能。

1. 种类与级别

建筑密封材料种类很多,有预先成型为一定形状和尺寸的预制密封材料、以非成型状态嵌入接缝中的密封膏;按其组成形式,有单组分和多组分密封胶;按其分散介质,有溶剂型和水乳型密封胶;按其固化性质,有化学固化型和热熔型密封胶;按其基料,有改性沥青密封材料和合成高分子密封材料;按其用途,分为镶装玻璃接缝用密封胶(G类)和镶装玻璃以外的建筑接缝密封胶,后者简称建筑接缝密封胶等。

(1)根据GB/T 22083,按密封胶满足接缝密封功能的位移能力,分为25级、20级、12.5级和7.5级等四个级别,其位移能力分别为25.0%、20.0%、12.5%和7.5%。

(2)按其拉伸模量,25级和20级密封胶又划分为低模量(LM)和高模量(HM)两个次级别,如果试验温度23 ℃和/或−20 ℃下,测得的拉伸模量平均值分别大于0.4 MPa和0.6 MPa,该密封胶为HM级;否则,为LM级。

(3)按其弹性恢复率,12.5级密封胶又分为弹性(E)和塑性(P)两个次级别,弹性恢复率等于或大于40%为E级;弹性恢复率小于40%为P级。

因此,25级、20级和12.5E级称为弹性密封胶;12.5P级和7.5P级称为塑性密封胶。

2. 主要性能

建筑密封材料的主要物理力学性能有弹性恢复率、拉伸、定伸和剥离黏结性、压缩特性、低温柔性和流动性、表干时间、污染性和耐老化性等,其中耐老化性主要通过测试经受浸水后、拉伸—压缩循环后、冷拉—热压循环后、热和光暴露后的黏结性来评价,这些性能按GB/T 13477规定的系列方法测试。

(1)镶装玻璃用密封胶(G类)的性能要求 有25LM、25HM、20LM和20HM四种级别,其弹性恢复率均应不小于60%;按GB/T 13477规定的方法测试其定伸黏结性、浸水后和经受浸水后、拉伸—压缩循环后、冷拉—热压循环后、热和光暴露后的定伸黏结性均应不破坏;体积损失率应不大于10%;流动性应不大于3 mm。

(2)建筑接缝用密封胶(F类)的性能要求 流动性不大于3 mm,其余指标见表10.6。

表10.6 建筑接缝用密封胶的性能要求

项 目		性能要求						
		25LM	25HM	20LM	20HM	12.5E	12.5P	7.5P
弹性恢复率(%)		≥70		≥60		≥40	<40	
拉伸模量(MPa)	23 ℃	≤0.4	>0.4	≤0.4	>0.4	—		
	−20 ℃	≤0.6	>0.6	≤0.6	>0.6			
定伸黏结性		无破坏					—	
浸水后定伸黏结性(%)		无破坏					—	
热压冷拉后黏结性		无破坏					—	
拉伸压缩后黏结性		—					无破坏	
断裂伸长率(%)		—				≥100		≥25
浸水后断裂伸长率(%)		—				≥100		≥25

3. 主要品种及其应用

聚合物改性沥青密封胶主要有丁基橡胶改性沥青密封膏、SBS改性沥青密封膏等品种；合成高分子密封胶主要有硅酮密封胶、聚硫密封胶、聚氨酯密封胶与丙烯酸酯密封胶等品种。土木工程中常用高分子密封胶的品种、性能特点和用途见表10.7。

表10.7 常用高分子密封胶的主要品种

	品　种	性能特点	用　途
非成型密封材料	硅酮密封膏	对硅酸盐制品、金属、塑料均有良好的黏结性，并具有耐水、耐热、耐低温、耐老化等性能	适用于门窗玻璃镶嵌、大型玻璃幕墙、储槽、水箱、卫生陶瓷的接缝密封
	聚硫密封膏	对混凝土、金属、玻璃、木材有良好的黏结性，并具有耐水、耐油、耐老化、耐化学腐蚀等性能	适用于中空玻璃、混凝土、金属结构和一般建筑、土木工程的接缝密封
	聚氨酯密封膏	对混凝土、金属、玻璃有良好的黏结性，并具有弹性、延伸性、耐疲劳性和耐候性等性能	适用于建筑屋面、墙板、地板、窗框、卫生间的密封，也适用于混凝土结构的伸缩缝、沉降缝和公路、桥梁等土木工程的接缝密封
	丙烯酸酯密封膏	具有良好的黏结性、耐候性，并有一定的弹性，可在潮湿的基面上施工	适用于室内墙面、地板、门窗框、卫生间的接缝密封，也适用于室外小位移量的各种建筑接缝密封
	氯丁橡胶密封膏	具有良好的黏结性、延伸性、耐候性和弹性	用途与丙烯酸酯密封膏类似
	氯磺化聚乙烯密封膏	对混凝土、玻璃、陶瓷、金属和木材均有良好的黏结性，耐候性优异，具有弹性、耐碱、难燃和颜色稳定等特点	适用于屋面板、墙板的接缝、混凝土结构的伸缩缝、门窗框的密封
	聚氨酯泡沫密封膏	对混凝土、玻璃、陶瓷、金属和木材均有良好的黏结性，气密和水密性好，阻燃自熄。发泡、固化迅速，操作简单，施工便捷	可用于各类门窗框的黏结密封，穿墙管道、管路的余洞填充，家庭装饰、维修的各种缝隙密封处理
预成型密封材料	塑料止水带	具有良好的弹性和韧性，耐水性好	适用于各种建筑的地下防水工程、隧道涵洞、坝体、沟渠等水工构筑物伸缩缝的密封防渗
	橡胶止水带	具有良好的弹性、耐磨性、耐老化性和抗撕裂等性能，适应变形能力强，防水性能好	适用于钢筋混凝土地下构筑物、小型水坝、蓄水池、河底隧道等伸缩缝部位的防水
	门窗密封胶条	具有良好的强度、压缩弹性和耐候性	适用于建筑门窗、商店橱窗、展柜等，对玻璃能起固定、密封及减震作用
	丁基橡胶密封腻子	对混凝土、陶瓷、金属等有良好的黏结性和密封性，可长期保持不干状态	适用于外墙板、屋面板、活动房屋、金属门窗的嵌缝密封

10.2 绝 热 材 料

绝热材料又称保温隔热材料，系指能阻滞热流传递（导热性）的材料或材料复合体，又称热绝缘材料。绝热材料在建筑物中主要起保温隔热作用，一般将材料阻抗室内热量外流的功能称为保温，将材料阻抗室外热量流入室内的功能称为隔热。

10.2.1 绝热材料的基本性能

如1.2.3节所述，当固体材料两侧存在温度梯度时，热量将从高温一侧通过材料传递到低温一侧，按照传热的物理机理，传热有三种方式：导热、对流和热辐射。绝热就是最大限度地阻滞热流的传递（传热），因此，绝热材料须具有较小的导热系数、对流传热系数和辐射传热系数，或由绝热材料组成的复合体具有较高的热阻值或较小的传热系数。

1. 绝热材料的性能要求

(1)绝热材料的导热系数应尽可能小,表观密度尽可能为最佳密度。通常绝热材料的导热系数小于 0.23 W/(m·K),表观密度小于 800 kg/m³。

(2)绝热材料吸水率应尽量小,因水的导热系数较大,材料吸水后导热系数随吸水率增加。

(3)为便于安装施工和使用,绝热材料须具有与施工方法和使用条件相适应的强度和耐热温度(自重下材料产生 2% 变形时的温度)。一般而言,绝热材料的抗压强度应大于 0.3 MPa。耐热温度视使用环境而定。

(4)绝热材料应具有化学稳定性和耐久性,且应对环境和人体无害。

2. 提高材料或材料复合体绝热性能的途径

(1)一般来说,有机高分子材料的导热系数小于无机材料;在无机材料中,非金属材料的导热系数小于金属材料;气态物质的导热系数小于液态物质,液态物质小于固体材料。就固体材料而言,其分子结构越复杂,结晶程度越低,导热系数越小;无定形结构的材料其导热系数小于晶体材料。因此,应采用有机高分子材料或无定形无机非金属材料制备绝热材料。

(2)致密固体的导热系数约为静止空气的数倍乃至数百倍,因此,绝热材料均为多孔材料,且其导热系数随孔隙率增加、表观密度降低而减小。但当表观密度小于某一临界值后,由于孔隙率太大以致孔隙中产生对流传热,同时,气体对热辐射的阻抗能力降低,辐射传热也会相应加强,这时,材料的总传热系数反而增大。因此,降低材料的表观密度,使其表观密度为绝热最佳密度,可提高材料的绝热性能。对于纤维制品,一般为 32~48 kg/m³,对于泡沫塑料制品,一般为 16~40 kg/m³。另外,多孔材料的最佳表观密度随温度略有增加。

(3)多孔材料的孔径越小,导热系数越小。当孔径小于 50 nm 时,孔隙中空气完全被孔壁吸附为静止状态,孔隙接近于真空状态,导热系数最小。因此,在最佳表观密度下,减小多孔材料中的孔隙孔径,且互不连通,可减小导热系数。对于纤维材料,应减小纤维直径。

(4)利用空气夹层制成材料的复合体,夹层的厚度应尽量小,以防止空气对流的发生。如蜂窝结构比大平壁中空结构的导热系数小。夹层内充填微孔材料,可进一步减小其导热系数。

(5)采用真空化处理或填充导热系数小于空气的气体,可使多孔材料的传热性降到最低。

(6)当使用遮热板绝热时,应选择反射率高、发射率低(黑度小)的材料,与导热系数较小的材料复层使用,效果更佳。

(7)水的导热系数为 0.582 W/(m·K),比静止空气的导热系数 0.023 3 W/(m·K)大,因此,当环境湿度较高时,材料的平衡含水率增加,导热系数相应增大。所以,可通过憎水性或包裹处理,降低材料的吸水率,提高其绝热性能。

(8)对于各向异性材料,如纤维状材料,当热流方向平行于纤维延伸方向时,其导热系数较大;垂直于纤维延伸方向时,则导热系数较小。因此,使用时应采用垂直热流方向。

(9)由于辐射传热的影响,多孔材料的导热系数一般随着温度的升高而增大。但材料导热系数与温度的关系,取决于导温系数,因此,在高温环境中,应选用导温系数较小的材料。

10.2.2 绝热材料的组成与结构

1. 绝热材料的组成与制备

金属材料、无机材料和有机高分子材料均可以制成具有各种结构形态的绝热材料。

金属绝热材料有不锈钢、铝箔、铜箔等,它们通过热反射机理,减小传热系数。

无机绝热材料主要成分是一些碱金属和碱土金属的硅酸盐、铝酸盐和硅铝酸盐,主要有天然和人造的多孔和纤维材料,天然多孔材料有浮石、海泡石、硅藻土、火山渣等;天然纤维有石棉等。人造材料是以天然岩石为原料制成的多孔颗粒、纤维材料和无机泡沫材料,多孔颗粒有膨胀蛭石、膨胀珍珠岩等;纤维材料有矿渣棉、玻璃棉、岩棉和硅酸铝棉等;泡沫材料有泡沫水泥、泡沫玻璃、加气混凝土、微孔硅酸钙、微孔铝酸钙等。

有机绝热材料有动植物材料和合成高分子材料,动物材料有由蛋白质构成的纤维材料,如羊毛;植物材料主要是由纤维素构成的软木、木屑、刨花、芦苇、棉花等。合成高分子材料主要是经发泡工艺制成的各种泡沫塑料和橡胶,如泡沫聚苯乙烯、泡沫聚氯乙烯、泡沫聚氨酯、泡沫酚醛塑料和泡沫橡胶等;此外,反辐射性能好的塑料薄膜也可用作绝热材料。

2. 绝热材料的结构与构造

绝热材料的结构构造主要有三种:纤维状结构、多孔结构和层状结构,多孔结构材料有散粒状和微孔块状;层状结构有层叠和夹层结构,如表 10.8 所示。

表 10.8 绝热材料的结构构造类型

结构类型		举 例
纤维状	天然的	石棉与石棉制品、植物纤维、动物纤维
	人造的	岩棉、矿渣棉、玻璃棉、硅酸盐棉、化学纤维等纤维材料及其制品
散粒状	天然的	浮石、火山渣、硅藻土、炉渣、植物碎屑
	人造的	膨胀珍珠岩、膨胀蛭石、陶粒与陶砂和空心氧化铝球等多孔颗粒及其制品
微孔状	天然的	硅藻土、沸石岩、软木
	人造的	加气混凝土、泡沫玻璃、泡沫石膏、泡沫水泥、泡沫塑料、微孔硅酸盐等
层状	天然的	木夹板
	人造的	塑料板、吸热玻璃板、中空玻璃、蜂窝夹芯板、铝箔等

10.2.3 绝热材料的应用

在建筑物中合理地采用绝热材料,既能提高建筑物的舒适感,满足生产、工作和生活的使用要求,又能大大地降低建筑物的使用能耗。我国制定了强制性的建筑节能标准,要求建筑物的外墙与屋面都应有保温材料,以达到建筑节能 50%～75% 的目标。此外,建筑物中采用绝热材料后,能减小外墙厚度,减轻屋面体系的自身质量,减少其他材料的消耗,从而能减轻整个建筑物的质量,减少运输和施工成本,节约建筑材料,降低建筑造价,产生很大的经济效益。

选用绝热材料时,除应考虑其绝热性能外,还应根据使用条件和施工要求,考虑绝热材料的强度、耐久性、耐热性、耐腐蚀性等。一般来说,无机绝热材料的强度较高,耐久性和耐热性好,但脆性较大,并有一定的吸水性;有机绝热材料的密度小,导热系数低,耐化学腐蚀性很好,基本不吸水,韧性好不易脆裂,但耐热性和抗火性差,强度较低。由纤维增强复合材料板材或金属板材为面板、以多孔泡沫材料或纤维材料为芯层制成的夹层复合板既具有很好的绝热性能,又能满足其他性能的要求,是一种很好的绝热材料复合体。

建筑节能上常用的绝热材料及其主要性能见表 10.9。

表 10.9 常用绝热材料的种类和主要性能

材料种类	安全使用温度(℃)	表观密度(kg/m³)	导热系数[W/(m·K)]
膨胀珍珠岩	≤800	40~300	0.047~0.058
膨胀蛭石	1 000~1 100	80~200	0.047~0.070
矿渣棉	≤600	70~140	0.035~0.047
沥青矿棉毡	≤250	100~250	0.041~0.047
火山岩棉	≤700	80~110	0.041~0.050
普通玻璃棉	≤300	80~100	0.052
加气混凝土	≤600	400~700	0.093~0.198
泡沫混凝土	≤600	300~400	0.11~0.12
微孔硅酸钙	≤250	≤250	0.041
陶瓷纤维	1050	155	0.08
泡沫玻璃	≤400	150~600	0.058~0.128
碳化软木板	130	105~437	0.044~0.079
聚氯乙烯泡沫塑料	≤70	12~72	0.031~0.045
聚氨酯泡沫塑料	≤120	30~65	0.035~0.042
聚苯乙烯泡沫塑料	≤70	20~50	0.038~0.047
木纤维板	常温	300~350	0.041~0.052

10.3 吸声材料

吸声材料的主要作用是改善建筑物内音响效果、消除回音以及控制和降低噪声干扰等。

10.3.1 材料的吸声性能

1. 吸声系数

声音起源于物体的振动,声波依靠介质的分子振动(不移动)向外传播声能。当声波入射到建筑构件(如墙体)上时,一部分声能被反射,一部分声能则透过构件,还有一部分由于构件的振动或声音在其中传播时产生介质摩擦转变成热能而消耗,亦即被材料吸收。根据能量守恒定律,若单位时间内入射到构件上的总声能为 E_0,反射声能为 E_r,吸收声能为 E_α,透过声能为 E_τ,则它们之间存在如公式(10.1)所示的关系:

$$E_0 = E_r + E_\alpha + E_\tau \tag{10.1}$$

通常用吸声系数(α)表示材料的吸声性能,吸声系数可按公式(10.2)计算:

$$\alpha = \frac{E_0 - E_r}{E_0} = \frac{E_\alpha - E_\tau}{E_0} \tag{10.2}$$

由公式(10.2)可知,当入射的总声能完全被材料反射时,$\alpha = 0$;无反射时,$\alpha = 1$。一般材料的吸声系数介于 0 和 1 之间,吸声系数越大,吸声效果越显著。

2. 吸声系数的测量方法

吸声系数与声波的入射方向(角度)有关,声波的入射角度可分为垂直入射、斜向入射和无规入射三种。无规入射又称统计入射,是指声波从各个方向以等概率入射到材料表面,这种入射条件比较接近实际情况。建筑中的吸声计算时,一般采用无规条件下用混响法测量吸声系数 α_T,但测量值的误差较大。另一种是采用驻波法测量声波垂直入射的吸声系数 α_0,其测量值精度较高,一般常用 α_0 值比较各种材料的吸声性能。

吸声系数还与声音的频率有关,同种材料对于不同频率的声波,其吸声系数不同,一般采用 125、250、500、1 000、2 000、4 000 Hz 六个频率的吸声系数来表示材料的吸声频率特性。测量时,应分别测量材料在六个频率下的吸声系数,然后计算其算术平均值或加权平均值,作为材料的吸声系数。凡是上述六个频率的吸声系数平均值大于 0.2 的材料,均称为吸声材料。

3. 吸声系数的影响因素

材料可通过三种方式将入射的声能转换成机械能或热能而被吸收,其一是通过声波在材料内部的微孔内与孔壁发生摩擦转换为热能被吸收;其二是通过入射声波使材料振动,将声能转换为机械振动能被吸收;其三是空腔内的空气与声波产生共振,将声能转换为热能被吸收。多孔性吸声材料主要是通过第一种方式吸声,其吸声系数的影响因素有:

(1)材料的表观密度　随表观密度增大,多孔材料的低频吸声系数提高,高频吸声系数降低。

(2)孔隙及其特征　孔隙率大且孔径细小,吸声系数较高;孔径较大,吸声系数较小。封闭不连通的孔隙不利于吸声,开口而连通的孔隙越多,吸声效果越好。

(3)材料的厚度　材料厚度增加,低频吸声系数增加,而对高频吸声系数影响不大;太厚则吸声系数变化不明显。

(4)材料背面的条件　如果吸声材料背面留有一定的空气层,相当于增加了材料的厚度,可以提高吸声系数。当空气层厚度等于声波波长的奇数倍时,可以获得最大吸声系数。

10.3.2　常用吸声材料

1. 结构类型

根据吸声原理和方式,吸声材料一般具有三种结构形式:多孔结构、共振吸声结构和特殊吸声结构,如表 10.10 所示。

表 10.10　几种吸声结构的构造图例及材料构成

类别	多孔吸声材料	薄板振动吸声结构	共振吸声结构	穿孔板组合吸声结构	特殊吸声结构
构造图例					
举例	玻璃棉 矿渣棉 木丝板 半穿孔纤维板	胶合板 硬质纤维板 石棉水泥板 石膏板	共振吸声器	穿孔胶合板 穿孔铝板 微穿孔板	空间吸声体 帘幕体
吸声原理要点	声波进入微孔内,一部分声能转化为热能被吸收	声能转变为机械振动能被吸收或消耗	瓶腔内空气在声波作用下产生共振,声能转变为热能被吸收	可视为多个单独共振器并联组合而成	增加有效吸声面积

多孔吸声材料的特征是其内部含大量互相贯通的微孔,如纤维状和微孔泡沫材料等。

共振吸声结构主要有单个共振器、孔板式共振吸声结构和薄板式共振结构三种。单个共振器是一密闭的内部为硬表面的容器,通过一个小的开口与外界大气相联系,它可以吸收单一频率的声波;孔板式共振吸声结构是在薄板上穿孔,并在其后设置空气层形成空腔,必要时在空腔中添加多孔吸声材料。薄板共振结构是由胶合板、木纤维板、塑料板、金属板等固定在框架上,板后留有一定厚度的空气层构成。

特殊吸声结构是一种悬挂于室内的吸声结构,常用的形式有矩形体、平板状、圆柱状、圆锥状、棱锥状、球状和多面体等。

2. 常用吸声材料

多孔吸声材料是应用最广的基本吸声材料,建筑上常用的吸声材料及其性能见表10.11。

表 10.11 常用吸声材料的品种和主要性能

材料品种		厚度(cm)	各种频率(Hz)下的吸声系数						安装情况
			125	250	500	1 000	2 000	4 000	
无机材料	吸声砖	6.5	0.05	0.07	0.10	0.12	0.16	—	墙体
	有花纹的石膏板	1.2	0.03	0.05	0.06	0.09	0.04	0.06	贴实
	水泥蛭石板	4.0	—	0.14	0.46	0.78	0.50	0.60	贴实
	水泥膨胀珍珠岩板	5	0.16	0.46	0.64	0.48	0.56	0.56	贴实
	水泥砂浆	1.7	0.21	0.16	0.25	0.40	0.42	0.48	粉墙
	清水砖墙	—	0.02	0.03	0.04	0.04	0.05	0.05	墙体
木质材料	软木板	2.5	0.05	0.11	0.25	0.63	0.70	0.70	贴实
	木丝板	3.0	0.10	0.36	0.62	0.53	0.71	0.90	钉在龙骨上 后留 10 cm 空气层
	三夹板	0.3	0.21	0.73	0.21	0.19	0.08	0.12	后留 5 cm 空气层
	穿孔五夹板	0.5	0.01	0.25	0.55	0.30	0.16	0.19	后留 5 cm 空气层
	木质纤维板	1.1	0.06	0.15	0.28	0.30	0.33	0.31	后留 5 cm 空气层
泡沫材料	泡沫玻璃	4.4	0.11	0.32	0.52	0.44	0.52	0.33	贴实
	泡沫塑料	1.0	0.03	0.06	0.09	0.41	0.85	0.67	贴实
	泡沫水泥饰面	2.0	0.18	0.05	0.22	0.48	0.22	0.32	
	蜂窝吸声板	—	0.27	0.14	0.42	0.86	0.48	0.30	
纤维材料	矿渣棉	3.1	0.10	0.21	0.60	0.95	0.85	0.72	贴实
	玻璃棉	5.0	0.06	0.08	0.18	0.44	0.72	0.82	贴实
	酚醛玻纤板	8.0	0.25	0.55	0.80	0.92	0.98	0.95	贴实
	工业毛毡	3.0	0.10	0.28	0.55	0.60	0.60	0.56	贴实

10.4 建筑装饰材料

建筑装饰材料是铺设或粘贴或涂刷在建筑物表面,起装饰作用的材料,又称饰面材料。建筑装饰材料不但可以美化、装饰建筑物内外立面,还其保护作用,保护建筑物不受风吹、日晒、雨淋、冰冻等自然因素侵袭和腐蚀性气体及微生物的侵蚀,有效提高建筑物的耐久性。就室内环境而言,可以改善墙体、天花板和地面的吸声隔音、保温隔热性能,创造出一个舒适、整洁、美观的生活和工作环境。

10.4.1 建筑装饰材料的种类与基本性能

1. 种类

建筑装饰材料的品种、花色繁多，主要金属材料、非金属材料和复合材料等三大类，详见表 10.12。按其物理状态和施工性能，有装饰片材、板材、卷材和涂料等。

表 10.12 建筑装饰材料的分类

种类		举例
金属材料	黑色金属材料	不锈钢、彩色不锈钢
	有色金属材料	铝及铝合金、铜及铜合金、金、银
非金属材料	无机材料	天然石材：天然大理石、天然花岗岩
		陶瓷制品：釉面砖、彩釉砖、陶瓷锦砖、琉璃制品
		玻璃制品：吸热玻璃、中空玻璃、激光玻璃、压花玻璃、彩色玻璃、空心玻璃砖、镜面玻璃、压膜玻璃、夹丝玻璃
		石膏制品：石膏装饰板、石膏吸声板、石膏艺术制品
		水泥及其制品：彩色水泥、白水泥、彩色路面砖、花街砖、彩色喷涂轻骨料砂浆、水泥轻骨料板
		纤维制品：矿棉装饰板、玻璃棉装饰板、岩棉装饰板
	有机材料	木材制品：胶合板、纤维板、旋切微木片、木地板
		装饰织物：地毯、墙布、窗帘布
		塑料制品：塑料壁纸、塑料地板、复合地板、塑料装饰板
		装饰涂料：地面涂料、外墙涂料、内墙涂料
复合材料	无机—有机复合材料	人造大理石、人造花岗岩、纤维水泥面夹层复合板
	金属—非金属复合材料	彩色涂层钢板、铝塑板、金属面夹层复合板

2. 基本性能

(1)装饰特性 主要包括色彩、质感、光泽、几何形状和表面花纹等。

①色彩 色彩人们对光线的感知，其实质是材料对光谱的反射，有了光才能看到色，用各种分光光度测色仪测定。建筑装饰材料的色彩应符合建筑师的设计要求。

②质感 质感是人们对材质的感觉，主要通过线条的粗细、凹凸对光线的吸收与反射程度不同而产生的感观效果。因所用原料、制造工艺及施工工艺不同，建筑装饰材料具有不同的表面组织特征，而产生不同的质感。例如，坚硬而有光泽的大理石、花岗岩等，给人以庄重、坚硬的质感；富有弹性而松软的地毯或纤维织物给人以柔顺、温暖、舒适的质感；用聚丙烯酸酯涂料，用不同的施工工艺做成有光、无光、平光、凹凸、拉毛等表面，给人以不同的质感。

③光泽 光泽是材料表面的一种物理现象，主要是镜面反射所产生的反射光，它对反射光的强弱起决定作用，材料表面的光泽用光电光泽计测定。通过对装饰材料的表面进行不同的处理而产生不同的光泽，达到不同的装饰效果。

④透明性 既透光又透视的物体称为透明体；只透光不透视的物体称为半透明体；既不透光又不透视的物体称为不透明体。不同的透明性适用于不同的装饰，产生不同的装饰效果。

⑤形状与花纹样式 装饰材料一般都有一定的几何外形和规格尺寸，外形上有片材、板材和卷材，片材又有长方形、正方形和其他多面体形状，其表面还带有一定的花纹和图案。

(2) 物理力学性能　为满足装饰材料的使用功能和施工工艺要求,装饰材料还应具有一定的物理力学性能,如表观密度、硬度、抗压强度、抗拉强度、抗弯强度、延伸率、遮盖力、吸声性能、绝热性能、对环境的污染性等。这些性能应满足使用和施工要求。

(3) 耐久性　装饰材料都是用于建筑物的表面,直接暴露在使用环境中,或与室内的其他物体和人体接触,这些因素会对装饰材料产生损伤破坏。因此,装饰材料的抗冻性、耐水性、耐腐蚀性、耐老化性、耐污染性、耐擦伤、耐磨性等耐久性应适应使用环境的要求。一般来说,无机非金属材料具有优良的耐久性,而有机材料也应有一定的耐候性和使用寿命。

10.4.2　常用建筑装饰材料

1. 装饰陶瓷

(1) 陶瓷砖　陶瓷砖是由黏土和其他无机非金属原料制造的用于覆盖墙面和地面的薄板制品,陶瓷砖是在室温下通过挤压或干压或其他方法成型,干燥后,在满足性能要求的温度下烧制而成的。其主要品种有室内外墙面砖和室内外地砖。

按陶瓷砖成型方法分类,有挤压砖和干压砖;按其吸水率,有低吸水率的瓷质砖、中吸水率炻质砖和高吸水率陶质砖,其吸水率分别为小于0.5%、3%~10%和大于10%。

根据《陶瓷砖》(GB/T 4100—2015)的规定,陶瓷砖应满足三个方面的性能要求:其一是尺寸和表面质量,包括长度和宽度、厚度、边直度和表面平整度(弯曲度和翘曲度)等指标;其二是物理性能,包括吸水率、破坏强度、断裂模数、耐磨深度(无釉)或表面耐磨性(有釉)、线性热膨胀、抗冻性、摩擦系数、湿膨胀、抗冲击性、光泽度等指标;其三是化学性能,包括耐污染性、铅和镉的溶出量以及酸、碱、盐的化学腐蚀性等指标。

陶瓷砖被广泛应用于建筑物的内外墙面、内外地面、柱面、门窗套等立面装饰。具有色调柔和、装饰性强、质地坚硬、强度较高、防水、易清洗等特性,对建筑物有良好的保护作用。

(2) 陶瓷锦砖　又名马赛克,是由优质瓷土焙烧制成的具有各种颜色、多种几何形状的小块瓷片。锦砖有上釉和不上釉的,表面也有光滑和毛面之分。它质地致密、耐磨、抗冻、耐蚀、耐火,吸水率小于0.2%。经工厂预拼合的陶瓷锦砖,一般每联的尺寸为305.5 mm×305.5 mm,每联的铺贴面积为0.093 m²。主要用于室内墙、地面和外墙面,可按各种图案镶嵌铺贴在地面和墙面上,形成色彩丰富、图案繁多的饰面,也可制作陶瓷壁画。

(3) 建筑琉璃制品　建筑琉璃制品是我国陶瓷宝库中的古老珍品之一,它是由难熔黏土制坯,经干燥、上釉后焙烧制成,颜色由绿、黄、蓝、青等。品种可分为三类:瓦类(板瓦、滴水瓦、筒瓦、沟头)、脊类和饰件类。其特点是表面光滑、不易玷污、坚实耐久、色彩艳丽。造型古朴,富有我国传统民族特色,主要用于具有民族色彩的宫殿式建筑和园林中的亭、台、楼、阁等。

2. 装饰玻璃

玻璃具有多种功能,如控制光线、调节热量、控制噪音、降低建筑物自重、改善室内环境和增强建筑物外观美感等。玻璃在现代建筑中达到了功能性和装饰性的完美统一。

(1) 玻璃的组成与类型。玻璃是以石英砂、纯碱、长石和石灰石等主要原料和一些辅助材料,经高温熔融、成型并冷却制成的无定形、均质、各向同性的硅酸盐材料。其制备方法有垂直引上法、水平拉引法、压延法和浮法,浮法生产的玻璃的最大特点是玻璃不变形、表面光滑平整、厚薄均匀,是现在最先进的成型方法。

按其功能,分为普通玻璃、吸热玻璃、防火玻璃、装饰玻璃、安全玻璃、漫射玻璃、镜面玻璃、低辐射玻璃、热反射玻璃、隔热玻璃等。

按其形状，分为平面玻璃、曲面玻璃、空心玻璃、实心玻璃、槽式 U 形玻璃和波形瓦等。

(2)玻璃的性能　玻璃透光、透视、隔音、隔热、化学稳定性好，并具有良好的装饰效果，但脆性大，热稳定性差。玻璃的密度一般为 $2.45\sim2.55$ g/cm^3，且随温度升高而降低。

玻璃的抗拉强度是衡量玻璃品质的主要指标，约为 $10\sim40$ MPa，是抗压强度的 $1/14\sim1/15$。在常温下玻璃具有弹性，弹性模量接近其断裂强度，因此脆而易碎。普通玻璃的弹性模量为 $60\sim75$ GPa，约为钢材的 $1/3$，与铝材接近。玻璃的莫氏硬度在 $4\sim7$ 之间。

玻璃对太阳光产生吸收、反射和透射等作用，普通无色玻璃对可见光吸收比较小，但对红外光、紫外光，特别是波长大于 25 000Å 的红外光和波长小于 3 500Å 的紫外光吸收比较大；对可见光和太阳光的反射比较小，一般为 $5\%\sim8\%$，而热反射玻璃的反射比高达 $15\%\sim40\%$。玻璃的光透射比与其厚度、化学组成、颜色和光的波长有关，厚度越大，透射比越小。6 mm 厚的普通无色玻璃的太阳光总透射比为 84%，吸热玻璃为 $50\%\sim70\%$，热反射玻璃为 $20\%\sim50\%$。

玻璃抵抗除氢氟酸以外的酸侵蚀能力强，但抵抗碱的侵蚀能力弱。

玻璃的热稳定性越高，其热膨胀系数越小。热膨胀系数与玻璃的化学组成及纯度有关，纯度越高热膨胀系数越小。玻璃制品的厚度越大、体积越大，热稳定性也越差。

(3)常用玻璃的品种　主要有平板玻璃、夹层玻璃、中空玻璃和钢化玻璃等。

①普通平板玻璃　既透视又透光，透光率高达 85% 左右，其厚度有 $2\sim12$ mm 间多种规格，平面最大尺寸可达 2 000 mm×25 000 mm。常用于建筑物的门窗、室内隔断等。

②特殊平板玻璃　对平板玻璃的表面进行各种工艺处理，制成具有各种不同装饰效果的特殊平板玻璃，主要品种有磨砂玻璃、磨光玻璃、压花玻璃、刻花玻璃、彩色玻璃、镀膜玻璃、冰花玻璃和玻璃镜等。

③夹层玻璃　系在两层或多层平板玻璃之间嵌夹透明塑料薄片，经加热、加压、黏合制成的平面或曲面的复合玻璃。其层数有 3、5、7、9 层等，其品种有减薄夹层玻璃、遮阳夹层玻璃、防弹夹层玻璃、电热夹层玻璃、报警夹层玻璃等。夹层玻璃的抗冲击强度比普通平板玻璃高几倍。当玻璃被击碎后，由于中间有塑料衬片的黏合作用，所以只产生辐射状裂纹而不落碎片伤人。它还具有耐光、耐热、耐湿和耐寒的特点。主要用于有特殊安全要求的建筑物门窗、隔墙和工业厂房的天窗等。

④中空玻璃　由两层以上的各种玻璃原片与层间边框(铝、钢、塑料等型材制成)黏合在一起制成，层间有空腔间隔层。黏合方法有胶合、焊接和熔接三种，其层数由两层、三层和四层三种，类型有普通中空玻璃和特殊中空玻璃两类。普通中空玻璃由两层构成，层间空腔是一空气间隔层，是建筑中应用最广泛的一种。特殊中空玻璃的原片一般是吸热玻璃、钢化玻璃、夹层玻璃或防辐射玻璃，中间间隔层内可以抽真空，也可以充填惰性气体、液体或散光材料。

中空玻璃有优良的隔热性能和隔音性能，层数越多，隔音隔热性能越好，还具有各种不同的光学性能，可见光透过率一般为 $10\%\sim80\%$，光反射率为 $25\%\sim80\%$。可以用作保温隔热窗，还可用于高层建筑的玻璃幕墙等。

⑤钢化玻璃　将平板玻璃加热到一定温度后骤冷处理或用化学方法特殊处理制成钢化玻璃，其特点是机械强度比平板玻璃高 $4\sim6$ 倍，6 mm 厚钢化玻璃的抗弯强度大 125 MPa，且耐冲击，破碎时碎片小且无锐角，不易伤人，能耐急冷急热，透光率大于 80%。主要用于高层建筑的门窗、工业厂房的天窗等。

3. 装饰石材

用于室内外装饰的石材有天然石材和人造石材两大类，天然石材主要是天然大理石和天然花岗岩等；人造石材有人造大理石、人造花岗岩等，一般为厚度较小的板块状，详见4.2节。

4. 装饰涂料

装饰涂料是指涂敷于建筑物表面，形成具有各种装饰效果涂膜的材料。

(1) 建筑涂料的组成　涂料主要由主要成膜物质、次要成膜物质和辅助成膜物质等组分材料调配而成。

① 主要成膜物质，又称基料，主要有无机胶结材料(硅酸钾水玻璃、硅溶胶)和树脂(天然树脂、合成树脂)，常用的合成树脂主要有聚丙烯酸树脂及其共聚树脂、过氯乙烯树脂、环氧树脂、聚氨酯树脂、聚醋酸乙烯酯和氟碳树脂等。

建筑涂料对主要成膜物质的基本要求有良好的成膜性和耐久性。要求能在常温(5～35℃)下干燥硬化或交联固化，能在使用环境条件下长期保持其使用性能和装饰效果。

② 次要成膜物质　主要是指涂料中的颜料，如着色颜料、体质颜料和防锈颜料等。它们与基料一起构成涂膜，使涂膜有一定的遮盖力，减少涂膜收缩、增加机械强度、防紫外线穿透，提高耐老化性和耐候性。着色颜料主要使涂膜着色，增加遮盖力，一般是铬黄、铁红、铬绿、钛白等无机颜料；体质颜料又称填充颜料，增加涂膜厚度，减少涂膜收缩，提高耐磨性，减低成本。一般是滑石粉、碳酸钙粉、瓷土等矿物粉末；防锈颜料主要防止金属锈蚀，常用的有红丹、锌铬黄、氧化铁红、银粉等。

③ 辅助成膜物质　包括溶剂和辅助材料，溶剂一般是可挥发性有机化合物，如松香水、丙酮、二甲苯等。溶剂主要起溶解或分散基料，降低涂料黏度，增加涂料渗透能力，改善涂料与基层的黏力，保证涂料施工质量等作用；辅助材料起进一步改善涂料性能和质量的掺量较少的物质，如催干剂、增塑剂、润湿剂、悬浮剂、紫外光吸收剂、稳定剂等。

(2) 建筑涂料的种类

① 按其用途　有外墙涂料、内墙涂料、顶棚涂料、地面涂料和屋面涂料等。

② 按其主要成膜物质，有无机涂料、有机涂料和有机—无机复合涂料等。

③ 按其分散介质，有溶剂性涂料、水乳性涂料和水溶性涂料等。

④ 按涂层质感，有薄质涂料、厚质涂料和复合建筑涂料等。

(3) 建筑涂料的特性

① 耐污染性　人为因素和自然因素对涂层的污染主要有三种；第一种是沉积性污染，即灰尘的黏附或沉积造成污染，其污染的程度与涂膜的表面平整度有关；第二种是侵入性污染，即尘埃、有色物质等随同液体侵入涂膜表面的毛细孔内造成的污染；第三种是吸附性污染，即由于静电引力与黏附力造成的污染

建筑涂料的耐污染性用其白度受污染损失百分数表示，测定用的污染物是1∶1的粉煤灰悬浊液，用其反复污染涂膜一定的次数，测定其白度损失率。损失率越小，耐污染性越好。

② 耐久性　涂料的耐久性包括耐冻融性、耐洗刷性和耐老化性。

a. 耐冻融性　耐冻融性是涂层在−20℃、23℃和50℃下各处理3 h为一次循环，经过多次循环后涂层不开裂或脱落，且循环次数愈多，耐冻融性愈好。

b. 耐洗刷性　用浸过皂水的鬃毛刷反复刷试件上的涂膜，涂膜擦完露底所经历刷擦次数愈多，耐洗刷性愈好。涂料的耐洗刷性与成膜物质的性质和含量有关。

c. 耐老化性　通常用氙灯老化仪人工加速老化法测定。在一定光照强度、温湿度条件下处理一定时间后，检查涂层有无气泡、剥落、裂纹、粉化或变色等现象。

d. 耐碱性 耐碱性的测定方法是将涂层浸泡在氢氧化钙饱和溶液中一定时间后,检查有无气泡、剥落和变色等现象。

③最低成膜温度 乳液涂料是通过涂料中的微细颗粒的凝聚而成膜的,成膜只能在某一最低温度以上时才能实现。这个最低温度就是最低成膜温度。

(4)常用装饰涂料的品种 土木工程中常用装饰涂料见表 10.13。

表 10.13 常用装饰涂料的品种和特性及应用

品 种	主要成膜物质	特 性
丙烯酸外墙涂料 (溶剂型和乳液型)	丙烯酸酯类共聚物	涂膜坚韧,附着力强,干燥快,耐水、耐碱和耐候性良好,使用寿命 10 年以上,耐洗刷大于 500 次,最高达 10 000 次。
聚氨酯丙烯酸外墙涂料	聚氨酯丙烯酸树脂	涂膜弹塑性好,耐水、耐碱、耐人工老化 250 h 无变化,装饰效果可达 10 年以上,耐洗刷 3 000 次以上。
过氯乙烯外墙涂料	过氯乙烯树脂和改性树脂、增塑剂等	涂膜平滑,表干快而全干慢,良好的耐候性及化学稳定性,耐水性很好,使用温度应低于 60 ℃,施工时基层含水率应小于 8%。
无机外墙涂料	硅溶胶、硅酸钾、固化剂等	涂膜致密坚韧、不产生静电、耐水、耐老化、耐酸、耐冻融、耐紫外线辐射、耐擦洗,成膜温度低,无毒,不燃。
苯丙内墙涂料	苯乙烯、丙烯酸酯、甲基丙烯酸酯三元共聚物乳液	涂膜无光泽,耐碱,耐水,耐擦洗 2 000 次以上,最低成膜温度 3 ℃以上,属高档内墙装饰涂料。
乙丙内墙涂料	聚醋酸乙烯与丙烯酸酯共聚乳液	涂膜有光泽,耐碱性、耐水性、耐久性较好,最低成膜温度 5 ℃以上,保色性好。
聚醋酸乙烯内墙涂料	聚醋酸乙烯酯乳液	无味、无毒、易于施工,干燥快,透气性好,附着力强,耐水性较好。
氯-偏共聚内墙涂料	氯乙烯与偏氯乙烯共聚乳液	无毒无味,抗水耐磨,涂膜干燥快,不燃,光洁美观,耐洗刷 1 000 次以上。
过氯乙烯地面涂料	过氯乙烯树脂和少量酚醛树脂	涂膜干燥快,施工方便,耐磨性良好,很好的耐水性和耐腐蚀性,附着力强。
聚氨酯地面涂料	聚氨酯预聚物和固化剂(双组分)	涂膜的弹性变形较大,黏结力强,耐磨性很好,并且耐油、耐水、耐酸、耐碱,有毒。
环氧树脂厚质地面涂料	环氧树脂和固化剂(双组分)	涂膜坚硬、耐磨,且有一定的韧性,耐化学腐蚀性、耐油性和耐水性良好,黏结力强。

5. 装饰塑料制品

建筑装饰塑料制品主要有塑料壁纸、塑料地板、和塑料艺术制品等。

(1)塑料壁纸 塑料壁纸是以一定材料为基材,表面进行涂塑后,再进行印花、压花或发泡处理等多种工艺制成的一种墙面装饰材料。其特点是装饰效果好;具有一定的伸缩性和耐裂强度;粘贴施工方便;易维修保养。塑料壁纸分为普通(纸质)塑料壁纸;发泡塑料壁纸和特种塑料壁纸三大类。常见规格有幅宽 530~600 mm,长 10~12 m,每卷为 5~6 m² 的窄幅小卷;幅宽 760~900 mm,长 25~50 m,每卷 20~45 m² 的中幅中卷;幅宽 920~1 200 mm,长 50 m,每卷 46~90 m² 的宽幅大卷。其技术性能包括外观性能,如色差、伤痕与皱褶、气泡等;褪色性、耐摩擦色牢度、耐水性和可擦洗性等。

(2)塑料地板 主要有聚氯乙烯塑料地板、聚丙烯塑料地板、氯化聚乙烯塑料地板等,主要用于建筑物室内地面装饰。按其材质,有硬质、半硬质片材、软质卷材等;按其外形分类,有块状塑料地板和卷材状塑料地板。塑料地板的基本性能如下:

①足够的耐磨性 将直径为 110 mm 的试件在旋转式坦勃磨耗仪上进行磨耗试验,其失重和磨耗面积分别小于 0.5 g/1 000 r 和 0.2 cm²/1 000 r 时,耐磨性合格。

②回弹性 以减轻步行的疲劳感,其坚固性和柔软性要适当,应有一定的回弹性。

③脚感舒适性 除与地板的回弹性有关外,以人足踏在地板上时,温度下降不超过 1 ℃较为舒适。

④装饰性 应有一定的花纹、图案、色彩等装饰性能。

⑤耐水性 要求耐冲洗、遇水不变形、褪色等。

(3)塑料装饰板材 塑料装饰板材一般用硬质塑料经层压、挤出或模压工艺制成,其品种繁多主要有有机玻璃板、钙塑泡沫装饰吸声板、聚乙烯泡沫天花板、聚苯乙烯泡沫塑料天花板、聚氯乙烯塑料装饰板、聚氯乙烯塑料空心板、聚乙烯塑料空心屋顶板、玻璃钢板、玻璃钢波形板等。其断面结构有实心结构、空心结构、夹层结构等。它们主要用于建筑物室内的顶棚和墙面的装饰,和临时建筑物的屋顶等。

10.4.3 装饰材料的应用

1. 装饰材料选用的依据

(1)装饰性 材料的装饰特性是指装饰材料除了具有物质方面的结构功能之外,更具有精神方面的功能,即对人的视觉、情绪、感觉等精神方面的活动产生的影响。除色彩外,材料的装饰特性还包括光泽、透明性、形状与花纹以及质感等四大特性,在选用装饰材料时,考察这些装饰特性,通过巧妙地运用,使之呈现丰富多彩的装饰效果。

(2)色彩感 装饰材料的色彩有视感和情感作用。色彩的视感作用是指由于物体色彩的作用对人的视觉所产生的温度感、重量感和距离感等感觉。

①温度感可以用暖色和冷色来划分,红色、黄色和黄红色为暖色;蓝色、绿色。紫色蓝绿色为冷色。

②重量感有重色与轻色之分,深颜色是重色,浅色是轻色。同时还与明度有关,色彩的明度越低时,就越感到色重;明度越高时,就感到越轻。

③距离感有前进色(感觉距离比实际距离近一点)和后褪色(感觉距离比实际距离远一点),其变化范围可达 6.5 cm。

④情感作用是指人们对色彩的喜爱,以及由色彩产生联想而影响到情绪。例如:黄色使人产生温暖、华贵的感觉,从而引起情绪上活泼、明朗的效果;红色使人产生兴奋、激动的感受,可引起情绪上动情、热烈或冲动的效果等。此外,不同的颜色还可以引起人们情绪上的不同反应,例如室内采用很深或对比很强的颜色,就容易引起人们的疲劳感;采用浅绿色、淡蓝色或象牙色等颜色,会给人以柔和、淡雅、舒适的感觉,就可以减轻人们的疲劳感。

所以,色彩对人们的视觉、心理和情绪上感受的影响,是选择装饰材料的重要依据。

(3)耐久性 大气中的各种有害气体,阳光中的紫外线,以及水分、雾气等作用于装饰材料时,会使材料中的某些成分发生变化,使其表面失光、变色。大气中的尘埃、雨水及人为的作用,也会对装饰材料的表面造成污染,影响装饰效果。在选择装饰材料时,应充分考虑使用环境因素对材料的影响,选择合适的品种和类型。

2. 装饰材料的选择

(1)选用原则

①满足使用功能的要求原则 应根据装饰设计目的和具体装饰部位的使用功能选用。

②考虑地区特点的选用原则　应根据地区的气候条件、地理位置来选择。要充分考虑温度、湿度变化、光照等因素对装饰材料各种使用性能和老化的影响,另外,对一个特定的地区在装饰方面的习惯也应高度重视。

③施工可行性原则。一般来说,应对施工气候条件,施工机具条件以及施工队伍技术水平等因素,给予充分考虑,以确保装饰质量。

④经济性原则。以最少的成本,最快的速度,最恰当的施工方法取得最佳的装饰质量和效果,并由此取得满意的经济效益。

(2)选择内容

①装饰材料应具有的基本性能,如:强度、耐水性、吸声性、绝热性、抗火性、质量指标、耐腐蚀性等。

②装饰材料在外观上的基本要求,如:颜色、形状与尺寸、光泽度、立体造型等。

③装饰材料是否对环境有污染？是否对人体有害。其性能指标必须符合现行国家九项强制性标准(GB 18580—18587 和 GB 6566)的要求。

④经济指标　主要是用来估算装饰工程的造价及费用开支。

习　　题

1. 防水材料有哪些种类？
2. 防水卷材应具有哪些基本性能？
3. 防水涂料应具有哪些基本性能？
4. 试比较沥青基防水材料和合成高分子防水材料的性能特点。
5. 列举几种常用高分子防水卷材及其在建筑上的用途。
6. 常用的高分子防水涂料有哪些？其特点如何？
7. 试述建筑密封材料的基本要求。
8. 建筑密封材料的种类有哪些？
9. 如何根据环境条件和工程特点,选用防水材料？
10. 影响材料导热系数的因素有哪些？
11. 常用的绝热材料有哪几类？有哪些品种？
12. 多孔吸声材料与绝热材料在构造上有何异同？
13. 建筑装饰材料的作用有哪些？
14. 装饰材料的性能要求有哪些？如何选用装饰材料？
15. 陶瓷外墙面砖、内墙面砖和地面砖的性能要求有哪些共同点和不同点？
16. 玻璃品种有哪些？玻璃在建筑上有哪些应用？
17. 玻璃脆性主要表现是什么？有哪些方法可以克服？
18. 试述装饰涂料的主要组成及其作用。
19. 简述装饰涂料的主要技术性质。
20. 装饰塑料制品的种类有哪些？其用途如何？

创新思考题

1. 请设计一种用于严寒地区屋面的防水材料的组成,并阐述其性能及其原理。
2. 请设计一种导热系数很低的保温隔热材料的组成,并说明设计原理。
3. 请设计一种用于电影院内的吸声材料的组成,并解释吸声原理。

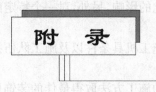

土木工程材料试验

F.1 试验一——水泥试验

本节依据现行国标《水泥细度检验方法 筛析法》(GB 1345—2005)、《水泥标准稠度用水量、凝结时间、安定性检验方法》(GB 1346—2011)、《水泥胶砂强度检验方法(ISO法)》(GB 17671—1999),介绍通用硅酸盐水泥的细度、标准稠度用水量、凝结时间、体积安定性、胶砂强度试验的试验方法。

F.1.1 水泥试验的一般规定

1. 取样方法

(1)以同期到达的同一生产厂家、同品种、同强度等级的水泥为一批(一般不超过200 t),从中连续或从20个以上不同部位取等量样品,试样总量不少于12 kg。

(2)试样应充分拌匀,通过0.9 mm的方孔筛,记录筛余百分率及筛余物情况。将样品分成两份,一份密封保存3个月,一份用于试验。

2. 试验用水

试验用水必须是洁净的淡水,如有争议时应以蒸馏水为准。

3. 试验温度

(1)试验室温度应为18~22 ℃,相对湿度应不小于50%;标准养护箱的温度为(20±1) ℃,相对湿度应不小于90%;标准养护池水温为(20±1) ℃。

(2)水泥试样、标准砂、拌和水及仪器用具的温度应与试验室温度一致。

F.1.2 水泥细度试验

1. 试验目的

现行国标规定:普通水泥的水泥细度检验用负压筛法或水筛法。如两种方法的检验结果有争议,以负压筛法为准。

本试验采用筛析法测试水泥的细度,掌握水筛法和负压筛法的操作,分析试验结果的影响因素。

2. 水筛法试验

将试验筛放在水筛座上,用规定压力的水流,在规定时间内使试验筛内的水泥达到筛分的水泥细度分析方法,称为水筛法。

(1)主要仪器设备

①试验筛 采用边长为0.080 mm的方孔铜丝筛网,筛框内径125 mm,高80 mm。

②喷头 直径55 mm,面上均匀分布90个孔,孔径0.5~0.7 mm,喷头安装高度离筛网35~75 mm为宜。

③天平(称量100 g,感量0.05 g)、电热烘箱等。
(2)试验步骤
①称取通过0.9 mm方孔筛的试样50 g,精确至0.01 g,放入试验筛内,立即用洁净自来水冲洗试验筛内水泥至大部分水泥颗粒通过,再将试验筛置于筛座上,用(0.05±0.02)MPa压力水通过喷头连续冲洗试验筛内水泥3 min。
②用少量水将全部试验筛内余物冲移至蒸发皿内,等水泥颗粒全部沉淀后,将清水吸出。
③将蒸发皿放在电热烘箱中烘至恒重,称量全部筛余物。
(3)结果计算 将筛余量的质量(g)乘以2即得筛余百分数,计算结果精确至0.1%。

3. 负压筛法试验
用负压筛析仪,通过负压源产生的恒定气流,在规定时间内使试验筛内的水泥达到筛分的水泥细度分析方法,称为负压筛法。
(1)主要仪器设备
①负压筛 采用边长为0.080 mm的方孔铜丝筛网,并附有透明的筛盖,筛盖与筛口应密封。
②负压筛仪 由筛座、负压源及收尘器组成。
(2)试验步骤
①检查负压源系统,应能产生在4 000～6 000 Pa的负压力。
②称取通过0.9 mm方孔筛的水泥试样25 g,置于洁净负压筛内,盖上筛盖并安放在筛座上。
③启动负压筛仪,连续筛析2 min,如有试样黏附于筛盖,可轻轻敲击筛盖使试样落下。
④筛毕取下,用天平称取筛余物质量,精确至0.05 g。
(3)结果计算 以筛余量的质量(g)乘以4,即得筛余百分数,结果计算至0.1%。

F.1.3 水泥标准稠度用水量测定

1. 试验目的
采用调整水量法或固定水量法测定水泥标准稠度用水量,以检验水泥的需水性,并为水泥的凝结时间和安定性测试制备标准稠度水泥浆。

2. 主要仪器设备
(1)水泥净浆搅拌机 由主机、搅拌叶和搅拌锅等组成,搅拌叶片能以双转速转动。
(2)标准维卡仪 由机身、试杆及其滑动杆和试模组成,试杆为有效长度(50±1)mm、直径(10±0.5)mm的圆柱形耐腐蚀金属棒;试模为深(40±0.2)mm、顶内径(65±0.5)mm、底内径(75±0.5)mm的截顶圆锥体;与试杆联结的滑动杆表面应光滑,能靠自重自由下落,不得有紧涩和晃动现象,如附图1.1所示。
(3)其他用具 天平、铲子、小刀、量筒、玻璃板等。

3. 试验步骤
1)将试模放置在玻璃板上,调整维卡仪,使试针接触玻璃板时,指针对准零点。
2)称取水泥试样500 g,精确至0.1 g;并用量筒量取适量(约为水泥质量的28%)洁净水。
3)用洁净湿布将搅拌锅和搅拌叶片擦湿,但不得有积水;将适量拌和水倒入搅拌锅内,然后在5～10 s内轻轻地将称好的500 g水泥试样加入水中,不得有水和水泥溅出。
4)将搅拌锅放在搅拌机的锅座上,并升至搅拌位置,启动搅拌机,低速搅拌120 s,静停

15 s,同时将叶片和锅壁上的水泥浆刮入锅中间,接着高速搅拌 120 s 后停机。

5)搅拌结束后,立即将水泥净浆装入置于玻璃底板上的试模内,用小刀插捣并振动数次,刮去多余部分净浆,抹平后迅速将试模和底板移到标准稠度测定仪;并将其中心对准试杆,降低试杆直至与水泥净浆表面接触,拧紧试杆定位螺栓;1~2 s 后突然松开螺栓,使试杆垂直自由地沉入水泥净浆中;在试杆停止沉入或释放试杆 30 s 时记录试杆距玻璃底板间距离;升起试杆,立即擦净,整个操作应在水泥净浆搅拌结束后 1.5 min 内完成。

4. 试验结果

通过多次调整拌和用水量,进行试验,直至试杆沉入试模内净浆并距玻璃底板(6±1)mm 的水泥净浆为标准稠度净浆;其拌和水量为该水泥的标准稠度用水量(P),按水泥质量的百分比计。

F.1.4 水泥凝结时间测定

1. 试验目的

采用标准维卡仪测定水泥的初凝时间和终凝时间,掌握试验操作方法和技巧。

2. 主要仪器设备

(1)标准法维卡仪 由机身、初凝试针、终凝试针及其滑动杆和试模组成,如附图 1.1 所示。

(2)标准养护箱。

(3)其他用具 天平、铲子、小刀、量筒、玻璃板等。

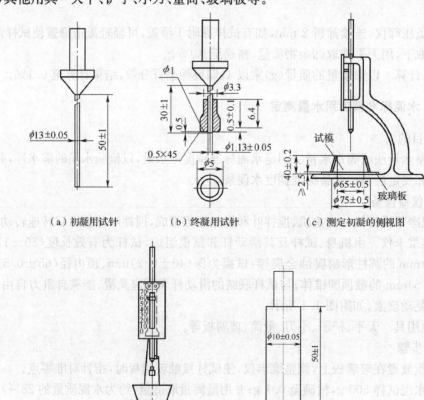

(a)初凝用试针　　(b)终凝用试针　　(c)测定初凝的侧视图

(d)测定终凝的反转试模前视图　(e)标准稠度的试杆

附图 1.1 测定水泥标准稠度和凝结时间用的维卡仪(单位:mm)

3. 试验步骤

(1)称取水泥试样500 g,按测定的标准稠度用水量乘以水泥质量数加水,拌制标准稠度水泥净浆,并记录水泥全部加入水中的时间作为凝结时间的起始时间。

(2)将试模放置在玻璃板上,内侧涂少许机油。将水泥净浆立即一次装入试模,振动数次并刮平上表面,然后放入标准养护箱内。

(3)调整维卡仪,使试针接触玻璃板时,指针对准零点。从标准养护箱中取出试模放到试针下,将试针调到与水泥净浆表面刚要接触时止住。拧紧止动螺栓;1~2 s后突然松开螺栓,让初凝试针垂直自由地沉入水泥净浆中。观察试针停止下沉或释放试针30 s时指针的读数。

测定时应注意,在最初测定的操作时应轻轻扶持金属柱,使其徐徐下降,以防试针撞弯,但结果以自由下落时为准。

(4)试件在标准养护箱中养护至加水后30 min后进行第一次测定,以后每隔一定时间测一次。临近初凝时,每隔5 min测一次;临近终凝时,每隔15 min测一次。到达初凝和终凝时应立即重复测一次,两次结果相同时才确定为达到初凝或终凝状态。在完成初凝时间测定后,立即将试模连同浆体以平移的方式从玻璃板取下,翻转180°,大直径面向上放在玻璃板上,再放入标准养护箱中继续养护。每次测定时,试针贯入的位置至少要距试模内壁10 mm,并不得让试针落入原测试孔内,每次测定后,均须将试模放回标准养护箱内,并将试针擦净,整个测试过程中不得使试模受振动。

4. 试验结果

(1)当初凝试针沉至距底板(4±1)mm时,为水泥达到初凝状态;由水泥全部加入水中至初凝状态的时间为水泥的初凝时间,用"min"表示。

(2)当终凝试针沉入试体0.5 mm,且环形附件不在试体上留下痕迹时,为水泥达到终凝状态,由水泥全部加入水中至终凝状态的时间为水泥的终凝时间,用"min"表示。

F.1.5 水泥安定性检验

1. 试验目的

采用雷氏夹法或试饼法测试水泥体积安定性,掌握试验方法和操作技巧,认识体积安定性不良所产生的不良现象。

2. 主要仪器设备

(1)测定标准稠度所需的仪器,如标准养护箱、玻璃板、小刀等。

(2)雷氏夹　铜质材料制成,形状如附图1.2所示。要求:当一根指针的根部先悬挂在一根金属丝或尼龙丝上,另一根指针的根部再挂上300 g砝码时,两根针尖距离增加应在(17.5±2.5)mm范围内,如附图1.3所示,去掉砝码后针尖的距离能恢复至挂砝码前的状态。

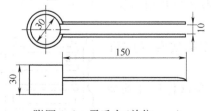

附图1.2　雷氏夹(单位:mm)

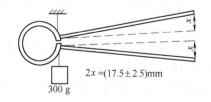

附图1.3　雷氏夹校正图

(3)雷氏夹膨胀测定仪　标尺最小刻度为0.5 mm。

(4)沸煮箱　有效容积为410 mm×240 mm×310 mm，内设箅板及两组加热器。要求：能在(30±5)min内将一定量的试验用水由室温升至沸腾状态并保持3 h以上。

3. 测试方法与步骤

(1)试饼法

①取拌制好的标准稠度水泥净浆约150 g，分成两等份，使之成球形，分别放在已涂抹一层薄机油的玻璃板上(100 mm×100 mm)，轻轻振动玻璃板使水泥浆摊开成饼，并用小刀由边缘向中间抹动，做成直径70～80 mm、中心厚约10 mm、边缘渐薄、表面光滑的试饼，放入标准养护箱内。

②标准养护(24±2)h后，从玻璃板上脱下并编号，检查试饼是否有缺陷。无缺陷时将试饼置于沸煮箱的箅板上，调好水位和水温，接通电源，开启沸煮箱，在(30±5)min内加热至沸腾并恒沸(180±5)min。

③沸煮结束后放掉热水，冷却至室温，目测试饼未发现裂纹，用直尺检查平面无弯曲时，体积安定性合格；反之为不合格。当两个试饼的判别结果有矛盾时，也判为不合格。

(2)雷氏夹法

①将两个雷氏夹分别放在已涂抹一层薄机油的玻璃板上，再准备两块同样的玻璃板作盖板。

②将制备好的标准稠度水泥净浆装入雷氏夹的圆柱形模内，轻扶雷氏夹，用小刀振捣15次左右后抹平，盖上玻璃板，放入标准养护箱内养护。

③养护(24±2)h后，除去玻璃板，测量每个雷氏夹两个指针尖端间的距离(A)，精确至0.5 mm，然后将雷氏夹试件放在沸煮箱的箅板上，指针朝上，在(30±5)min内加热至沸腾并恒沸(3±5)min。

④取出试件并冷却至室温，用雷氏夹膨胀测定仪测量雷氏夹两指针间距离(C)，准确至0.5 mm，计算试件的膨胀值($C-A$)，取两个试件膨胀值的算术平均值作为试验结果。

当膨胀值不大于5.0 mm时，水泥安定性合格，反之，为不合格。若两个试件的膨胀值相差超过4.0 mm时，应用同一样品立即重做一次试验。再如此，则认为该水泥为体积安定性不合格。

F.1.6　水泥胶砂强度试验

1. 试验目的

采用水泥胶砂强度试验测试水泥抗折和抗压强度，掌握试验方法和操作技巧，比较测试结果和水泥试样的强度等级，分析影响测试值的试验操作因素。

2. 主要仪器设备

(1)行星式胶砂搅拌机　应符合《行星式水泥胶砂搅拌机》(JC/T 681—2005)的要求。

(2)胶砂振动台　应符合《水泥胶砂试体成型振实台》(JC/T 682—2005)的要求。

(3)试模　可装卸的三联试模，一次成型的三条试件尺寸都为40 mm×40 mm×160 mm，如图F-4。

(4)下料漏斗　与试模配套使用，下料口宽为4～5 mm。

(5)水泥电动抗折试验机　应符合《水泥胶砂电动抗折试验机》

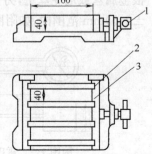

附图1.4　试模(单位：mm)
1—底模；2—侧模；3—挡板

(JC/T 724—2005)的要求。

(6)压力试验机及抗压夹具　最大量程以200～300 kN为宜,在较大的五分之四量程范围内使用时,记录的荷载应有±1%的精度。抗压夹具由硬钢制成,使试件受压尺寸为40 mm×40 mm,加压面须平整光滑。

(7)其他　刮刀、量筒、天平等。

3. 试验步骤

(1)称料　水泥与标准砂的质量比为1∶3,水灰比为0.50。每成型三条试件需称量水泥450 g,标准砂1 350 g,水225 mL。

(2)搅拌　用洁净湿布将搅拌锅和搅拌叶片擦湿,但不得有积水;将水加入搅拌锅内,再加入水泥,把搅拌锅放在搅拌机的固定架上,上升至固定位置。然后立即开动搅拌机,低速搅拌30 s后,在第二个30 s开始的同时均匀地将砂子加入。将搅拌机转至高速再拌30 s。停拌90 s,在第一个15 s内用胶皮刮刀将叶片和锅壁上的胶砂,刮入锅中间。再在高速下继续搅拌60 s。各搅拌阶段,时间误差应在±1 s以内。将粘在叶片上的胶砂刮下拌匀。

(3)成型　将三联试模和模套固定在胶砂振实台上,用一个适当勺子从搅拌锅内将拌制好的水泥胶砂分两层装入试模内,装第一层时,每个槽里约放300 g胶砂,用大拨料器垂直架在模套顶部沿每个模槽来回一次将料层插平,接着振捣60次;再装入第二层胶砂,用小拨料器拨平,再振实60次;移走模套,从振实台上取下试模,用一金属直尺以近似90°的角度架在试模模顶的一端,然后沿试模长度方向以横向锯割动作慢慢向另一端移动,一次将超过试模部分的胶砂刮去,并用同一直尺以近乎水平状态将试体表面抹平。在试模上作标记或加字条标明试件编号。

(4)养护与脱模　将成型好的试件连试模放入标准养护箱内养护(22±2)h,然后取出脱模。硬化较慢的水泥允许延期脱模,但须记录脱模时间。

试件脱模后应立即放入标准养护水槽中养护,试件间应留有空隙,水面至少高出试件5 cm。

(5)抗折强度试验

①试件养护至24 h±15 min、48 h±30 min、72 h±45 min、7 d±2 h、28 d±8 h时,进行强度试验。

②取出三条试件,并擦去试件表面的水分和砂粒,清洁夹具的圆柱表面。

③将试件的一个侧面放在抗折试验机支撑圆柱上,试件长轴垂直于支撑圆柱,通过加荷圆柱以(50±10)N/s的速度均匀地将荷载垂直地加在棱柱体试件相对侧面上,直至试件折断。

④保持两个半截棱柱体试件处于潮湿状态,直至进行抗压试验。

⑤抗折强度R_f可按公式(附1.1)计算(精确至0.01 MPa):

$$R_b = \frac{3F_b L}{2b^3} \quad \text{(附1.1)}$$

式中　F_b——试件抗折破坏荷载,N;
　　　L——两支撑圆柱间距离,mm;
　　　b——试件宽度,mm;
　　　h——试件高度,mm。

⑥以三个试件的算术平均值作为抗折强度试验结果。当三个强度值中有一个超过平均值的±10%时,应剔除后再取平均值作为抗折强度试验结果。

(6) 抗压强度试验

① 抗折强度试验后的两个半截棱柱体试件应立即进行抗压强度试验,将试件置于抗压试验机的抗压夹具内,以试件侧面作为受压面,并使夹具对准压力机压板中心。

② 以 $(2.4\pm0.2)\text{kN/s}$ 的加荷速度,均匀地加荷直至试件破坏。

③ 抗压强度按公式(附1.2)计算(精确至0.1 MPa):

$$R_c = \frac{F_c}{A} \qquad (附1.2)$$

式中 F_c——试件抗压破坏荷载,N;
A——试件受压面积,mm。

④ 以一组六个半截棱柱体试件的抗压强度测定值的算术平均值作为抗压强度试验结果。如六个测定值中有一个超出六个平均值的±10%,就应剔除这个测试值,而以剩下五个测试值的平均值为结果。如果五个测定值中再有超出它们平均值±10%的,则此组结果作废,并重做试验。

F.1.7 撰写试验报告

全部试验结束后,应撰写试验报告,其内容包括试验目的、试验实际操作过程、试验结果与分析和结论等。

F.2 试验二——骨料试验

骨料试验依据规范有《建设用砂》(GB/T 14684—2011)、《建筑用卵石、碎石》(GB/T 14685—2011),试验内容主要包括砂、石骨料的颗粒级配、表观密度、堆积密度等试验。

F.2.1 骨料试验取样的一般规定

1. 砂的取样

在原料堆上取砂样时,取样部位应均匀分布。取样前先将取样部位表层铲除,然后从不同部位抽取大致等量的砂8份,组成一组样品。将样品置于平板上,在潮湿状态下拌和均匀,并堆成厚度约为20 mm的圆饼,然后沿互相垂直的两条直径把圆饼分成大致相等的四份,取其中对角线的两份重新拌匀,再堆成圆饼。重复上述过程,直至把样品缩分到试验所需的砂量为止。

2. 石子的取样

在原料堆上取石样时,取样部位应均匀分布。取样前先将取样部位表层铲除,然后从不同部位抽取大致等量的石子15份(在料堆的顶部、中部和底部均匀分布的15个不同部位取得)组成一组样品。再按上述砂取样相同的方法进行缩分取样。

F.2.2 砂石筛分试验

1. 试验目的

通过砂石筛分试验,绘出砂石颗粒级配曲线,并计算砂的细度模数,确定砂石级配和粗细程度。

2. 砂子筛分试验

(1)仪器设备

①标准方孔筛 孔径为150 μm、300 μm、600 μm、1.18 mm、2.36 mm、4.75 mm、9.50 mm 的标准筛以及底盘和盖各一个。

②天平 量程为1 kg,感量1 g。

③其他仪器与用具 电热烘箱、摇筛机、瓷盘、容器、毛刷等。

(2)试样制备 取经缩分后的砂子约1 100 g,放在烘箱中于(105±5) ℃下烘至恒重,待冷却至室温后,筛除大于9.50 mm的颗粒,并计算其筛余百分率,然后分为大致相等的两份备用。

(3)试验步骤

①称取烘干砂子试样500 g,精确到1 g。

②将试样倒入按孔径大小从上到下组合的套筛(附筛底)上,将套筛置于摇筛机上,摇筛10 min;取下套筛,按筛孔大小顺序再逐个用手筛,筛至每分钟通过量小于试样总量的0.1%为止。通过的试样并入下一号筛中,并和下一号筛中的试样一起过筛,按此顺序进行,直至各号筛全部过筛为止。

③称出各号筛的筛余量,精确至1 g,试样在各号筛上的筛余量按公式(附2.1)计算:

$$G = \frac{A \times d^{1/2}}{200} \quad \text{(附2.1)}$$

式中 G——各号筛上的筛余量,g;

A——筛面面积,mm²;

d——筛孔尺寸,mm。

如果各号筛上的筛余量超过按公式(附2-1)计算得出的量,应按下列方法之一进行处理:

ⓐ将该粒级试样分成少于上式计算出的量,分别筛分,并以筛余量之和作为该号筛的筛余量。

ⓑ将该粒级及以下各粒级的筛余物混合均匀,称出其质量,精确至1 g。再用四分法缩分为大致相等的两份,取其中一份,称出其质量,精确至1 g,继续筛分。计算该粒级及以下各粒级的分计筛余量时应根据缩分比例进行修正。

④试验结果

ⓐ计算分计筛余百分率:各号筛的筛余量与试样总量之比,精确至0.1%。

ⓑ计算累计筛余百分率:该号筛的筛余百分率加上该号筛以上各号筛余百分率之和,精确至0.1%。累计筛余百分率取两次试验结果的算术平均值,精确至1%。筛分后,如每号筛的筛余量与筛底的剩余量之和与原试样质量之差超过1%时,须重新试验。

ⓒ绘制砂子级配曲线:以筛孔直径为横坐标,累计筛余百分率为纵坐标。

ⓓ砂的细度模数可按公式(附2.2)计算,精确至0.01:

$$M_x = \frac{(A_2 + A_3 + A_4 + A_5 + A_6) - 5A_1}{100 - A_1} \quad \text{(附2.2)}$$

式中 $A_1 \sim A_6$——分别为4.75 mm~150 μm六个筛上的累计筛余率。

细度模数取两次试验结果的算术平均值,精确至0.1。如两次试验的细度模数之差超过0.02时,须重做试验。

3. 石子筛分试验

(1)仪器设备

①标准方孔筛:孔径为 2.36 mm、4.75 mm、9.50 mm、16.0 mm、19.0 mm、26.5 mm、31.5 mm、37.5 mm、53.0 mm、63.0 mm、75.0 mm、90.0 mm 的筛各一只,并附有底盘和筛盖(筛框内径为 300 mm)。

②台秤:量程为 10 kg,感量 1 g。

③其他仪器与用具　烘箱、摇筛机、瓷盘、毛刷等。

(2)试样制备

将试样缩分至略大于附表 2.1 规定的数量,烘干或风干后备用。

附表 2.1　颗粒级配试验所需试样数量

最大粒径(mm)	9.5	16.0	19.0	26.5	31.5	37.5	63.0	75.0
最少试样质量(kg)	1.9	3.2	3.8	5.0	6.3	7.5	12.6	16.0

(3)试验步骤

①称取按附表 2.1 规定数量的试样一份,精确到 1 g。

②将试样倒入按孔径大小从上到下组合的套筛(附筛底)上,将套筛置于摇筛机上,摇筛 10 min;取下套筛,按筛孔大小顺序再逐个用手筛,筛至每分钟通过量小于试样总量的 0.1% 为止。通过的试样并入下一号筛中,并和下一号筛中的试样一起过筛,按此顺序进行,直至各号筛全部过筛为止。当筛余颗粒的粒径大于 19.0 mm 时,允许用手指拨动颗粒。

③称出各号筛的筛余量,精确至 1 g。

(4)试验结果

①计算分计筛余百分率:各号筛的筛余量与试样总量之比,计算精确至 0.1%。

②计算累计筛余百分率:该号筛的筛余百分率加上该号筛以上各筛余百分率之和,精确至 0.1%。筛分后,如每号筛的筛余量与筛底的剩余量之和同原试样质量之差超过 1% 时,须重做试验。

③根据各号筛的累计筛余百分率,评定该试样的颗粒级配。

F.2.3　骨料密度试验

1. 试验目的

测定砂石的密度,以评定砂石品质,并为骨料空隙率和混凝土配合比设计提供密度数据。

2. 主要仪器设备

(1)李氏密度瓶　见附图 2.1。

(2)天平　量程 1 000 g,感量 0.1 g。

(3)圆孔筛　孔径为 0.25 mm。

(4)其他仪器与用具　盛水容器、烘箱、干燥器、浅盘、料勺、漏斗、温度计等。

3. 试样制备

用球磨机或陶瓷研钵将一定质量的砂石试样研磨成能全部通过 0.25 mm 圆孔筛的细粉末,并将其置于 105~110 ℃ 的烘箱中烘至恒重,然后放入干燥器中冷却至室温(18~23 ℃)。

4. 试验步骤

(1)在李氏密度瓶中注入与试样不发生反应也不溶解的液体(如纯水、煤油等),使液面达到密度瓶喉部下刻度线 0 处略上一点,并记录刻度。

(2)将李氏密度瓶按附图 2.2 装配,盛水容器的水温需保持在 20 ℃。

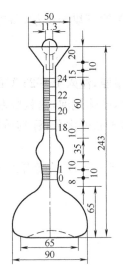

附图 2.1　李氏密度瓶(单位:mm)

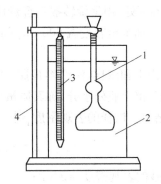

附图 2.2　密度测试装置
1—密度瓶;2—盛水容器;3—温度计;4—支架

(3)用天平称取 60～90 g 的粉末试样(精确到 0.1 g)放入浅盘中。用试样勺和漏斗将粉末试样全部送入密度瓶中,直至密度瓶中液面上升到 20 mL 刻度左右为止。操作时,粉末不得在密度瓶喉部堵塞,也不得散失。

(4)轻轻转动密度瓶,使瓶中小气泡排除,记录液面刻度。根据前后两次液面读数,计算加入粉末试样后瓶中液面上升的体积即为加入的粉末试样体积 $V(cm^3)$。

(5)称取浅盘中剩余粉末试样的质量,并计算加入密度瓶中的粉末试样质量 m。

5. 结果计算

用公式(附 2.3)计算砂或石子的密度 ρ(精确到 0.01):

$$\rho=\frac{m}{V}$$
(附 2.3)

式中　ρ——砂或石子的密度,g/cm^3;

　　　m——加入密度瓶中的粉末试样质量,g;

　　　V——加入密度瓶中的粉末试样体积,cm^3。

取两次测试值的算术平均值作为试验结果,两次测试值之差不应大于 $0.02\ g/cm^3$。否则应重做。

F.2.4　骨料表观密度试验

1. 试验目的和意义

测定砂石的表观密度,以评定砂石的品质,并为混凝土配合比设计提供砂石的表观密度数据。

2. 砂子表观密度测试

(1)主要仪器设备

①天平　量程 1 000 g,感量 1 g。

②容量瓶　容积为 500 mL。

③其他仪器与用具　烘箱、干燥器、浅盘、料勺、温度计等。

(2)试样制备 称取660 g试样,放入烘箱中于(105±5)℃下烘至恒量,待冷却至室温后分成两等份备用。

(3)试验步骤

①称取烘干试样300 g(G_0),精确至1 g,将试样装入容量瓶,注入15~25 ℃的冷开水至接近500 mL的刻度处,用手旋转摇动容量瓶,使砂样充分搅动,排除气泡,塞紧瓶塞,静置24 h。然后用滴管小心加水至容量瓶500 mL刻度处,塞紧瓶塞,擦干瓶外水分,称其质量(G_1),精确至1 g。

②倒出瓶内水和试样,洗净容量瓶,再向容量瓶内注入15~25 ℃的冷开水至500 mL刻度处,塞紧瓶塞,擦干瓶外水分,称其质量(G_2),精确至1 g。

(4)试验结果 试样的表观密度ρ'按公式(附2.4)计算:

$$\rho' = \left(\frac{G_0}{G_0 + G_2 - G_1}\right) \times \rho_水 \qquad (附2.4)$$

式中 ρ'——砂的表观密度,kg/m³;

G_0——烘干试样的质量,g;

G_1——试样、水及容量瓶的总质量,g;

G_2——水及容量瓶的总质量,g;

$\rho_水$——水的密度,kg/m³。

表观密度取两次测试值的算术平均值,精确至10 kg/m³;如两次试验结果之差大于20 kg/m³,须重新试验。

3. 石子表观密度测试

(1)主要仪器设备

①天平 量程2 kg,感量1 g。

②广口瓶 容积为1 000 mL,磨口并带有玻璃片。

③其他仪器与用具 孔径4.75 mm筛子、烘箱、搪瓷盘、毛巾、温度计等。

(2)试样制备 按规定取样,并缩分至略大于附表2.2规定的数量,风干后筛除小于4.75 mm的颗粒,然后洗刷干净,分为大致相等的两份备用。

附表2.2 表观密度试验所需试样数量

最大粒径(mm)	小于26.5	31.5	37.5
最少试样质量(kg)	2.0	3.0	4.0

(3)试验步骤

①将试样吸水饱和后,装入广口瓶中。装试样时,广口瓶应倾斜放置,注入饮用水,用玻璃片覆盖瓶口,以上下左右摇晃的方法排除气泡。

②气泡排尽后,向瓶中添加饮用水,直至水面凸出瓶口边缘。然后用玻璃板沿瓶口迅速滑行,使其紧贴瓶口水面。擦干瓶外水分后,称出试样、水、瓶和玻璃板的总质量,精确至1 g。

③将瓶中试样倒入搪瓷盘,放入烘箱中于(105±5)℃下烘至恒量,待冷却至室温后,称其质量,精确至1 g。

④将瓶洗净并重新注入饮用水,用玻璃片紧贴瓶口水面,擦干瓶外水分后,称出水、瓶和玻璃板的总质量,精确至1 g。

(4)试验结果 试样的表观密度ρ'按公式(附2.5)计算:

$$\rho' = \left(\frac{G_0}{G_0 + G_2 - G_1}\right) \times \rho_\text{水} \qquad (\text{附 2.5})$$

式中 ρ'——石子的表观密度，kg/m^3；

G_0——烘干试样的质量，g；

G_1——试样、水、瓶和玻璃片的总质量，g；

G_2——水、瓶和玻璃片的总质量，g；

$\rho_\text{水}$——水的密度，1 000 kg/m^3。

表观密度取两次测试值的算术平均值，精确至 10 kg/m^3；如两次试验结果之差大于 20 kg/m^3，须重新试验。如两次试验结果之差超过 20 kg/m^3，可取 4 次测试值的算术平均值。

F.2.5 砂石堆积密度试验

1. 试验目的

测定砂石的堆积密度，并计算空隙率，借以评定砂石质量，并为混凝土配合比设计提供堆积密度数据。另一方面，通过计算可为砂石的运输和储存提供砂石体积数据。

2. 砂子堆积密度测试

(1) 仪器设备

① 天平　量程 10 kg，感量 1 g。

② 容量筒　圆柱形金属桶，内径 108 mm，净高 109 mm，壁厚 2 mm，筒底厚约 5 mm，容积为 1 L。容量筒应先校正体积，将温度为 (20±2) ℃ 的饮用水装满容量筒，用玻璃板沿筒口滑移，使其紧贴水面并擦干筒外壁水分，然后称其质量，精确至 1 g。用公式(附 2.6)计算容量筒容积：

$$V = G_1 - G_2 \qquad (\text{附 2.6})$$

式中 V——容量筒容积，mL；

G_1——容量筒、玻璃板和水的总质量，g；

G_2——容量筒和玻璃板质量，g。

③ 其他仪器与用具　烘箱、漏斗或料勺、毛刷、搪瓷盘、直尺等。

(2) 试样制备　用搪瓷盘装取试样约 3 L，放在烘箱中于 (105±5) ℃下烘至恒量，待冷却至室温后，筛除大于 4.75 mm 的颗粒，分为大致相等的两份备用。

(3) 试验步骤　称容量筒质量(G_2)，用漏斗或料勺将试样从容量筒中心上方 50 mm 处徐徐倒入，让试样以自由落体落下，当容量筒上部试样呈锥体，且容量筒四周溢满时，即停止加料。然后用直尺沿筒口中心线向两边刮平，称出试样和容量筒的总质量，精确至 1 g。

4) 试验结果

① 堆积密度 ρ_0' 按公式(附 2.7)计算，精确至 0.01。

$$\rho_0' = \frac{G_2 - G_1}{V} \qquad (\text{附 2.7})$$

式中 ρ_0'——堆积密度，kg/m^3；

G_1——容量筒质量，g；

G_2——试样和容量筒的总质量，g；

V——容量筒的容积，m^3。

② 空隙率 P' 按公式(附 2.8)计算(精确至 1%)：

$$P' = (1 - \frac{\rho_0'}{\rho}) \times 100\% \qquad (附2.8)$$

式中　P'——砂的空隙率,%;
　　　ρ'——砂的表观密度,kg/m³;
　　　ρ_0'——砂的堆积密度,kg/m³。

堆积密度取两次测试值的算术平均值,精确至10 kg/m³。空隙率取两次测试值的算术平均值,精确至1%。

2. 石子堆积密度测试
(1)仪器设备
①台秤　量程10 kg,感量10 g。
②磅秤　量程50 kg或100 kg,感量50 g。
③容量筒　其规格见附表2.3。容量筒应先校正体积,见F2.5中所述。

附表2.3　容量筒的规格要求

最大粒径 (mm)	容量筒容积 (l)	容量筒规格			取样质量 (kg)
		内径(mm)	净高(mm)	壁厚(mm)	
9.5,16.0,19.0,26.5	10	208	294	2	40
31.5,37.5	20	294	294	3	80
53.0,63.0,75.0	30	360	294	4	120

④其他仪器与用具　直尺、小铲等。
(2)试验步骤　按附表2.3的规定取样。试样烘干或风干后,拌匀并分为大致相等两份备用。

取试样一份,用小铲将试样从容量筒中心上方50 mm处徐徐倒入,让试样以自由落体落下,当容量筒上部试样呈锥体,且容量筒四周溢满时,即停止加料。除去凸出容量筒表面的颗粒,并以合适的颗粒填入凹陷部分,使表面稍凸起部分和凹陷部分的体积大致相等,称出试样和容量筒的总质量,精确至10 g。

(3)试验结果　石子堆积密度ρ_0'和空隙率P'分别按公式(附2.7)和(附2.8)计算,堆积密度精确至10 kg/m³;空隙率精确至1%。

堆积密度取两次测试值的算术平均值,精确至10 kg/m³。空隙率取两次测试值的算术平均值,精确至1%。

F.3　试验三——混凝土拌合物试验

F.3.1　一般规定

混凝土拌合物试验包括取样及试样制备、和易性、表观密度等,其试验方法应遵循《普通混凝土拌合物性能试验方法标准》(GB/T 50080—2016)的一般规定。

1. 混凝土拌合物制备
(1)试验室拌制混凝土拌合物时,试验室的温度应保持在(20±5)℃,所用材料的温度应与试验室温度保持一致。需要模拟施工条件下所用的混凝土时,所用原材料的温度宜与施工现场保持一致。

(2)试验室拌制混凝土时,材料用量应以质量计。先测定砂、石含水率,然后,按试验配合比称料,称量精度:骨料为±1%,水、水泥、掺合料、外加剂均为±0.5%。

(3)人工拌和法

①将拌板和拌铲用洁净湿布润湿后,将砂倒在拌板上,然后加入水泥,用铲自拌板一端翻到另一端,如此重复,直至充分混合,颜色均匀。再加上石料,翻拌至均匀混合为止。

②将干拌合料堆成堆,在中间作一凹槽,将称量好的水,倒入一半左右在凹槽中,注意勿使水流出,然后仔细翻拌,并徐徐加入剩余的水,继续翻拌,每翻拌一次,用铲在拌合物上铲切一次。从加水完毕时算起,至少应翻拌六次。拌和时间(从加水完毕时算起),应大致符合下列规定:

ⓐ拌合料体积为 30 L 以下时,约 4~5 min;
ⓑ拌合料体积为 30~50 L 时,约 5~9 min;
ⓒ拌合料体积为 51~75 L 时,约 9~12 min。

③拌好后应根据试验要求,立即做坍落度试验或成型试件。从加水时算起,全部操作必须在 30 min 内完成。

(4)机械搅拌法

①搅拌前,要用相同配合比的水泥砂浆,对搅拌机进行涮膛,然后倒出并刮去多余的砂浆。其目的是让水泥砂浆薄薄粘附在搅拌机的筒壁上,以免正式拌和时影响配合比。

②开动搅拌机,向搅拌机内按顺序加入石子、砂和水泥。干拌均匀,再将水徐徐加入,全部加料时间不应超过 2 min。

③水全部加入后,继续拌和 2 min。

④将混凝土拌合物从搅拌机中卸出,倾倒在拌和板上,再经人工翻拌 1~2 min,使拌合物均匀一致,即可进行试验。

2. 取样方法

(1)应从同一盘混凝土拌合物或同一车混凝土拌合物中取样,取样量应多于试验所需量的 1.5 倍,且宜不小于 20 L。

(2)混凝土拌合物的取样应具有代表性,宜采用多次采样的方法。一般在同一盘混凝土或同一车混凝土中的约 1/4 处、1/2 处和 3/4 处之间分别取样,从第一次取样到最后一次取样不宜超过 15 min,然后人工搅拌均匀。

3. 试验时间

从取样或制样完毕到开始做各项性能试验均不宜超过 5 min。

F.3.2 混凝土拌合物和易性测试

混凝土拌合物应具有适应构件尺寸和施工条件的和易性,即应具有适宜的流动性和良好的黏聚性与保水性,借以保证施工质量,从而获得均匀密实的混凝土。测定混凝土拌合物和易性最常用的方法是测定它的坍落度与坍落扩展度或维勃稠度。

1. 坍落度与坍落扩展度测试

(1)试验目的 采用坍落度筒法测试新拌混凝土坍落度或坍落扩展度,以反映混凝土拌合物的和易性,掌握试验方法和操作技巧,认识混凝土拌合物和易性的主要影响因素及其规律。

(2)试验设备

①标准坍落筒　应符合《混凝土坍落度仪》(JG 3021—1994)的规定,常用标准圆锥坍落筒如附图3.1所示。

②弹头形捣棒　直径16 mm、长650 mm的金属棒,端部磨圆。

③其他仪器与用具　小铁铲、装料漏斗、钢尺、抹刀。

(3)试验步骤

①湿润坍落度筒、底板,在坍落度筒内壁和底板上应无明水。底板应放置在坚实水平面上,并把筒放在底板中心,然后用脚踩住两边的脚踏板,坍落度筒在装料时应保持固定位置。

②将混凝土拌合物试样用小铲分三层均匀地装入筒内,使捣实后每层高度为筒高的1/3左右。每层用捣棒插捣25次,插捣应沿螺旋方向由外向中心进行,各次插捣应在截面上均匀分布。插捣筒边混凝土时,捣棒可以稍稍倾斜。插捣底层时,捣棒应贯穿整个深度,捣插第二层和顶层时,捣棒应插透本层至下一层的底部;浇灌顶面时,混凝土应灌到高出筒口。顶层插捣完成后,刮去多余的混凝土,用抹刀抹平。

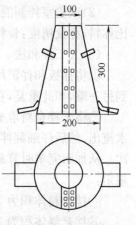

附图3.1　标准圆锥坍落筒
(单位:mm)

③清除筒边底板上的混凝土后,垂直平稳地提起坍落度筒。坍落度筒的提高过程应在5～10 s内完成;从开始装料到提起坍落度筒的整个过程应连续进行,并应在150 s内完成。

④提起坍落度筒后,测量筒高与坍落后混凝土锥体最高点之间的高度差,即为该混凝土拌合物的坍落度值,如附图3.2所示。坍落度筒提离后,如混凝土发生崩坍或一边剪坏现象,则应重新取样另行测定;如第二次试验仍出现上述现象,则表示该混凝土和易性不好,应予记录备查。

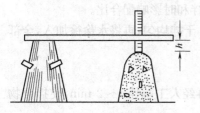

附图3.2　坍落度测量方法

⑤观察坍落后的混凝土拌合物锥体的黏聚性及保水性。黏聚性的检查方法是用捣棒在已坍落的混凝土锥体侧面轻轻敲打,此时如果锥体逐渐下沉,则表示黏聚性良好,如果锥体倒塌、部分崩裂或出现离析现象,则表示黏聚性不好。保水性以混凝土拌合物稀浆从底部析出的程度来评定,锥体部分的混凝土因失浆而骨料外露,则表明混凝土拌合物的保水性不好;如坍落度筒提起后无稀浆或仅有少量稀浆自底部析出,则表示此混凝土拌合物保水性良好。混凝土拌合物的砂率、黏聚性和保水性观察方法分别见附表3.1、附表3.2和附表3.3。

附表3.1　混凝土砂率的观察方法

用抹刀抹混凝土面次数	抹面状态	判　断
1～2	砂浆饱满,表面平整,不见石子	砂率过大
5～6	砂浆尚满,表面平整,微见石子	砂率适中
>6	石子裸露,有空隙,不易抹平	砂率过小

附表3.2　混凝土黏聚性的观察方法

测定坍落度后,用弹性头棒轻轻敲击锥体侧面	判　断
锥体渐渐向下沉落,侧面看到砂浆饱满,不见蜂窝	黏聚性良好
锥体突然崩坍或溃散,侧面看到石子裸露,浆体流淌	黏聚性不好

附表 3.3　混凝土保水性的观察方法

做坍落度试验在插捣时和提起圆锥筒后的现象	判　　断
有较多水分从底部流出	保水性差
有少量水分从底部流出	保水性稍差
无水分从底部流出	保水性良好

⑥当混凝土拌合物的坍落度大于 220 mm 时,用钢尺测量混凝土拌合物扩展静止后的最大直径和最小直径,当这两个直径之差小于 50 mm 时,用其算术平均值作为坍落扩展度值;否则,此次试验无效。如果出现粗骨料在中央聚堆或边缘有水泥浆析出,表示此混凝土拌合物抗离析性不好,应予记录。

⑦混凝土拌合物坍落度和坍落扩展度值以 mm 为单位,精确至 1 mm,结果表达约至 5 mm。

(4)和易性调整　如果坍落度不符合设计要求,应立即调整配合比。具体方法是,坍落度太小时,应保持水灰比不变,适当添加水泥和水量;坍落度过大时,则应保持砂率不变,适当添加砂与石子用量;黏聚性不良时,应酌量增大砂率(增加砂子用量)。反之,若砂浆显得过多时,则应酌量减少砂率。根据实践经验,要使坍落度增大 10 mm,水泥和水各需添加约原用量的 2%;要使坍落度减少 10 mm,则砂子和石各添加约原用量的 2%。添加材料后,应重新拌和均匀,并进行测试测。调整时间不能拖得太长。从加水时算起,如果超过 0.5 h,则应重新配料拌和,进行试验。

2. 维勃稠度测试

(1)试验目的　采用维勃稠度仪测定坍落度小于 10 mm 的较干硬混凝土拌合物的稠度,作为它的和易性指标,掌握试验方法和操作技巧。

(2)试验设备

①维勃稠度仪　应符合《维勃稠度仪》(JG 3043—1997)的规定。

②弹头形捣棒　直径 16 mm、长 650 mm 的金属棒,端部磨圆。

(3)试验步骤

①维勃稠度仪应放置在坚实水平面上,用湿布把容器、坍落度筒、喂料斗内壁及其他用具湿润;

②将喂料斗提到坍落度筒上方扣紧,校正容器位置,使其中心与喂料斗中心重合,然后拧紧固定螺栓;

③将混凝土拌合物经喂料斗分三层装入坍落度筒。装料及插捣方法与坍落度测试相同。

④把喂料斗转离,抹平后垂直提起坍落度筒,此时应注意不使混凝土圆锥体产生横向扭动。

⑤把透明圆盘转到混凝土圆锥体顶面,放松测杆螺钉,降下圆盘,使其轻轻接触混凝土;

⑥拧紧定位螺钉,并检查测杆螺钉是否已经完全放松;

⑦在开启振动台的同时用秒表计时,当振动到透明圆盘的底面被水泥浆布满的瞬间停止计时,并关闭振动台。

⑧由秒表读出时间,即为该混凝土拌和物的维勃稠度值,精确至 1 s。

F.3.3　新拌混凝土表观密度测试

1. 试验目的

采用固定体积法测定混凝土拌合物表观密度,可作为评定混凝土质量的一项指标,也可用来计算每立方米混凝土所需材料用量。

2. 试验设备

(1)台称　量程 50 kg,感量 50 g。

(2)容量筒。金属制成的圆筒,两旁有提手。对骨料最大粒径不大于 40 mm 的拌合物采用容积为 5 L 的容量筒,其内径与内高均为(186±2)mm,筒壁厚为 3 mm;骨料最大粒径大于 40 mm 时,容量筒的内径与内高均应大于骨料最大粒径的 4 倍。容量筒的上缘及内壁应光滑平整,顶面与底面平行并与圆柱体的轴垂直。

容量筒容积应予以标定,标定方法可采用一块能覆盖住容量筒顶面的玻璃板,先称出玻璃板和空桶的质量,然后向容量筒中灌入清水,当水接近上口时,一边不断加水,一边把玻璃板沿筒口徐徐推入盖严,应注意使玻璃板下不带入任何气泡,然后擦净玻璃板面及筒壁外的水分,将容量筒连同玻璃板放在台秤上称其质量;两次质量之差即为容量筒的容积。

(3)振动台、捣棒等。

3. 试验步骤

(1)用湿布把容量筒内外擦干净,称出容量筒质量,精确至 50 g。

(2)混凝土的装料及捣实方法应根据拌合物的稠度而定。

①坍落度不大于 70 mm 的混凝土,用振动台振实为宜;大于 70 mm 的用捣棒捣实为宜。

②采用捣棒捣实时,应根据容量筒的大小决定分层与插捣次数:用 5 L 容量筒时,混凝土拌合物应分两层装入,每层的插捣次数应大于 25 次;用大于 5 L 的容量筒时,每层混凝土的高度不应大于 100 mm,每层的插捣次数应按每 10 000 mm² 截面不小于 12 次计算。

③各次插捣应由边缘向中心均匀地插捣,插捣底层时捣棒应贯穿整个深度,插捣第二层时,捣棒应插透本层至下层的表面;每一层捣完后用橡皮锤轻轻沿容器外壁敲打 5~10 次,进行振实,直至拌合物表面插捣孔消失并不见大气泡为止。

采用振动台振实时,应一次将混凝土拌合物灌到高出容量筒口。装料时可用捣棒稍加插捣,振动过程中如混凝土低于筒口,应随时添加混凝土,振动直至表面出浆为止。

(3)用刮尺将筒口多余的混凝土拌合物刮去,表面如有凹陷应填平;将容量筒外壁擦净,称出混凝土试样与容量筒总质量,精确至 50 g。

4. 试验结果

混凝土拌合物表观密度按公式(附3.1)计算,精确至 10 kg/m³:

$$\rho_0 = \frac{m_2 - m_1}{V_0} \tag{附3.1}$$

式中　ρ_0——表观密度,kg/m³;

m_1——容量筒质量,kg;

m_2——容量筒和试样总质量,kg;

V_0——容量筒容积,L。

F.4　试验四——混凝土力学性能试验

F.4.1　混凝土力学性能试验的一般规定

1. 取样

混凝土力学性能试验以三个试件为一组,每一组试件所用的混凝土拌合物,均应从同一拌和的拌合物中取得。

2. 试件的尺寸、形状和公差

标准试件的尺寸应根据混凝土中骨料的最大粒径,按附表 4.1 选定。

附表 4.1 混凝土试件尺寸选用表

试件横截面尺寸 (mm)	骨料最大粒径(mm)		换算系数
	劈裂抗拉强度试验	其他试验	
100×100	19.0	31.5	0.95
150×150	37.5	37.5	1.0
200×200	—	63.0	1.05

(1)对于抗压强度和劈裂抗拉强度试验,边长为 150 mm 的立方体试件为标准试件;边长为 100 mm 和 200 mm 的立方体试件是非标准试件。

(2)对于轴心抗压强度和静力受压弹性模量试验,边长为 150 mm×150 mm×300 mm 的棱柱体试件是标准试件;边长为 100 mm×100 mm×300 mm 和 200 mm×200 mm×400 mm 的棱柱体试件是非标准试件。

(3)对于抗折强度试验,边长为 150 mm×150 mm×600 mm(或 550 mm)的棱柱体试件是标准试件;边长为 100 mm×100 mm×400 mm 的棱柱体试件是非标准试件。

(4)试件承压面的平整度公差不得超过 0.000 5 d(d 为边长);试件相邻面间夹角应为 90°,其公差不得超过 0.5°;试件各边长、直径和高的尺寸的公差不得超过 1 mm。

3. 试件制作

(1)根据混凝土拌合物的坍落度确定试件成型方法,坍落度不大于 70 mm 的混凝土宜用振动振实;大于 70 mm 的宜用捣棒人工捣实;检验现浇混凝土或预制构件的混凝土,试件成型方法宜与实际采用的方法相同。

(2)取样或拌制好的混凝土拌合物应至少用铁锹再拌和三次。

(3)采用振动台成型时,可将混凝土拌合物一次装入试模,装料时应用抹刀沿各试模壁插捣,并使混凝土拌合物高出试模口。振动时试模不得有任何跳动,振动应持续到表面出浆为止,不得过振。刮除试模上口多余的混凝土,待混凝土临近初凝时,用抹刀抹平。

(4)采用人工插捣制作试件时,混凝土拌合物应分两层装入模内,每层的装料厚度大致相等。插捣应按螺旋方向从边缘向中心均匀进行。在插捣底层混凝土时,捣棒应达到试模底部;插捣上层时,捣棒应贯穿上层后插入下层 20~30 mm 深;插捣时捣棒应保持垂直,不得倾斜。然后用抹刀沿试模内壁插拔数次。每层插捣次数为每 10 000 mm² 截面积内不得少于 12 次;插捣后应用橡皮锤轻轻敲击试模四周,直至插捣棒留下的孔消失为止。刮除试模上口多余的混凝土,待混凝土临近初凝时,用抹刀抹平。

4. 试件养护

(1)试件成型后应立即用不透水的薄膜覆盖表面。

(2)采用标准养护的试件,应在温度为(20±5)℃的环境中静置一昼夜或两昼夜,然后编号、拆模。拆模后应立即放入温度为(20±2)℃,相对湿度为 95% 以上的标准养护室中养护,或在温度为(20±2)℃的不流动 Ca(OH)₂饱和水中养护。标准养护室内的试件应放在支架上,彼此间隔 10~20 mm,试件表面应保持潮湿,并不得被水直接冲淋。

(3)同条件养护试件的拆模时间可与实际构件的拆模时间相同,拆模后,试件应保持同条件养护。

(4) 标准养护龄期为 28 d (从搅拌加水开始计时)。

5. 材料试验机

(1) 试验机的精确度为 ±1%，试件破坏荷载应大于全量程的 20% 且小于全量程的 80%。

(2) 应具有加荷速度指示装置或加荷速度控制装置，并应能均匀、连续地加荷。

(3) 上下压板应有足够的刚度，其中的一块应带有球形支座，以便试件受力均匀。

F.4.2 混凝土抗压强度测试

1. 试验目的

测定混凝土立方体试件的抗压强度，并为评价混凝土质量提供依据。

2. 试验设备

压力试验机、金属直尺等。当混凝土强度等级大于 C60 时，试件周围应设防崩裂网罩。

3. 试验步骤

(1) 试件从养护地点取出后应及时进行试验，将试件表面与上下承压板面擦干净。

(2) 将试件安放在试验机的下压板上，试件的承压面应与成型时的顶面垂直。试件的中心应与试验机下压板中心对准，开动试验机，当上压板与试件接近时，调整球座，使接触均衡。

(3) 在试验过程中应连续均匀地加荷，混凝土强度等级 <C30 时，加荷速度为 0.3～0.5 MPa/s；C60≥强度等级≥C30 时，为 0.5～0.8 MPa/s；强度等级≥C60 时，为 0.8～1.0 MPa/s。

(4) 当试件开始急剧变形接近破坏时，应停止调整试验机油门，直至破坏。然后记录破坏荷载。

4. 试验结果

(1) 混凝土立方体抗压强度应按公式(附 4.1)计算(精确至 0.1 MPa)：

$$f_{cu} = \frac{F}{A} \tag{附 4.1}$$

式中 f_{cu} ——混凝土立方体抗压强度，MPa；

F ——试件破坏荷载，N；

A ——试件承压面积，mm^2。

(2) 取三个试件测试值的算术平均值作为该组试件的强度值(精确至 0.1 MPa)。三个测试值中的最大值或最小值中与中间值的差值超过中间值的 15% 时，则舍去最大值和最小值取中间值。如最大值和最小值与中间值的差值均超过中间值的 15%，则该组试件的试验结果无效。

(3) 混凝土强度等级 <C60 时，用非标准试件测得的强度值均应乘以附表 4.1 规定的尺寸换算系数。当混凝土强度等级≥C60 时，宜采用标准试件；使用非标准试件时，尺寸换算系数应由试验确定。

F.4.3 混凝土劈裂抗拉强度测试

1. 试验目的

测定混凝土立方体的劈裂抗拉强度。

2. 试验设备

(1) 压力试验机　同 F.4.2；

(2)垫块　如附图 4.1 所示的半径为 75 mm 钢制弧形垫块,其长度与试件相同。

(3)垫条　采用三层胶合板制成,宽度为 20 mm,厚度为 3～4 mm,长度不小于试件长度,垫条不得重复使用。

(4)支架　为钢支架,见附图 4.2。

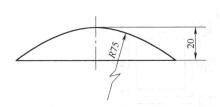

附图 4.1　垫块(单位:mm)

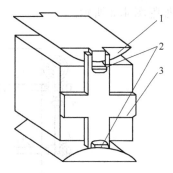

附图 4.2　试件安放示意图
1—垫块;2—垫条;3—支架

3. 试验步骤

(1)将试件表面与上下承压板面擦干净。

(2)如附图 4.2 所示,将试件放在试验机的下压板中心位置,劈裂承压面和劈裂面应与试件成型时的顶面垂直;在上下压板与试件之间垫以垫块及垫条各一条,垫块与垫条应与试件上下面的中心线对准并与成型时的顶面垂直。宜把垫条及试件安装在定位架上。

(3)开动试验机,当上压板与垫块接近时,调整球座,使上压板与试件接触均衡。加荷应连续均匀,当混凝土强度等级<C30 时,加荷速度为 0.02～0.05 MPa/s;强度等级≥C30 且<C60 时,为 0.05～0.08 MPa/s;强度等级≥C60 时,为 0.08～0.10 MPa/s。

(4)试件接近破坏时,应停止调整试验机油阀,直至试件破坏,然后记录破坏荷载。

4. 试验结果

(1)混凝土劈裂抗拉强度应按公式附 4.2 计算(精确至 0.1 MPa):

$$f_{ts}=\frac{2F}{\pi A}=0.637\frac{F}{A} \tag{附4.2}$$

式中　f_{ts}——混凝土劈裂抗拉强度,MPa;
　　　F——试件破坏荷载,N;
　　　A——试件劈裂面面积,mm^2。

(2)取三个试件测试值的算术平均值作为该组试件的强度值(精确至 0.1 MPa)。三个测试值中的最大值或最小值中与中间值的差值超过中间值的 15%时,则将最大值与最小值一并舍去取中间值。如最大值和最小值与中间值的差值均超过中间值的 15%,则该组试件的试验结果无效。

(3)当采用 100 mm×100 mm×100 mm 非标准试件测得的劈裂抗拉强度值,应乘以尺寸换算系数 0.85。当混凝土强度等级≥C60 时,宜采用标准试件;使用非标准试件时,尺寸换算系数应由试验确定。

F.4.4　混凝土静力受压弹性模量测试

1. 试验目的

测定混凝土的静力受压弹性模量(简称弹性模量),掌握测试方法和操作技巧。

2. 试验设备

(1)压力试验机　同 F4.2。

(2)微变形测量仪　测量精度不得小于 0.001 mm。采用千分表时,要附有夹具,如金属环夹具,如附图 4.3 所示。

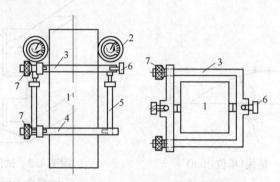

附图 4.3　混凝土静态弹性模量测量示意图
1—试件;2—千分表;3—上金属环;4—下金属环;5—接触柱;6、7—固定螺栓

3. 试验步骤

(1)试件从养护地点取出后应及时进行试验,将试件表面与上下承压板面擦干净。

(2)取 3 个棱柱体试件,按混凝土轴心抗压试验方法测定其轴心抗压强度 f_{cp}。

(3)在测定混凝土弹性模量时,变形测量仪应安装在棱柱体试件两侧的中线并对称于试件的两端,如附图 4.3 所示。

(4)应仔细调整试件在压力机上的位置,使其轴心与下压板的中心线对准。开动压力试验机,当上压板与试件接近时调整球座,使彼此接触均衡。

(5)加荷至基准应力为 0.5 MPa 的初始荷载值 F_0,保持恒载 60 s 并在随后的 30 s 内记录每测点的变形读数 ε_0。应立即连续均匀地加荷至应力为轴心抗压强度 f_{cp} 的 1/3 的荷载值 F_a,保持恒载 60 s 后并在随后的 30 s 内记录每一测点的变形读数 ε_a。加荷速度与混凝土抗压强度试验要求相同。

(6)当以上这些变形值之差与它们平均值之比大于 20% 时,应重新对中试件并重复试验。如果无法使其减少到低于 20% 时,则此次试验无效。

(7)确认试件对中后,以与加荷速度相同的速度卸荷至基准应力 0.5 MPa(F_0),恒载 60 s;然后用同样的加荷和卸荷速度以及 60 s 的恒载(F_0 及 F_a)时间至少进行两次反复预压。在最后一次预压完成后,在基准应力为 0.5 MPa 持荷 60 s 并在以后的 30 s 内记录每一测点的变形读数 ε_0;再用同样的加荷速度加荷至 F_a,保持恒载 60 s 后并在随后的 30 s 内记录每一测点的变形读数 ε_a。弹性模量测试中加载与卸载过程如附图 4.4 所示。

(8)卸除变形测量仪,以同样的速度加荷至破坏,记录破坏荷载;如果试件的抗压强度与 f_{cp} 之差超过 f_{cp} 的 20% 时,则应注明。

4. 试验结果

(1)混凝土弹性模量值应按公式(附 4.3)计算:(精确至 100 MPa)

$$E_c = \frac{F_a - F_0}{A} \times \frac{L}{\varepsilon_a - \varepsilon_0} \qquad (附 4.3)$$

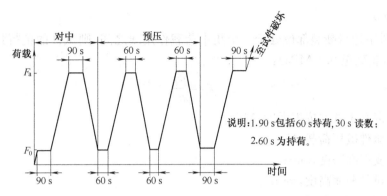

附图4.4 弹性模量测试过程示意图

式中 E_c——混凝土试件的弹性模量，MPa；

F_a——应力为1/3轴心抗压强度时的荷载，N；

F_0——应力为0.5 MPa时的初始荷载值，N；

A——试件承压面积，mm^2。

L——测量标距，mm。

ε_a——最后一次F_a时试件两侧变形的平均值，mm；

ε_0——最后一次F_0时试件两侧变形的平均值，mm。

(2)弹性模量按3个试件测试值的算术平均值计算。如果其中有一个试件的轴心抗压强度值与用以确定检验控制荷载的轴心抗压强度值相差超过后者的20%时，则弹性模量值按另两个试件测试值的算术平均值计算；如有两个试件超过上述规定时，则此次试验无效。

F.4.5 抗折强度试验

1. 试验目的

测定混凝土的抗折强度，以提供道路混凝土设计参数，用以控制道路混凝土的施工质量。

2. 试验设备

试验机应能施加均匀、连续、速度可控的荷载，并带有能使二个相等荷载同时作用在试件跨度3分点处的抗折试验装置，如附图4.5所示。试件的支座和加荷头应采用直径为20～40 mm、长度不小于$(b+10)$ mm的硬钢圆柱，支座立脚点固定铰支，其他应为滚动支点。

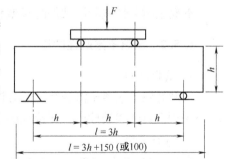

附图4.5 抗折试验装置
（尺寸单位：mm）

3. 试验步骤

(1)将标准棱柱体试件表面擦干净。

(2)按附图4.5装置试件，安装尺寸偏差不得大于1 mm。试件的承压面应与试件成型面垂直。支座及承压面与圆柱的接触面应平稳、均匀。

(3)应均匀、连续施加荷载。当混凝土强度等级＜C30时，加荷速度微0.02～0.05 MPa/s；强度等级≥C30且＜C60时，为0.05～0.08 MPa/s；强度等级≥C60时，为0.08～0.10 MPa/s。当试件接近破坏时，应停止调整试验机油门，直至试件破坏，记录破坏荷载及试件下边缘断裂部位。

4. 试验结果

(1) 若试件下边缘断裂部位处于二个集中荷载作用线之间，则试件的抗折强度 f_f 按公式（附4.4）计算（精确至 0.1 MPa）：

$$f_\text{f}=\frac{Fl}{bh^2}\tag{附4.4}$$

式中 f_f ——混凝土试件抗折强度，MPa；
　　　F——试件破坏荷载，N；
　　　l——支座间跨度，mm；
　　　h——试件截面高度，mm；
　　　b——试件截面宽度，mm。

(2) 取三个试件测试值的算术平均值作为该组试件的抗折强度值（精确至 0.1 MPa）。三个测试值中的最大值或最小值与中间值的差值超过中间值的 15% 时，则取中间值。如最大值和最小值与中间值的差值均超过中间值的 15%，则该组试件的试验结果无效。

(3) 三个试件中若有一个折断面位于两个集中荷载之外，则混凝土抗折强度值按另两个试件的试验结果计算。若这两个测试值的差值不大于这两个测值的较小值的 15% 时，则该组试件的抗折强度值按这两个测试值的平均值计算，否则该组试件的试验无效。若有两个试件的下边缘断裂部位均位于两个集中荷载作用线之外，则该组试件的试验结果无效。

(4) 当采用 100 mm×100 mm×100 mm 非标准试件时，应乘以尺寸换算系数 0.85。当混凝土强度等级≥C60 时，宜采用标准试件；使用非标准试件时，尺寸换算系数应由试验确定。

F.5 试验五——混凝土耐久性试验

混凝土的耐久性试验包括氯离子渗透性、碳化、冻融和抗硫酸盐侵蚀试验等。

F.5.1 一般规定

混凝土耐久性试验用试件的成型和养护与混凝土强度试验相同。

F.5.2 氯离子渗透性试验

1. 试验目的

了解并熟悉氯离子渗透性试验方法——电通量法和非稳态氯离子电迁移快速（RCM）法，掌握采用氯离子渗透性试验评价混凝土渗透性的原理。

2. 电通量法

(1) 仪器设备与试剂　试验应采用符合如附图 5.1 所示原理的电通量测试装置。

①直流稳压电源　0～80 V，0～10 A。可稳定输出 60 V 直流电压，精度±0.1 V。

②试验槽　由耐热塑料或有机玻璃制成。

③紫铜垫板和铜网　紫铜垫板宽度为(12±2) mm，厚度为 0.51 mm。铜网孔径为 0.95 mm。

④1 Ω 标准电阻和直流数字电流表　标准电阻精度

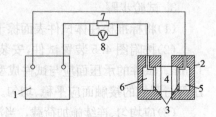

附图 5.1 电通量法试验装置示意图
1—直流稳压电源；2—试验槽；3—铜网；
4—混凝土试件；5—3.0%NaCl 溶液；
6—NaOH 溶液；7—标准电阻；8—电压表

0.1%；直流数字电流表量程 0～20 A，精度 0.1%。

⑤真空泵　能够保持容器内的气压低于 50 mbar(5 kPa)。

⑥真空表或压力计　精度±665 Pa(5 mmHg 柱)，量程 0～13300 Pa。

⑦真空干燥器　内径≥250 mm。

⑧硫化橡胶垫　外径 100 mm、内径 75 mm、厚 6 mm。

⑨切割试件的设备　可移动的、水冷式金刚锯或碳化硅锯

⑩烧杯、真空干燥器、真空泵、分液装置、真空表组合成真空饱水系统，如附图 5.2 所示。

(2)试件制备　标准试件尺寸为直径 $\phi(100\pm1)$mm，高度 $h=(50\pm2)$mm 的圆柱体，试件在试验室制作时，可采用 ϕ100 mm×100 mm 或 ϕ100 mm×200 mm 试模成型，试件成型后应立即用塑料薄膜覆盖并移至标准养护室，24 h 后拆模并浸没于标准养护水池中养护。试件也可采用钻芯取样方法制备，即先在尺寸较大的混凝土试件上钻取直径为 $\phi(100\pm1)$mm 的圆柱体，然后再用切割机切取高度为 (50 ± 2)mm 的标准试件。

(3)试验步骤

①试件饱水过程　将试件在空气中放置至表面风干，密封试件的侧面，放入真空干燥器中，并保证试件两端面暴露。密闭干燥器，打开真空泵，使干燥器内压力降至 1 mmHg (133 Pa)，并保持此压力 3 h。然后打开分液漏斗活塞，将去空气水(过沸水)吸入干燥器内并完全浸没试件。关闭分液漏斗活塞，使真空泵继续工作 1 h。此后，关闭真空管道活塞，再关闭真空泵。打开真空管道活塞，让空气重新进入干燥器。继续将试块浸没在水中并保持(18 ± 2)h。

②测试步骤　将饱水试件拿出，抹去表面多余的水，固定在装好铜网电极的外加电压池之间，用硅胶密封试块与电压池之间的缝隙(或采用橡皮密封垫圈)。等硅胶凝固后，在外加电压池两边分别注入 3.0%NaCl 溶液和 0.3 mol 的 NaOH 溶液。用电导线连接加压装置、读数装置及电压池，其连接方式如附图 5.3 所示。然后开启电源，设定电压为(60 ± 0.1)V，记录初始电流读数。此后一直保持 60 V 电压，至少每隔 30 分钟记录一次电流值。6 小时后终止试验。

附图 5.2　真空饱水系统

附图 5.3　测试系统

(4)试验结果　将记录的电流(A)对时间(s)作图，将数据点连成一条光滑曲线，对曲线下的面积积分即可得到 6 h 内通过试件的总电量(库仑 C)。或根据梯形法则，采用下列公式(附5.1)计算 6 h 内通过试件的总电量(库仑 C)：

$$Q=900(I_0+2I_{30}+2I_{60}+2I_{90}+\cdots\cdots+2I_{300}+2I_{330}+I_{360}) \qquad (附5.1)$$

式中　Q——6 h 通过试件的总电量，C；

I_0——施加电压后的初始电流，A；

I_t——施加电压 t 分钟以后的电流，A。

如果试件直径不是 3.75 英寸(95 mm)，按公式(附 5.2)计算 6 h 通过试件的总电量：

$$Q_s = Q_x \times (95/X)^2 \qquad (附 5.2)$$

式中 Q_s——6 h 通过直径为 95 mm 试件的总电量，C；

Q_x——通过直径为 Xmm 的试件的电量，C；

X——非标准试件的直径，mm。

由计算得到的 6 h 通过试件的总电量，按第 3 章表 3.16 划分混凝土抗氯离子渗透性能等级。

3. RCM 法

(1) 试验装置和化学试剂

① RCM 测定仪 见附图 5.4。

② 含 5% NaCl 的 0.2 mol/L KOH 溶液；0.2 mol/L KOH 溶液。

③ 显色指示剂 0.1 mol/L AgNO$_3$ 溶液。

④ 水砂纸(200～600 号)、细锉刀、游标卡尺(精度 0.1 mm)。

⑤ 超声浴箱、电吹风(2 000 W)、万用表、温度计(精度 0.2 ℃)。

⑥ 扭矩扳手 20～100 N·m，测量误差±5%。

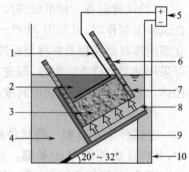

附图 5.4 RCM 快速测量试验装置
1—阳极；2—阳极溶液；3—试件；
4—阴极溶液；5—直流稳压电源；
6—橡胶筒；7—箍环；8—阴极；
9—支架；10—试验槽

(2) 试验步骤

① 试件准备 试件标准尺寸、成型和养护方法与电通量法的试件相同。试验前 7 d，用水砂纸将试件打磨光滑，然后继续浸没于水中养护至试验龄期。

② 试验准备 实验室温度控制在(20±5) ℃。试件安装前需进行 15 min 超声浴，超声浴槽事先需用室温饮用水冲洗干净。

试件安装前，用游标卡尺(精度 0.1 mm)测量试件的直径和高度，试件表面应洁净，无油污、灰砂和水珠。

用(40±2) ℃的温饮用水将 RCM 测定仪的试验槽冲洗干净，然后把试件装入橡胶筒内，置于筒的底部。于试件齐高(50 mm)的橡胶筒体外侧处，安装两个环箍(每个箍高 25 mm)，并拧紧环箍上的螺栓至扭矩达 30～35 N·m，使试件的侧面密封。若试件的柱状曲面有可能会造成液体渗漏的缺陷，则要用密封剂密封。

③ 电迁移试验过程 在无负荷状态下，将 40 V/5 A 的直流电源调到(30±0.2)V，然后关闭电源。把装有试件的橡胶筒安装到试验槽中，安装好阳极板，然后在橡胶筒中注入约 300 mL 的 0.2 mol/l KOH 溶液，使阳极板和试件表面均浸没于溶液中。

在试验槽中注入含 5% NaCl 的 0.2 mol/l KOH 溶液，直至与橡胶筒中的 KOH 溶液的液面齐平。按附图 5.4 连接电源、分配器和试验槽，阳极连至橡胶筒中阳极板，阴极连至试验槽的电解液中阴极板。打开电源，记录时间，立即同步测定并联电压、串联电流和试验槽内电解液初始温度。测量电压时，万用表调到 200 V 挡，若电压偏离(30±1)V，则断开连接，重调电源无负荷电压；测量电流时，万用表调到 200 mA 挡；溶液的温度测定应精确到 0.2 ℃。

试验时间按测定的初始电流确定。试验结束时，先关闭电源，测定阳极电解液最终温度和电流，断开连线，取出装有试件的橡胶筒，排除 KOH 溶液，松开环箍螺丝，然后从上向下移出试件。

④氯离子扩散深度测定 试件从橡胶筒移出后,立即在压力试验机上劈成两半。在劈开的试件表面喷涂显色指示剂,混凝土表面一般变黄(实际颜色与混凝土颜色相关),其中含氯离子部分明显较亮;表面稍干后喷 0.1 mol/L AgNO₃ 溶液;然后将试件置于采光良好的实验室中,含氯离子部分不久即变成紫罗兰色(颜色可随混凝土掺和料的不同略有变化),不含氯离子部分一般显灰色。若直接在劈开的试件表面喷涂 0.1 mol/L AgNO₃ 溶液,则可在约 15 min 后观察到白色硝酸银沉淀。

测量显色分界线离底面的距离,把如附图 5.5 所示位置的测定值(精确到 mm)填入记录表,计算所得的平均值即为显色深度。

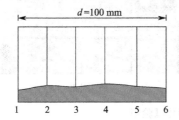 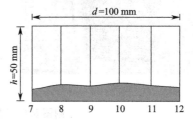

附图 5.5 显色分界线位置编号

试验后排除试验溶液,结垢或沉淀物用黄铜刷清楚,试验槽和橡胶筒仔细用饮用水和洗涤剂冲洗 60 s,最后用蒸馏水洗净并用电吹风(用冷风档)吹干。

(3)试验结果 混凝土氯离子扩散系数按公式(附 5.3)计算(中间运算精确到四位有效数字,最后结果保留三位有效数字):

$$D_{RCM} = \frac{0.0239(273+T)L}{(U-2)t}\left(X_d - 0.0238\sqrt{\frac{(273+T)LX_d}{U-2}}\right) \quad (附5.3)$$

式中 D_{RCM}——RCM 法测定的混凝土氯离子扩散系数,m^2/s;

U——所用电压的绝对值,V;

T——阳极电解液初始和最终温度的平均值,K;

L——试件厚度,m;

X_d——氯离子扩散深度的平均值,m;

t——试验持续时间,s;

混凝土氯离子扩散系数为 3 个试样测试值的算术平均值。如任一个测试值与中间值的差值超过中间值的 15%,则取中间值为测试结果;如有两个测试值与中间值的差值都超过中间值的 15%,则该组试验结果无效。

根据混凝土氯离子扩散系数测试结果,按第 3 章表 3.16 划分混凝土抗氯离子渗透性能等级。

F.5.3 碳化试验

1. 试验目的与意义

了解和掌握混凝土碳化试验方法,以及评定该混凝土抗碳化性能。

2. 试验设备

(1)碳化箱 如附图 5.6 所示,带有密封箱的密闭容器,容器的容积至少应为预定进行试验的试件体积的两倍。箱内应有架空试件的铁架,CO_2 气体入口,分析取样用的气体引入口,箱内气体对流循环装置,温湿度测量以及为保持箱内恒温恒湿所需的设施。必要时,可设玻璃观察口以对箱内的温湿度进行监控。

(a) 箱内　　　　　　　　　　　　(b) 外形

附图 5.6　混凝土碳化试验箱

(2) 气体分析仪　能分析箱内的 CO_2 气体浓度,精度为 1%。

(3) 供气装置　包括 CO_2 气体瓶、压力表及流量计。

3. 试件制备与处理

(1) 碳化试验应采用棱柱体混凝土试件,以 3 个试件为一组,试件的最小边长应符合附表 5.1 的要求。棱柱体的高宽比应不小于 3。无棱柱体试件时,也可用立方体试件,但其数量应相应增加。

附表 5.1　碳化试验试件尺寸选用表

试件最小边长(mm)	骨料最大粒径(mm)
100	30
150	40
200	60

(2) 试件一般应在养护 28 d 龄期后再进行碳化试验,含掺合料的混凝土可根据其特性决定碳化前的养护龄期。碳化试验的试件宜采用标准养护。但应在试验前 2 天从标准养护室取出,然后在 60 ℃温度下烘 48 h。

(3) 经烘干处理后的试件,除留下一个或相对的两个侧面外,其余表面应用加热的石蜡予以密封。在侧面上顺长度方向用铅笔按 10 mm 间距画出平行线,以预定碳化深度的测量点。

4. 试验步骤

(1) 将经处理的试件放入碳化箱内铁架上,各试件经受碳化的表面间的间距应不小于 50 mm。

(2) 将碳化箱盖严密封　密封可采用机械办法或油封,但不得采用水封以免影响箱内的湿度调节。开动箱内气体对流装置,徐徐充入 CO_2 气体,并测定箱内的 CO_2 浓度,逐步调节 CO_2 气体的流量,使箱内的 CO_2 浓度保持在 20%±3%。在整个试验期间可用去湿装置或放入硅胶,使箱内的相对湿度保持在 70%±5% 的范围内。碳化试验应在(20±5)℃的温度下进行。

(3) 每隔一定时间对箱内的 CO_2 浓度、温度及湿度作一次测定。一般在第一、二天每隔 2 h

测定一次，以后每隔 4 h 测定一次。并根据所测得的 CO_2 浓度随时调节其流量。去湿用的硅胶应经常更换。

(4)碳化到了 3 d、7 d、14 d 及 28 d 时，取出试件，破型以测定其碳化深度。棱柱体试件在压力试验机上用劈裂法从一端开始破型。每次切除的厚度约为试件宽度的一半，用石蜡将破型后试件的切断面封好，再放入箱内继续碳化，直到下一个测试期。如采用立方体试件，则在试件中部劈开。立方体试件只作一次检验，劈开后不再放回碳化箱重复使用。

(5)刮去破型的试件断面上残存的粉末，随即喷上（或滴下）浓度为 1% 的酚酞酒精溶液（含 20% 的蒸馏水）。经 30 s 后，按原定计划的每 10 mm 一个测量点用钢板尺分别测量两侧面各点的碳化深度。如果测点处的碳化分界线上刚好嵌有粗骨料颗粒，则可取该颗粒两侧处碳化深度的平均值作为该点的碳化深度值。碳化深度测量精确至 1 mm。

5. 结果处理

各试验龄期时试件的平均碳化深度应按公式（附 5.4）计算，精确到 0.1 mm：

$$d_t = \frac{\sum_{i=1}^{n} d_i}{n} \quad \text{（附 5.4）}$$

式中　d_t——试件碳化 t d 后的平均碳化深度，mm；

　　　d_i——两个侧面上各测点的碳化深度，mm；

　　　n——两个侧面上的测点总数。

根据标准条件下（即 CO_2 浓度为 20%±3%，温度为（20±5）℃，湿度为 70%±5%）的 3 个试件碳化 28 d 的碳化深度平均值，按第 3 章表 3.17，划分混凝土抗碳化性能等级。或以各龄期计算所得的碳化深度绘制碳化深度对碳化时间的关系曲线，并按第 3 章公式（3.22）计算混凝土碳化系数。

F.5.4　冻融试验

采用慢冻法和快冻法测试混凝土抗冻性能，掌握测试方法和操作技巧，认识混凝土经受冻融试验后的性能劣化规律。

1. 慢冻法

本方法适用于检验以混凝土试件所能经受的冻融循环次数为指标的抗冻标号。

采用立方体试件，试件尺寸应根据混凝土中骨料的最大粒径按附表 5.2 选定。每次试验所需的试件组数应符合附表 5.2 的规定，每组试件应为 3 块。

附表 5.2　慢冻法试验所需的试件组数

设计抗冻标号	D50	D100	D150	D200	>D200
最大冻融循环次数	50	50 及 100	100 及 150	150 及 200	200 及 250
28 天强度	1	1	1	1	1
冻融试件组数	1	2	2	2	2
对比试件组数	1	2	2	2	2
总计试件组数	3	5	5	5	5

(1)试验设备

①冷冻箱（室）　装有试件后能使箱（室）内温度保持在 -20～-15 ℃ 范围内。

②融解水槽 装有试件后能使水温保持在15～20℃范围内。
③筐篮 用钢筋焊成,其尺寸应与所装的试件相适应。
④案秤 量程10 kg,感量为5 g。
⑤压力试验机 精度为±2%,其量程应能使试件的预期破坏荷载值不小于全量程的20%,也不大于全量程的80%。

(2)一般规定

①如无特殊要求,试件应养护28 d,试验前4 d应把试件从养护地点取出,进行外观检查,随后放在15～20℃水中浸泡,浸泡时水面至少应高出试件顶面20 mm,试件浸泡4 d后进行冻融试验。对比试件则应保留在标准养护室内,直到冻融循环完成后,与抗冻试件同时试压。

②浸泡完毕后,取出试件,用湿布擦除表面水分、称重、按编号置入框篮中,立即放入冷冻箱(室)开始冻融循环试验。在箱(室)内,框篮应架空,试件与框篮接触处应垫以垫条,并保证至少留有20 mm的空隙,框篮中各试件之间至少保持50 mm的空隙。

③在冷冻箱内温度到达—20℃时,装入试件,装完试件如温度有较大升高,温度重新降至—15℃所需的时间不应超过2 h。冷冻箱(室)内温度应保持在—20～—15℃,均以其中心处温度为准。

④每次冻融循环中,试件的冻结时间应按最大尺寸而定,对边长为100 mm及150 mm的立方体试件,其冻结时间不应小于4 h,边长为200 mm的立方体试件,不应小于6 h。

⑤如果在冷冻箱(室)内同时进行不同规格尺寸试件的冻结试验,其冻结时间应按最大尺寸试件计。

⑥冻结时间结束后,取出试件并应立即放入水温保持在15～20℃的水槽中融化,槽中水面应至少高出试件表面20 mm,试件在水中融化的时间不应小于4 h。融化完毕即为该次冻融循环结束,取出试件送入冷冻箱(室)进行下一次冻融循环。如此重复进行。

⑦经受一定冻融循环次数后,应经常对试件进行外观检查,发现有严重破坏时应进行称重,如试件的平均失重率超过5%。即可停止其冻融循环试验。

⑧试件经受附表5.2规定的冻融循环次数后,即应进行抗压强度试验。抗压试验前应称量试件质量并进行外观检查,详细记录试件表面破损、裂缝及边角缺损情况。如果试件表面破损严重,则应用石膏找平后再进行抗压强度试验。

⑨冻融过程中,如因故需中断试验,为避免失水和影响强度,应将冻融试件移入标准养护室保存,直至恢复冻融试验为止。此时应将故障原因及暂停时间在试验结果中注明。

(3)试验结果

①按公式(附5.5)计算强度损失率:

$$\Delta f_c = \frac{f_{c0} - f_{cn}}{f_{c0}} \times 100 \quad \text{(附5.5)}$$

式中 Δf_c——N次冻融循环后3个试件的抗压强度损失率,%;
     f_{c0}——对比3个试件的抗压强度平均值,MPa;
     f_{cn}——经N次冻融循环后三个试件的抗压强度平均值,MPa。

②按公式(附5.6)计算质量损失率:

$$\Delta \omega_n = \frac{G_0 - G_n}{G_0} \times 100 \quad \text{(附5.6)}$$

式中 $\Delta\omega_n$——N次冻融循环后试件的质量损失率,以3个试件的平均值计算,%;
G_0——冻融循环试验前试件的质量,kg;
G_n——N次冻融循环后试件的质量,kg。

根据试件的强度损失率不超过25%、重量损失率不超过5%时的最大冻融循环次数,按附表5.2,划分混凝土的抗冻标号。

2. 快冻法

采用100 mm×100 mm×400 mm的棱柱体试件,每组三块,在试验过程中可连续使用,除制作冻融试件外,尚用制备同样形状尺寸,中心埋有热电偶的测温试件,制作测温试件所用混凝土的抗冻性能应高于受冻融试件。

(1)试验设备

①快速冻融装置如附图5.7所示,能使试件静置在水中不动,依靠热交换液体的温度变化而连续、自动地进行冻融循环过程,满载运转时冻融箱内各点温度的极差不得超过2 ℃。

 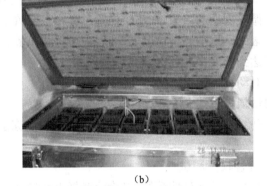

(a) (b)

附图5.7 快速冻融循环试验机

②试件盒 由1~2 mm厚的钢板制成,其净截面尺寸应为110 mm×110 mm,高度应比试件高出50~100 mm。试件底部垫起后盒内水面应至少能高出试件顶面5 mm。

③案秤 量程10 kg或20 kg,对应感量5 g或10 g。

④动弹性模量测定仪 共振法或敲击法动弹性模量测定仪。

⑤热电偶、电位差计 能在-20~20 ℃范围内测定试件中心温度,测量精度不低于±0.5 ℃。

(2)试验步骤

①如无特殊规定,试件应养护28 d,冻融试验前4 d应把试件从养护地点取出,进行外观检查,然后在温度为15~20 ℃的水中浸泡(包括测温试件)。浸泡时水面至少应高出试件顶面20 mm

②试件浸泡4 d后,取出试件,用湿布擦除表面水分,称其质量;并采用规定的动弹模量试验方法测定其横向基频的初始值。

③将试件放入试件盒内,为使试件受温均衡,并消除试件周围因水分结冰引起的附加压力,试件的侧面与底部应垫放适当宽度与厚度的橡胶板,在整个试验过程中,盒内水位高度应始终保持高出试件顶面5 mm左右。

④将试件盒放入冻融箱内,装有测温试件的试件盒应放在冻融箱的中心位置,开始冻融循环。

⑤按下列要求进行冻融循环过程：
ⓐ每次冻融循环应在 2～4 h 内完成，其中，融化时间不得小于整个冻融时间的 1/4。
ⓑ在冻结和融化终了时，试件中心温度应分别控制在（−17±2）℃和（8±2）℃。
ⓒ每次试件从 6 ℃降至−15 ℃所用时间不得少于整个冻结时间的 1/2，试件内外温差不宜超过 28 ℃。
ⓓ冻和融之间的转换时间不宜超过 10 min。
⑥一般应每隔 25 次冻融循环，测试作一次试件的横向基频，测量前应将试件表面浮渣清洗干净，擦去表面积水，并检查其外部损伤及质量损失。测完后，应即把试件掉一个头重新装入试件盒内。试件的测量、称量及外观检查应尽量迅速，以免水分损失。
⑦为保证试件在冷液中冻结时温度稳定均衡，当有一部分试件停冻取出时，应另用试件填充空位。如冻融循环因故中断，试件应保持在冻结状态下，并最好能将试件保存在原容器内用冰块围住。如无这一可能，则应将试件在潮湿状态下用防水材料包裹，加以密封，并存放在（−17±2）℃的冷冻室或冰箱中。试件处在冻融状态下的时间不宜超过两个循环。特殊情况下，超过两个循环周期的次数，在整个试验过程中只允许 1～2 次。
⑧冻融到达以下三种情况之一时，即可停止试验：
ⓐ已达到 300 次循环；
ⓑ相对动弹性模量下降到 60%以下；
ⓒ质量损失率达 5%。
（3）试验结果　强度损失率和质量损失率和慢冻法相同，分别按公式（附 5.5）和（附 5.6）计算。

3. 动弹性模量测试

测定混凝土的动弹性模量，以检验混凝土在经受冻融或其他侵蚀作用后遭受破坏的程度，并以此来评定其耐久性能。

采用截面为 100 mm×100 mm 的棱柱体试件，其高宽比一般为 3～5。

（1）主要仪器设备　混凝土动弹性模量测定仪，该仪器有如下两种形式。

①共振法混凝土动弹性模量测定仪（简称共振仪）输出频率可调范围为 100～200 Hz，输出功率应能激励试件使其产生受迫振动，以便能用共振的原理定出试件的基频振动频率（基频）。

在无专用仪器的情况下，可用通用仪器进行组合，其基本原理示意图如附图 5.8 所示。

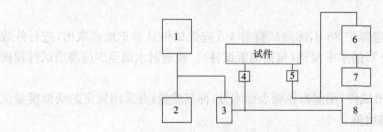

附图 5.8　共振法混凝土动弹性模量测定基本原理示意图
1—振荡器；2—频率计；3—放大器；4—激振换能器；5—接收换能器；6—放大器；7—电表；8—示波器

通用仪器组合后，其输出频率的可调范围应与所测试件尺寸，表观密度及混凝土品种相匹配，一般为 100～20 000 Hz，输出功率也应使能激励试件产生受迫振动。

②敲击法混凝土动弹性模量测定仪　应能从试件受敲击后的复杂振动状态中析出基频振动，并通过计数显示系统显示出试件基频振动周期，其频率测量范围应为 30～30 000 Hz。

③试件支承体　硬橡胶韧型支座或约 20 mm 厚的软泡沫塑料垫。

④案秤　量程 10 kg 或 20 kg，对应感量 5 g 或 10 g。

(2)试验步骤

①测定试件的质量和尺寸　试件质量的测量精度应在±0.5%以内，尺寸的测量精度应在±1%以内。每个试件的长度和截面尺寸均取三个部位测试值的平均值。

②将试件安放在支承体上，并定出换能器或敲击及接受点的位置。

③用共振法测量混凝土动弹性模量时，先调整共振仪的激振功率和接受增益旋钮至适当位置，变换激振频率，同时注意观察指示电表的指针偏转，当指针偏转为最大时，即表示试件达到共振状态，这时所显示的激振频率即为试件的基频振动频率。每一次测量应重复测读两次数据以上，如两次连续测试值之差不超过 0.5%，这两个测试值的平均值作为该试件的测试结果。

④采用以示波器作显示的仪器时，示波器的图形调成一个正圆时的频率作为共振频率；当仪器同时具有指示电表和示波器时，以电表指针达最大值时的频率作为共振频率。

在测试过程中，如发现两个以上峰值时，宜采用以下方法测出其真实的共振峰：

ⓐ将输出功率固定，反复调整仪器输出频率，从指示电表上比较幅值的大小，幅值最大者为真实的共振峰。

ⓑ把接收换能器移至距端部 0.224 倍试件长度处，此时如指示电表的示值为零，即为真实的共振峰值。

⑤用敲击法测量混凝土动弹性模量时，用敲击锤激振。敲击时敲击力的大小以能激起试件振动为度，敲击锤下落后应任其自由弹起，此时即可从仪器数码管中读出试件的基频振动周期，试件的基频振动频率应按公式(附5.7)计算：

$$f = \frac{1}{T} \times 10^6 \tag{附5.7}$$

式中　f——试件横向振动时的基振频率，Hz；

　　　T——试件基频振动周期(μs)，取 6 个连续测试值的平均值。

(3)试验结果与处理

①混凝土动弹性模量应按公式(附5.8)计算：

$$E_d = 9.46 \times 10^{-4} \frac{WL^3 f^2}{a^4} \times K \tag{附5.8}$$

式中　E_d——混凝土动弹性模量，MPa；

　　　a——正方形截面试件的边长，mm；

　　　L——试件的长度，mm；

　　　W——试件的质量，kg；

　　　f——试件横向振动时的基振频率，Hz；

　　　K——试件尺寸修正系数：$L/a=3$ 时，$K=1.68$；$L/a=4$ 时，$K=1.40$；$L/a=5$ 时，$K=1.26$。

混凝土动弹性模量以 3 个试件测试值的平均值作为试验结果，计算精确到 100 MPa。

②混凝土试件的相对动弹性模量可按公式(附5.9)计算：

$$P=\frac{f_n^2}{f_0^2}\times 100 \qquad\qquad (附5.9)$$

式中 P——经 N 次冻融循环后试件的相对动弹性模量,以三个试件的平均值计算,%;

f_n——N 次冻融循环后试件的横向基频,Hz;

f_0——冻融循环试验前测得的试件横向基频初始值,Hz。

(4) 快速法的结果评定 根据经受冻融循环后试件的相对动弹性模量值不小于 60%、质量损失率不超过 5% 时的最大循环次数,划分混凝土抗冻等级,详见第 3 章的 3.7.2。

F.5.5 抗硫酸盐侵蚀试验

1. 试验目的

掌握混凝土抗硫酸侵蚀性能试验方法,了解混凝土抗侵蚀性能的影响因素及改善措施。

2. 试件制备

(1) 采用尺寸为 100 mm×100 mm×100 mm 的立方体混凝土试件,每组 3 块试件。

(2) 混凝土的取样、试件的制作和养护见 F.4.1

(3) 除制作抗硫酸盐侵蚀试验用试件外,还应按照同样方法,同时制作抗压强度对比用试件。试件数量应符合附表 5.3 的要求

附表 5.3 抗硫酸盐侵蚀试验所需的试件组数

设计抗硫酸盐侵蚀等级	KS30	KS60	KS90	KS120	KS150	>KS150
检查强度所需干湿循环次数	15 及 30	30 及 60	60 及 90	90 及 120	120 及 150	150 及以上
鉴定 28 d 强度所需试件组数	1	1	1	1	1	1
干湿循环试件组数	2	2	2	2	2	2
对比试件组数	2	2	2	2	2	2
总计试件组数	5	5	5	5	5	5

3. 主要仪器与试剂

(1) 烘箱 应能使温度稳定在 (80±5) ℃。

(2) 容器 应至少能够装 27 L 溶液(供 3 组试件试验)的带盖耐盐腐蚀的容器。

(3) 台秤 量程 20 kg,感量 1 g。

(4) 试剂 无水硫酸钠,化学纯试剂。

4. 试验步骤

(1) 在试件养护到 28 d 或 56 d 龄期的前两天,将试件从标准养护室取出,擦干表面水分,放入烘箱中,在 (80±5) ℃ 温度下烘 48 h,烘干结束后将试件在干燥环境中冷却到室温。

(2) 将试件放入试件盒中,试件之间应保持 20 mm 的间距,试件与试件盒侧壁的间距不小于 20 mm。试件盒中盛的溶液体积与试件的表观体积之比应保持在 3±0.5。

(3) 将配制好的 5%Na_2SO_4 溶液放入试件盒直到溶液超过最上层试件表面 50 mm 左右,开始浸泡过程,从试件开始放入溶液,到浸泡过程结束的时间为 (15±0.5)h。

(4) 试验过程中宜定期检查和调整溶液的 pH 值,一般每隔 15 个循环测试一次溶液 pH 值,始终维持溶液的 pH 值在 6~8 之间,温度应控制在 (20~25) ℃。

(5) 浸泡过程结束后,立即排液,在 30 min 内将溶液排空,溶液排空后将试件风干 30 min,从溶液开始排泄到试件风干的时间为 1 h。

(6)风干过程结束后立即升温,将试件盒内的温度升到80 ℃,开始烘干过程,升温过程在 30 min 内完成。温度升到 80 ℃后,将温度维持在(80±5) ℃。从升温开始到开始冷却的时间 为 6 h。

(7)烘干过程结束后,应立即将试件冷却,从开始冷却到将试件盒内的试件表面温度冷却 到 25~30 ℃的时间为 2 h。

(8)试件冷却到规定温度后,完成一个干湿循环试验。每个干湿循环的总时间为(24±2)h。

然后再次放入溶液,按照上述3)至6)步骤进行下一个循环。

(9)达到附表 5.3 对应的干湿循环次数后,进行抗压强度试验,同时观察试件表面的破损 情况,并记录。另取一组标准养护的对比试件进行抗压强度试验。

(10)当试件质量耐蚀系数低于 95%,或者抗压强度耐蚀系数低于 75%,或者干湿循环次 数达到 150 次,即可停止试验。

5. 试验结果

混凝土强度耐蚀系数和质量耐蚀系数应分别按公式(附5.10)和(附5.11)进行计算。

$$K_f = \frac{f_0 - f_n}{f_0} \times 100 \tag{附 5.10}$$

$$K_w = \frac{w_0 - w_n}{w_0} \times 100 \tag{附 5.11}$$

式中 K_f、K_w——分别为混凝土的强度抗蚀系数和质量抗蚀系数,%;

f_n——为 N 次循环后受硫酸盐侵蚀的一组混凝土试件的抗压强度平均值,MPa;

f_0——与受硫酸盐侵蚀试件同龄期的标准养护一组混凝土试件抗压强度平均值,MPa。

w_n——N 次循环后受硫酸盐腐蚀的一组混凝土试件的质量,g;

w_0——浸泡前混凝土试件的质量,g。

根据试件抗压强度耐蚀系数不低于 0.75 时的最大干湿循环次数,划分混凝土抗硫酸盐 等级。

F.6 试验六——建筑钢材试验

F.6.1 一般规定

以质量不大于 60 吨的截面尺寸和同一炉罐号组成的钢筋为一批次,从每批钢筋中任意抽 取两根,于每根距端部 500 mm 处各取一套试样(两根钢筋),每套试样中取一根作拉伸试验另 一根做冷弯试验。试验温度为室温 10~35 ℃。

F.6.2 拉伸性能测试

1. 试验目的

测定钢筋的屈服强度、抗拉强度与伸长率,评定钢筋的强度等级。

2. 主要仪器设备

(1)材料全能试验机 试验荷载的范围应在全能试验机最大荷载的 20%~80%。试验机 的测力示值误差不大于 1%。

(2) 游标卡尺(精确度为 0.1 mm)、天平、钢筋划线机等。

3. 试验步骤

(1) 试件制作和准备　拉伸试验用钢筋试件不得进行车削加工,可以用两个或一系列等分小冲点或细划线标出原始标距(标记不应影响试样断裂),测量标距长度 L_0(精确至 0.1 mm)。热轧钢筋 $L_0 = 5.65\sqrt{s_0} = 5d_0$。测试试样的质量和长度,不经车削的试样按公式(附 6.1)计算截面面积 A_0(mm²):

$$A_0 = \frac{m}{7.85L} \qquad (\text{附 6.1})$$

式中　m——试样的质量,g;
　　　L——试样的长度,mm。

(2) 将试件上端固定在试验机夹具内,调整试验机零点,装好描绘器、纸、笔等,再用下夹具固定试件下端。

(3) 开动全能试验机,加荷速度:屈服前,应力增加速度按附表 6.1 的规定,试验机控制器尽可能保持这一速率,直至测出屈服强度为止;屈服后或只需测定抗拉强度时,试验机活动夹头在荷载下移动速度不大于 $0.5 L_c$/min。(不经车削的试样 $L_c = L_0 + 2h$)。

附表 6.1　屈服前的加荷速率

材料的弹性模量 (MPa)	应力速率(MPa/s)	
	最小	最大
<150 000	2	20
≥150 000	6	60

(4) 量出拉伸后的标距　将已拉断的试件在断裂处对齐,尽量使轴线位于一条直线上。如拉断处到邻近的标距端点的距离大于 $1/3 L_0$,直接量出 L_1;如拉断处到邻近的标距端点的距离小于或等于 $1/3 L_0$,可按下述移位法确定 L_1。

如果直接量测所求得的伸长率能达到技术条件的规定值,则可不采用移位法。

4. 试验结果计算

(1) 按公式(附 6.2)计算试件的屈服强度,精确至 5 MPa。

$$R_{eL} = \frac{F_s}{S_0} \qquad (\text{附 6.2})$$

式中　R_{eL}——试件的屈服强度,MPa;
　　　F_s——屈服点荷载,N;
　　　S_0——试件的公称横截面积,mm²。

(2) 按公式(附 6.3)计算试件的抗拉强度,精确至 5 MPa。

$$R_m = \frac{F_m}{S_0} \qquad (\text{附 6.3})$$

式中　R_m——试件的抗拉强度,MPa;
　　　F_0——最大荷载,N;
　　　S_0——试件的公称横截面积,mm²。

(3) 按公式(附 6.4)计算试件的拉伸伸长率,精确至 1%。

$$A = \frac{L_1 - L_0}{L_0} \times 100\% \qquad (\text{附 6.4})$$

式中　A——试样的伸长率,%;

　　　L_0——原标距长度(5d),mm;

　　　L_1——试件拉断后直接量出或按移位法确定的标距部分长度(mm)(精确至 0.1 mm)。

如试件在标距端点上或标距处断裂,则试验结果无效,应重做试验。

F.6.4　冲击性能测试

1. 试验目的

测定在动荷载作用下,试件折断时的弯曲冲击韧性值,掌握常温冲击韧性试验法。

2. 仪器设备

摆锤式冲击试验机,最大能量一般应不大于 300 J。摆锤的刀刃半径分为 2 mm 和 8 mm 两种。试样吸收能量 K 不应超过实际初始势能 K_p 的 80%,如果试样吸收能量超过此值,应在报告中注明。

3. 试样制备

采用夏比 V 形缺口或 U 形缺口试件,试件的形状、尺寸和光洁度均应符合规定的要求。

4. 试验方法

(1)校正试验机　将摆锤置于垂直位置,调整指针对准在最大刻度上,举起摆锤到规定高度,用挂钩钩于机钮上。然后拨动机钮,使摆锤自由下落,待摆锤摆到对面相当高度回落时,用皮带闸住,读出初读数,以检查试验机的能量损失。

(2)量出试件缺口处的截面尺寸。

(3)将试件置于机座上,使试件缺口背向摆锤,缺口位置正对摆锤的打击中心位置,此时摆锤刀刃应与试件缺口轴线对齐。

(4)将摆锤上举挂于机钮上,然后拨动机钮使摆锤下落冲击试件,根据摆锤击断试件后的扬起高度,读出表盘示值冲击功 KU(摆锤的刀刃半径分为 2 mm 和 8 mm 分别对应 KU_2、KU_8)或 KV(摆锤的刀刃半径分为 2 mm 和 8 mm 分别对应 KV_2、KV_8),应至少估读到 0.5J 或 0.5 标度单位(取两者之间的最小值)。

5. 试验结果

记录每个试样的冲击吸收能量,测试结果至少保留两位有效数字。将试件吸收能除以试件缺口处断裂面的截面积为试件的冲击韧性。

实验报告应包括以下内容:采用的标准编号;钢材的种类、炉号等;缺口的类型;试样的尺寸;试验温度;吸收的能量;可能影响实验的异常情况。

试验时,应特别注意安全,摆锤升起后,所有人员应退到安全栏以外两侧,顺着摆锤的摆动方向严禁站人,保证安全。

F.6.5　冷弯试验

1. 试验目的

冷弯试验是用以检查钢材承受规定弯曲变形的能力,可观察其缺陷。

2. 仪器设备

应在配置下列弯曲装置之一的试验机或压力机上完成试验。

(1)支辊式弯曲装置,见附图 6.1;

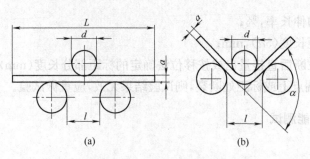

附图 6.1　支辊式弯曲装置

(2)V形模具式弯曲装置,见附图 6.2;
(3)虎钳式弯曲装置,见附图 6.3;

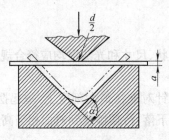 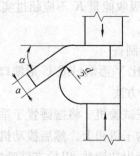

附图 6.2　V形模具式弯曲装置　　　　附图 6.3　虎钳式弯曲装置

(4)翻板式弯曲装置,见附图 6.4。

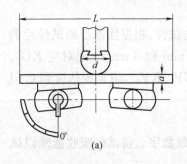 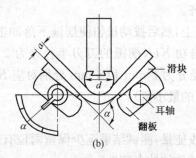 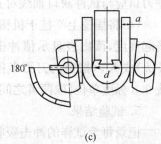

附图 6.4　翻板式弯曲装置

3. 试件制备

(1)圆形或多边形截面的钢材,其直径(或内切圆直径)不大于 50 mm 时,试件的横截面应等于原材料的横截面,如果试验设备不足,可以加工成横截面内切直径不小于 25 mm 的试样。

(2)板材、带材和型材,产品厚度不大于 25 mm 时,试件厚度应为原产品的厚度;产品厚度大于 25 mm 时,试件厚度可以经加工减薄至不小于 25 mm,并保留一侧原表面。并且弯曲试验时试样保留的原表面应位于受拉变形的一侧。

(3)试样的长度(L)应根据试样的厚度和所用的试验设备确定。采用支辊式弯曲装置或翻板式弯曲装置试验时,可以按公式(附 6.5)确定:

$$L=0.5\pi(d+a)+140 \qquad (附 6.5)$$

式中 d——弯曲直径,mm;
     a——试样的厚度,mm。

4. 试验方法

(1)一般室温下进行,对温度要求严格的试验,温度应在(23±5)℃范围内。

(2)如果采用附图 6.1 或附图 6.4 方法,按规范规定,选择适当大小的心轴 d。

(3)将试件置于心轴与支座之间,按规定调好两支座间的距离(l)。

支辊式弯曲装置:$l=(d+3a)±0.5a$

翻板式弯曲装置:$l=(d+2a)+e$(取 $e=2\sim 6$ mm)

(4)开动试验机加载,加载时应均匀平稳,无冲击或跳动现象,直到试件弯曲至规定的程度,然后卸载取下试件。

5. 结果评定

用放大镜看试件弯曲处的外表面及侧面,如无裂缝、裂断或起层即认为冷弯合格。

F.7 试验七——石油沥青试验

F.7.1 试验目的与取样

1. 试验目的

测试沥青的三大性能指标——针入度、延度和软化点,通过试验,掌握沥青三大性能指标的测试方法和技能,加深对沥青材料的塑性、黏滞性和温度稳定性的认识。

2. 取样方法

从容器中取样时,应在液面上、中、下位置各取一定数量,黏稠或固体沥青应不少于1.5 kg;液体沥青不少于 4 L。

F.7.2 针入度测试

1. 主要测试仪器

(1)针入度仪 如附图 7.1 所示。

(2)盛样皿 金属制,平底筒状,内径为(55±1)mm,深为(35±1)mm。

(3)温度计 量程为 0~50 ℃,分度 0.1 ℃。

(4)恒温水浴 容量不少于 10 L,能保持温度在所需的±0.1 ℃的范围内。

(5)平底玻璃皿 容量不少于 1 L,深度不少于 80 mm,内设一个不锈钢三腿支架,能稳定支撑盛样皿。

(6)金属皿或瓷皿,孔径为 0.3~0.5 mm 的筛、秒表等。

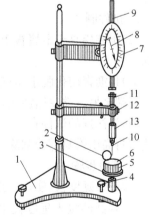

附图 7.1 针入度仪
1—底座;2—小镜;3—圆形平台;
4—调平螺丝;5—保温皿;6—试样;
7—刻度盘;8—指针;9—活杆;10—标准针;
11—连杆;12—按钮;13—砝码

2. 试验准备

将沥青试样在 120~180 ℃下脱水,用筛过滤,注入盛样皿内,在 15~30 ℃的空气中冷却 1 h,然后将盛样皿浸入(25±0.5)℃的水浴中恒温 1 h,水浴中的水面应高于试样表面 25 mm。

3. 试验步骤

(1)通过调节附图 7.1 中的螺丝 4,使针入度仪处于水平状态。

(2)盛样皿恒温 1 h 后取出,放入水温 25 ℃的平底玻璃皿 5 中,试样 6 表面以上的水层高度不应少于 10 mm。将玻璃皿放于圆形平台 3 上,调整标准针,使针尖与试样表面恰好接触,必要时用放置在合适位置的光源反射来观察。拉下活杆 9,使之与连杆顶端接触,并将刻度盘 7 的指针 8 指在"0"上(记录指针初始值)。

(3)用手紧压按钮 12,使标准杆自由穿入沥青中 5s,停止按压,使指针停止下沉。

(4)再拉下活杆与标准针连杆顶端接触,读出读数,即为针入度值(或与初始值之差)。

(5)同一试样至少测定 3 次,各测点及测点与盛样皿边缘之间的距离不少于 10 mm。每次测试前应将平底玻璃皿放入恒温水浴。每次测试后应将标准针取下,用溶剂擦干净。

附表 7.1 针入度测试允许的最大差值

针入度	0~49	50~149	150~249	250~500
最大差值	2	4	12	20

4. 结果评定

(1)平行测试的 3 个值的最大和最小值之差不超过附表 7.1 中的数值,否则需重做。

(2)每个试样取 3 个测试值的平均值作为测试结果。

F.7.3 延度测试

1. 主要仪器设备

(1)延度仪 拉伸速度为 5±0.25 cm/min,带有恒温水浴装置。

(2)试模 试模几何形状和尺寸如附图 7.2 所示。

(3)温度计、金属皿或瓷皿、0.3~0.5 mm 孔径的筛、砂浴等。

2. 试件制作

(1)组装模具于金属板上,在底板和侧模的内侧面涂隔离剂。

(2)将沥青熔化脱水至气泡完全消除,然后将沥青从试模的一端至另一端往返注入,使沥青略高于试模。

(3)浇注好的试件在 15~30 ℃空气中冷却 30 min 后,用热刀将高出模具部分刮除,使其齐平。

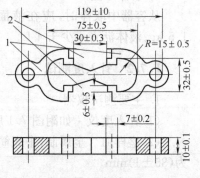

附图 7.2 试模(单位:mm)
1—端模;2—侧模

3. 试验步骤

(1)调整延度仪,使指针正对标尺的零。

(2)将试件浸入延度仪水槽中,水温控制在(25±0.5)℃,沥青表面以上水层高度不小于 25 mm 恒温 1~1.5 h 后,将模具两端的孔分别套在滑板计槽端的金属柱上,然后去掉侧模。

(3)开动延度仪,并观察拉伸情况,如发现沥青细丝浮于水面或沉入槽底时,则应在水中加入乙醇或食盐水调整水的密度,使其与沥青试样密度相近,进行拉伸。

(4)试样拉断时,指针所示的读数即为沥青试样的延度,以 cm 计。

4. 结果评定

取平行 3 个测试值的算术平均值为测试结果。如其中两个较高值在平均值 5%之内,而最小值不在平均值 5%内,则舍弃最小值,取两个较高值的平均值作为测试结果。

F.7.4 软化点测试

1. 主要仪器设备与试剂

(1)软化点测定仪 沥青软化点一般采用环球法,测试装置如第8章图8.6所示,钢球直径为9.53 mm,质量为(3.50±0.05)g;试样环为铜质锥环或肩环;支架有上、中及下承板和定位套组成。

(2)电炉或加热器、金属板(表面粗糙度0.8 μm)或玻璃板、刀、0.3~0.5 mm孔径的筛等。

(3)甘油、滑石粉、隔离剂、新煮沸的蒸馏水。

2. 试件制备

(1)将铜质环置于涂有隔离剂的金属板或玻璃板上,将预先脱水的沥青试样加热熔化,加热温度不高于沥青预估的软化点100 ℃,过筛后注入铜质环内并略高于环面,如预估软化点在120 ℃以上,应将铜质环加热至80~100 ℃。

(2)将试样在15~30 ℃空气中冷却30 min后,用热刀刮除高出环面的试样,使之与环面齐平。

3. 试验步骤

(1)将试样环水平安置在环架中层板的圆孔上,然后放入烧杯中,恒温15 min。预先在烧杯中放入温度为(5±0.5) ℃的水(预估软化点低于80 ℃)或(32±1) ℃的甘油(预估软化点高于80 ℃)。然后将钢球放在沥青试样上表面中心,调整水面或甘油液面至所需深度。将温度计由上层板中心孔垂直插入,使温度计的水银球与铜质环下面齐平。

(2)将烧杯移防至有石棉网的三角架上或电炉上,立即加热,升温速度为(5±0.5) ℃/min。

(3)沥青试样受热软化下坠至与下承板面接触时的温度即为试样的软化点。

4. 结果评定

(1)平行测得的两个测试值之差应不大于附表7.2

(2)取平行测得的两个测试值的算术平均值作为测试结果。

附表7.2 软化点测试的允许差值

软化点(℃)	<80	>80
允许差值(℃)	1	2

F.8 试验八——沥青混合料马歇尔稳定度试验

F.8.1 概 述

1. 试验目的

采用马歇尔试验仪测试沥青混合料马歇尔稳定度和流值,掌握沥青混合料马歇尔稳定度的测试方法和技能。

2. 试件成型

按照设计的沥青混合料配合比,将现场应用的原材料称量后,用小型拌合机按规定的拌制温度制备沥青混合料。然后,将沥青混合料在规定的成型温度下,用击实法制成直径为101.6 mm、高63.5 mm的圆柱形试件。

3. 试验仪器

(1)马歇尔试验仪 见第8章图8.13,其最大荷载不小于25 kN,精度100 N,加载速度应保持在(50±5)mm/min,并附有测定荷载与试件变形的压力环(或传感器)、流值计(或位移计)、直径为16 mm 的钢球和上下压头(曲率半径为50.8 mm)等。

(2)恒温水槽 能保持水温于测试温度±1 ℃的水槽,深度不小于150 mm。

(3)真空饱水容器、烘箱、天平(感量0.1g)、温度计(分度11 ℃)、卡尺或试件高度测定器、棉纱、黄油。

F.8.2 标准马歇尔试验

1. 测试步骤

(1)用卡尺(或试件高度测定器)测量试件的直径和高度,如试件高度不满足(63.5±1.3)mm 的要求或两侧高度差大于2 mm 时,此事件作废。并测定试件的表观密度、理论密度、空隙率、沥青体积百分率、矿料间隙率、沥青饱和度等物理指标。

(2)将恒温水槽(或烘箱)调节至要求的试验温度(对黏稠石油沥青混合料为60±1 ℃)。将试件置于恒温水槽(或烘箱)中保温30~40 min。垫起试件至离容器底部不小于5 cm。

(3)将马歇尔试验仪的上下压头放入水槽(或烘箱)中达到同样温度。将上下压头从水槽(或烘箱)中取出拭干内面。为使上下压头滑动自如,可在下压头的导棒上涂少量黄油。再将试件软化取出置于下压头上,盖上上压头,然后装在加载设备上。

(4)将流值测定装置安装在导棒上,使导向套管轻轻地压在上压头上,同时将流值计读数调零。在上压头的球座上放妥钢球,并对准荷载测定装置(应力环或传感器)的压头,然后将应力环中的百分表对准零或将荷载传感器的读数复位为零。

(5)启动加载设备,使试件承受荷载,加载速度为(50±5)mm/min。在试验荷载达到最大值的瞬间,取下流值计,同时读取应力环中百分表(或荷载传感器)的读数和流值计的流值读数(从恒温水槽中取出试件至测出最大荷载值的时间,不应超过30 s)。

2. 测试结果和计算

(1)稳定度与流值

①由荷载测定装置读取的最大值即为试样的稳定度。当用应力环百分表测定时,根据应力环表测定曲线,将应力环中百分表的读数换算为荷载值,即为试件的稳定度(MS),以 kN 计。

②由流值计及位移传感器测定装置读取的试件垂直变形,即为试件的流值(FL),以 mm 计。

(2)按公式(附8.1)计算试件的马歇尔模数:

$$T = \frac{MS \cdot 10}{FL} \qquad (附8.1)$$

式中 T——试件的马歇尔模数,kN/mm;

MS——试样的稳定度,kN。

FL——试件的流值,mm。

3. 试验结果报告

(1)当一组测试值中某个数据与平均值之差大于标准差的 k 倍时,该测试值应舍弃,并以其余测试值的平均值作为试验结果。当试验数目 n 为3、4、5、6个时,k 值分别为1.15、1.46、

1.67、1.82。

(2)试验报告内容应包括马歇尔稳定度、流值、马歇尔模数、试件尺寸、密度、空隙率、沥青用量、沥青体积百分率、沥青饱和度、矿料间隙率等指标。

F.8.3 浸水马歇尔试验

1. 测试步骤

浸水马歇尔试验方法是将马歇尔试件在规定温度[黏稠沥青混合料为(60±1)℃]的恒温水槽中保温48 h,然后测定其稳定度,其余步骤与F.8.2节的标准马歇尔试验方法相同。

2. 试验结果与计算

根据试件的浸水马歇尔稳定度和标准马歇尔稳定度,按公式(附8.2)计算试件的浸水残留稳定度:

$$MS_0 = \frac{MS_1}{MS} \times 100 \qquad (附8.2)$$

式中 MS_0——试件的浸水残留稳定度,%;

MS_1——试样浸水马歇尔稳定度,kN。

MS——试件的标准马歇尔稳定度,kN。

F.8.4 真空饱水马歇尔试验

真空饱水马歇尔试验方法是将沥青混合料马歇尔试件先放入真空干燥器中,关闭进水胶管,开动真空泵,使干燥器的真空度达到98.3 kPa以上,维持15 min,然后打开进水胶管;在负压作用下浸入冷水使试件全部浸入水中,浸水15 min后恢复常压,取出试件再放入规定温度的恒温水槽中保温48 h,进行马歇尔稳定度试验。其余步骤和试验结果计算与F.8.3节的浸水马歇尔试验方法相同。

参考文献

[1] 周士琼. 土木工程材料[M]. 北京:中国铁道出版社,2004.

[2] 邓德华. 土木工程材料[M]. 2版. 北京:中国铁道出版社,2010.

[3] Daniel Henkel, Alan W. Pense. Structure and Properties of Engineering Materials 5th Edition[M]. 影印版. 北京:清华大学出版社,2008.

[4] H F W. Taylor. Cement Chemistry. London:Academic Press Lo. ,1990.

[5] Theodore W Marotta,Charles A Herubin. Basic Construction Materials,5th Edition. Prentice Hall,1997.

[6] J M Illston, P L J Domone. Construction Materials:Their nature and behaviour,3th Edition. London and New York,Spon Press,2001.

[7] P K Metha, P J M Monteiro. Concrete:Microstructure, Properties and Materials,3th Edition. McGraw-Hill,2006.

[8] 张冠伦. 混凝土外加剂原理与应用[M]. 北京:中国建筑工业出版社,1996.

[9] 冯乃谦. 高性能混凝土结构[M]. 北京:机械工业出版社,2004.

[10] 雍本. 特种混凝土设计与施工[M]. 北京:中国建筑工业出版社,1993.

[11] 何平笙. 新编高聚物的结构与性能[M]. 北京:科学出版社,2009.

[12] 高丹盈,赵军,朱海堂. 钢纤维混凝土设计与应用[M]. 北京:中国建筑工业出版社,2002.

[13] 沈荣熹,崔琪,李清海. 新型纤维增强水泥基复合材料[M]. 北京:中国建筑工业出版社,2004.

[14] 益小苏,杜善义,张立同. 复合材料手册[M]. 北京:化学工业出版社,2009.

[15] 顾书英,任杰. 聚合物基复合材料[M]. 北京:化学工业出版社,2007.

[16] 姜继圣,罗玉萍,兰翔. 新型建筑吸热、吸声测材料[M]. 北京:化学工业出版社,2002.

[17] 翁晓红,姚劲,张帆. 建筑装饰工程材料[M]. 上海:同济大学,2000.